U0319707

# 现代矿山地质学

［澳］Marat Abzalov　著
张北廷　万　会　张树泉　译

（彩图）

北　京
冶　金　工　业　出　版　社
2024

**北京市版权局著作权合同登记号　图字：01-2024-0712**



**图书在版编目(CIP)数据**

现代矿山地质学/张北廷，万会，张树泉译.—北京：冶金工业出版社，2024.1

书名原文：Applied Mining Geology

ISBN 978-7-5024-9749-1

Ⅰ.①现…　Ⅱ.①张…　②万…　③张…　Ⅲ.①矿山地质　Ⅳ.①TD1

中国国家版本馆 CIP 数据核字(2024)第 043771 号

**现代矿山地质学**

---

| | | | |
|---|---|---|---|
| **出版发行** | 冶金工业出版社 | **电　　话** | (010)64027926 |
| **地　　址** | 北京市东城区嵩祝院北巷 39 号 | **邮　　编** | 100009 |
| **网　　址** | www.mip1953.com | **电子信箱** | service@mip1953.com |

---

责任编辑　任咏玉　杨　敏　美术编辑　彭子赫　版式设计　郑小利
责任校对　葛新霞　责任印制　禹　蕊
北京捷迅佳彩印刷有限公司印刷
2024 年 1 月第 1 版，2024 年 1 月第 1 次印刷
710mm×1000mm　1/16；29.5 印张；576 千字；450 页
**定价 205.00 元**

---

**投稿电话　(010)64027932　投稿信箱　tougao@cnmip.com.cn**
**营销中心电话　(010)64044283**
**冶金工业出版社天猫旗舰店　yjgycbs.tmall.com**
(本书如有印装质量问题，本社营销中心负责退换)

## Modern Approaches in Solid Earth Sciences（Volume 12）丛书编辑简介

Yildirim Dilek，地质与环境地球科学系，迈阿密大学，牛津，美国

Franco Pirajno，西澳大利亚地质调查局，西澳大利亚大学，珀斯，澳大利亚

Brian Windley，英国莱斯特大学地质系

## 原著作者简介

Abzalov 是澳大利亚一位有 35 年经验的地质学家，他通过对俄罗斯以及芬诺斯坎底亚地区的镍矿床进行研究并获得博士学位。研究生阶段，他在澳大利亚默多克大学学习了应用数学，在法国北部枫丹白露地区学习了地质统计学。在漫长而经历丰富的职业生涯中，他在综合研究、勘查和采矿等与地质学有关的领域担任了不同的角色，包括在 WMC 资源、力拓和 BOSS 资源公司等担任高级管理职位。

Abzalov 博士在世界五大洲范围内不同金属、不同矿床类型的找矿项目、勘查项目的三维地质建模方面有独到的见解和经验，他用创新方法对地质统计学辅助三维建模进行了优化。带领 WMC 资源公司在奥林匹克坝矿床和悬崖矿床实现了地质找矿以及探矿增储重大突破，另外他还协助其他地质专家在约旦发现了铀矿床。

Abzalov 博士同时是西澳大利亚大学勘探靶区研究中心的一名兼职地质学家，在学术研究工作中与同事分享了他在采矿领域的实践经验。2015 年，因为他在 LUC（局部均匀条件反射）地质统计法方面的特别贡献，被 SAIMM 授予丹尼·克里格（Dani Krige）金奖。

# 谢　词

我（Marat Abzalov）诚挚地感谢本书中所引用的许多图形和表格的原始版权所有者允许我使用它们。我特别要感谢以下机构：

澳大利亚采矿和冶金协会（AusIMM）同意在书中转载作者先前出版的《矿产知识和矿山战略规划》专著 23（2014 年）和“重矿物会议”（2011 年）论文集中发表的数据资料。

《应用地球科学杂志》和出版商泰勒与弗朗西斯同意在书中转载作者早些时候在该杂志的几期中发表的一些资料，特别是 2014 年 123 卷第 2 期、2013 年第 122 卷第 1 期和 2010 年 119 卷第 3 期。

加拿大矿业冶金和石油协会（CIM）允许转载作者在《勘探与矿山地质》杂志 2009 年第 18 卷第 1~4 期，2008 年第 17 卷第 3~4 期上发表的一些资料。

《数学地质》（MG）杂志和施普林格公司同意引用作者发表在该杂志 2006 年第 38 卷第 4 期中 LUC 技术的描述和图表。

采矿冶金与勘探协会（SME）同意转载《地下采矿方法：工程基础和国际案例研究》专著中的图表。

这本书受益于我与采矿业的朋友和同事的无数次讨论，包括 WMC 资源公司、里约热内卢 Tinto 公司、BOSS 资源公司、必和必拓公司、Newcrest 公司、Harmony 公司、淡水河谷公司、约旦铀矿公司和 Anglo Gold Ashanti 公司的地质专家和采矿工程师，以及来自不同大学和研究机构的地质科学家。

我也感谢R. Minnitt、R. Reid、S. Masters和施普林格的匿名审稿人对手稿的批判性阅读和许多有用的评论。我特别感谢我的家人Svetlana、Aygul和Shamil，他们在我整个职业生涯中给予了我巨大的支持。

# 序

从原始先民的陨铁工具和石器，到公元前的青铜器、中世纪的铁器，再到工业革命中的煤和钢，以及能源转型浪潮中以“锂”为代表的新能源金属，人类文明发展进程几乎可以用矿产资源利用史来高度概括。矿业是既古老又年轻的基础产业，矿产资源的开发和利用为人类社会经济发展提供了有力支撑，在绿色环保日益成为全球发展新底色的今日，精准找矿、高效采矿在减少人类对自然环境负面影响方面的意义更显重大。

Marat Abzalov 博士撰写的《现代矿山地质学》总结了矿山地质业界的实用新技术、新方法，将理论与实践结合、方法与案例结合，兼具知识性和操作性，对不断推进矿山的绿色、集约开发大有裨益。书中提供的练习和计算机脚本，也贴合实际工作“数字化”和“智能化”的趋势。

中国有着悠久的冶矿历史，创造了辉煌的矿业成就。古代干将铸剑，需“来五山之铁精，六合之金英”，中国矿业的发展离不开兼容并蓄、博采众长。张北廷教授等专家翻译这一佳作，供中国广大从业者和读者学习，正是这一精神的体现。同时，这也值得我们企业学习，与国际最佳实践对标、与海外优秀同业为伍，共学共进。

祝贺张北廷教授的译著出版，相信这本书能成为新时代矿山地质工作人员的操作手册，促进智慧矿山、绿色矿山建设，推动矿业可持续发展，实现我们共同的“锂”想。

天齐锂业股份有限公司董事长

2024 年 1 月 2 日

# 译者的话

本书译自施普林格公司出版的《固体地球科学中的现代方法》丛书中的第12卷，这套丛书是在地质学、地球物理学和地球化学等学科在过去的十年中相互渗透、融合，大地测量学与地球物理学和地质学（构造地质学）相互作用共同发展，在基础技术发展中起重要作用的专业研究领域（地震层析成像、双差技术等），在解决共同问题时更加相互补充完善，传统上独立的学科或子学科已经开始更紧密地相互渗透，并且在出现了一些新的学科的背景下，为全面总结这些新技术、新方法、新成果而编著的。

本书的原著是现代矿山地质学的教科书。

本书借鉴了构造地质学、岩石学、地层学、地球化学、地球物理学、取样理论、数理统计学、地质统计学、采矿工程、岩石力学、矿产经济学和计算机科学等相关学科的新理论新方法，总结了现代矿山地质学的理论基础和工作原理；从金、铀、铁、铝土矿、砂矿等作者实际工作过的矿山案例入手，全面地介绍了矿山地质技术和实际使用这些技术的建议。本书配置了练习题目，以便读者通过实际操作更好地掌握这些技术。

本书可作为矿山地质工作的应用手册，帮助我们学习和借鉴国外矿业相关专业技术及通常工作方法、一般要求和最好做法。这既是最吸引人之处也是译者决定翻译的初衷。

原著每章后面和正文末都附有参考文献，为便于读者延伸阅读，保留了每章后面的参考文献，并按中文出版要求进行了调整。鉴于原著文末参考文献是每章参考文献的汇总，本书未再列出。

本书部分图片以彩图（电子图片）形式呈现，读者可通过扫描扉页或章节开始处的二维码查看。

本书由张北廷、张树泉、万会翻译，最后由张北廷审定全稿。限于译者水平，尚祈读者对本书中的错误和不妥之处，予以指正。

衷心希望读者能够掌握和熟练应用这些新技术、新方法，为我国矿业行业作出更大贡献。

译　者

2023年10月于北京

# 目　录

## 第2部分　采样误差

# 第3部分　矿产资源

# 第4部分　地质统计学在采矿中的应用

# 第5部分 不确定性评估



# 第6部分 分类

## 第7部分 矿床类型

# 1 引　言

矿山地质学是应用地质科学的一个专业领域，历史上演变为支持矿山经营和评估采矿的科学。矿山地质学的主要目标是提供详细的地质信息，承担采矿项目评估的技术和经济研究。当采矿活动开始，矿山地质学家便为采矿业提供地质支持，以保证资源开发利用的成本效益，以及矿石与废石的准确分离。除了详细了解采矿区内的地质情况外，他们还能准确评估有经济开采价值的矿石空间分布范围，提供决定采矿方法和矿石加工选冶技术流程的地质特征，并准确估算经营成本。

因此，现代矿山地质学就代表了包括构造地质学、岩石学、地层学、地球化学、采矿地球物理学、采样理论、数理统计学、地质统计学、采矿工程、岩石力学、矿产经济学和计算机科学的不同学科之间的一个综合。由于矿山地质学的多面性，以及矿山地质学家日常工作中所涉及科学分支的多样性，矿山地质学的理论基础和原理已经参考了相关学科，并根据矿山地质学的需要进行了调整。

矿山地质学为采矿项目提供技术经济评价支持，并以最优的矿山生产计划为基础，确保矿山可持续开采。这一特殊性决定了对特殊技术的需求，包括精准的矿床三维地质建模，地质特征的定量测定。这些都是采矿项目技术经济评估的基础和矿山生产优化的基础。

矿山地质学的实际重要性和特殊性决定了这项工作需要一本专门的教科书，这本书既要有矿山地质技术的综合概述，也要有基本理论概念的介绍。随着软件和计算机技术的迅速发展，大约 30 多年前 Peters 对矿山地质的全面描述，已经不能完全代表矿山地质学的现代技术。出版时间更近的矿床评估教科书，主要关注资源和储量的评估，并不包含矿山地质工作的其他内容。

这本书旨在填补现有的空白，并概述现代矿山地质学的工作原理。这本书的最终目标是成为地质学家在矿山工作、研究和优化采矿项目的实用参考资料，因此该书包括了各种技术的说明和实际有效使用这些技术的建议。本书的内容包括练习和计算机脚本，计算机脚本由作者开发，用以协助应用建议的运行。为了方便计算机脚本的应用，它们以内置在 Excel 电子表格中的 Visual Basic 宏代码，或 Fortran 代码的形式呈现。

本书讨论了采矿项目评价程序，重点讨论了矿床地质和资源量估算，这是矿山地质团队的主要职责。根据作者的个人观察总结以及已发表的最佳实践案例研究，本书对几种矿产案例进行了描述，如金矿、铁矿石、铀矿、铝土矿和砂矿。当开发项目或优化矿山地质工作程序时，矿山和项目地质学家可以参考本书中提出的实际方法和技术。这本书还包括一个简介，介绍了资源量转换为储量中主要应用的采矿和冶金（修正）因素。

## 参 考 文 献

[1] Annels A E. Mineral deposit evaluation, a practical approach [M]. London: Chapman and Hall, 1991: 436.

[2] Peters W C. Exploration and mining geology [M]. 2nd ed. New York: Wiley, 1987: 706.

[3] Sinclair A J, Blackwell G H. Applied mineral inventory estimation [M]. Cambridge: Cambridge University Press, 2002: 381.

# 第1部分

# 矿山设计、矿山地质编录和取样

# 2 采矿方法

**摘要**：本章简要介绍了最常见的采矿方法，以及采矿人员使用的主要术语，并用图片和图表加以说明。内容仅限于入门水平，并使用初级矿山地质人员可以理解的基本词汇。无论是露天开采还是地下开采，采矿方法的选择都取决于关键的环境因素和经济因素，包括：

（1）矿体地质特征，包括围岩的工程地质条件、矿石和废石的空间分布；

（2）矿体深度和覆盖层厚度；

（3）生产效率和矿山服务年限；

（4）可用技术和比较成本。

开采方式传统上分为露天开采和地下开采，本章将介绍这部分内容。此外，还简要介绍“非常规”采矿方法，包括原地浸出法（ISL）和松散沉积物采砂船采掘法。

**关键词**：采矿；露天开采；井下开采；原地浸出；采矿工艺

## 2.1 露天开采

露天开采是一个从地表完全挖开并将矿石采掘出来的过程（图 2.1）。开采的台阶状工作面称为台阶（图 2.1a）。台阶高度通常从 2 m 到 30 m 不等（表 2.1），较小的台阶通常用于选择性开采，较大的台阶适用于批量开采。如果需要更多的选择性开采，工作台阶可以进一步细分为更多中段。

露天开采在开挖过程中会形成锥形的坑，随着开采深度的加深，台阶面积逐渐变小，边帮由阶梯状台阶组成（图 2.1a）。边帮上保留的台阶平面称为平台（图 2.1b）。平台在保证岩石不从坑壁上塌落的情况下形成安全区域，也用于开采进入坑底所需的运输公路或坡道（图 2.1a）。

露天坑边帮的坡度分为两个角度：露采边坡角和单个台阶倾角（图 2.1b）。这两个角度都是露天矿的重要属性，它们与平台宽度和台阶高度一起决定着露天矿开采的安全性和经济性。它们的选择，在很大程度上取决于岩石的工程地质特性和设备类型。围岩的工程地质条件越稳定，边坡就越陡。

现代露天矿的深度从几十米到超过一千米不等（表 2.1）。露采坑深度取决于矿体的几何形态和工程的整体经济性，而露采边坡角仍然是最重要的决定因素之一。

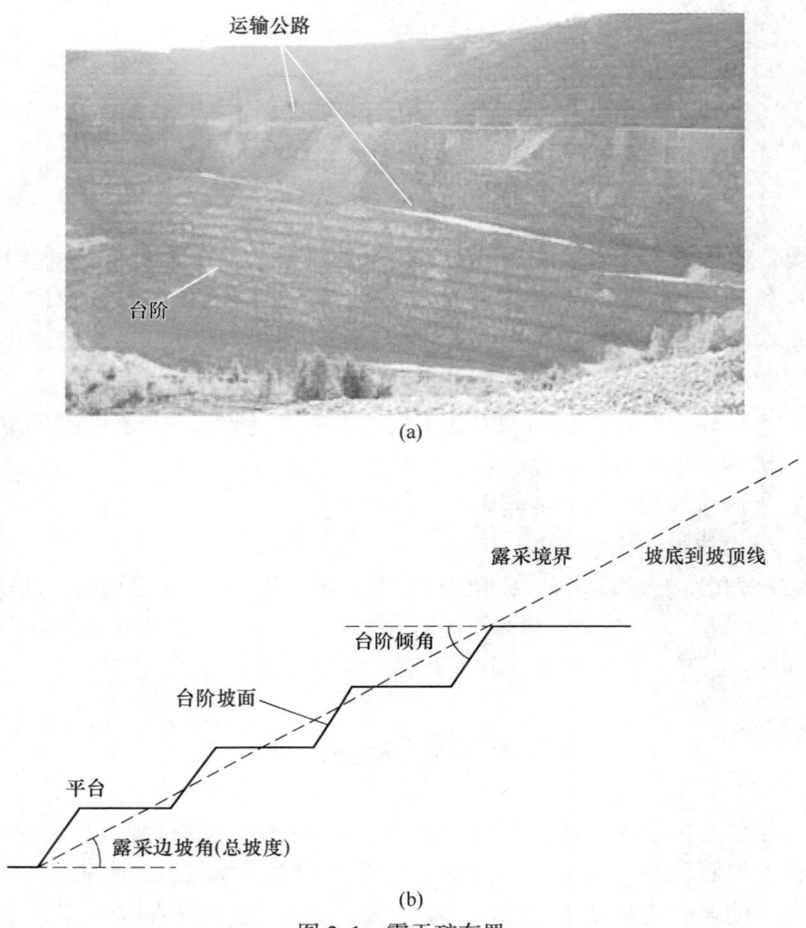


图 2.1 露天矿布置

（a）阿拉斯加州 Fort Knox 金矿露天矿概况；（b）穿过露天坑边帮的剖面

露天采矿的另一个常用术语是一个称为“剥采比”的参数。剥采比为矿坑中的废石吨数与矿石吨数的比率［式（2.1)］。该参数的一个缺点是它没有考虑到开采的金属或矿物的价值，因此可以使用另一个参数［式（2.2)］来考虑传统剥采比。

$$剥采比=剥离物重量/矿石重量 \quad (2.1)$$

$$剥离指数=剥采比/矿石平均品位 \quad (2.2)$$

**表 2.1 露天开采矿山特征表**（来自 M. Abzalov 收集到的采矿信息）

| 矿山名称 | 国家 | 矿床类型 | 深 度 | 台阶高度 | 剥采比① |
|---|---|---|---|---|---|
| Bingham Canyon | 美国 | 网脉状斑岩铜矿 | 1200 m（2008 年） | 15 m，在 30 m 标高处 | |
| Escondida | 智利 | 网脉状斑岩铜矿 | | 15 m | |

续表 2.1

| 矿山名称 | 国家 | 矿床类型 | 深 度 | 台阶高度 | 剥采比[①] |
| --- | --- | --- | --- | --- | --- |
| Argyle | 澳大利亚 | 金伯利岩筒钻石 |  | 15 m | 2.6∶1 |
| Yandi | 澳大利亚 | 豆状铁矿石 | 70 m（最终境界） | 10 m | 1∶3 |
| Rossing | 南非 | 阿拉斯加州型铀矿 | 300 m（临时境界） | 15 m | 2∶1 |
| Taparko | 布基纳法索 | 造山型金矿 |  | 5 m | 7∶3 |
| Bissa | 布基纳法索 | 造山型金矿 | 240 m（最终境界） | 12 m（扩帮 2~2.5 m） | 3∶2 |
| Geita | 坦桑尼亚 | 造山型金矿，赋存在条带状含铁建造 |  | 10 m | 8∶1 |
| Tarkwa | 加纳 | 含金砾岩和砂岩 |  | 6 m（扩帮 2~3 m） |  |

①数据根据最终露采坑设计估算。

## 2.2 地下开采

地下开采一般用于开采未暴露在地表的矿体，由于技术或经济原因，该类型矿体不能采用露天采矿法开采。地下矿山的基础设施比露天矿山复杂。地下矿山的典型布局如图 2.2 所示。

地下开采的一个主要特征是矿井，它是垂直或接近垂直的坑道。垂直的坑道被称为竖井，倾斜的坑道被称为斜井，可以在同一个矿井中出现这两种类型坑道的开拓（图 2.2）。在陡缓变化的地形中，可以通过水平或缓倾斜的巷道（称为平硐）从山坡上进入隐伏矿体，通往斜井或平硐的地面入口称为坑口。

进入矿体后，地下工作在平整的平面（称为水平）上进行。每一层都是位于同一标高面上的地下工作系统。地下工作面包括生产采场和矿山开发基础设施，用于将爆破后的矿石运输至地表进行加工。在一个矿井的主要开发水平之间可以有分段，一般是为了更有效地控制爆破而掘进的。水平和分段之间通过倾斜开口的斜坡道或垂直开口的竖井连接，包括上山和下山。地下基础设施的主要元素如图 2.2 所示，在下文中进行说明。

（1）沿脉平巷是沿矿体走向在地下水平上形成的水平或接近水平的地下坑道。按相对矿体的位置又分为上盘（位于矿体和围岩接触面上部，“悬挂”在矿体上方）和下盘（位于矿体和围岩接触面下部，位于矿体下部）沿脉。下盘沿脉通常也称为矿体沿脉。

（2）穿脉是一个穿过矿体，垂直矿体走向的水平地下巷道，通常连接运输巷道与采场。

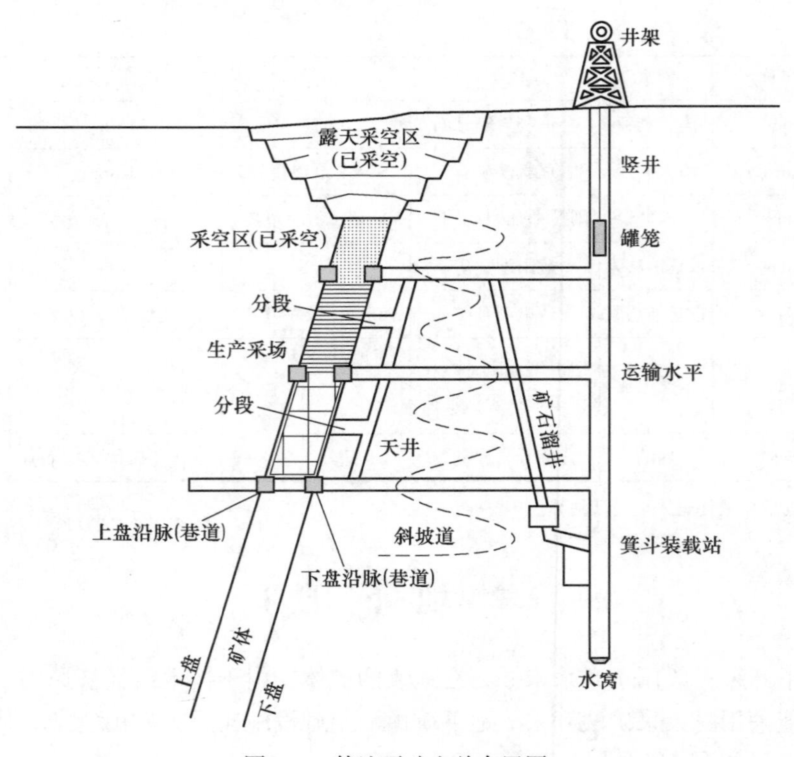


图 2.2　某地下矿山总布置图

(3) 上山是向上的巷道。

(4) 采场是从矿体中开采矿石的地下开采地点或工作区域。采场的形成往往从爆破一个切割槽开始，切割槽是矿体一个边界处向上垂直开采的采矿工程，然后通过爆破落矿继续采矿。

(5) 矿柱是指保留在采空区或两个采空区之间完整的矿石或低品位的矿石，用作支撑，为回采过程提供完整的结构，防止采场坍塌。采场采空后形成采空区，可移除矿柱，但有些矿柱只能永久留在原地。

(6) 放矿点是从采场提取矿石并装载到卡车或输送机上进一步运输的地方。

(7) 放矿溜井是在重力作用下将矿石从一个水平输送到另一个水平的陡倾地下巷道。矿石通过溜槽装载，溜槽是利用重力的装载装置。矿石装载和运输系统的重要组成部分是一个粗钢格栅，称为格筛，用于筛选大块矿石。

(8) 天井是一种小型的近垂直坑道，可以在地下矿井中从一个水平到另一个水平，也可以从地表到地下另一个水平。

地下采矿环境的特殊性，导致了专门机械的发展。这些机械设计旨在地下矿山严格限定的空间内有效运行，包括用于在地下开发或生产工作中钻进爆破孔的专用机械。常见的机械是大型钻机，它可以有一个或两个臂（图 2.3a）。对于非常有选择性的采矿，矿工使用被称为手持式凿岩机的钻孔设备（图 2.3b）。

另一种常用的地下机器是装载机或简称 LHD 的铲运机（图 2.3c），用于将破碎矿石从采场的放矿点装载到最近的运输卡车上。破碎的矿石由地下自卸卡车通过斜坡道或竖井的箕斗运至地表（提升）（图 2.2）。

矿山地质人员的主要职责之一是准确绘制所有地下坑道的素描图。主要是通过绘制地下坑道的暴露面（即两帮、顶板和掌子面）来完成的。应结合坑道类型和投影系统来确定绘制哪个面。

地下开采时，岩石的自然强度往往不能保证岩体开采的安全性。为了防止地下巷道中的岩石崩塌，必须使用锚杆和金属网支护技术对其进行加固（图 2.3d）。

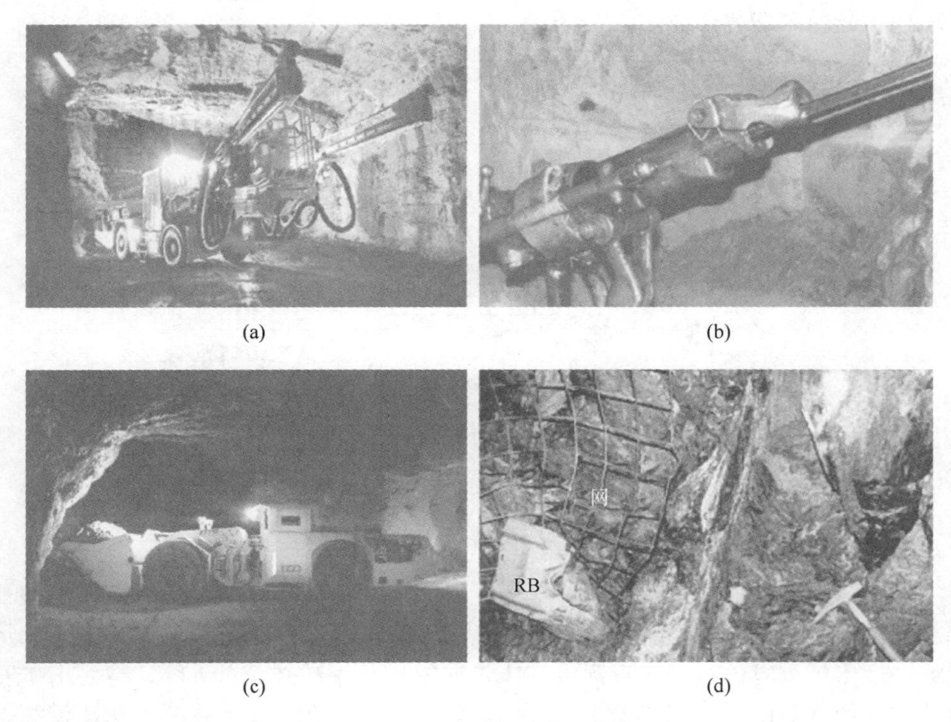


图 2.3 地下机械设备示例

（a）双臂凿岩台车；（b）手持式凿岩机；（c）铲运机；（d）锚杆挂网支护（RB）

在岩石极度松散的情况下，可以通过向岩石表面喷洒液体水泥或水泥纤维混合物来加固坑道的顶面和侧壁，这种方法通常被称为喷射混凝土。一种新的技术是使用薄的喷雾内衬，防止小碎块脱落，从而将较大的碎块固定在原位。

采矿基础设施会随着采矿方法而发生重大变化。采矿技术通常分为选择性采矿法和高强度采矿法。选择性方法通常用于开采少量矿石，但能够在矿石和废石之间更好地选择，从而将贫化和采矿损失降至最低，并确保最大的矿石回采率。通常，选择性开采用于开采薄脉型矿体。高强度采矿法完全是机械化的，能够挖掘出大量的矿石，这些技术使得地下矿山的生产效率很高，但在分离矿石和废石方面效率较低，因此优先用于开采规模较大的矿体。

### 2.2.1 地下选择性采矿方法

陡倾斜的薄矿脉通常采用充填采矿法和留矿采矿法开采，这种采矿法允许高度选择性地开采矿石，同时尽量减少废石造成的贫化。

2.2.1.1 *充填法*

充填采矿的原理如图 2.4 所示。该方法适用于陡倾斜矿脉的选择性开采，尤其适用于高品位的薄矿体。

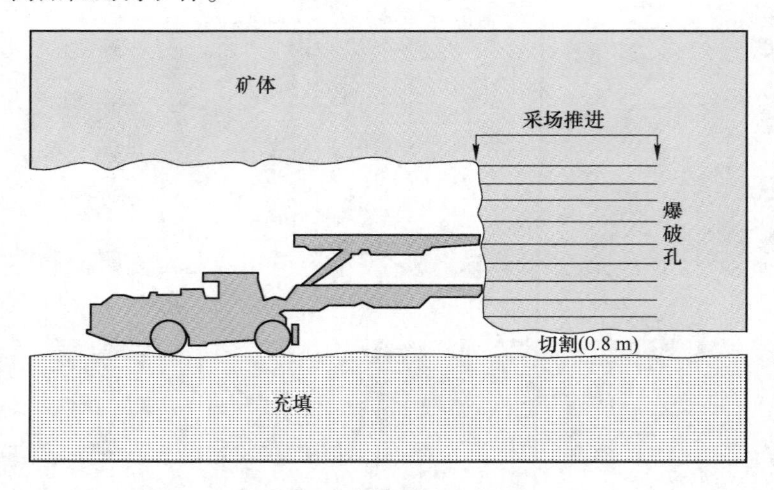


图 2.4 充填法采矿流程

该方法从底部的凹口开始，以水平分层的方式将矿石开采出来，在回填的基础上向上推进。每层通过对工作面进行钻孔爆破，然后将破碎的矿石（碴）从采场中运出。重复该过程，直到沿矿体走向挖出整个矿体（上向）。当采出矿石时，产生的空隙由废石（最常见）、砂尾或砂和水泥的混合物充填。充填物起到支撑采场坑壁的作用，也用作开采下一个矿段的工作平台（图 2.4）。

根据矿体厚度和允许的外部贫化程度，采场工作面爆破钻孔可采用凿岩台车或手持式凿岩机进行。

2.2.1.2 *留矿采矿法*

留矿采矿法是另一种高选择性采矿方法，一般用于开采陡倾斜薄矿脉。与充填采矿法类似，留矿法从矿体底部开始，向上推进水平分层开采（图 2.5）。关键的区别在于破碎的矿石并没有从采场中完全清除，大约 60%的破碎矿石留在采场中，用作开采下一分层矿石的工作平台。留在采场中的破碎矿石也用作采场壁的支撑。

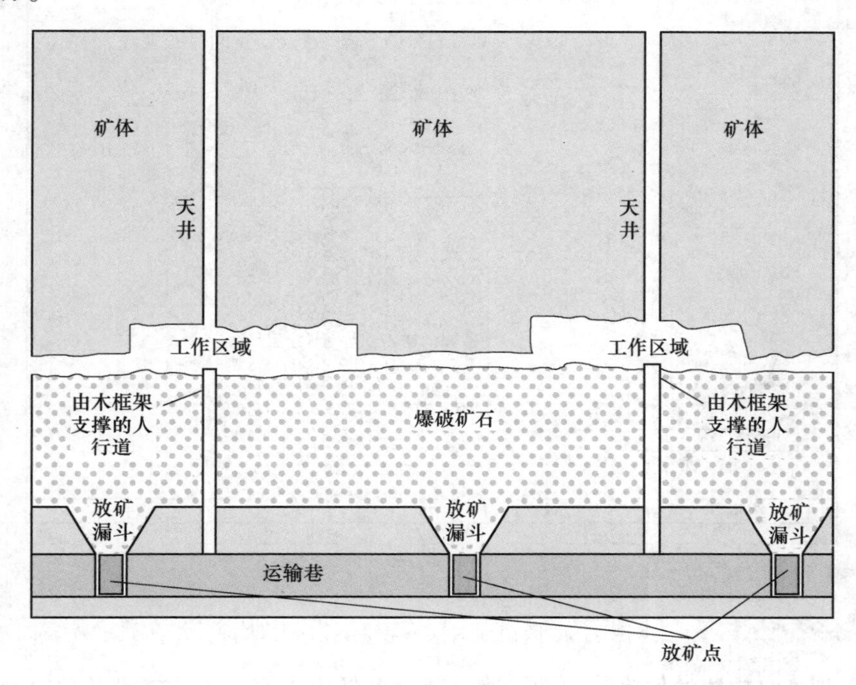


图 2.5　留矿采矿法

留矿采矿法是一种高选择性、低成本的采矿方法。它的应用仅限于非常稳定的矿岩中陡倾斜的规则矿体。矿体的规则形状对有效利用该技术也很重要。

## 2.2.2　地下高强度采矿法

当矿体规模较大、呈块状且形状规则时，从成本角度来看，不需要采用选择性开采，采用较大的地下设备和高强度采矿方法，可以大批量、高生产率地开采矿体。地下高强度采矿有多种方法，最常见的有阶段崩落法（block caving）、深孔空场法、分段空场法、分段崩落法和大直径深孔采矿法（vertical-crater-retreat）。

### 2.2.2.1　阶段崩落法

阶段崩落法是一种大规模生产技术，适用于厚大的均匀矿体，最常见的是陡倾或近垂直矿体。阶段崩落法被认为是生产效率最高、成本最低的地下采矿方法之一，因此常被应用于品位较低的矿体。

该方法利用重力和岩石内部应力，使岩石破裂，并最终将其破碎成足够小的碎块，可由铲运机从运输巷道运出（图 2.6）。“块体”是指作为单个块体准备开挖的矿石的整个体积（图 2. 6）。

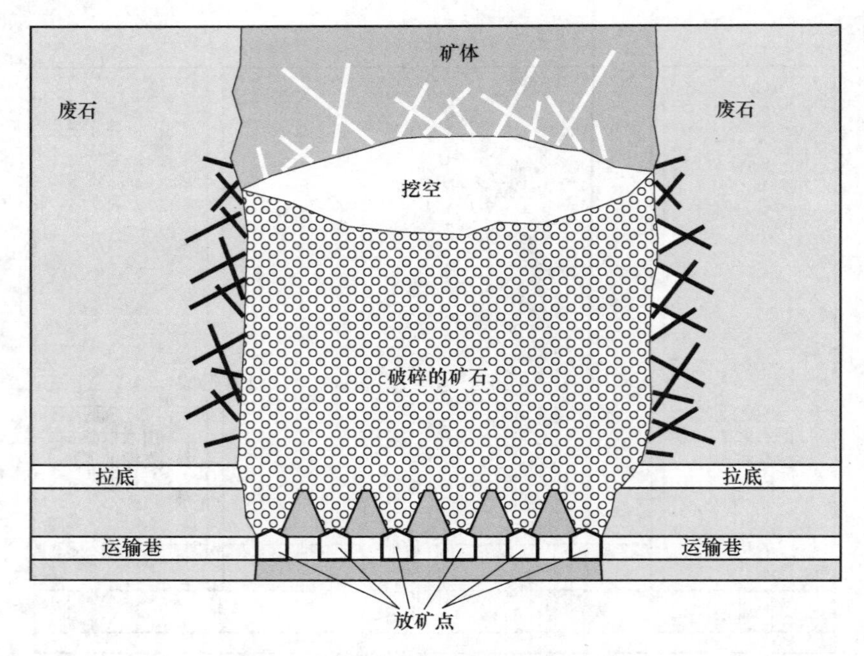


图 2. 6 阶段崩落法（据 Hamrin 归纳）

崩落是由块体的拉底引起的。这是通过爆破块体下方的薄矿段并移除爆破的矿石（图 2. 6）实现的。这将在块体下方创建一个空间，并使上覆岩体不受支撑。坠落的矿石运出后，由于重力作用，由拉底爆破引起的岩石破裂开始在整个块体内蔓延。块体中的岩体碎裂成小块，落在采场（漏斗）底部，通过放矿点运出（图 2. 6）。

阶段崩落法的应用仅限于厚大矿体，矿体最好是垂直圆柱体，或具有良好的长宽一致性比例。该方法的成功与否，取决于对破碎过程的了解以及破碎矿石放矿的能力。特别是，必须允许采场的上盘陷落。岩体受岩石应力和重力破碎成小块的能力，是矿体适于阶段崩落法开采的另一个条件。这 3 个条件很少能够被同时满足，因此该方法仅用于某些类型的矿床，最常见的是斑岩型铜、钼矿床和含金刚石的金伯利岩角砾岩筒（表 2. 2）。阶段崩落法也用于开采一些大型铁矿。

**表 2. 2 阶段崩落法开采的矿山**

| 矿 山 | 国 家 | 矿 床 类 型 |
|---|---|---|
| El Teniente | 智利 | 网脉状斑岩铜矿 |
| Andina | 智利 | 网脉状斑岩铜矿 |

续表 2.2

| 矿 山 | 国 家 | 矿床类型 |
|---|---|---|
| Salvador | 智利 | 网脉状斑岩铜矿 |
| Northparkes | 澳大利亚 | 网脉状斑岩铜矿 |
| San Manuel | 美国 | 网脉状斑岩铜矿 |
| Tongkuangyu | 中国 | 网脉状斑岩铜矿 |
| Freeport | 印度尼西亚 | 网脉状斑岩铜矿 |
| Henderson | 美国 | 网脉状斑岩钼矿 |
| Palabora | 南非 | 铜，铁，金，碳酸盐岩 |
| Flinsch | 南非 | 金伯利岩筒钻石 |
| Premier | 南非 | 金伯利岩筒钻石 |
| Kimberley | 南非 | 金伯利岩筒钻石 |

#### 2.2.2.2 分段空场法

当阶段崩落法不适合部分矿体的开采，但其较大的尺寸仍有利于大规模生产时，可考虑采用深孔空场法和分段空场法（SLOS）。两种方法都将矿体细分为几个大采场。每一个采场都是采用分段（分段空场）或作为单个大空场（深孔空场法）开采的。后者只是分段空场法回采方法的一种放大型，当矿体几何形状和岩石条件允许使用较大地下空场时，就使用这个方法。

以分段空场采矿法（SLOS）为例，说明这种方法的基本原理（图 2.7）。分段空场采矿法采场沿矿体走向布置，采场之间留有支撑上盘的矿柱。矿柱一般呈垂直柱状，分布于整个矿体。矿柱的水平部分，被称为顶柱，也被留下来支撑生产采场上方的巷道。

采场利用在矿体内部主要水平之间准备的分段平巷进行开采（图 2.7）。爆破孔为紧密扇形分布，覆盖整个采场。通过在矿石上布置放射状爆破孔（通常称为扇形爆破孔）来破碎矿石。分段空场采矿法通常沿矿体的走向以水平方向进行采矿，通过钻探下一排扇形爆破孔，充填爆破孔并进行爆破（图 2.7）。

破碎矿石通过铲运机，从沿采场底部分布的放矿点被运走（图 2.7）。采场底部呈槽形，有利于从采场中回收矿石（图 2.7）。这种技术造成了巨大的开放空间，特别是在垂直方向。为了防止矿石在回收后崩塌，通常对采场进行回填。

这种方法适用于陡倾斜矿体，要求采场上下盘岩石稳固，矿石破碎性能较好。矿体形状不规则、接触带不平直时，易造成矿石过度贫化。同样，贫化与矿体内部夹石分布有关。分段空场采矿法不能将内部废石与有价值的矿石分开，爆

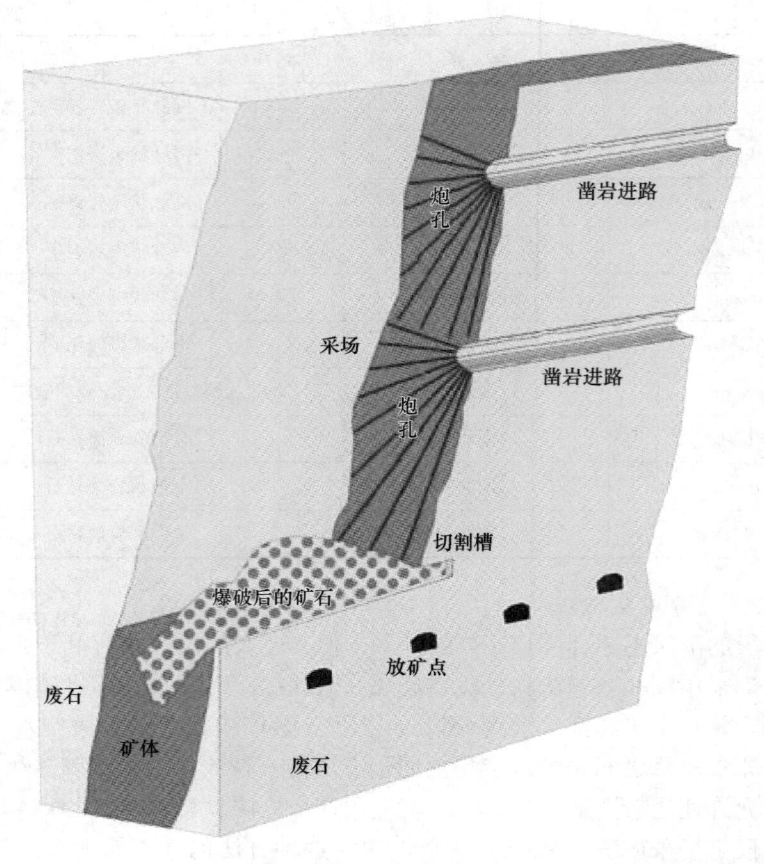


图 2.7 分段空场采矿法（据 Hamrin 归纳）

破孔内的所有物质都作为矿石回收。因此，报告矿石储量的地质学家必须对内部和外部贫化进行校正。

2.2.2.3 分段崩落法

分段崩落法是另一种可用于开采大型陡倾斜矿体的方法（图 2.8）。这项技术使用在以规则间隔布置分段的整个矿体中。在每个分段巷道中，按照几何系统布局，布置沿脉和穿脉巷道系统。沿脉巷道沿矿体下盘和上盘布置并连接一系列平行的、规则分布的穿脉巷道（图 2.8）。

分段崩落法采场的产生，是通过从分段穿脉巷道向矿体上盘钻深爆破孔，对炮孔装药和爆破后产生一个可控的防止上盘碎裂和坍塌的放顶崩落缓冲区。采用这种采矿方法，矿体顶部的地面必须允许下沉。

矿体可以通过从上盘推进到下盘的后退式方式开采，这被称为垂直走向的分段崩落法（图 2.8），或者反过来，沿矿体走向推进采场。如果矿体的厚度不适

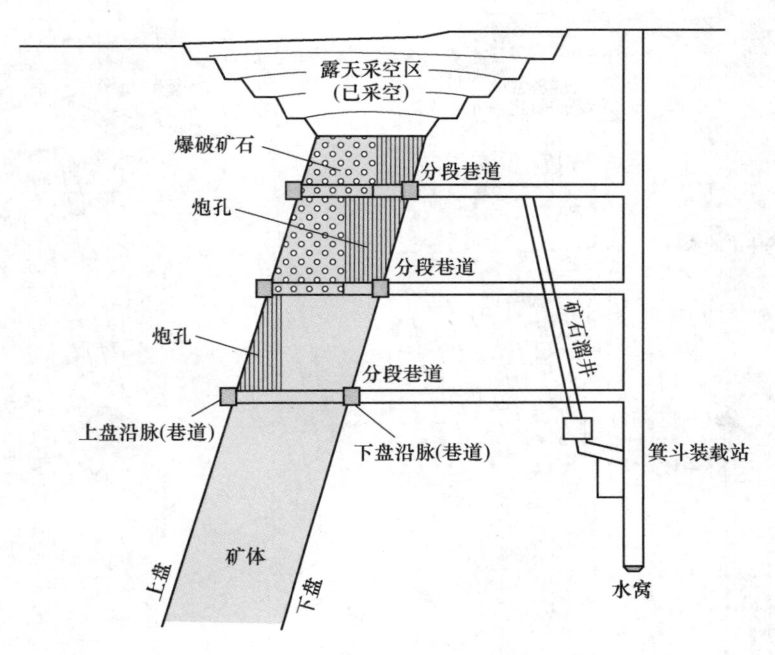


图 2.8 无底柱分段崩落法（据 Hamrin 归纳）

合垂直走向的分段崩落法技术，则采用后一种方法。

岩体必须足够稳定，以允许分段掘进在有限的支护下保持开放状态，一般在不稳定的局部进行锚杆和金属网支护。一般情况下，如果岩体稳固性不足以采用空场采矿法，可采用这种方法代替分段空场法（SLOS）技术。

2.2.2.4 大直径深孔采矿法

大直径深孔采矿法（VCR）用于具有稳固围岩的陡倾斜矿体（图 2.9）。地面条件一般与分段空场法类似，但是大直径深孔采矿法在技术上更简单，能够以较低的生产成本实现较大的生产效率。

该方法基于漏斗爆破，通过从采场顶部形成的挑顶向下钻大直径爆破孔（图 2.9）。爆破孔中装上炸药，炸药被放置在炮孔的一小段中，称为漏斗装药。炸药放置在与孔表面相同距离的每个孔中（图 2.9）。爆破使矿石破碎松动脱落，形成一个垂直后退的漏斗。从放矿点连续装运矿石，并严格记录每个孔的爆破过程。

### 2.2.3 缓倾斜矿体开采

上述方法是针对陡倾斜矿体设计的。水平和缓倾斜矿体的开采需要不同的方法，其中包括采场开采过程中，继续对水平回采工作面的大面积暴露顶板的支护。水平层状矿体的开采有不同的方法，下面将介绍房柱式采矿和长壁式采矿两

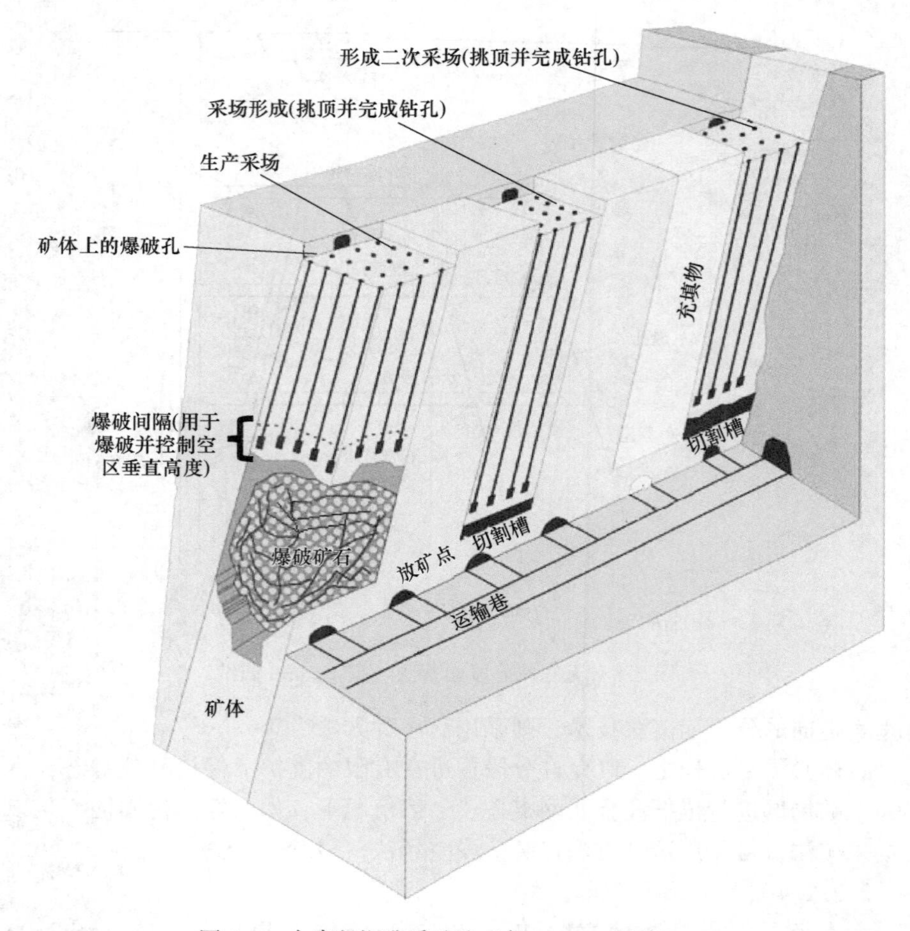


图 2.9 大直径深孔采矿法（据 Hamrin 归纳）

种采矿方法。

2.2.3.1 *房柱法*

房柱法用于井下顶板暴露面积较大的水平层状矿床开采。这样的采场顶板暴露的面积很大，因此必须通过留下矿柱来防止坍塌，矿柱支撑着采场的顶板（图2.10）。为了减少采矿损失，矿柱一般布置在矿石中存在低品位物质或内部废石的区域，以减少矿石回采损失。如果把矿石留作矿柱，则这些矿柱是不可回采的，因此矿山地质人员必须将这些矿量排除在矿石储量之外。缓倾斜的矿体和大的暴露区域，允许建立几个采区，采区之间易于沟通。这些因素使房柱法成为一种从水平层状矿体回采矿石的高效系统。

2.2.3.2 *长壁采矿法*

利用长壁采矿技术也可以开采厚度均匀的缓倾斜薄矿体。矿石是从一个长而直的工作面上用长而平的采场系统开采出来的（图 2. 11a）。该方法特别适用于软沉积岩中煤层的开采。采掘这些沉积矿产不需要爆破，可以完全机械化。工作面长度大，可采用输送带运输矿石，也可使工作面后一定距离的上盘塌陷。

在南非，这种方法应用于某些薄脉型金矿的开采，其中金矿分布在薄的石英砾岩层中，厚度通常小于 1 m（图 2. 11b）。有些矿井很深，因此顶部由混凝土或木材制成的柱子支撑。

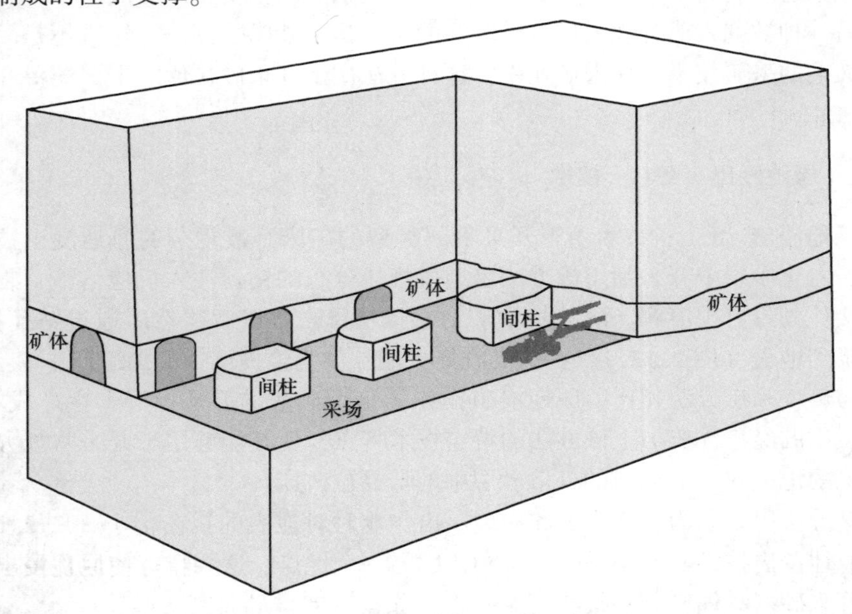


图 2. 10 房柱法（据 Hamrin 归纳）

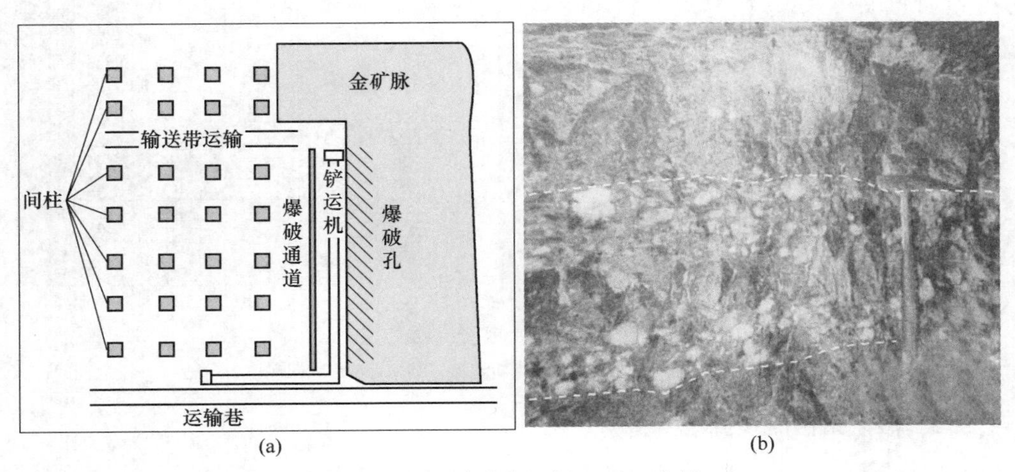


图 2. 11 长壁采矿法（据 Hamrin 归纳）

（a）长壁采场总体布局的平面图；（b）南非采用长壁法开采的金矿脉

## 2.3　非常规采矿法

采矿并不总是通过露天开采或地下开采。有些矿物是通过直接溶解矿石（原地）来提取的，此开采技术被称为原地浸出（ISL）。这种非常规采矿方法广泛应用于开采透水岩石中的可溶性矿物，是砂岩型铀矿的主要生产方法。

另一种被列入非常规采矿方法范畴的技术是采砂船采掘法，这也不是一种严格意义上的采矿技术。在采矿业中，这种方法用于开采砂矿床。下面简要介绍这些方法。

### 2.3.1　原地浸出（ISL）技术

原地浸出（ISL）技术用于开采不同类型的矿床，最复杂的原地浸出技术用于从弱岩化砂岩中开采铀。该方法是通过规律分布的钻孔注入反应溶液，将铀矿物直接从其母岩中溶解。溶液将铀矿物直接从母岩中溶解，然后通过钻孔抽采，将其泵到地表（图 2.12a），在地表收集贵液，供应给提炼铀的加工厂。

与传统采矿方法相比，原地浸出作业的一个显著优势是投资和生产成本低。原地浸出的经济优势加上该方法的特定技术特点，使其能够用于开采常规方法无法开采的地表 600 m 以下的松散砂层中的低品位矿床。

该方法以钻井为基础，因此原地浸出作业时对地表的扰动很小（图 2.12b）。这是原地浸出技术与传统采矿方法相比的另一个优点。这些特点使原地浸出技术成为开采砂岩型铀矿床和某些工业矿物（如盐、钾）的有利选择。

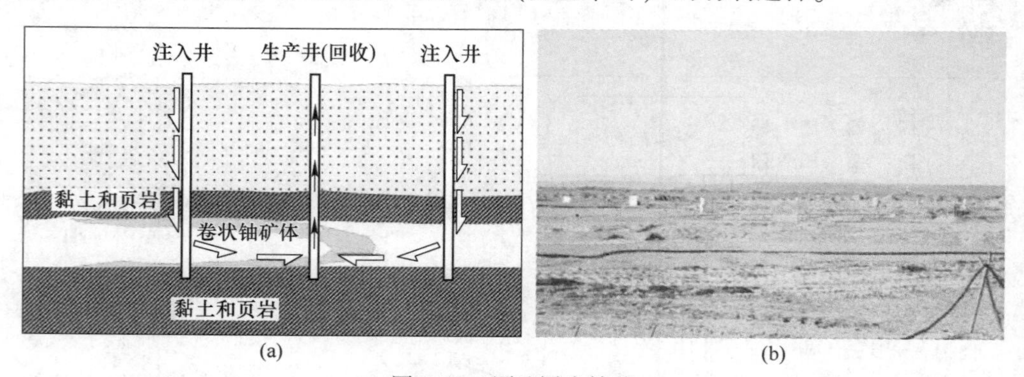


图 2.12　原地浸出铀矿

（a）技术原理；（b）哈萨克斯坦 Budenovskoe 矿生产现场

### 2.3.2　砂矿采砂船采掘法

采砂船采掘法是从流域中挖掘底部沉积物的过程。该方法的主要目的原本不是采矿，是为了保持航道通畅而设计的。后来这项技术在采矿中得到了应用，它已被用于开采沙漠钻石矿、近海海洋砂矿、河床砂金矿和用于其他砂矿床的采矿。后者要求矿化地层至少部分位于地下水位以下（图 2.13）。在这种情况下，可以通过使用人工盆地（采砂池）系统使用采砂船开采含矿砂。挖出的砂子被用泥浆泵送到浮在采砂船所在池塘的选矿厂。重矿物从贫瘠的砂子和黏土中分离出来，这些砂子和黏土在采砂船开采后被填入池塘。

图 2.13　南非 Richards Bay 钛砂矿采场采砂船

## 参考文献

[1] Abzalov M Z. Sandstone hosted uranium deposits amenable for exploitation by in-situ leaching technologies [J]. App Earth Sci, 2012, 121 (2): 55-64.

[2] Brady B H G, Brown E T. Rock mechanics for underground mining [M]. New York: Kluwer Academic Publishing, 2004: 628.

[3] Hamrin H Choosing an underground mining method [C]// Hustrulid WA. Underground mining methods handbook. New York: AIME, 1982: 88-112.

[4] Hamrin H. Underground mining methods and applications [C]// Hustrulid WA, Bullock RL. Underground mining methods: engineering fundamentals and international case studies. Litteton: Society for Mining Metallurgy and Exploration, 2001: 3-14.

# 3　矿山地质编录

（彩图）

**摘要**：地质编录仍然是矿山地质记录的重要方法之一，特别是在圈定地质构造和准确定位地质界线时。这项活动对于了解控制工业矿石分布的有利地质特征非常重要，对于矿床的准确开采也至关重要。本章讨论了矿山地质编录的原理和最常用的工具。

**关键词**：Toe 方法；数字技术；摄影测量；SIROVISION；激光雷达

## 3.1　矿山地质编录原则

在开始采矿之前，为了有效地支持矿山运营，应制订简明的工作指南，明确矿山地质基本程序。程序应包括：

（1）地质测量/编录工具和程序（记录表、电子设备）；

（2）拟绘制和记录的特征：地质特征、工程地质数据采集、样品质量、钻探/采样技术要求；

（3）数据流管理；

（4）矿山地质测量数据的体现方式：横剖面、纵向投影（纵剖面）、平面图；

（5）获取的数据质量；

（6）采样和样品分析方案，以及样品质量控制；

（7）数据库管理。

地质编录通常在采矿项目评估的全过程中进行，并在矿山开采过程中持续进行。过去，用于记录矿井地质数据的工具基本局限于罗盘和卷尺，观测结果被标绘在一定比例尺的图纸上。在普通数码相机成为日常工具之后，它们成为现代矿山地质测量的一个组成部分。数字技术和计算机改变了矿山制图的整个过程，使野外直接观测和在露天矿台阶或地下工作面上使用的地理参考数字与制图之间相互联系。将地质参考数字照片与直接观测记录的野外地质特征、地质界线、断层、剪切带、线理、劈理、褶皱轴向平面等构造中的走向和倾角相结合并进行解释，形成矿山数字地质图。地图的概念也发生了变化，它现在已经成为一种数字三维地质模型的概念，而不是过去主导矿山制图的二维的概念。

根据采矿选择性、储量定义参数和品位控制实践，矿山制图比例尺一般在1∶500~1∶2000。常用方法是以大于最终地质图的比例尺记录现场观测，最终地质图通常表示为整个矿井的简化地质图。矿井的某些部分可能会引起特别的兴趣，需要更详细的编录，这些编录记录在1：200的大比例尺图上。根据所选比例，需要确定反映的部位。例如，矿脉群在1：200和1：2000比例尺的地图上显示的不同。1：200比例尺的地图允许记录和绘制构成矿脉群的每个脉，而在较小比例尺的地图上，如1：2000，单个矿脉可能无法区分，矿脉群将显示为矿脉带。

为确保不同地质人员编制的地质图件的一致性，有必要制订简单的指南，明确制图原则，说明矿区的岩石类型、特征和其他需要说明的地质特征。通常要对矿体、主要断层和褶皱命名，其具体特征在指南中描述，以简化野外识别这些特征。通过岩石标本图集，补充指南也是一种好的做法，岩石标本图集也称岩石展示板（图3.1），应包括主要岩石类型的照片。指南和岩石标本图集用于培训地质人员，也可被带到现场，并作为地质人员矿山编录和钻孔编录的实用现场使用手册。

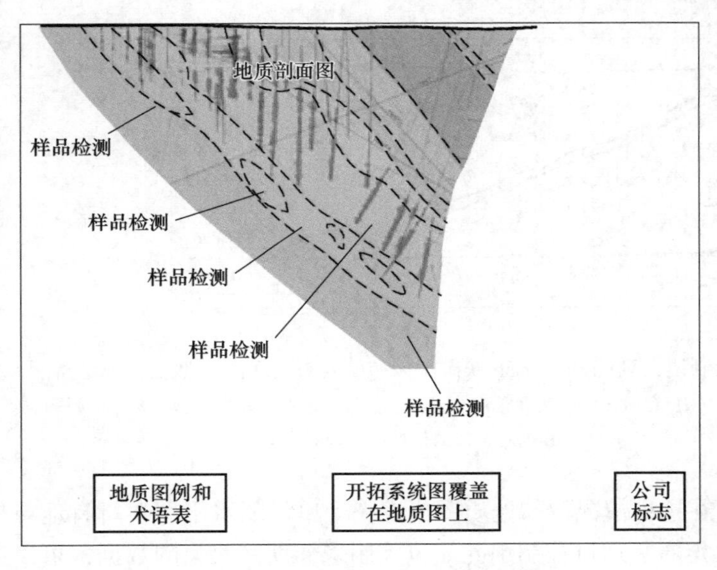


图3.1　布置为展示板的主要岩石样品

## 3.2　露天矿地质编录

露天矿的地质特征可以很好地在工作面，特别是沿着台阶的底部观测和记录到那里的暴露在破碎岩石表面的地质特征（图3.2a）。利用测量控制点，将观测到的地质特征准确地记录在基准图上，并在采场工作面或采场坡底面破碎岩石上利用油漆进行标记（图3.2a），并在基准图上标出其确切位置。编录图还应显示露采坑的基础设施，特别是台阶的坡底和坡顶，这些作为背景数据，有助于在底图上准确地绘制观测到的地质特征（图3.2b）。

坡底面标记法允许绘制露天矿坑开采平面图，作为不同坡底位置的连续记录

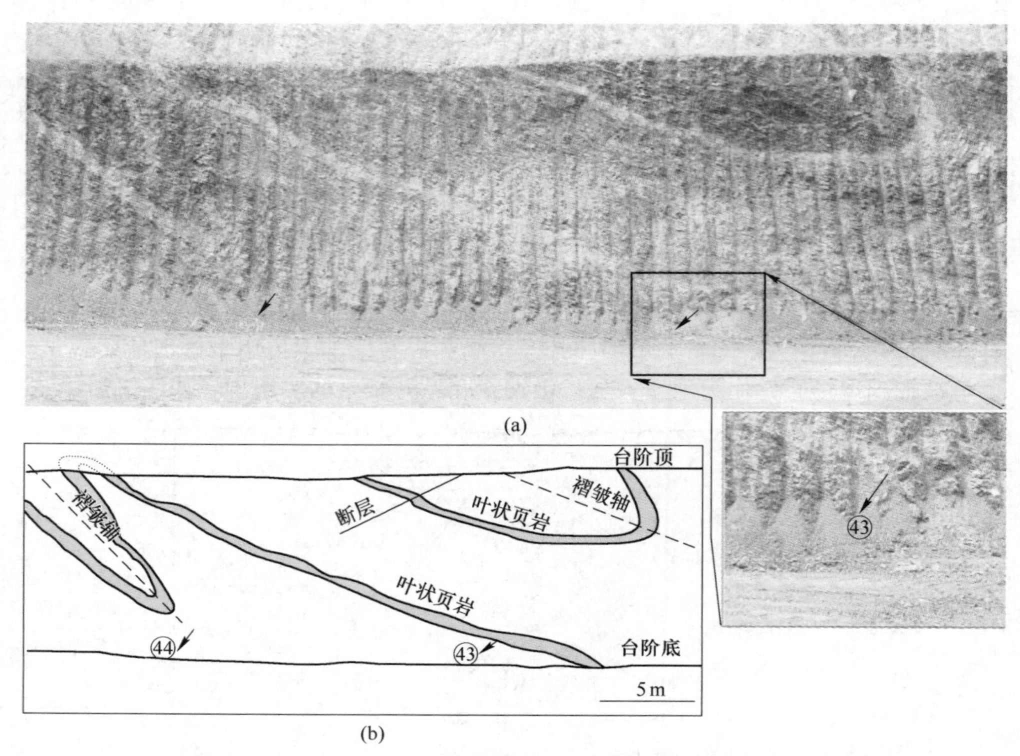


图 3.2 绘制澳大利亚 Brookman 铁矿露天矿的岩石坡面图（地质特征已从照片中数字化）
（a）台阶面，坡底面露出的岩石上有白色油漆（箭头表示）标记的控制点；
（b）根据对该面的目视观察和照片文件进行地质解释

(图 3.3)。在这种情况下，地质图代表一个单一的水平图，所有地质界线点都显示出其真实走向。通过控制炮孔品位控制采样期间收集的数据，可以进一步完善该图。爆破孔之间的距离通常为 5~10 m，并由矿山测量员精确定位，这为记录岩石类型及其品位的具体信息提供了机会。结合坡底面编录和炮孔资料，可以生成详细的开采平面地质图（图 3.4)。

目前，电子数据采集设备（如电子地图板）取代了绘图板（图 3.5)。允许直接将信息上传到计算机上获取数据，从而加快了数字三维模型的构建。尽管如此，这种方法与传统的纸质地图相比，缺点是更一致化，灵活性更低，受地图比例尺、格式和选定图例的限制。用传统的野外记录簿作为电子地图的补充，可以克服直接在电子设备上进行地图绘制的局限性。

后者将用于记录其他的数据，例如特别关注的区域和由于电子图板的规格限制或其他技术限制而无法在电子板上绘制的各种地质现象。这些特征可以在记录簿中绘制，然后与电子设备获取的特征和数字照片一起使用，以生成地质图和矿

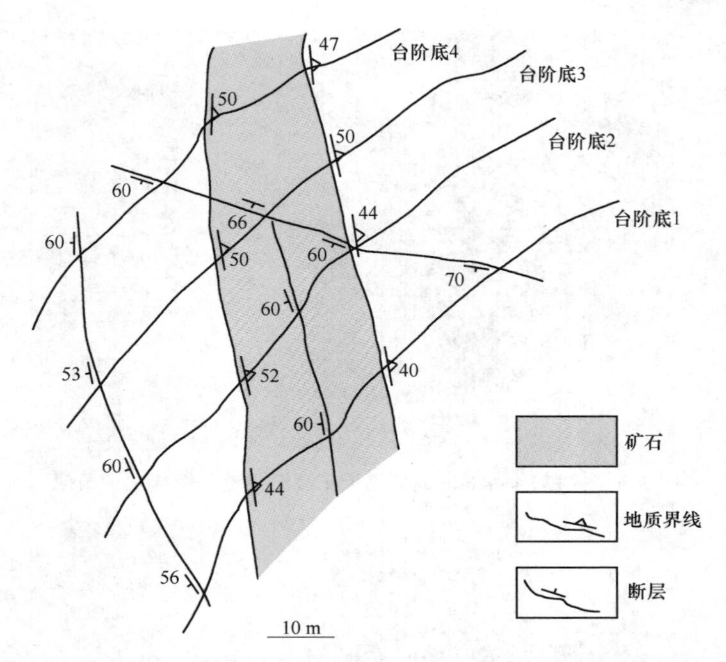


图 3.3 用坡底绘图法记录并绘制在一张平面图上的露天矿地质图示例

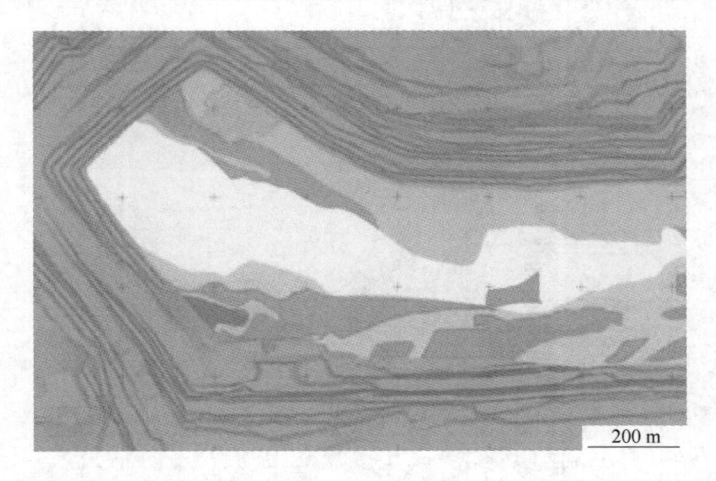


图 3.4 结合台阶底部绘图法和爆破孔资料绘制的纳米比亚 Rossing 铀露天矿 15 号台阶［颜色（深浅）不同表示岩石类型不同］

井的三维模型。因此，最好的做法是将野外地质记录簿与电子制图设备结合使用。

沿台阶底部记录的地质特征可延伸至整个露天坑边坡面。这种方法类似于区域地质调查中垂直悬崖的记录，特别适用于记录陡倾斜地质体的地质特征。

当使用这种方法对露天坑进行地质编录时，最好先拍摄整个边坡面的照片，并在开始对坡面进行详细编录之前绘制主要地质特征（图 3.6）。之后，露采坑

图 3.5　智利 Escondida 铜矿露天矿测绘用电子图板和记录簿

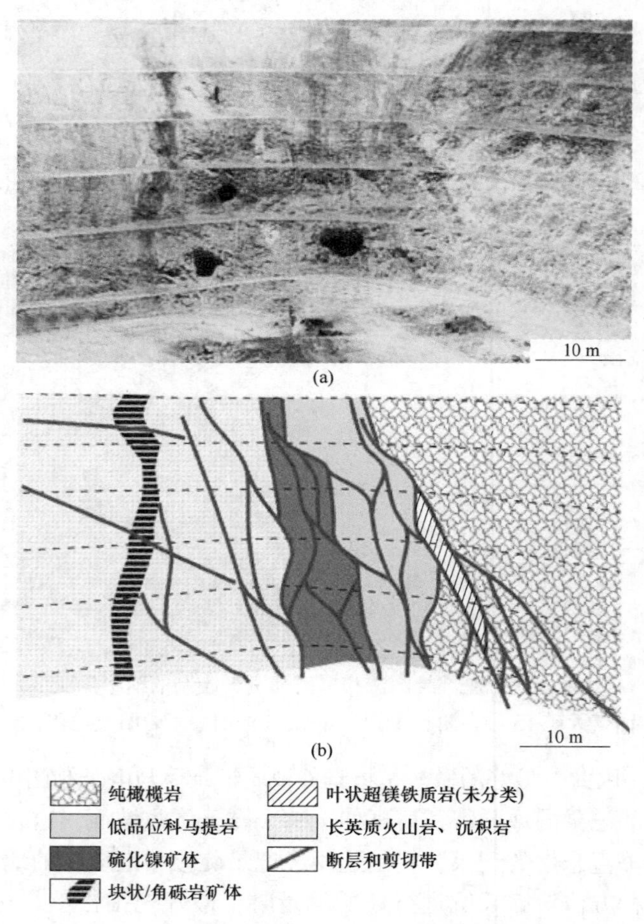


图 3.6　澳大利亚 Perseverance 硫化镍露天矿

（a）坡面照片；（b）照片所示特征的地质解释

坡面通常表示为分段的垂直剖面集，并分别投影。投影面应包含标记和测量的参考点，以便准确定位观察到的地质特征（图 3.2）。

最好是使用每个投影段的照片，其详细程度与所选比例相匹配。照片应标志地理参照点，以显著提高地图的质量，允许通过从照片直接数字化来精确定位观测到的特征。当按地理参照将照片覆盖在数字模型上时，获得的结果最佳。这项技术在计算机屏幕上高度再现了绘制露采坑图时的三维外观（图 3.7）。主要地质特征可以直接从照片中的数字看出，这确保了地图特征的精确定位。在现场增加了一些小细节，包括岩石的精确描述和结构元素的角度测量。

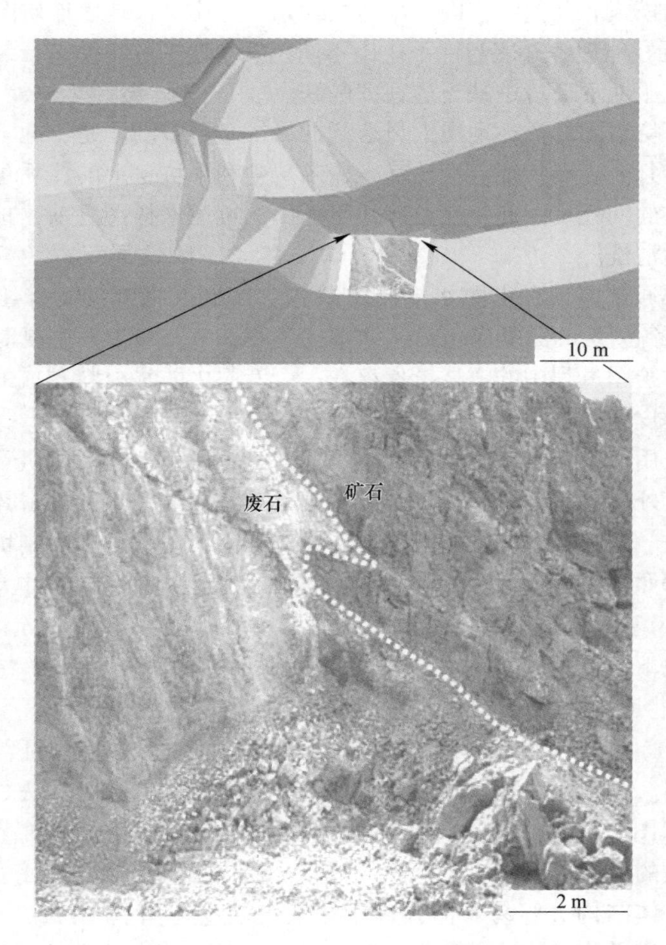


图 3.7　澳大利亚 Tom Price 铁矿数字化露采坑模型上的露天矿工作面地理位置参照及照片

## 3.3 地下矿山地质编录

由于缺乏露天矿的透视图（图3.6），地下矿山的地质编录比地面地质编录更具挑战性。与露天采坑编录相反，绘制地下矿山图代表的是一组空间分离的观测数据，其详细程度和可靠性各不相同，地质人员最终需要将这些数据关联起来并组合成一张图（图3.8）。绘制地下矿山地图的地质人员基本不能在地图完成之前看到整体情况。

利用地表地质图可以从一定程度上克服这一局限性，这些图可以提供显示矿化带主要结构模式和几何结构的一般地质背景。大比例尺地表地质图（如果有的话）有助于更好地理解并能与地下矿山不同位置观察到的地质特征结合起来，但并不能完全克服地下环境中缺乏透视图的缺点。

绘制地下坑道图的矿山地质人员遇到的另一个严重问题是，地下工作区的光线昏暗，很难判断岩石特征。覆盖在表面的灰尘和采坑壁上的泥垢也是矿山地质人员经常面临的问题。因此，在绘制地下矿山的坑道素描图之前，地质人员会对其进行彻底的清洗。

地质特征通常记录在由防水纸制成并包含印刷网格线的特殊绘图方格纸上（图3.9）。准备测绘的图纸应包括从详细的工程图（图3.9）中复制的地下井巷工程的边界。绘图过程中的方格纸保存在一个专门由防水材料制成的夹子中，铅笔和比例尺的皮套固定在夹子的封面上（图3.10）。

地质人员用于地下编录的设备，除了罗盘、地质锤、数码相机和放大镜等传统的地质工具外，还包括一个长20 m或30 m的皮尺、一个长5 m用于测量垂直尺寸的钢卷尺、两三罐不同颜色的喷漆、强光电筒。后者对于绘制坑道图特别重要，因为头部照明通常太暗，无法观察4~6 m（这是在现代矿山中常见的平巷和斜井高度）距离以外的地质特征。

最适合地下环境中编录的有新施工的沿脉平巷的掌子面和平巷的顶板（图3.11）。地下巷道的侧壁也应绘制成图，特别是当这些工作面垂直于矿体走向布置时（图3.11）。根据矿化的形态和地质复杂性，应决定哪些特征需要主要关注和最详细绘图。在西澳大利亚的许多硫化物镍矿山中，首选的方法是绘制沿脉和穿脉的顶板（图3.8），并在最重要的地质区域绘制选定穿脉的坑壁，其中包含正确解释地质的关键信息。

缓倾斜矿体结构最容易暴露在地下采坑的坑壁上（图3.12）。在这种情况下，应适当强调沿坑壁的地质素描。

绘制顶板和坑壁需要在地下工作区坑壁上标记参考点。标记通常以2 m为单位，每10 m突出显示。根据素描图比例尺，可以在不同的距离绘制标记，在需

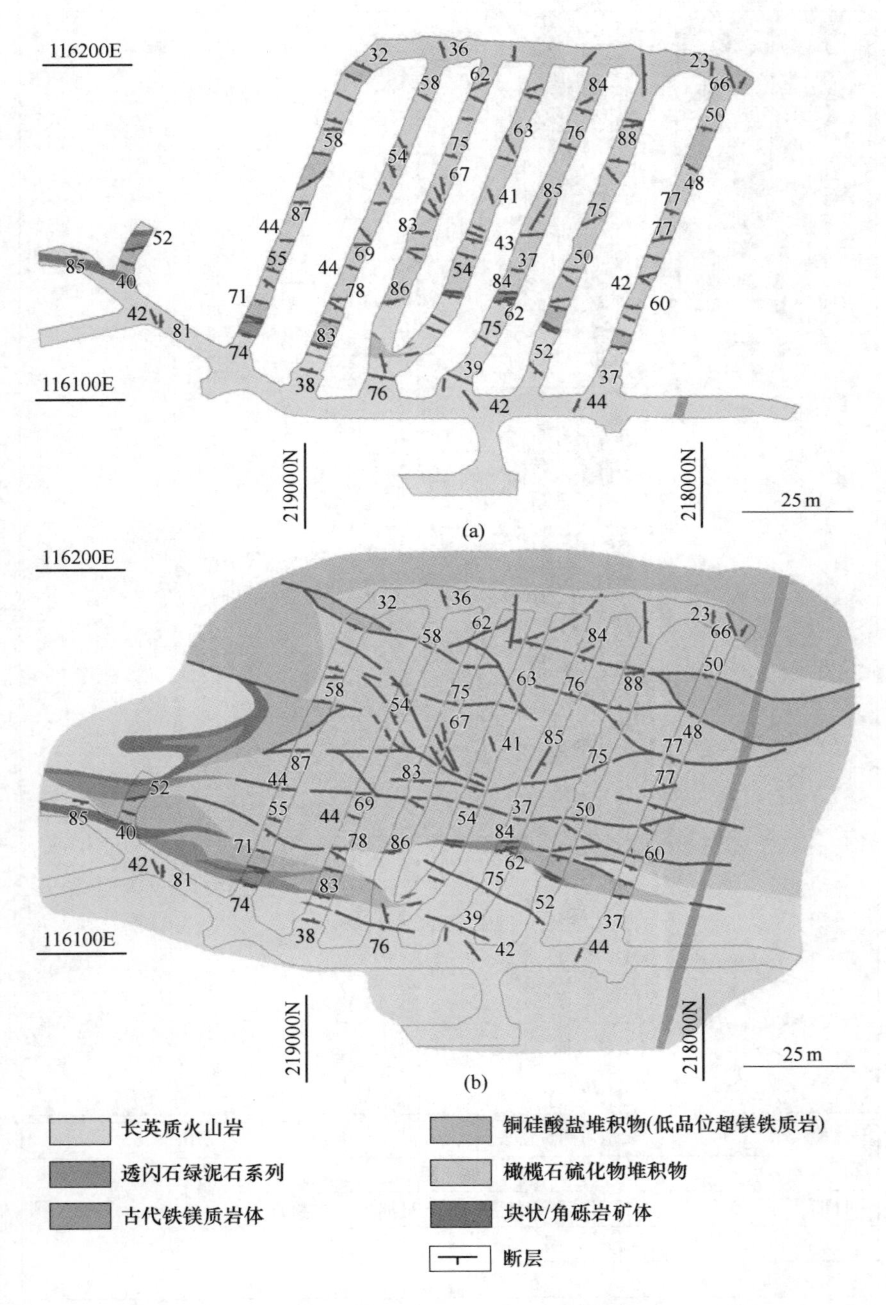


图 3.8 澳大利亚伦斯特省 Perseverance 硫化镍矿 10075 中段

（a）在地下沿脉和穿脉巷道观察到的现场地质特征资料；

（b）利用地下坑道编录和钻孔数据编制的地质图

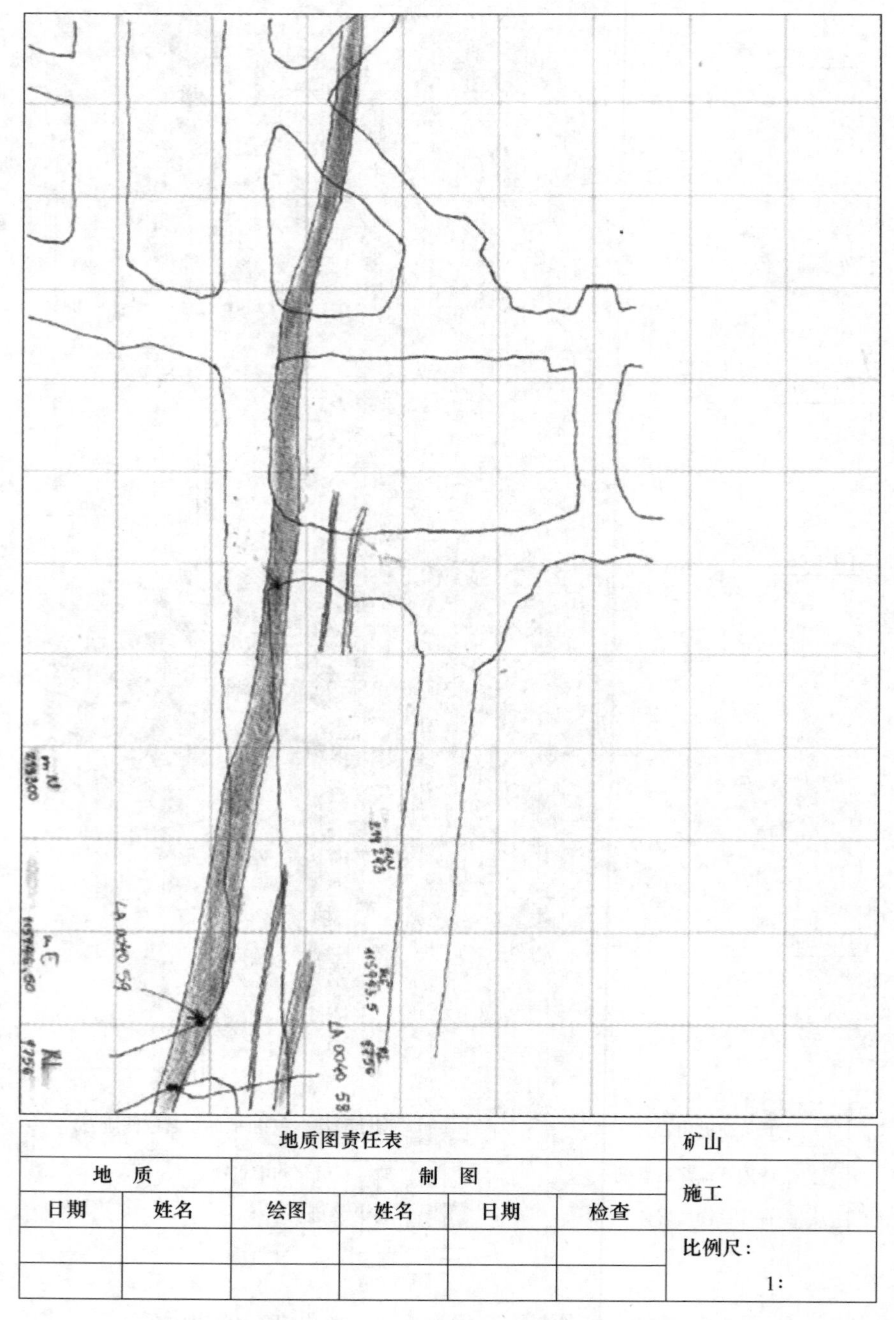


| 地质图责任表 | | | | | | 矿山 |
|---|---|---|---|---|---|---|
| 地　质 | | 制　图 | | | | 施工 |
| 日期 | 姓名 | 绘图 | 姓名 | 日期 | 检查 | |
| | | | | | | 比例尺： |
| | | | | | | 1： |

图 3.9　澳大利亚伦斯特省 Perseverance 硫化镍地下矿山地质编录准备的编录表
[地下井巷工程的界线是从工程图上复制下来的。块状硫化物矿石的透镜体
(灰色扁平和透镜体）是从矿石储量模型复制而来的]

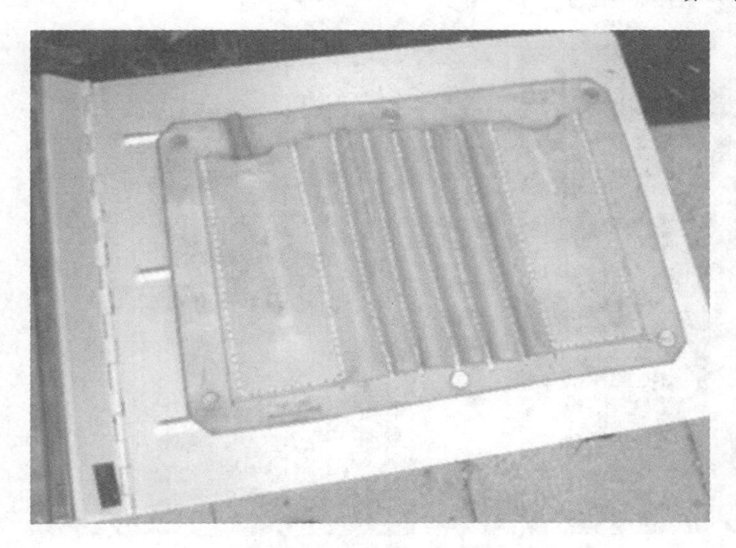

图 3.10 井下编录用带铅笔套的测图夹持器

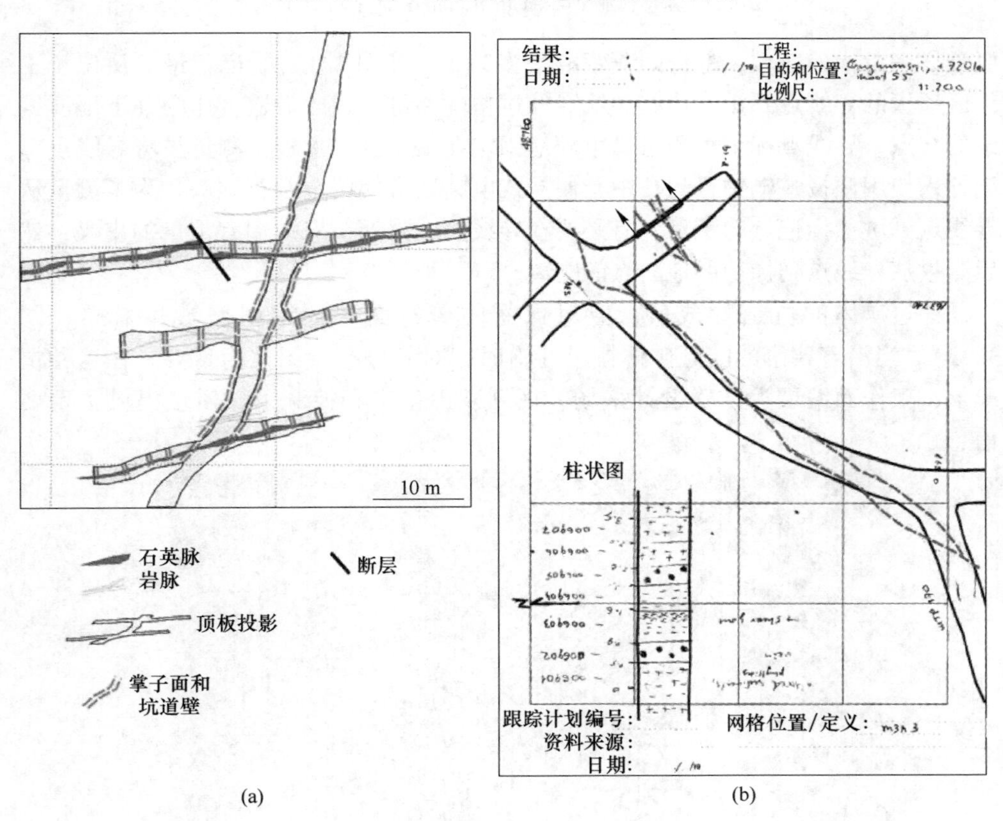


图 3.11 乌兹别克斯坦 Zarmitan 金矿井下地质编录

（a）顶板投影图以及投影面和坑道壁的位置；（b）现场绘制的穿脉素描图

图 3.12　澳大利亚 Norseman Bullen 矿井下坑壁的素描

要最详细素描的区域，标记间隔距离最多为 1 m（图 3.12）。标记最好从位于工作区顶板的导线点开始，这些导线点经过精确测量，因此最适合作为井下地质编录的起点。导线点标记由测量员牢固地固定在工作区的顶板，测量员将导线点标记拧入使用便携式电钻打的孔中，便携式电钻通常使用金刚石钻头。为了测量从导线点到坑壁标记点的距离，有必要在导线点上附加一根一端有重量的皮尺，然后测量从导线点到标记的地质点的距离。

穿过矿体的坑道形成后，应对裸露的矿石面进行定期编录和采样（图 3.13）。当沿着狭窄的陡倾矿体掘进巷道时，对其进行绘图尤为重要。在这种情况下，工作面编录为准确设计采场、规划矿山生产和控制采矿质量提供了重要信息。

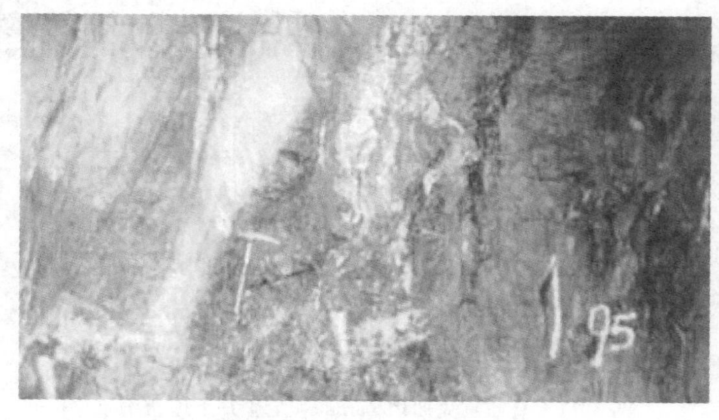


图 3.13　澳大利亚 Ballarat 金矿的工作面编录

每次通过爆破推进地下工作面后，都要对工作面进行编录，因此可以从测量人员处获得精确的掌子面位置。尽管如此，也要通过记录离最近导线点的距离来备份素描图的位置。

通常情况下，在绘制掌子面和坑壁素描图之前，用喷漆标记地质界线（图3.13）。通常用2~4种不同的颜色来表示不同的特征（扫描扉页或章节开端二维码查看彩图。图3.13中，黄色标记为1 m距离内的参考点，蓝色线表示石英脉及其界线）。不必使用更多的颜色，因为会给人很复杂的感觉。

使用地理参考数字照片，可以明显改善地下矿山的制图。在地下矿山中使用数码相机进行地质测量的程序与在露天矿地质测量中使用数码相机的程序类似(图3.7)。主要区别在于GPS技术不适用于地下拍摄的照片定位。

只有确定所画标记相对于导线点的位置，才能准确定位照片。因此，标记在照片上清晰可见十分重要，并且它们的位置需要在编录的地点被爆破、喷射混凝土或变得不可观察之前确定。

根据可用的软件，照片可以覆盖在相应表面的数字模型上，或者简单地贴在其位置与照片上显示的表面位置大致一致的平面上（图3.14）。地质界线可以直接从这些图像数字化。当图像覆盖在相应的平面上时，图像的精确位置允许获得在研究面上暴露的地质特征的精确三维位置。

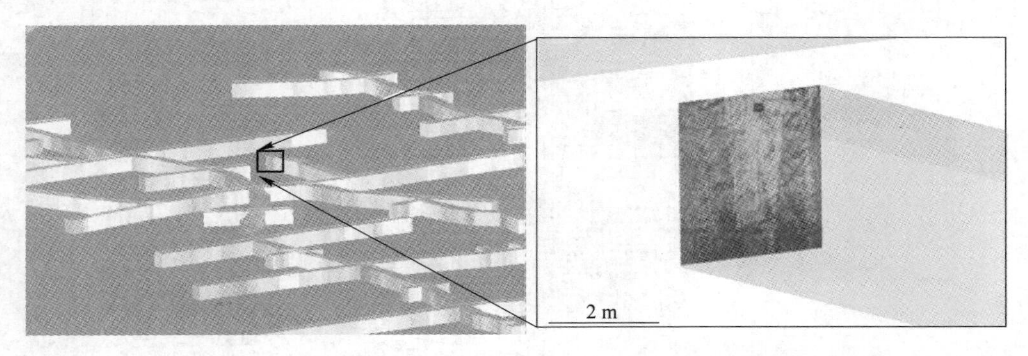


图3.14 乌兹别克斯坦Zarmitan金矿地下工作面的三维数字模型
(放大显示了一张覆盖在三维模型上的地下坑道掌子面的照片)

## 3.4 利用数字摄影测量和激光技术绘制地质图

在前面的章节中讨论的传统编录有个很大的局限性，即耗时和劳动强度大。这些局限性给现代矿山的使用造成了严重的不利影响，这些矿山的特点是生产和开发速度很快，需要在爆破或喷射混凝土之前从暴露的工作面快速获取地质和工程地质信息。在常规测绘过程中遇到的另一个问题是，由于安全或后勤原因，含有重要信息的矿井某些部分可能无法被编录。为了克服这些局限性，现代矿业正在积极引进远程数据采集设备和桌面制图技术。这种方法的一个简单版本是使用坑道的数字照片，利用精确测量位置的控制点对其进行地理定位，然后覆盖在相应的数字模型上，绘制出坑道表面图（图3.7和图3.14）。更复杂的远程编录需要借助特殊的设备来获取和处理数据。在过去的10年中，利用远程数据采集技术对岩石工作面进行特征描述的技术有了巨大的进步。目前，最常用的方法是摄影测量和激光测绘，它们可以从距离研究面较远的地方收集岩石表面的信息。同样的技术产生了一个数字三维表面模型，称为数字地形模型（DTM）。

### 3.4.1 使用摄影测量绘制采矿工作面地质图

目前用于远程绘制采矿工作面地质图最常用的方法是摄影测量。这种方法使用从不同位置拍摄的同一物体的成对数码照片，称为立体像对（图3.15）。利用研究对象P($x$, $y$, $z$) 和两个数字图像pL($u$, $v$) 和 pR($u$, $v$) 的三角测量，可以测量它们之间的角度，并且在已知每个图像的相机位置、每个图像的相机方向和焦距的情况下，可以确定点P($x$, $y$, $z$) 的空间位置（图3.15）。

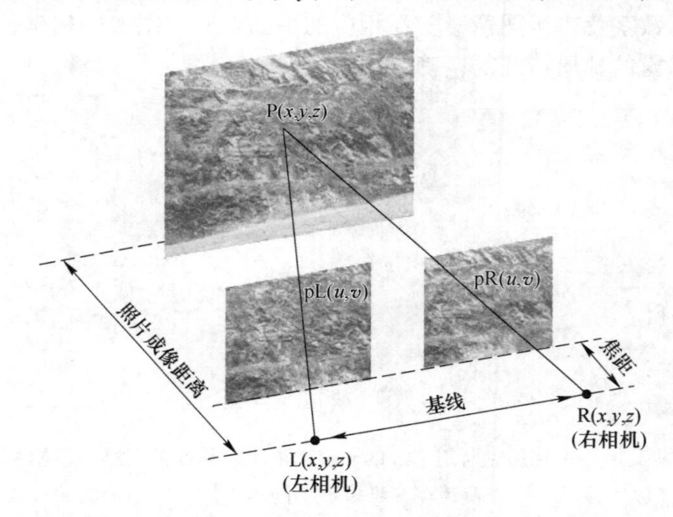


图3.15 用于岩石表面摄影测量的立体像对原理示意图（改编自 Atkinson 和 McGlone）

摄影测量的一个重要特点是，通过改变立体系统的几何结构，可以改变和配置三维测量的精度（图3.15）。然而，对于给定的相机，视野与镜头的焦距和与被摄区域的距离直接相关，精度取决于以非线性方式相互作用的许多参数。实际上，最重要的参数之一是相机之间的距离（图3.16）。当它减小时，测量误差急剧增加。增大相机之间相对于其与目标的距离，使误差椭圆更圆，可以提高照片的分辨率。

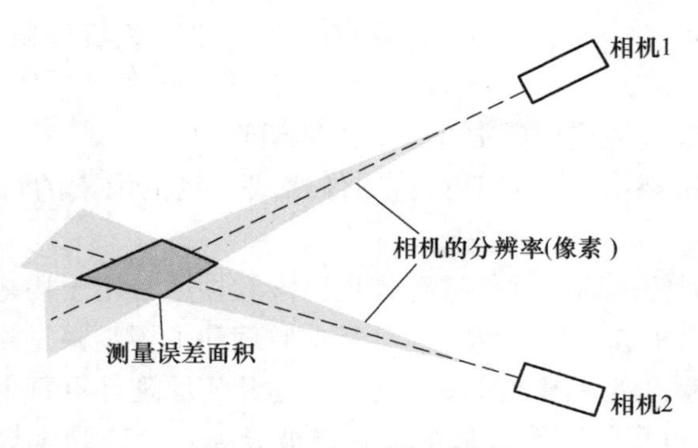


图 3.16　立体摄影测量误差

从一对匹配的二维图像中精确地获得三维测量数据作为研究对象的技术并不新鲜，在地质应用中，这项技术长期以来被称为航空摄影立体像对。该技术是生成地形图的常规方法，也是对地形地质进行初步解释的常用方法。尽管这项技术已为人们所熟知，并在区域地质调查中得到广泛应用，但直到最近才被引入采矿业。它是由澳大利亚联邦科学和工业研究组织（CSIRO）率先开发的，该组织与 Datamine 一起开发了一个 SIROVISION 系统，这是第一个商业化的、辅以数据处理软件的摄影测量设备。

目前，另一个用于矿井工作面摄影测量记录的系统是 ADAM 技术。当正确应用摄影测量技术时，可以获得非常高的精度，精度在 1 cm 以下（Birch，书面交流）。据报道，在澳大利亚 Mount Newman 铁矿，当拍摄立体照片的工作范围为 0.7~1.2 km 时，ADAM 技术的标高测量精度为 10~20 cm。当从距研究面 50 m 的地方拍摄照片时，同样的技术也产生了精度在 1~2 cm 的地图，地面像素大小为 1.5 cm×1.5 cm。

从一对图像生成 3D 地图的最佳工作步骤如下：首先，选定的地点需要准备照相，包括洗刷工作面。如果安全条件允许，最好标记和测量控制点，用于验证由摄影测量技术生成的表面模型。控制点的选择应确保其位置尽可能靠近重叠立体图像对的中心。

需要确定数据采集过程的摄像机位置和物理布局，并确保对于给定的摄像机和镜头配置是可行的。根据经验，比率（摄像机之间的间隔/摄像机到巷道面的距离）应在 1/6 到 1/8 的范围内。摄像机应与装有水平仪的三脚架配合使用，以确保位置水平和不倾斜。拍照前，需要进行以下测量：

（1）需要准确地确定获取每幅图像时相机的三维坐标（绝对或相对）。

（2）每次获取图像时，需要测量相机的三个方向：1）相机光轴的方位角。立体照片应尽量避免汇聚，理想情况下，所有由摄像机拍摄的图像的照片应平行对齐。按 10° 汇聚很可能导致立体对匹配不好而造成三维地图的误差较大。

2）相机轴面倾角（0°为水平，90°为垂直向上）。3）相机倾角。如果可能的话，照相机的倾斜度应该为零。

（3）摄像机镜头的焦距通常在镜头校准期间确定。

（4）根据相机规格，有必要获得图像格式，包括像素的行数和列数以及像素大小。

所获得的数据使用商用软件进行处理，该软件通常用于构建数字曲面。文件结构和处理过程因所选软件而异，但其基本原理和主要步骤是相同的：首先需要匹配一对立体图像，然后内置算法将使用上述几何原理计算每个像素的坐标（图 3. 15）。作为这个过程的结果，每个像素将被分配一个三维坐标，然后表面可以表示为线框（三角网格）模型（图 3. 17a）。将数字摄影记录的像素填充到线框中，生成表面的纹理三维摄影图像，该图像真实地再现了拍摄照片时该面的实际外观（图 3. 17b）。

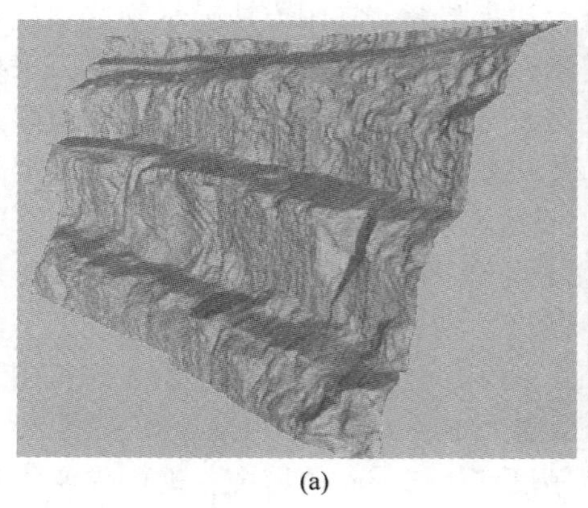

(a)

(b)

图 3. 17　采用 SIROVISION 技术（由 Datamine 提供）获得的坑壁三维摄影图像（台阶高 10 m）
（a）线框；（b）以影像像素填充的线框模型

在采矿环境中，摄影测量技术最初被引入露天矿作业（图 3. 17），后来成功地用于绘制地下采场图（图 3. 18）。

### 3. 4. 2　利用激光对采场进行远程测绘

对采矿工作面进行三维激光扫描是对暴露在采矿工作面上的岩石地质和工程地质特征进行远程表征的另一项强大技术。该系统与普通雷达类似，但它利用光速，发出狭窄的激光束，而不是传统雷达使用的宽无线电波。激光雷达技术通常被称为激光雷达（LIDAR，light detection and ranging）。激光雷达仪器是一款小型便携式设备，结合了激光发射器和接收器。它发出高频激光脉冲并捕获反射。这些测量基于激光雷达仪器和反射光束的物体之间距离的三角计算。

图 3.18　加拿大 Diavik 钻石矿，用 ADAM 摄影测量技术记录的部分地下巷道（8 m）的详细三维图像

发送脉冲的频率为 530～1500 nm，允许在不到 15 min 的测量（通常是一次扫描的持续时间）内累积超过 100 万个反射点。仪器的工作范围从几米到几百米，最多 1 km，测量坐标的精度在 2～10 mm 范围内。所捕获的反射点的密度如此之高，以至于看起来就像扫描表面的实际摄影图像。下一步是从捕获的点生成三角形网格。这是由专门为处理大型数据文件而设计的软件完成的，其中包含数百万个需要地理坐标到真实世界坐标系的对照点，然后通过三角网化记录点，创建三维数字网格来生成扫描曲面的数字模型。

数字模型的进一步应用取决于激光雷达测量的目标。三角网格（线框）可用于确定断裂密度、不连续面的首选方向，可用于准确估计采空区，以便与报告的矿山生产情况相协调。

## 3.5　优化矿山地质编录程序

尽管使用摄影测量或激光技术对表面进行远程扫描显著加快了制图过程，提高了在三维空间确定制图特征位置的准确性，但这并不能抹消地质观测和记录岩石特征的必要性。现代矿山地质和工程制图应包括常规制图，即矿山地质人员观察和记录开挖面上暴露的地质特征，并使用远程制图方法记录大面积区域。

这两种方法各有优缺点。为远程扫描岩石工作面而设计的新技术对于绘制无法进入的地点实际上是不可替代的，如采空区、旧坑道、采砂船作业中的池塘斜坡、矿石堆和排土场。当应用于绘制露采坑台阶时，远程制图方法与传统制图相比有一个优点，因为它生成整个台阶的精确定位图像（图 3.17），而直接的地质观测和测量仅限于台阶底部（图 3.3）。由于不同的地质特征在激光扫描生成的图像和照片立体像对具有相似性，因此应用于矿山的远程制图技术的局限性与区域调查中遇到的相似。因此，对关键区域进行目视检查、对岩石和结构特征进行观察仍然是必要的，这需要矿山地质人员检查和验证通过解释远程捕获图像生成的地质图。远程记录地质体的另一个缺点是需要特殊设备、软件，需要由训练有素的人员进行操作，所有这些都可能严重限制预算有限的小型项目。

总结这两种方法的优缺点，很明显，远程绘图不能完全满足对采矿工作面常规地质资料的需求。然而，在当代矿山工作中，远程制图技术和传统制图方法之间的比例正在逐步变化，有利于远程制图，而用常规制图正确解释总体地质模型，有利于理解不同的地质特征之间的重要关系。在绘制工作面图的同时，矿山地质人员需要对其进行采样，以确定岩石特征，并对绘制工作面上暴露的矿体的品位进行定量评估。

总结岩石特征的工作，要求岩石采样分布要具有代表性，并记录可用于岩石分析的矿物和化学成分、结构和视觉特征（图 3.1）。为了便于解释地质特征和判断远程图像上的岩石，重要的是在岩石地层表中列入遥感图像上显示不同岩石、蚀变带、不连续面和地质界线的代表性示例。所有由远程绘图设备获取的地质特征，都应在查看捕获图像时显示出来，然后在补充给定面的照片的地质图上清楚地识别和解释。

野外测图工作过程中，经常同时采用两种方法，即远程测图和常规测图。如果公司预算允许，远程测绘方法可以多种多样，从详细的摄影测量文件到简单的数字摄影，这种摄影可以参照地理位置并覆盖在矿体的线框模型上（图 3.7 和图 3.14）。采用综合方法，包括室内解释和将地理坐标数字照片中的地质特征数字化，以及对暴露在矿山工作面上的地质特征进行常规制图，能够以更快的总体制图速度提供更准确的地质资料。事实上，将地理坐标数字摄影与传统制图结合使用，可以使野外数据采集和室内制图方法彼此更接近，从而缩小了两者之间的差距。还要记住，编录是一个交互过程。在远程扫描和记录岩石表面后，需要对其进行踏勘，以澄清地质特征，解决可能存在争议的远程绘图结果解释，并进行控制测量，以验证室内解释。

表 3.1 总结了确保在运营矿山进行高质量和安全地质特征编录所需的主要步骤和工作清单。同样的检查表也适用于已开始试开采的高级勘探现场，作为采矿项目详细评估的一部分（例如，银行认可的可行性研究）。

**表 3.1　矿山地质编录检查表**

| 行　　为 | 例　子 |
|---|---|
| 提供绘图和编录程序，并培训地质人员 | |
| 提供标本室（岩芯库），并培训地质人员 | 图 3.1 |
| 提供突出矿体形态结构和主要构造的总体概况 | 图 3.6 |
| 选择用于绘制地图的地点的岩石是裸露的，可以安全地观察 | 图 3.2 |

续表 3.1

| 行为 | 例子 |
|---|---|
| 坑道表面清洁，必要时进行清洗 | 图 3.2，图 3.12，图 3.13 |
| 绘图比例尺的选择与矿山生产和质量控制的需要相适应 | 图 3.8 |
| 坐标点标记在表面上，观测密度应与绘图比例尺相匹配 | 图 3.12，图 3.13 |
| 坐标点的位置由测量员获得或由 GPS 确定 | |
| 提供有打印网格的底图 | 图 3.9 |
| 采矿基础设施和采矿工作面打印在底图上 | 图 3.9，图 3.11 |
| 现场设备已获得，并且对于给定的绘图任务是最佳的 | 图 3.10 |
| 使用坐标点对岩石表面进行拍照并对照片进行地理坐标标注① | 图 3.7 |
| 在室内对拍摄的岩石表面进行初步地质解释① | 图 3.7 |
| 实地观察，并记录在地质图和地理坐标照片上① | 图 3.3 |
| 观测特征，在三维空间数字化，可用于三维地质模型的更新① | 图 3.8，图 3.9 |

①在这一阶段，可以使用摄影测量等远程测绘技术。

下一步是根据矿井不同区域的大量记录，编制地质图和掌子面图，这些记录往往具有不同的详细程度。在此阶段，将使用所有可用数据，包括采矿工作面的地质记录、地表露头资料、钻孔和采矿地球物理资料。

最终，根据绘制的数据和解释的水平断面图和剖面图，构建矿床三维地质模型（图 3.19）。利用专用采矿软件建立三维模型，用于矿山资源储量估算和矿山

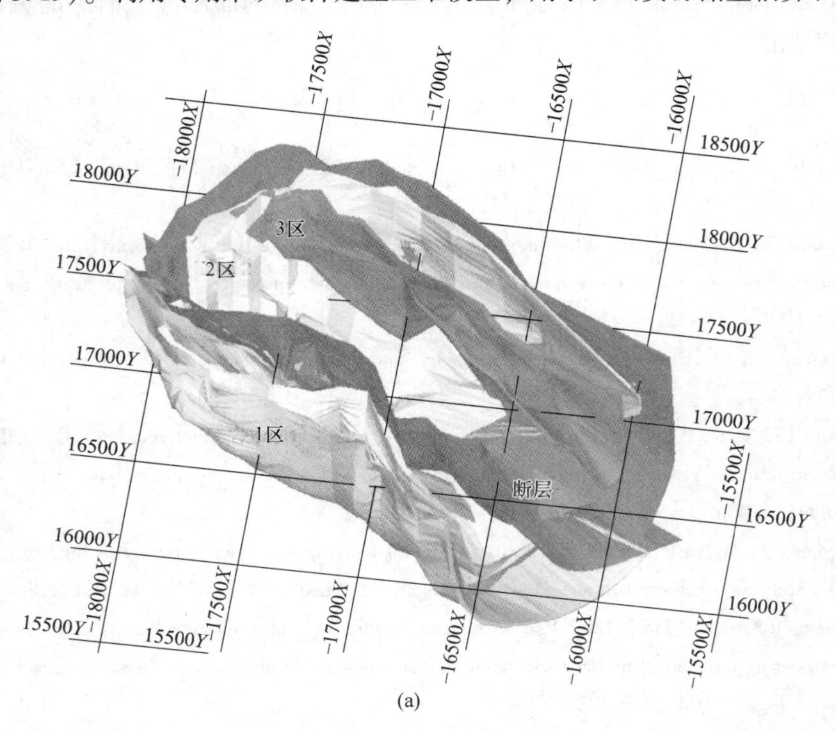


(a)

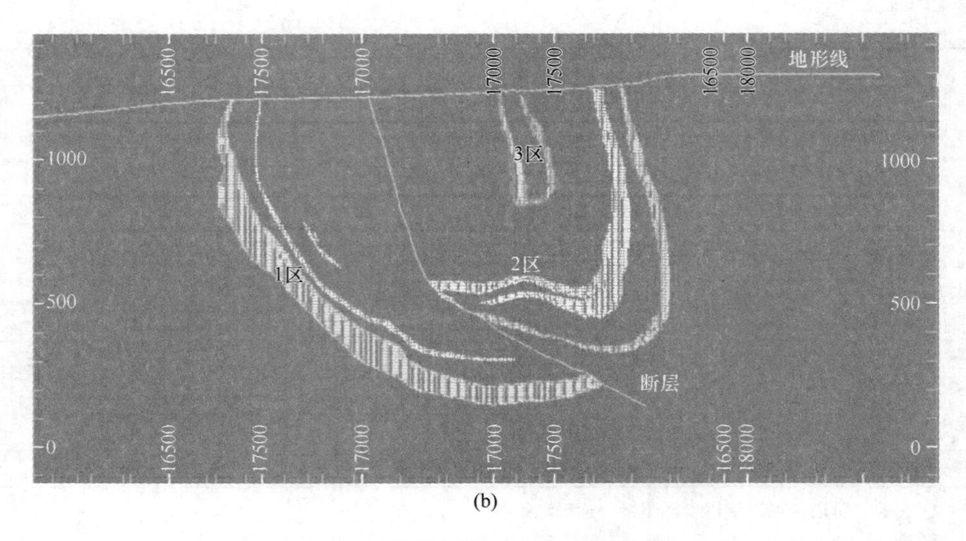


(b)

图 3.19 俄罗斯 Taezhnoe 铁矿床

(a) 显示磁铁矿矿化（1、2 和 3 区）和主断层的三维地质模型（不包括地形表面）；(b) 三维模型的剖面

生产计划编制。由于运营矿山提供了新的、更详细的信息，使得能够修改先前建立的模型、扩展矿体，以及频繁显著修改解释，因此模型要定期更新。本书的以下章节将详细讨论矿山地质数据的编制、二维剖面图和平面图的编制以及三维模型的生成。

## 参 考 文 献

[1] Abzalov M Z. Granitoid hosted Zarmitan gold deposit, Tian Shan belt, Uzbekistan [J]. Econ Geol, 2007, 102 (3): 519-532.

[2] Abzalov M Z, Menzel B, Wlasenko M, et al. Optimisation of the grade control procedures at the Yandi iron-ore mine, Western Australia: geostatistical approach [J]. Appl Earth Sci, 2010, 119 (3): 132-142.

[3] Atkinson K B. Close range photogrammetry and machine vision [M]. Caithness: Whittles, 1996: 384.

[4] Birch J C. Using 3 DM analyst mine mapping suite for rock face characterisation [C]// Tonon E, Kottenstette J. Laser and photogrammetric methods for rock face characterisation. Colorado: Golden, 2006.

[5] Kemeny J, Mofya E, Handy J. The use of digital imaging and laser scanning technologies for field rock fracture characterisation [C]// Culligan J, Einstein H, White A. Proceedings of soil and rock America 2003-12th Pan American conference on soil mechanics and geotechnical engineering and the 39th US rock mechanics symposium. Cambridge: Massachusetts Institute of Technology, 2003: 117-122.

[6] Kemeny J, Turner K, Norton B. LIDAR for rock mass characterisation: hardware, software, accuracy and best practices [C]//Tonon F, Kottenstette J. Laser and photogrammetric methods for rock face characterisation. Colorado: Golden, 2006.
[7] McGlone C. Manual of photogrammetry [M]. 5th ed. American Society for Photogrammetry and Remote Sensing, Maryland, 2004: 1168.
[8] Peters W C. Exploration and mining geology [M]. 2nd ed. New York: Wiley, 1987: 706.

# 4 钻探技术和钻孔编录

（彩图）

**摘要**：现代矿山采用不同的采样数据，分别来自钻探、槽探、矿山坑探工作面的岩石样本和品位控制数据。在众多取样技术中，钻探法仍然是采矿项目评价的主要取样方法，在矿山生产中得到了广泛的应用。

**关键词**：钻探；岩芯采取；定向岩芯；RC钻；空气岩芯；声波钻；螺旋钻

矿山地质人员的主要职责之一是提供矿体及矿岩的定量地质特征。这是通过对矿床进行系统取样而实现的，所采集的样品数以万计。地质人员利用这些数据对矿床进行详细的三维解释，并对采矿项目的技术经济参数进行定量评估。

现代矿山使用不同的采样数据，来自钻探、槽探、矿山坑探暴露工作面的岩石上采集的样品和品位控制数据。在众多的取样技术中，钻探取样仍然是采矿项目评价的主要取样方法，在矿山生产中得到了广泛的应用。因此，对矿山取样的描述始于对钻探方法的回顾。

## 4.1 钻探方法

现有的钻探设备在技术和功能特点方面各不相同，这取决于破碎岩石的方法、钻头的类型以及在钻进过程中清除钻孔岩屑到地面所需的运输方式（表4.1）。

表4.1 矿山常用的钻探方法

| 钻孔清理方法 | 钻进方法 | | | | | | |
|---|---|---|---|---|---|---|---|
| | 冲击 | | | 旋转（动作） | | | 声波（高频振动） |
| | 顶部冲击 | 潜孔钻 | 电缆 | 旋转式 | 液压式 | 螺旋式 | 声波钻孔 |
| 机械 | | | 电缆钻进 | 金刚石钻探 | | 螺旋钻（短翼、空心、双轮） | |
| 液体（直接） | 振动冲击钻（如爆破孔） | 冲击钻（如旋转鼓风） | | 三牙轮钻探 | 带井下涡轮的三合一钻探 | | |
| 液体（反循环） | | 空气反循环（RC） | | 钻井液反循环的三管钻探 | | | |

根据钻进作用，钻探技术可细分如下：

（1）钻孔使用锤击（冲击）或旋转方法破碎岩石；

（2）钻进过程是否由空气、液压、电气或机械装置驱动；

（3）向钻头传递机械力的方式，可以是电缆或钻杆；

（4）清除孔内岩屑的方法包括以下主要类别：

1）是否通过机械或冲洗液清除钻孔岩屑；

2）流体冲洗技术分为使用空气的方法和基于钻井泥浆冲洗孔的方法。

根据钻头类型、冲洗液循环模式以及钻具（如锤子）是否位于岩石表面或井下，每类可进一步细分。

本章将概述目前采矿业最常用的技术。主要有金刚石取芯钻探和基于冲击技术的不同非取芯钻进方法，包括标准振动冲击法和反循环法。金刚石岩芯钻探是将岩石样品作为岩石的固体岩芯取出的一种方法，是获得地下矿化地质信息的重要手段之一。冲击钻井技术，通常用于作业矿山的品位控制，采取样品为小岩屑。冲击钻的样品的信息量不如金刚石岩芯，但钻井速度较高，钻探成本显著降低。反循环冲击钻（RC）通常用于采矿作业，用于早期对矿体圈定的加密钻探和一些露天矿的品位控制。本章概述了这些钻探技术的基本原理，并提出了有效钻孔及其取样程序的实用建议。

长期以来，冲击钻井法一直是定期评价主矿体或非固结沉积矿体的主要方法。然而，这些技术目前已被基于声波和振动技术的方法所取代。目前声波钻探用于钻探非固结砂（如冲积砂金或重砂矿物）矿床的储量勘测和生产规划。

在采矿业中，螺旋钻和三牙轮钻等方法不太常用，但在一些铝土矿中，螺旋钻是经常采用的工艺技术。三牙轮钻是利用地浸开采技术进行铀作业的主要钻探方法。本章还讨论了这些技术及其在矿山地质中的应用。

## 4.2 金刚石岩芯钻探

金刚石钻探是一种使用镶嵌金刚石晶体钻头（图 4.1）的技术。使用的金刚石是精细到微细的工业级金刚石，镶嵌在不同硬度的金属基体中。

钻头被拧到钻具上，并连接到空心钻杆的底部。金刚石钻头末端的开口（图 4.1a）切割一个圆柱形的岩石柱，称为岩芯（图 4.2），随着钻头向下推进，岩芯向上移动到管状钻具（管）中。钻头的设计包括一个岩芯提升器装置，该装置允许在钻进过程中将岩芯收集保留在内部管道中（图 4.1b）。从钻孔中采取的岩芯放在用于存放岩芯的专用箱内（图 4.2）。

金刚石钻孔工作可从地表或地下工作面开始（图 4.3）。地面钻机的尺寸各不相同，从能够钻 2000 m 深孔的大型卡车或履带式钻机（图 4.3a）到小型可移

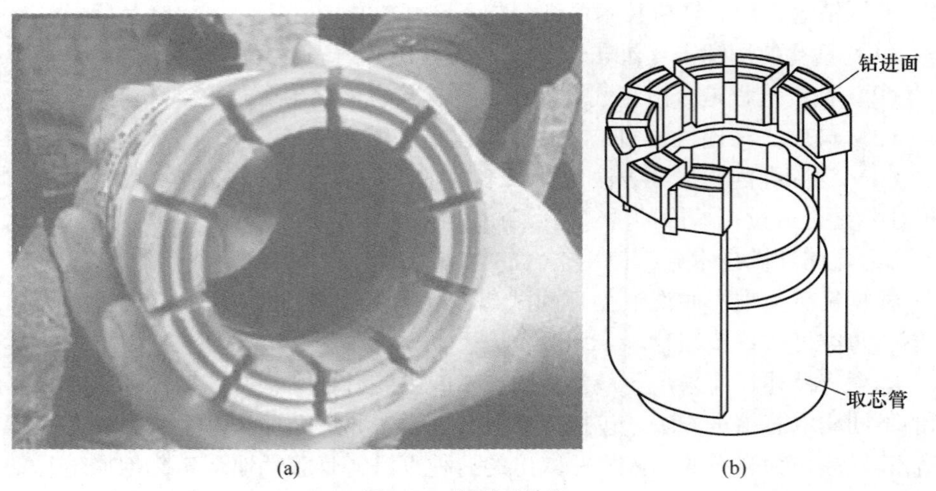


(a)　(b)

图 4.1　金刚石钻头

（a）金刚石钻头照片；（b）钻头内部设计示意图

图 4.2　南非共和国 Bushveld 矿区 Pilanesberg 矿山金刚石钻探岩芯

动钻机。小型钻机便于在几乎只有直升机进入的地形中进行勘查。但在采矿作业中，这种钻机并不常用，通常使用大型卡车安装钻机进行地面钻探。现代金刚石岩芯钻机的设计允许在不同角度钻孔，从垂直到水平，但最实用的地面钻孔倾角为 60°~80°。

(a)

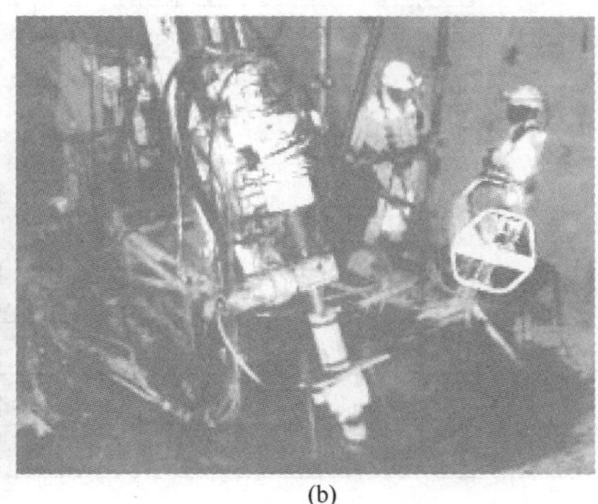
(b)

图 4.3 金刚石岩芯钻探
(a)几内亚 Simandou 铁矿采用车载钻机进行地表钻探；(b)南非共和国 Palabora 铜矿采用滑橇式钻机进行坑内钻探

坑内钻机的尺寸比典型的地面钻机小，通常安装在滑橇上，由电动机驱动(图 4.3b)。这种设计对于地下开采矿山的坑内钻探有重要意义。坑内钻机的能力可以补偿钻孔位置选择的局限性，钻机具有一个大的钻孔角度，从大致垂直向上到垂直向下（图 4.3b）。

金刚石钻进过程是通过旋转钻杆实现的，钻杆末端带有金刚石钻头，能够在钻头表面切割岩石，并在切割过程中穿过岩石。采矿业使用的钻头有不同的尺寸，可以获得直径为 20~165 mm 的岩芯。最常见的钻头规格列于表 4.2 中。在矿山地质应用中最实用和最常用的是 NQ、HQ 和 PQ 尺寸的钻头。

**表 4.2 标准金刚石钻头规格**

| 项目 | 标准 | | | 绳索取芯 | | |
|---|---|---|---|---|---|---|
| | 指标 | 外径/mm | 内径/mm | 指标 | 外径/mm | 内径/mm |
| 北美 | XRT | 30 | 19 | | | |
| | EX | 38 | 22 | | | |
| | AM | 48 | 31 | AQ | 48 | 27 |
| | BX | 60 | 42 | BQ | 60 | 36 |
| | NX | 76 | 55 | NQ | 76 | 48 |
| | HX | 96 | 74 | HQ | 96 | 63 |
| | | | | PQ | 123 | 85 |

续表 4.2

| 项目 | 相当于北美（近似） | 外径/mm | 内径/mm | |
|---|---|---|---|---|
| | | | 薄壁钻头 | 厚壁钻头 |
| 公制 | EX | 36 | 22 | — |
| | AX | 46 | 32 | 28 |
| | | 56 | 42 | 34 |
| | BX | 66 | 52 | 44 |
| | NX | 76 | 62 | 54 |
| | | 86 | 72 | 62 |
| | HX | 101 | | 75 |
| | | 116 | | 90 |
| | | 131 | | 105 |
| | | 146 | | 120 |

金刚石钻探技术要求将水从钻机所在的地表通过钻杆注入到与岩石接触的钻头，通过向钻头施加液压，有助于岩石切割，在钻进过程中，也需要这些水来冷却钻头。金刚石钻机配有特殊的钻头和水旋转接头，用于将水引至钻杆内。在该系统中，水被泵入钻头，通过钻头表面的通道（图 4.1）溢出，并沿着钻杆外部和钻孔壁之间的空间流回地表。为了清除细屑和岩屑来清洁孔眼，并给钻杆提供润滑和降低扭矩，需要不断地将水泵入孔内并循环回地面。这对钻孔的稳定性也很重要。根据地面条件，可以在水泵泵送的水中添加特殊添加剂，以形成更黏稠、更重的钻井泥浆，这是钻穿裂隙性、多孔性和不稳定性岩石所需要的。

收集岩芯管中的岩芯，可采用“标准”取芯技术或“绳索”取芯技术。“标准”取芯技术要求所有的东西都要从钻孔中取出，较费时费力。“绳索”取芯技术的设计克服了“标准”取芯技术的局限性，它可以在不从钻孔中拉出钻杆和岩芯管的情况下取出岩芯。之所以称为“绳索取芯”，是因为系统使用钢丝绳输送内管，在钻进过程中，内管位于钻具内部，捕获和保留钻孔岩芯。

利用金刚石钻探取芯比较昂贵。在将岩芯放入岩芯箱之前，必须清洗钻杆和岩芯。钻井人员必须确保岩芯出管时按正确顺序排放，并且岩芯方向一致。

应测量每个岩芯段的钻孔深度，并清楚地记录在岩芯牌上（图 4.4）。应注意确保正确放置岩芯，因为岩芯主要用于参考取样深度。每个岩芯箱由钻探人员标记，确保至少在岩芯箱两侧清楚记录项目名称、孔号、钻孔深度、岩芯箱序号和钻孔日期。需要注意的是，钻井人员在岩芯箱中展示岩芯的方式表明了该人员的认真程度和专业精神。

图 4.4 钻探岩芯的标记及放置示例（岩芯牌表示取芯的深度，也可以包含钻孔间隔和标注提取岩芯的长度）

监督钻探的矿山地质人员应检查采取的岩芯，特别注意将岩芯放入岩芯箱的顺序。在岩芯上每隔 1 m 进行标记，测量钻探记录的深度和岩芯采取率，以验证与钻机小班记录在岩芯牌上的深度和岩芯采取率是否一致（图 4.5）。

### 4.2.1 岩芯质量和代表性

金刚石钻探地质信息的质量直接取决于岩芯的质量和代表性。图 4.6 为可能产生不具代表性和潜在误差样品的不合格岩芯的示例。重要的是要记住，从钻孔中取出岩芯后，岩芯无法得到改善，因此地质人员应严格监控钻探质量，必要时要求施工队修改钻井参数。

图4.5 澳大利亚Ranger铀矿的矿山地质人员对钻孔岩芯进行了检查和记录
(所标记的线表示层理的垂线，取样时岩芯是沿着这些线切割的)

在采矿业中，评价岩芯质量最常用的标准是测量岩芯损失量。传统上，它被称为岩芯采取率，表示实际采取岩芯的长度与理论采取岩芯的长度之比。采取率用百分比表示。小于100%的数值意味着一些岩芯在钻井过程中损失。例如，报告的采取率为70%，意味着在钻井过程中损失大约30%的岩芯。岩芯采取率低是金刚石钻进取样误差的主要来源。当采取率低于100%时，岩芯通常与钻探岩石的实际分布不一致，这种样品很可能有误差。岩芯采取率低意味着岩芯样品不太可靠，样品分析有误差的可能性更高。在某些情况下，报告的采取率超过100%，导致岩芯“膨胀”的一个常见错误是施工人员对钻进的记录不正确。

图4.7显示了岩芯采取率误差与样品误差之间的关系。在该铁矿中，$Al_2O_3$是冶金方面上的有害组分，因此准确估计其在矿石中的含量非常重要。在项目审查期间，可以发现2000年采集的岩芯样品的$Al_2O_3$测定值明显低于其他年份获得的$Al_2O_3$测定值（图4.7）。有人怀疑，对2000年的样品进行的$Al_2O_3$分析存在误差。特别调查显示，2000年钻探的特点是岩芯采取率明显低于其他年份

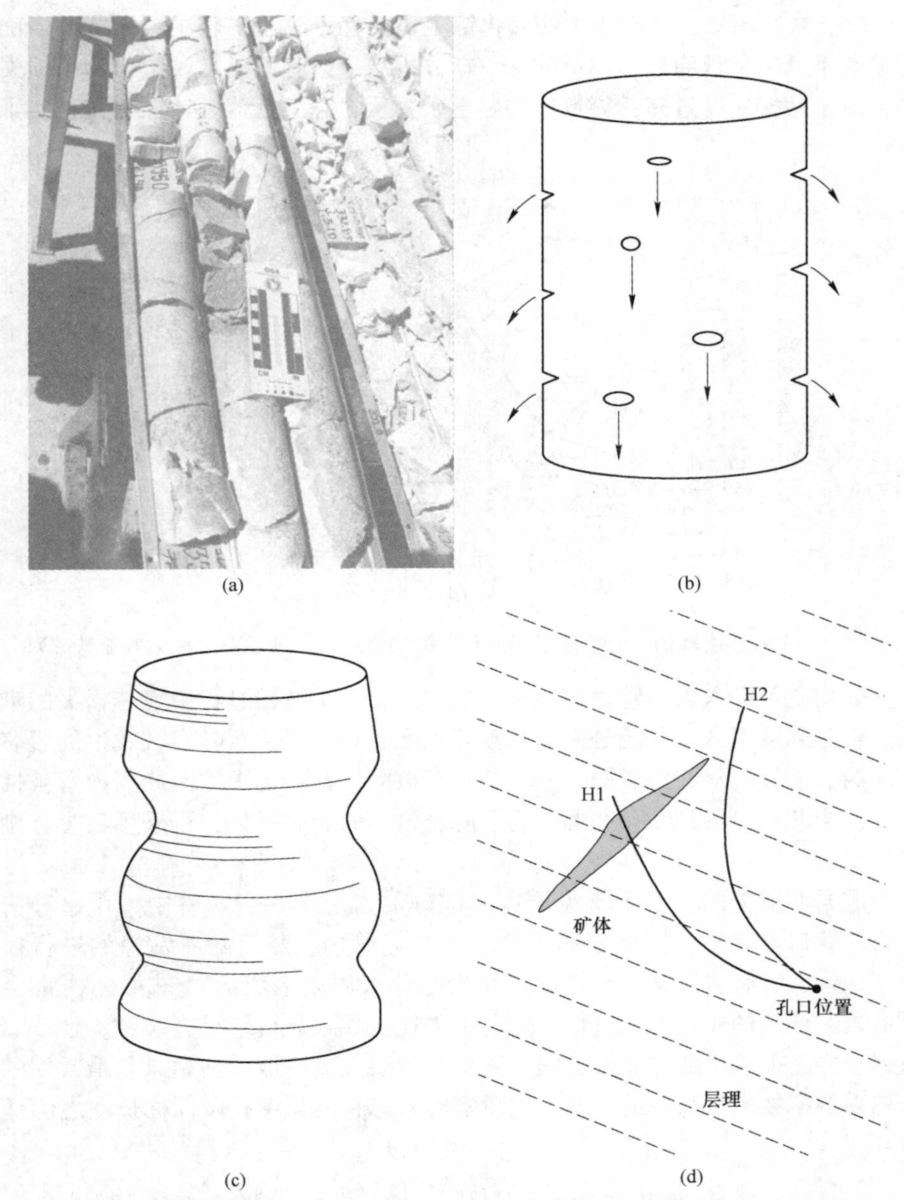


图 4.6 可能产生分析结果误差的质量差的金刚石钻探岩芯样品示例

[钻孔 H1 允许由于层理引起的方位角变化，因此以接近 90°的角度与钻探目标（矿体）相交。钻孔 H2 直接瞄准目标，不考虑层理引起的误差，它的长度较长，且与矿体以小角度相交或偏离矿体，这可能会对收集具有良好代表性的样品造成妨碍]

（a）岩芯的完整部分（100%采取率）与从破碎岩石中收集的破碎物质（采取率明显低于 100%）互层；（b）岩石中矿物颗粒在岩芯表面脱落；（c）表面过度研磨的岩芯；（d）显示钻孔正确和不正确钻进方向示例（平面图）

(图 4.7)。众所周知，该矿床中的氧化铝主要赋存于黏土矿物中。因此，当确定岩芯采取率低时，很明显，偏低的 $Al_2O_3$ 分析结果最有可能是黏土矿物的损失造成的，由于钻探速度过高，导致这些黏土矿物从岩芯上剥落。钻探双孔证实了这一解释。

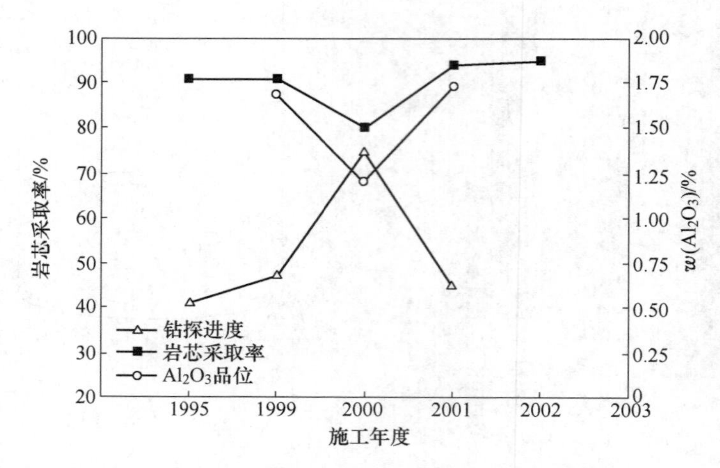


图 4.7　钻井速度增加、岩芯采取率低和样品误差之间的关系图（澳大利亚铁矿）

松散物质等进入岩芯管之前会被冲洗掉，并不是钻探过程中岩芯损失的唯一原因。岩芯采取率低也可能是由钻穿破碎程度高和易碎岩石时经常发生的岩芯压实造成的。岩芯脱落的主要原因是岩芯没有被固定在内管中，因此当内管被抽离地面时，岩芯会掉落到钻孔底部。为了防止过多的岩芯损失，可采用三管金刚石钻井技术。

造成岩芯损失的另一个常见原因是破碎的岩芯卡在岩芯管中。在这种情况下，岩芯管口被堵塞，因此岩芯不会进入岩芯管内，随后随着钻探的进行被磨掉。应记住，所有岩芯损失的情况，无论是什么原因造成的（图 4.6），都会显著降低岩芯样品的质量和代表性。岩芯损失往往导致分析结果有误差。

鉴于岩芯采取率的重要性，施工人员和地质人员应该严格记录。最常用的测量岩芯采取率技术是简单的，基于测量实际岩芯长度与钻孔段标称长度之比［式(4.1)］。

$$\text{岩芯采取率}(\%)=\frac{\text{岩芯长度}(\text{cm})}{\text{钻探进尺}(\text{cm})}\times 100\% \tag{4.1}$$

当岩芯为实心柱体时，该技术易于应用（图 4.2 和图 4.5）。相反，如果被采取的岩芯为碎块（图 4.6a），精确测量其长度就成了一项重要的任务。在这种情况下，钻探施工人员通常将碎块推入岩芯箱，试图大致重建岩芯的形状，然后测量长度。此类测量不能用作岩芯采取率的定量计算，应仅作为岩芯损失大小的指示性评价。

为了准确测量岩芯采取率，应将其估计为质量比，并用百分比表示。计算方式为采取物的质量除以 100%采取岩芯的理论质量［式（4.2）］。应用此程序需要对采取物进行称重（$M$），并测量钻孔岩石的体重[1]值。计算理论质量时假设 100%的采取率，即岩芯具有完美的圆柱形，其体积很容易从几何上估算，知道岩芯直径（$d$）和钻孔间隔长度。理论质量为测量的干体重（$\rho$）和几何计算体积［式（4.2）］的乘积。

$$\text{岩芯采取率}(\%) = \frac{M}{\rho \pi d^2[\text{钻探进尺}(\text{cm})]} \times 100\% \tag{4.2}$$

式中 $M$——测得的岩芯质量，g；

$\rho$——岩芯干体重，g/cm$^3$；

$d$——岩芯的直径，cm；

$\pi$——常数，3.14。

该方法比通过测量岩芯的长度来计算岩芯采取率更准确，但也有局限性。这种方法的主要缺点是需要准确地知道岩石的干体重。这个问题可以通过测量野外岩石的体重来解决。实际上，许多矿山正在使用内部装置来测量岩石体重，这些装置通常安装在内部设施上。岩芯切割和取样化验时，应定期测量岩石体重。本书第七章将对岩石体重测量装置进行更详细的解释。

基于岩芯称重技术的另一个缺点是精确测量岩芯重量可能存在困难。当钻探岩石是多孔的、破碎的或易碎的时，采取的岩芯会被钻井液浸透，这会导致测量重量和计算的岩芯采取率有误差。这一缺陷可以通过将采取率估计为体积比［式（4.3）］来解决。采取岩石的体积除以岩芯的理论体积，其直径等于岩芯的标准直径，长度为钻探进尺。这种方法不需要知道岩石的体重，但是，准确测量破碎物的体积并不是一件容易的事情。

$$\text{岩芯采取率}(\%) = \frac{V}{\pi d^2[\text{钻探进尺}(\text{cm})]} \times 100\% \tag{4.3}$$

式中 $V$——测得的岩芯体积，cm$^3$；

$d$——岩芯的直径，cm；

$\pi$——常数，3.14。

上述所有方法［式（4.1）~式（4.3）］中的钻探进尺是根据钻探回次岩芯牌计算的（图 4.4）。当单回次采取的所有岩芯都是破碎的，则应测量整个破碎段的平均采取率（图 4.8a）。相反，如果采取的岩芯是完整的和破碎的互层状，则应分别计算完整的岩芯和破碎的岩芯采取率（图 4.8b），并分别取样。

通过使用适当的钻探设备和调整给定岩石类型的钻井参数，可以防止岩芯损

[1] 体重指每单位实际原位岩石体积（包含孔隙度）的岩石质量。——译者注

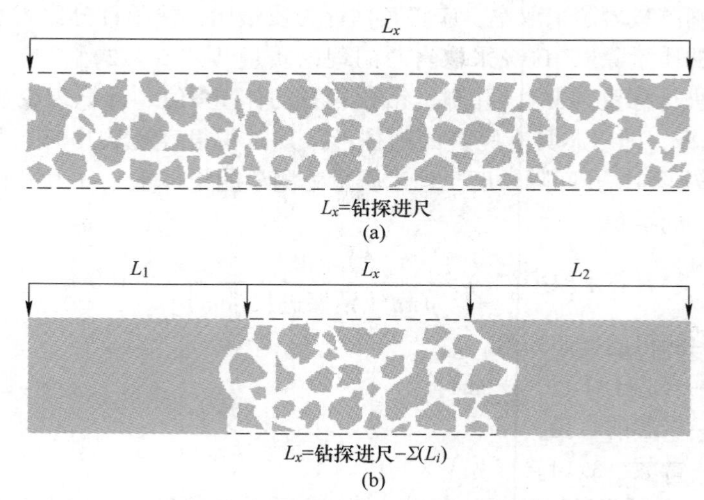


图 4.8 岩芯长度测量的示意图
[在这两种情况下，“钻探进尺”由钻探施工人员由钻杆的进尺进行测量，并记录在回次岩芯牌上（图 4.4）]
（a）当在单回次中采取的所有岩芯都破碎时；（b）单回次采取的岩芯是完整的和破碎的互层

失或使岩芯损失降到最低。岩芯的代表性和质量也取决于入矿角（图 4.6d）。入矿角越小，岩芯越不具有代表性。钻孔偏离初始方位取决于地质条件，在设置钻孔方位角时应考虑地质条件。因此，地质人员和钻探施工人员之间的沟通对于获得高质量的岩芯样品非常重要。这对于地下矿山的岩芯钻探尤为重要，因为在地下矿山中，可用钻孔位置的选择是有限的，因此通常会在一个钻孔硐室里以扇形钻几个钻孔。

应记住，岩芯破碎不仅表现于采取率低，钻进（图 4.6b）和过度研磨岩芯（图 4.6c）、岩芯表面矿物晶体脱落也会导致岩芯样品出现误差。这些类型的岩芯缺陷无法通过测量岩芯采取率来识别，特别是将其估计为岩芯长度与钻孔进尺的比值，但是通过目视岩芯检查可以很容易地对其进行判断。因此，岩芯质量评价的程序应包括由地质人员对岩芯进行目视检查和测量计算岩芯采取率。线性恢复方法［式（4.1）］应通过基于恢复的岩芯质量与岩芯理论质量之比［式（4.2）］的更精确计算进行验证。

### 4.2.2 定向岩芯

定向岩芯是在钻机钻进岩芯管内，已有岩芯未提取到地表之前，在岩芯管内将其标记的过程。该标记允许岩芯从钻孔取出后定向到原位。这项技术在地质和工程地质中广泛应用，在采矿环境中尤其有用，采矿环境要求在圈定储量和设计采场时具有较高的精度。

通常用矛状的凿子对岩芯（图 4.9）进行标记，称为“岩芯标记冲头”。“岩芯标记冲头”顶端锋利而坚硬，能在岩芯表面留下冲击的凹痕。这时通过将其用钢丝绳放入孔中，然后下降，以便在钻孔底部的岩芯表面上留下标记（图 4.9）。该方法不适用于软弱岩石及非常硬的岩石。有时，铅笔式记号笔可以用来代替尖尖的矛尖。铅笔式记号笔使用的是同样的矛状金属棒，但钢尖被铅笔夹代替。铅笔标记解决了标记非常坚硬岩石的问题，但不适用于软弱岩石。

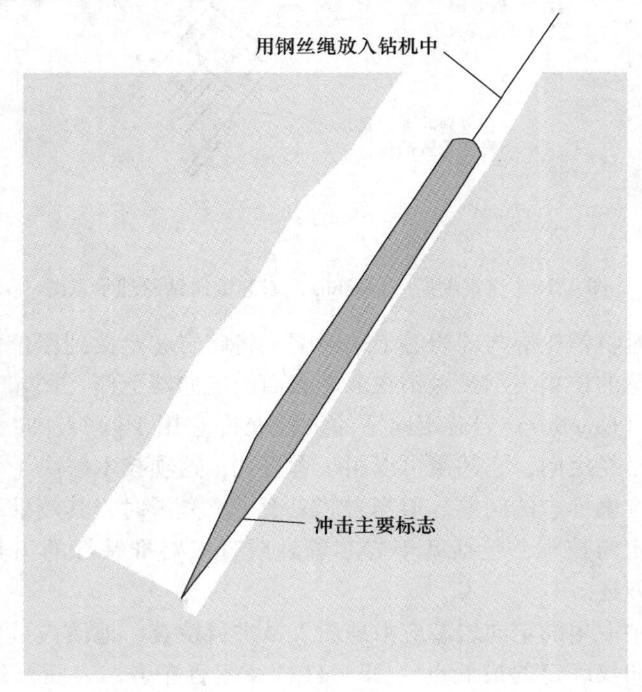


图 4.9 在岩芯表面留下凹痕的矛状凿子刻画岩芯的程序示意图

这两种方法，岩芯标记冲头和铅笔标记的精度都很低。这些技术的另一个缺陷是只能在有限倾角范围内工作，不适用于垂直钻孔，也不能有效地应用于水平钻孔或向上倾斜钻孔。

另一种常用的岩芯标记技术被称为“克雷勒斯（Craelius）岩芯定向钻”。它是一个小的自由移动的筒体，有几个钢销伸出钻头，形成岩芯的上表面（图 4.10）。定向钻插入岩芯管内管，并牢固地固定在岩芯提升器的上边缘。定向钻的设计使得当钢销伸出钻头时，能够清楚地确定其在钻具中的方向（图 4.10）。

当岩芯管降低到钻孔的底部时，钢销的位置与岩芯顶部的轮廓相匹配。也就是说，钢制接触销的位置是岩芯表面。在这些位置，接触销将被锁定，并通过从岩芯管提升机上分离定向器将其从岩石表面提升来防止位移。从岩芯筒中取出碎

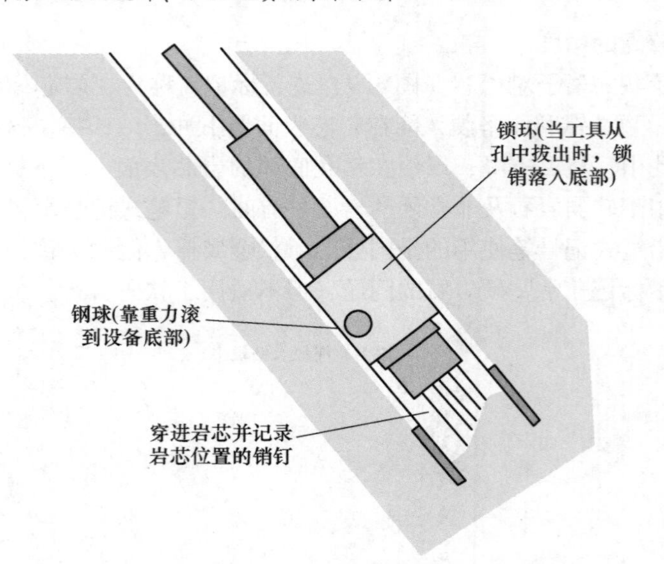


图 4.10　克雷勒斯（Craelius）岩芯定向钻原理示意图

岩芯后，可通过将销轮廓与碎岩芯上端匹配，将碎岩芯定位到原位。孔的下侧由钢球识别，钢球的位置表示接触销在取芯表面的定向器下侧（图 4.10）。

克雷勒斯（Craelius）岩芯定向钻的设计允许它用于倾斜、向上倾斜和水平孔。如果岩芯已经定向，它甚至可以用于垂直孔，这项技术解决了传统岩芯标记和在软岩芯上准确标志的问题。但当岩芯表面平整光滑时，其效果不明显。

其他岩芯定向技术，包括基于岩芯剩磁或直接对准钻杆的工具，都不太常用，本节不作叙述。

从岩芯管中取出的定向岩芯应由地质人员进行检查，地质人员应在岩芯顶部找到由岩芯定向仪确定的最低点（图 4.11a），然后在岩芯表面标记参考线（图 4.11b）。参考线通常是岩芯的底线，它是从定向器推导出来的。地质人员应特别注意标记岩芯的底线，因为这条线将是进一步测量地质结构方向的主要参考。这项工作一般是用特殊的框架来完成的，这个框架由一个 v 形轨（角铁）制成，它应该足够长，可以容纳多个岩芯。同一框架可用于工程地质，特别是用于断裂密集的系统测量❶。

当底线被标出时，地质构造的方向就可以被测量出来。有两种方法可以做到这一点：第一种方法要求将采取的岩芯放在其真实的原方位上，直接从岩芯测量地质结构的走向和倾角，这与地质学家对露头进行产状测量的方法相同（图 4.12）。为了使用这种方法，岩芯应该放在一个特别设计的岩芯保持架上。该设

❶　岩土工程内容见第 6 章。——编者注

(a)

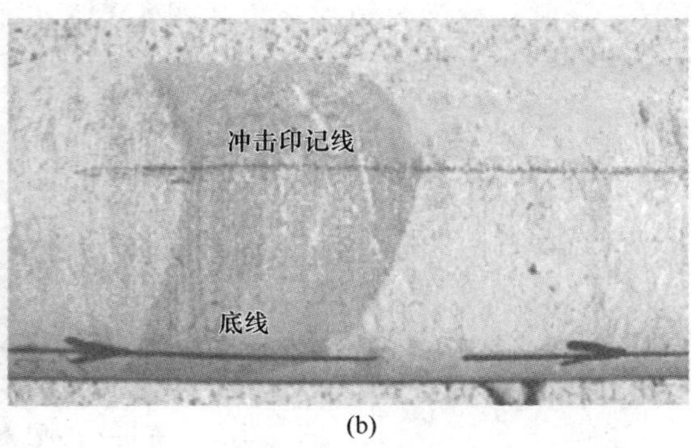

(b)

图 4.11　冲击岩芯面留下的印记（a）和表示岩芯底部的线（底线）（b）（该位置由编录过程中岩芯定向器留下的印记重建，然后由地质人员在岩芯表面进行标记。箭头所指井下方向）

备从一个简单的装满沙子的底座（图 4.12a）到一个特别设计的岩芯定向套件(图 4.12b)。后者通常被称为“火箭发射器”。岩芯应放置在岩芯保持架上，通常由角钢制成。岩芯应与底部基准线一起精确定位在岩芯保持架的底部。然后，将岩芯夹持器定向于与所测钻孔倾角和方位角相对应的方向，即可直接进行产状测量。

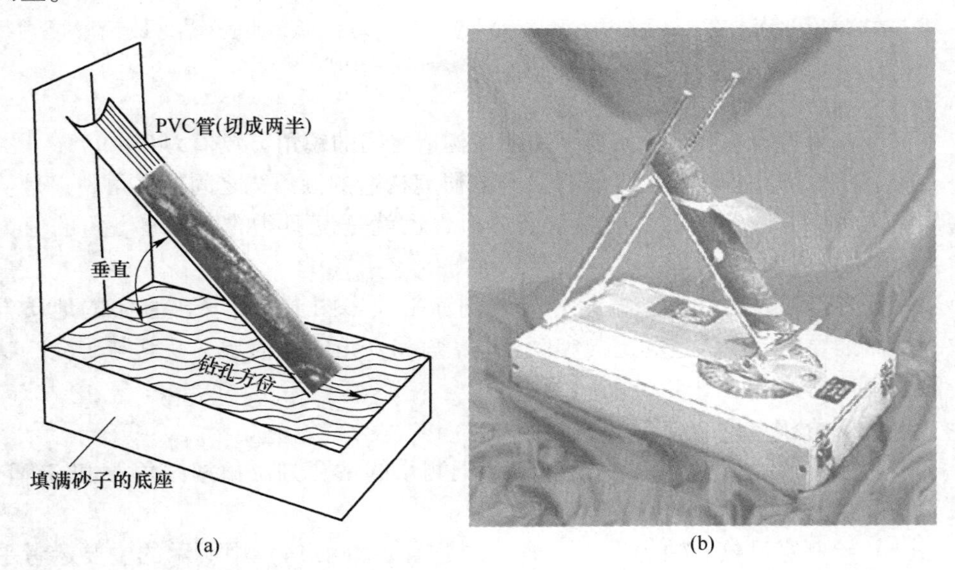

(a)　(b)

图 4.12　将定向岩芯放置在与钻孔测量倾角和方位角相对应的真实位置的装置

（a）使用一半 PVC 管和带砂的底座岩芯定向装置；（b）商用岩芯定向套件，配备内置测斜仪，允许对地质产状进行精确测量

另一种技术包括测量所研究的地质结构、岩芯轴和岩芯上的参考标记之间的

临界角。通常被称为 $\alpha$ 角和 $\beta$ 角（图 4.13）的两个角度是使用“临界角度”方法时最常测量的主要特征：

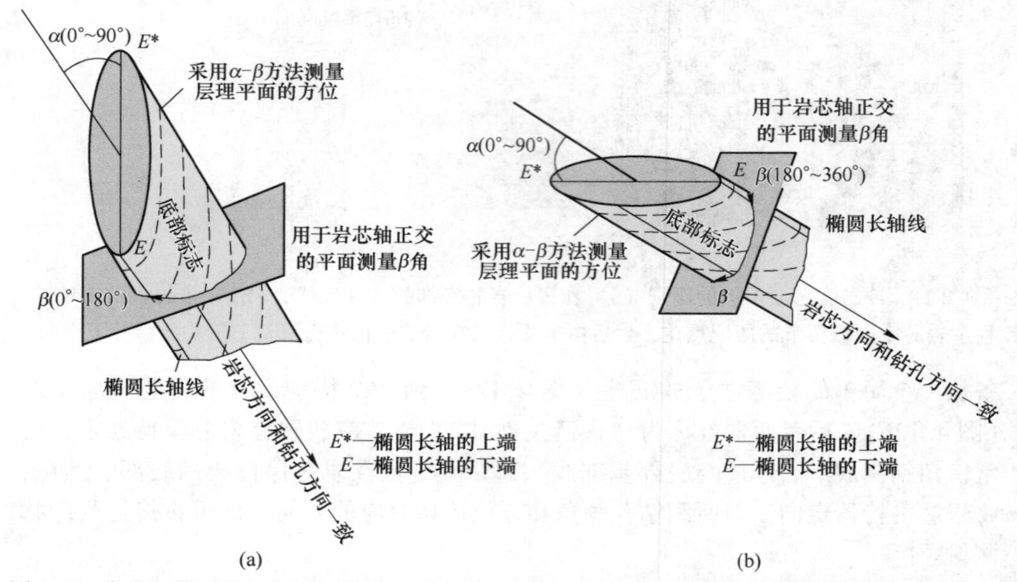


图 4.13　在岩芯的平面上确定地质结构（如层面）的 $\alpha$ 角和 $\beta$ 角（底线是表示岩芯最下侧的参考线）
（a）$\beta<180°$；（b）$\beta=180°\sim360°$

（1）$\alpha$ 角为岩芯轴与所研究平面地质构造之间的锐角，数值为 0°~90°；

（2）$\beta$ 角是岩芯参考线（底部）与被研究构造的倾角线之间的夹角。它是从底部沿顺时针方向测量的，在钻取岩芯时，也就是说朝孔的底部看。角的值为 0°~360°。

根据测得的 $\alpha$ 值和 $\beta$ 值，将其绘制到赤平投影图上，计算出真实的地质方位，从而推导出地质构造的走向和倾角。$\alpha$ 角和 $\beta$ 角的几何意义及其与研究产状走向和倾角的关系如图 4.14 所示。

绘制 $\alpha$ 角和 $\beta$ 角的步骤如下。

（1）在赤平投影网（图 4.14）上标记测量的钻孔方位角和倾角 $\alpha$ 和 $\beta$。它在赤平投影上被标记为“岩芯轴”。

（2）绘制穿过核心轴的垂直平面。这是图（图 4.14）中所示的主要参考平面，即穿过“岩芯轴”和中心的直线。

（3）绘制垂直于核心轴的平面。这是图 4.14 中表示为“与岩芯轴垂直的平面”的第二参考平面。

（4）这两个参照平面相交处是点，表示“孔底”。这是测量 $\beta$ 角的点（图 4.13）。

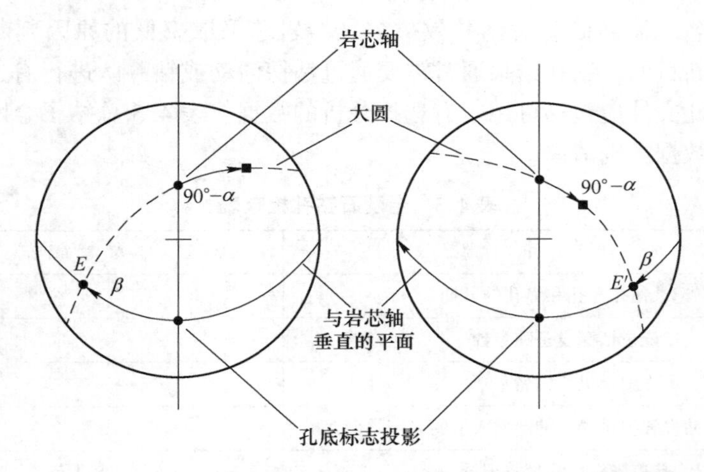


图 4.14 定向岩芯上测得的 $\alpha$ 和 $\beta$ 角的赤平投影图（地质构造的倾角和走向也可以通过 $\alpha$ 角和 $\beta$ 角进行数学推导）

(5) 在网上划分，沿“与岩芯轴垂直的平面”的参考平面测量 $\beta$ 角。从“孔底”点（图 4.14）沿顺时针方向测量立体网，就像在岩芯上测量一样（图 4.13）。

(6) 如果 $\beta$ 角介于 0°~89°，或介于 271°~360°，则标记在网络上的点为 $E$。如果 $\beta$ 角介于 91°~269°，则在网络上绘制点 $E^*$。在 $\beta$ 正好为 90°或 270°的特殊情况下，$E$ 和 $E^*$ 将绘制在网络上（在其周长的截然相反的点上）。

(7) 通过旋转赤平投影网上的覆盖层，定位包含表示岩芯轴和 $E$（或 $E^*$）的点的大圆。只有一个大圆穿过这两点。追踪到覆盖图上。

(8) 沿着赤平投影网覆盖层上绘制大圆角度 90°-$\alpha$。测量从表示岩芯轴方向的点 $E$ 开始，如果从点 $E^*$ 开始，那么角度 90°必须从岩芯轴向点 $E^*$ 绘制。当角等于 90°或 270°时，如果 $E$ 和 $E^*$ 同时出现在网上，那么两种构造都是可以接受的。

(9) 通过沿大圆测量角度 90°-$\alpha$ 找到的新点，是在岩芯中测量的平面结构的极点。在赤平投影覆盖层上明确标出这一点，并由此推断出构造参数（平面地质构造走向和倾角），并输入计算机进行进一步的构造分析。

地质构造的倾向和走向也可以从 $\alpha$ 角和 $\beta$ 角的测量中用数学方法推算出来。

### 4.2.3 金刚石取芯孔编录

钻孔质量和获得的信息质量取决于用于钻探计划、监督钻探施工和结果记录的严格性。编录不应局限于记录孔的基本特征，如岩芯采取率或测量坐标，还必须包括不同的辅助信息，如钻孔特征和技术参数、钻机类型、钻头、钻孔日期和施工员的姓名。辅助信息对钻井效果欠佳、岩芯采取率低的原因判断有重要意义。出于判断目的，钻孔结果通常需要通过钻探活动或钻井队进行有选择的分组和分析，因此文件应包括可用于有选择分析的数据。表 4.3 总结了金刚石钻探应记录的主要数据类别清单。

**表 4.3 金刚石钻孔检查表**

| 项 目 | 参考章节 |
|---|---|
| 记录钻孔开孔和终孔的日期 | |
| 记录钻探设备和参数 | |
| 记录机长的名字 | |
| 监督钻进和记录岩芯的地质人员的名字 | |
| 孔口坐标已测量并记录 | 8.1 节 |
| 测斜已经完成，结果已经审核并记录 | 8.2 节 |
| 回次的取芯经过检查和验证 | 图 4.4 |
| 岩芯箱检查和表面损坏记录 | 图 4.6 |
| 岩芯采取率计算和记录 | 4.2.1 节 |
| 完成地质记录 | 图 4.15 |
| 拍摄岩芯照片 | 图 4.16 |
| 完成工程地质编录 | 第 6 章 |
| 标记采样间隔并分配样品编号 | 4.2.4 节 |
| 完成岩芯照片归档 | 图 4.17 |
| 钻孔岩芯移交给取样小组 | |

钻孔完成后，应对钻孔进行测量，并对提取的岩芯进行记录和取样。岩芯观察是最常见的地质活动之一，因为这是地表以下数百米岩石的唯一直接地质信息。然而，矿山地质需要的岩芯观测与其他地质应用不同，它更加详细，需要对岩石的结构、接触关系和工程地质特征进行定量测量。

用于采矿岩芯观测的另一特点是，当采矿项目达到可行性阶段时，钻孔数量会增加。生产矿山维持生产还需要大量的加密钻孔，以圈定矿体和增加储量。这是生产矿山的钻孔数量经常以数量级的增量超过科研或勘查目的钻孔数量（表 4.4）。

鉴于生产矿山一般要施工钻探工程，在生产矿山的钻孔由不同的地质人员记录，他们的技能和实践经验往往不同。为了保持快速的编录速度并确保不同地质人员之间的一致性，编录程序应标准化，并统一文档模板、预打印编录表和操作指南。编录格式如图 4.15 所示。编录表包含一个列，用于以图形方式显示地质数据。使用2~4列分别记录观察到的特征和解释。在某些情况下，还需要单独记录岩石和叠加蚀变或变质岩组构的原始特征（图4.15）。作者发现，将矿石纹理记录到单独的列中也很有用，而不是将其与主岩图形记录混合。强烈建议使用与矿山编录相同的地质图例记录钻孔（图3.1）。

**表4.4 用于评估采矿项目和生产矿山的钻孔数据量**

| 矿床类型 | 所在国家 | 状态 | 数据收集年份/年 | 钻探类型 | 钻孔数/孔 | 总进尺/m | 样品数/件 | 平均样长/m |
|---|---|---|---|---|---|---|---|---|
| Cu-U-Au-Ag | Olympic Dam 澳大利亚 | 矿山 | 2003 | 岩芯 | 8280 | 1636256 | 812556 | 1.5 |
| 斑岩铜矿 | Northparkes，澳大利亚 | 矿山 | 2005 | 岩芯 | 106 | 54692 | 29241 | 1.4 |
| 硫化镍 | Perseverance，澳大利亚 | 矿山 | 2002 | 岩芯 | 1155 | 62537 | 43338 | 1.4 |
| | West Masgrave，澳大利亚西部 | 设计 | 2003 | 岩芯 | 134 | 31287 | 16802 | 1.0 |
| 氧化铁 | West Angeles，澳大利亚 | 矿山 | 2004 | 岩芯 | 5483 | 343473 | 166167 | 2.0 |
| | Pic de Fon（西芒杜），几内亚 | 设计 | 2007 | 岩芯 | 56 | 7474 | 2479 | 2.8 |
| | Yandi，澳大利亚 | 矿山 | 2005 | RC | 594 | 30378 | 30164 | 1.0 |
| | Mesa，澳大利亚 | 设计 | 2005 | RC | 1420 | 46178 | 20455 | 2.0 |
| | Nummuldi E-F，澳大利亚 | 设计 | 2004 | RC | 281 | 29654 | 14589 | 2.0 |
| 铀矿 | Rossing，纳米比亚 | 矿山 | 2006 | 岩芯 | 441 | 37257 | 28264 | 1.3 |
| | Ranger，澳大利亚 | 矿山 | 2005 | 岩芯 | 619 | 95896 | 62357 | 1.0 |
| 造山型金矿 | Gladstone（Norseman），澳大利亚 | 设计 | 2000 | RC | 887 | 47105 | 30338 | 1.3 |
| | Victor（St. Ives），澳大利亚 | 矿山 | 1998 | 岩芯 | 1728 | 184002 | 124137 | 0.9 |
| | Emu（Agnew），澳大利亚 | 矿山 | 1998 | 岩芯 | 2315 | 106790 | 106533 | 1.1 |
| | Meliadine，加拿大 | 设计 | 2001 | 岩芯 | 327 | 70306 | 27184 | 1.0 |
| 钛-重砂 | Fort Daufin，马达加斯加 | 设计 | 2005 | 振动岩芯 | 1523 | 27104 | 17807 | 1.5 |

不幸的是，传统的钻孔编录图在现代矿山中很少使用，而是通过直接输入掌上电脑的数字进行数据采集和地质信息记录。电子编录速度快，有助于将观察到的信息快速输入相关的软件。许多数字编录设备在指定的深度间隔或采样数内具有内置的错误判断程序，这是数字编录的另一优点。然而，数字编录与传统的纸面编录相比有一些缺陷（图4.16）。与传统的钻孔图形文件相比，数字编录是一种严重的简化。作者的经验表明，目前采矿业的岩芯编录实践已转变为在掌上电脑中简单输入岩石代码（图4.16）。这种简化意味着许多可以用传统方法观察和记录的细节都被忽略了。与使用传统的图形编录相比，这种方法也不灵活，使得地质人员记录和突出重要地质特征的机会更少（图4.16）。

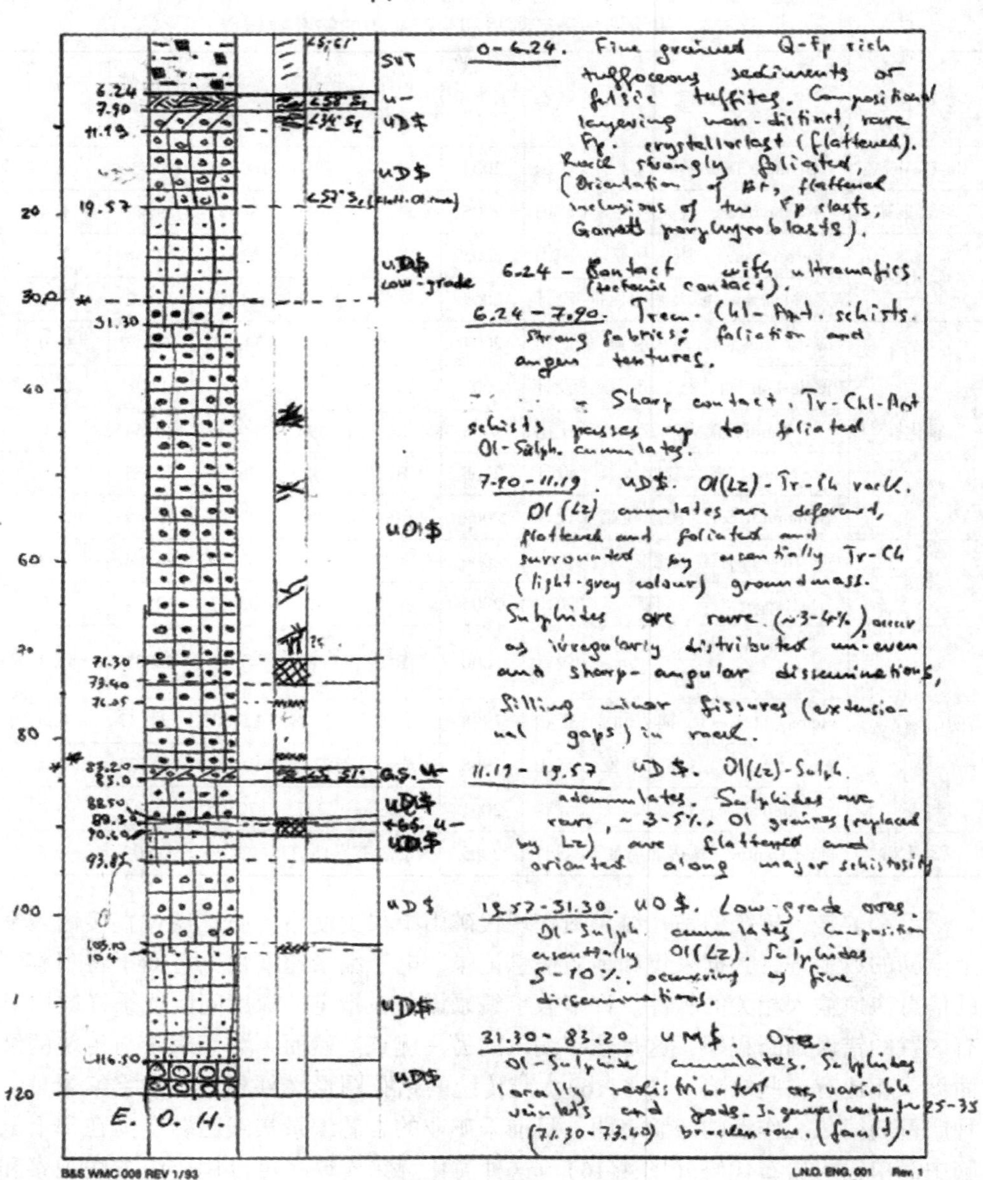

WESTERN MINING CORPORATION
LEINSTER OPERATIONS
LEINSTER OPERATIONS

CALCULATIONS

PLANT SECTION 9960 – RL

CALCULATIONS FOR: LCU 996 - 8.

MADE BY ... CKD ...

REFS:

COST A/C No.

DATE 13.01.94 SHEET ... OF ...

0-6.24. Fine grained Q-Fp rich tuffaceous sediments or felsic tuffites. Compositional layering non-distinct, rare Fp. crystalloclast (flattened). Rock strongly foliated, (Orientation of At, flattened inclusions of the Fp clasts, Garnet porphyroblasts).

6.24 - Contact with ultramafics (tectonic contact).

6.24 - 7.90. Trem-Chl-Ant. schists. Strong fabrics; foliation and augen textures.

Sharp contact, Tr-Chl-Ant schists passes up to foliated Ol-Sulph. cumulates.

7.90 - 11.19. UD$. Ol(Lz)-Tr-Ch rock. Ol (Lz) cumulates are deformed, flattened and foliated and surrounded by essentially Tr-Ch (light-grey colour) groundmass. Sulphides are rare (~3-4%) occur as irregularly distributed un-even and sharp-angular disseminations, filling minor fissures (extensional gaps) in rock.

11.19 - 19.57 UD$. Ol(Lz)-Sulph. accumulates. Sulphides are rare, ~3-5%, Ol grains (replaced by Lz) are flattened and oriented along major schistosity.

19.57 - 31.30. UO$. Low-grade ores. Ol-Sulph. cumulates, Composition essentially Ol(Lz). Sulphides 5-10%, occurring as fine disseminations.

31.30 - 83.20 UM$. Ores. Ol-Sulphide cumulates. Sulphides locally redistributed as variable veinlets and pods. In general ... 25-35 (71.30-73.40) breccia zone. (fault).

E. O. H.

B&S WMC 008 REV 1/93

LNO. ENG. 001 Rev. 1

图 4.15 通过将数据记录在预打印的编录表格上的图形岩芯编录示例（Perseverance 硫化镍矿，澳大利亚）

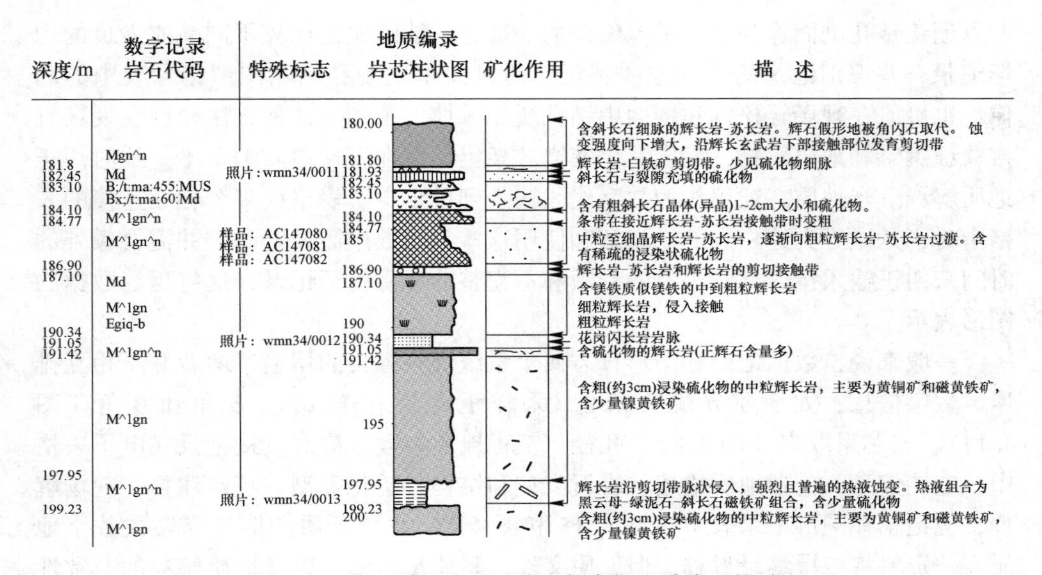


图 4.16 同一岩芯的电子编录与常规地质编录的对比

图 4.17 表示了用于拍摄智利 Escondida 铜矿岩芯的 4 个高分辨率数码相机的画面，该画面将电子编录（将数字代码输入电子表格）与使用一般图形编录和对所观察地质特征的描述制作的常规文件进行了比较。同一个钻孔由经验丰富的地质人员独立记录，使用传统的图形编录方法和电子技术。很明显（图 4.16），在图形日志上获取的细节信息量远超岩石代码的数字记录。地质文件的简化可能导致错误的地质解释，其最终结果可能是错误地估计了找矿潜力或错过了机会。因此，数字数据不能代替传统地质文件，这些文件是在纸质记录表和现场记录本上制作的，这些记录通常存储在防火柜中，或者扫描并保存成 pdf 文件。

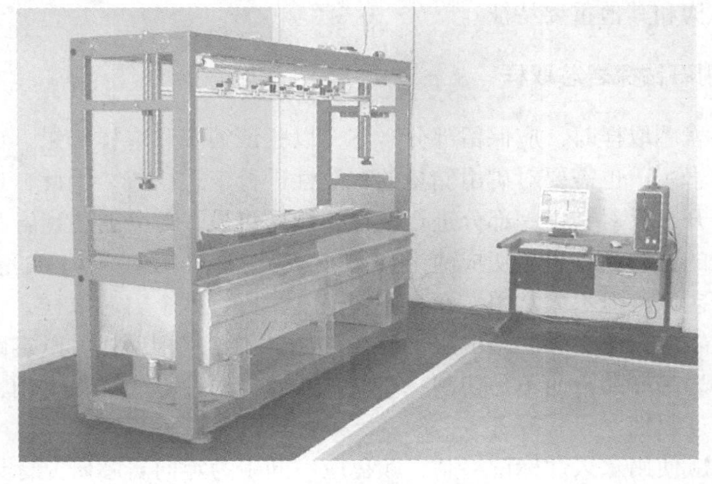

图 4.17 用于岩芯拍摄的 4 架高分辨率数码相机的框架（智利 Escondida 铜矿）

创建钻孔剖面作为常规钻探编录的一部分，能够快速比较不同地质人员的现场编录，并识别记录的不同地质特征。通过简单复制和粘贴图形记录表中的图像，也可以在现场轻松创建剖面中钻孔所见矿体的草图。这种方法允许在现场直接验证编录和地质解释，而岩芯仍在岩芯架上，可在发现地质编录不一致时纠正地质解释。当地质特征仅作为数字代码输入到单个电子表格或多个相互连接的表格中时，是做不到这一点的。理解和使用这些编码数据需要解码，并需要额外的时间来纠正输入错误、不一致的判断和不完整的地质特征记录，这将延迟数据的图形表示。

一般来说，数据记录和图形日志两个系统都有各自的用途，两者并不相互排斥。数字信息，如地质界线的深度、采样距离及采样数量、$\alpha$ 角和 $\beta$ 角（图 4.13）、岩芯采取率（图 4.8）、孔径、工程地质参数，最好直接记录在电子表格中。定性信息，包括地质描述、岩石类型和结构、矿化类型、特殊注释、现场解释，应记录在图形记录表中（图 4.15 和图 4.16）。用纸质图形补充钻孔数字地质文件资料将减慢编录过程，但地质文件资料质量和细节以及地质解释的一致性会得以补充。

现代矿山普遍拍摄所有的岩芯，以便将来进行研究和检查。岩芯通常在切割取样前拍照，需要记录和标记（图 4.5），并将标记的地质界限和深度距离与照片上的特征与记录的信息关联起来。当 3 个或 4 个高分辨率摄像机安装在一个特殊的框架上时，用于拍摄岩芯的设备从一个简单的数码相机就成了一个拍摄岩芯正面照片的特殊设备（图 4.17）。每张照片应包含孔号、岩芯箱号和钻孔进尺等参数。如果矿山地质人员不使用传统的图形日志，高质量的岩芯照片可以部分解决这一问题，因此矿山地质人员使用适当的摄影设备非常重要。一些地质特征对正确的地质解释尤为重要，因此，应单独拍摄，通常拍摄距离较近，以便准确地表示岩石结构和其他重要特征。

### 4.2.4 金刚石钻探岩芯取样

对钻探岩芯取样时，应保留部分岩芯，以验证编录和取样结果。保留一段具有代表性的岩芯，也需要对矿山储量的有效性进行正式检查。因此，通常的做法是将岩芯分开，只对其中一部分进行取样，然后将另一部分返还到岩芯箱。

最常见的方法是将岩芯切成两半（图 4.18）。取样 1/4 或 1/3 的岩芯也能够被用来评价矿床，但不太常用。在某些情况下，要对整个岩芯取样。这时，最好是切割一段岩芯保留在岩芯箱中用于检查（图 4.18）。相反，可以定距采集具有代表性的小岩芯样品，而不是切割一小段。然而，这种方法不太实用，因为它破坏了岩芯的连续性。

切割线应使用永久性标记绘制，颜色应不同于为定向岩芯研究标记的参考线

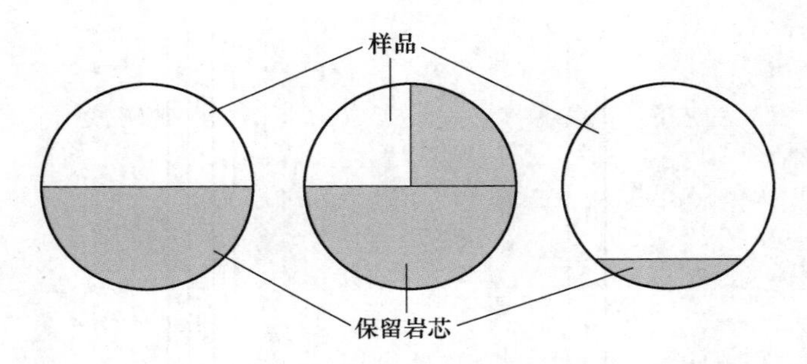


图 4.18 岩芯取样方法（允许保留部分岩芯以供进一步研究）

(图 4.11b)。井下方向应以倒钩（图 4.19）或箭头（图 4.5）表示。重要的是，为定向岩芯研究标记的参考线始终保持在岩芯箱中剩余的岩芯上。当岩芯上可以观察到层理痕迹时，应沿着层理的顶点绘制切割线（图 4.19）。

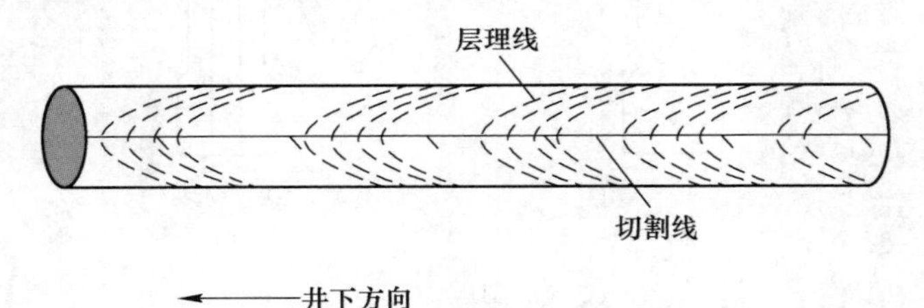


图 4.19 示意图解释了沿层理（从顶点绘出岩芯纵向切割线的原理）

岩芯取样的一般规则如下：

(1) 应在地质界线点分样。

(2) 应根据为给定矿体确定的取样方案确定最小和最大样品长度。

(3) 最好保持样品长度尽可能接近平均值，这是给定矿化类型和取样方案的最佳样品长度。表 4.4 列出了平均岩芯样品长度的示例。

(4) 如果不影响最小允许样品长度，则应对完整岩芯（图 4.8b）和破碎岩芯分别取样。

## 4.3 正循环冲击钻进

冲击钻和旋转冲击钻与金刚石取芯钻有着本质的区别，因为它产生的是小岩屑而不是完整岩芯。冲击钻通过钻头反复冲击岩石表面进行，碎石通过钻杆或孔壁与钻杆之间的间隙运至地面（图 4.20）。这种钻探提供的地质信息比金刚石取芯钻探少，但钻探速度快、成本低。

冲击钻进技术有很多种，不同的冲击钻进技术取决于对钻头施加力的方法和将岩屑运送到地面的方式。根据钻机的结构和所钻岩石的硬度，冲击钻可采用不

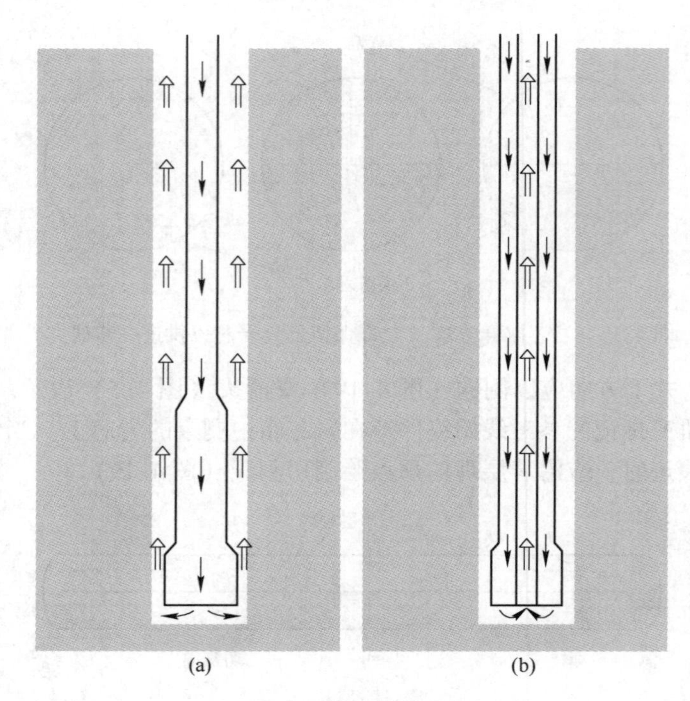


图 4. 20　流体循环途径示意图
（a）正循环；（b）反循环

同的钻头，钻头形状可为一字型、刀片、牙轮钻头或带碳化钨凸起的平头圆柱锤。在软岩中使用刀片或牙轮钻头，而在硬岩中则首选一字型或圆柱锤。

正循环（图 4. 20a）和反循环（图 4. 20b）为两种钻进方法，是继金刚石取芯钻孔后最常用的方法，广泛用于矿山地质。正循环法是将空气通过钻杆中心吹向岩石表面，并沿着钻杆外部和孔壁之间的间隙（环空）将碎石从孔中排出（图 4. 20a）。这种方法易受污染，且在潮湿的岩面上效率低下，但当项目开发需要快速钻取大量浅孔时，钻探成本较低而使其具有吸引力。

正循环冲击钻进是钻进的常用方法，被称为回转式空气爆破（RAB）。在露天矿的开采中，最常见的应用是钻孔冲击技术，这些钻孔是由矿山地质人员取样进行品位控制的。本节以炮孔为例，讨论了该技术在矿山地质应用中的实践及其局限性。下一节将叙述反循环钻（图 4. 20b）。

### 4. 3. 1　露天矿品位控制用炮孔取样

在矿山地质中最常用的是正循环冲击钻。使用卡车安装的正循环冲击钻在露天矿钻进（用于品位控制）对炮孔岩屑进行取样，在地下矿山收集凿岩台车钻进产生的岩屑。炮孔通常在露天矿台阶上使用卡车安装的露天冲击钻机进行钻进

(图4.21)。在露天矿台阶上，钻孔呈规则分布，完全覆盖已开采矿体及其含矿岩石（图4.22和图4.23）。网格可以是正方形、矩形或平行四边形。炮孔间距通常小于10 m，其深度与采矿台阶高度大致匹配。炮孔对矿区具有良好的覆盖，炮孔间距小，便于准确圈定矿体边界，控制品位。较密的采样网格还可提供足够详细的品位分布信息，以描述可采的矿块。

图4.21 西澳大利亚 Yandi 铁矿用卡车式正循环冲击钻机施工爆破孔

炮孔岩粉取样成本低，因为不需要任何钻孔或昂贵的取样设备，这是它广泛用于露天矿品位控制的另一个原因。然而，需要注意的是，炮孔主要是为了通过向这些孔内放置炸药来破碎坚硬的岩石，而不是为了获得准确和具有代表性的钻孔岩石样品而设计的。因此，炮孔取样有很大的缺点，它包含几个令人严重关注的方面。

与炮孔取样有关的误差分为两大类：由钻进炮孔时引起的误差和从炮孔岩粉锥采集样品的不合适的做法而引起的有关误差。

炮孔取样的一般做法是从炮孔锥体收集碎石（图4.24）。可通过铲子（图4.24a）、勺子、手持式螺旋钻（图4.24b）采样或通过特殊装置以便在钻孔过程

图 4.22 西澳大利亚西 Angelas 铁矿施工的爆破孔

图 4.23 澳大利亚昆士兰州 Ernest Henry 铜金矿施工的爆破孔

中采样。但目前使用的技术都不能生产具有完全代表性和准确性的炮孔样品。Pitard 回顾了与使用炮孔进行品位控制相关的基本问题，并在下面简要说明（图 4.25）。

爆破孔的浅部是采样误差的另一个来源，因为它是由留在台阶顶部的碎石组成的。这种物质在爆破孔钻探中采取率很低，因此台阶上部的样品代表性通常很差。

(a) (b)

图 4.24 为控制品位在爆破孔岩粉锥采样（纳米比亚 Rossing 铀矿）
（a）西澳大利亚 Yandi 铁矿铲式采样；（b）手持螺旋钻取样

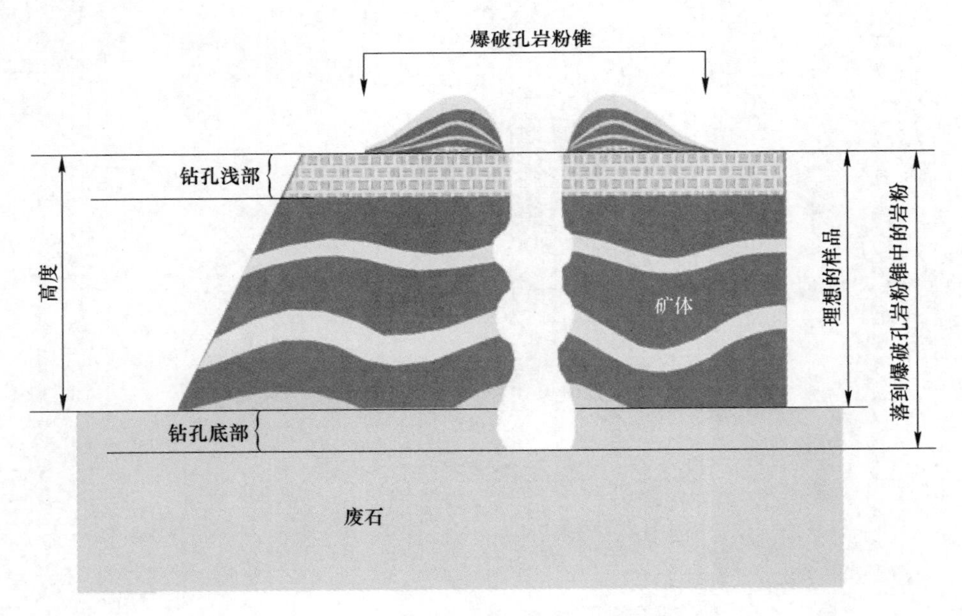


图 4.25 通过炮孔绘制的剖面示意图

用于钻孔的钻机不是为取样而设计的，没有配备适当的取样装置。根据爆破钻孔和钻机的设计，颗粒从炮孔中清除后，岩粉可能会丢失。这主要表现在沿钻杆溢出的无组织细颗粒。然而，当在地下水位下钻孔时，也可以选择性地冲走孔内岩屑。微粒也可能在从钻杆中收回时丢失，或在钻井过程中在裂缝中丢失。岩屑的优先损失，加上孔内崩落（图 4.25），落回孔中的岩屑会导致所测品位的显著误差。一般来说，所有这些因素都可能导致从爆破孔中采集的岩粉和岩粉锥表面的岩粉对已钻的孔露天台阶来说不具有代表性，并可能由于与钻井有关的因素而产生初始误差。

由于分离因素，岩石颗粒可能不均匀地分布在爆破孔岩粉锥体上（图4.25）。因此，使用不合适取样装置或取样操作不良，特别是当取样为点取样时，且不可重复分析结果，可能导致误差。从爆破孔岩粉锥中取样的常用方法，特别是用PVC管打捞或用铲子铲取样品，可能无法采集代表完整岩芯柱的所有水平面的样品。粗的碎块经常分布在岩粉锥底，在这类样品中通常代表性很差（图4.26）。在对所有层都正确代表的情况下，采集样品的困难是导致爆破孔取样出现显著误差的最严重问题之一。

图4.26 未正确采集爆破孔岩粉锥底样品的取样示例

该方法简单、覆盖面大、成本低、效率高，虽然采样质量不理想，但目前在露天矿上仍很受欢迎。通过使用正确的取样程序或特殊装置（图4.27），可以在一定程度上提高爆破孔样品的代表性。

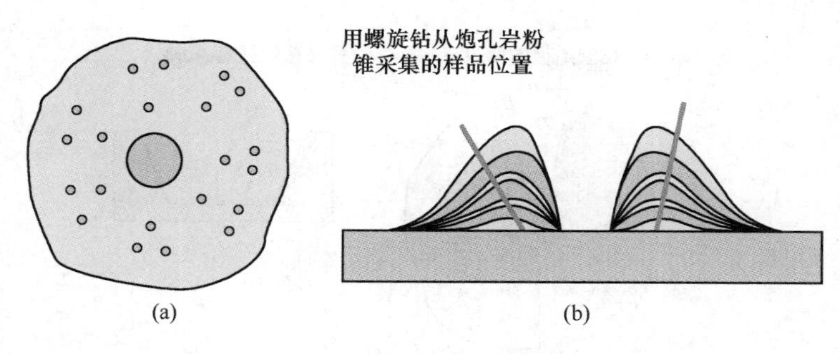


图 4.27 手持式螺旋钻炮孔取样原理示意图
(a) 平面图；(b) 剖面图

爆破孔岩粉锥（堆）取样一般原则如下：

(1) 样品最好用一种特殊的设备采集，如手持式螺旋钻，这样可以很容易地穿透整个岩粉锥（图 4.24b）。为了确保整个矿锥样品具有代表性，应通过在矿锥周围增加几个采样点（图 4.27）。Pitard 提出，当按照放射状分布模式增加采样点时，可获得较具有代表性的爆破孔样品（图 4.27）。

(2) 重要的是确保爆破孔岩粉锥对包括最底部层的所有层都有代表性地取样（图 4.27）。

(3) 一个好的做法是采集大样。这种方法可以采取更高代表性的爆破孔样品，但矿山地质人员往往忽略了这一技术，因为需要花费更多的时间进行品位控制取样。

(4) 当在极不均匀的矿体上钻孔时，可能需要使用特殊的取样装置，如 Pitard 提出的径向通道取样器（图 4.28）。通常是 2 个或 3 个（图 4.28）径向通道，随机放置在圆锥周围，彼此大致相对。应小心地从准备取样的圆锥上去除顶部材料（约 3~4 cm 属于钻杆）。通道必须一直挖到地表，并尽可能靠近钻孔。通过沿着钻孔的侧面切割并剥落到一个特殊的径向托盘（图 4.28）中来采取样品。通道的每一侧都应采样。根据是否使用 2 个或 3 个通道进行采样，增加 4 个或 6 个采样点。增加采样的重量取决于钻探台阶的高度和爆破孔岩粉锥的大小。

实践表明，当通过极不均匀矿化钻孔时，只有通过采集大样（通常重量超过 20 kg）才能获得可靠且可重复的钻孔化验结果。在这种情况下，径向取样装置应与分样器相结合，以便正确地将采集的品位控制样品质量减少到 5~10 kg。

### 4.3.2 利用凿岩台车钻孔圈定地下采场

在地下矿井中，虽然正循环冲击钻孔不像露天矿井中使用爆破孔来控制品位那样普遍，但它也可用于矿山地质。在澳大利亚西部，该技术用于圈定块状硫化镍矿床的采场。矿体被下盘运输巷上的凿岩台车钻出的扇形孔所穿过，每隔 0.5 m

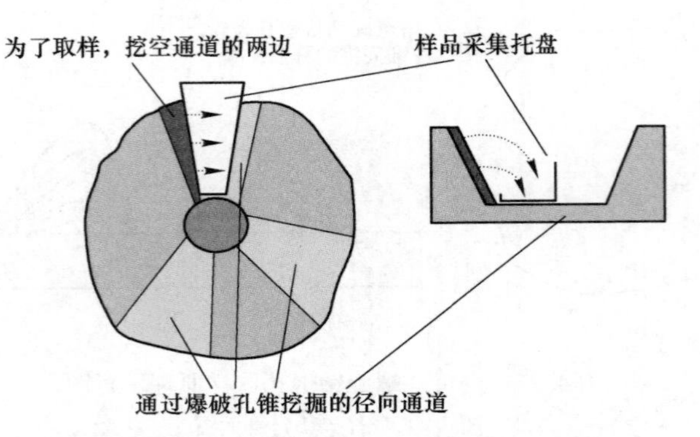


图 4.28 采用径向通道法对爆破孔采样（Pitard 修改之后）

定期采集岩屑，在赋矿岩石和块状硫化物矿石中进行目测或用手握式磁力仪测定。在接触带含有硫化物和围岩的样品被选择进行化验分析，并用于短期生产计划。澳大利亚的一些金矿也采用了类似的方法，但由于金化验结果的重复性差，这种方法的使用频率较低。

## 4.4 反循环（RC）冲击钻

反循环钻进解决了正循环冲击钻样品易污染的问题。它使用双管（图 4.29 和图 4.30）将高压空气沿内管和外管之间的空间向下充入，使岩屑沿内管返回

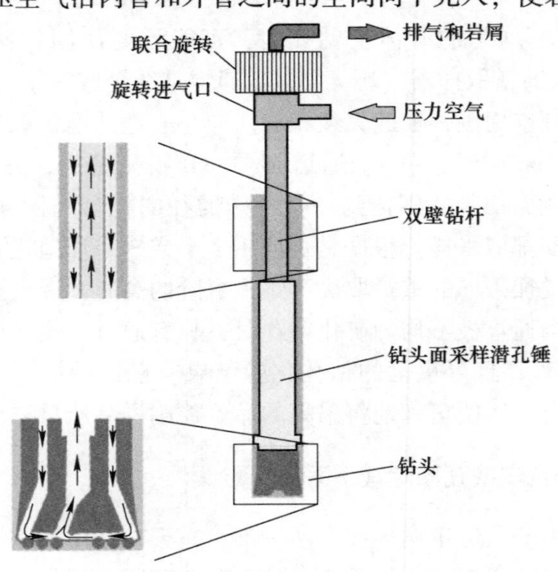


图 4.29 空气反循环（RC）钻井原理图

地面。从高压空气吹出的岩粉中采样，可以获得未受污染的样品，因为岩屑在内管移动，并且在任何时候都不会与孔壁接触。用于钻取坚硬岩石的反循环钻技术，使用带碳化钨合金的平头圆筒形钻头（图 4. 30c）。为钻取软岩而设计的反循环钻机，通常使用较小的压缩机和滚筒或刀片，而不是碳化钨钻头。

图 4. 30 RC 钻机

（a）澳大利亚西部 RC 钻机运行概况；（b）双壁钻杆；（c）RC 钻头；（d）锥形分样器，正确缩分采取样品的质量钻头面采样潜孔锤 RC 钻井（图 4.29 和图 4.30）广泛应用于勘查和矿山地质领域。在已生产的矿山中，这种技术通常用于加密钻孔。由于成本更低、速度更快，而且可以生产高质量和有代表性的样品，因此通常比金刚石岩芯钻孔更受青睐。该技术是介于正循环冲击钻和金刚石取芯之间的中间体，生产的样品质量好，成本明显低于金刚石取芯。

用于钻探坚硬岩石（如花岗岩、火山岩或变质片岩和片麻岩）的现代 RC 钻机（图 4.30a）配备了钻头面采样潜孔锤（图 4.30c），潜孔锤由压缩空气气动激活。锤的活塞冲击钻头顶部，将产生的能量传递到岩石表面。活塞循环 1650~2000 次/min。快速锤击运动伴随着在头部的旋转运动（图 4.29），工作面的岩石被均匀粉碎，然后，岩屑从钻头面被吸走，通过内管带至地表（图 4.29），通过锥形分样器和样品分离装置采样（图 4.30d）。

现代 RC 钻机（图 4.30a）也能达到并获得曾经只能由金刚石钻井才能达到的深度并获得高质量的样品。在 Kalgoorlie 金矿“超深”矿山，RC 钻的深度达到了 822 m，是迄今为止所钻最深的反循环钻孔。反循环技术的另一个常见应用是在一些露天矿山（首选爆破孔取样）进行品位控制。以品位控制为目的的反循环钻的例子包括西澳大利亚的 West Angeles 铁矿和 Murrin 红土型镍矿露天矿山。

该方法可使岩粉采取率达到 94%~96%。但样品质量和代表性可能会因非优化钻探或简要描述的钻探岩粉的特定条件而受影响（表 4.5）。

**表 4.5　反循环钻孔样品误差**

| 误差类型 | 误差原因 | 减少误差的措施 |
|---|---|---|
| 当内管内回流的空气不足时，就会发生污染 | 内管；过量空气从孔周围逸出 | 称重和理论样品重量对比；定期检查内管 |
| 从井壁刮下来的岩粉造成的污染 | 孔内钻杆的升降可能会导致岩粉从井壁掉到孔底；软岩上的孔和倾斜的孔特别容易受到这种污染 | 钻孔底部的岩粉应丢弃，待新鲜岩石暴露后再重新取样；当新的钻杆加到钻进的钻杆上时，应始终采取这种预防措施 |
| | 使用吹回装置清除内管，也会导致井壁岩粉掉落 | |
| 内管有污染 | 当钻取富含黏性黏土的地层时，黏土会在内管中堆积，阻碍正常的空气流动，对样品造成污染 | 称量和记录样品重量，如果样品是湿的，要特别注意；定期检查内管 |

续表 4.5

| 误差类型 | 误差原因 | 减少误差的措施 |
| --- | --- | --- |
| 旋风分离器中的污染 | 由于旋风分离器表面的机械损伤或设计不理想，旋流器可以选择性地截留岩屑 | 应定期检查旋风分离器，特别是在湿的和干的之间换层后；在取出黏样时不要撞击旋风器的本体 |
| | 钻取沾湿样品后，由于清洗旋风分离器不当造成污染 | 定期检查内部表面，并进行清洁 |
| 分离器生成非代表性和/或误差样品 | 不正确的设计或机械损坏的分离器会导致不同类型材料不按比例分离和/或细粉的损失 | 定期检查和清洁分离器；应定期从分离器中收集重复样品并进行分析，以监测样品的重复性 |

细粒粉砂物质在钻进过程中会在锤体内累积，形成黏稠的污垢状物质，阻塞内部。因此，钻具的机械部件可能会卡住，导致锤体停止冲击和不能采样。在钻井过程中，由于井下温度过高，锤体零件与井下岩石烧结后，导致锤体不能冲击。这些和许多其他技术原因（表 4.5）会降低回收样品的质量，因此对钻井过程和回收样品进行严格监测是很重要的。

### 4.4.1 反循环孔的记录

反循环孔的记录（表 4.6）在许多方面与金刚石孔的记录类似，主要区别在于反循环样品是作为小岩屑采取的，而不是通过金刚石钻孔采取的实心圆柱形岩芯。由于这一差异，反循环孔通过从每件样品中采集 200~300 g 具有代表性的一小部分进行记录，然后将其放在筛子中进行清洗，并使用显微镜进行岩性记录（图 4.31a、b）。记录的样品应放于特殊容器中保存，以供进一步检查和审核（图 4.31c）。

为了确保岩石判断和地质资料的一致性，建议通过将其代表性岩屑放入透明罐中，并附上其地质资料示例，创建一个主要岩石类型的标本库。这些资料应作为岩芯库的补充，包括代表性岩芯样品、露头照片、化学分析和岩性描述（图 3.1）。

反循环资料最困难的方面是评估钻孔质量，特别是估计样品损失。该程序要求准确了解从钻孔中取出的全部岩屑的质量、钻孔的体积和钻孔岩石的体重。但从反循环孔中采取的初始物质在样品分离器（图 4.30d）中被分割，并且废石被丢弃，因此保留用于实验室分析用的样品仅代表初始钻孔物质的一部分。实验室样品的称重对于评价反循环钻孔的质量没有多大用处，因为保留样品和不合格物质之间的比例变化很大。为了解决这一问题，有必要对钻机上移除的所有物质进

(a)

(b)　(c)

图 4.31　反循环钻孔采取岩屑的处理和记录

（a）从黏土和灰尘中清洗岩屑；（b）岩屑的岩性编录；（c）储存反循环样品代表部分的容器（数字表示样品的采集深度）

**表 4.6　反循环孔资料检查表**

| 活　　动 | 例子/参考 |
|---|---|
| 记录钻孔开始和结束的日期 | |
| 记录钻孔设备和参数 | |
| 记录机长名字 | |
| 记录监督钻孔和岩芯编录的地质人员的名字 | |
| 钻孔位置已检查并有记录 | 8.1 节 |
| 井下编录已经完成，结果已经复核并记录在案 | 8.2 节 |

续表 4.6

| 活 动 | 例子/参考 |
| --- | --- |
| 假设孔直径恒定，并对应于钻头的标称尺寸，记录的样品重量与样品的理论重量相匹配 | |
| 如果孔径测量已经完成，且钻孔岩石的体重已知，则样品的实际重量与孔径理论重量是匹配的 | |
| 岩屑被记录并储存起来 | 图 4.31 |
| 样品采集，编号，送到实验室 | |

行称重，包括实验室样品、副样和废弃样品，然后将从反循环孔中移除物质的总质量估计为单独称重的质量之和。

要注意，由于样品丢失或可能崩落的原因，反循环钻孔采取的样品规格变化很大。与金刚石钻孔相反，正确估计反循环钻样品采取率不能基于钻头的直径，而应基于钻具内径对钻孔体积的正确估计（表 4.6）。

采集湿样品时不必缩分，可以对整件样品进行称重。因为称量湿样品是不切实际的，所以正确的程序应该包括将整件样品运送到实验室，在那里将其干燥、称重，然后缩分以进行进一步处理。

### 4.4.2 反循环钻孔取样

潜孔锤从工作面上移除的岩屑，通过钻杆（图 4.30b）的内管运到地面，在旋风分流器中被气旋捕获并下落。干燥的样品被放入允许减少样品质量的样品缩分装置中。现代反循环钻机配备了锥形分流器（图 4.30d），用于自动缩分回收的岩屑，生成均匀、有代表性和无偏倚的样品。该分流器装有一个锥，其旋转速度约为 30 r/min，可获得均匀的、有代表性的和无偏倚的最终样品。当圆锥体旋转时，收集装置收集样品。收集到的样品流入锥下的漏斗中。来自每个收集装置的材料落入桶或袋中，这些桶或袋用于单独收集样品，在指定实验室中进行化验并作为副样保存。剩余的样品通过排放管排放到手推车中，然后丢弃。

分流器（图 4.30d）无法正确分割湿样品。在这种情况下，当样品是湿的时候，它们直接从旋风分流器中落下，因此必须收集整件样品，然后在实验室中干燥、粉碎和缩分。

采取湿样品是一个枯燥的过程。当样品为黏稠物质时，应将其收集到一个编织袋中，而不是一个塑料袋中，这样水就可以渗出。在其他情况下，当样品以稀汤状被采集时，应收集到塑料袋中，并在沉淀物沉淀后倒出水分。在地下水位以下钻探富含黏土的地层会导致旋风分流器被黏性泥浆堵塞。在这种情况下，需要将卡在旋风分流器中的物质推入塑料袋，并在继续钻进之前彻底清洁旋风分流器。

## 4.5 声波钻井技术

声波钻井是一项相对较新的技术，大约从20世纪80年代中期开始用于商业开采。声波钻井及其变体（回声波、迷你声波、声处理、共振声波和其他常见与声波类似的术语）是一种基于高频振动的技术（图4.32）。整个钻头以每秒50~150 Hz或周期的频率振动。这个频率区间位于人耳能探测到的较低声波范围内，因此“声波”一词成为描述这种钻探技术的通用术语。上述钻井技术之间的差异主要与钻机设计（图4.33）和操作方法或井下工具有关。将声波钻机的实际钻速和孔直径与通常用于钻取非固结沉积物的其他钻井技术进行比较（表4.7）。

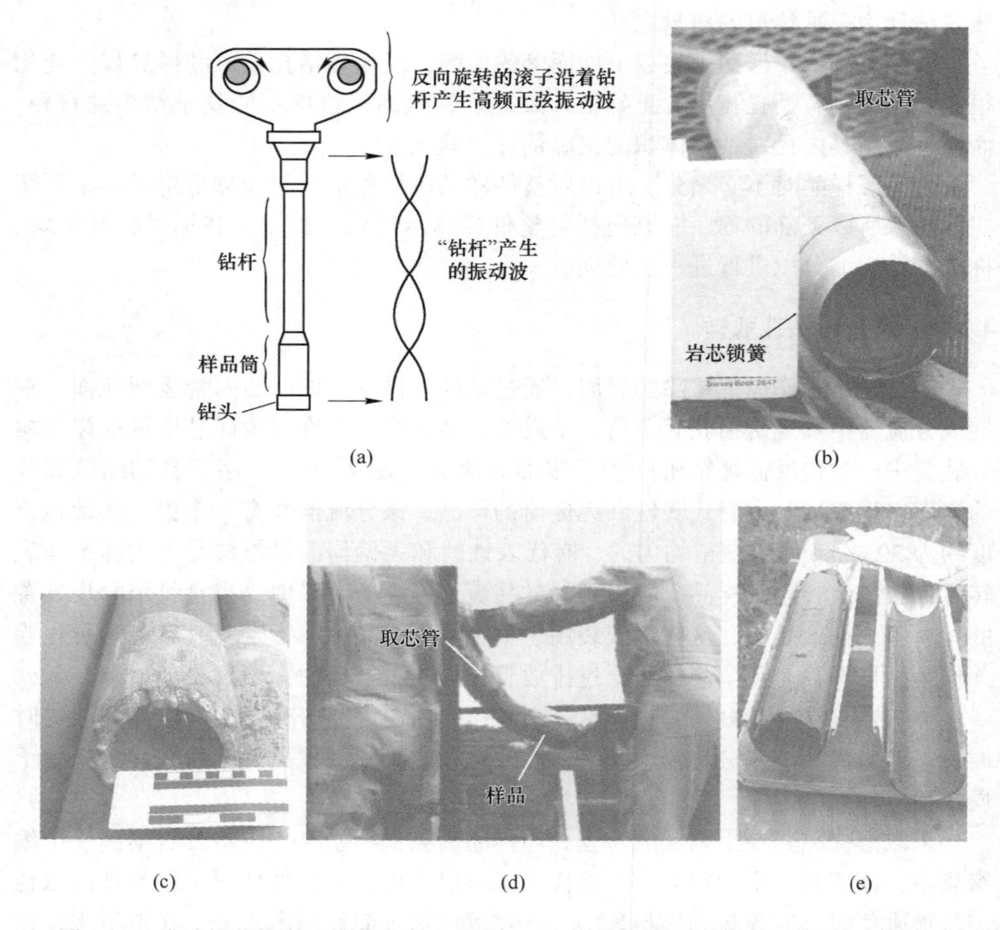


图4.32 声波钻井技术（转载自参考文献［8］，经澳大利亚采矿和冶金研究所许可）
（a）声波钻进原理示意图；（b）带附加钻头的取芯管；（c）镶嵌碳化钨硬质合金的钻头，专为钻取夹有硬的松散沉积物而设计；（d）将取芯管中的样品采集到塑料套管中；（e）从岩芯管内取出不锈钢裂口衬套的砂样

(a)

(b)

图 4.33 声波钻机
(a) 轨道安装式轻型钻机，用于钻探 30 m 内的浅孔；(b) 重型钻机，可钻深达 100 m 以上的孔

**表 4.7 声波钻机的特性①**

| 装置类型 | 孔径/cm | 钻井深度/m | 矿山/项目 |
|---|---|---|---|
| 迷你声波 | 10.2 | 15.2 | Fort Dauphin，马达加斯加 |
| | 5.1 | 30.5 | |
| 超强声波 | 12 | 170 | Richards Bay，南非 |

①转载自参考文献 [8]，经澳大利亚采矿和冶金研究所许可。

声波钻机的特点是采用专门设计的液压动力钻头，产生高频振动力（图 4.32a）。钻头使用两个反向旋转的偏心平衡块（滚筒），它们在滚筒旋转的 0°和 180°处产生振动。声波头连接在钻杆上，允许振动通过钻杆传递到钻头（图 4.32b、c）。钻头还配有空气弹簧，可将振动与钻机隔离。

振动频率由施工人员控制，目标是在振动与钻杆共振时达到最佳钻速。当达到共振时，来自钻杆的振动能量转移到钻头上，并通过共振钻进。

声波钻进通常由履带式钻机（图 4.33）进行，允许其在松散砂土和软黏地层上自由移动。钻机规格从小型和轻型钻机（专门设计用于沙丘上的浅层钻井）(图 4.33a) 到大型钻机（图 4.33b），允许在地表以下 100m 以上的钻探目标上钻深孔（表 4.7）。

### 4.5.1 声波钻进的优缺点

声波技术旨在采集非固结砂的代表性原始样品（图 4.32d、e），这对准确评估砂矿矿床资源非常重要。所有其他常规钻井技术，包括三管金刚石、冲击钻和螺旋钻，都不能产生原状样品，限制了它们在地质解释中的应用。除了通过常规钻探方法获得的有限地质信息外，其中许多方法还产生重复性差且有偏差的样品。特别值得注意的是，通过空气钻井或反循环钻井技术获得的样品可能严重低估砂层中有用组分的品位（图4.34）。在莫桑比克使用螺旋钻和空气钻井对重砂矿物取样时，也观察到类似的误差结果。

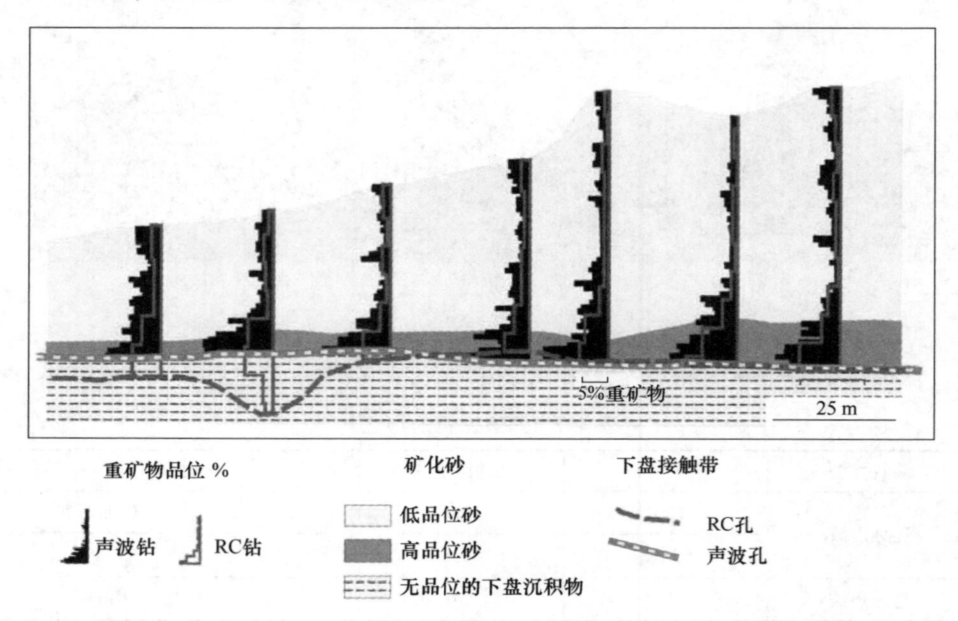


图4.34 非洲Richards Bay砂矿床声波和反循环钻探对比（转载自参考文献［8］，经澳大利亚采矿和冶金研究所许可）

声波钻探是唯一能经济有效地获得软的未成岩的沉积层连续样品的技术。声波钻孔的直径（表4.8）允许获得大量有代表性的样品，其数量足以进行综合地球化学分析、工程地质研究和冶金试验。样品完整性明显优于其他技术，并且样品污染的可能性最小化，因为样品不断地被包含在岩芯管内，并在地表（图4.32d）挤压进入长塑料袋（套管）或收集到岩芯管衬管里（图4.32e）。

**表4.8 声波岩芯样品的常见误差**

| 误差类型 | 误差来源 | 减少误差的措施 |
|---|---|---|
| 样品损失 | 从岩芯筒回收到塑料套管时样品丢失 | 培训和监督钻井队；记录样品的质量 |
| | 岩芯收集器的机械故障导致样品丢失 | 定期检查并在必要时更换钻头和岩芯捕捉器；记录样品的质量 |
| | 岩芯捕集器被黏土堵塞，无法采集有代表性的样品，或样品从井底提出后从岩芯筒中掉落造成损失 | 使用裂口套管插入岩芯筒；记录样品的质量 |

续表4.8

| 误差类型 | 误 差 来 源 | 减少误差的措施 |
|---|---|---|
| 钻探条件 | 由于钻过凝结物或不连续的层而使采取率较低 | 使用组合声波和旋转钻方法，使用碳化钨平头钻头 |
| | 移开钻杆后，钻孔内沉积物的上升。这是一种发生在高水力压力下的砂土中的自然现象。压差将沙子推入低压开口，如钻孔 | 每次拔出钻杆前和开始钻孔时，记录孔的深度；检查和调整钻进程序 |

获得松散沉积地层连续岩芯样品的优点，是使声波钻井成为评价砂矿床的主要方法。其应用范围，从钻双孔（马达加斯加 Mandena 项目）验证历史数据到确定重砂矿物资源和储量的主要钻探方法（南非共和国 Richards Bay 矿床）。该技术还用于环境研究，要求对旧尾矿库、堆浸垫和矿山周围的覆盖层进行取样。

对非洲几座矿山的声波钻机性能进行的审查表明，有一些问题可能损害样品质量和代表性。一般来说，取样误差可由许多因素引起，包括钻井条件、设备机械故障和不适当取样做法。表 4.8 总结了最常见的误差及对应的减少误差的措施。

及时甄别取样误差和可能的样品损失是很重要的，钻进应由经验丰富的地质人员监督。如果以前已经钻探过现场，项目地质人员应根据过去的经验评估钻探条件，并设想施工人员可能遇到的会损害样品完整性、降低采取率的技术困难。

### 4.5.2 声波钻孔编录和取样

声波岩芯编录一般与金刚石钻探岩芯编录相似。钻孔记录通常是通过将地质观测记录到预先打印好的纸质记录表上，现在这些记录表被掌上电子仪器（如掌上电脑）的电子表格所取代。钻孔记录应主要集中在收集数据上，解释和评论通常应在不同的列中分开记录。在记录声波岩芯时，应强调准确定义地质界线，这些界线在声波岩芯中清晰可见（图 4.35）。

应拍摄每个岩芯样品（图 4.35a、b）和岩性特征，重点是沉积物的岩性特征和沉积结构，这些特征通常在声波岩芯表面清晰可见（图 4.35c）。

通过绘制钻孔示意柱状图（图 4.35a）总结编录是一个好的做法，注意在当前解释中做出了哪些主观假设以及可能的替代解释。岩芯编录应在钻机现场进行，因为当样品运输到不同位置时，地质界线（图 4.35b）和沉积结构（图 4.35c）将被破坏。

为了保证编录的一致性，对具有编录特征的代表性样品进行拍照，并编制成岩性图集，作为编录指南。当一名以上的地质人员或技术人员在项目内共同编录钻孔时，必须与参与编录的所有成员定期比较和审查不同的编录。本程序旨在提

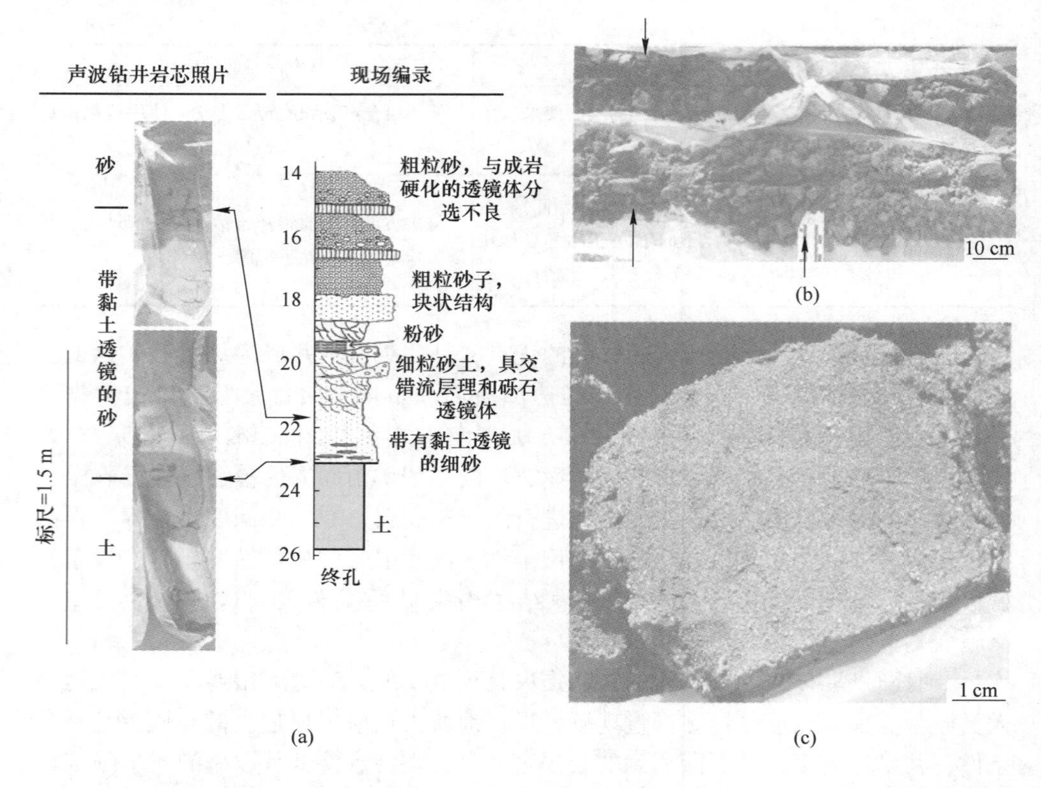


图4.35 马达加斯加 Mandena Ti sands 项目通过声波钻探回收的非岩化砂的钻探岩芯（转载自参考文献［8］，经澳大利亚采矿和冶金研究所许可）

（a）现场记录的声波钻孔岩芯和岩芯编录图；（b）沉积层之间的界线在岩芯中清晰可见（用箭头标记）；（c）显示交错流层理结构的砂的钻孔岩芯样品的近距离视图

高编录系统的一致性，并必须记录地质人员和技术人员的姓名、样品、日期、编录过程中发现的差异以及相应的纠正措施。

常规样品质量控制程序应包括每次停止钻进和从钻孔中取出钻杆时的钻孔深度记录。在重新开始在该孔中钻进之前，应再次测量孔深，并对两个测量值进行比较和平差。如果注意到沉积物的水力膨胀，则应对取样间隔进行校正，如有必要，应修订钻井程序。

采集的样品应在现场称重，所有不一致和可能的取样误差应与钻探队讨论并记录。记录样品质量，并应用于采样评估。将样品质量输入电子数据表是一个好的做法，该电子数据表将自动重新计算给定体积声波岩芯的样品采取率，该体积由已知的岩芯直径和钻探深度确定。砂的体重也应通过使用放置在岩芯管内的分离衬管采集样品来测定（图4.32e）。这些样品更适合于精确测量砂的体重，因为它们的体积比采集到塑料套管中的常规声波岩芯样品的体积更精确。

# 4.6 螺 旋 钻

螺旋钻技术是在松软松散地层中钻取浅孔的一种技术，主要用于地表或浅层软覆盖层下的砂金、铝土矿和砂矿矿床。

在软地层浅层钻井中，螺旋钻法比其他方法具有钻井成本低、钻进速度快、不受流体污染等优点。因此，该方法通常用于矿区的环境和工程地质研究，以及在露天矿（例如几内亚的 Sangaredi 铝土矿）中钻爆破孔。该方法也可用于确定地表矿化资源，但与冲击钻或声波钻探技术相比，螺旋钻样品的质量较差，因此螺旋钻技术在评价采矿项目中的应用目前已经减少。

螺旋钻又分为连续螺旋钻（图 4.36a）、空心螺旋钻、短管螺旋钻、板式螺旋钻和斗式螺旋钻（图 4.36b）。表 4.9 列出了不同类型的螺旋钻及其首选作业环境的对比。

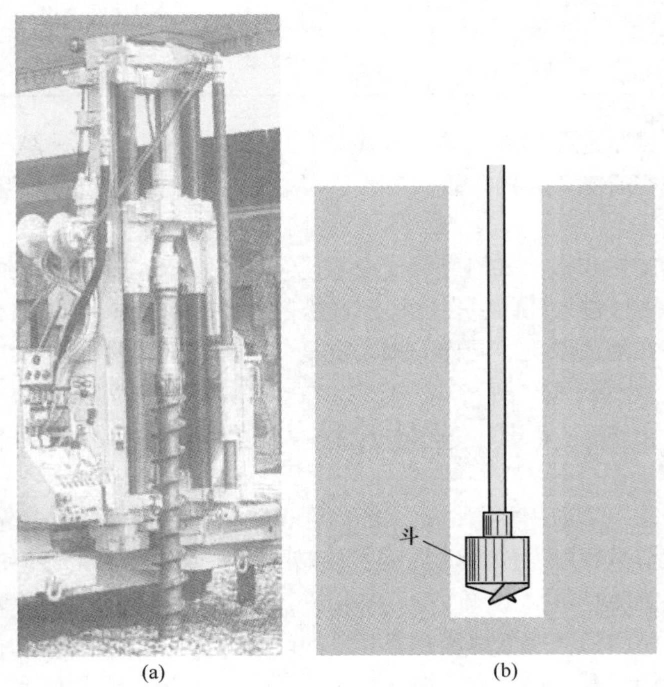


图 4.36 螺旋钻钻孔技术

（a）连续螺旋钻；（b）斗式螺旋钻示意图

连续螺旋钻可以获得连续的钻孔岩石样。它由一个顶部驱动机器旋转一个特殊的螺旋形钻杆（图 4.36a），螺旋突起固定在杆的外部。这些岩石是由一个特殊的钻头在杆的末端切割的，钻头的形状可以是叶片的，用于钻取松散地层，也可以用于钻探半固结岩石的三牙轮钻头。岩屑从钻孔底部移除，并被带到螺旋壁架上向上移动到地表（螺旋段）（图4.36a）。

表4.9 螺旋钻主要类型的特点

| 钻进方法 | 有利因素 | 不利条件 |
| --- | --- | --- |
| 连续钻进 | 设备成本低 | 样品质量不理想 |
| | 运营成本低 | 为了更好的样品质量，需要特殊的设备 |
| | 速度快 | 不能在地下水位下钻探 |
| 短刮板螺旋钻和板式螺旋钻 | 钻大直径孔 | 钻孔中的水会冲洗螺旋钻上的岩屑 |
| 斗式螺旋钻 | 钻大直径孔 | 钻井深度有限 |
| | 适用于采集冶金试验的大样 | |
| | 能在地下水位下使用，并在泥浆充填的孔中操作 | |

空心螺旋钻是连续螺旋钻的一种特殊形式，它有一个用于采集样品的空心中心管。通过在空心螺旋钻内放置岩芯管，可以通过钢丝绳系统或使用内部钻杆来进一步改进钻进。

短刮板螺旋钻和板斗式螺旋钻代表不连续采样技术。它们都是通过一个取样装置（图4.36b）进入孔内，在取样穿过松散地层时将所取样品装入孔内，然后从孔中拉出并在地面取出。同样的操作重复多次，直到孔深达到所需的深度。

## 4.7 三牙轮钻头旋转钻进

旋转钻进是一个通用术语，定义任何通过旋转位于钻杆底部的钻头打孔形式的钻进。但本节只回顾一种特殊类型的旋转钻进（图4.37a），即使用三牙轮钻头的标准循环旋转钻进（图4.37b）。

这种钻探技术通常用于地浸技术开采的砂岩型铀矿资源和生产用钻探孔。地层压裂工程的铀资源主要靠井下地球物理测井，因此以钻孔成本低、钻速快的标准循环三牙轮旋转钻探为主。样品质量并不重要，因为这些井的主要目的是用于井下地球物理测井。地球物理数据通过钻探少量双孔得到验证，这些双孔通常使用三管金刚石岩芯钻探技术，以获得具有代表性的样品。

两种不同类型的旋转钻井通常用于ISL操作系统：

（1）旋转工作台旋转钻杆，使钻杆旋转并允许钻杆滑动；

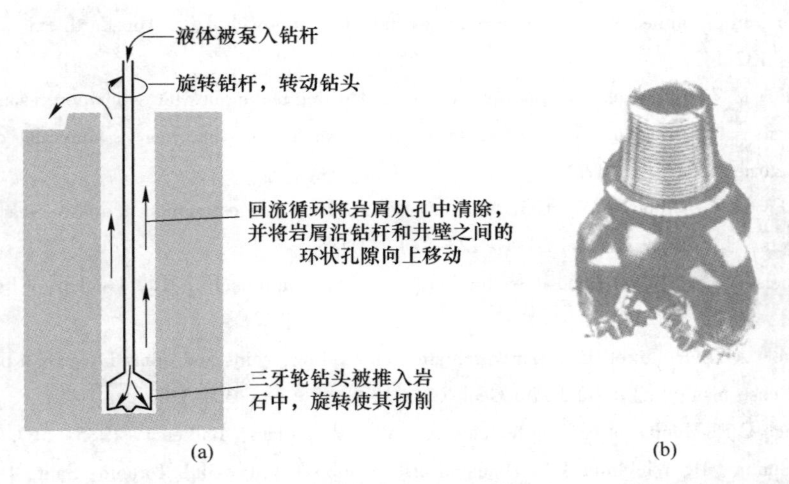


图4.37 标准循环三牙轮钻头旋转钻进基本原理示意图（a）和三牙轮钻头的概貌（b）

（2）旋转钻杆的液压操作顶部驱动装置连接在钻杆上，沿钻机机身上下移动。

钻头也可以用潜孔涡轮机旋转，但这种技术通常用于石油和天然气行业，很少应用于固体矿产矿山地质。

## 参考文献

[1] Abzalov M Z. Quality control of assay data：a review of procedures for measuring and monitoring precision and accuracy [J]. Exp Min Geol J，2008，17 (3/4)：131-144.

[2] Abzalov M Z. Use of twinned drill-holes in mineral resource estimation [J]. Exp Min Geol J，2009，18 (1/2/3/4)：13-23.

[3] Abzalov M Z. Design principles of relational databases and management of dataflow for resource estimation [C] // AusIMM. Mineral resource and ore reserves estimation，AusIMM monograph 2nd ed. Melbourne 2014a：41-52.

[4] Abzalov M Z，Bower J. Optimisation of the drill grid at the Weipa bauxite deposit using conditional simulation [C]//AusIMM. Seventh international mining geology conference. Melbourne，2009：247-251.

[5] Abzalov M Z，Mazzoni P. The use of conditional simulation to assess process risk associated with grade variability at the Corridor Sands detrital ilmenite deposit [C]//AusIMM. Ore body modelling and strategic mine planning：uncertainty and risk management. Melbourne，2004：93-101.

[6] Abzalov M Z，Menzel B，Wlasenko M，et al. Grade control at the Yandi iron ore mine，Pilbara region，Western Australia：comparative study of the blastholes and RC holes sampling [C]// AusIMM. Proceedings of the iron ore conference. Melbourne，2007：37-43.

[7] Abzalov M Z，Menzel B，Wlasenko M，et al. Optimisation of the grade control procedures at the

Yandi iron-ore mine, Western Australia: geostatistical approach [J]. App Earth Sci, 2010, 119 (3): 132-142.

[8] Abzalov M Z, Dumouchel J, Bourque Y, et al. Drilling techniques for estimation resources of the mineral sands deposits [C]//AusIMM. Proceedings of the heavy minerals conference. Melbourne, 2011: 27-39.

[9] Abzalov M Z, Drobov S R, Gorbatenko O, et al. Resource estimation of in-situ leach uranium projects [J]. App Earth Sci 2014, 123 (2): 71-85.

[10] Annels A E. Mineral deposit evaluation, a practical approach [M]. London: Chapman and Hall, 1991: 436.

[11] Annels A E, Hellewell E G. The orientation of bedding, veins and joints in core: a new method and case history [J]. Int J Min Geol Eng, 1988, 5 (3): 307-320.

[12] Chugh C P. Manual of drilling technology [M]. Rotterdam: Balkema, 1985: 567.

[13] Cumming J D, Wicklund A P. Diamond drill handbook [M]. 3nd. Toronto: Smit, 1980: 547.

[14] Eggington H F. Australian drillers guide [M]. 2nd ed. Sydney: Australian Drilling Industry Training Committee Ltd, 1985: 572.

[15] Hartley J S. Drilling: tools and programme management [M]. Rotterdam: Balkema, 1994: 150.

[16] Marjoribanks R W. Structural logging of drill core. Handbook 5 [M]. Perth: Australian Institute of Geoscientists, 2007: 68.

[17] Oothoudt T. The benefits of sonic core drilling to the mining industry [C]// Tailing and mine waste'99. Proceedings of the sixth international conference on tailings and mine waste'99. Fort Collins, 1999: 24-27.

[18] Pitard F F. Pierre Gy's sampling theory and sampling practise [M]. 2nd ed. New York: CRC Press, 1993: 488.

[19] Pitard F F. Sampling correctness-comprehensive guidelines [C]// AusIMM. Proceedings-second world conference on sampling and blending. Melbourne, 2005: 55-66.

[20] Sinclair A J, Blackwell G H. Applied mineral inventory estimation [M]. Cambridge: Cambridge University Press, 2002: 381.

[21] Zimmer P W. Orientation of small diameter core [J]. Econ Geol, 1963, 58 (8): 1313-1325.

# 5　坑道取样

**摘要：**从岩石表面采集具有代表性的无偏样品，尤其是对破碎矿石进行取样是一项非常重要的任务，需要特殊的采样设备和操作程序。本章叙述了矿山地质人员最常用的技术，这些技术用于矿山坑道取样，以圈定矿体、估算储量或需要取样来控制已开采矿石的品位和金属量。

**关键词：**刻槽采样；探槽；破碎矿石

矿山项目与勘探项目的不同之处在于，已开采的矿体暴露在地下巷道和露天矿台阶上，允许在三维空间中系统地绘制和取样。对于勘探地质人员来说，直接从岩石表面进行系统的三维取样的机会很少，因此坑道采样代表了矿山地质的特殊领域之一，也是一项常规性工作。从岩石表面采集具有代表性的样品，尤其对破碎矿石进行取样是一项非常重要的任务，需要特殊的采样设备和操作程序。

## 5.1　地下矿山岩石面取样

矿化情况可暴露在地下巷道的正面、侧壁、顶板和底板上，这些工作面都适合取样，选择从哪个面采样取决于采矿工作面相对于矿体的方向和工作面的可接近性。例如，可以从坑道的顶板上暴露的岩石中采集高质量的样品。在这种情况下，样品可沿矿体走向有规律地分布，是地下矿山地质图很好的补充，有助于地质解释和矿石量估算。这种方法的缺点是技术最复杂、最耗时，而且在一定高度作业时需要特殊的安全程序。坑道侧壁取样更易于实施，通常用于穿脉巷道和上山的取样，但是，对沿着陡倾斜的狭窄矿体（如石英脉型金矿或块状硫化物）打的沿脉巷道，则很少使用侧壁取样。

表5.1列出了矿山地质人员根据矿化类型布置的取样点，在草图中进行了说明（图5.1a、b）。

**表5.1　井下取样的岩面选择**

| 矿井工作面 | 用　途 | 评　价 | | 实例 |
|---|---|---|---|---|
| | | 优　势 | 劣　势 | |
| 矿体掘进工作面 | 狭窄的矿体完全暴露在掘进的正面 | 矿体暴露良好，便于坑道刻槽取样或岩屑取样。适用于独立于采矿技术的所有类型的矿化 | 由于矿山生产进度的不同，开采工作面的可接近性有限，这是制约其用于采矿地质目的的主要因素。这些部位通常在爆破前或爆破过程中编录和取样 | 图3.12、图3.13 |

续表 5.1

| 矿井工作面 | | 用途 | 评价 | | 实例 |
|---|---|---|---|---|---|
| | | | 优势 | 劣势 | |
| 侧壁 | 穿脉 | 圈定急倾斜矿化带的下盘和上盘，一般采用剖面 | 剖面的侧壁与陡倾斜的矿化区域的整个或部分相交叉，很容易接近，这是进行详细地质编录和取样的最佳环境 | 当岩体工程条件较差时，整个矿井包括侧壁都可以喷射混凝土 | 图3.11、图5.1a |
| | 上山 | 矿体窄而陡倾，在垂直方向上由上山圈定 | 沿矿化倾向布置的上山侧壁，适合于对急倾斜的矿化进行详细的地质编录和取样 | 取样技术难度大，需要特殊设备 | 图5.1b |
| | 沿脉 | 扁平的矿体暴露在坑道的侧壁上 | 坑道的侧壁通常便于取样和绘图 | 当岩体工程条件较差时，整个矿井包括侧墙都可以喷射混凝土 | 图3.12 |
| 顶板 | 沿脉 | 狭窄陡倾斜的矿体暴露在坑道顶板 | 坑道沿矿体整个走向，可以研究矿体沿走向的连续性 | 由于技术困难和安全问题，很少用于取样；由于喷浆或顶板支撑，编录取样会受到限制 | |

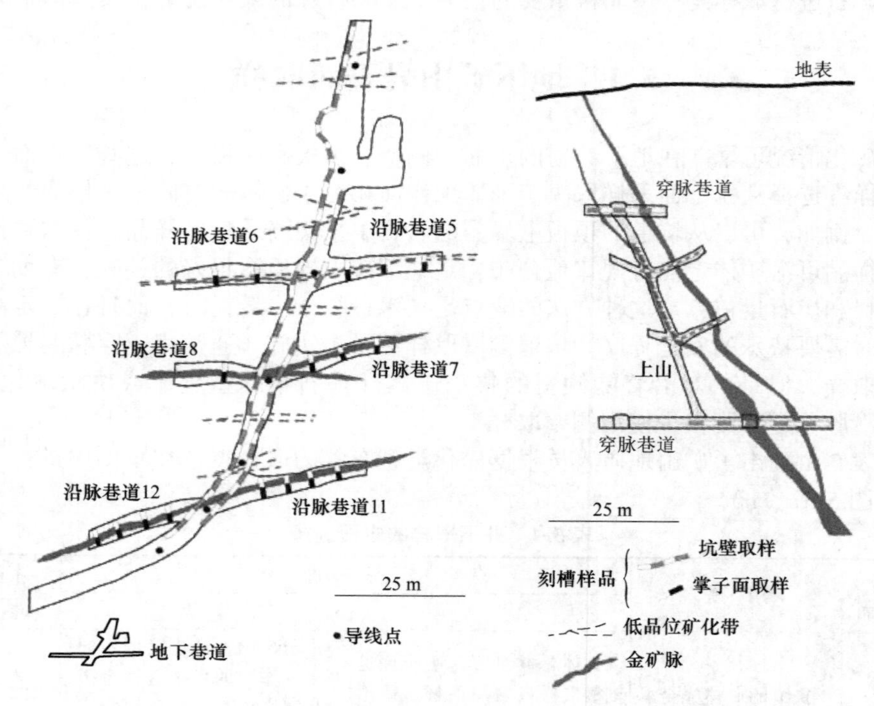


图5.1 乌兹别克斯坦 Zarmitan 金矿井下露头岩石取样图

(a) 平面图；(b) 剖面图

### 5.1.1 刻槽采样

对坑道工作面的露头、探槽或岩壁中暴露的岩石，一般通过在岩石表面刻槽进行取样（图 5.2）。样槽由凿子和锤子（图 5.2a）或金刚石锯（图 5.2b）制作。金刚石锯切割是一种优越的技术，它产生的样品质量明显优于传统的凿子和锤子取样。

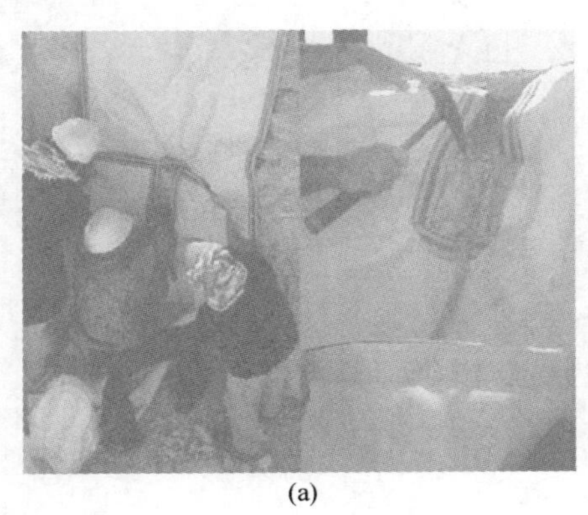
(a)

(b)

图 5.2 约旦中部铀矿床的刻槽采样
（a）使用锤子和凿子；（b）用金刚石锯切割的样槽

刻槽采样程序如下：

（1）刻槽贯穿整个矿体并延伸至围岩，因此整个刻槽长度取决于矿体厚度，长度可达数十米（图 5.3）。

（2）单件样品的长度从 10～100 cm 不等，具体取决于矿化类型。刻槽宽度通常为 5～10 cm，深度为 3～5 cm（图 5.2），但根据矿化的具体特征、取样和切割设备的用途，可以使用不同的深度和宽度。

（3）样槽的位置应以能够获得给定面最具代表性的样品的方式进行选择（图 5.3a），样槽以高角度朝向矿体走向，尽可能接近 90°（图 5.3a），但要沿直线从一个点到另一个点连续取样，因此，根据暴露点的位置，可以以较低的角度切割刻槽（图 5.3b）。

（4）刻槽样从槽下部向上切割取样（图 5.3c）。

（5）样品应不跨越地质界限，并在取样前进行明确标记。

（6）刻槽宽度和深度应沿其整个长度保持不变。样槽的不规则形状通常是由某些岩石类型（如软层）的优先刻下造成的。这是一个次优采样做法，导致样品不具代表性和存在潜在误差。当用凿子和锤子（图 5.2a）切割刻槽样品时，很少能获得固定形状，通常需要使用金刚石锯（图 5.2b）。

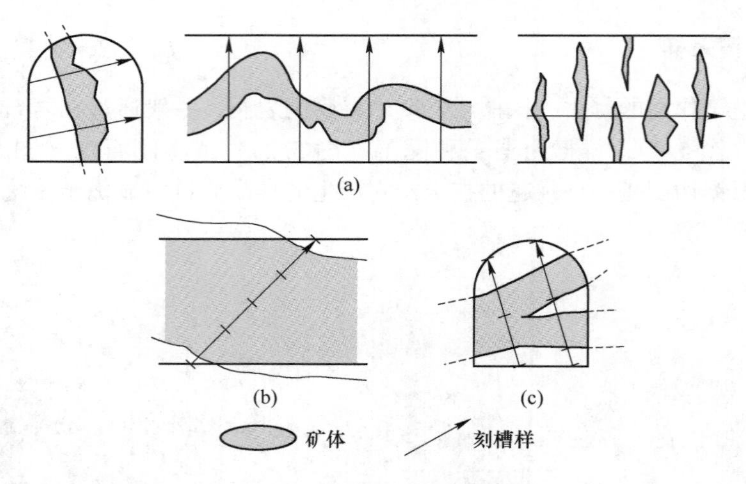


图 5.3 刻槽取样的一般原则

（a）样槽的方向与矿化方向垂直；（b）确保样槽控制矿化体的上下盘；（c）按地质界线取样

### 5.1.2 点线法采样

另一种通常用于矿山岩石取样的方法称为点线法采样。该方法是沿直线（图5.4a）或窄带（图5.4b）以规则间隔系统采集岩屑。在后一种情况下，采样点通常呈矩形网格分布。取样前，可在岩石表面标记采样点。这个步骤产生了更具代表性的样品，因为它最大限度地减少了由于采样工具对采样点的主观选择而导致的偏差。标记采样点最好采用绳结法。

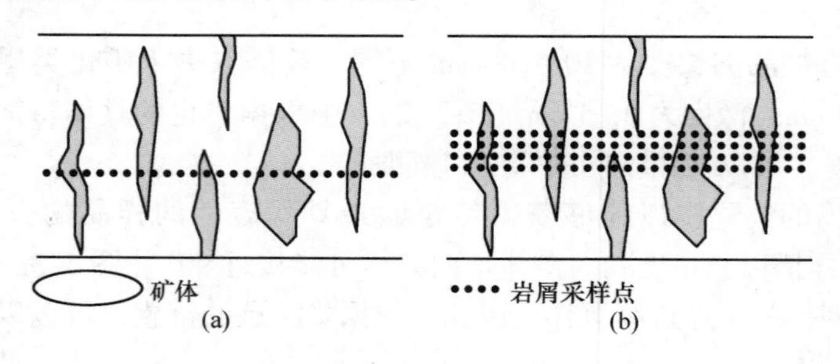


图 5.4 点线法采样示意图

（a）沿直线取样；（b）沿窄带分布的矩形网格取样

该方法快速、廉价，但样品的代表性不如刻槽采样。它通常用于对均匀分布的浸染状矿石进行取样，其中点线采样法样品代表性较好。

用地质锤和凿子进行点线采样法，也可采用手持式机械装置，如风镐、手持式岩芯钻、手持式冲击钻或配备取样电钻。

## 5.2 拣块法采样

矿山地质人员经常会对破碎矿石取样，包括对矿石堆、传送带、矿车和地下采场的放矿点进行取样（图5.5）。取样方法称为拣块法，包括收集3~5 cm大小的岩屑。碎石是随机选择的，最好是遍布堆积物的整个表面。这种方法通常用于控制地下采矿的矿石品位，特别是在采用阶段崩落法或分段崩落法采矿技术的矿山。

图5.5 Northparkes铜矿地下采场放矿点破碎矿石

这项工作极为困难，因为破碎矿石的堆积物由各种各样的碎块组成，从直径超过1 m的大块（图5.5）到小于1 mm的细碎屑。大块和小碎块在矿堆底部分离，很难进行取样，因此样品没有充分代表性。这个问题实际上是无法解决的，通常会导致重复性偏差。鉴于这种取样的质量不佳，此方法仅在其他取样方法不适用的情况下采用。

若采用绳结法取样，并辅以矿堆测量，可在一定程度上提高样品的代表性。矿堆采样的主要目的是确定矿石和废石的比例，以对矿堆的取样结果进行地质控制。

## 5.3 槽探和探井

槽探和探井是为了揭露薄覆盖层覆盖的近地表矿体而进行的浅部探矿工程。

在覆盖层小于3 m的地方使用槽探（图5.6），探井允许进入更大深度，最深达到30 m。这些技术通常在项目成熟的详细勘探阶段应用，并且需要根据详细的编录和矿体取样对矿产资源进行准确估算（图5.6a）。在这一阶段，探槽和探井也可以用来从选定的地点获得大体积样品，用于冶金试验工作。

(a) (b) (c)

图5.6 矿山探槽实例

（a）俄罗斯西伯利亚 Bystrynsky Cu-Au 项目推土机开挖的探槽；
（b）加纳 Tarkwa 金矿露天矿台阶处推土机开挖的探槽；（c）约旦 CJUP 铀矿床矿用反铲机挖掘的探槽

在生产矿山中，很少使用探槽，主要用于露天矿台阶的详细编录和取样，以进行品位控制（图5.6b），或在产量与储量不符时收集大量样品。

槽探和探井可以用手（铲）或机械挖掘。常用设备如下：

（1）推土机（图5.6a）；

（2）推土机松土器（图5.6b）；

（3）反铲挖掘机（图5.6c）；

（4）斗式挖掘机；

（5）沟神公司（DitchWitch）生产的开沟机。

开挖技术的选择取决于覆盖层的厚度和硬度，以及地形特征和项目交通条件。

编录探槽和探井并取样。探槽从底面取样。探井至少在两个相交的侧壁上采样。当矿体的厚度和品位高度变化时，则绘制探井的4个坑壁。

编录探槽和探井类似于地下矿山中使用的方法（图3.8和图3.11）。一般使用金刚石锯从槽底或井壁上刻槽取样（图5.2b和图5.6c）。

## 参考文献

[1] Magri E J, McKenna P. A geostatistical study of diamond-saw sampling versus chip sampling [J]. J South Afr Inst Min Metall, 1986, 86 (8): 335-347.

[2] Schwann B B. The application of Ditch Witch sampling in oxidized open cut gold mines [C]//AusIMM. Equipment in minerals industry, proceedings of exploration, mining and processing conference. Kalgoorlie 1967: 25-31.

# 6 工程地质编录和测绘

**摘要**：描述了矿山地质人员常规编制的工程地质数据和岩石强度指数（RQD，Q指数）的最常见类型，重点介绍了编制岩芯和暴露在井壁岩石面的工程地质资料的基本原理。

**关键词**：岩石强度；RQD；ESR；Q指数；工程地质编录

井下开采和露天矿边坡的优化需要系统地记录岩石的物理特性，这些特征通常被称为工程地质信息。工程地质信息是通过钻取专门设计的工程地质钻孔获得的，并记录在岩芯和矿山地质编录中。后两项任务通常由协助工程地质师收集工程地质数据的矿山地质人员完成。

本章描述了矿山地质人员收集工程地质数据的最常见类型，重点介绍了编制工程地质资料的基本原则。

同时，在本章中简要说明了工程地质数据，但在岩石力学方面并未深入。采矿岩石力学理论和该学科的严格数学基础不在本章范围内，可以在专门的教科书中找到。

## 6.1 钻探工程地质编录

金刚石岩芯是采矿项目中最常见的工程地质信息来源，因此岩芯的工程地质编录已成为矿山地质人员的日常工作之一。工程地质编录程序通常由经验丰富的工程地质师制定，根据矿化类型和采矿方法，不同矿山之间可能存在显著差异。例如，露天矿要求对岩石裂隙进行严格的记录和分析，而支持原地浸出（ISL）作业则需要系统地测量和记录矿化岩石的孔隙度和渗透率。表6.1中列出了最常用的工程地质参数，该表可作为初步检查表，以确保观察和记录工程地质特征的所有参数。通过对地质人员进行工程地质培训，促进了编录的一致性，这些地质人员应使用工程地质编录表和模板。表6.1涵盖了一般记录的工程地质参数，可以使用表6.1中列出的工程地质特性来创建这些特性。

用代码分别代表观测到的工程地质特征是一种良好的方法，这种代码与编录表中的明确描述一起，用以选择和分组工程地质特征、进行结构分析，并在矿山工程地质模型中选择性使用。

表 6.1 矿山地质人员记录的工程地质特征

| 特性 | | 本书参考 | 其他参考资料 |
|---|---|---|---|
| 岩芯采取率 | | 4.2.1 节 | |
| 钻井设备及参数 | | 表 6.2 | |
| 岩石强度 | 岩石风化强度 | 6.1.2 节 | |
| | 单类岩石碎块的强度 | 6.1.3 节 | |
| 断裂 | 岩石质量指标（RQD） | 6.1.4 节 | [7]，[8] |
| | 岩石结构等级 | 6.1.5 节 | |
| | 破碎情况 | 6.1.5 节 | |
| | 断裂数量 | 6.1.5 节 | |
| 断裂特征（按断裂带划分） | 按强度和断距分类 | 6.1.5 节 | |
| | 断裂走向 | 4.2.2 节 | |
| | 断裂平整度 | 6.1.5 节 | |
| | 断层带粗糙度 | 6.1.5 节 | |
| | 填充类型 | 6.1.5 节 | |
| | 宽度 | 6.1.5 节 | |
| 岩石体重 | | 第 7 章 | [1]，[10] |

### 6.1.1 钻井参数和岩芯采取率

钻探设备和钻井参数可能带有岩体的重要工程地质信息，应由施工人员记录。为便于解释工程地质岩体特征而记录的最常见参数如表 6.2 所示。

岩芯采取率取决于钻探的地面条件和钻探方法，因此具有重要的工程地质信息。应系统地记录每个钻孔的情况。

表 6.2 工程地质编录记录的部分钻探参数

| 钻探技术参数 | 说明 |
|---|---|
| 套管 | 在砂土中钻进需要使用套管 |
| 冲洗液返回 | 冲洗液回流损失是渗透性岩石出现空洞、裂缝的迹象 |
| 钻速 | 钻井速度应由施工人员记录，并由地质人员审核。低钻速可表示高度破碎和/或非常坚硬的岩石，高钻速表明岩石松软 |
| 水位 | 记录第一次稳定水位，如果可能，记录流入率。确定并记录钻孔中的静态水位 |
| 孔径 | 由于钻进困难，钻孔尺寸的变化应由施工人员记录并向地质人员解释 |

### 6.1.2 岩石风化

风化作用会导致岩石强度发生显著变化，因此地质人员应确定岩石风化程度并记录在案。建议使用残积风化层的分类确定风化的类型。应根据项目区风化层的记录剖面，对风化进行现场特定分类。

### 6.1.3 岩石强度

单类岩石碎块的强度由矿山地质人员编录岩芯确定和描述。通常，岩石强度是在现场使用现场设备，如地质锤、小刀和岩石刮刀定性确定的。表 6.3 给出了作者在澳大利亚矿山使用的岩石强度现场分类示例。更详细的岩石强度测量在实验室进行。编录是在现场地质人员收集的岩石样品上进行的，这些样品应代表绘制的岩石类型。

表 6.3 岩石强度定义

| 分 类 | 说 明 |
| --- | --- |
| 极强 | 试样用地质锤仅能敲下碎屑 |
| 很强 | 试样需要地质锤的多次锤击才能破裂 |
| 强 | 试样需要一次以上的地质锤锤击才能破裂 |
| 中等强度 | 不能被小刀刮掉或剥皮；用地质锤一次有力的打击就可以使标本破裂 |
| 弱 | 很难用小刀削剥；用地质锤尖击打，可形成浅的凹痕 |
| 很弱 | 用地质锤尖的打击就可破碎；可以用小刀削皮 |
| 极弱 | 手指甲能抠动 |

### 6.1.4 岩石质量指标（RQD）

岩石质量指标（RQD）是由 Deere 提出的，此后已成为采矿业定量评价岩石质量的标准技术。该参数通常由矿山地质人员记录，用于岩体分类，估算地下采矿的支护要求。RQD 值是指在 1 个回次中提取的长度超过 10 cm 的完整岩芯所占整个回次进尺长度的百分比［式（6.1）］。

$$\mathrm{RQD}(\%) = \frac{\sum(\text{岩芯长度大于 10 cm})}{\text{回次进尺}} \times 100\% \tag{6.1}$$

岩芯应不小于 NQ 尺寸（岩芯直径 48 mm），但 RQD 测量首选 HQ（岩芯直径 63 mm）及更大尺寸。

RQD 是一个与钻孔方向有关的参数，其值随钻孔方向的变化而变化。

重要的是，计算 RQD 值只能使用天然裂缝和岩石碎块。在 RQD 测量中应排除钻井或岩芯处理过程中产生的裂缝和岩石碎块（图 6.1）。钻进引起的所有缺陷应标记在岩芯上，以便于工程地质编录和测量。

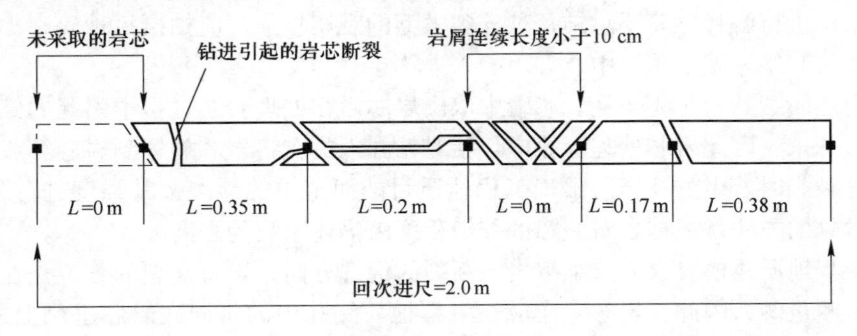


$$\mathrm{RQD}=\frac{0.35\,\mathrm{m}+0.2\,\mathrm{m}+0.17\,\mathrm{m}+0.38\,\mathrm{m}}{2.0\,\mathrm{m}}\times 100\%=55\%$$

图 6.1　解释 RQD 编录结果的示意图

未采取上来的岩芯，应视为高度破碎的层段，其中所有小于 0.1 m 的岩芯碎块均应纳入 RQD 的计算中（图 6.1）。

测量的 RQD 值用于估计平均不连续间距（图 6.2），通常用于计算岩体分类指数。

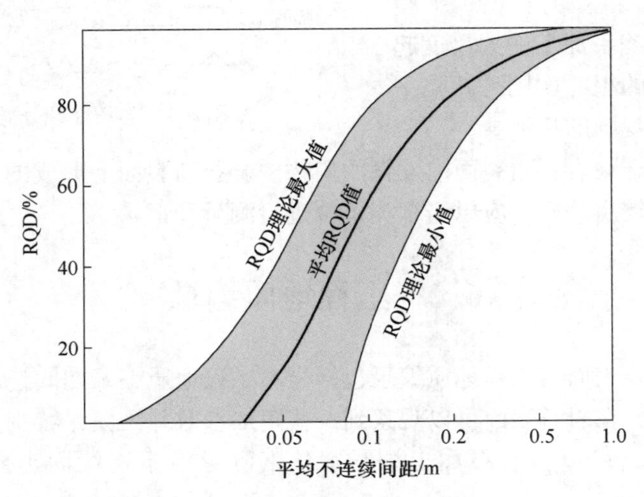


图 6.2　理论 RQD 与平均不连续间距之比（根据参考文献［12］略有修改）

### 6.1.5　自然断裂

自然断裂代表重要的工程地质信息，因此当岩芯编录用于工程地质目的时，自然断裂的特征将被完整记录。自然断裂，通常也称为岩石缺陷或不连续点，可以是开放的或封闭的，代表不同的地质现象，如解理、层面、节理、应力释放断裂、断层、脆性剪切带、接触带、岩脉等。破碎带的地质性质应明确记录并在编录指南中进行解释，简要总结每种碎裂类型的观察特征。应拍摄每种碎裂类型示例，并将其纳入编录手册中。

自然断裂的岩芯应与从岩芯管中取出岩芯后在处理岩芯过程中引起的破裂明确区分开来，因此岩芯处理程序应包括对钻井人员在将岩芯放置到岩芯箱或长岩芯意外破裂时所做的标记。出于工程地质目的而记录的碎裂按其强度进行分类。一种常见的方法是根据岩石裂隙的胶结程度来描述断裂的强度。

工程地质建模要求充分了解岩石断裂的优选方向。岩石断裂的方位是在定向岩芯上测量的，因此，岩芯定向应在工程地质钻孔中的每回次岩芯进尺上进行。此类钻孔通常位于提供有关形成拟建露天矿或地下采场围岩的更详细工程地质信息的地方。重要的是，碎裂方向的测量应在岩芯被切割进行化验之前进行。

岩石断裂的工程地质特征包括对断裂面平整度（图 6.3）和粗糙度的描述，当岩石断裂面波动小于 0.1 mm 时，是光滑类型（图 6.3），当岩石破碎带波动超过 5 mm 时为非常粗糙的类型。平整度表示岩石缺陷平面上的大尺度起伏，而断裂面的粗糙度则是缺陷平面上小尺度不规则的特征。

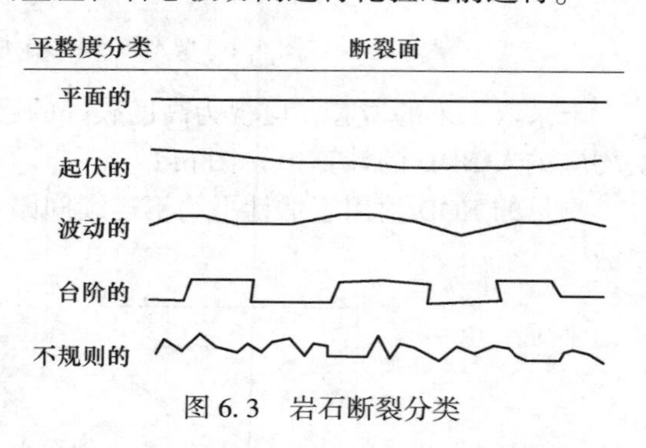


图 6.3　岩石断裂分类

应判断并记录岩石断裂面内发育的矿物。岩石断裂面上形成的填充矿物厚度是重要的工程地质特性，应以毫米为单位进行测量和记录。

## 6.2　工程地质编录

在井巷岩石表面的工程地质编录包括岩芯工程地质编录期间记录的相同信息的收集。然而，在岩石表面可以观察到一些附加参数并绘图，特别是不连续面的长度是有限的，可以在岩石面上测量。长度测量沿不连续面走向和倾向进行测量。

不连续性可终止于其他构造，包括断层、剪切带和节理或岩石中的逐渐变化。裂隙每端的终止类型应记录在图表上。不连续面间距是另一个很难在岩芯中测量的参数，但相对容易从岩石表面推断出来。不连续面间距是指同一组两个裂隙之间的垂直距离。在矿山巷道中，另一个重要的也是最好记录的工程地质参数是渗水。该参数用于岩体分类方案。

应比较并协调在岩芯中观察到的特征以及在岩石表面绘制的特征。一些参数，如不连续面的数量及其地质类型，通常在岩石表面上定义得更为精确。在分析记录的工程地质数据和建立工程地质模型时，应记录并考虑这些差异。

## 6.3 岩体分类方案在工程地质中的应用

工程地质研究的结果被矿山设计专家用于估算矿山开发的最佳参数，包括露天矿的边坡和地下巷道的尺寸和形状。根据工程地质资料，确定地下巷道顶板支护的要求，确定锚喷支护的最佳支护方法和参数。通常使用有关地应力、岩体性质和计划掘进顺序的详细信息。

当无法获得详细信息时，尤其是在矿山开发的早期阶段，可使用岩体分类方案进行近似估算。利用钻孔岩芯和坑探工程岩石表面的工程地质资料，矿山地质团队可以构建矿井的三维工程地质模型，显示由所选岩体分类方案确定的岩体成分和特征。该模型可以提供对支护要求的初步方案，并提供对岩体强度和变形特性的估计。

最广泛使用的岩体分类方案是 Bieniawski 提出的岩体分类（RMR）和 Q 指数。这两个系统都包括地质、几何和主要控制岩石工程参数，并将它们合并为一个表征岩体质量的定量值，从而为矿山设计的工程地质评价提供基本的指导。在实践中，这两个系统提供相似的结果，并且经常一起使用，作为一个单一的分类系统排列成一个二元图，其中 Q 和 RMR 索引表示图轴。

为了论证矿山地质学家的岩体分类原则，Q 指数的定义如下所示。

使用式（6.2）计算 Q 指数。计算中使用的工程地质参数如表 6.4 所示。使用分类图（图 6.4）将估算的 Q 指数应用于支护类别的估算。使用岩体分类指数的简单性使其成为采矿业中常用的工具，然而，将这些系统作为唯一的设计工具无法得到科学依据的支持，因此分类指数只能用作近似指导。

$$Q = \frac{RQD}{J_n} \times \frac{J_r}{J_a} \times \frac{J_w}{SRF} \tag{6.2}$$

**表 6.4 Q 系统估算参数**

| 参 数 | 描 述 | 值 |
|---|---|---|
| RQD（岩石质量指标） | 非常好 | 90~100 |
| | 好 | 75~90 |
| | 较好 | 50~75 |
| | 不好 | 25~50 |
| | 非常不好 | 0~25 |

续表 6.4

| 参数 | 描述 | 值 |
|---|---|---|
| Jn<br>(节理组数量) | 整体的 | 0.5 |
| | 1组 | 2 |
| | 1~2组 | 3 |
| | 2组 | 4 |
| | 2~3组 | 6 |
| | 3组 | 9 |
| | 3~4组 | 12 |
| | 4组及以上，“方糖”状 | 15 |
| | 碎石 | 20 |
| Jr<br>(节理粗糙度系数值) | 不连续裂隙 | 4 |
| | 粗糙台阶 | 4 |
| | 粗糙起伏 | 3 |
| | 平滑台阶 | 2 |
| | 平滑起伏 | 2 |
| | 粗糙平面 | 1.5 |
| | 光滑起伏 | 1.5 |
| | 平滑平面 | 1 |
| | 很光滑的平面 | 0.5 |
| | 有充填物的不连续平面 | 1 |
| Ja<br>(节理蚀变影响系数) | 未填充裂隙 | |
| | 愈合裂隙 | 0.75 |
| | 仅有染色，裂隙无变化 | 1 |
| | 轻微蚀变 | 2 |
| | 粉质或砂质胶结 | 3 |
| | 黏土质胶结 | 4 |
| | 填充裂隙 | |
| | 砂或碎石胶结 | 4 |
| | 硬黏土胶结，厚度小于5 mm | 6 |
| | 软黏土胶结，厚度小于5 mm | 8 |
| | 膨胀黏土胶结，厚度小于5 mm | 12 |

续表 6.4

| 参　数 | 描　　述 | 值 |
|---|---|---|
| Ja（节理蚀变影响系数） | 填充裂隙 | |
| | 硬黏土胶结，厚度大于 5 mm | 10 |
| | 软黏土胶结，厚度大于 5 mm | 15 |
| | 膨胀黏土胶结，厚度大于 5 mm | 20 |
| Jw（节理水折减系数） | 干燥，涌水量小于 5 l/min | 1 |
| | 中等涌水量 | 0.66 |
| | 大量涌水，未充满裂隙 | 0.5 |
| | 涌水量大，充满整个裂隙 | 0.33 |
| | 涌水量大，充满整个裂隙，高瞬间涌水 | 0.2~0.1 |
| | 涌水量大，充满裂隙，连续涌水量大 | 0.1~0.05 |
| SRF（应力折减系数） | 有黏土填充断续的松散岩石 | 10 |
| | 具有开放不连续面的松散岩石 | 5 |
| | 埋藏浅，小于 50 m | 2.5 |
| | 有断续黏土填充的岩石 | 2.5 |
| | 具有少量未填充的间断、中等应力的岩石 | 1 |

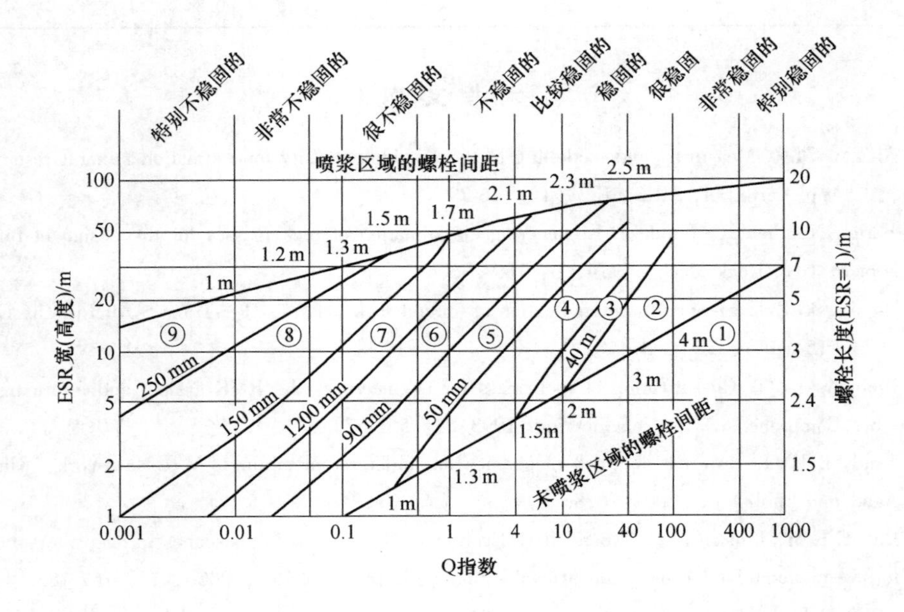

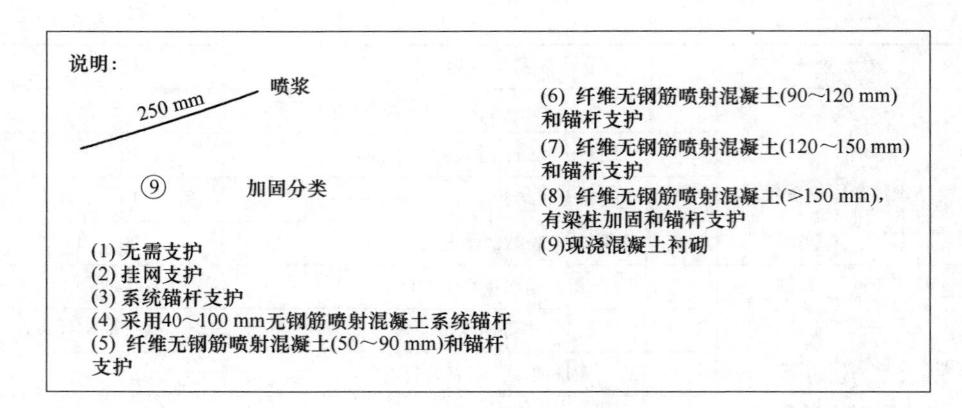


图 6.4 使用 Q 指数估算支护需求

ESR（开挖支护比）如表 6.5 所示。

**表 6.5 ESR 的定义**

| 开 挖 类 型 | ESR |
| --- | --- |
| 临时坑口 | 3~5 |
| 永久性矿井坑口（例如大规格的运输巷道） | 1.6 |
| 储存洞室（斜井口、调节室） | 1.3 |
| 入口，地下车道的交叉口 | 1 |
| 车场 | 0.8 |

## 参 考 文 献

[1] Abzalov M Z. Measuring and modelling of the dry bulk density for estimation mineral resources [J]. Appl Earth Sci, 2013, 122 (1): 16-29

[2] Barton N, Lien R, Lunde J. Engineering classification of rock masses for the design of tunnel support [J]. Rock Mech, 1974, 6: 189-236.

[3] Bieniawski Z T. Engineering classification of jointed rock masses [J]. Trans S Afr Inst Civ Eng, 1973, 15 (12): 335-344.

[4] Bieniawski Z T. Classification of rock mass for engineering: the RMR system and future trends [J]. Comprehensive rock engineering. 1993, 3: 553-573.

[5] Brady B H G, Brown E T. Rock mechanics for underground mining [M]. New York: Kluwer Academic Publishing, 2004: 628.

[6] Butt C R M, Lintern M G, Anand R R. Evolution of regolith and landscapes in deeply weathered terrain-implications for geochemical exploration [J]. Ore Geol Rev, 2000, 16: 167-183.

[7] Deere D U. Technical description of rock cores for engineering purposes [J]. Rock Mech Rock

Eng, 1964, 1 (1): 17-22.

[8] Deere D U. Geological considerations [C]// Rock mechanics in engineering practice. London: Wiley, 1968: 1-20.

[9] Grimstad E, Barton N. Updating the Q-system for NMT [C]// Norwegian Concrete Association. Proceedings International conference sprayed concrete -modern use of wet mix sprayed concrete for underground support. Oslo, 1993: 46-66.

[10] Hudson J A, Harrison J P. Engineering rock mechanics [C]// An introduction to the principles. Amsterdam: Pergamon, 1997: 444.

[11] Lipton I T. Measurement of bulk density for resource estimation [C]// AusIMM. Mineral resource and ore reserve estimation - the AusIMM guide to good practice. Melbourne, 2001: 57-66.

[12] Priest S D, Hudson J A. Estimation of discontinuity spacing and trace length using scanline surveys [J]. Int J Rock Mech Min Sci Geomech Abstr, 1981, 18 (3): 183-197.

[13] Vutukuri V S, Lama R D, Saluja S S. Handbook on mechanical properties of rocks: series on rock and soil mechanics, v2, n1 [M]. Bay Village: Trans Tech Publication, 1974: 280.

# 7 岩石干体重

（彩图）

**摘要**：干体重（dry bulk density，DBD）是指每单位实际原位岩石体积（包括孔隙度）的岩石干质量（即不包括天然水分）。尽管体重对于准确估计资源量和储量有着明显的重要性，但它往往被忽视，而且受到的关注程度远远低于经化验的金属品位。本章简要介绍了适用于不同材料类型的常用体重测量方法，包括坚硬致密状岩石、风化多孔岩石、软质部分胶结沉积物和松散自由流动的砂体，并解释了它们的优缺点和主要误差来源。更大的挑战是建立一个精确的三维岩石体重分布模型。

**关键词**：体重；岩石体重；真空密封法；试样干燥仪；换砂法

估计矿物资源和矿石储量需要三个参数，即含有有关矿物的岩石的体积、品位和体重。任何地质对象的吨数都是通过将其体积乘以需要作为项目研究的一部分进行准确测定的体重来获得的。

品位通常以金属或矿物与矿石量的比率来报告。例如，金、银和铂矿化的品位为克/吨（g/t），钻石矿床的品位为克拉/吨（c/t），大多数金属矿床的品位为重量百分比（%）。样品化验和矿化品位是根据干重确定的，因此用于估算矿产资源和矿石储量的岩石体重被确定为干体重，通常称为体重。过去，岩石的干体重通常被称为比重。然而，术语 SG（比重）错误地表示了所测岩石体重的性质，因此不建议使用。

干体重（DBD）是指每单位实际原位岩石体积（包括孔隙度）的岩石干质量（即不包括天然水分）。本章对常用的体重测量方法进行了解释，强调了方法的不同取决于岩石类型，如坚硬致密岩石、风化和多孔岩石、软质部分胶结沉积物和松散的自由流动的砂体。

## 7.1 生产矿山的岩石体重

选择最佳的岩石体重测量方法并进行质量控制，确保样品具有代表性，对于获得准确的岩石体重模型至关重要。

最常见的体重值被矿山地质人员用于不同的矿山地质应用。体重测量程序根据官方标准和指南选择。

一些采矿作业需要现场测量矿石体重，以代表岩石的天然体重，包括岩石孔隙内的水分和气体。这对于报告煤炭资源储量尤其重要，通常通过对体重、孔隙度、水分和煤质的测试获得。

矿山的现场矿堆体重也可用于调节资源储量与矿山产量。然而，在实际应用中，除了煤炭储量的定义外，当矿山地质应用需要堆场体重时，通过在矿石储量的干燥基吨位中添加天然水分来获得。本书只讨论干体重测量技术。

## 7.2 干体重测量技术

地质样品的干体重由样品的干质量除以其体积［式（7.1）］确定。在大多数情况下，干燥质量是通过在 110 ℃下干燥样品约 24 h，然后在精确的电子天平上称重来获得的。

$$\text{体重}(\mathrm{g/cm^3}) = \frac{\text{样品干质量}(\mathrm{g})}{\text{样品体积}(\mathrm{cm^3})} \tag{7.1}$$

准确测定样品的体积在技术上更具挑战性。通常使用基于阿基米德原理的排水法技术估算体积。该方法包括称重浸入水中的样品，因此，当应用于多孔岩石或软脆材料时，需要额外制备样品，主要是用蜡或塑料对干燥样品进行涂层或密封。坚硬致密岩石不需要涂层。

根据岩石类型，体重测量技术可分为三类：

（1）坚硬致密岩石；

（2）多孔岩石和/或半软岩石；

（3）软质非固结沉积物，如自流砂。

### 7.2.1 坚硬致密岩石

块状岩芯的干体重可由其干质量除以岩芯体积来确定。干密度是在空气中称量岩芯干燥后得到的❶。这种方法需要以与岩芯长度成直角的角度切割岩芯，并从几次测量中估算出岩芯的平均长度和直径。该方法简单，不需要特殊设备，但其应用仅限于具有几何精度的样品。对于形状不规则或多块岩屑组成的样品，不适用该技术，因此该技术很少应用，对于固体无孔岩石的体积测量采用排水技术。该方法要求样品干燥后，在空气中称重，然后在水中称重。用式(7.2)估算干体重。

$$\text{体重}(\mathrm{g/cm^3}) = \frac{M_\mathrm{S}}{\dfrac{M_\mathrm{S} - M_\mathrm{SW}}{\rho_\text{水}}} \tag{7.2}$$

❶ $V=\pi R^2 L$，其中 $\pi=3.14$，$R$—圆柱岩芯的半径，$L$—岩芯长度。——编者注

式中 $M_S$——样品在空气中的干质量（在 110 ℃下干燥约 24 h 后）；

$M_{SW}$——样品在水中的质量；

$\rho_{水}$——水密度，约为 1 g/cm³。

水中样品的质量（$M_{SW}$）是通过将岩石样品放入悬挂在天平上并浸入水中的钢丝筐中（图 7.1）来测定的，并分两步进行测量，首先对浸入水中的空篮子进行称重（$M_1$），然后将岩石样品放入浸在水中的篮子上并进行称重（$M_2$）。最终质量（$M_{SW}$）为样品放入水中的篮子质量（$M_2$）减去浸入水中的空篮子的质量（$M_1$）。

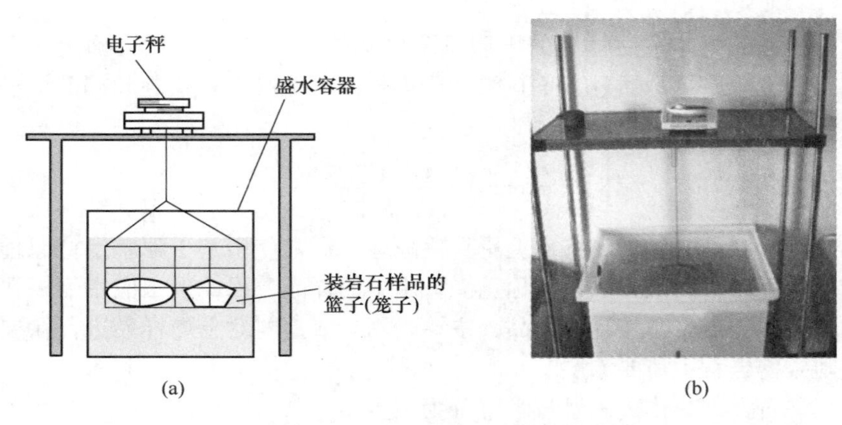


图 7.1 利用吊在水中的篮子称量样品体重

（a）原理示意图；（b）几内亚 Simandou 铁矿项目样品称重用吊篮的电子天平

该方法的一个变化是用一个牢固固定在容器上的样品篮称量整个水容器。该程序要求对水容器进行两次称重，一次是在钢丝筐空的情况下，第二次是对同一容器和装有样品的篮子进行称重。干体重采用式（7.3）估算。

$$体重(g/cm^3) = \frac{M_S}{\dfrac{M_{C+B+SW} - M_{C+B}}{\rho_{水}}} \tag{7.3}$$

式中 $M_S$——样品在空气中的干质量（将样品在 110 ℃干燥约 24 h）；

$M_{C+B+SW}$——浸入水中容器和装有样品的吊篮质量；

$M_{C+B}$——浸入水中容器和空篮子质量；

$\rho_{水}$——水的密度，约为 1 g/cm³。

两种方法都是可靠的，可以获得岩石干体重的准确估计。然而，为了提高工作效率，更经常使用悬挂在电子天平（图 7.1）上的篮子中称量样品，所有测量都可以使用一个天平进行。该方法简单，不需要特殊设备，在矿山和勘探营地易于操作。干体重测量设备通常安装在岩芯切割现场，在岩芯切割化验的同时测量体重。在许多操作中（Olympic Dam，Perseverance），同样为化验金属品位而收集的岩石标本也可用于体重测量。程序如下：

（1）记录钻孔，拍摄岩芯照片，标记样品长度并分配样品编号；

（2）样品切割并放入岩芯箱中干燥；

（3）采用排水法测量干体重；

（4）样品放在样品袋中，准备运往化验室。

方法简单，但存在出错的可能性。最常见的错误来源如下：

（1）在空气中称重之前，样品没有适当干燥；

（2）天平/篮子未正确校准；

（3）先前测量的岩屑对钢丝篮的污染；

（4）样品干燥或浸入水中时，其物理或化学特性发生变化。如果样品在水中容易分解或用于干燥样品的温度过高，则可能发生这种情况。

体重测量的质量通常通过在信誉良好的实验室对所选样品进行检查测量来控制，最好是在对样品进行金属含量测定的同一实验室。应对每批样品进行检查测量，通过实验室检查和确认的量占原始测量值的5%~10%。

### 7.2.2 多孔和风化岩石

当样品为富黏土或强风化岩石时，前一节所述的排水法不适用。一般情况下，当样品由多孔岩石组成时，或在浸入水中趋于分解时，可使用该方法。此类样品在干燥后和浸入水中之前需要涂上蜡。

AS2891.9.1中解释了测量此类材料干体重的程序，并简要总结如下：

（1）样品在不破坏样品特性的温度下干燥。如有必要，可在室温下。将样品置于常温下，有利于低温干燥；

（2）通过在空气中称量样品来确定干质量（$M_S$）；

（3）测定蜡的密度；

（4）用热石蜡涂层将样品完全密封，然后冷却至室温；

（5）在空气中再次称量样品，以确定涂有蜡（$M_{S+WAX}$）的样品的质量；

（6）将涂层样品浸入水中1小时；

（7）将样品转移到悬挂在天平上的金属丝篮中（图7.1a）。称取样品并减去篮子的重量，以确定涂层样品在水中的重量（$M_{S+WAX在水中}$）；

（8）使用式（7.4）计算样品的干体重。

$$体重(g/cm^3)=\frac{M_S}{\dfrac{M_{S+WAX}-M_{S+WAX在水中}}{\rho_{水}}-\dfrac{M_{S+WAX}-M_S}{\rho_{蜡}}} \tag{7.4}$$

式中　$M_S$——空气中样品的干质量；

$M_{S+WAX}$——涂有蜡并在空气中称重的样品质量；

$M_{S+WAX在水中}$——涂有蜡并浸入水中的样品质量；

$\rho_{蜡}$——蜡的密度；

$\rho_{水}$——水的密度，约为 1 g/cm$^3$。

这种方法是劳动密集型的，而且可能非常耗时，主要是因为在低温下干燥过程缓慢。另外，对于坚硬致密岩石，通常是在一个手标本大小上确定多孔岩石的密度，因为在由几块岩屑代表的样品上涂蜡是不现实的。通常用于干体重测量的试样尺寸为 10~15 cm，相对较小，因此确保试样代表所研究岩石类型是很重要的。蜡涂层是另一个常见的误差来源，因为很难用蜡有效地密封高孔隙的岩石。另一方面，涂蜡也使试样不适合进一步分析或重复测量体重，以达到质量控制的目的，因此应通过测试重复样品来控制测量密度的准确性和再现性。

密封多孔和易碎岩石的干体重测量方法是基于聚合物袋中样品的真空密封(图 7.2)。该程序是为了测试沥青混合样品而制定的，被称为“真空密封法”。

图 7.2 聚合物袋真空封样 CoreLok 装置

密度测量程序如下：

（1）干燥样品并测量其在空气中的干质量（$M_S$）；

（2）测量聚合物袋的质量（$M_{袋}$）和密度（$\rho_{袋}$）；

（3）真空密封聚合物袋中的样品（图 7.2）；

（4）密封样品在空气中再次称重（$M_{S+袋}$）。这是一个对照测量，因为密封样品的重量应等于其干质量和聚合物袋（$M_{S+袋} = M_S + M_{袋}$）之和；

（5）将密封的样品放在从天平吊到水中的金属篮中（图 7.1a），并测量浸入水中的样品质量（$M_{S+袋在水中}$）。对篮子的重量应进行修正；

（6）使用式（7.5）计算样品的干体重。

$$体重(g/cm^3) = \frac{M_S}{\frac{M_{S+袋} - M_{S+袋在水中}}{\rho_{水}} - \frac{M_{袋} - M_S}{\rho_{袋}}} \tag{7.5}$$

式中　$M_S$——空气中样品的干质量；

$M_{袋}$——聚合物袋的质量；

$M_{S+袋}$——密封在袋中并在空气中称重的样品质量；

$M_{S+袋在水中}$——在水中密封样品的质量；

$\rho_{袋}$——聚合物袋的密度；

$\rho_{水}$——水密度，约为 1 g/cm$^3$。

与传统的涂蜡法相比，真空密封法具有以下优势：

（1）真空密封法测量不依赖于特定混合物校准；

（2）可使用不同尺寸和形状的样品，包括岩屑；

（3）该方法适用于所有类型的地质样品，包括可在水中破坏的地质样品；

（4）样品保持干燥和无污染，适合进一步测试和控制干体重测量；

（5）密封过程快速，通常需要 2~3 min。

该方法也可用于测定岩石的孔隙度，孔隙度可以估计为岩石的干体重与其大体重的差值，最大体重由岩石水饱和时的质量（$M_{SAT}$）推断出。水饱和样品的质量一般是通过切割或用刀割开在水下的袋子获得的。利用式（7.6）估算孔隙度。符号所代表的意义与式（7.5）相同，但（$M_{SAT}$）为聚合物袋中浸没样品的质量，且水饱和。

$$Por(\%) = 100 \times \frac{\frac{M_S}{\frac{M_{S+袋} - M_{SAT}}{\rho_{水}} - \frac{M_{袋}}{\rho_{袋}}} - \frac{M_S}{\frac{M_{S+袋} - M_{S+袋在水中}}{\rho_{水}} - \frac{M_{袋}}{\rho_{袋}}}}{\frac{M_S}{\frac{M_{S+袋} - M_{SAT}}{\rho_{水}} - \frac{M_{袋}}{\rho_{袋}}}} \tag{7.6}$$

由于隔绝孔隙不能被水饱和，因此孔隙度（%）是一种开放孔隙度的测量方法，因此它往往低估了实际孔隙度，应将其视为指示性测量。

风化岩石的干密度也可在现场使用“换砂法”测定。这是一种现场测量技术，不是实验室测量，它的设计目的是测量现场大体重。该方法包括挖掘一个小圆柱孔，体积约为 300~400 $cm^3$，直径为 150~200 mm，具体取决于所用设备的尺寸（图 7.3）。洞里填满了粒度均匀、体重已知的沙子。研究岩石的干体重是根据从孔中挖出的材料的干重和孔的体积［由灌入孔中的砂的体积（量）得出］来估计的。

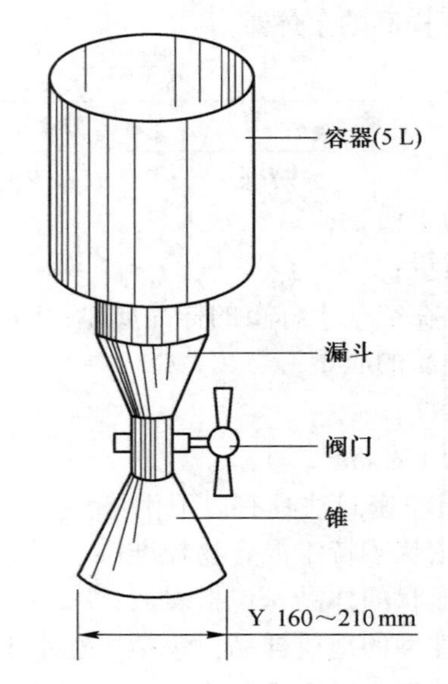


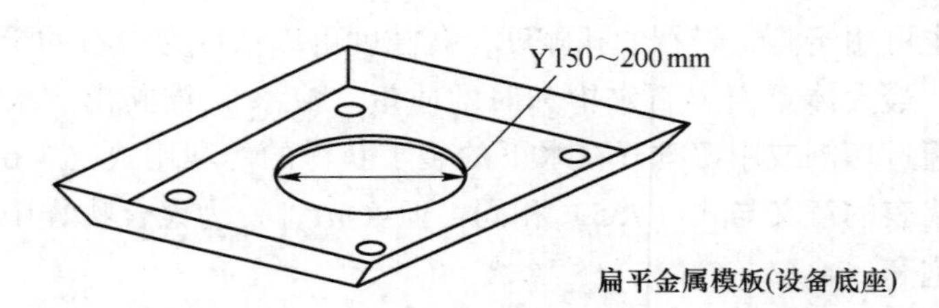


图 7.3　灌砂设备，换砂方法

“换砂法”的设备包括（图 7.3）一个塑料容器（瓶），其底部呈漏斗状，底部与塑料锥相连。该装置还配有位于锥体上方的阀门（图 7.3），用于控制流入试验孔的砂量。组装好的仪器放在一个扁平的金属托盘上，托盘通过四个角上的小孔固定在地面上。托盘中的中心孔直径为 150~200 mm（图 7.3），用作在研究岩石中挖掘试验孔并从孔中注入砂子。

现场大体重测量程序如下：

(1) 应使用相同的倒砂装置（图7.3）彻底校准试验中使用的砂体重。重要的是每批新砂都要进行校准。

(2) 在试验现场，这通常是矿山工作台，应找到平坦的地方，并清除压实或扰动物质。

(3) 使用四个角孔将托盘固定到位（图7.3）。

(4) 使用托盘中间的开口作为模板，挖掘一个圆柱形孔，限制挖掘孔的直径。测试孔不应延伸到模板边缘的下方，孔的深度应与托盘的宽度大致相同。

(5) 收集挖出的所有岩石，并将其放在塑料袋中，以防止水分流失。称取装有样品的袋子的质量，并通过减去袋子的质量来确定样品（$M_{SW}$）的原始（湿）质量。在现场试验之前，最好在办公室准备和称重样品袋。分配的样品编号和确定的袋子质量应写在袋子的正面，并记录在记录簿上。

(6) 用粒度均匀且体重已知（校准）的砂填充容器。称量装满砂子的瓶子（$M_1$）。

(7) 将阀门和锥体连接到容器上，倒置并放置在模板顶部。慢慢打开阀门，用砂子填满孔。

(8) 当砂孔被填满时，应关闭阀门，不再装填砂子，并将装置从模板中取出。重要的是不要压实装在孔中的砂子。

(9) 再次称量容器质量（含剩余砂）（$M_2$）。

(10) 使用式（7.7）计算湿体重。

$$湿体重(g/cm^3) = \frac{\rho_{砂} \times M_{SW}}{M_1 - M_2 - M_3} \tag{7.7}$$

式中 $M_{SW}$——试样在空气中的湿质量；

$M_1$——试验前砂和容器的质量；

$M_2$——试验后剩余砂和容器的质量；

$M_3$——填充金属托盘上浇注锥的砂质量，通常在挖孔前测量；

$\rho_{砂}$——试验用砂的标定体重。

为了估算干体重，应将采取的所有样品带到实验室，并在大约100 ℃下干燥，以确定空气中样品的干质量（$M_S$）。然后，使用式（7.8）很容易计算出干体重。水分可以用干质量和湿质量的比值来计算。

$$水分(g/cm^3) = \frac{\rho_{砂} \times M_S}{M_1 - M_2 - M_3} \tag{7.8}$$

该方法可精确估计软质和多孔样品的体重。如果不认真遵守操作程序，可能会引入误差，误差的主要来源如下。

(1) 压实试验孔中的砂。

(2) 未能保持砂子干燥。

(3) 砂体重校准不准确。

(4) 模板安装处表面不平。

(5) 样品从孔中转移到塑料袋或进一步转移到实验室以测定干重时的损失。对从试验孔中提取的样品进行不适当的二次取样可能会引入额外的误差，特别是当样品组成的粒度不同时。因此，干燥整个原始样品并称重以测定干体重［式(7.8)］是一种首选方法。

(6) 该方法仅适用于露头或矿山巷道暴露的水平岩石表面，不适用于厚或陡倾斜矿体。

### 7.2.3 非固结沉积物

测量软质非固结砂土的干体重尤其具有挑战性，因为很难获得未扰动的代表性样品，以确保取样沉积物在取样过程中没有被意外压实。换砂方法可能也不适用，因为当该技术（图 7.3）应用于自由流动砂时，挖掘出的孔容易坍塌。使用两端开口的金属圆筒，将其压入砂土中，用作套管框架，可以部分地克服这一问题。用勺子收集圆筒内部的非固结物，并将其干燥以确定干质量（$M_S$）。孔的体积是根据已知的圆柱体内径和测量的挖孔深度来计算的。或者，当孔底不平整时，可通过换砂法确定体积（图 7.3）。

该技术的局限性与换砂法相同。特别是，当所研究的矿化厚度为几十米，且探槽或深井无法进入矿床的深部时，该方法不适用。

作者在重矿物砂矿床中的个人经历表明，声波钻探是获取地下深部沙土原状样品的最实际方法。样品可用于体重测量，尤其是如果钻井设备包括放置在岩芯管内的不锈钢对开套管（图 4.32e）。事实证明，该技术对于确定 Richards Bay 矿床重矿物砂资源特别有效，该矿床的矿化沙丘厚度达到 170 m。

## 7.3 岩石体重测量的空间分布

如何准确地估算出矿体的体重是非常重要的问题。现行做法表明，干体重(DBD) 样品的数量从不到 200 个到几千个不等，有的矿井中达到 739972 个（表 7.1）。

用于测量干体重的样品数量占为估计金属品位而收集的样品数量的比例的 5%~96%。即使是类似的矿山，体重测试的数值也有很大的差异（表 7.1）。例如，在位于西澳大利亚 Pilbara 地区的 Mesa 铁矿中收集了 4984 件样品，占为估计矿床品位而化验的样品数量的24%。为了进行比较，在位于Pilbara地区的西洛杉矶铁矿，测试了103740件样品的体重，占该矿床总化验样品数量的62%。

**表7.1 干体重（DBD）测量值与分析样品总数的比较**

| 矿床类型 | 钻孔数量/个 | 化验样品数/件 | 岩石体重测量的样品数量/件 | 体重/t·m$^{-3}$ | 体重变异系数 | 金属/矿物 | 单位 | 平均品位 | 品位变异系数（COV①） |
|---|---|---|---|---|---|---|---|---|---|
| 浸染状高品位硫化镍矿 | 1155 | 43258 | 40121 | 2.95 | 0.15 | Ni | % | 1.46 | 1.10 |
| 浸染状低品位硫化镍矿 | 134 | 16794 | 14301 | 2.97 | 0.07 | Ni | % | 0.25 | 2.29 |
| 氧化铁铜金矿 | 8280 | 812556 | 739972 | 3.27 | 0.16 | Cu | % | 1.24 | 1.32 |
| 砂岩型铀矿 | 619 | 62357 | 3035 | 2.70 | 0.03 | $U_3O_8$ | % | 0.32 | 3.03 |
| 斑岩型铜矿 | 121 | 28604 | 3362 | 2.73 | 0.02 | Cu | % | 0.55 | 1.05 |
| CID型铁矿 | 1420 | 20373 | 4984 | 2.56 | 0.14 | Fe | % | 48.14 | 0.28 |
| | | | | | | $Al_2O_3$ | % | 5.50 | 0.73 |
| | | | | | | $SiO_2$ | % | 14.27 | 1.20 |
| 铁矿石 | 5458 | 166167 | 103740 | 2.57 | 0.15 | Fe | % | 52.08 | 0.25 |
| | | | | | | $Al_2O_3$ | % | 5.20 | 1.14 |
| | | | | | | $SiO_2$ | % | 12.02 | 1.18 |
| BIF衍生造山型金矿 | 327 | 27184 | 2535 | 2.83 | 0.03 | Au | g/t | 1.47 | 6.44 |
| 金伯利岩管型金刚石 | 13 | 184 | 177 | 2.78 | 0.03 | 钻石 | c/t | 4.99 | 0.42 |
| 金伯利岩管型金刚石 | 20 | 442 | 248 | 2.31 | 0.17 | 钻石 | c/t | 3.40 | 0.62 |

① COV(变异系数)=标准差/平均值。

表7.1中体重测量数量的显著差异，表明目前体重采样程序是主观设计的。选择样品数量及其空间分布的基本原理没有明确定义，相关风险也没有量化。

岩石体重测量及其空间分布建模中的不一致性表明，目前的体重测试方案在岩石体重模型中没有估计误差，尤其重要的是，没有量化其对资源分类的影响。如果体重值按照与矿床金属品位相同的方式进行地质统计学建模，则可以克服这一缺陷。也可以创建研究变量的无偏三维模型，并估计用于矿产资源非主观分类的模型不确定性（估计误差）。

使用地质统计学方法，确定了几个矿床的体重样品之间的最佳距离（图7.4）。

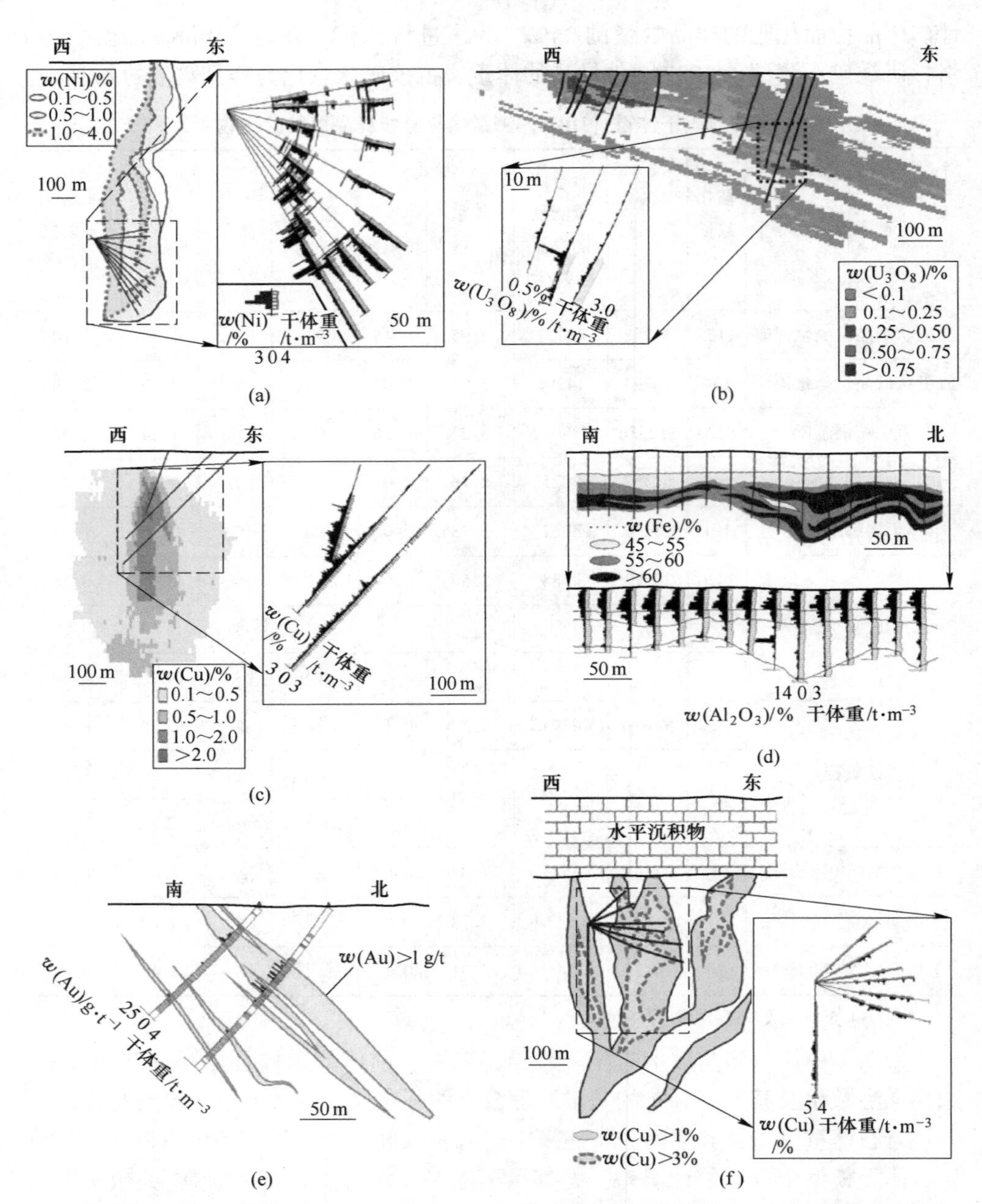


图 7.4　所选矿床的剖面图显示了干体重（t/m³）的分布和钻孔样品上测定的金属品位（转载自参考文献［2］，经 Taylor-Francis Group 许可）

（a）澳大利亚 Persistence Ni 硫化镍矿；（b）澳大利亚 Ranger 砂岩型铀矿；
（c）澳大利亚 Northparkes 斑岩型铜矿；（d）澳大利亚西洛杉矶 BIF 次生铁矿床；
（e）加拿大 Meliadine 造山型金矿；（f）澳大利亚 Olympic Dam 斑岩型铜金铀矿

当数据的空间分布模式与“随机分层网格”相对应时，从外延方差（即平均变异函数，$F$ 函数）推导出估计误差。如果估计矿床岩石的平均体重误差±10%（在95%置信度），则网格被认为是最佳的。适用于研究矿床的分类标准如下：

（1）探明的资源量（证实储量）包括季度产量的吨位和品位的估计误差为±10%且置信度约为95%（2个标准差）的块段；

（2）控制的资源量（可信储量）包括年产量的吨位和品位的估计为误差±10%的且置信度约为95%（2个标准差）的块段。

根据地质统计学模型，针对岩石体重和金属品位估算了矿石储量的不确定性(估计误差)，并绘制了与相应采样距离的对比图（图7.5）。这些图（图7.5）清楚地表明，岩石体重误差（在0.95置信度)的估计误差始终低于金属品位，这表明可以使用少于模拟同一矿床品位所需样品数量的小体重样品来准确估计矿石量误差（在0.95置信度）（图7.5，表7.2）。表7.1中的数据表明，一些采矿项目往往采集大量不必要的体重样品。

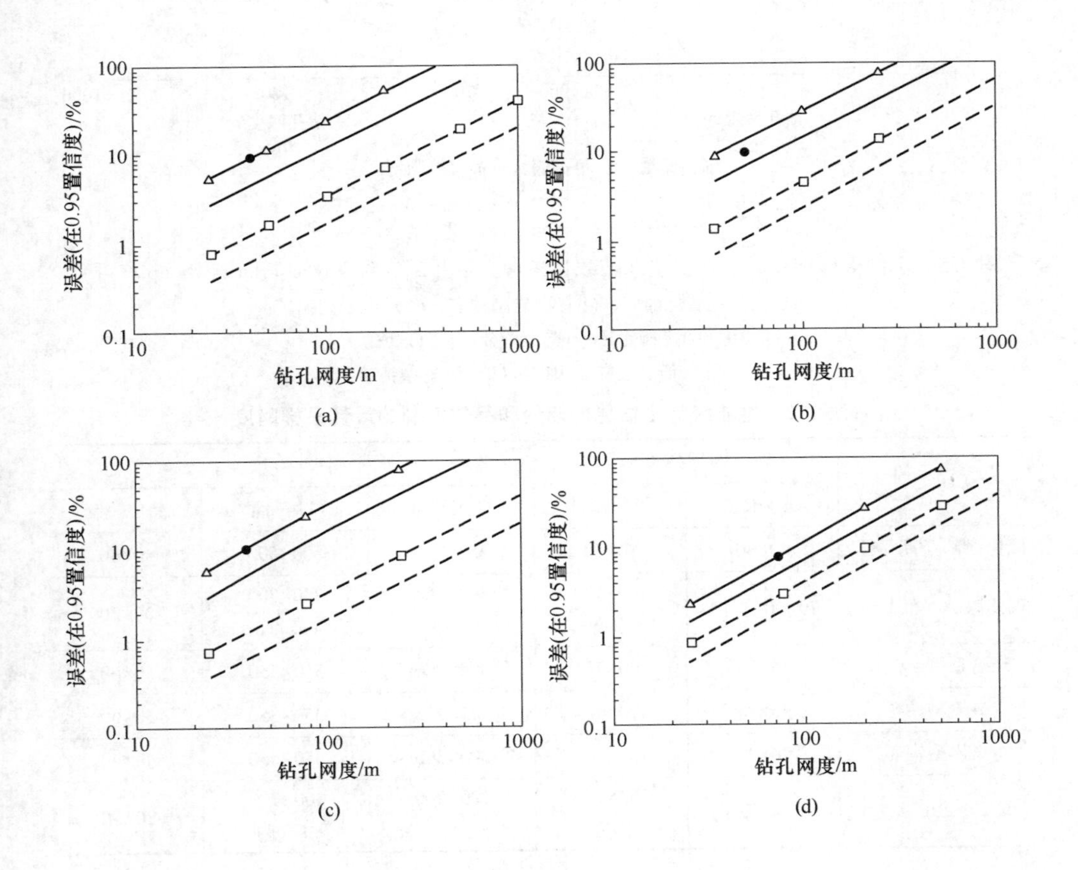

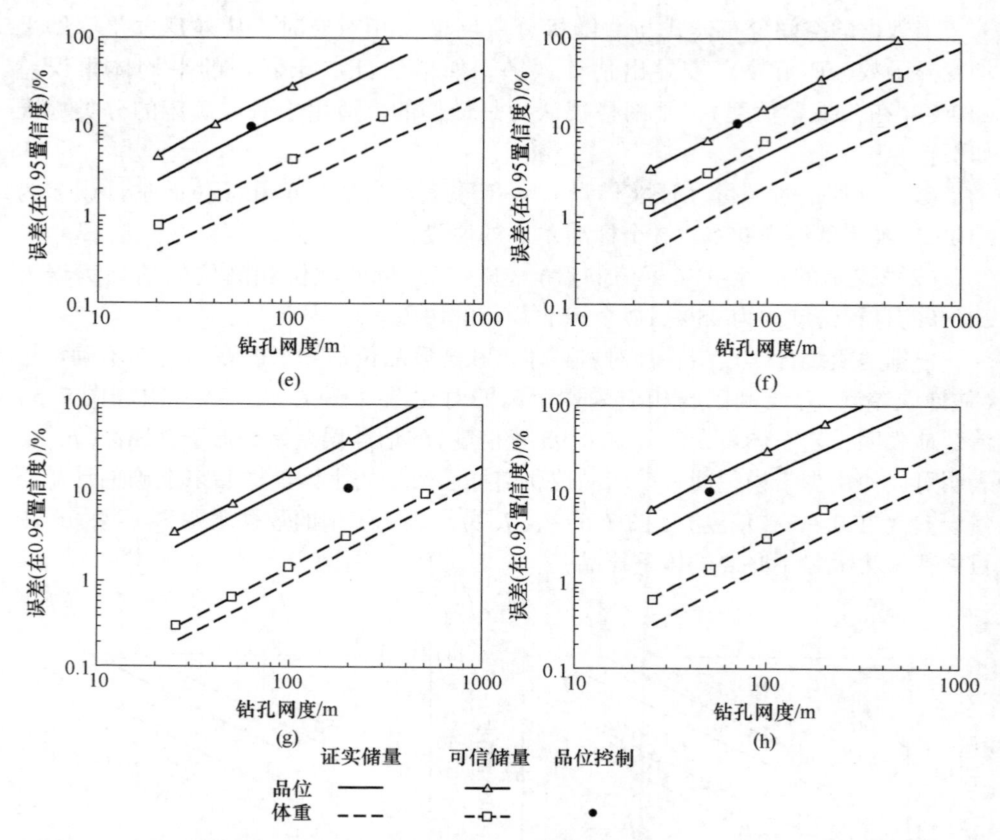


图7.5 不同采样网度的估计误差（转载自参考文献［2］，经Taylor-Francis Group许可）

（a）高品位硫化镍矿；（b）砂岩型铀矿；（c）斑岩型铜矿；

（d）BIF次生铁矿；（e）造山型金矿；（f）CID型铁矿；

（g）低品位硫化镍矿；（h）砂岩型铀矿

**表7.2 地质统计学估算的储量和品位控制的最佳采样网度**

| 矿床类型 | 金属品位 | | 体 重 | | |
|---|---|---|---|---|---|
| | 证实储量 | 可信储量 | 证实储量 | 可信储量 | 品位控制 |
| 硫化镍矿（高品位） | 40×40 | 80×80 | 250×250 | 500×500 | 40×40 |
| 硫化镍矿（低品位） | 70×70（月） | 100×100（季度） | 500×500（月） | 800×800（季度） | 200×200 |
| 斑岩型铜金铀矿 | 35×35 | 70×70 | 300×300 | 550×550 | 50×50 |
| 砂岩型铀矿 | 35×35 | 70×70 | 175×175 | 350×350 | 50×50 |
| 斑岩型铜矿 | 40×40 | 80×80 | 300×300 | 550×550 | 40×40 |
| 铁矿（BIF次生） | 80×80（月） | 150×150（季度） | 200×200（月） | 300×300（季度） | 70×70 |

续表 7.2

| 矿床类型 | 金属品位 | | 体　重 | | |
|---|---|---|---|---|---|
| | 证实储量 | 可信储量 | 证实储量 | 可信储量 | 品位控制 |
| 铁矿（CID） | 70×70（月） | 200×200 | 150×150（月） | 500×500 | 70×70 |
| 造山型金矿 | 40×40 | 70×70 | 250×250 | 450×450 | 60×60 |

表 7.2 所示的化学分析和体重测试的地质统计学最佳比例，可指导早期勘查阶段选择采样网度。然而，应注意的是，表 7.2 中的估计值只是近似值，因此不能直接用于矿产资源分类。分类需要更多的工作，通常在勘探的更高级阶段使用随机模拟或其他特殊地质统计学技术。

同样的方法可确定用于品位控制的最佳体重测试的最佳数量。在生产矿山中，通过专门的加密钻孔或对爆破孔取样来进行品位控制，这些孔用于分析有经济价值的金属和有害组分。然而，在这个阶段很少测试岩石体重，因此开采的矿石量是根据估算资源的钻孔来测试岩石体重的。假设品位控制的目的是准确估计每日的矿石产量，已经估算了用于品位控制的最少体重测试的最佳数量。表 7.2 显示了测量岩石体重的地质统计学最优网度，一般在估算证实储量和可信储量所需的化学分析网度内。

## 参 考 文 献

[1] Abzalov M Z. Use of twinned drill-holes in mineral resource estimation [J]. Exp Min Geol J, 2009, 18 (1/2/3/4): 13-23.

[2] Abzalov M Z. Measuring and modelling of the dry bulk density for estimation mineral resources [J]. App Earth Sci, 2013, 122 (1): 16-29.

[3] Abzalov M Z, Bower J. Optimisation of the drill grid at the Weipa bauxite deposit using conditional simulation [C]// AusIMM. Seventh international mining geology conference. Melbourne, 2009: 247-251.

[4] Abzalov M Z, Mazzoni P. The use of conditional simulation to assess process risk associated with grade variability at the Corridor Sands detrital ilmenite deposi [C]// AusIMM. Ore body modelling and strategic mine planning: uncertainty and risk management. Melbourne, 2004: 93-101.

[5] Abzalov M Z, Dumouchel J, Bourque Y, et al. Drilling techniques for estimation resources of the mineral sands deposits [C]// AusIMM. Proceedings of the heavy minerals conference 2011. Melbourne, 2011: 27-39.

[6] Arik A. An alternative approach to resource classification [C]//Colorado School of Mines. Proceedings of the 1999 computer applicationsin the mineral industries (APCOM) symposium. Colorado, 1999: 45-53.

[7] Standards Australia International AS1289. 5. 3. 1 Australian standard, methods of testingsoils

for engineering purposes [S]. Sydney, 2004: 12.

[8] Standards Australia International AS2891. 9. 1 Australian standard, methods of sampling and testing asphalt [S]. Sydney, 2005: 89.

[9] Blackwell G. Relative kriging error-a basis formineral resource classification [J]. Exp Min Geol, 1998, 7 (1/2): 99-105.

[10] Chiles J-P, Delfiner P. Geostatistics: modellingspatial uncertainty [M]. New York: Wiley, 1999: 695.

[11] David M. Geostatistical ore reserve estimation [J]. Amsterdam: Elsevier, 1977: 364.

[12] Dielhl P, David M. Classification of ore reserves/resources based on geostatistical methods [J]. CIM Bull, 1982, 75 (838): 127-135.

[13] Goovaerts P. Geostatistics for natural resources evaluation [M]. New York: Oxford University Press, 1997: 483.

[14] Journel A G, Huijbregts C J. Mining geostatistics [M]. New York: Academic, 1978: 600.

[15] Lipton I T. Measurement of bulk density for resource estimation [C]// AusIMM. Mineral resource and ore reserve estimation-the AusIMM guide to good practice. Melbourne, 2001: 57-66.

[16] Preston K B, Sanders R H. Estimating the in situ relative density of coal [J] Australian coal geology, 1993 (9): 22-26.

[17] Royle A G. How to use geostatistics for ore reserve classification [J]. World Min, 1977, 2: 52-56.

# 8 数据点定位（测量）

（彩图）

**摘要**：在测量或数据传输过程中可能出现的数据点坐标误差，会严重影响采矿作业的效率，降低资源储量类型。因此，必须由地质人员对测量程序进行彻底监测，并定期检查和核实数据点位置的质量。

从事评估采矿项目和矿山生产工作的地质人员要确保所有数据点的位置准确，这包括钻探（孔位和测斜）、槽探和地表样品以及选择用于绘图的地质界线。

**关键词**：DTM；DGPS；井下测量；陀螺仪（Gyro）

测量工作由注册测量师执行，因此，对于矿山地质人员来说，这不是一项严格意义上的任务。然而，由于矿山地质人员是测量成果的主要应用者，因此他们要求测量人员收集数据点，并将数据用于构建 3D 地质和矿产资源模型，这些模型用于更新矿山开发计划和生产计划。

重要的是，在测量或数据传输过程中可能出现的数据点坐标误差会严重影响采矿效率，并降低估计资源储量类别。因此，必须对测量程序进行全面监控，并定期检查和验证数据点位置，这通常是分配给矿山地质人员的任务。矿山地质工作人员在评估采矿项目时，应确保所有数据点的位置准确，这包括钻探（孔位和测斜）、槽探和地表样品以及选择用于绘图的地质界线。

数据点的精度通常通过比较不同的数据集来实现，这可以是不同类型的数据。一般通过使用不同的设备重复测量来控制测量质量。本章描述了验证测量数据点坐标、量化误差以及估计其对矿产资源储量影响的最常见方法。

## 8.1 地表点位置

位于岩石表面的测量点，可以是地形表面或采场表面，通常通过将其测量的 $Z$ 坐标与从地形表面数字模型［通常称为数字地形模型（DTM）］得出的 $Z^*$ 值进行比较来验证（图 8.1）。好的做法是将结果显示为估计误差的直方图（图 8.2），并将误差绘制在以 DTM 地形图为背景的地图上（图 8.2）。引起测量高程（$Z$）和与之匹配的从 DTM 表面得出的 $Z^*$ 值之间差异最常见因素有：

（1）测量坐标的误差；

（2）由于建模算法、数据点密度、原始数据的错误等获得的 DTM 表面不正确；

(3) 混淆测量点编号；

(4) 测量点 $X$ 和 $Y$ 坐标的混淆；

(5) 使用不同的坐标系统和转换误差；

(6) 在电子传输过程中，打字错误或数据已更改。

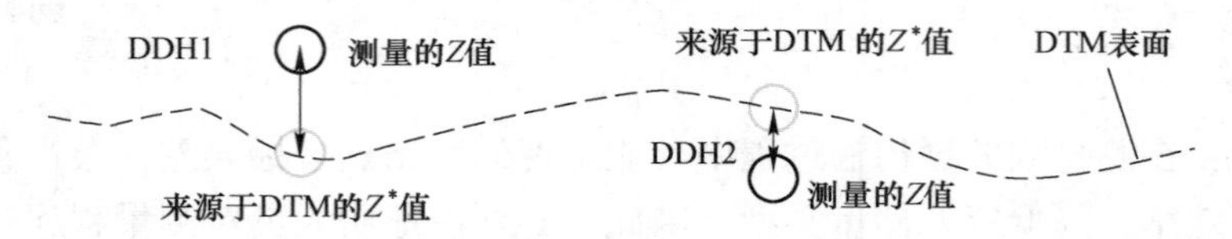


图 8.1 测量数据点的 $Z$ 坐标之间的关系，并将这些点投影到地形表面（DTM）与数字模型上的 $Z^*$ 值进行匹配的示意图

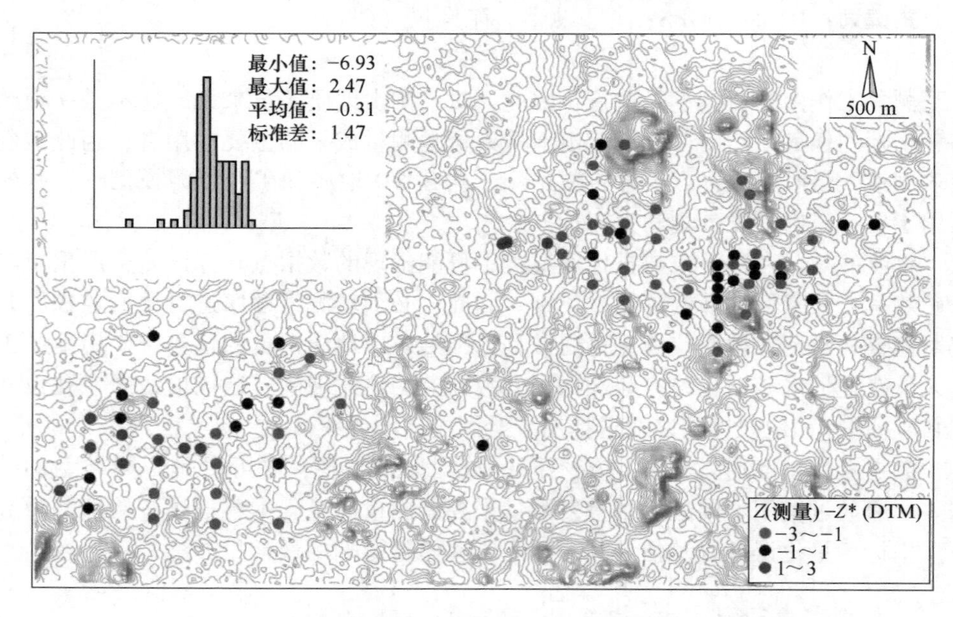


图 8.2 测量误差［$Z$(测量)−$Z^*$(DTM)，m］表示为直方图和平面上的位置（背景显示地形表面。澳大利亚 West Musgrave 硫化镍矿项目）

该方法的简单性（图 8.1）和现有数据集的利用使得该方法作为常规方法进行检查，以便在完成调查后立即快速筛选调查数据。$Z$ 值和 $Z^*$ 值之间的差异表明记录坐标中存在误差，这将引发对测量程序的特殊调查。该验证的成功应用示例如图 8.2 所示。测量人员报告的钻孔的 $Z$ 坐标与数字地表模型得出的 $Z^*$ 值之间存在较大的差异，导致了专门调查，发现测量人员对地形表面进行了过渡平滑处理。该方法不需要地形表面的数字模型，可以利用露天矿台阶和地下采场的中段资料。

然而，应该注意的是，所提出的方法（图 8.1）只处理 $Z$ 坐标，这是该技术的主要缺陷。它也不允许对误差源进行准确的判断，因此应将该方法视为对测量数据质量的初步检查，而不排除对更详细的质量控制程序的需要。

## 8.2 钻孔测斜

钻探仍然是取样和资源储量估算的主要工程，需要利用钻孔测斜仪器进行精确定位。矿产地质勘查和矿山地质中最常用的测斜仪器如下：

（1）磁性测量仪。这些仪器通常被称为单点或多点的井下测量相机，它们根据磁性原理测量钻孔的方位，通过重力测量钻孔的倾斜度（倾角）。

（2）光学非磁性仪（如 Reflex Maxibor）。它使用光学测量来记录方位和重力测量倾角。

（3）陀螺仪。该仪器是利用陀螺仪原理来估计真实方位的。

光学仪和陀螺仪由于不受铁等磁性岩石的影响而优于磁性仪器，因此可用于磁性干扰的岩石。如果母岩含有磁性矿物，特别是磁铁矿，并且产生极不稳定的结果，则不适合使用磁性仪器。多点磁相机测量的钻孔轨迹与使用陀螺仪获得的坐标的比较如图 8.3 所示。与陀螺仪测量结果相比，基于磁性测斜仪测量的钻孔坐标偏移了 30 m 以上（图 8.3）。不稳定的测斜结果是由磁铁矿矿化的磁干扰引起的，如果钻孔岩石中存在富含磁铁矿的地层，即使在 150~200 m 深的浅孔中也可能出现不稳定的测斜结果。

光学和陀螺测量也可以在钻杆内部使用，这在钻探岩石较软的情况下特别重要，因此不适合在空气反循环钻中使用这些仪器。这是这些仪器相对于更传统的磁性相机的另一个优势。

尽管光学和陀螺仪通常比磁相机产生更好的结果，但没有任何测量仪器能够保证测量结果的准确性。为了保证钻孔测斜的质量，需要定期检查仪器，它们的误差估计和校准取决于孔的深度和方向。此外，测斜结果应通过替代测量进行系统验证。最好对钻孔进行两次测量。第一次测量是在仪器插入孔内并沿井下方向移动时进行的，第二次测量是在从孔中取出仪器时进行的。

Nordin 提出了校准仪器和估计其误差的实用程序，该程序可用于矿山生产，也适用于采矿项目。建议的程序是基于使用一个长 PVC 管作为人工钻孔。在他的研究中，Nordin 使用了 389.6 m 长的管道，管道沿着山坡铺设。管道起点和终点之间的垂直差为 44 m。管道被夹在混凝土块上，以确保其在试验期间不会晃动。管道的位置被精确测量，以生成孔的真实轨迹。该人工孔可用于不同仪器的比对和误差校正。值得注意的是，随着孔深的加深，测斜误差累积值和被测钻孔轨迹与真实路径的误差增大。使用人工孔可以根据距孔口的距离校准井下测量误

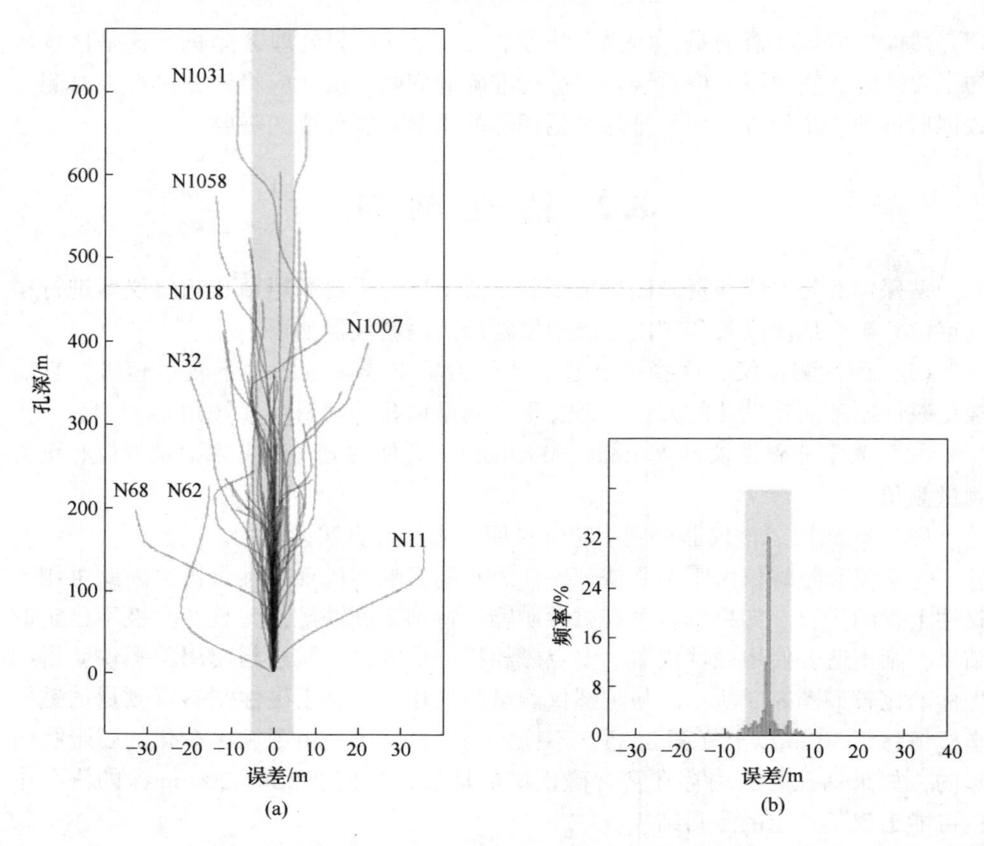


图 8.3　显示了澳大利亚 West Musgrave 硫化镍矿项目磁性多点测量相机和陀螺仪孔内测斜之间的差异（误差）的图表

（a）磁力测量得出的钻孔路径与陀螺仪测量的钻孔路径的误差；（b）测量误差的柱状图

差。估计误差可以用矿体纵向投影或其平面图上钻孔交点周围的误差椭圆来表示（图 8.4）。

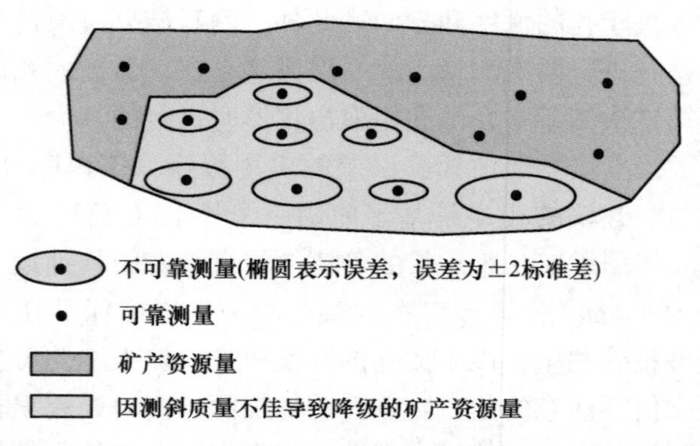


图 8.4　矿体纵投影示意图，说明钻孔测斜质量对矿产资源类型的影响

具有较大误差的测量结果的可靠程度，应在此类平面图上清楚地显示出来(图8.4)。大的井下测量误差很可能会导致矿产资源类型的降级。

## 参考文献

[1] Nordin W. The effect of downhole survey uncertainty on modelled volume [C]// AusIMM. 7th international mining geology conference. Melbourne, 2009: 81-84.

# 第 2 部分

# 采样误差

# 9　采样理论导论

**摘要**：本章阐述了采样误差产生的理论背景，详细分析了误差的类型和产生误差的原因。应特别注意基本采样误差（FSE），可以估计该误差，并将其用于采样项目中建立最佳的采样程序（采样规程）。

**关键词**：TOS；精确度；准确度；基本采样误差；采样规程；列线图

采样误差的根本原因是矿化的不均匀性，这是采样理论（TOS）的一个基本概念。矿化越不均匀，就越难获得具有代表性的样品并推断地质特征。图9.1显示了样品矿化非均匀性程度与样品代表性之间的关系。

图9.1　直观地观察样品大小、矿化不均匀性和采样误差之间的关系

## 9.1　采样误差类型

传统上，采样误差是根据数据的精确度和准确度确定的（图9.2）。精确度或重复性是衡量样品值之间的接近程度的指标（图9.2），准确度是衡量样品与实际的接近程度的指标（图9.2）。在评估矿床及其开采过程中的误差，必须估计和严格监控这两个参数。

这些误差可产生于样品采取、制备和最终分析化验的任何环节。采样方案示例（即样品制备流程图）以及与样品粉碎和各阶段相关的可能误差如图9.3所示。

按当前研究中的误差类型和引起误差的原因进行分类。

$$总误差 = 第一类误差 + 第二类误差 + 第三类误差 \tag{9.1}$$

式中　第一类误差——与采样规程相关的误差；
　　　第二类误差——与采样工作相关的误差；
　　　第三类误差——分析阶段因分析工作和仪器产生的误差。

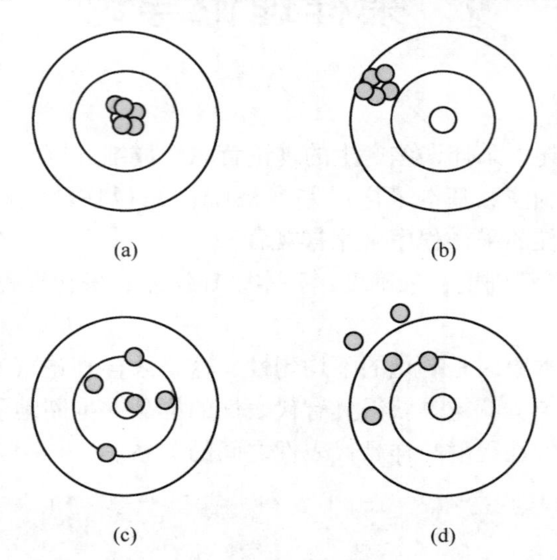


图 9.2　数据精确度和准确度示意图
（a）高精确度，高准确度；（b）高精确度，低准确度；
（c）低精确度，高准确度；（d）低精确度，低准确度

第一类包括与采样规程相关的误差。例如，与矿化不均匀程度相比，由于样品规格过小而导致采样结果的重复性差。这种类型的主要误差称为基本采样误差。它总是存在，不能完全消除，因为它与采样矿石的内在特征有关，例如矿物学和矿化结构。通过对采样规程的优化，可以使基本采样误差（FSE）最小化。这一类还包括分组-分离误差，表示采样误差的补充部分，是岩石分布异质性而引起的。

与采样规程实施相关的误差属第二类，换句话说，这些是与采样实践相关的误差。这一类包括样品划分、提取、制备和称重误差。这些误差是因样品提取不正确、制备工艺不理想及分析测试不正确引起的[1]。人为的错误，例如混淆样品号，也属于这一类。这些类型的误差一般可以通过改进样品的采取和加工方法来最小化，而这通常需要借助改进质量控制程序、升级设备来实现。

第三类包括在分析操作期间发生的各种分析和仪器误差，如化验、水分分析、称重以等分样品、体重分析。由于造成这些误差的原因不同，本研究将其与

[1] 假定从单一地质体中采取的一批样品。——编者注

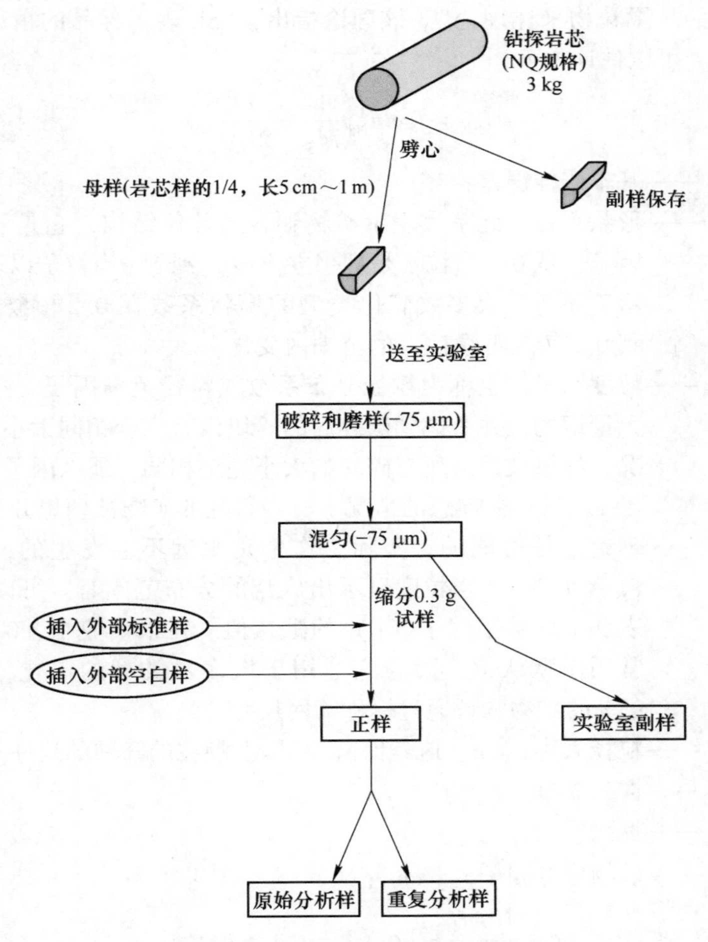


图 9.3 加拿大黄金项目采样规程示例

前两类分开考虑。

## 9.2 基本采样误差

基本采样误差（FSE）是指与被采样矿化非均匀性有关的误差。它取决于构成采样矿石的矿物颗粒的形状和大小，关键成分被释放的大小，还取决于脉石（无价值矿物）和有价值成分（矿石矿物）的矿物学特性和体重。这是唯一可以从理论上确定的误差，因为它直接与样品的成分特性有关。

### 9.2.1 理论背景

最著名的 FSE 估算的理论方法是由 Gy 提出并由 Pitard 和 Francois-Bongarcon

进一步发展的“颗粒物采样理论”。该理论指出，FSE 表示样品的精度，用其相对方差表示，可以估计如下：

$$\sigma_{\text{FSE}}^2 = fgcld_{\text{N}}^3\left(\frac{1}{M_{\text{S}}} - \frac{1}{M_{\text{L}}}\right) \tag{9.2}$$

式中 $\sigma_{\text{FSE}}^2$——基本采样误差；

$f$——形状系数。此系数表示矿物颗粒的几何结构，它是一个无量纲因子，从 0（当粒子是理想立方体）到 1（当粒子以理想球体表示）不等，大多数矿化类型的形状系数在 0.2（金或云母片）到 0.5（等距颗粒）的范围内变化。

$g$——粒度因子，也称为粒径分布系数或粒径范围因子。这个因子是无量纲的，并考虑到破碎后的碎块没有完全相同大小（$d$）的情况。如果破碎后所有碎块的大小完全相同，那么因子（$g$）将等于 1。只有在理想的情况下，当研究的矿物被理想分类时，这在理论上是可能的。实际工作中是永远不会发生的，因此因子（$g$）小于 1。当粒度显示出广泛的分布范围时，可以小到 0.1。表 9.1 总结了因子（$g$）的默认值。在采矿业中，0.25 的值通常用作默认值，因为它适用于大多数类型的矿化，并对应于 95%的矿物颗粒通过标称筛网尺寸的情况。

$d_{\text{N}}$——粒径大小，cm。这是保留 5%以上颗粒的筛网的尺寸（直径）。

$M_{\text{S}}$——样品质量，g。

$M_{\text{L}}$——批次质量，g。

$c$——矿物成分因子，g/cm$^3$：

$$c = \frac{1 - t_{\text{L}}}{t_{\text{L}}} \times [\rho_{\text{M}}(1 - t_{\text{L}}) + \rho_{\text{G}} t_{\text{L}}] \tag{9.3}$$

$t_{\text{L}}$——以矿石矿物的十进制比例表示的批次的绝对品位，从 0 到 1（例如 1 g/t=0.000001）；

$\rho_{\text{M}}$——矿石矿物的体重；

$\rho_{\text{G}}$——脉石的体重。

**表 9.1 粒度因子的默认值**

| 类 型 | 解 释 | g（默认值） |
|---|---|---|
| 未分类样品 | 颚式破碎机产物 | 0.25 |
| 分类样品 | 两个连续筛孔之间的材料 | 0.55 |
| 自然分类样品 | 粒度，例如筛选粒度 | 0.75 |

式（9.3）可以简化，它的简明版本如式（9.4）所示。

$$c = \frac{1 - t_L}{t_L} \times \frac{\rho_M \times \rho_G}{\rho} \tag{9.4}$$

式（9.4）中$\rho$表示给定品位（$t_L$）下矿石的平均体重，其他变量与式（9.3）相同。

对于低品位矿石，矿物学系数（$c$）可进一步简化并近似为相关矿物体重与研究样品平均品位的比值：

$$c = \frac{\rho_M}{t_L} \tag{9.5}$$

矿物学系数（$c$）将式（9.2）给出的取样方差与取样的矿化度（批次）相关联。Francois Bongarcon 和 Gy 指出，任何公式的使用和从中得出的取样列线图只与建立该公式的品位有关。

$l$表示释放系数，为释放粒径与标称粒径之比，如式（9.6）所示。

$$l = \left(\frac{d_L}{d_N}\right)^A \tag{9.6}$$

式中 $d_N$——标称粒径，cm；

$d_L$——解离粒径，cm；

$A$——指数。

将释放系数（$l$）代入定义 FSE 的式（9.7）：

$$\sigma_{FSE}^2 = fgc\left(\frac{d_L}{d_N}\right)^A d_N^3\left(\frac{1}{M_S} - \frac{1}{M_L}\right) \tag{9.7}$$

如果指数（$A$）表示为$3 - \alpha$，则 FSE 公式变为式（9.8）：

$$\sigma_{FSE}^2 = fgc\left(\frac{d_L}{d_N}\right)^{3-\alpha} d_N^3\left(\frac{1}{M_S} - \frac{1}{M_L}\right) \tag{9.8}$$

将$d_N^3$变换后得到式（9.9）：

$$\sigma_{FSE}^2 = fgc\, d_L^{3-\alpha} d_N^{\alpha}\left(\frac{1}{M_S} - \frac{1}{M_L}\right) \tag{9.9}$$

乘积$fgc\, d_L^{3-\alpha}$称为采样常数，通常用$K$表示：

$$K = fgc\, d_L^{3-\alpha} \tag{9.10}$$

将采样常数$K$代入式（9.9），得到 FSE 的公式，即式（9.11）。

$$\sigma_{FSE}^2 = Kd_N^{\alpha}\left(\frac{1}{M_S} - \frac{1}{M_L}\right) \tag{9.11}$$

指数$\alpha$的值根据$d_N$而变化。当$d_N$小于释放大小$d_L$时，指数$\alpha$等于3。在释放大小$d_L$以上，指数$\alpha$可以更小，在1~3内。

式（9.11）可通过去除比例（$1/M_L$）进行简化，当批次的质量（$M_L$）明显大于样品质量（$M_S$）时，该比值变得非常小。从 FSE 方程中去掉$1/M_L$，得到 FSE

公式的简明公式，即式（9.12）。

$$\sigma_{FSE}^2 = \frac{Kd_N^{\alpha}}{M_S} \tag{9.12}$$

参数 $K$ 和 $\alpha$ 可以通过试验进行校准，这使得式（9.11）及其简明版本［式（9.12）］实际上是最方便的基本采样误差（FSE）试验定义工具。

### 9.2.2　采样常数的实验校准

采样常数在相似矿化类型的矿床之间也可能有显著差异。例如脉状金矿床的常数值从 1 到 10000 不等（表 9.2）。因此，为了准确估计基本采样误差（FSE），需要通过特殊的校准试验获得采样常数。

**表 9.2　金矿床 *K* 常数取值范围**

| 复杂程度 | *K* 常数值范围 | 地名（参考文献） |
|---|---|---|
| 低复杂程度 | 1～100 | Mulatos，Kidston，Musselwhite（［18］） |
| 中等复杂程度 | 100～500 | Meliadine（［3］） |
| | | Zarmitan（［1］） |
| 高复杂程度 | >500，可以超过 10000 | Big Bell，Dome（［18］） |

几种技术已经被提出用于试验测定 $K$ 和 $\alpha$ 常数的样品加工特定值。

最常见的方法是由 Francois Bongarcon 开发的技术，代表了“采样树试验”和 Pitard 的“异质性试验”的改进版本。Francois Bongarcon 提出的“30 件试验”与上述“异质性试验”有许多相似之处，代表了它的简化版本。所有这些试验都需要收集特殊样品，这些样品是按照本书本章节中描述的特殊程序收集、处理和分析的。当特殊校准试验的样品不可用时，可根据可用的钻探样品近似地估计取样常数。

9.2.2.1　改进的采样树试验（MSTE）

“采样树试验”最早由 Francois Bongarcon 提出，随后进行了改进。这种改进的技术代表了在不同破碎粒度下从一批样品（图 9.4）中采取的一系列重复样品（图 9.4）的分析，允许通过试验获得基本取样误差［式（9.12）］的 $K$ 和 $\alpha$ 参数。

该方法的理论背景如下。首先，式（9.12）可以对数变换为式（9.13）：

$$\ln(M_S\sigma_{FSE}^2) = \alpha\ln d_N + \ln K \tag{9.13}$$

根据这个表达式，$\ln(M_S\sigma_{FSE}^2)$ 的值与粒径 $\ln d_N$ 绘制成一条直线，因为式（9.13）代表直线方程 $Y = AX + B$。这条直线与坐标轴之间的角正切 $A$ 等于式（9.13）中的指数 $\alpha$，常数 $B$ 等于 $\ln K$。改进的采样树试验（MSTE）的目的是

推导描述 $M_S\sigma_{FSE}^2$ 值与粒径（$d_N$）之间关系的线性函数的参数（$A$ 和 $B$）。在实践中，为了推断线性函数 $\ln(M_S\sigma_{FSE}^2)=\alpha\ln d_N+\ln K$ 的参数，只需试验性地获得几个点，这些点绘制在 $\ln(M_S\sigma_{FSE}^2)$ 和 $\ln d_N$ 图上，然后用合适的最佳拟合算法来推导线性函数。

图 9.4 为“改进的采样树试验”（MSTE）流程图，所示的二元采样树适用于四种标称粒度（表 9.3）。

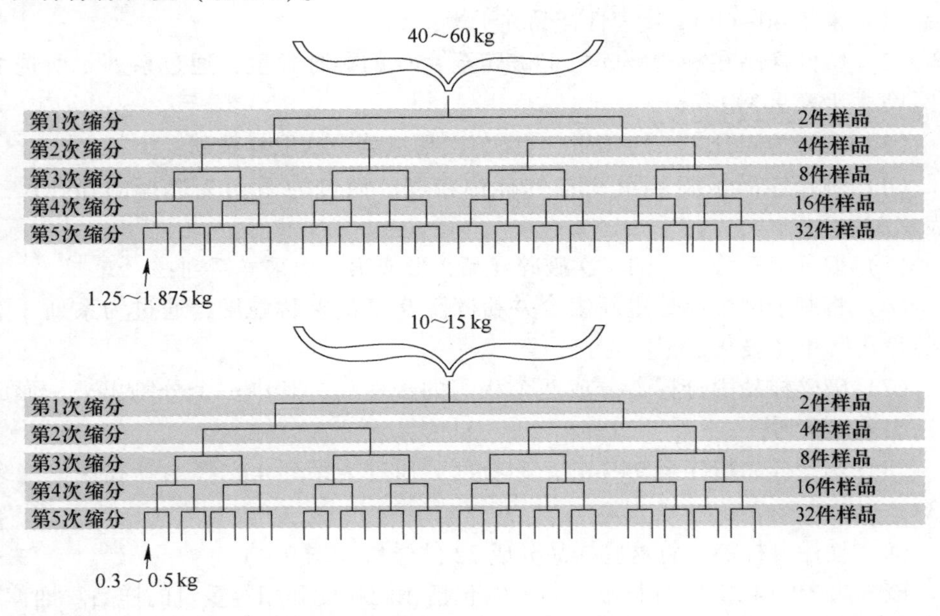


图 9.4 改进的采样树试验流程图(将所示的二叉采样树应用于四个标称尺寸分量中的每个分量)

**表 9.3 “改进的采样树试验”中样品的粒度示例** 单位：cm

| 矿床类型 | 样品序列 | | | | 目标元素 | 参考文献 |
|---|---|---|---|---|---|---|
| | 第一系列 | 第二系列 | 第三系列 | 第四系列 | | |
| 造山型金矿床 | 2.5 | 0.3 | 0.1 | 0.05 | Au，As | a，b |
| 镍-硫：科马提岩型 | 3 | 1 | 0.5 | 0.1 | Ni，Cu，As | b |
| Cu-Au-U：铁氧化型铜-金矿床 | 2.5 | 0.5 | 0.1 | 0.05 | Cu，U，Au，S | b |
| U：砂岩型矿床 | 2.5 | 1 | 0.1 | 0.01 | U | b |
| 铝土矿 | 3 | 1 | 0.5 | 0.1 | $Al_2O_3$，$SiO_2$，Fe，LOI | b |
| 铁矿石：条带状铁矿(BIF)-次生 | 3 | 1 | 0.5 | 0.1 | $Al_2O_3$，$SiO_2$，Fe，LOI，P | b |
| Cu-Au：斑岩型 | 2.5 | 1 | 0.1 | 0.05 | Cu，Mo，Au，As | b |

注：1. LOI：烧失量；
2. 使用的数据：a—参考文献［15］，b—Abzalov M（未发布数据）。

采样树试验（MSTE）方法基于采集 40~60 kg 的代表性样品，然后按照图 9.4 所示流程图干燥、连续粉碎和缩分。四组样品的粒径取决于矿物学和矿化结构。

表 9.3 显示了采样树试验中使用的粒径示例。当计划采样树试验时，表 9.3 中的值可作为参考；但最佳实践是通过试验确定每个采样系列的样品重量和标称粒径。“改进的采样树试验”的程序如下（图 9.4，表 9.3）：

（1）采集 40~60 kg 代表性样品并干燥；

（2）整件样品在颚式破碎机上破碎至 95%的标称粒度，通过系列 1 所选的筛网尺寸（表 9.3）；

（3）缩分为四分之一的样品（批次），形成第一次取样系列；

（4）剩余样品被粉碎至 95%的标称粒度，通过为系列 2 选择的筛孔尺寸（表 9.3）；

（5）缩分出三分之一的二次破碎样品，形成第二次采样系列；

（6）将剩余两个部分重新组合并粉碎至 95%的标称粒度，通过为系列 3 选择的筛孔尺寸（表 9.3）；

（7）破碎样品用分样器分成两个相等的子样品，其中一个分割出来，形成第三次采样系列；

（8）剩余样品粉碎至 95%的标称粒度，通过为系列 4 选择的筛孔规格（表 9.3）；

（9）使用分样器，将这些样品分成 32 件样品（图 9.4）。

该方法产生 4 组 32 件样品。每一组包括相同粒度和相等重量的样品。推荐 2 件样品用于粒度分析，对剩余的 30 件样品进行化验，并用于 $K$ 和 $\alpha$ 参数的统计推断。

四个亚样品系列试验获得的测定值示例如表 9.4 所示。

**表 9.4　采样树试验分析的处理**

| 样品序列 | 1 | 2 | 3 | 4 |
|---|---|---|---|---|
| 规格/cm | 2.5 | 0.3 | 0.1 | 0.05 |
| 样品平均重量/g | 340.07 | 385.47 | 385.47 | 316.1 |
| 1 | 12.96 | 12.08 | 12.76 | 11.42 |
| 2 | 14.8 | 11.82 | 13.38 | 13.96 |
| 3 | 11.86 | 12.08 | 14.24 | 11.08 |
| 4 | 11.94 | 12.16 | 13.4 | 12.34 |
| 5 | 9.56 | 12.88 | 13.14 | 12.98 |
| 6 | 10.38 | 12.42 | 12.54 | 11.86 |

续表9.4

| 样品序列 | 1 | 2 | 3 | 4 |
| --- | --- | --- | --- | --- |
| 7 | 15.76 | 11.76 | 12.72 | 12.32 |
| 8 | 17.94 | 12.78 | 12.28 | 12.4 |
| 9 | 9.88 | 11.32 | 14.28 | 13.04 |
| 10 | 5.44 | 11.8 | 12.52 | 13.22 |
| 11 | 9.54 | 12.74 | 12.78 | 12.28 |
| 12 | 14.1 | 12.9 | 13.9 | 12.16 |
| 13 | 10.28 | 10.86 | 12.4 | 11.62 |
| 14 | 12.78 | 12.34 | 13.04 | 12.04 |
| 15 | 10.78 | 12.24 | 11.36 | 13.24 |
| 16 | 14.12 | 12 | 12.74 | 12.76 |
| 17 | 9.92 | 12.18 | 13.2 | 12.18 |
| 18 | 10.3 | 14.04 | 14.18 | 12.04 |
| 19 | 24.26 | 12.76 | 12.5 | 12.86 |
| 20 | 8.78 | 12.56 | 12.98 | 12.78 |
| 21 | 6.66 | 14.9 | 13.16 | 12.66 |
| 22 | 9.98 | 13.4 | 13.94 | 12.5 |
| 23 | 13.3 | 12.94 | 13.1 | 12.22 |
| 24 | 16.48 | 11.28 | 14.44 | 12.4 |
| 25 | 29.4 | 12.1 | 11.6 | 12.18 |
| 26 | 11.68 | 12.96 | 12.7 | 12.44 |
| 27 | 9.52 | 14.4 | 13.2 | 11.92 |
| 28 | 13.46 | 15.7 | 12.94 | 12.58 |
| 29 | 20.14 | 12.98 | 12.66 | 12.72 |
| 30 | 12.64 | 13.97 | 13.26 | 12 |
| 均值 | 12.95 | 12.68 | 13.04 | 12.41 |
| 差值 | 24.38 | 1.15 | 0.53 | 0.34 |

参数 $K$ 和 $\alpha$ 估计如下：

(1) 确定四个子样品系列中每一个系列的平均样品重量 $M_S$；

(2) 确定每个系列的平均品位和方差；

(3) 计算相对方差 $\sigma^2_{相对方差}$（即相对方差=方差/均值）；

(4) 计算标称粒径对数 $\ln d_N$ 以及相对方差乘以给定系列中样品平均重量的对数 $\ln(M_S\sigma^2_{相对方差})$；

(5) 在 $\ln(M_S\sigma^2_{相对方差})$ 与 $\ln d_N$ 图上（图 9.5）绘制四个采样系列，并根据拟合到实验点的线性回归方程推断 $\alpha$ 和 $K$ 参数。常数 $\alpha$ 是拟合到实验点的回归斜率（图 9.5），采样常数 $K$ 等于 1 cm 粒度对应的 $\ln(M_S\sigma^2_{FSE})$ 值。

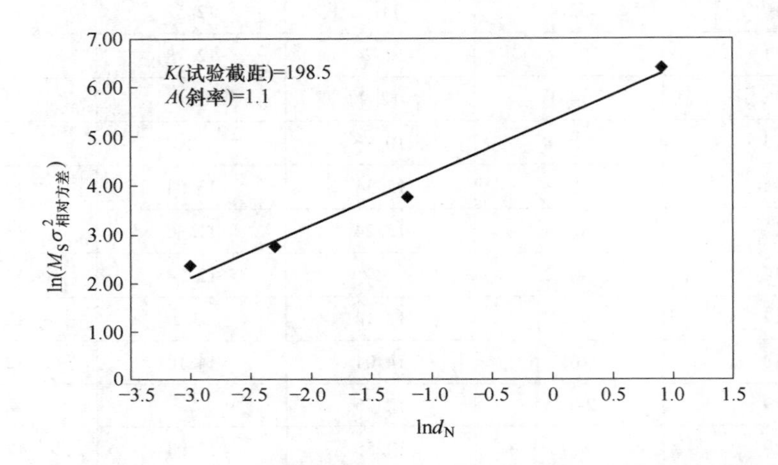


图 9.5 应用于金矿化的采样常数 $K$ 和 $\alpha$ 的试验校准

**练习 9.2.2.a** 使用应用于金矿的“采样树试验”获得的分析，计算基本采样误差（FSE）公式［式（9.12）］的采样常数 $K$。练习的数据可在附录 1 的练习 9.2.2.a.xls 文件中找到。

9.2.2.2 30 件样品实验

另一种校准方法被称为“30 件试验”。它由 Gy 提出，并由 Francois-Bongarcon 进一步修订。该试验耗时少，易于实施，因为它只需要对所选样品进行 30 次分析。

从破碎的地质样品中随机抽取粒度大小大致相同的矿石。重要的是要确保在采样过程中，所有的样品都易于采集，这意味着样品被采集的概率相同。对所有样品进行分析和称重，以便获得 30 件样品的准确含量和重量值。品位值的相对方差直接通过 30 次化验的结果计算出来。该值表示给定标称粒径（$d_N$）下的 FSE（$\sigma^2_{FSE}$），因为试验条件消除了所有其他采样误差类型的影响。平均质量（$M_S$）也是在试验期间获得的，因为所有 30 件样品在化验前都要称重。

可以通过将试验获得的参数代入式（9.14），从而计算出采样常数 $K$，该等式由 FSE［式（9.12）］的定义导出。此方法的应用需要为 $\alpha$ 指定一个默认值，实际上取 1.5。

$$K = \frac{\sigma_{FSE}^2 M_S}{d_N^\alpha} \tag{9.14}$$

式中 $d_N$——公称粒度，cm，根据所有30件试样的平均直径（$d_{平均}$）进行计算，将其除以相应粒度因子（$g$）的1/3次幂［式（9.15）］，转换为标称粒度：

$$d_N = \frac{d_{平均}}{g^{1/3}} \tag{9.15}$$

$\sigma_{FSE}^2$——所有30件分析值的方差；

$M_S$——分析样品的平均质量，g。

**练习9.2.2.b** 使用“30件实验”的方法计算FSE［式（9.12）］的采样常数$K$。本次练习的数据收集于生产中的Au-Ag-U矿山，并保存在“练习9.2.2.b.xls”文件中（附录1）。

从碎矿堆中收集30块大小大致相同的矿石并进行化验。平均品位为8.29 g/t，平均质量为2889 g，相对方差为9.41。研究矿石的体重为3.0 g/cm³。假设指数$\alpha$等于1.5。

为了计算常数$K$，有必要估计标称粒度$d_N$。首先，需要计算出30件矿石的平均体积，即2889/3.0 cm³ = 963 cm³。假设这是一个球体，可以用球体体积的三角定义来计算直径（球体体积 = $3/4\pi r^3$）。在例子中，它的直径是12.25 cm，这是30件分析样品的平均直径。为了计算标称粒径，平均体积除以$g^{1/3}$，其中$g$是粒度因子，对于大多数类型的矿化，它等于0.25，对应于95%的颗粒通过标称筛孔尺寸的情况。

将12.25 cm除以$0.25^{1/3}$得到标称粒径（$d_N$），等于19.45 cm。将所得值代入式（9.14），得到以下结果：

$$K = \frac{9.41 \times 2889}{19.45^{1.5}} = 316.9$$

9.2.2.3 非均质性试验

Pitard提出的“异质性检验”包括从研究样品的最粗粒级中随机抽取一定数量的碎块，并对其进行进一步的统计分析。Pitard建议在研究主要成分时收集大约50件样品，如果是分析金和其他贵金属等微量元素，应收集100多件样品。每一件单独的样品都是由单独的碎块制成的，通常每件样品有30块。对收集到的每一件样品进行清洗、干燥、称重，并分别进行分析。

根据实验确定的所有单个碎块的品位、质量和体积，可使用式（9.16）计算“构成异质性常数因子”作为$IH_L$。

$$IH_L = g\sum_{i=1}^{N}\left[\frac{(a_i - A_B)^2}{A_B^2} \times \frac{m_i^2}{\sum_{i=1}^{N} m_i}\right] \tag{9.16}$$

式中　$N$——一个批次中收集的碎块总数；

$a_i$，$m_i$——第 $i$ 件的品位和质量；

$g$——一个粒度因子，等于 0.25；

$A_B$——一批中单件样质量的加权平均品位：

$$A_B = \frac{1}{\sum_{i=1}^{N} m_i} \sum_{i=1}^{N} a_i m_i \tag{9.17}$$

利用异质性检验通过试验估计的因子 $IH_L$ 与感兴趣的取样常数 $K$ 直接相关，得到式（9.18）。

$$\sigma_{FSE}^2 = \frac{Kd_N^3}{M_S} = \frac{IH_L}{M_S} \tag{9.18}$$

根据 $IH_L$ 和常数 $K$ 之间的关系，得到估计采样常数 $K$ 的最终公式：

$$K = \frac{IH_L}{d_N^3} = \frac{g \sum_{i=1}^{N} \left[ \frac{(a_i - A_B)^2}{A_B^2} \times \frac{m_i^2}{\sum_{i=1}^{N} m_i} \right]}{d_N^3} \tag{9.19}$$

9.2.2.4　使用钻孔数据校准采样常数

在矿山项目评估的早期阶段，并不是总能进行专门的试验测试。然而，在这一阶段，建立正确的采样程序尤其重要，因为有偏见和不具代表性的采样会导致错误的决定，并最终造成重大的经济损失。这一问题可以部分地通过可用钻孔样品和采取 30 件样品实验的方法近似估计采样常数来克服。这种方法允许估计一个实验点来进行基本采样误差（FSE）的图形拟合。

试验步骤如下。试验的第一步是计算钻孔样品的体积，并推导出体积等于所分析钻孔样品平均体积的球体直径。通过除以 $g^{1/3}$［式（9.15）］，将估算的平均直径进一步转换为标称尺寸（$d_N$）。

为了在校准图（图 9.5）上绘制该单一试验点，通过取钻孔样品估计质量与样品品位估计相对方差乘积的自然对数，获得 $U = \ln(M_S \sigma_{FSE}^2)$。当试验测定的钻孔样品质量不可用时，通过估算平均样品体积乘以研究材料的体重来计算。

假设对于给定材料，基本采样误差（FSE）方程的指数 $\alpha$ 等于 1.5，则可以从等式中推导出采样常数 $K = \frac{\sigma_{FSE}^2 M_S}{d_N^\alpha}$。

### 9.2.3　采样列线图

基本采样误差（FSE）的方差可以图形化地表示为样品重量（$M_S$）和标称

粒度（$d_N$）的函数。表示这些参数之间关系的图表称为列线图（图 9.6）。这是通过绘制基本采样误差（FSE）与给定样品质量的对比图来实现的。出于实际原因，所有数值都绘制在对数坐标的列线图上（图 9.6）。

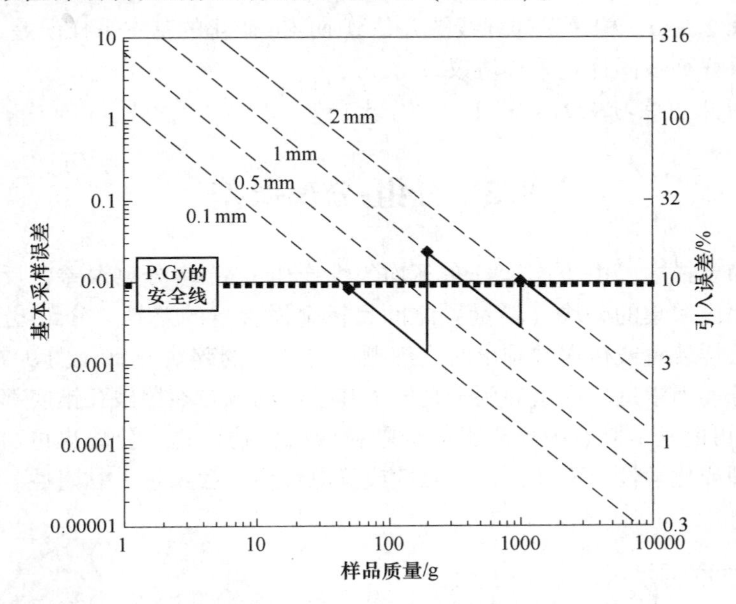


图 9.6 加拿大金矿床采样列线图

在该图中（图 9.6），破碎和研磨阶段（不影响取样误差）用垂直线表示。当从粒度较大样品中提取粒度较小样品时，即在恒定的岩石粒度下的样品质量减少时，样品减少阶段在图中表示为斜率为-1 的路径。测线的实际位置取决于粒度（$d_N$）、采样常数 $\alpha$ 和 $K$，因此在给定的样品粒度（$d_N$）下，每个子采样阶段只能构建一条测线。粒径减小（即破碎）的每个阶段，基本采样误差（FSE）都会下降，因此在列线图上用垂直线表示，垂直线一直延伸到与新粒度对应的斜率-1 的新直线相交为止。与采样方案的所有阶段相对应的垂直线段和对角线段的组合将整件样品制备方案可视化。图上清楚地显示了导致整体误差的每个阶段，这使得可以将该图用作评估、控制和改进采样程序的有效工具。

为便于解释该图，可以显示可接受精度误差的某些值，一种常见的做法是画出与 10%相对误差相对应的线，换句话说，相对方差等于 0.01（图 9.6）。这个阈值被称为 P. Gy 的安全线。在列线图上可以很容易地甄别出基本采样误差（FSE）超过所选阈值的所有次优样品制备阶段。

图 9.6 所示的示例表明，当从研磨至-0.5 mm 的矿样中采集 200 g 样品时，在第二次采样阶段引入了最大的基本采样误差（FSE）。这一阶段引入了大约 20%的误差，而第一次采样时，当从 1 kg 原料粉碎到-1 mm 时，产生的误差较

小，小于 10%。最后阶段，从 200 g 粉碎至−0.1 mm 的矿样中采集 50 g 试样时，基本采样误差（FSE）低于 10%。根据这个列线图，很明显，改进采样方案应集中在优化第 2 阶段，这可以通过采集较大的子样品（约 500 g）实现。

**练习 9.2.3.a** 构建采样列线图并估算 Ni-Cu 矿化的基本采样误差（FSE）。使用采样列线图优化采样协议。

使用附件“练习 9.2.3.a.xls”（附录 1）。

## 9.3 分组-分离误差

本节简要描述了由小尺度分布不均匀性产生的分组-分离误差，反映了在非常小的间隔内采集的碎块（增量）之间目标金属含量的差异。分组-分离误差的例子包括采样装置或传送带排出时，细颗粒与较大的碎块分离（图 9.7a）。另一个可能由分离因素造成误差的例子是较重和较小的颗粒在爆破孔锥底部积聚（图 9.7b），这可能是从脉石中分离出的金颗粒或硫化物矿物。分离也可由采样岩石的不同物理或化学性质引起，包括磁性或静电性质、含水量、黏附性。

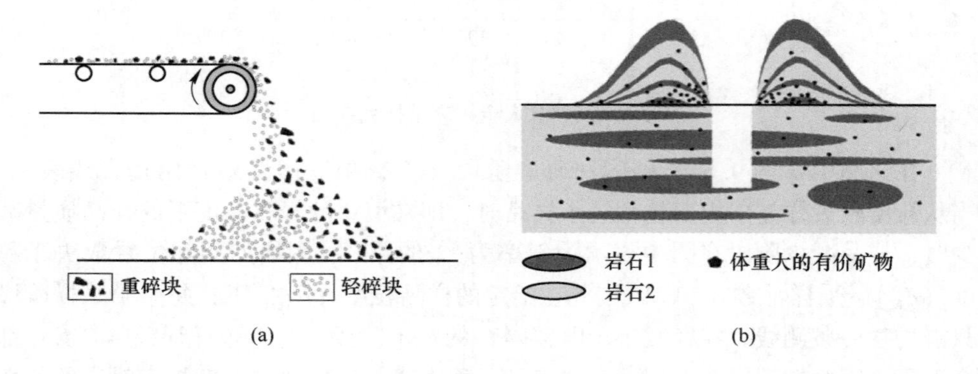


图 9.7 岩石碎块分离示例

（a）从传送带排放时重碎块和轻碎块的分离；

（b）在爆孔锥中由于较小和较重的碎块分离并堆积在锥底造成的碎屑不均匀分布

根据定义，分组-分离误差是关于分组因子 $f_G$ 和分离因子 $f_S$ 两个因素的函数，这两个因子都是岩石粒度小尺度分布不均匀的结果。

$$\sigma_{GS}^2 = f_G f_S \sigma_{FSE}^2 \tag{9.20}$$

实践中，分组因子是指构成样品的粒度增量的大小，分离因子表征粒度的数量。这两个因素都是无量纲的，不能相互分离。

上述定义［式（9.20）］意味着分组分离误差与基本采样误差［式（9.20）］直接相关，因此在这里被指定为第一类误差［式（9.1）］。然而，该误差与基本采样误差不同，因为除了依赖于采样程序外，受基本误差（$\sigma_{FSE}^2$）的值控制，分组分离错误也由于采样规程的非优化操作而发生。例如，在采样之前，样品的均匀性不足会产生分组分离误差。

分组分离误差不能从理论上估计，但在实际应用中，如果能很好地理解引起这种误差的因素，它可以最小化。Pitard 指出，如果提取和制备这样粒度的所有方面都正确进行，那么分组因子可以通过在实际中尽可能多地使用尽可能小的样点来最小化分组因子。这一发现的实际意义是，在样品缩分时，应优先选择更细粒度的样品缩分。当通过随机选择收集碎屑样品时，根据经验，样品应至少增加 30 个样点。同样的道理也适用于旋转分流器的选择。为了最大限度地减少分组分离误差，有必要确保从批次中至少抽取 30 件样品。

分离因素更难最小化，许多从事冲积金矿和重砂矿物研究的地质学家都熟悉这种现象。唯一可用于实际的方法是在采样前使矿化均匀化。但通常是不可能的，或者至少在经济上不可行。在许多情况下，为了使分离系数最小化，需要更换采样设备。例如，公认地从含钛铁矿砂中采集的空气反循环样品通常存在误差，因为影响这些样品的分离因子值很大。为了消除这种误差，需要将空气反循环钻探方法改为更有效的类型，从而最大限度地减少钻孔样品中钛铁矿的偏析。最终，空气反循环技术被声波钻探技术所取代。

当炮孔锥体中存在强烈的分离效应时（图 9. 7b），传统的炮孔取样程序不适用于品位控制。为了尽量减少由分离系数引起的误差，Pitard 建议使用平面图上呈放射状的取样装置。爆破孔取样应在孔周围随机定位取样点个数。

## 9. 4 与采样实践相关的误差

这一类包括采样、提取、制备和称重误差，这些误差是由于从一批样品中不正确的提取样品及其非优化的制备程序而产生的。换言之，这类误差与采样规程没有直接关系，相反，它们与规程的实际操作有关。这句话的含义是，拥有尽可能好的规程并不能保证你的样品是准确的和可重复的，因为这要求规程应该以这样一种实际的方式来实现，消除或者至少最小化与采样实践相关的误差，这些误差在这里被描述为第 2 类误差。这些类型误差的常见例子是实验室样品在制备过程中受到污染。由于不正确的制备程序而导致的样品污染会完全破坏样品的完整性，因此，为了获得尽可能低的基本误差的样品而付出的一切努力都将白费。

当采样批次中并非所有样品都有相同的概率被选入样品时，就会出现采样误差。导致采样误差的最常见来源是对碎料堆的采样，这些样品可以是爆破孔锥(图 9. 8)、地下采场或矿石堆取样点处的破碎矿石。爆破孔岩粉锥底部的样品一般代表性不好，容易出现采样误差从而导致分析结果误差（图 9. 8)。

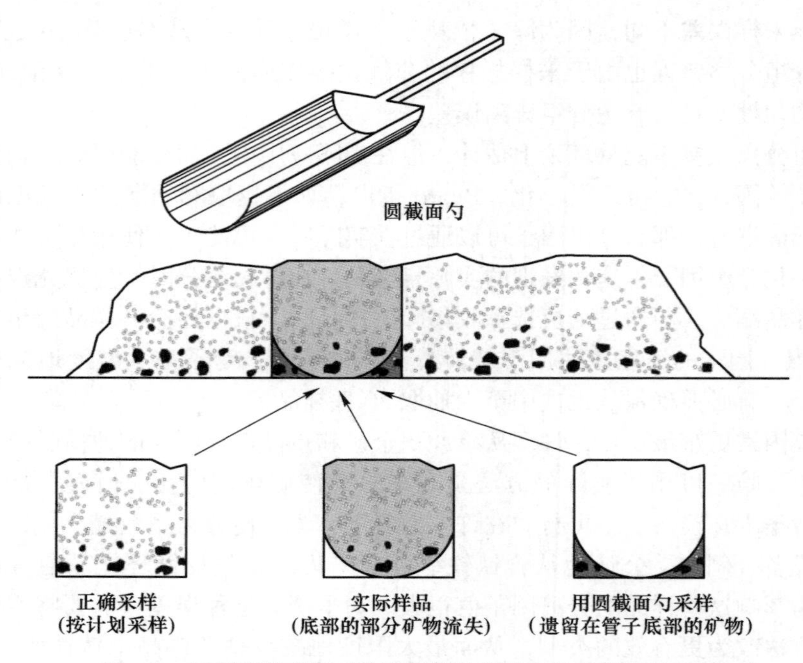


图 9.8　用圆形轮廓勺对炮孔锥体取样引起的采样误差示例

提取误差是采样工具选择性采集碎块的结果，因此这些误差也称为样品收集误差，因为它们是由选择性采样系统引起的。这类误差在地质勘查和矿山地质应用中经常出现。提取误差的一个常见例子是，当钻探含有黏土类豆荚状夹石的硬岩石时，软岩石优先崩落。

在钻孔或样品制备过程中，经常发生岩石的优先损失。特别是，这可能是沿钻杆逸出的散逸微粒的损失。这种误差的另一个例子是从爆破孔样品中冲走砂质和黏土类岩石。用设计不当的螺旋钻对爆破孔岩粉锥进行采样是地质应用中经常发生的另一种采样误差。在所有这些情况下，提取误差都会导致分析结果的明显误差。需要注意的是，拥有正确的设备并不能保证高质量的结果，因为设备的不当使用也会导致严重的采样误差。图 9.9 所示的例子说明了由于不正确地使用在一侧多给样品的分样器而导致的采样误差。这种方法导致碎块分布不匀，较重颗粒在一侧分离。

制备误差是指由于岩石的破碎、研磨、粉碎、混匀、筛分、过滤、干燥、包装和运输而引起的化学或物理特性的变化。这些误差是在样品处理过程中发生的，包括样品污染、优先损失和样品的改变。例如，在炮孔中，部分钻屑落回孔中，这可能是由于制备误差而导致样品误差的一个来源。

称重误差是指由重量计和天平引起的误差。作者观察到这样一个情况：实验室配备了最先进的分析设备，包括机器人 XRF 仪器，而在样品制备阶段，使用

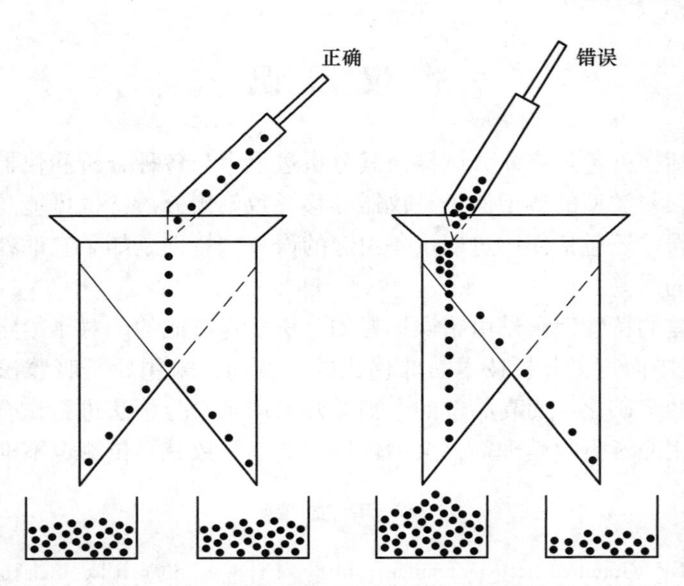


图 9.9 因使用不当而导致的提取误差示例（改编自参考文献［16］）

了非常旧、过时和校准较差的天平，完全抵消了拥有高精度分析仪器的所有优势。

第二类还包括不同类型的人为误差，例如样品编号混乱、转录错误和错误的仪器读数。这些误差，除了故意欺诈的情况外，本质上是偶然的，可以产生极不稳定的值，与真实样品值相比，异常高或低。当出现此类极值时，可以通过散点图上的异常值很容易识别出这些意外类型的人为误差，在散点图中，根据原始样品绘制重复样品（图 9.10）。

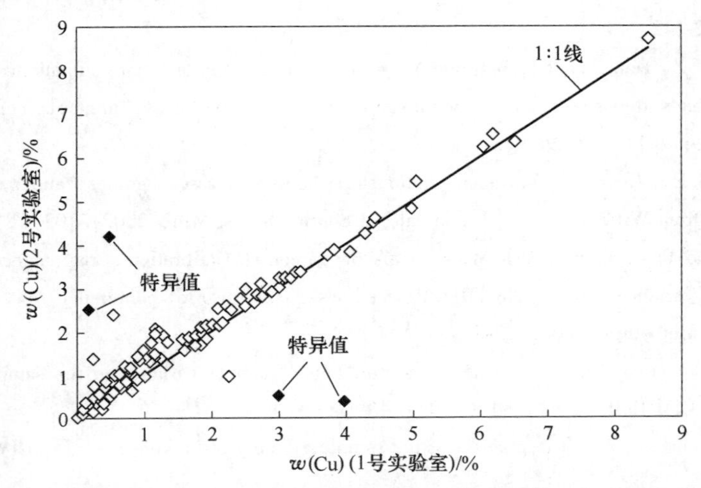


图 9.10 钻探样品及其副样中测定的铜品位散点图［俄罗斯矽卡岩型铜金矿。除几个异常值外，所有数据均沿 1∶1 线紧密分布，表明样品品位具有良好的重复性。一些不稳定的结果（特异值）是由于实验室中样品混合造成的］

## 9.5 仪器误差

该类包括在称量最终缩分试样及其分析过程中与各种分析和仪器测量相关的误差。这些误差类型的典型例子是仪器漂移导致偏倚分析，也可能是仪器校准不正确。仪器误差还包括使用过期设备引起的误差，特别是如果它的特征是较差的最低检出限的误差。

仪器误差的特殊情况是由错误选择的分析技术造成的。对于给定的矿化类型和/或品位范围而言，分析技术是非优化的，例如，采用原子吸收法的火试金法用于低品位的金矿化，而高品位的金则最好采用重量分析法进行试金。在高品位金样品上使用原子吸收整理剂，会因仪器误差而导致其品位测定不准确。

### 参 考 文 献

[1] Abzalov M Z. Granitoid hosted Zarmitan gold deposit, Tian Shan belt, Uzbekistan [J]. Econ Geol, 2007, 102 (3): 519-532.

[2] Abzalov M Z. Use of twinned drill-holes in mineral resource estimation [J]. Exp Min Geol J, 2009, 18 (1/2/3/4): 13-23.

[3] Abzalov M Z, Humphreys M. Resource estimationof structurally complex and discontinuous mineralization using non-linear geostatistics: case study of a mesothermal gold deposit in northern Canada [J]. Exp Min Geol J, 2002, 11 (1/2/3/4): 19-29.

[4] Abzalov M Z, Menzel B, Wlasenko M, et al. Optimisation of the grade control procedures at the Yandi iron-ore mine, Western Australia: geostatistical approach [J]. App Earth Sci, 2010, 119 (3): 132-142.

[5] Abzalov M Z, Dumouchel J, Bourque Y, et al. Drilling techniques for estimation resources of the mineral sands deposits [C]// AusIMM. Proceedings of the heavy minerals conference 2011. Melbourne, 2011: 27-39.

[6] Bartlett H E, Viljoen R. Variance relationships between masses, grades, and particle sizes for gold ores from Witwatersrand [J]. Metall, J South Afr Inst Min, 2002, 102 (8): 491-500.

[7] De Castilho M V, Mazzoni P K M, Francois-Bongarcon D. Calibration of parameters for estimating sampling variance [C]//AusIMM. Proceedings-second world conference on sampling and blending. Melbourne, 2005: 3-8.

[8] Francois-Bongarcon D. Geostatistical determination of sample variance in the sampling of broken ore [J]. CIM Bull, 1991, 84 (950): 46-57.

[9] Francois-Bongarcon D. The practise of the sampling theory of broken ore [J]. CIM Bull, 1993, 86 (970): 75-81.

[10] Francois-Bongarcon D. Error variance information from paired data: application to sampling theory [J]. Exp Min Geol J, 1998, 7 (1/2): 161-165.

[11] Francois-Bongarcon D. Modelling of the liberation factor and its calibration [C]// AusIMM. Proceedings second world conference on sampling and blending. Melbourne, 2005: 11-13.

[12] Francois-Bongarcon D, Gy P. The most common error in applying 'Gy's formula' in the theory of mineral sampling, and the history of the liberation factor [C]// AusIMM. Edwards A Mineral resources and ore reserve estimation-the AusIMM guide to good practise. Melbourne, 2001: 67-72.

[13] Gy P. Sampling of particulate materials, theory and practice. Developments in Geomathematics 4 [M]. Amsterdam: Elsevier, 1979: 431.

[14] Minkkinen P, Paakkunainen M. Direct estimation of sampling variance from time series measurements-comparison to variographic analysis [C]// AusIMM. Proceedings-second world conference on sampling and blending. Melbourne, 2005: 39-44.

[15] Minnitt R C A, Rice P M, Spangenberg C. Part 2: Experimental calibration of sampling parameters K and alfa for Gy's formula by the sampling tree method [J]. J South Afr Min Metall, 2007, 107: 513-518.

[16] Pitard F F. Pierre Gy's sampling theory and sampling practise [M]. 2nd edn. New York, CRC Press, 1993: 488.

[17] Pitard F F. Sampling correctness-comprehensive guidelines [C]// AusIMM. Proceedings-second world conference on sampling and blending. Melbourne, 2005: 55-66.

[18] Sketchley D A. Gold deposits: establishing sampling protocols and monitoring quality control [J]. Exp Min Geol, 1998, 7 (1/2): 129-138.

# 10 质量保证与控制（QA/QC）

**摘要**：本章详细回顾了在采矿业中，为保证样品的质量及其评价矿床的适宜性的现代原则和技术。这项技术传统上被称为质量保证质量控制体系，缩写为QA/QC。一般来说，质量保证与质量控制程序包括监测分析结果的准确性和精确性、控制样品的污染、及时发现样品的错误和认识错误的来源。

**关键词**：QA/QC；精确性；准确性；标准；采样方案；CV%

## 10.1 准确度控制

本节概述了在现代矿山中用于确保样品准确性的方法，甄别样品误差的标准，以及误差产生的原因。特别强调用于量化样品准确性的常用统计技术。

样品的准确性通常是通过将已知品位的样品纳入被测样品中来监测。具有预先已知品位的样品称为标准样品或简称标准样。它们可以从商业实验室获得，这些实验室严格按照适当的程序和测定标准，并对结果进行统计认证。最佳做法是从与研究矿化域的矿物相似的矿石中制备标准样，这些被称为矩阵匹配标准样。

通过插入空白样品来控制可能的污染。空白样是指待测金属的品位低得可以忽略的样品，通常低于给定实验室的检出限，用贫瘠的石英制取空白样品是一种常见的做法。

标准样和空白样称为参考样，用于检测可能的样品误差和量化误差大小。Leaver 等人建议将标准样定义为具有一种或几种特性的物质，这种物质足以校准化学分析仪或验证测量过程。发布和认证机构提供的参考样，称为认证参考样（CRM），如加拿大矿产和能源技术中心（CANMET），国家标准与技术研究所和其他政府机构、国际公认的有技术能力的机构提供的参考样。

单靠标准样品无法识别在样品制备的不同阶段引入的误差。控制样品准确性的另一种方法是在具有独立审核权力的外部实验室中对重复样品进行分析。这种技术的优点在于它可以检测在样品制备阶段引入的误差，而这些误差通常是无法用参考样品识别的。在信誉良好的外部实验室中进行至少5%的重复分析，包括细副样、重复样和粗副样，是一种良好的做法。

### 10.1.1 评价标准样品性能的统计检验

实验室分析的准确性主要是通过统计检验来评估的，这种检验主要是基于认证标准的重复样分析的算术平均值与其认证的平均值的比较。这种测定准确性的统计检验应该得到对标准样品重复分析标准差估计的支持，因为标准样品测定的精度差（即 $S_W$）过大可能会妨碍分析误差检测的可靠性。标准样品重复性的统计检验可基于在一个实验室对已认证标准的重复测定，或相反地，基于实验室间（循环）分析。

10.1.1.1 对单个实验室认证标准样重复分析估算精度

最常见的情况是在一批样品中包含一个或几个经认证的标准样品，并在同一实验室中一起进行分析。在这种情况下，当对给定的标准样品进行多次重复分析可用时，使用式（10.1）统计检验评估分析的准确性。如果这个条件被满足，分析结果的精度被认为是可接受的。

$$|m - \mu| \leqslant 2\sqrt{\sigma_L^2 + \frac{S_W^2}{n}} \tag{10.1}$$

式中 $m$——测定批次中标准样品重复分析的算术平均值；

$\mu$——标准样品认证的平均值；

$\sigma_L$——标准样品认证的实验室之间的标准差；

$S_W$——测定批次中标准样品重复分析的实验室内标准误差估计；

$n$——测定批次中对给定的认证标准进行重复分析的次数。

式（10.1）可以简化为一般的经验关系，$\sigma_L \approx 2S_W$。因此，对于 $n>10$，上述条件［式（10.1）］可简化为：

$$|m - \mu| \leqslant 2\sigma_L \tag{10.2}$$

标准样品的实验室间标准差（$\sigma_L$）的认证值并不总是可用的，如果是这种情况，精度接受的条件可以进一步简化：

$$|m - \mu| \leqslant 4S_W \tag{10.3}$$

**练习 10.1.1.a** 一个经过认证的铁矿标准样被用来评估实验室中使用的分析方法的准确性。认证的标准样品的特性如下：

认证的标准平均值 $\mu$(Fe) = 60.73%；

认证的实验室内部标准差 $\sigma_c$(Fe) = 0.09%；

实验室间认证标准差 $\sigma_L$(Fe) = 0.20%。

该认证标准样品已纳入单个检测批次并分析了 10 次。得到的结果为：60.94%、60.99%、61.04%、61.06%、61.06%、61.09%、61.10%、61.14%、61.21%、61.24%。

根据这些结果，可以认为给出的方法是准确的，符合要求。

给定认证标准的重复分析的算术平均值（$m$）为 61.09%，估计标准差

($S_W$) 为 0.092%。

将这些值代入式 (10.3)，得到以下结果：

$$|61.09\% - 60.73\%| = 0.36\% \leqslant (0.092\% \times 4 = 0.368\%)$$

结果表明，该分析方法是准确的 (无偏的)。

10.1.1.2　通过不同实验室的认证标准进行重复分析来估计准确性

勘探样品在几个 (如 $p$ 个) 不同的实验室进行分析时，可以使用统计条件检验分析结果的总体准确性 [式 (10.4)]：

$$|m - \mu| \leqslant 2\sqrt{\frac{S_{LM}^2 + \frac{S_W^2}{k}}{p}} \tag{10.4}$$

式中　$\mu$——给定标准样品的认证平均值；

$m$——该批分析中此认证标准样品重复分析的算术平均值；

$S_W$——同一实验室，标准样品重复分析的标准差；

$S_{LM}$——多个实验室，标准样品重复分析的标准差；

$k$——认证标准的重复分析样品总数 ($n$) 与参与循环试验的实验室数 ($p$) 的比值，$k = \frac{n}{p}$。

**练习 10.1.1.b**　采用循环分析方法，用铁矿石的认证标准来评估实验室内部的精确性。经认证的标准样品的特性如下：

认证的标准平均值 $\mu(Fe) = 60.73\%$；

认证的实验室内部标准差 $\sigma_c(Fe) = 0.09\%$；

认证的实验室间标准差 $\sigma_L(Fe) = 0.20\%$。

在 34 个实验室 ($p = 34$) 进行了循环试验，对标准样品进行了 110 次分析 ($n = 110$)。分析总数与参与实验室数之比为 $k = \frac{110}{34} = 3.24$。循环测试结果如下：

估计的标准平均值 $m(Fe) = 60.71\%$；

估计的实验室内部标准差 $S_W(Fe) = 0.10\%$；

估计的实验室间标准差 $S_{LM}(Fe) = 0.06\%$。

将对应的值代入式 (10.4)，得到：

$$|m - \mu| = |60.71\% - 60.73\%| = 0.020\%$$

$$2\sqrt{\frac{S_{LM}^2 + \frac{S_W^2}{k}}{p}} = 2\sqrt{\frac{0.06\%^2 + \frac{0.10\%^2}{3.24}}{34}} = 2 \times 0.014\% = 0.028\%$$

$$|m-\mu| = 0.020\% \leqslant 2\sqrt{\frac{S_{LM}^2 + \frac{S_W^2}{k}}{p}} = 0.028\%$$

结果表明，该分析方法是准确的（无偏的）。

10.1.1.3 认证标准单次测定的估计精度

通过对认证的标准样的重复检测，可能不能在单个分析批次中完成，单个分析批次通常只能包含一个标准样品。当无认证标准的重复测定时，上述统计检验公式［式（10.1）~式（10.4）］不适用。在这种情况下，当需要使用认证标准的单一值（$X$）来决定分析准确性时，常用的统计检验方法如下：

$$|X-\mu| \leqslant 2\sigma_c \tag{10.5}$$

式中 $X$——认证的标准测定值；

$\sigma_c$——认证的实验室内部标准差；

$\mu$——认证的给定标准样品的平均值。

10.1.1.4 单实验室情况下，实验室分析的精确性

在同一个实验室对一个认证标准进行多次分析是最常见的情况，这些数据可用于实验室分析精确性的估计。如果本实验室对认证标准样进行的重复分析结果满足统计检验［式（10.6）］，则分析精度是可接受的：

$$(S_W/\sigma_c)^2 \leqslant \frac{\chi^2_{(n-1);\ 0.95}}{n-1} \tag{10.6}$$

式中 $S_W$——标准样品重复分析的标准差；

$\sigma_c$——标准样品实验室内部的标准差；

$\chi^2_{(n-1);\ 0.95}$——在（$n-1$）的自由度时（$\chi^2$）分布的0.95分位数（$\alpha=0.05$）的临界值，$n$为重复分析次数。

在实践中，至少有三次对认证标准的重复分析可用于此测试。

**练习10.1.1.c** 一种经认证的铁矿石标准被用于评估在研究实验室中使用的分析方法的精度。标准样品的认证特性如下：

认证的标准平均值$\mu(\text{Fe})=60.73\%$；

认证的实验室内部标准差$\sigma_c(\text{Fe})=0.09\%$。

这个标准样品已被分析了10次。这些重复分析铁的估计标准差（$S_W$）为0.092%。将这些值代入统计式（10.6）可得：

$$(S_W/\sigma_c)^2 = \frac{0.092\%^2}{0.09\%^2} = 1.04$$

$$\frac{\chi^2_{(n-1);\ 0.95}}{n-1} = \frac{\chi^2_{9;\ 0.95}}{9} = 1.88$$

方差的经验比率 $(S_W/\sigma_c)^2$ 小于相应的表值 $\frac{\chi^2_{(n-1);\ 0.95}}{n-1}$，测试结果证实了该方法的分析精度在统计学上是有效的。

10.1.1.5 对经认证的标准样品进行循环分析，评估分析精度

当同一经认证的标准样品，在几个不同的实验室进行分析（循环试验）时，可以使用式（10.7）估计实验室内分析的精度。

$$(S_W/\sigma_c)^2 \leqslant \frac{\chi^2_{p(k-1);\ 0.95}}{p(k-1)} \tag{10.7}$$

式中 $S_W$——标准样品重复分析的标准差；

$\sigma_c$——标准样品实验室内部分析的标准差；

$k$——样品重复分析总数（$n$）与参与循环试验的若干实验室（$p$）的比率，$k = \frac{n}{p}$；

$\chi^2_{p(k-1);\ 0.95}$——在 $p(k-1)$ 自由度时（$\chi^2$）分布的 0.95 分位数（$\alpha = 0.05$）的临界值。

**练习 10.1.1.d** 采用循环分析方法，用铁矿石的认证标准来评估实验室的精度。经认证的标准样品的特性如下：

认证的标准平均值 $\mu(\text{Fe}) = 60.73\%$；

认证的实验室内部标准差 $\sigma_c(\text{Fe}) = 0.09\%$；

认证的实验室间标准差 $\sigma_L(\text{Fe}) = 0.20\%$。

采用 34 个实验室（$p=34$）进行了循环式检验，获得了标准样品的 110 个分析结果（$n=110$）。分析总数与参与实验室数之比为 $k=110/34=3.24$。

循环分析返回了以下值：

估计的标准平均值 $m(\text{Fe}) = 60.67\%$；

估计的实验室内部标准差 $S_W(\text{Fe}) = 0.10\%$；

估计的实验室间标准差 $S_{LM}(\text{Fe}) = 0.06\%$。

将相应的值代入式（10.7），得到：

$$(S_W/\sigma_c)^2 = (0.10\%/0.09\%)^2 = 1.23$$

$$\frac{\chi^2_{(n-1);\ 0.95}}{p(k-1)} = \frac{\chi^2_{76;\ 0.95}}{76} = 1.28$$

换句话说，方差 $(S_W/\sigma_c)^2$ 的经验比值小于它们对应的表值 $\frac{\chi^2_{(n-1);\ 0.95}}{p(k-1)}$，表示所应用的方法符合要求的精度。

10.1.1.6　实验室间的精度

利用式（10.8）可以间接地评价各实验室之间的精度。如果这个等式成立，则认为精度令人满意。

$$\frac{S_W^2 + kS_{LM}^2}{\sigma_c^2 + \sigma_L^2} \leqslant \frac{\chi^2_{(p-1);\ 0.95}}{p-1} \tag{10.8}$$

式中　$\sigma_c$——认证的标准样品的实验室内部标准差；

$\sigma_L$——认证的标准样品的实验室间标准差；

$S_W$——估计的标准样品重复分析的标准差；

$S_{LM}$——估计的标准样品重复分析的实验室间标准差；

$k$——认证标准的重复分析总数（$n$）与参与循环试验的若干实验室（$p$）的比率，$k=\frac{n}{p}$；

$\chi^2_{(p-1);\ 0.95}$——在 $p-1$ 自由度时 $\chi^2$ 分布 0.95 分位数（$\alpha = 0.05$）的临界值。

**练习 10.1.1.e**　与练习 10.1.1 中描述的循环分析结果相同，可用于实验室间分析方法精确性的评估。在这种情况下，使用统计检验式（10.8）评估实验室间的精度。将验证的参数和循环分析结果代入该等式：

$$\frac{S_W^2 + kS_{LM}^2}{\sigma_c^2 + \delta_L^2} = \frac{0.10\%^2 + 3.24 \times 0.06\%^2}{0.09\%^2 + 3.24 \times 0.20\%^2} = 0.1573$$

$$\frac{\chi^2_{(p-1);\ 0.95}}{p-1} = \frac{\chi^2_{33;\ 0.95}}{33} = 1$$

经验证，方差比小于相应的表值，表明分析方法是精确的，与标准认证中使用的方法一样精确。

### 10.1.2　利用重复样评估数据偏差的统计检验

分析数据中的偏差可以通过在信誉良好的外部实验室中分析的重复样品来估计：

$$\overline{\Delta_{RE}}(\%) = 100 \times \frac{\left[\sum_i^N (a_i - b_i)\right]/N}{m_a} \tag{10.9}$$

式中 $\overline{\Delta_{RE}}(\%)$——误差值归一化为原始样品分析值的平均值并以百分比表示,%;

$a_i$——在第一个实验室化验的原样品分析值;

$b_i$——在信誉良好的外部实验室分析的重复样品分析值;

$m_a$——原始样品分析的平均值;

$N$——重复样品数。

Eremeev 等人建议使用式（10.9）估计检测误差的统计显著性。所提出的方法是基于实验计算的 $t$ 试验值（$t_{EXP}$）与相应的理论值 $t$ 的比较。$t_{(p-1);\ 0.95}$ 由给定自由度（$p-1$）和置信区间（$\alpha = 0.95$）确定。如果式（10.10）是正确的，误差在统计学上不显著。

$$t_{EXP} \leqslant \frac{t_{(p-1);\ 0.95}}{N-1} \tag{10.10}$$

$$t_{EXP} = \frac{|\Delta_{AVR}|\sqrt{N}}{\sqrt{\sum_{i}^{N}(a_i - b_i - \Delta_{AVR})^2/(N-1)}}$$

式中 $\Delta_{AVR}$——绝对偏差为原始和重复样品测定的差值的平均值，$\Delta_{AVR} = \sum_{i}^{N}(a_i - b_i)/N$;

$t_{(p-1);\ 0.95}$——($p-1$) 自由度下（$t$）分布的 0.95 分位数（$\alpha = 0.05$）的临界值。

### 10.1.3 甄别图：模式识别法

模式识别法基于这样一个事实，即特定类型的分析问题在特定类型的图上具有可识别的模式。分析结果的不同分布模式表明了误差的来源和类型。

模式识别技术应用于认证标准时最为有效。已认证标准的测定值按批次/时间绘制在图上（图 10.1）。良好的质量分析的特征是数据点在这个图表上的认证平均值周围的随机分布（图 10.1a），95% 的数据点将位于平均值的两个标准偏差内，只有 5% 的测定值可以位于距离平均值两个标准偏差的区间之外。重要的是，在均值之上和之下应该有相同数量的样品。

在某些情况下，标准样品的品位与其认证值有显著差异（图 10.1b）。这些异常值的存在极可能表明数据转录错误。此特性并不意味着数据偏移，但表明数据管理不良，数据库中可能存在随机错误。

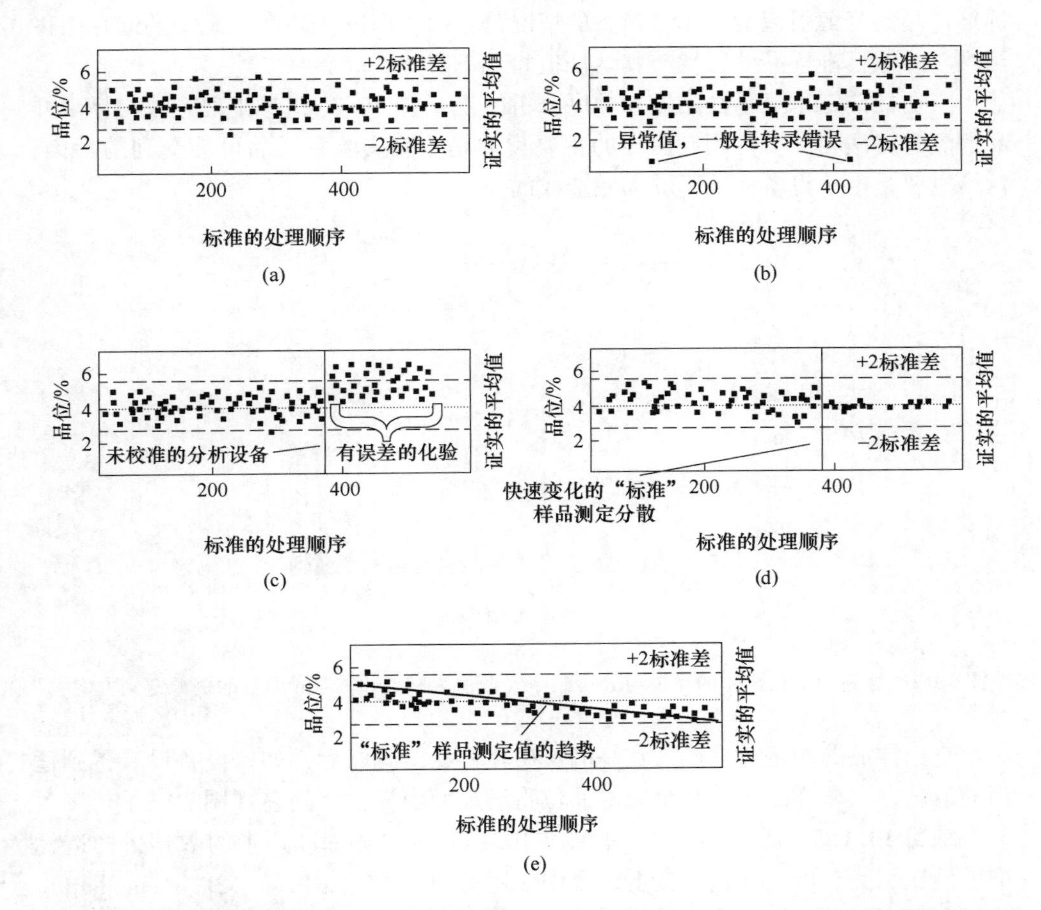


图 10.1 质量控制模式识别方法示意图（转载自参考文献［4］，经加拿大矿业冶金石油研究所许可）

（a）数据准确，标准值分布统计有效；（b）存在转录错误的异常值；（c）误差较大的化验结果；（d）数据变异性迅速减少，表明可能发生数据篡改；（e）测定标准值的漂移

通过标准样品测定的一致偏移，数据误差很容易被识别（图 10.1c）。这通常是由于设备校准失败或实验室中分析程序的改变造成的。

较少见的分布模式是当标准样品品位的弥散度迅速下降时（图 10.1d）。这种标准可变性的降低通常被解释为数据被篡改的迹象。

准确分析的特点是缺乏系统的品位数据的趋势和顺序分析图表。可以通过标准测定值的系统增加或减少来识别趋势（图 10.1e）。识别可能趋势另一个常用的标准是当 2 个连续的点在 2 个标准差之外，或 4 个连续的点在 1 个标准差之外的这种分布。

所测标准值的系统漂移通常表示可能的仪器系统误差。另外，它也可能是由标准样品的降解引起的。作者熟悉的情况是：由于标准样品在大罐中的储存条件不当，导致标准样品的特性与其认证值相比下降。

空白样测定也显示在品位和顺序分析图上（图 10.2），其排列方式与标准样品的测定方法相同。使用空白样的主要目的是监测实验室样品可能受到的污染，污染主要是由于设备清洗不够彻底造成的。

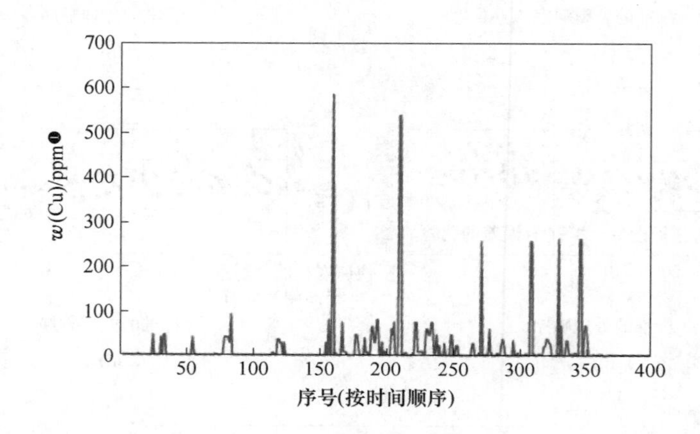


图 10.2　绘制的空白样品的品位与分析顺序（西澳大利亚州 Ni-Cu 项目的资源定义方案）

空白样品的测定通常插入在高品位矿化样品检测之后，如果设备没有得到适当的清洗，空白样品中待测金属的品位将增加而容易检测到它（图 10.2）。

**练习 10.1.3**　使用 excel 文件练习 10.1.3.xls（附录 1）中的数据，构造标准示例甄别图。该文件包含在本练习中使用的内置 Visual Basic 文件（standard）。使用来自项目的数据宏代码（练习 10.1.3.xls），说明对所得结果的解释。

## 10.2　精 度 控 制

通过对样品的匹配来监测样品的精度。用相似的方式处理成对的样品，以允许进行比较分析。样品测定值与重复样品之间的差异是由样品制备和测定的误差引起的。误差精度是从匹配数据对之间的差异推导出来的，通常表示为检验值的方差归一化到对应数据对的平均值。

---

❶　本书中，1 ppm = $1\times10^{3}$ ppb = $1\times10^{6}$ ppt = 1 mg/kg = 1 mg/L = $1\times10^{-6}$，表示金属元素的质量分数。——译者注

### 10.2.1　数据对匹配

重复样品是最常见的匹配数据对类型。重复样品是指在同一地点按照采集初始（原始）样品的规则采集的另一件样品。这是矿山行业中用于监测样品精度的主要方法。在实践中，重复样品可以是从同一爆破孔锥或另一半岩芯中采集的第二件样品，也可以是在取样过程的特定阶段收集的重复样品，如破碎后的粗副样使用适当的样品分离装置缩分，或从同一破碎细副样中二次采集的副样。当采样方案包括在破碎阶段再采重复样品时，在每个再采样阶段都进行重复采样是一种良好的做法。

重复样品的制备和分析应与原样品相同。重复样品可与原样品在同一实验室进行分析，也可送往不同实验室进行实验室间控制。当重复样品在原样品进行分析的同一实验室进行分析时，可以用结果的变化估计在采样方案的特定阶段（由给定的重复样品表示）产生的误差精度。当重复样品在不同的化验室进行处理时，一般的做法是选择国际认可的经审核及认证的化验室。在这种情况下，重复样品的实验室间分析可以来评估被测实验室中所测样品的精确性和准确性。

另一种匹配数据对是双孔。该技术不是一种精确控制方法，主要用于验证以往的钻探结果。这将在本书的下一章单独加以说明。

### 10.2.2　重复样品的处理和解释

通过对数据点与 $y=x$ 线的误差进行修正，评估数据点的散点，从而量化成对数据的误差精度。从成对数据中估计误差精度有不同的方法。最常用的方法是基于取样、分析误差和被测金属品位之间的线性关系的假设。Francois-Bongarcon，将这一原理扩展到二次模型所描述的更复杂的关系中。拟合的平均线（RMA）是一种特殊类型的线性模型。当不同的成对数据集显示系统差异（误差），这项技术适用于线性情况。Pitard 提出了一种特殊的甄别图，即相对差值图（relative difference plot，RDP），可以用于详细分析数据精度差或样品偏移的原因。Abzalov 对所有这些方法进行了回顾，并将其应用于生产矿山和采矿项目中收集的相同的重复样品对。

10.2.2.1　Thompson-Howarth 的方法

这种方法是在 20 世纪 70 年代早期发展起来的，从那时起成为采矿行业中用于重复数据分析的一种流行技术。

假设精度误差为正态分布，用重复数据标准差（$S_C$）表示的样品精度的变化可以表示为样品品位（$C$）和零品位下的标准差（$S_0$）的线性函数［式(10.11)］。

$$S_C = S_0 + KC \tag{10.11}$$

在给定品位（$C$）下的相对精度（$P_C$）可以用代表在一个标准差置信水平上的精度的式（10.12）来确定。

$$P_C = S_C / C \tag{10.12}$$

选择一个标准差置信水平上的精度与下面讨论的其他精度估计的是一致的。

用式（10.11）中给出的定义将 $S_C$ 代入式（10.12）中，再乘以100，以百分比表示相对精度误差，得到最终式（10.13）。

$$P_C = 100[(S_0/C) + K] \tag{10.13}$$

式中　$P_C$ ——品位为 $C$ 时的精度；

$S_0$ ——品位的标准差；

$K$——在品位远高于检测极限时的 $K$ 精度（渐近精度）。

对式（10.13）进行修改，当精度（$P_C$）等于1（即在两个标准差的置信水平下100%变化），得到式（10.14），该表达式允许确定实际检出限（$C_d$）。

$$C_d = 2S_0/(1 - 2K) \tag{10.14}$$

式中　$C_d$ ——实际检出限，定义为在两个标准差置信水平下，精度（$P_C$）等于1的品位。实验室检出限通常低于实际检出限，包括采样误差和分析误差。

可以从现有数据对中，经验计算出参数 $S_C$ 和 $K$，然后在式（10.13）中用于量化样品精度。有两种方法用于计算参数 $S_0$ 和 $K$。

当有50件或更多重复样结果可用时，第一种方法已经被提出。本例中 $S_0$ 和 $K$ 参数的计算过程如下：

使用数据对（$a_i$）和（$b_i$）（$i$=1，2，…，$N$）（$N$>50）的平均值，计算 $|a_i - b_i|/2$ 和它们的绝对差 $|a_i - b_i|$。

所有数据按其平均品位递增顺序排序。

数据对根据11个结果分组进行细分，最后一组（如果它包含的记录少于11条）应该被忽略。

对每组数据计算均值对的平均值和绝对误差的中值。

绘制中值作为组均值的函数，并与实验点拟合回归线（图10.3）。

参数 $S_0$ 和 $K$ 由图10.3导出。回归线的斜率表示 $K$ 参数，$S_0$ 等于回归函数在0均值处的值。实践表明，将回归线拟合到如此少的点通常会导致特殊的甚至不可能的结果。例如，$Y$ 轴的负截距。

第二种方法是在重复样品数量不足的情况下对 $S_0$ 和 $K$ 参数进行可靠估计。通常情况下，可用数据对的数量为从10到50不等。

这是图解法，包括构造精度控制图（图10.4）。此图的构造从式（10.11）中的精度参数的规范开始。使用所选择的规范，使用式（10.15）和式（10.16）计算 $d_{90}$ 和 $d_{99}$ 值。

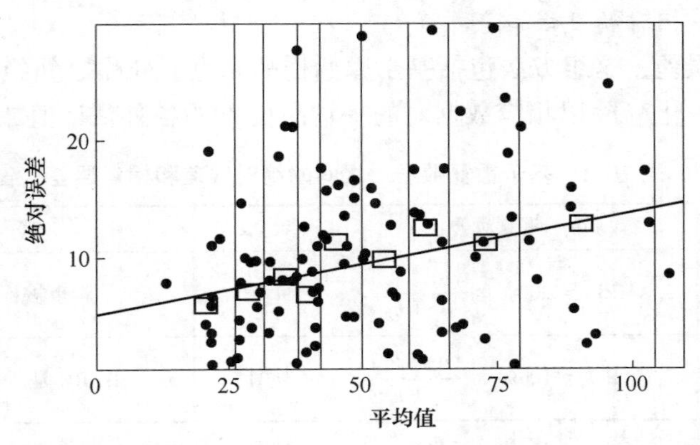


图 10.3　可用数据对为 50 对时，应用数据对的绝对误差与平均值（竖线分隔 11 条记录的组，空方格表示每组 11 条记录计算的实验点。$X$ 值对应于对均值的平均值，$Y$ 值对应于组中数据对的绝对差的中值。粗实线是拟合到实验点的回归线）

$$d_{90} = 2.326(S_0 + KC) \quad (10.15)$$

$$d_{99} = 3.643(S_0 + KC) \quad (10.16)$$

$d_{90}$ 和 $d_{99}$ 被绘制在精度控制图（图 10.4）样品品位的实际范围上。计算的 $d_{90}$ 和 $d_{99}$ 函数表示重复数据之间绝对差异的第 90 和第 99 百分位数。假设误差呈正态分布，这些差异表示为样品品位的函数。

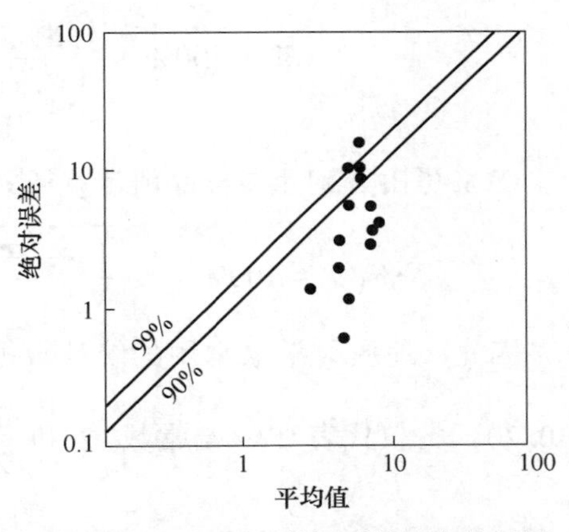


图 10.4　小于 50 对数据时的精度控制图

Thompson 和 Howarth 建议将 10% 的精度作为常规地球化学研究的默认值。在本例中，$d_{90}$ 和 $d_{99}$ 百分位线是为 $S_C = 0.05C$ 规范计算的。

下一步是使用可用的数据对 $a_i$ 和 $b_i$（$i=1, 2, \cdots, N$）计算数据对的平均值 $(a_i + b_i)/2$ 和它们的绝对差 $|a_i - b_i|$。将这些计算值绘制在精度控制图上，如果 90% 的数据点在 $d_{90}$ 线以下，99% 在 $d_{99}$ 线以下，则重复数据的精度符合规范。

在实践中，使用 Thompson-Howarth 方法来量化精度之前，应该先构建一个传统的散点图，绘制重复样品品位与其原始值的对比图。这张图应该研究可能的特征，如数据误差、精度误差的非线性分布和不同统计亚群的存在。所有这些因素都影响了 Thompson-Howarth 技术的应用。

**练习 10.2.2.a**　用 Thompson-Howarth 方法估计样品精度。这个练习的数据在附录中的 Excel 文件练习 10.2.2.a.xls（附录 1）中给出，该文件包含用于这个练习的内置 Visual Basic 文件（TH-1 和 TH-2）。

10.2.2.2 相对精度误差

相对精度误差，这组方法包括基于原始样品和重复样品之间绝对差的计算和对它们进行归一化（除以相应数据对的平均品位）的各种估计值如表10.1所示。

**表10.1 基于重复数据对之间的绝对误差和相对误差**

| 误差估计的名称 | 单一重复对公式 | 参考文献 | 备 注 |
|---|---|---|---|
| AMPD | $\text{AMPD} = 200\% \times \frac{\lvert a_i - b_i \rvert}{a_i + b_i}$ | [16] | 该估计量也被称为MPD或ARD |
| HARD | $\text{HARD} = 100\% \times \frac{\lvert a_i - b_i \rvert}{a_i + b_i}$ | [31] | HARD是AMPD的一半 |

Stanley表明，成对数据之间的绝对差与标准差呈正比（$|a_i - b_i| = \sqrt{2} \times$标准差），因此可以表示成数据对之间的绝对差与平均值之比，与变化系数（CV%[1]）呈正比［式（10.17）］。

$$\text{CV\%} = 100\% \times \frac{\text{标准差}}{\text{平均值}} = 100\% \times \frac{|a_i - b_i| / \sqrt{2}}{\frac{a_i + b_i}{2}} \tag{10.17}$$

CV%可由$N$对重复样品值计算［式（10.18）］。

$$\text{CV\%}_{\text{AVR}} = 100\% \times \sqrt{\frac{1}{N}\sum_{i=1}^{N}\frac{\sigma_i^2}{m_i^2}} = 100\% \times \sqrt{\frac{2}{N}\sum_{i=1}^{N}\frac{(a_i - b_i)^2}{(a_i + b_i)^2}} \tag{10.18}$$

因此，地质科学家常用的统计数据如AMPD［式（10.19）］和HARD［式（10.20）］，仅代表CV%与常数$\sqrt{2}$和$\frac{\sqrt{2}}{2}$的乘积。

$$\text{AMPD} = 100\% \times \frac{|a_i - b_i|}{(a_i + b_i)/2} = \sqrt{2} \times \text{CV\%} \tag{10.19}$$

$$\text{HARD} = 100\% \times \frac{|a_i - b_i|}{a_i + b_i} = \frac{\sqrt{2}}{2} \times \text{CV\%} \tag{10.20}$$

Stanley和Lawie正确地指出，使用AMPD和HARD等与变异系数呈正比的统计数据并不能提供比变异系数本身更多的信息。

10.2.2.3 重复样品分析的地质统计学方法

估计分析数据精度的其他方法包括计算空间相关性的各种地质统计度量，特别是变异函数的不同变化。Garrett建议通过对数正态变换分析值，然后应用对数

---

[1] 为了与其他统计的一致性，变化系数（CV）（标准差除以平均值）用百分数表示（CV%）。——编者注

正态变异函数公式（10.21）来计算原始样品和重复样品之间的方差。这种方法在实践中没有得到应用。

$$\sigma_{GAR}^2 = \frac{1}{2N}\sum_i^N (\ln a_i - \ln b_i)^2 \tag{10.21}$$

苏联 Eremeev 等提出的方法是基于按品位分组的数据，并分别计算每个品位的精度误差（$S_R$%）。为了获得可靠的样品精度估计，建议对每个品位类别分析至少 30 对数据。在不同实验室对样品进行分析的情况下，对每个实验室用数据分组进行单独分析。

精度误差（$S_R$%）在每个品位类别内计算为重复数据的标准差与给定品位类别内所有数据的平均值的比值［式（10.22）］。

$$S_R\% = 100\% \times \frac{S}{C} = 100\% \times \frac{\sqrt{\sum_i^N (a_i - b_i)^2/(2N)}}{\left(\sum_i^N a_i + \sum_i^N b_i\right)/(2N)} \tag{10.22}$$

式中 $N$——样品对的个数；

$a_i$——第一件样品；

$b_i$——第 $i$ 件样品对的重复样品。

值得注意的是，式（10.22）是应用于重复样品的相对方差的平方根[1]，并以百分比表示。

F. Pitard 建议，使用式（10.23）计算数据 $a_i$ 和 $b_i$ 对匹配的相对方差（$\sigma_{FP}^2$）。

$$\sigma_{FP}^2 = \frac{1}{2N}\sum_i^N \left(\frac{a_i - b_i}{\frac{a_i + b_i}{2}}\right)^2 = \frac{2}{N}\sum_i^N \left(\frac{a_i - b_i}{a_i + b_i}\right)^2 \tag{10.23}$$

式（10.23）在地质统计学中称为成对的相对变异函数[2]，它对于统计分布高度偏移的变量和出现异常值时特别有用。

将相对方差的平方根乘 100%，以标准差［式（10.24）］下的百分比表示精

---

[1] 传统公式的相关变异函数为：$\gamma_R(\boldsymbol{h}) = \frac{1}{2N}\sum_i^N \frac{[Z(x_i) - Z(x_i + h)]^2}{m^2}$，式中，$Z(x)$ 为变量 $Z$ 在位置 $x$ 处的值；$\boldsymbol{h}$ 为 $Z(x)$ 到 $Z(x_i+h)$ 的向量；$m$ 为 $Z(x)$ 的均值。——编者注

[2] 传统公式两两相对变异函数：$\gamma_{PWR}(\boldsymbol{h}) = \frac{1}{2N}\sum_{i=1}^N \frac{[Z(x_i) - Z(x_i + h)]^2}{\left[\frac{Z(x_i) + Z(x_i + h)}{2}\right]^2} w$，式中，$Z(x)$ 是变量 $Z$ 在 $x$ 处的值；$\boldsymbol{h}$ 是从 $Z(x)$ 到 $Z(x_i+h)$ 的向量。——编者注

度误差，通过式（10.23）很容易推导出平均误差精度。

$$P_{FP}(\%) = 100\% \times \sqrt{\sigma_{FP}^2} \tag{10.24}$$

然而，很容易看到，当对重复样品应用成对相对变异函数时，它只是测量成对数据的相对方差，这个值的平方根等于变异系数的平均值。因此，两种方法（一种使用变化系数，另一种使用基于应用成对相对变异函数来测量精度误差的地质统计学方法）是相同的，因为两种方法都是基于计算成对数据的平均相对方差［式（10.25）］。

$$CV_{AVR}(\%) = P_{FP}(\%) = 100\% \times \sqrt{\frac{2}{N}\sum_{i=1}^{N}\left[\frac{(a_i - b_i)^2}{(a_i + b_i)^2}\right]} \tag{10.25}$$

10.2.2.4 精度误差分区

Francois-Bongarcon 通过将总精度误差细分成分量来分析采样和分析精度。该研究的实际建议是，如果数据代表不同的品位，则使用式（10.26）来估计精度方差，标准差的误差用式（10.27）估计：

$$\sigma_{DFB}^2 = 2Var\left(\frac{a_i - b_i}{a_i + b_i}\right) \tag{10.26}$$

$$P_{DFB}(\%) = 100\% \times \sqrt{\sigma_{DFB}^2} \tag{10.27}$$

全矿区样品方差的其他组成部分的计算超出了当前综述的范围，可以在上文提到的 Francois-Bongarcon 的论文中找到。

10.2.2.5 缩小主轴

这是一种线性回归技术，考虑了两个变量的误差，原始样品和重复样品。这种技术使 $X$ 和 $Y$ 方向上的误差的乘积最小化。这实际上最小化了观测和拟合线性函数所形成的三角形的面积总和（图 10.5），拟合的平均线（RMA）的一般形式为式（10.28）。

$$b_i = W_0 + W_1 a_i \pm e \tag{10.28}$$

式中 $a_i$，$b_i$ ——匹配的数据对；

$a_i$ ——沿 $X$ 轴绘制的原始样品；

$b_i$ ——沿 $Y$ 轴绘制的重复数据；

$W_0$ ——RMA 线性模型的 $Y$ 轴截距；

$W_1$ ——模型到 $X$ 轴的斜率；

$e$ ——RMA 线周围数据点的标准差。

从匹配数据对（$a_i$ 和 $b_i$）的集合中估计的参数（$W_0$，$W_1$ 和 $e$），分别沿 $X$ 轴和 $Y$ 轴绘制。RMA 线的斜率 $W_1$ 估计为数值 $a_i$ 和 $b_i$ 的标准差的比［式（10.29）］。

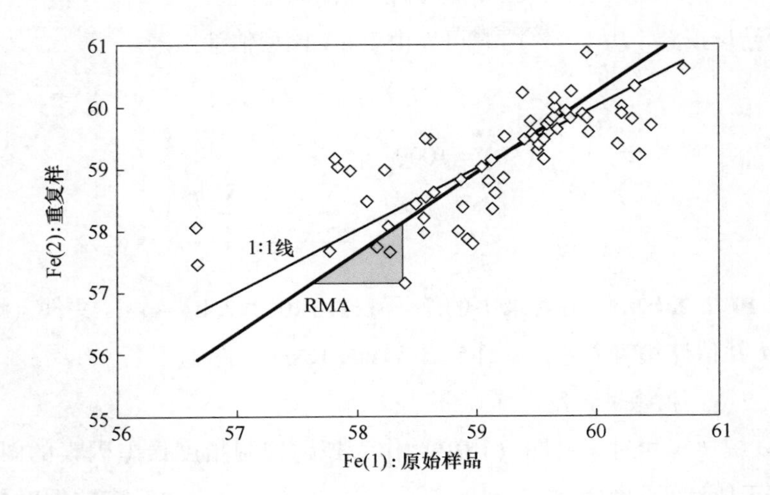


图 10.5 散点图和 RMA 模型（粗线）拟合爆破孔样品对的 Fe 品位（1 : 1 线（细线）供参考。灰色三角形表示数据点与 RMA 线投影形成的区域。RMA 技术使所有三角形的总面积最小化）

$$A_1 = \frac{\text{标准差}(b_i)}{\text{标准差}(a_i)} \tag{10.29}$$

Y 轴的 RMA 模型截距估计如下：

$$W_0 = \text{平均值}(b_i) - W_1\ \text{平均值}(a_i) \tag{10.30}$$

RMA 模型允许量化匹配数据对之间的误差。用式（10.31）估计了 RMA 线（SRMA）数据点的离散方差。

$$S_{\mathrm{RMA}} = \sqrt{2(1-\gamma)[Var(a_i) + Var(b_i)]} \tag{10.31}$$

Y 轴截距（$S_0$）的误差用式（10.32）估计，斜率（$S_{斜率}$）的误差用式（10.33）估计。

$$S_0 = \text{标准差}(b_i)\sqrt{\frac{1-\gamma}{N}\left\{2 + \left[\frac{\text{平均值}(a_i)}{\text{标准差}(a_i)}\right]^2(1+\gamma)\right\}} \tag{10.32}$$

$$S_{\mathrm{SLOPE}} = \frac{\text{标准差}(b_i)}{\text{标准差}(a_i)}\sqrt{\frac{(1-\gamma)^2}{N}} \tag{10.33}$$

式中 $\gamma$—— $a_i$ 与 $b_i$ 值的相关系数；

$N$——数据对的个数；

$Var(a_i)$，$Var(b_i)$ —— $a_i$ 与 $b_i$ 值的方差；

标准差（$a_i$），标准差（$b_i$）—— $a_i$ 与 $b_i$ 值的标准差。

相对精度误差［$P_{RMA}(\%)$］[1]可以由 RMA 模型估计出来。

$$P_{RMA}(\%) = 100\% \times \frac{\sqrt{\frac{S_{RMA}^2}{2}}}{\frac{\sum_i^N a_i + \sum_i^N b_i}{2N}} \tag{10.34}$$

**练习 10.2.2.b** 使用附录中的练习 Excel 10.2.2.b-c-d.xls 文件（附录 1），计算 RMA 并估计相对方差。文件包含 Visual basic 文件。

10.2.2.6 相对误差图

Pitard 提出了相对误差图（RDP）作为甄别控制精度误差因素的图形工具。该方法基于估计匹配数据对之间的差异，并将其归一化为对应数据对的平均值［式（10.35）］。

$$RD(\%)(相对误差) = \frac{1}{N}\sum_i^N \left[100\% \times \frac{a_i - b_i}{(a_i + b_i)/2}\right] \tag{10.35}$$

式中 $a_i$，$b_i$ ——数据的匹配对；

$N$——数据对的数目。

计算得到的 RD(%) 值按数据对的平均品位递增顺序排列，然后 RD(%) 值按数据对的序号绘制，将计算得到的数据对平均品位绘制在副 $Y$ 轴上（如图 10.6 所示）。

更传统的方法是根据数据对的平均品位绘制 RD(%) 值。但是，在这种情况下，由于数据在品位间隔之间的不均匀分布，此图的甄别能力受到影响，根据数据对的序号绘制 RD(%) 值可以克服这个问题。通过在 RDP 图中加入校准曲线，建立数据对的平均品位与其序列号之间的联系（图 10.6）。

数据对的相对差值通常表现出大范围的变化，因此，通过使用移动窗口技术来平滑图，可以方便地解释该图（图 10.6）。

图 10.6 中的例子是基于在俄罗斯收集的一个加拿大大型硫化铜项目的数据。Abzalov 详细解释了这个图表的构造，并在这里简要总结。在该项目中，作为尽职调查技术的一部分，在一个信誉良好的外部实验室中分析了大约 140 个重要重复样品。结果，当绘制在 RDP 图（图 10.6）上时，表明低品位样品

[1] 为了与本节讨论的其他估计相一致，$P_{RMA}$（%）值估计为标准差并以百分比表示。——编者注

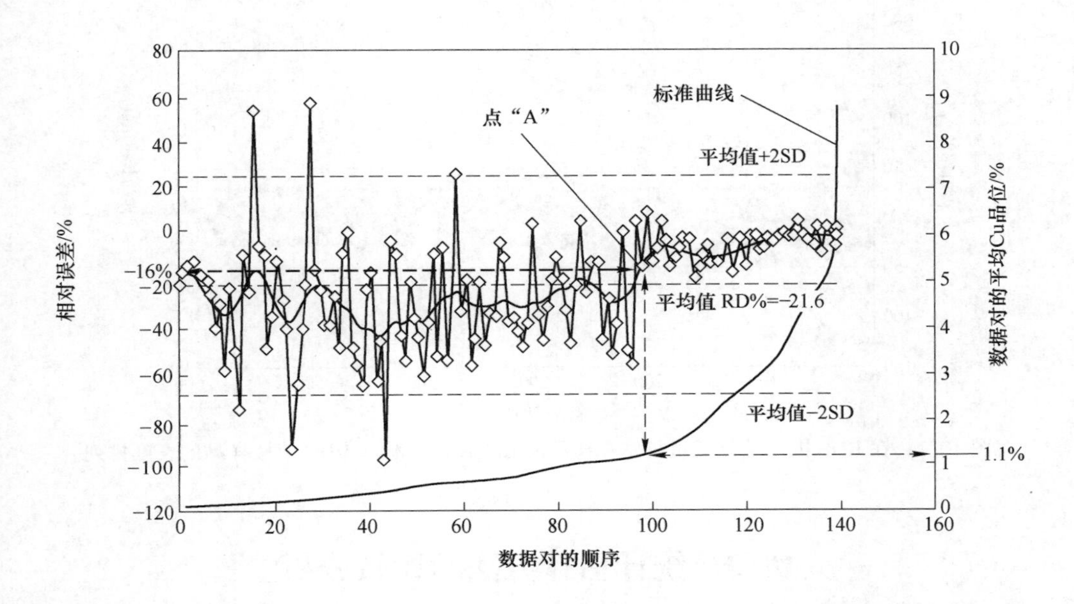


图 10.6　相对误差值图（RDP）显示俄罗斯铜项目金刚石岩芯样品重复样铜品位（%）（转载自参考文献［4］，经加拿大矿业冶金石油研究所许可）。由细联络线连接的空菱形符号（金刚石钻孔）为匹配数据对（即：样品原样及副样）。显示平均 RD（%）值（粗虚线）和 +2SD 值（细虚线）以供参考。实线是使用移动窗口方法计算的 RD（%）值的平滑线。校准曲线设置了主 *Y* 轴上的 RD（%）值，沿 *X* 轴绘制的数据对的序号和副 *Y* 轴绘制的数据对的平均品位之间的关系

的铜含量（<1.1%）有偏差，其测定值严重低估了这些样品的真实铜品位。该图显示的另一个特征是较高品位（>1.1%）样品没有较大的精度误差。这些发现引起了对实验室程序的特别调查，特别强调高品位和低品位样品之间的差异。

RDP 图可用于测试不同因素对数据精度的影响，如样品量、岩芯采取率、样品采集深度等。在这种情况下，RD（%）值将根据所调查的一个因素进行排列。在图 10.7 中，RD（%）的值与按其大小（即采样长度）排列的样品的序数绘制在一起。由图 10.7 可以看出，样长小于 0.5 m 的小样品，其误差精度大约是样长为1 m的样品的两倍。

**练习 10.2.2.c**　使用附录中的练习 Excel 10.2.2.b-c-d.xls 文件（附录 1），构造 RDP 图。文件包含 Visual basic 文件。

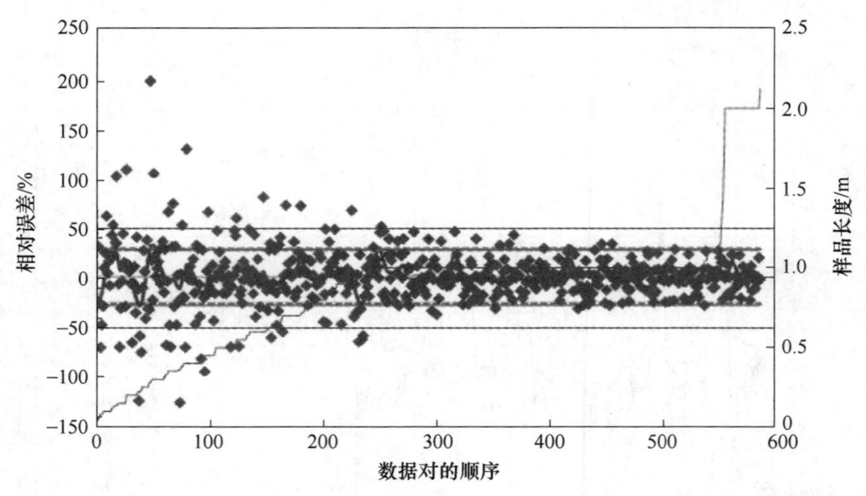


图 10.7　在 RDP 图上绘制的重复钻孔样品的 Cu 品位（%）。RD%值按样品的长度排列

## 10.3　统计估计方法的比较分析

通过将估计精度的统计方法应用于同一套重复样品分析，对其进行比较了解。这项研究的数据来自生产矿山和采矿项目，包括公布的数据和未发表的报告。

所有误差均以相对标准差估计，并以百分比表示（表 10.2）。Thompson 和 Howarth 方法已应用于数据集的平均品位，使这种方法的估计与其他估计具有可比性。

对表 10.2 中的结果进行比较可以看出，Thompson-Howarth 技术所产生的误差精度在所有被审查的方法中一直是最低的。这些结果并不令人惊讶，因为它们反映了 Thompson-Howarth 方法的假设，即测量误差服从正态分布。基于此假设，该方法采用数据对绝对差的中值来计算精度误差，当误差不服从正态分布时，必然会产生偏移结果。为了克服这个问题，Stanley 提出了对 thomps-howarth 方法的修正，即计算数据对差值绝对值的均方根而不是中值。这种替代方法是一种比传统的 Thompson-Howarth 方法更稳健的估计方法，因为它不需要正态性假设。但是，这种修改可能对异常值更敏感，因此应严格测试，以便在应用于各种地质变量时更好地了解其可能的局限性。

第二组估计值包括 AMPD 和其他类似的统计方法（表 10.1），它们基于原始样品和重复样品之间的绝对误差的计算，通过数据对的平均品位进行归一化。这种方法得到的相对误差与变化系数呈正比，只不过是变化系数（CV）和一个常

**表 10.2　样本精度：生产矿山和采矿项目的案例研究**

| 矿化类型/矿区 | 矿种 | 单位 | 品位范围 | 平均品位 | 样品对数量 | 相关系数 | P th% 式(10.13) | CV% 式(10.18) | AMPD 式(10.19) | P dfb% 式(10.27) | P rma% 式(10.34) | 采样类型 |
|---|---|---|---|---|---|---|---|---|---|---|---|---|
| 造山型金矿，粗粒，美国 | Au | g/t | 0.1~1206 | 89.6 | 36 | 0.92 | | 74.5 | 105.4 | 75.5 | 105.2 | 坑道重复样 |
| 绿岩型金矿，中粗粒，加拿大 | Au | g/t | 0.03~50 | 4.3 | 201 | 0.71 | 34.4 | 47.2 | 66.7 | 46.6 | 110.1 | 1段粗碎样（粗） |
| | Au | g/t | 0.01~355 | 1.3 | 4209 | 0.98 | 15.3 | 24.5 | 34.6 | 24.5 | 132.2 | 细副样 |
| 铜-银矿脉，加拿大 | Ag | g/t | 2~393 | 72.31 | 42 | 0.98 | | 15.3 | 21.7 | 15.5 | 21.1 | 坑道和炮孔样 |
| | Cu | % | 0.01~0.97 | 0.16 | 42 | 0.99 | | 13.5 | 19.2 | 13.5 | 12.0 | |
| 原生铜矿 | Cu | % | 1.17~1.51 | 1.37 | 10 | −0.55 | | 9.6 | 13.6 | 10.1 | 14.5 | 细副样 |
| 斑岩型 Cu-Au，澳大利亚 | Cu | % | 0.0001~4.83 | 0.10 | 4707 | 0.99 | 5.7 | 14.1 | 20.0 | 14.1 | 30.3 | 重复样 |
| | Au | g/t | 0.0005~7.01 | 0.05 | 4784 | 0.95 | 18.6 | 41.7 | 59.0 | 41.7 | 157.7 | |
| | Cu | % | 0.0002~5.3 | 0.4 | 6346 | 0.98 | 1.9 | 10.5 | 14.8 | 10.5 | 25.3 | 细副样 |
| | Au | g/t | 0.02~276 | 0.8 | 14346 | 1.00 | 4.4 | 17.1 | 24.2 | 17.0 | 26.6 | |
| 斑岩型 Cu-Mo，美国 | Cu | % | 0.003~14.4 | 1.45 | 398 | 1.00 | 1.4 | 7.1 | 10.0 | 7.1 | 3.9 | 1段粗碎样（粗） |
| | Mo | % | 0.005~1.14 | 0.03 | 398 | 1.00 | 4.0 | 14.2 | 20.0 | 14.2 | 14.2 | |
| | Cu | % | 0.015~9.6 | 1.43 | 346 | 1.00 | 0.9 | 2.5 | 3.6 | 2.5 | 1.8 | 细副样 |
| | Mo | % | 0.005~0.315 | 0.03 | 346 | 1.00 | 2.7 | 11.5 | 16.3 | 11.5 | 7.3 | |
| 铁矿，1矿床，Pilbara 矿区，澳大利亚 | Fe | % | 50.63~67.37 | 62.2 | 228 | 0.94 | 0.6 | 1.4 | 2.0 | 1.4 | 1.9 | 重复样 |
| | $Al_2O_3$ | % | 0.19~7.38 | 2.06 | 228 | 0.92 | 5.8 | 12.4 | 17.5 | 12.3 | 26.3 | |
| | $SiO_2$ | % | 0.7~26.0 | 3.45 | 228 | 0.95 | 7.1 | 13.7 | 19.3 | 13.7 | 30.1 | |
| | LOI | % | 0.83~10.95 | 4.89 | 228 | 0.98 | 2.2 | 4.9 | 6.9 | 4.9 | 7.2 | |

续表 10.2

| 矿化类型/矿区 | 矿种 | 单位 | 品位范围 | 平均品位 | 样品对数量 | 相关系数 | P th% | CV% | AMPD | P dfb% | P rma% | 采样类型 |
|---|---|---|---|---|---|---|---|---|---|---|---|---|
| | | | | | | | 式(10.13) | 式(10.18) | 式(10.19) | 式(10.27) | 式(10.34) | |
| 铁矿，2矿床，Pilbara矿区，澳大利亚 | Fe | % | 1.84~67.3 | 51.27 | 8088 | 1.00 | 0.6 | 2.2 | 3.0 | 2.1 | 1.8 | 重复样 |
| | $Al_2O_3$ | % | 0.11~50.66 | 5.7 | 8088 | 1.00 | 2.3 | 6.9 | 9.8 | 6.9 | 7.7 | |
| | $SiO_2$ | % | 0.68~95.96 | 12.56 | 8088 | 1.00 | 2.3 | 7.0 | 9.9 | 6.9 | 6.8 | |
| | LOI | % | 0.34~26.03 | 7.38 | 8088 | 1.00 | 1.4 | 2.5 | 3.5 | 2.5 | 3.2 | |
| Fe-Cu-Au矿区，澳大利亚 | Au | g/t | 0.0005~41.3 | 0.74 | 1522 | 0.93 | 12.5 | 25.3 | 35.7 | 25.2 | 163.6 | 1段粗碎样（粗） |
| 矽卡岩型Cu-Au-Fe | Cu | % | 0.003~12.3 | 0.91 | 806 | 1.00 | 2.6 | 8.7 | 12.4 | 8.5 | 6.3 | 重复样 |
| | Au | g/t | 0.05~35.24 | 1.39 | 616 | 0.99 | 10.9 | 20.7 | 29.2 | 20.6 | 25.7 | |
| Ni-Cu-PGE硫化物矿，澳大利亚 | Ni | % | 0.0001~6.82 | 0.345 | 587 | 0.97 | 12.1 | 22.1 | 31.3 | 22.2 | 59.9 | 重复样 |
| | Cu | % | 0.0001~4.86 | 0.22 | 586 | 0.95 | 14.6 | 21.8 | 30.8 | 21.8 | 70.3 | |
| | Co | % | 0.0001~0.16 | 0.0125 | 586 | 0.96 | 9.4 | 14.5 | 20.5 | 14.5 | 52.2 | |
| | Pd | ppm | 0.005~2.46 | 0.08 | 323 | 0.96 | 12.3 | 29.4 | 41.5 | 29.1 | 57.8 | |
| | Ni | % | 0.0001~5.4 | 0.17 | 961 | 1.00 | 1.2 | 11.0 | 15.6 | 11.0 | 5.3 | 细副样 |
| | Cu | % | 0.0001~15.8 | 0.18 | 961 | 1.00 | 1.4 | 4.2 | 5.9 | 4.2 | 4.5 | |
| | Co | % | 0.0001~0.175 | 0.0788 | 961 | 1.00 | 1.7 | 7.5 | 10.6 | 7.5 | 5.9 | |
| | Pd | ppm | 0.001~1.26 | 0.109 | 836 | 0.97 | 3.9 | 17.7 | 25.1 | 17.8 | 26.3 | |
| 碎屑钛铁砂矿，1矿床，非洲 | 重矿物总量 | % | 0.7~26.2 | 7.48 | 539 | 0.89 | 5.4 | 17.7 | 25.0 | 17.7 | 24.7 | 细副样 |
| 碎屑钛铁砂矿，2矿床，非洲 | 重矿物总量 | % | 2.4~19.3 | 8.96 | 27 | 0.96 | | 8.1 | 11.5 | 8.1 | 13.9 | 重复样 |

注：1. 转载自参考文献［4］，经加拿大矿业冶金石油研究所许可；

2. P th%—根据配对数据品位的平均值（算术平均值）估计的误差；

3. CV%—变化系数,%，该估计量被推荐作为矿山地质应用中相对精度误差的通用变量；

4. LOI—烧失量。

数的乘积。因此，这一组所包含的各种统计数据（如 AMPD、HARD）所提供的信息并不比变化系数本身［$CV_{AVR}(\%)$］多，建议将其用作相对精度误差的通用度量。

Francois-Bongarcon 提出的方法是计算成对数据之间的差与它们之和的比率 $\left(\frac{a_i - b_i}{a_i + b_i}\right)$，然后估计这个复杂变量的方差。该方法的结果与平均变异系数 $CV_{AVR}$（%）相似（表 10.2）。然而，与传统的 $CV_{AVR}(\%)$ 方法［式（10.18）］相比，式（10.26）似乎不必这么复杂。

综上所述，笔者同意 Stanley 和 Lawie 的建议，将 $CV_{AVR}(\%)$ 作为相对精度误差的通用度量。根据大量的案例研究，表 10.3 中提出了不同类型矿床样品的适当精度水平，并建议将这些水平用作评估分析质量的近似准则。

**表 10.3 建议的最佳和可接受的精度误差水平，作为评价采矿项目的参考**

| 矿化类型/矿床 | 矿种 | 单位 | 最佳实践 | 可接受的误差 | 样品类型 |
|---|---|---|---|---|---|
| 金矿，粗粒 | Au | g/t | 20（?） | 40 | 粗副样 |
| 金矿，粗粒-中粒 | Au | g/t | 20 | 30 | 粗副样 |
| | Au | g/t | 10 | 20 | 细副样 |
| 斑岩型 Cu-Mo-Au | Cu | % | 5 | 10 | 粗副样 |
| | Mo | % | 10 | 15 | |
| | Au | g/t | 10 | 15 | |
| | Cu | % | 3 | 10 | 细副样 |
| | Mo | % | 5 | 10 | |
| | Au | g/t | 5 | 10 | |
| 铁矿，古河道沉积型 | Fe | % | 1 | 3 | 重复样 |
| | $Al_2O_3$ | % | 10 | 15 | |
| | $SiO_2$ | % | 5 | 10 | |
| | LOI | % | 3 | 5 | |
| Cu-Au-Fe 矽卡岩型和铁矿伴生 Cu-Au | Cu | % | 7.5 | 15 | 粗副样 |
| | Au | g/t | 15 | 25 | |
| | Cu | % | 5 | 10 | 细副样 |
| | Au | g/t | 7.5 | 15 | |
| 硫化物型 Ni-Cu-PGE | Ni | % | 10 | 15 | 粗副样 |
| | Cu | % | 10 | 15 | |

续表 10.3

| 矿化类型/矿床 | 矿种 | 单位 | 最佳实践 | 可接受的误差 | 样品类型 |
|---|---|---|---|---|---|
| 硫化物型 Ni-Cu-PGE | PGE | g/t | 15 | 30 | 粗副样 |
| | Ni | % | 5 | 10 | 细副样 |
| | Cu | % | 5 | 10 | |
| | PGE | g/t | 10 | 20 | |
| 钛铁砂矿 | 重矿物总量 | % | 5 | 10 | 重复样 |

注：转载自参考文献 [4]，经加拿大矿业冶金石油研究所许可。

必须记住，表 10.3 中的值虽然是根据采矿项目的个案研究得出的，可能并不总是适当的，因为矿床在品位范围、研究值的统计分布、矿物学、结构和粒度方面，都可能有很大的差异。

后来 Abzalov 的研究表明，由于 $CV_{AVR}(\%)$ 的估计与成对相对变异函数的表达式相同，因此，当用于估计样品精度时，分析数据方差可以直接与所研究变量的空间（即地质）变异进行比较。

## 10.4　优化取样方案指南

本节总结了现代采矿业的取样实践，并对设计和实施最佳取样方案和质量控制程序提出了实用性建议。

### 10.4.1　取样方案的规划和执行

评价矿床需要采用正确的取样规程，以保证所采集样品的良好质量，并以严格的质量控制程序加以补充。强烈建议在项目评价的早期阶段，即在认识到有必要对发现的矿物进行详细的描述和研究之后，实施最佳的取样和质量控制体系。在这个阶段，通常称为数量级或范围研究，必须系统地对某一矿体进行钻探和取样，在此基础上对矿床的地质特征进行定量评述和估算资源量。有误差或不正确的数据可能导致对采矿项目的评估不正确，从而造成代价高昂的后果。在建立良好的取样协议和实施严格的质量控制程序方面的延迟也是没有必要的，因为这可能会产生不同的数据，这些数据通常具有不同的质量。作者观察了许多例子，早期获得的样品在可行性研究前或可行性研究中被拒绝，因为早期的样品被发现质量不理想。另一种常见的情况是，由于需要额外的工作来核实早期的钻探结果，项目研究的较高级阶段被推迟。

第一步是设计样品制备程序，确保它们最适合所研究的矿化。好的出发点是估计基本取样误差（FSE），并将提出的方案绘制在取样图上（图 9.6）。这种方法允许优化这样的参数，如初始样品的重量、每个破碎阶段后的颗粒粒度和缩分样品的粒度。在此基础上明确了样品制备的各个阶段，并对工艺参数进行了量化。样品制备设备的选择需要考虑这些参数。特别是，有必要确保设备的能力与制定的程序相匹配。

建立的取样方案需要形成文件。一个好的做法是用图形表示它，作为样品制备流程图，使地质人员很容易获得它。

取样方案优化后的下一步是加入质量控制程序。在这个阶段，有必要决定收集多少副样以及如何获取它们。此外，还必须决定每批样品中要插入多少标准样，并制定可以覆盖标准样和空白样的程序。在这个阶段，项目管理部门决定他们是要制定矩阵匹配的标准，专门为研究矿化而准备，还是使用商业上可用的认证标准。

QA/QC 程序应与新的取样程序一起制定，如果后者被修改，相关的 QA/QC 程序也应被修改。一个好的做法是将质量控制程序直接绘制在样品制备流程图上。这些组合图是有用的实用工具，有助于实施和管理 QA/QC 程序，确保所有的采样和准备阶段得到适当的控制。

最后，所有程序都应形成文件，并确定和指导负责实施和控制的人员，确保在矿山或开发项目中工作的地质团队定期对 QA/QC 结果进行评审，以便及时甄别采样错误。作者在审查了许多不同的矿山后发现，对数据质量审查最有效和实际方便的周期是每个分析批次对 QA/QC 结果进行检查，并每月准备 QA/QC 总结报告供总地质师审批。每月报告应包含若干图表，显示参考样品和重复样品的执行情况。最常用的图表是：

（1）标准样品甄别图（图 10.1）；

（2）空白试样图（图 10.2）；

（3）显示 RMA 线和 CV%的重复样品散点图（图 10.5）；

（4）RDP 图（图 10.6）。

将计算出的批次精度方差与可接受的水平进行比较。标准差与其认证值的可接受精度误差和误差水平应明确确定，并作为质量保证体系程序的一部分予以记录。

### 10.4.2　检测批次插入 QA/QC 样品率

质量控制样品的数量和插入分析批次的频率，应足以对分析质量进行系统监控。推荐的质量控制样品从 5%~20%不等；根据矿化类型、采矿项目的位置和项目的阶段进行评价。下面简要介绍有关插入 QA/QC 样品率的不同建议。

Garrett 建议，大约 10%的地球化学样品应该通过收集重复的样品来控制。Taylor 建议，由实验室分析的 5%~10%的样品应是参考样。Leaver 等建议每 20

个化验样品分析一个内部参考样，并将至少一个经认证的标准样列入同一批次。

Long 建议在采矿项目中控制样品质量需要做到以下几点：至少5%的细副样由独立实验室检测；5%的中粒和/或粗副样应由初级实验室制备和重复分析；每批样品应包括1%~5%的标准参考样，如经认证的标准样和空白样。好的做法是在不同的实验室分析至少5%的副样。

Sketchley 建议，提交给分析实验室的每一批样品应包括10%~15%的质量控制样品。特别是每批20件样品中至少要有1件标准样、1件空白样和1件重复样。

《金矿评价指南》建议，在勘探或采矿项目中，至少10%的测定结果应是QA/QC样品，包括标准、空白样和重复样。

基于对上述已发表的QA/QC程序的回顾和作者本人的大量案例研究，使用约5%~10%的中颗粒重复样和3%~5%的细副样作为重复样，可以实现对样品精度的可靠性控制。应在初级实验室制备和分析重复样品。

为了检测分析结果中的误差，必须在每批样品中加入3%~5%的标准样。一个好的做法是使用多个标准，以便它们的值跨越实际样品中的实际品位范围。然而，单靠标准样品无法识别在样品制备的不同阶段引入的误差。标准样的匿名性是另一个问题，因为标准样可以很容易地在样品批次中被识别，并且被实验室人员更彻底地处理。为了克服这个问题，作为准确性控制的一部分，一些重复的样品应该在一个外部的、有信誉的实验室中进行分析。建议至少5%的样品（包括细副样和粗副样）作为重复样，应在有信誉的外部实验室进行分析。

### 10.4.3　标准样品的插入

标准样的插入率，以允许持续监测仪器可能的系统误差。一般来说，最好的做法是在每一批样品中插入标准样和空白样。良好的做法是使用多于一个的标准，使它们的值包含在实际样品中各品位的实际范围内。批次内标准样的分布应允许检测结果可能存在的误差，同时这些标准样品应保持密码编号。

### 10.4.4　重复样品的分布

许多研究人员提出并讨论了优化重复样品分析的实用建议，特别强调分析批次中重复样品的分布。收集重复样品的基本规则总结如下：

在选择重复样品时，应适当处理数据准备的所有阶段，并通过样品重复分析充分估计与所有子采样阶段相关的误差精度。这意味着样品副样应包括原始副样、粗副样和细副样。应特别注意原始重复样，因为它们对估计样品的总体精度提供了很多信息。当使用旋转钻井时，从钻机内置的样品分离装置中收集现场重复样（在本例中称为钻机重复样）。这些分样器可以是旋转分样器、圆锥分样器或格槽分样器。如果采用金刚石岩芯钻探，重复样品为采取岩芯的另一部分。现场爆破孔样品的副样应该是遵循完全相同的程序，从相同的爆破孔锥中提取的另一件样品。

无论是粗副样还是细副样，都由破碎设备破碎而成。当样品制备需要几个阶段破碎或研磨时，一般会有不止一种粒度的副样或废弃样。在这种情况下，应在破碎和/或研磨的每个阶段收集其副样，然后进行重复性检查。

操作使用大型粉碎机（如 LM5）一次性加工时，通常不会有粗颗粒，因为所有样品都被粉碎成细粒。在这种情况下，收集和分析现场重复数据以了解测定结果的整体重复性是极其重要的。

采集副样样品时，应该记住副样的样品必须与所对照的正样样品相同。不幸的是，这并不总是可能的，因为在样品采集后，剩余样品的化学或物理特征可以改变，或者其数量不足不具有代表性。例如，如果钻探是通过切割一半的岩芯来采样的，那么采集四分之一的岩芯作为副样是不明智的，因为这样会产生比原始样品重量小两倍的副样样品。这样的重复样很可能产生比原始样品更大的误差。使用所有剩下的岩芯作为副样也是次优实践，因为它破坏了数据的可追溯性。如果采用图 10.8 所示的方法进行采集，可以部分解决这个问题。

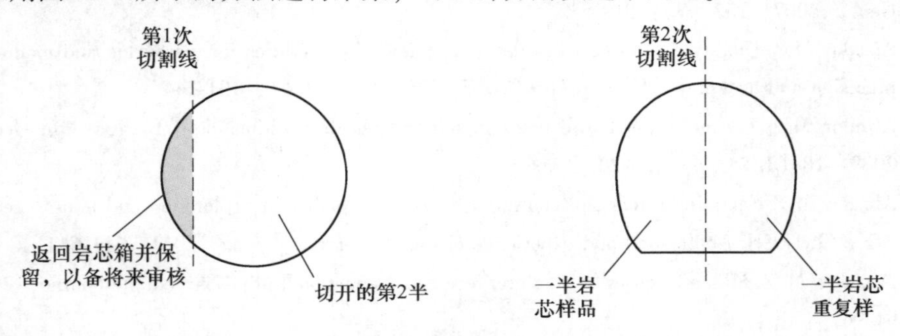


图 10.8 示意图说明常规样品用金刚石锯片切割岩芯的一半，采集金刚石岩芯样的重复样

当对所有的金刚石岩芯样品进行分析时，后者是铝土矿常见的情况，评估金刚石岩芯样品精度的唯一可能是使用双孔。然而，需要考虑地质因素。

重要的是要确保重复样品对给定矿床具有代表性，涵盖品位值、矿化类型和不同地质单元的整个范围，并能很好地覆盖矿床的空间。从批次样品中随机抽取重复样品，很难达到重复样品的代表性。随机选择的重复样品的缺点是，它们中的大多数将代表最多的岩石类型，通常是无矿的或低品位的矿化。矿石品位，特别是高品位区间，在随机选择的重复样品中往往在矿化类型、空间分布或品级方面不具有代表性。为了满足这两种条件，建议采取双管齐下的方法，即大约一半的副样应该由项目地质学家收集，并指导他们确保这些副样能够正确地代表所有的矿化类型和品位范围，并且在空间上覆盖整个矿床。在每批试验中，应随机抽取另一半重复样品。

在给定的分析批次中，重复样品的位置不应放在原样品之后，也不应与原样品有系统的联系。重要的是，将原始样品及其重复样品包括在同一个分析批次中，这样就可以将它们用于批次内的精度研究。

在分析批次中应该掩盖重复样品的编号。重复样品应采用与原样品相同的分析方法。

## 参 考 文 献

[1] Abzalov M Z. Chrome-spinels in gabbro-wehrliteintrusions of the Pechenga area, Kola Peninsula, Russia: emphasis on alteration features [J]. Lithos, 1998, 43 (3): 109-134.

[2] Abzalov M Z. Gold deposits of the Russian North East (the Northern Circum Pacific): metallogenic overview [C]//AusIMM. Proceedings of the PAC RIM '99 symposium. Melbourne, 1999: 701-714.

[3] Abzalov M Z. Granitoid hosted Zarmitan gold deposit, Tian Shan belt, Uzbekistan [J]. Econ Geol, 2007, 102 (3): 519-532.

[4] Abzalov M Z. Quality control of assay data: a review of procedures for measuring and monitoring precision and accuracy [J]. Exp Min Geol J, 2008, 17 (3/4): 131-144.

[5] Abzalov M Z. Use of twinned drill-holes in mineral resource estimation [J]. Exp Min Geol J, 2009, 18 (1/2/3/4): 13-23.

[6] Abzalov M Z. Sampling errors and control of assay data quality in exploration and mining geology [C]// InTECH. Application and experience of quality control. Vienna, 2011: 611-644.

[7] Abzalov M Z. Mineral resource and ore reserves estimation [M]. 2nd ed. Melbourne, 2014: 91-96.

[8] Abzalov M Z, Both R A. The Pechenga Ni-Cu deposits, Russia: aata on PGE and Au distribution and sulphur isotope compositions [J]. Mineral Petrol, 1997, 61 (1/2/3/4): 119-143.

[9] Abzalov M Z, Humphreys M. Resource estimation of structurally complex and discontinuous mineralization using non-linear geostatistics: case study of a mesothermal gold deposit in northern Canada [J]. Exp Min Geol J, 2002a, 11 (1/2/3/4): 19-29.

[10] Abzalov M Z, Humphreys M. Geostatistically assisted domaining of structurally complex mineralisation: method and case studies [C] // The AusIMM 2002 conference: 150 years of mining, Publication series No6/02. 2002: 345-350.

[11] Abzalov M Z, Mazzoni P. The use of conditional simulation to assess process risk associated with grade variability at the Corridor Sands detrital ilmenite deposit [C] // AusIMM. Ore body modelling and strategic mine planning: uncertainty and risk management. Melbourne, 2004:

93-101.

[12] Abzalov M Z, Pickers N. Integrating different generations of assays using multivariate geostatistics: a case study [J]. Trans Inst Min Metall, 2005, 114: B23-B32.

[13] Abzalov M Z, Brewer T S, Polezhaeva L I. Chemistry and distribution of accessory Ni, Co, Fe arsenic minerals in the Pechenga Ni-Cu deposits, Kola Peninsula, Russia [J]. Mineral Petrol, 1997, 61 (1/2/3/4): 145-161.

[14] Abzalov M Z, Menzel B, Wlasenko M, et al. Optimisation of the grade control procedures at the Yandi iron-ore mine, Western Australia: geostatistical approach [J]. Appl Earth Sci, 2010, 119 (3): 132-142.

[15] Abzalov M Z, van der Heyden A, Saymeh A, et al. Geology and metallogeny of Jordanian uranium deposits [J]. Appl Earth Sci, 2015, 124 (2): 63-77.

[16] Bumstead E D. Some comments on the precision and accuracy of gold analysis in exploration [J]. Proc AusIMM, 1984 (289): 71-78.

[17] CANMET. Assessment of laboratory performance with certified reference materials [S]. 1998: 5.

[18] Davis J C. Statistics and data analysis in geology [M]. 3ed. New York: Wiley, 2002: 638.

[19] Dominy S C, Annels A E, Johansen G F, et al. General considerations of sampling and assaying in a coarse gold environment [J]. Trans Inst Min Metall, 2000, 109: B145-B167.

[20] Eremeev A N, Ostroumov G V, Anosov V V, et al. Instruction on internal, external and arbitrary quality control of the exploration samples assayed in the laboratories of the ministry of geology of the USSR [M]. Moscow, VIMS, 1982: 106 (in Russian).

[21] Francois-Bongarcon D. Error variance information from paired data: application to sampling theory [J]. Exp Min Geol J, 1998, 7 (1/2): 161-165.

[22] Garrett R G. The determination of sampling and analytical errors in exploration geochemistry [J]. Econ Geol, 1969, 64 (5): 568-569.

[23] Goovaerts P. Geostatistics for natural resources evaluation [M]. New York: Oxford University Press, 1997: 483.

[24] Howarth R, Thompson M. Duplicate analysis in geochemical practice: Part 2, examination of proposed method and examples of its use [J]. Analyst, 1976, 101: 699-709.

[25] Standards Council of Canada. Uses of certified reference materials: ISO Guide 33 [S]. Ontario, 1989: 12.

[26] Kane J S. Reference samples for use in analytical geochemistry: their availability preparation and appropriate use [J]. J Geochem Exp, 1992, 44: 37-63.

[27] Leaver M E, Sketchley D A, Bowman W S. The benefits of the use of CC RMP's custom reference materials. Canadian certified reference materials project [C] //Society of mineral analysts conference. MSL, 1997, 637: 16.

[28] Long S. Practical quality control procedures in mineral inventory estimation [J]. Exp Min Geol, 1998, 7 (1/2): 117-127.

[29] Pitard F F. A strategy to minimise ore grade reconciliation problems between the mine and the mill [C]//AusIMM. Mine to mill. Melbourne, 1998: 77-82.

[30] Roden S, Smith T. Sampling and analysis protocols and their role in mineral exploration and new resource development [C] //AusIMM. Mineral resources and ore reserve estimation-the AusIMM guide to good practise. Melbourne, AusIMM, 2001: 73-78.

[31] Shaw W J. Validation of sampling and assaying quality for bankable feasibility studies [C]// AusIMM Illawara branch. The resource database towards 2000. Wollongong, 1997: 69-79.

[32] Sinclair A J, Bentzen A. Evaluation of errors in paired analytical data by a linear model [J]. ExpMin Geol, 1998, 7 (1/2): 167-173.

[33] Sinclair A J, Blackwell G H. Applied mineral inventory estimation [M]. Cambridge, Cambridge University Press, 2002: 381.

[34] Sketchley D A. Gold deposits: establishing sampling protocols and monitoring quality control [J]. Exp Min Geol, 1998, 7 (1/2): 129-138.

[35] Stanley C R. On the special application of Thompson-Howarth error analysis to geochemical variables exhibiting a nugget effect [J]. Geochem Explor Environ Anal, 2006, 6: 357-368.

[36] Stanley C R, Lawie D. Average relative error in geochemical determinations: clarification, calculation and a plea for consistency [J]. Exp Min Geol, 2007a, 16: 265-274.

[37] Stanley C R, Lawie D. Thompson-Howarth error analysis: unbiased alternatives to the large-sample method for assessing non-normally distributed measurement error in geochemical samples [J]. Geochemistry: Exploration. Environ Anal, 2007b, 7: 1-10.

[38] Taylor J K. Quality assurance of chemical measurements [M]. Michigan, Lewis Publishers, 1987: 135.

[39] Thompson M, Howarth R. The rapid estimation and control of precision by duplicate determinations [J]. Analyst, 1973, 98 (1164): 153-160.

[40] Thompson M, Howarth R. Duplicate analysis in geochemical practice: Part 1. Theoretical approach and estimation of analytical reproducibility [J]. Analyst, 1976, 101: 690-698.

[41] Thompson M, Howarth R. A new approach to the estimation of analytical precision [J]. J Geochem Exp, 1978, 9 (1): 23-30.

[42] Vallee M, David M, Dagbert M, et al. Guide to the evaluation of gold deposits [J]. Geological Society of CIM, 1992, 45: 299.

# 11 双 孔

**摘要：**双孔钻井是在地质尽职调查研究中用于验证高品位矿化见矿点、测试历史数据或确认钻孔数据的一种传统技术。双孔还可以用于特殊任务，如纠正早期数据系统误差。

双孔技术的成功实施需要周密的计划。经验表明，良好的做法是钻相距不超过 5 m 的双孔。许多失败的双孔计划可能是因为双孔钻得太远而失败。

对双孔数据进行正式、严格的分析至关重要。采样、分析结果和误差的可重复性必须进行分析和统计量化。结论性统计和地质统计学分析所需的双孔数量可能高达 20~30 个，特别是在所研究变量具有小变程（局部）变异性的情况下。

**关键词：**QA/QC；双孔；尽职调查

成对的钻孔即双孔。在勘查和矿山地质学中，为了验证矿化程度，采用了一种传统的技术，即在较早的钻孔旁边钻一个新钻孔或“孪生孔”。JORC 标准强调了这项技术的重要性，该标准要求专门说明是否使用了双孔来“验证取样和分析”。然而，在各种生产矿山和采矿项目研究中的经验表明，尽管双孔方法具有重要的实际意义和合理的简单性，但在采矿行业中经常被误解，不能充分发挥其优势。一个最常见的误解是，双孔钻井不适用于品位具有短变程且变化大的地质环境。这种偏见和其他偏见限制了这项有用技术的广泛应用。这样的限制似乎是由于缺乏对该方法原则的明确描述和缺乏在技术文献中有代表性的案例研究。例如，已出版的关于矿床评价指南只是简要地提到了双孔方法。在最近发表的论文中，这一缺陷得到了部分解决，该论文简要描述了双孔技术的基本原理，并提供了应用实例。该研究的结果已被修订，并在本章提出。所述的例子代表了评价矿床的不同阶段，范围从可行性研究到矿山生产进行的品位控制钻孔。矿床类型包括造山带型金矿、砂矿、铝土矿和条带状铁建造（BIF）氧化铁矿床。

## 11.1 方 法 概 述

对双孔应该进行完整的规划，首先要明确研究目标，然后选择双孔的数量、位置、研究变量以及数据处理的统计程序。

### 11.1.1 双孔研究的目的

双孔最常见的应用是验证以前钻探报告的品位。一般，包括对见矿高品位矿段的验证，也包括对品位变异性的评估。

施工双孔的另一个常见目的是为了验证历史数据。这种需求通常发生在较早钻孔的结果引起关注的情况下，原因要么是与同一区域的其他钻探资料明显不同，要么是由于以前记录的参数（如岩芯采取率）显示出钻探质量较差。在某些情况下，由于不理想的钻探技术或不适当的钻井参数，历史数据可能被怀疑(如有误差)。例如，对一个砂矿矿床进行空气反循环钻可能会有误差，这个问题可以通过将历史上的空气反循环钻孔与声波钻孔成对地进行检查。

地质尽职调查团队在审查第三方项目时常用的一种技术是将早期钻孔与新钻孔成对进行验证。如果评审的项目是基于历史数据而没有严格应用取样质量控制程序，或者缺少相关的质量保证/质量控制（QA/QC）文件，那么钻双孔就显得尤为重要。在证明了历史数据的误差的情况下，可以使用双孔数据对误差进行量化，并使用多元和/或非平稳的统计学方法将其集成到资源模型中，以纠正资源量估算。基于地质统计修正数据的新资源或储量估算不太可能被正式监管机构接受，也不太可能按照报告规范（如 JORC 和/或金融机构）公开报告。但是，这种研究可以很好地定量说明项目的风险或增储潜力，并可以证明额外加密钻探或在某些情况下对矿床进行完全再钻探所带来的经济利益。

双孔的数量和位置以及钻探方法和测试参数，根据实现提出的研究目标来选择。例如，如果钻双孔的目的是为了验证高品位的见矿段，就应该依据资料在见高品位矿化的孔旁边施工新孔。相反地，如果目的是测试和统计量化历史数据中可能存在的误差，那么双孔的钻探方式应确保能够测试大范围的矿化，包括低品位和高品位的矿化。在后一种情况下，应在整个矿床中分布双孔，双孔数量应足以对数据进行统计分析。

### 11.1.2　结果的统计学处理

双孔数据的统计程序可能因研究目的的不同而有所不同。一般来说，两个主要的误差是通过成对的双孔来评估的：重复性（精度）和误差。成对数据的平均变化系数 $CV_{AVR}$(%)［式（10.18）］可以量化双孔的重复性。表 11.1 给出了该技术在双孔数据中的应用实例。双孔的平均变化系数为 0.9%~51%，对于以大块金效应为特征的变量，它们通常更大。

可以利用相对差值图（RDP）和压轴回归分析（RMA）等图形工具甄别数据的偏移，然后通过统计检验进行评估。一种常见且有效的方法是传统的 $t$ 检验统计，Vallee 等和 Abzalov 还发现了其他有用的甄别工具和估计精度以及准确度误差的统计方法。当某些数据集中的误差被甄别出来时，可以通过地质统计学方法进一步研究。

**表 11.1 所研究的双孔工程特点**

| 双孔项目 | 钻探类型新/旧 | 双孔钻数量 | 变量 | 单位 | 组合样品（配对数量） | 平均值 | | 标准差 | | $CV_{AVR}$ | $RMA_{参数}$ ($y=ax+b$) | | 参考图 |
|---|---|---|---|---|---|---|---|---|---|---|---|---|---|
| | | | | | | 旧孔 | 新孔 | 旧孔 | 新孔 | (%) | $a$ | $b$ | |
| Ti-sands 项目，非洲 | 空气反循环/空气反循环 | 35 | THM | % | 组合样长 3 m（669） | 7.7 | 7.8 | 3.0 | 3.3 | 25.1 | 1.09±0.03 | -0.6±0.3 | 图 11.2 |
| | | | THM | % | 组合样长 12 m（169） | 7.7 | 7.8 | 2.3 | 2.5 | 15.1 | 1.07±0.05 | -0.4±0.4 | |
| | | | THM | % | 见矿段长度 | 7.7 | 7.7 | 1.5 | 1.6 | 8.9 | 1.01±0.1 | -0.1±0.8 | |
| Ti-sands 项目，非洲 | 金刚石(三管)/空气反循环 | 8 | THM | % | 组合样长 3 m（98） | 9.4 | 11.9 | 5.0 | 5.7 | 30.3 | 1.1±0.07 | 1.1±0.7 | 图 11.5 |
| Ti-sands 项目，马达加斯加 | 超射波钻/振动钻 | 20 | THM | % | 组合样长 1.5 m（201） | 4.74 | 4.76 | 2.4 | 2.5 | 29.7 | 1.0±0.05 | -0.1±0.3 | 图 11.6 |
| Orogenic 金，加拿大 | 金刚石（NQ）/金刚石（NQ） | 5 | Au | g/t | 见矿段长度 | 7.9 | 8.9 | 11.6 | 15.5 | 51.2 | 1.3±0.07 | -1.2±0.9 | 图 11.3 |
| 铁矿，澳大利亚 | RC/炮孔 | 40 | Fe | % | 组合到台阶高 | 58.8 | 58.5 | 1.1 | 1.8 | 1.4 | 1.6±0.15 | -37.4±8.6 | |
| | | | $Al_2O_3$ | % | 组合到台阶高 | 1.40 | 1.47 | 0.5 | 0.8 | 23.8 | 1.7±0.27 | -1.0±0.4 | |
| | | | $SiO_2$ | % | 组合到台阶高 | 4.0 | 4.1 | 1.4 | 1.6 | 10.2 | 1.2±0.09 | 0.5±0.4 | |
| 铁矿，澳大利亚 | 金刚石(PQ)/RC | 26 | Fe | % | 见矿段长度 | 51.3 | 51.3 | 2.5 | 3.5 | 3.2 | 1.4±0.19 | -21.5±9.7 | |
| | | | $Al_2O_3$ | % | 见矿段长度 | 5.1 | 4.8 | 0.6 | 1.0 | 19.0 | 1.3±0.16 | -2.5±1.8 | |
| | | | $SiO_2$ | % | 见矿段长度 | 9.3 | 9.7 | 3.3 | 4.4 | 15.9 | 1.6±0.32 | -3.4±1.6 | |
| 铝土矿，澳大利亚 | 空气反循环/空气反循环 | 13① | $Al_2O_3$ | % | 见矿段长度 | 49.9 | 49.9 | 4.0 | 4.4 | 1.9 | 1.1±0.09 | -4.5±4.7 | 图 11.7 |
| | | | $SiO_2$ | % | 见矿段长度 | 14.9 | 15.1 | 6.3 | 7.0 | 9.7 | 1.1±0.1 | -1.5±1.8 | |
| | | | 厚度 | m | 见矿段长度 | 4.4 | 4.3 | 1.8 | 1.9 | 10.0 | 1.06±0.09 | -0.3±0.4 | |
| 铝土矿，非洲 | 金刚石/螺旋钻 | 62 | 厚度 | m | 见矿段长度 | 9.5 | 7.6 | 2.9 | 2.3 | 25.1 | 0.8±0.1 | 0.1±1.1 | |

① 本研究只包括部分 Weipa 矿床及相关双孔的资料；$CV_{AVR}$(%) —配对数据的平均变化系数［如式（10.18）所示］；RMA—压轴回归分析；THM—重矿物总量（转载自参考文献［4］，经加拿大矿业冶金和石油研究所许可）。

### 11.1.3　双孔之间的距离

一般来说，新孔应尽可能靠近原始孔，以尽量减少研究变量的短变程变异性的影响。在许多地质环境中，特别是在研究金矿床时，块金效应是不可避免的，在对一对双孔进行新、旧钻孔结果对比时，对该参数的了解是必不可少的。实际上，大多数双孔，包括表 11.1 中所列的那些，钻孔距离从 1~10 m 不等，这取决于钻探地点的地形、矿床类型、矿化类型和所研究的变量。双孔项目（消极地）取得成功的一个著名例子是 Freeport-McMoRan 公司在 Busang 矿业有限公司的验证钻孔。7 个双孔揭露了欺诈行为，这 7 个新钻孔中，每一个都离所谓的广泛金矿化的钻孔只有 1.5 m，而且所有的钻孔都无法证实最初的黄金价值。

一项由 Abzalov 等研究的 Yandi 铁矿露天矿表明，当成对的孔之间的距离从 1 m增加到 10 m，从匹配的爆破孔和反循环（RC）孔估算的 $Al_2O_3$品位的 $CV_{AVR}$（%）从 23.8%增加到 35.7%。这些结果表明，许多不成功的双孔研究可能失败，因为双孔的间距太大。

Busang 和 Yandi 矿双孔的最近距离为 1~1.5 m，可能代表特殊情况。在 Busang 项目，确认孔必须尽可能接近原孔，以满足技术尽职调查的考虑。同样，由于 Yandi 矿中黏土岩层分布不规律而导致的短变程大变异性，需要非常接近的双孔间距。一般情况下，特别是当所研究的变量空间变化较小时，双孔间的可接受距离可以较大。然而，笔者的个人经验表明，良好的做法是钻孔间距不超过 5 m 的成对匹配。

### 11.1.4　钻孔质量和数量

在设计双孔时，有必要记住，重要的决策可能必须基于有限的验证孔数量。因此，有必要确保其数量和质量足以作出决定性的决策。双孔的数目取决于验证程序的目的和研究变量的变化范围。需要 20~30 个双孔的研究并不少见（表 11.1）。

有必要确保验证孔具有最佳的实际可实现的质量。这通常需要使用一种不同的钻探技术，通常是一种比以前钻探更昂贵的技术。例如，在砂矿工程中，空气反循环孔最好采用声波钻孔双孔；在铝土矿中，螺旋孔最好采用金刚石岩芯孔；在煤矿中，RC 孔最好采用金刚石岩芯孔。重要的是要认识到，即使使用最先进的技术施工验证孔，仍然会产生误差和/或不一致的结果。例如，岩芯采取率低可能影响验证性金刚石钻探的质量，或者静岩压力导致岩芯管内自注砂可能对声波钻井造成不利影响。通过优化钻探参数，如使用 HQ 或 PQ 钻头验证 NQ 金刚石孔，调整钻井液和钻速，以确保岩芯的最佳采取率，可以最大限度地降低双孔研究不正确的风险。双孔需要技术和地质人员进行更彻底的监测。在所有情况下，验证孔中的采样方案和化验质量都应该受到严格的监控和记录。

### 11.1.5 研究参数的比较

在对双孔的测定品位进行比较之前，有必要对地质记录进行比较，因为地质特征通常比品位更具有连续性。双孔最初用见矿段进行对比（图 11.1a）。比较不应局限于见矿段的平均品位，还应包括见矿段的厚度和位置。当怀疑样品受到井下污染时，后者尤为重要。常见的例子包括在评价铝土矿或重矿物时使用螺旋钻，或在黄金项目中使用金刚石钻。

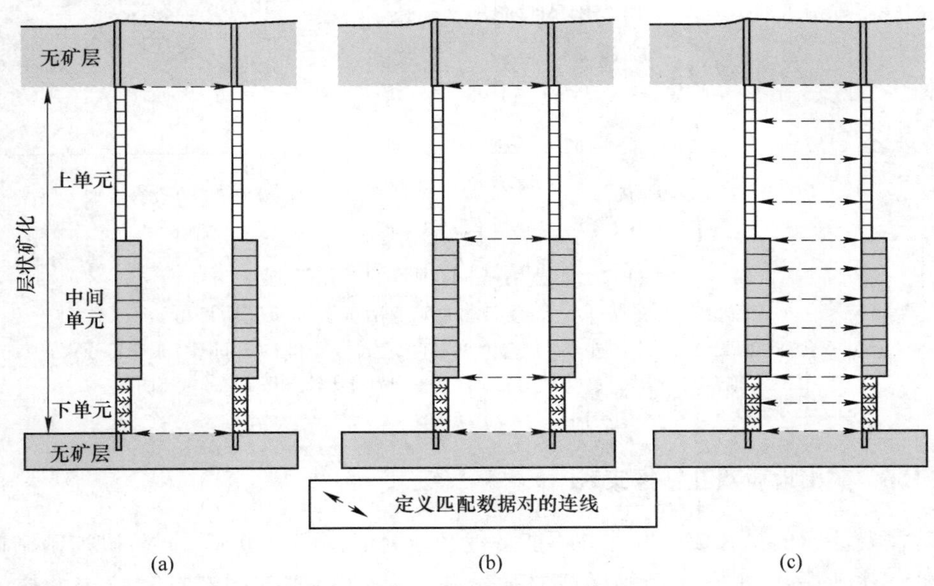


图 11.1 说明双孔数据的各种比较方法的理想化图
（转载自参考文献［4］，经加拿大矿业冶金石油研究所许可）
（a）矿石品位采样位置比较；（b）按地质单元进行比较；（c）单个样品匹配比较

更详细的研究包括通过匹配等长样品段对双孔进行比较。通过按地质单元对样品进行分组，通常可以得到实际可实现的结果（图 11.1b）。在分层矿化或有规律地互层的低、高品位地层中钻双孔时，这种方法特别有用。

在特殊情况下，例如在矿化段中施工的双孔，可在长度相同的样品之间直接进行比较；或者，可以在等长组合样品之间进行比较（图 11.1c）。样品的组合平滑了异常值的影响，并将样品转换为相等长度，这是地质统计资源估算所必需的。在双孔分析中，当比较具有高统计变异性的变量时，通常需要将样品分组为较大的组合样品，以尽量减小单件样品所表现出的波动性。保证样品按地质边界组合是很重要的。

图 11.2 为比较不同长度组合样的双孔的实例。在这个项目中，从 3 m 组合转变为 12 m 组合，显著减少了数据方差和分散性，并且将 $CV_{AVR}$(%) 从 25.1% 减少到 15.1%（表 11.1 中第一个例子）。3 m 组合和 12 m 组合样两个数据集的简化主轴回归函数非常相似（图 11.2a、表 11.1）。当将相同的数据组合到矿石品位平均值时，$CV_{AVR}$(%) 进一步降低到 8.9%（图 11.2b、表 11.1）。

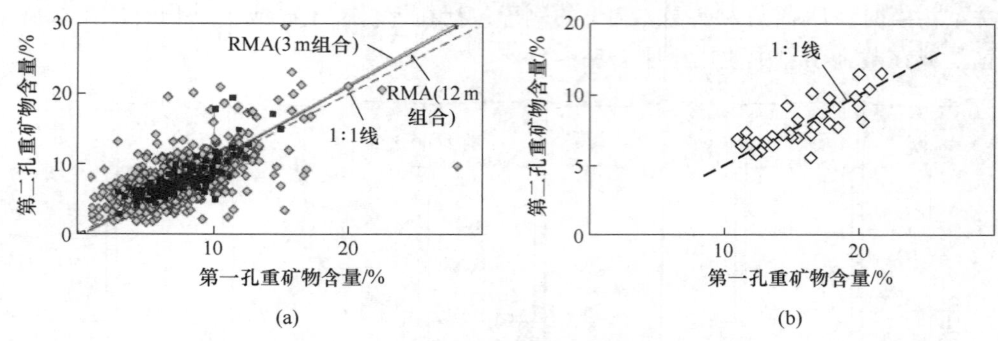


图 11.2 非洲 Ti-sands 项目的双孔研究

（转载自参考文献［4］，经加拿大矿业冶金石油研究所许可）

（a）双孔对比匹配对的散点图［样品组合为 3 m（灰色符号）和 12 m 间隔（黑色符号），RMA：拟合的平均线］；（b）用见矿段的平均品位比较双孔品位的散点图

### 11.1.6 矿山地质双孔钻探实践

需要注意的是，双孔方法并不能替代其他验证技术，如对不同阶段加密钻探的钻探作业数据进行批量取样或对比分析。每种验证方法都有其特定的应用范围。

在估算资源储量之前，需要对不同钻探活动的钻孔进行比较，以验证勘探数据。当不同时期的钻探均匀分布于同一地区时，这种方法最为有效，可以通过全矿区统计数据进行比较。这种比较通常在数据测试的第一阶段进行，完全基于从钻孔数据库中提取的数据子集。当不同时期数据的比较显示出系统上的差异时，通常会进行更详细的分析，包括施工双孔。

大样是在采矿项目研究的后期采集的，主要用于选冶试验工作。大规模取样方案的另一个目的是通过比较块模型的估算值和大规模取样结果来验证储量模型。

双孔法代表了相对少量的钻探验证孔，通常用于对高品位见矿段（如 Bre-X Busang 项目）进行快速、确凿的确认/反驳，对历史数据进行验证，以及测试第三方采矿项目。考虑到典型的少量钻孔验证，这是必要的完整计划的程序，以确保验证孔具有最好的实际可实现的质量和价值。与之前的钻探相比，这些钻探通常使用一种更昂贵但更可靠的技术。

双孔的数量和质量应足以作为确定相关变量的决定性依据。通常的做法是钻几个双孔。然而，当研究变量具有较大的短变程变异性时，所钻的双孔数量可能会显著增加。作者研究了 40~60 个双孔用于数据验证的项目（表 11.1）。

双孔的位置应尽可能接近原始孔，以尽量减少研究变量的短程变异性的影响。双孔方法的良好实践是钻孔间距不超过 5 m。在特殊情况下，双孔之间的距离可能接近 1~1.5 m，如之前在 Busang 项目中讨论的那样，必须最终确认或拒绝之前的钻探结果。在 Yandi 项目中的研究结论是，矿化的特征是短变程可变性大，比较分析匹配对爆破孔和 RC 孔表明，成对的孔之间的距离从 1~10 m 增加时，重复性结果显著恶化。这一结果表明，许多明显不成功的双孔研究之所以失败，可能是因为双孔钻得离原始孔位置太远了。

地质解释应是双孔分析的重要组成部分。地质信息为双孔匹配区间的选择提供了重要的指导，有利于资料的解释。

见矿段的比较是比较双孔最实用的方法。计算并比较匹配见矿段的长度加权平均品位和矿化厚度，比较由双孔确定的地质上下盘的位置也是一种好的做法。当矿化区厚度较大时，特别是当矿化区具有带状结构时，就有必要比较按地质单元或按等长度组合样分组的样品的双孔。通常需要将样品分组到较大的组合样中，以最大限度地减少在较小间隔下采样所表现出的不稳定性。

用于分析双孔结果的统计技术与其他 QA/QC 方法没有什么不同。双孔结果的重复性可以用平均变化系数来量化。数据中的误差可以通过图形工具甄别，特别是 RMA 和 RDP 图表，然后通过统计 $t$ 检验评估。

## 11.2 案例研究

上述方法已成功地应用于许多不同类型矿床和矿种的双孔研究中，包括造山带金矿、砂矿、贱金属矿、铝土矿、铁矿等。研究的目的不同于在金矿中确认高品位见矿段、以量化和纠正历史数据的偏差。

下面的案例研究表明，人们普遍认为双孔方法在具有大的短变程变化特征的地质环境中是不现实的和/或不适用的，这种观点是不正确的，而且通常只是反映了偏见而不是事实。

### 11.2.1 金矿：高品位见矿段的确认

在以金属品位高块金值为特征的矿床类型中，高品位见矿段的确定是必不可少的。当地质体中含有不规则分布的高品位矿段时，这一点尤为重要。在这种情况下，高品位见矿段的确认必须包括两个目标。首先，需要核实以前钻孔返回的高品位化验值，其次，需要评估和/或确认高品位化验值的地质意义和大小。第一个任务可以通过将原孔与尽可能接近原孔的新孔配对来完成。然而，如此位置靠近的双孔不能适当地评估矿脉大小，因此不能完全实现对高品位域的核查的总体目标。

目标的第二部分将需要从第一个高品位见矿段的不同距离钻几个孔。这些钻孔不是严格意义上的双孔，而是一种相关的技术，即通过密集的布置钻孔来圈定高品位矿脉。图 11.3 和图 11.4 显示了这两种情况的差异。

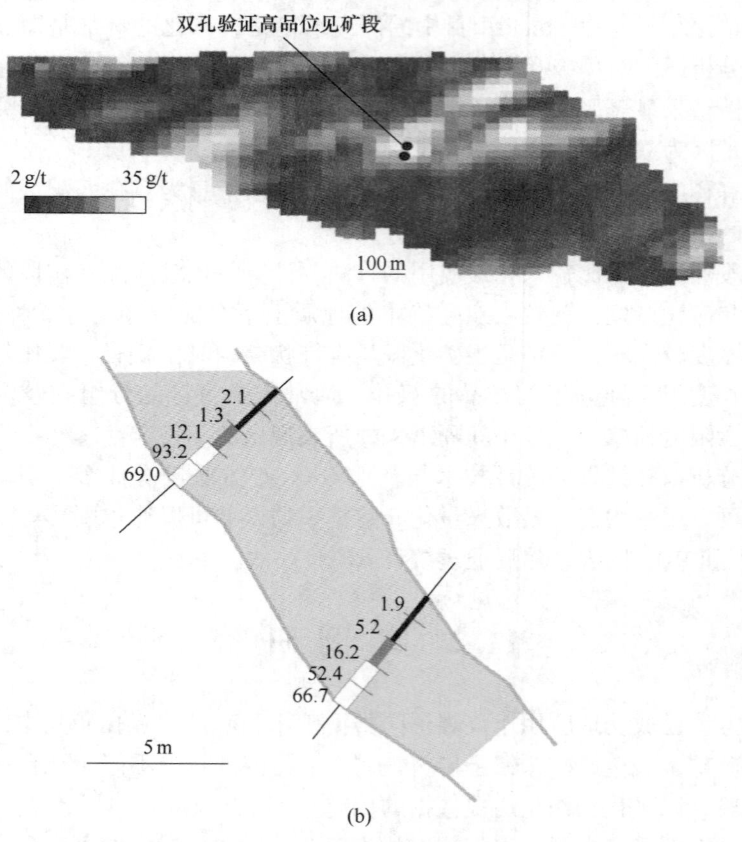


图 11.3　双孔对造山型金矿高品位见矿段的确认
（转载自参考文献［4］，经加拿大矿业冶金石油研究所许可）
（a）显示双孔位置的纵剖面图（向北）；（b）剖面图（向西），
显示在高品位金矿脉上施工的双孔（数值表示样品的 Au 品位，g/t）

第一个例子（图 11.3）来自加拿大的一个造山型金矿。项目团队认识到高品位域的存在，并通过加密钻探部分地圈定了高品位域。但是，由于该项目包括几个钻探阶段，项目管理部门选择将一些较早钻出的高品位钻孔与新钻孔成对进

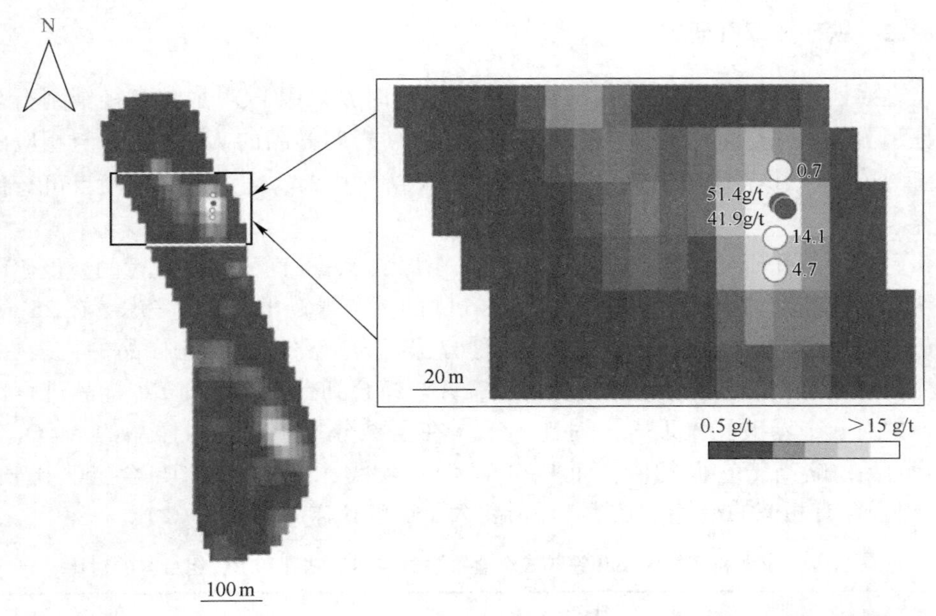


图 11.4 西澳大利亚 Norseman 矿区，用加密钻探圈定一个造山型金矿的高品位带（转载自参考文献［4］，经加拿大矿业冶金石油研究所许可）

行核查（表 11.1）。在详细研究域的结构解释和加密钻探表明，高品位的见矿段走向长有 50~70 m，宽约为 25 m（图 11.3a）。在距离原始孔位 1~5 m 的范围内施工双孔，有时距离可达 10 m。这被认为是可以接受的，因为已经了解了金矿的结构和高品位段的规模（图 11.3b）。尽管发现双孔之间存在显著差异（$CV_{AVR}$=51%），但双孔总体上证实了之前报告的品位（表 11.1）。这种程度的变化被认为是可以接受的，因为矿床的特点是高度的短变程变化。金品位的相对块金效应约为 40%。

第二种情况（图 11.4）是在西澳大利亚 Norseman-Kambalda 绿岩带的一个造山型金矿中观察到的。在该矿床进行的第一阶段圈定资源量的钻探，确定了常规露天矿经济开采的潜在可行资源。但是，人们认识到，资源估算错误的主要风险与两个高品位旧孔的结果有关，特别是位于该矿床北部的一个关键钻孔见矿段的长度加权平均品位为 51.4g/t。为了减少这种风险，还进行了额外的钻探。这一高品位域首先通过施工双孔得到确认，验证值为 41.9 g/t（图 11.4），然后沿着矿化走向钻几个孔来研究高品位旧孔的延伸情况。

每隔 15~20 m 的新孔表明，高品位的旧孔见的高品位矿，沿走向延伸不到 30 m，在倾向方向大约是该规模的一半（图 11.4）。当这些发现被纳入修订后的资源模型时，它对露天矿的设计、生产进度和项目经济造成了重大的影响。

### 11.2.2 铁矿床双孔研究

在对西澳大利 Pilbara 地区某铁矿进行评价时，采用 PQ[1]岩芯直径金刚石孔验证了 RC 孔的质量，结果如表 11.1 所示。PQ 岩芯样品的 $Al_2O_3$品位与相应的 RC 样品的 $Al_2O_3$品位差异不显著[2]，因此 RC 钻井技术的结果可用于项目可行性研究。

另一项双孔研究是在位于 Pilbara 地区东部的 Yandi 露天铁矿进行的。该矿山采用的品位控制方法是基于间距为 6 m×6 m 的生产爆破孔采样，考虑了在 25 m×25 m 网格上分布的金刚石钻孔的另一种方法。为了评估爆破孔样品的代表性，首先将它们与全爆破孔锥品位进行比较，并与组合到台阶高度的 RC 样品进行比较，共对 6 个爆破孔锥取样。对比显示，在全锥分析中，孔内样品的 $Al_2O_3$和 $SiO_2$的品位略高于它们的值，而 Fe 的品位则较低（表 11.2）。与全锥法比较，RC 组合样有相似的趋势，但是，差异要大于爆破孔样品（表 11.2）。

**表 11.2 澳大利亚岩 Yandi 铁矿 6 个全锥品位与相应钻孔和 RC 组合样的对比**

| 品位/% | Fe | $SiO_2$ | $Al_2O_3$ |
|---|---|---|---|
| 全锥样品 | 58.18 | 6.38 | 1.14 |
| 爆破孔样品 | 58.59 | 6.16 | 1.06 |
| RC 孔样品 | 59.01 | 5.8 | 1.02 |

该研究继续拓展到 RC 钻孔和爆破孔，共得到 12 对 RC 钻孔和爆破孔资料。新的结果与表 11.2 中显示的关系相似，但结果的变化性更大。为了调查双孔之间变化较大的原因，所有可用的 RC（和/或金刚石）孔和爆破孔的距离小于 1 m,都从矿床钻孔数据库中提取，将金刚石孔组合到台阶高度，并与爆破孔品位进行比较。结果表明，爆破孔平均品位与 RC（和/或金刚石）品位之间的距离小于 1 m 时一致（表 11.1）。随着距离的增大，匹配的孔对之间的品位差异也增大。$Al_2O_3$品位变化系数由 1 m 时的 23.8%增加到 5 m 时的 30.1%和 10 m 时的 35.7%。基于这些结果，可以得出结论，在该矿山使用 RC 钻孔进行品位控制并不一定比爆破孔样品获得更好的结果，因此，品位控制程序保持不变。

### 11.2.3 砂矿矿床：旧钻孔的验证

空气反循环取芯是钛铁矿、金红石、锆英石、榍石等重矿物砂矿床资源确定

---

[1] 绳索取芯钻探钻具外径国际系列标准：$\phi_{PQ}=122$ mm，$\phi_{BQ}=60$ mm，$\phi_{NQ}=76$（钻杆直径为 71 mm、钻头为 75.5 mm），$\phi_{HQ}$96 mm，$\phi_{SQ}=150$ mm，$\phi_{AQ}=48$ mm。——译者注

[2] $Al_2O_3$ 和 $SiO_2$ 的 $t$ 值分别为 1.31 和 0.37。自由度为 50 的 $t$ 分布的置信上限是 2.01。——编者注

的常用技术。然而，基于作者的经验，在某些情况下，含重矿物的砂矿体、地下水位深度、砂矿的黏土含量和其他因素，空气反循环钻可能系统地低估了重矿物总量（THM）的品位。潜在误差可以通过钻双孔来测试和量化，过去使用的是三管金刚石岩芯钻探，最近则使用声波钻探。

图 11.5 所示是非洲 Ti-sands 项目的案例研究，摘要如表 11.1 所示。矿化区分布在几个总厚度超过 100 m 的地层单元内。通过将历史空气反循环孔与三管金

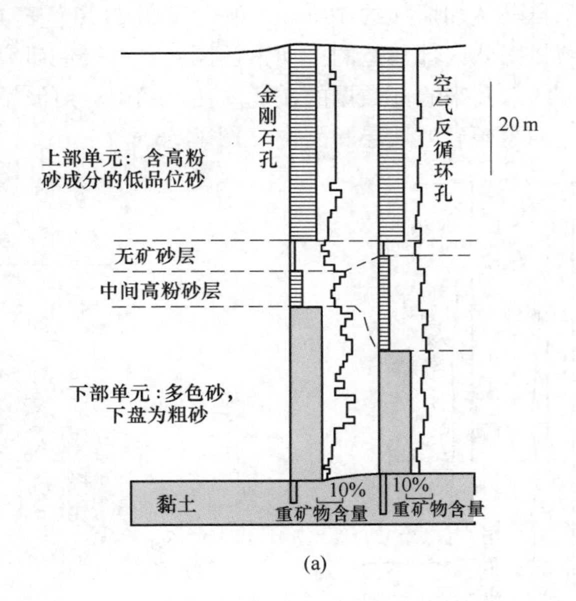


(a)

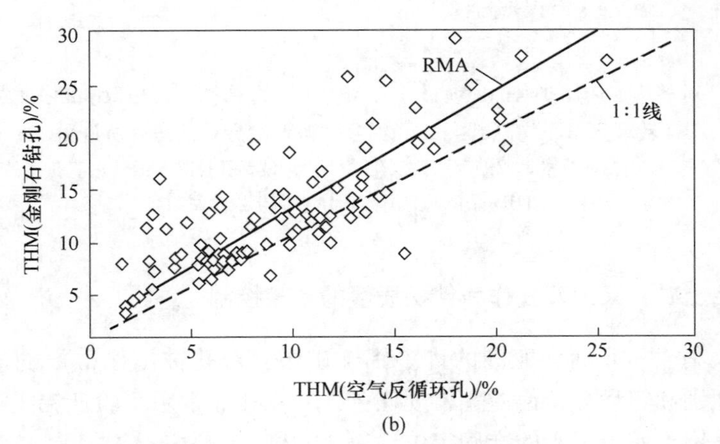


(b)

图 11.5 双孔方法用于验证非洲 Ti-sands 项目的历史数据

（THM 为重矿物总量，转载自参考文献［4］，经加拿大矿业冶金石油研究所许可）

（a）由三管金刚石钻探实施的双孔钻孔，双孔之间的水平距离（小于 5 m）不按比例计算；

（b）金刚石钻孔与空气反循环钻孔 THM 品位的散点图（RMA：简化主轴回归）

刚石岩芯孔成对进行对比（图11.5a）。所有的测定间隔为3 m，将匹配的样品对绘制在图11.5b的散点图上，并进行统计分析。结果表明，旧空气反循环钻孔案例中存在低估THM品位的倾向。从图11.5b中RMA线与第一平分线（1∶1线）明显不匹配，可以看出空气反循环钻岩芯样品的误差。双孔分析表明，除了与砂矿岩性和矿物学有关的因素外，当采样单元位于地下水位以下时，空气反循环岩芯样品的误差增加。

另一个例子来自马达加斯加的Ti-sands项目（图11.6、表11.1）。该矿床首先是使用一个由项目团队内部建造的振动钻钻探。在可行性研究阶段，通过使用商用声波钻探钻成的双孔来验证数据的质量。在本例中，声波钻探完全证实了由旧振动钻探所确定的重矿砂的地层和品位（图11.6）。

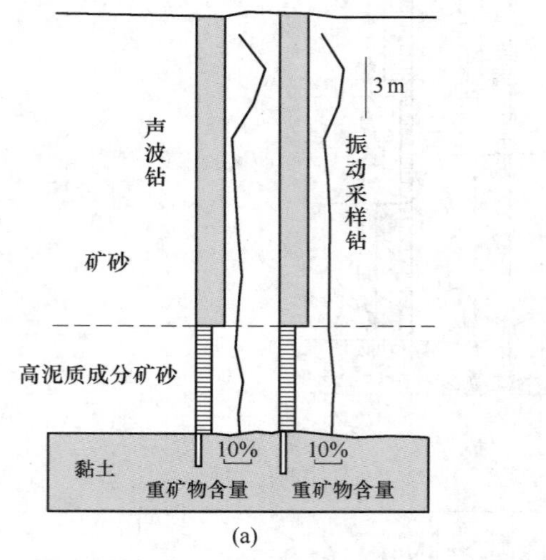


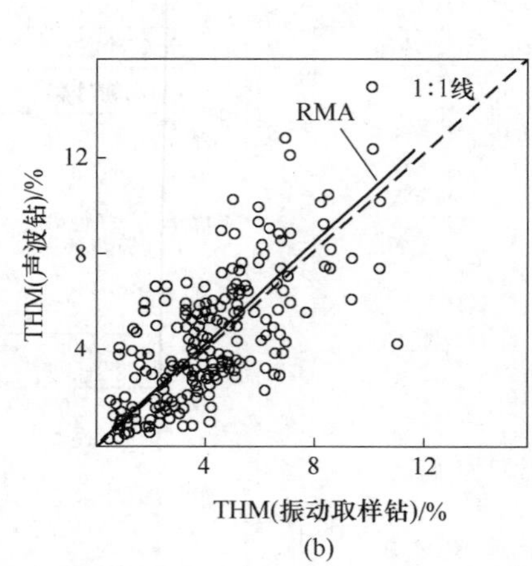


图11.6　对马达加斯加Ti-sands项目（THM：重矿物总量）历史双孔勘探数据的验证（转载自参考文献［4］，经加拿大矿业冶金石油研究所许可）

（a）使用振动技术钻成的声波钻双孔；（b）声波钻孔样品与振动钻双孔样品的THM品位散点图（RMA：简化主轴回归）

### 11.2.4　铝土矿：采用双孔作为钻探质量的常规控制

在澳大利亚、非洲和亚洲的许多铝土矿中，双孔被用作常规的质量控制技术。除了甄别和定量分析偏差等常规任务外，双孔通常用于验证铝土矿、煤层厚度，并确保铝土矿上下盘的准确定位（图11.7）。因为许多铝土矿体都很薄，平均厚度小于3 m，双孔对于确保良好地控制采矿损失和贫化是必要的。

当双孔作为常规QA/QC程序的一部分使用时，应在第一孔之后立即施工第二孔。这就保证了双孔对钻井质量的良好控制，并在重复样品和参考资料的基础

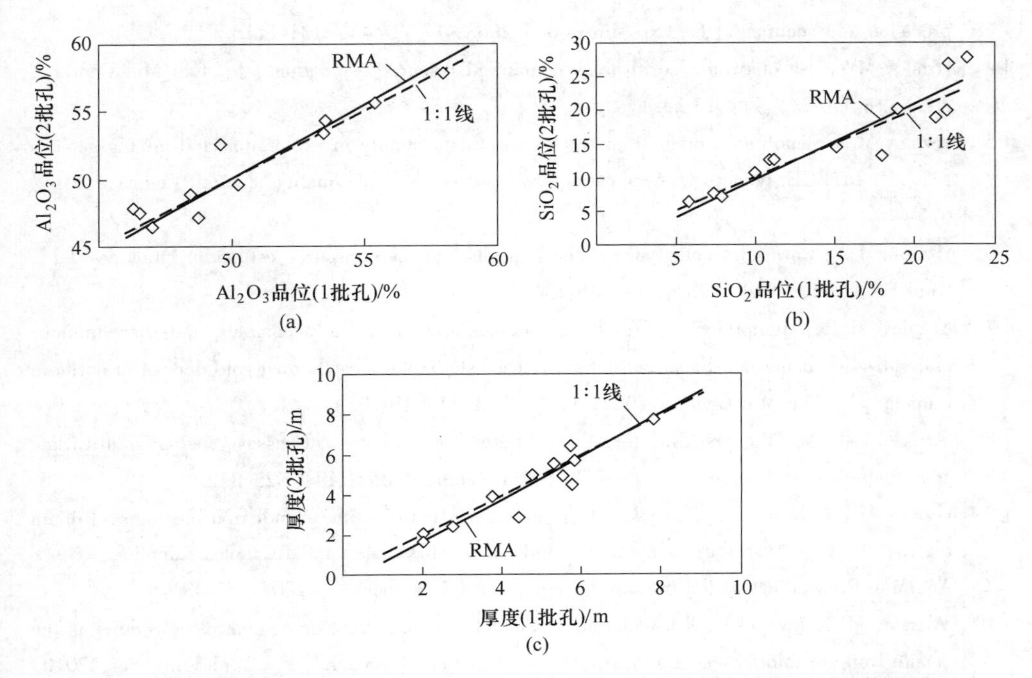


图 11.7 澳大利亚 Weipa 矿床（RMA：简化主轴回归）双孔铝土矿品位和厚度验证（转载自参考文献［4］，经加拿大矿业冶金石油研究所许可）

（a）$Al_2O_3$；（b）$SiO_2$；（c）厚度

上补充了传统的 QA/QC 方法。

图 11.7 为澳大利亚 Weipa 铝土矿所施工的双孔实例，其中双孔充分证实了之前的钻探结果，研究变量的 RMA 估计函数与散点图上的 1∶1 线重合。值得注意的是，厚度和 $SiO_2$ 品位比 $Al_2O_3$ 品位具有更大的变异性。厚度和 $SiO_2$ 品位的变化系数分别为 12.5% 和 9.7%，而氧化铝的 $CV_{AVR}$ 为 1.9%（表 11.1）。这些结果与这些变量的方差分析一致。$Al_2O_3$ 品位变异函数曲线表现为较小的块金效应（10.5%），而厚度和 $SiO_2$ 品位值表现为较大的短程变异性，其变异函数曲线表现为较大的块金效应。

## 参 考 文 献

［1］ Abzalov M Z. Gold deposits of the Russian North East (the Northern Circum Pacific): metallogenic overview ［C］//AusIMM. Proceedings of the PACRIM '99 symposium. Melbourne, 1999: 701-714.

［2］ Abzalov M Z. Granitoid hosted Zarmitan gold deposit, Tian Shan belt ［J］. Uzbekistan. Econ Geol. 2007, 102 (3): 519-532.

［3］ Abzalov M Z. Quality control of assay data: a review of procedures for measuring and monitoring precision and accuracy [J]. Exp Min Geol J. 2008, 17 (3/4): 131-144.

[4] Abzalov M Z. Use of twinned drill-holes in mineral resource estimation [J]. Exp Min Geol J. , 2009, 18 (1/2/3/4): 13-23.

[5] Abzalov M Z. Sampling errors and control of assay data quality in exploration and mining geology [C]// InTECH. Ivanov O. Application and experience of quality control. Vienna, 2011: 611-644.

[6] Abzalov M Z, Bower J. Geology of bauxite deposits and their resource estimation practices [J]. Appl Earth Sci, 2014, 123 (2): 118-134.

[7] Abzalov M Z, Humphreys M. Resource estimation of structurally complex and discontinuous mineralization using non-linear geostatistics: case study of a mesothermal gold deposit in northern Canada [J]. Exp Min Geol J, 2002, 11 (1/2/3/4): 19-29.

[8] Abzalov M Z, Pickers N. Integrating different generations of assays using multivariate geostatistics: a case study [J]. Trans Inst Min Metall, 2005, 114: B23-B32.

[9] Abzalov M Z, Menzel B, Wlasenko M, et al. Grade control at the Yandi iron ore mine, Pilbara region, Western Australia: comparative study of the blastholes and RC holes sampling [C]// AusIMM. Proceedings of the iron ore conference 2007. Melbourne, 2007: 37-43.

[10] Abzalov M Z, Menzel B, Wlasenko M, et al. Optimisation of the grade control procedures at the Yandi iron-ore mine, Western Australia: geostatistical approach [J]. Appl Earth Sci, 2010, 119 (3): 132-142.

[11] Annels A E. Mineral deposit evaluation, a practical approach [M]. London: Chapman and Hall, 1991: 436.

[12] AusIMM. Australaisian code for reporting of exploration results, mineral resources and ore reserves Code: JORC [S]. Melbourne, 2012, 44.

[13] Davis J C. Statistics and data analysis in geology [M]. 3nd. New York: Wiley, 2002: 638.

[14] Gilfillan J F. Testing the data—the role of technical due diligence [C] //AusIMM. Ore reserves and finance seminar. Melbourne, 1998: 33-42.

[15] Lawrence M J. Behind Busang, the Bre-X scandal: could it happen in Australia? [J]. Aus J Min, 1997, 12 (134): 33-50.

[16] Peters W C. Exploration and mining geology [M]. 2nd. New York: Wiley, 1987: 706.

[17] Pitard F F. A strategy to minimise ore grade reconciliation problems between the mine and the mill. Mine to mill [J]. Melbourne: AusIMM, 1998: 77-82.

[18] Sinclair A J, Bentzen A. Evaluation of errors in paired analytical data by a linear model [J]. ExpMin Geol, 1998, 7 (1/2): 167-173.

[19] Sinclair A J, Blackwell G H. Applied mineral inventory estimation [M]. Cambridge: Cambridge University Press, 2002: 381.

[20] Stanley C R, Lawie D. Average relative error in geochemical determinations: clarification, calculation and a plea for consistency [J]. Exp Min Geol, 2007, 16: 265-274.

[21] Vallee M, David M, Dagbert M, et al. Guide to the evaluation of gold deposits [J]. Geological Society of CIM, 1992, 45: 299.

# 12 数 据 库

**摘要：** 介绍了构建和管理关系数据库的主要原则，并对有效的数据输入和数据库管理提出了实用的建议。事实表明，在储存和操作大量数据方面的有效做法，取决于同等程度的数据库软件、支持文件结构、健全的数据库管理做法和遵守严格的实地数据采集协议。

需要强调的是，不良的数据库管理做法，特别是对野外和办公室等数据流的低效监测，可能会降低关系数据库的性能。

**关键词：** 关系数据库；数据流；元数据

现代矿山作业使用大量不同的采样数据，这些数据需要一起存储在数据库中。数据的一种实用布置方法是将信息分布在几个表之间，这些表使用关键字段链接在一起。这个系统被称为关系数据库。

目前矿山行业使用的数据库各不相同，有从相对简单的内部开发系统到复杂的软件包，例如专门针对矿业行业需求的 ACQUIRE。尽管关系数据库的复杂性不同，但它们都有一个共同的特点，即它们的设计目的是有效存储和操作包含各种类型信息的大量数字数据，从而方便访问存储的数据。

本章讨论了矿山勘探地质关系数据库的构建和高效管理的主要原则，强调了数据库结构设计不当会降低关系数据库的性能。

对数据流的正确管理是确保数据传输、完美无缺和数据不会因电子数据处理程序不理想而改变或丢失的一个基本要求。本章为有效的数据输入和数据库管理提出了实用的建议。

## 12.1 数据库的构建

从项目一开始就正确设置数据库结构尤为重要。取样数据的储存方式应能迅速汇总评价一个矿床的资源和储量所需的所有资料，拟订准确的采矿计划和安排生产质量控制。

除了样品的主要特征，有必要存储所有辅助信息，例如钻探日期和分析结果、实验室和分析方法，以及许多其他样品的特征和钻探活动细节，这些简单而有效的评估数据是非常重要的。不可能将所有变量信息存储在一个表中，数据库管理员通常将其引用为平面表。这样的一张表格显得冗长而烦琐。布置数据的一种实用方法是将信息分布在几个表之间，这些表使用特定的关键字链接在一起（图 12.1）。该系统被称为关系数据库。

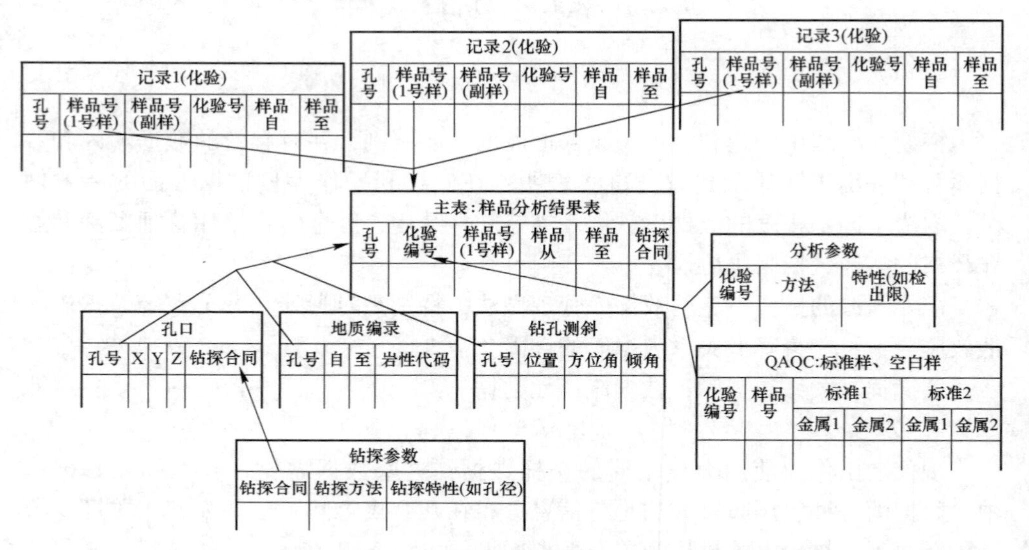


图 12.1　关系数据库结构示意图（不同类型的数据分布在使用关键字链接的表中）
（转载自参考文献［2］，经澳大利亚采矿和冶金研究所许可）

基于个人的经验，笔者建议对关系数据库进行如图 12.1 所示的排列。主表应包含钻孔号、样长、样品号和样品分析值，并可包含样品的其他特征，如岩芯采取率。钻孔号和样品号是将主表中的样品信息与包含钻孔信息的其他表连接起来的关键字，因此项目经理从一开始就必须确保这些字段是唯一的（图 12.1）。这些附加表格包括孔口坐标、钻孔测斜结果和数字地质编录。

上述 4 张表涵盖了采样数据的主要类型，大多数现代资源建模软件都使用了这些数据，因此，图 12.1 所提出的结构可以将数据从数据库完美地传输到专用软件。图 12.1 中提出的结构并没有列出所有可能的数据类型，而是显示了主要的原则，数据在表之间的分布遵循大多数采矿软件所接受的约定。其他数据，例如地质素描或数字地球物理，可以添加为单独的文件，通过指定的关键字连接到主表。

重要的是要确保存储的原始数据不与新创建的值或派生数据（例如为每件样品计算的 $X$、$Y$、$Z$ 坐标）混合在一起。应该清楚地识别包含数据库软件生成的值的字段。

应特别注意质量控制数据（QA/QC）的适当存储，包括各种重复样品、重复测定、标准样和空白样。将 QA/QC 数据存储在主表中和主样品一样保存是一种较差的做法。更有效的方法是将 QA/QC 数据存储在单独的表格中（图 12.1），通过关键字将其与相应的测试结果按批次链接起来。

良好的关系数据库不应局限于只储存地质建模和资源估算所需的数据。它们还应该包括元数据或“关于数据的数据”。通常从钻探承包商、野外地质学家和分析实验室收到大量的辅助资料，所有这些资料都需要系统地储存在关系数据库中。Long 提出了一种实用的方法来存储所有额外的信息，而不会使数据库表过于烦琐。大多数重要的辅助信息都记录在数据表的标题处，这些数据表是从负责钻探施工、文件编制、样品收集、分析人员和实验室获得的。例如，几乎所有与分析技术有关的辅助信息通常都显示在从实验室收到的化验报告的标题上。将这些信息输入到同一关系数据库中的单独表中，可以存储、分析所有与实验室、技术、人员和分析日期相关的关键事实。该信息通过表中唯一编号的关键字段链接到相应的样品表。这个关键字段应该作为附加列添加到样品表中。在实践中，可以使用报告的日期和实验室名称的组合作为组合关键字。

有关钻探参数的辅助信息，包括类型、日期、钻机公司、钻机类型、钻头直径和钻机名称，通常记录在钻探合同中。它们可以存储在同一关系数据库的不同表中。这些数据通过表示钻探合同的关键字段（图 12.1）和包含样品分析的主表链接，在某些情况下也可通过钻孔编号关键字段与主表链接。根据辅助信息的数量，数据库管理员将选择是将数据存储在单独的表中，还是简单地向包含孔口坐标的表中添加几个额外字段。同样的原理也适用于存储测斜数据和地质编录数据。

关系数据库结构很灵活，允许在所有表中的所有记录之间不存在关系的情况下使用。例如，一个表中记录的钻孔数量可能比样品分析表中的更多（图 12.1）。当一些钻孔没有完成，或者项目地质学家选择对没有打到矿化的钻孔不取样时，就会发生这种情况。如果没有钻孔坐标的记录，例如没有进行测量，则可能出现相反的情况。数据库中丢失数据是有合理原因的，但是丢失或不正确的数据可能是数据输入错误和糟糕的数据库管理造成的。尽管关系数据库的记录不匹配，在技术上是可能的，但这种做法不是最优的，并且在分析数据时可能造成相当大的混乱。因此，从实际的角度来看，最好确保在所有 4 个主要表格中记录相同的钻孔数量：样品化验表、孔口表、地质编录表和测斜表（图 12.1）。如果一些数据不可用，如在上述例子中，当一个钻孔没有取样或记录，这个孔可以在相应的表中通过单个记录在它的孔口表标明这个钻孔没有样品。在孔口表中添加一个附加字段也很有用，该列记录了与钻探发生的任何相关问题的说明。数据中无法解释的缺失以及缺失记录的文档，都会降低数据的可靠性，并引起对数据库管理的关注。这甚至可能导致在外聘审计员审查采矿项目时需要进行更多的正式数据核查研究。

## 12.2　数据输入

数据可以通过键盘或电子形式手动输入到中央数据库。目前常用的做法是电子输入数据，电子文件通常直接从分析实验室和数字数据捕获设备（如野外地质学家用于钻孔记录的掌上电脑）转移到数据库。在计算机和用户友好的软件成为行业的常规之前，通过键盘输入数据是主要的方式，这发生在 20 世纪 90 年代。因此，在现代采矿业中，从键盘手动输入数据已经过时，很少使用。

### 12.2.1　电子数据传输

目前，数字设备的电子数据传输是数据进入数据库的首选方法。但是，重要的是要记住，这种技术不能保证数据复制到数据库时没有错误。良好的做法是在电子传输数据时辅以实验室检测表的打印硬拷贝，该硬拷贝也可以作为经过认证的 PDF 文件发送。每次数据通过电子传输时，地质工作人员应检查输入的数据，并将其与实验室或地质承包商提供的 PDF 文件进行比较。检查机制至少应该包括对基本统计数据、总和、平均值和方差的比较，这些基本统计数据是由新输入的数据的列和接收到的文件中的相应列计算出来的。实验室可以在不通知的情况下改变所测金属的报告单位，例如从 $10^{-4}$改变到 $10^{-5}$。输入这样的数据而不进行调整会导致数据库中出现不兼容的记录。因此，在数据传输之前，数据库管理员应该检查它们与已经存储在数据库中的数据的兼容性。所需的辅助信息可以从分析报告的表头中获得，因此，重要的是将报告表头保存在数据库中，并将其链接到图中所示的相应样品（图 12.1）。但是，如果这个错误在数据输入时没有被发现，那么在以后的阶段找到这些不兼容的数据将会是一个耗时和耗费精力的工作。

从实验室或承包商那里收到的所有原始文件都必须保存，并仔细存储以确保数据的可审核性。后者是适当报告矿物资源和矿石储量的关键要求之一。

### 12.2.2　键盘数据录入

在现代采矿业中，手工数据录入基本上已经过时，几乎完全局限于对旧的遗留数据进行数字化。当用键盘输入数据时，输入错误的可能性很高（图 12.2）。Long 提出，手工输入数据的质量标准为每 10000 击键中不超过一个错误。缺乏经验的数据输入人员可能会犯更多的错误。需要采取特别的预防措施，以确保数据库没有键入错误。

如果数据是手动输入的，那么最佳实践是由两个不同的人输入两次数据。这个过程被称为双重录入程序。在数据输入后，将独立输入的数据集进行比较，当

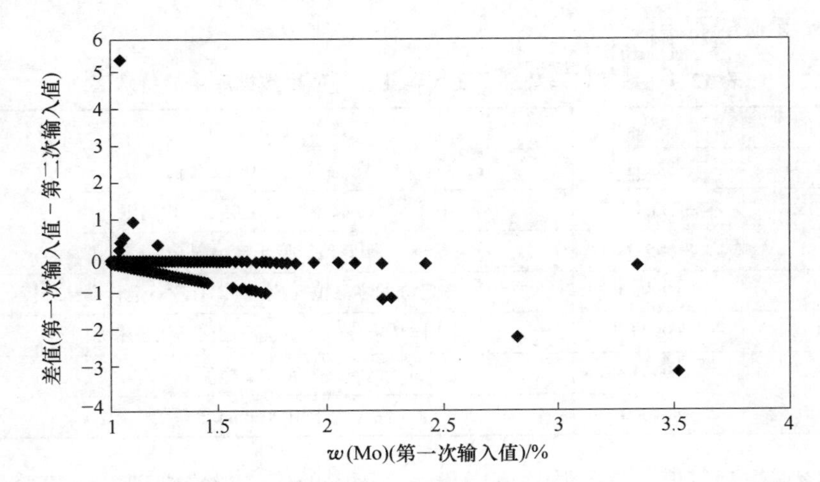


图 12.2 同一数据两次输入比较的甄别图（双输入法）（Moporphyry 项目，俄罗斯）

匹配的数据对不同时，这表明这个数据集的数据输入错误。比较的方法是将一组的值从另一组中减去，然后在图上画出与第一组的差值（图 12.2）。

如果正确地输入了数据，两个数据集中的值将是相同的，它们的差将等于零。两个比较值之间的任何其他差异（不等于零）将表明其中一个数据集中存在输入错误。这些记录需要与原始记录进行比较并加以校正。严格应用此程序可以获得一个没有键入错误的高质量数据库。

在检查由手工数据输入编制的数据库时，比较数据库中大约 5%的记录与其分析表中的原始值是一个很好的做法。对于解释有人担心输入的数据不准确的顾虑，使用双重录入方法这一点尤其重要。

### 12.2.3 特殊值

分析结果表可以包含诸如 TR 值、表示给定元素的含量，<X 表明分析元素含量低于检出限 X，也会遇到大于特定值的符号（>X），虽然他们是不常见的低于检出限的值。丢失的样品有时用 LS 表示，未分析的样品用 NA 表示。这些值都表示为特殊值，需要在数据库中正确管理。在有数值的测试字段中，将字母数字记录和文本字符混在一起是不方便的，因此所有特殊值通常都由数值代替。一种常见的做法是使用特殊的无歧义的编码来代替相应的分析结果中的特殊值。

表 12.1 显示了作者在金矿项目中使用的代码示例。这些编码允许保存记录在原始分析表中的所有重要信息，同时这些值可以很容易地被更合适的值所替代，以供进一步的数据处理。数字编码和与之匹配的特殊值应被清楚地记录下来，并指导所有人员进行使用。笔者审计了一个钻石矿，该矿的储量被错误地高

估了，原因是有些未取样的无矿间隔被错误地解释为丢失了样品，并将高品位值外推到了无矿岩石上。

**表 12.1 数字代码替换了澳大利亚金矿项目数据库中的特殊值**

| 特殊值 | 数字代码 | 说 明 |
|---|---|---|
| <0.1 | -333.1 | Au 品位低于 0.1 g/t 检出限 |
| <0.05 | -333.05 | Au 品位低于 0.05 g/t 检出限 |
| TR0.1 | -555.1 | 跟踪值，低于检出限 0.1 g/t |
| 0 | -9990 | 由于已知的零品位（废石），有意不进行样品分析 |
| NA | -9999 | 样品未分析、重量不足或其他技术原因 |
| LS | -9991 | 丢失了样品 |
| >1000 | -881000 | 品位大于 1000 ppm 分析的上限 |

应特别注意零值，这是数据库中最令人困惑的值，很难管理。不清楚是否为零表示所测值低于检出限，或未对给定的样品进行分析。用零来表示检出限以下的值是不切实际的，因为给定元素的检出限可能会由于更换实验室、升级实验室程序、更新设备而改变。一般来说，数据库中应该避免零值，这意味着应该调查所有遇到的零值，并将零替换为适当的数字代码（表 12.1）。

## 12.3 数据流的管理

作者见过许多数据库具有良好的输入程序，但仍然包含错误输入的数据。对许多矿山的数据库管理程序的分析可以得出结论，主要原因是对数据流的管理效率低下。不幸的是，许多公司将数据库管理的责任交给了数据库管理员。所有数据都通过电子方式转移到中央数据库，预期该数据库的管理员对数据质量进行全面和严格的检查，以确保没有错误。使用这种方法的问题是，数据通常以更大的容量和速度传输到中央数据库，即使数据库管理员每天工作 24 h，也无法处理这些数据。结果几乎总是一样的，数据从捕获设备和实验室直接传送到数据库，希望在稍后阶段得到检查和验证。因此，数据库将被错误"感染"，需要进行特殊的清理，这可能是耗时的，有时也是耗费财力的过程。经验法则是，一旦错误出现在数据库中，纠正错误所花费的时间是防止错误进入数据库所花费的时间的 4 倍。

但是，这个问题可以通过向数据流添加一个额外的步骤轻松地缓解。作者建议将数据检查和验证的责任转移给负责钻探和取样的高级项目地质学家。每个地点的高级地质学家在将数据发送到中央数据库之前，必须从不同的来源、实验室、野外地质学家、钻探承包商收集所有数据，并确保数据无误。他们还应完成初步的 QA/QC 分析，只有在此之后，他们才授权将数据转移到数据库。添加这个非常简单的步骤可以提高数据库的完整性，并节省大量时间，否则清理受感染的数据库将消耗大量时间。

高级项目地质学家在将数据发送到数据库之前对数据进行审查时，还必须考虑样品的长度，这应符合核准的取样规程。在对钻探岩芯取样时，这一点特别重要，因为地质学家主观地选择取样长度，可能会使样长过短或过长。

最后，必须从数据库中提取数据，以估算矿床的资源和储量。就采矿项目而言，提取数据用于专项研究，如项目评价初期的概略研究、项目成熟时的预可行性研究以及最后用于有资金支持的可行性研究。在运营矿山，每年都会从数据库中提取数据，用于向股东更新储量和资源现状的年度报告。

为了确保所有信息被充分使用，需要对数据进行额外的编辑。基于对地质资源进行广泛建模的个人经验，作者建议为每一个提取的元素创建一个新的列，并用前缀“完成_”或“使用_”表示。在这一栏中，特殊代码（表 12.1）中使用的所有负值应用非负值代替。当给定样品中某个元素存在多个判定时，“完成_”列将包含一个用于资源估计的值。应该清楚地记录在“完成_”列上获取值的方式。

最后，包含提取数据和新创建字段的文件应该保存在单独的备份磁盘、服务器或磁带上，以便进行审查。在这一阶段，数据被转移到专门的采矿软件，以估算资源和储量。将数据安全地备份（冻结）在单独的设备上，可以确保在资源评估期间引入数据的所有可能的更改或错误不会被错误地解释为数据库问题。

## 12.4 数据库安全与保障

数据库是由地质学家、钻探工人、测量员、矿山工人、分析人员、数据录入助理和许多其他人员组成的大型团队收集的数据的最终存储，这些数据是对矿床进行技术和经济评价、矿山设计和作出重要财务决策的基础。如果数据意外丢失，实际上是无法恢复的，因此安全存储数据和确保系统备份是非常重要的。

一个好的做法是每天在夜班备份数据库，并将备份的副本单独存储在一个防火的地方。除此之外，所有输入的数据都应该单独保存在光盘上，光盘应该被妥善地存储在一个安全的地方，并且应该很容易被审查和审计。这同样适用于提取的数据，也应该保存在单独的光盘上，正如在第 11.2.4 节中解释的那样。这对于确保数据处理过程的透明性及其可审核性非常重要。日常数据备份可使技术事故时的损失最小化。如果实验室已经收到了化验单的纸质副本，它们也应该被扫描并保存为 PDF 文件，并存档以备审核。

## 参考文献

[1] Abzalov M Z. Quality control of assay data: a review of procedures for measuring and monitoring precision and accuracy [J]. Exp Min Geol J, 2008, 17 (3/4): 131-144.

[2] Abzalov M Z. Design principles of relational databases and management of dataflow for resource estimation [C]//AusIMM. Mineral resource and ore reserves estimation. Melbourne, 2014: 47-52.

[3] Codd E F. The relational model for database management [M]. 2nd edn. Boston, Addison-Wesley Longman, 1990: 567.

[4] Long S. Practical quality control procedures in mineral inventory estimation [J]. Exp Min Geol, 1998, 7 (1/2): 117-127.

[5] Lewis R W. Resource database: now and in the future [C]//AusIMM. Edwards AC . Mineral resource and ore reserve estimation-the AusIMM guide to good practice. Melbourne, 2001: 43-48.

[6] Sinclair A J, Blackwell G H. Applied mineral inventory estimation [M]. Cambridge: Cambridge University Press, 2002: 381.

# 第 3 部分

# 矿产资源

# 13 数 据 准 备

**摘要**：用于评价矿山项目的数据可以具有不同类型和大小，因此，如果不加以特殊处理，即所谓的数据准备，数据可能不适用于估算资源。本章解释了在资源估算之前进行的数据准备的程序。

**关键词**：组合样；最优组合；特高品位处理

矿山地质学家通常收集和整理大量不同类型的样品，这些样品在矿山地质应用之前需要处理和验证。

## 13.1 组 合 样

为评价一个矿床而收集的样品在大小上可能有很大的差异，因此需要对数据进行规范化，以便估算资源，该过程被称为钻孔数据组合，因为它意味着将不同的样品组合成长度相同且贯穿整个矿床的组合样（图 13.1）。

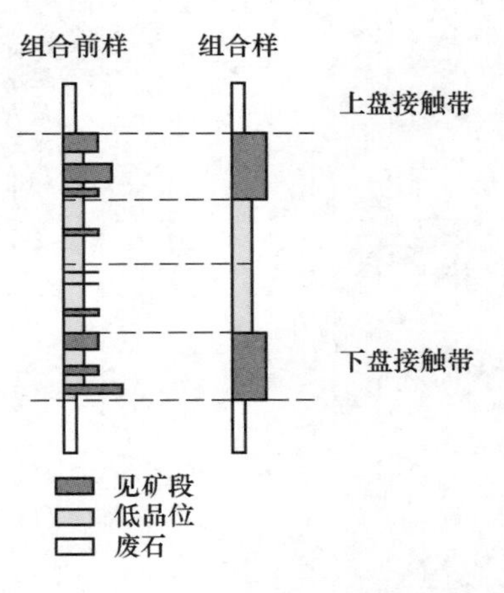


图 13.1 钻孔样品组合示意图

### 13.1.1 数据编码

样品按地质域组合，根据地质接触带调整组合样。一种常见的做法是在矿床中使用一种尺寸的组合样，但是，在某些情况下，不同的域可以使用不同的尺寸，例如岩浆硫化镍矿床中的高品位块状硫化物矿石和低品位浸染型硫化物矿化。这样，就可以按资源域分别对地质接触带进行样品组合。为了确保严格遵循这些原则，对样品进行编码，并在组合算法中使用这些代码来指导组合过程。

数据编码是将样品按它们出现的域进行标记，在组合之前的原始样品上完成。

### 13.1.2　组合算法

最常用于钻孔组合样的方法称为“固定长度组合”和“最佳长度组合”（图 13.2）。这些方法的工作原理如下。

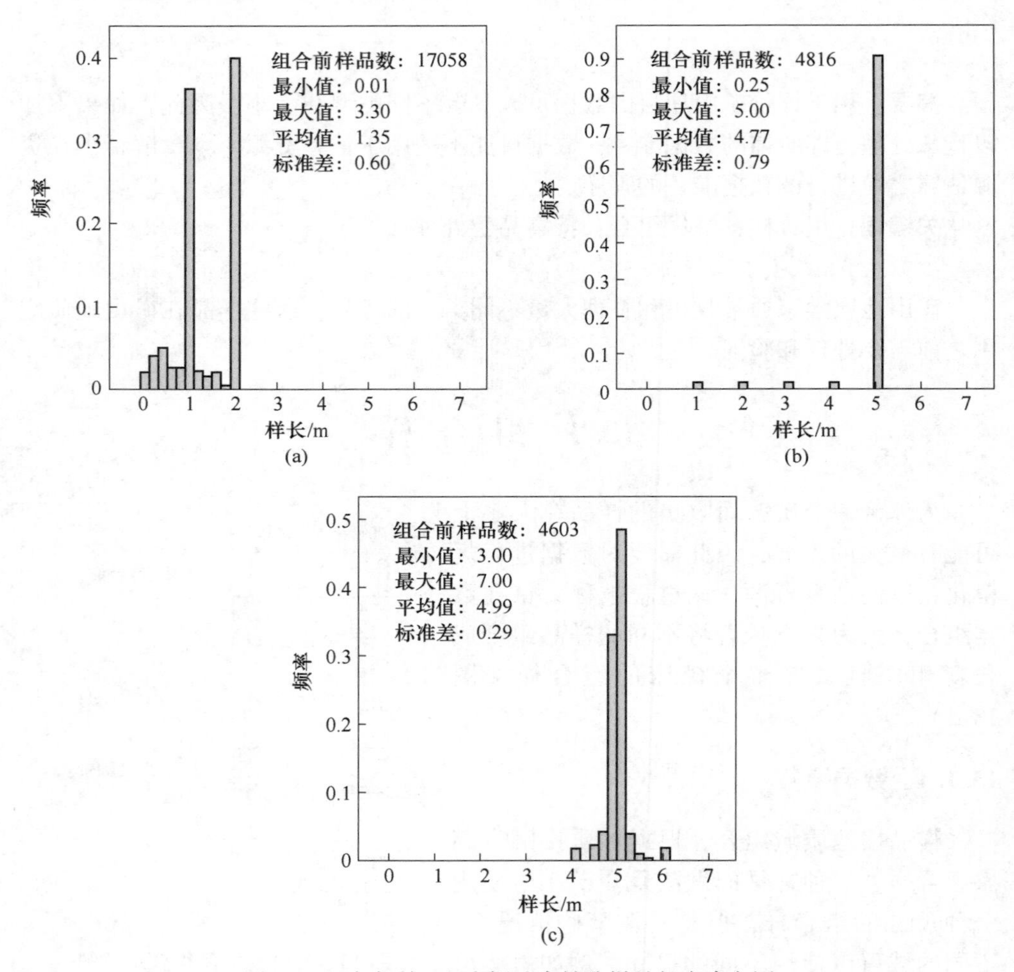


图 13.2　澳大利亚斑岩铜矿床钻孔样品长度直方图
（a）原始（非组合）数据；（b）使用固定长度技术生成的组合（组合样长 5 m，最低样品长度为 0.25 m）；（c）采用最佳长度法生成组合样品（组合样长为 5 m）

固定长度样品组合方法要求将组合长度定义为一个固定值。该方法是对样品进行分组，并按照定义的组合长度对样品进行精确切割。该方法还要求定义最小组合长度，此参数用于决定样品组合后剩余部分或一组样品是保留还是剔除。如果剩余样品（或样品的一部分）的长度大于允许的最小长度，则进行组合并保留，如果长度小于允许的最小组合长度则予以剔除。因此，有可能将一件或多件样品的部分或全部从组合中剔除，这是固定长度组合算法的一个严重限制。将长度小于最小组合长度的残差样品加到最后一个组合长度上，可以部分地解决这一问题。该方法的另一个问题是组合长度的高度偏态分布。

图 13. 2b 中的例子显示了使用固定长度方法组合 5 m 长的组合样的钻孔数据。原始样品的长度为 0. 01~3. 30 m（图 13. 2a）。组合是通过设置最小组合长度为 0. 25 m 来进行的，选择这个长度是为了将数据损失最小化。由于采用了这种方法，组合样长度的直方图特征是存在一条从 0. 25 m 到 5 m 长的尾巴。组合长度的标准差为 0. 79（图 13. 2b），大于标准差为 0. 60 的原始样品长度的变异性（图 13. 2a），因此所得到的组合样对于使用地质统计学方法估算资源来说不是最优的。

采用优化组合算法对相同的数据进行组合（图 13. 2c）。通过调整组合样长度，使其尽可能接近定义的组合长度，最佳长度组合方法迫使所有样品都包含在组合样中。因此，它克服了拒收样品的问题，也没有留下组合样品的长尾。组合样曲线长度直方图紧凑，长度为 3~7 m，平均长度为 4. 99 m，标准差为 0. 29（图 13. 2c），与使用固定长度组合方法生成的组合样的 0. 79 的标准差相比，有了显著提高（图 13. 2b）。

### 13. 1. 3 选择最优组合长度

选择最优组合长度需要研究样品长度和金属品位按样长的分布。首先用直方图表示需要研究样长的变化，（图 13. 2a）。在相同的样品长度范围内研究所含金属（品位×长度）的分布也有助于找到最优的组合尺寸，这些样品长度用于构建样品长度直方图。

构建样品长度直方图时，对于不同类型的样品，应分别研究样品品位与其长度之间的关系。最常见的方法是根据样品长度绘制样品品位来构造散点图（图 13. 3）。

在选择样品组合尺寸时应考虑的要点如下：

（1）组合样尺寸应大于平均样品长度。将大样品分解成小的组合样品是不好的做法，因为它会导致品位在空间上不真实地平滑分布，这将反映在变异函数图中。

（2）组合样长应约为克里格模型所用块尺寸的一半。

（3）组合样不应改变样品的平均品位。任何重大的变化（5%）都应进行调查。

（4）组合样不应改变所含金属的总和（品位×长度）。任何重大的变化（5%）都应该进行调查。

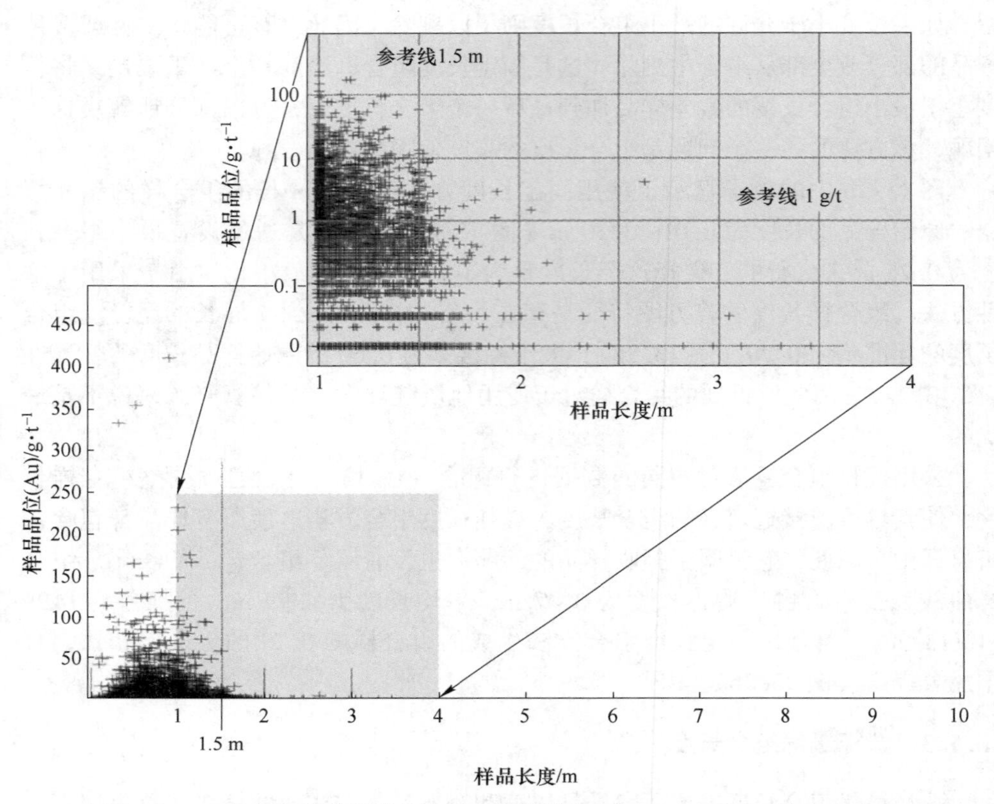


图 13.3　金品位与样品长度的关系（钻孔数据，Meliadine 黄金项目，加拿大）

### 13.1.4　组合分析的验证

为了确保样品的组合不会引入误差，应该将组合后的数据与组合前（原始）数据进行比较，验证组合程序的一种很好的实用方法是通过矿化域计算钻孔见矿段所含金属量，并将组合数据与原始（未组合）样品的结果进行比较。

需要比较三个主要参数：

（1）见矿长度（图 13.4a）。

（2）见矿段含金属总量（图 13.4b）。

（3）平均品位（图 13.4c）。

当组合是准确的，从组合数据估计的所有 3 个参数将与使用原始（未组合）样品的估计值相同。散点图上的数据点沿 1∶1 对分线分布（图 13.4）。当采用最优组合算法时，得到了这些关系（图 13.4）。

图 13.4a 表示单工程见矿的总长度与图上 1∶1 的误差是由于组合样品中剔除了小于最小组合尺寸的部分。总的单工程见矿的变化也会造成金属损失（图

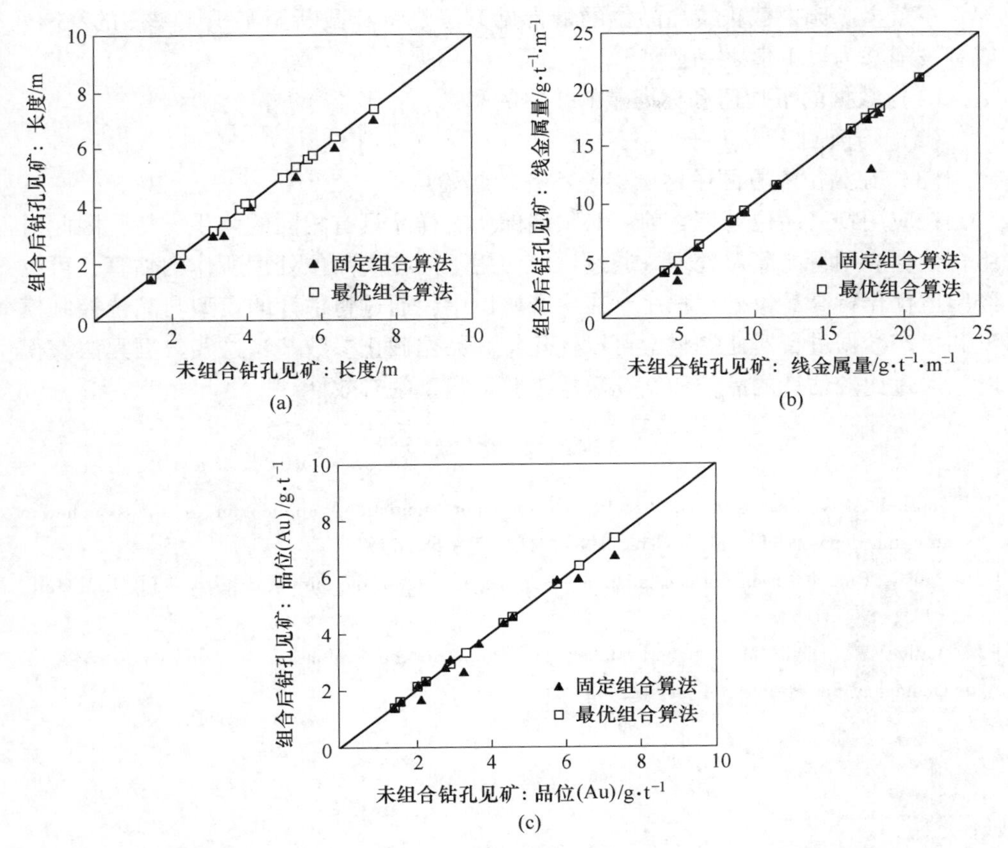


图 13.4　对比组合数据和未组合数据估计的见矿段对组合样进行验证

（a）见矿长度；（b）线金属量（Au）；（c）平均品位

13.4b)，并最终导致对平均品位的错误估计（图 13.4c）。这些是使用固定长度组合时常见的错误。

## 13.2　特高品位的处理

金属量的统计分布高度偏斜，对资源估算构成严重挑战，因为特高品位干扰的危险，这可能导致对资源品位的过高估计。这些特征在金、金刚石、铂和铀矿床中很常见。利用特殊技术，特别是根据品位指示值的地质统计方法估算其资源，以便精确地模拟特高品位的空间分布。当使用传统的线性算法估算这些矿床的资源时，必须处理特高品位，以防止特高品位值的过度影响。这通常被称为边际特高品位、顶部截止或高品位封顶。对每个矿化域都应进行特高品位截止值的统计估计。

在黄金矿床中截止特高品位的最常见方法是将其截断至累积频率图的95%，或者被削减为以下值之一：

（1）数据的平均值和标准差的2倍的和；

（2）均值的4倍；

（3）在品位直方图中尾巴参差不齐的起始点处。

在应用特高品位处理之前，必须确保所有样品具有相同的体积支持，因此对组合数据应用特高品位处理。通过比较使用不同特高品位处理所作的估算，可以经验地优化特高品位处理程序。在生产矿山中，通过将估计的模型与品位控制模型和生产数据进行对比调整，可以优化特高品位截止参数。当这些数据无法获得时，通过比较估计的品位和钻孔数据来验证模型的有效性。

## 参考文献

［1］Journel A G，Isaaks E H. Conditional indicator simulation：application to a Saskatchewan uranium deposit［J］. Math Geol. 1984，16（7）：685-718.

［2］Pan G. Practical issues of geostatistical reserve estimation in the mining industry［J］. CIM Bull，1995，88：31-37.

［3］Vallee M，David M，Dagbert M，et al. Guide to the evaluation of gold deposits［J］. Geological Society of CIM，1992，45：299.

# 14　矿化的地质域

（彩图）

**摘要**：本章讨论了矿化体线框图构建的基本原理，并解释了地质分析的方法。特别强调了地质接触的特征、矿化的构造分析和线框图构造边界值的定义。

**关键词**：线框；接触轮廓；展开

通过建立矿床的三维计算机模型，准确地描述矿化体的形态、空间位置以及影响有价金属或矿物开采的所有地质、工程地质和选冶特征，从而对采矿项目进行评价。这一过程从矿床的地质解释开始，了解和收集矿化体的三维约束所需的所有信息，最终建立其三维地质模型，通俗地称为线框模型。

因此，线框图是一个过程的最终结果，它有一些特定的标准和目标：

（1）确定三维建模的关键属性（可以是品位、岩石类型、矿物含量）。

（2）定义域，被设计用来表示和/或用于资源估算。

（3）研究要建模的变量的内部结构（镶嵌，扩散）。

（4）定义域标准，这可以是一个简单的品位阈值或由化学和地质数据的组合来定义。

（5）接触可以是突变的或渐变的。

（6）根据域对数据进行编码。

（7）创建考虑所有资源属性的域。

（8）测试域，以确保它们满足目标并且在地质上是稳健的。

## 14.1　线　框　图

矿床的三维地质模型通常由勘探和采矿地质学家使用专门的计算机程序构建，该程序将体积限制为线框图（图 14.1a）。线框三角形（图 14.1b）通常被渲染，模型被可视化为实体壳（图 14.1c）。

不同计算机的线框图绘制程序不同，但主要构建原则是相同的：在剖面和平面图上对矿化进行解释，并在选定的剖面处绘制轮廓，剖面上标示矿化岩石与废石的接触点。接触点通常最初在 2D 平面图上勾画出来，然后通过联络线（也称为线串）连接起来，创建一个 3D 模型（图 14.1）。

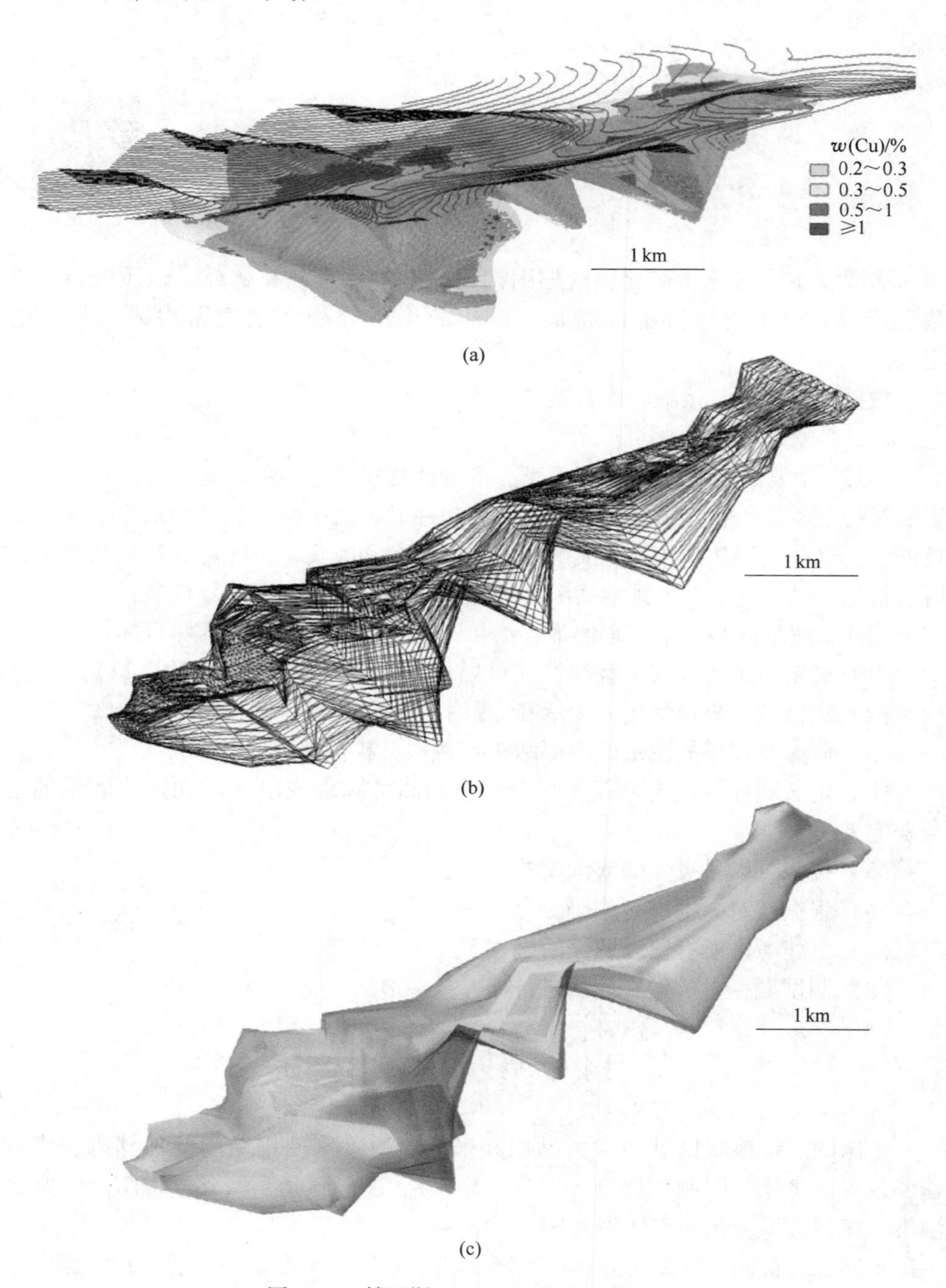


图 14.1 俄罗斯 Peschanka 斑岩型铜矿床

（a）矿床三维模型，矿化边界 Cu 品位为 0.4%；（b）线框模型以 3D 线表示；（c）线框模型作为实体外壳呈现线框图的构造，特别是用连线将二维解释连接起来，需要使用所有现有的地质数据，并往往利用地球物理数据加以改进。在 3D 中约束矿化的程序如下：

（1）成矿接触点特征；

（2）确定矿化的界限值；

（3）矿床构造的地质解释和数据点间的矿化圈定；

（4）验证三维矿床模型，确保其符合矿化类型。

## 14.2 矿化接触的特征

矿化体的接触界线可以是突变笔直的，或者也可以是高度不规则的，可以是渐变的，与赋矿岩石的界线点无关。所有这些特征都需要研究和定量估计。

### 14.2.1 接触线轮廓

从整个界线点的品位分布曲线（图 14.2）推导出突变型或渐变型接触。突变界线的特点是矿化品位的迅速变化，在几厘米的距离内从低品位增加到矿石品位。这种界线通常是地质性质的，代表不同岩石的界线。块状硫化物矿床是一个很好的例子，当块状硫化物越过界线点后，品位立即从赋矿岩石的低品位转变为块状硫化物的高品位。金矿脉也经常有突变的界线，特别是当含金矿脉没有细脉晕和蚀变带时（图 14.3a）。

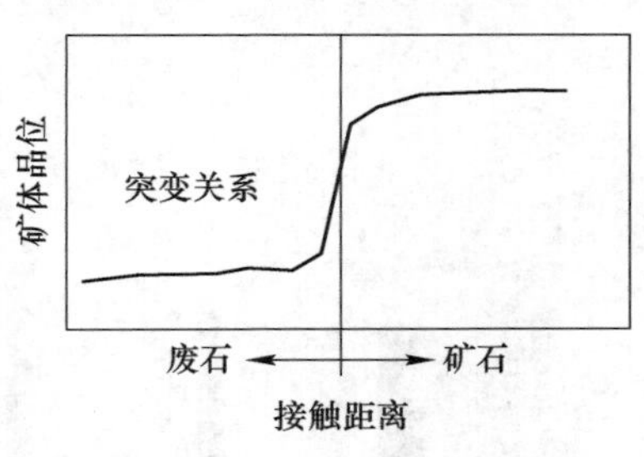


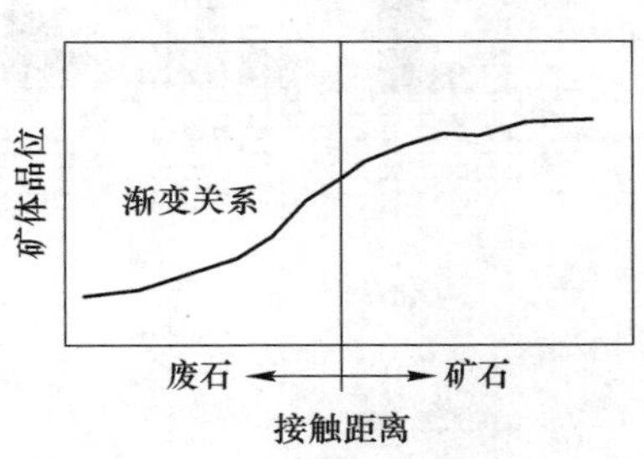


图 14.2 说明突变和渐变的接触关系的示意图

石英脉型金矿（图 14.3b）和浸染型矿化（图 14.4）的矿床中存在不同类型的矿化界线。在这些矿床中，矿化程度逐渐改变，形成条带状界线。这些类型的界线点没有地质表达式，完全由剖面品位决定，而剖面品位应该通过接触区建造，并延伸到无矿的围岩中几米。

两种接触类型均可出现在同一矿体上。浸染型沉积矿化往往具有上盘的渐变接触和下盘的突变接触（图 14.4）。类似的分布剖面出现在浸染型硫化镍矿化的岩浆矿床中。在这些矿床中，矿化的上部界线通常是渐变的，下部界线是突变的。卷状铀矿的特征还包括存在不同类型的界线点（图 14.5）。卷锋具有扩散性质，这一边的界线是渐变的。卷锋的后部是突变的，特点是铀品位从几百 ppm 快速下降到检测限以下。

图 14.3 矿化界线
（a）澳大利亚 Bullen 矿的金矿脉的突变接触；
（b）澳大利亚 Bendigo 金矿的渐变接触

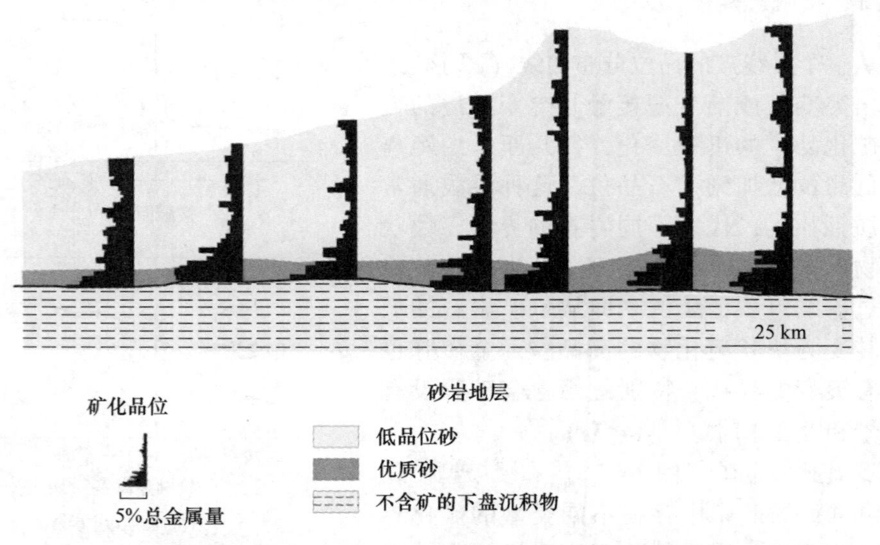


图 14.4 南非共和国 Richards 砂矿床品位上盘渐变界线点和下盘突变界线点

品位分布剖面在矿床的不同部位、不同区域甚至钻孔之间都有差异。因此，实际的表征方法是按域或矿体计算平均剖面。计算过程如下。

（1）地质学家利用早期选择的边界值分析品位分布，识别每个钻孔的界线点。

（2）样品由矿化界线点组成。采用最优组合算法进行组合。

（3）组合样是根据它们相对于界线点的位置分组的。由于组合样的长度不同，组合样按相对于界线点的组合样序号进行分组（图 14.6）。

（4）使用长度加权算法估计每组的平均值。为主要有用元素或有害成分构

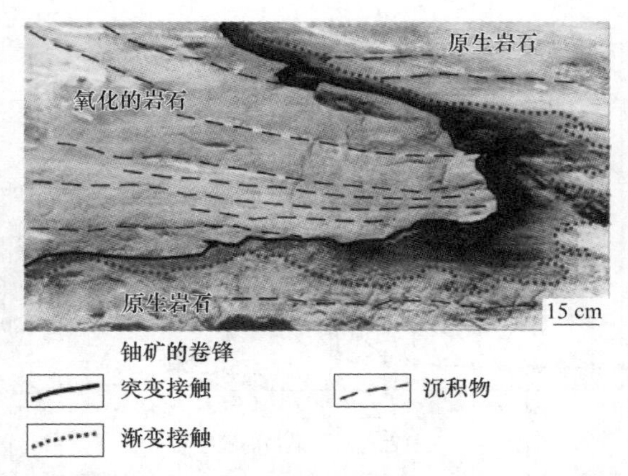


图 14.5 美国怀俄明州 Shirley 盆地的卷状铀矿［深色表示高品位铀矿化（图片由 O. Paulson 提供）］

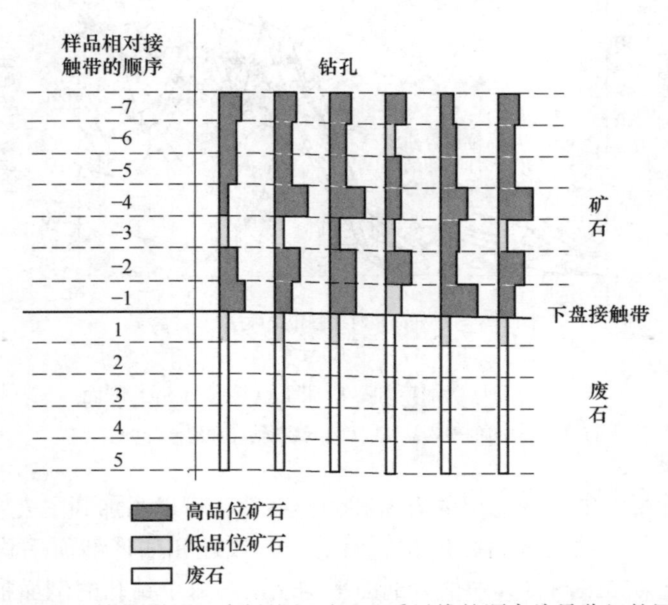


图 14.6 示意图说明组合样按相对于地质界线的顺序编号分组的原理

造轮廓。

（5）界线轮廓是通过绘制估计的平均品位相对于他们的界线距离。距离以组合样的序号表示（图 14.7a）。

（6）在表示剖面界线的图表上显示用于估计平均品位的样品数量是一个很好的做法。这通常在剖面界线图上作为一条单独的线表示，这条线指的是副 $Y$ 轴（图 14.7a）。

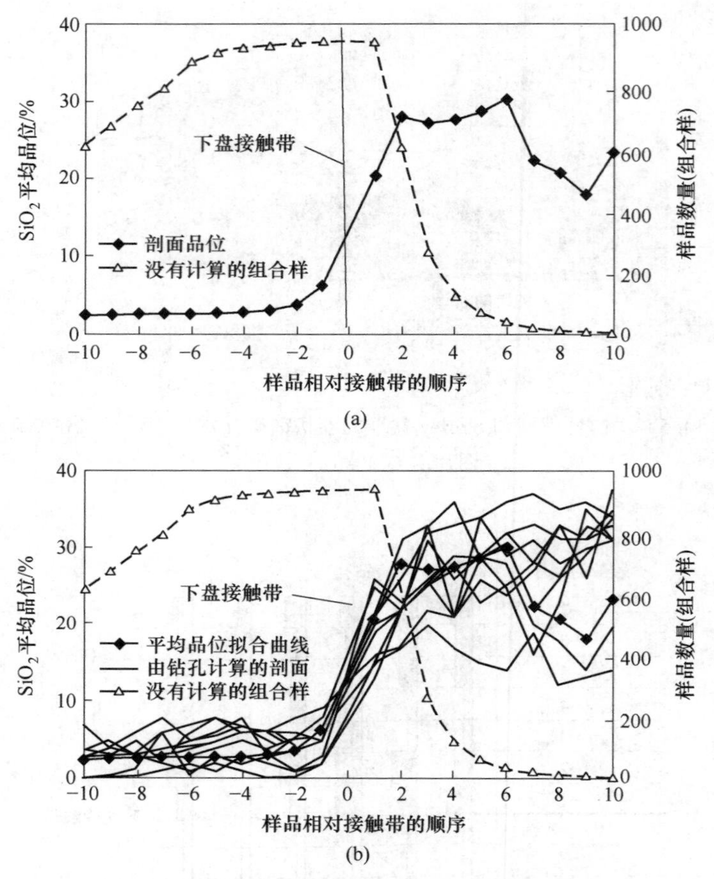


图 14.7　马达加斯加砂矿床下盘接触带 $SiO_2$剖面

（a）剖面分布的平均品位；（b）钻孔估计和绘制的剖面品位

（7）统计量，如估计每组的方差和变异系数，可以添加到图表中。

（8）为了分析钻孔之间品位在剖面上的一致性和估计剖面平均品位的代表性，可以生成第二张图，其中估计剖面平均品位与每个钻孔的剖面推断一起绘制（图 14.7b）。通过使用钻孔估计的单个剖面，可以分析剖面平均品位的代表性并找到异常值（图 14.7b）。

根据界线点类型，评估矿产资源的地质学家决定将界线点以外的样品纳入评估品位，或仅使用受限制范围内的样品进行评估。当仅使用约束域内的样品进行估计时，通常称为硬边界方法。这种方法通常用于以突变接触为特征的矿化，特别是当高品位的矿化赋存在与低品位的赋矿岩石的接触带时。另一种方法是用更广泛的数据集（包括域界线点以外的样品）进行估计，称为软边界法。这种方法用于矿化表现出渐变接触的情况。

**练习 14.2.1** 通过使用 Datamine 程序，建立剖面品位分布。数据和 Datamine 宏代码包含在附录 1 提供的文件（练习 14.2.1.a.ZIP）中。

## 14.2.2 确定限制矿化域的边际值

接触类型限制矿化域的边际值的选择。具有突变的和地质条件控制的矿化域，受地质体的限制（图 14.3a）。

渐变接触的矿化域用代表经济可行边际值来限制。在勘探初期，无法准确地估计项目的经济特征，因此无法确定经济边际值。在这种情况下，分析类似矿床的矿物资源的边际值是有帮助的，因为这些矿床的开发条件和地质参数是可以比较的。

随后，分析品位的空间分布，并估计边际值变化对矿化域形态的影响（图 14.8）。使用较高的边际值会产生小而不连续的域，这对于资源估算来说不是最优的。因此，矿化应被限制在较低的边际值，从而形成涵盖所有潜在经济域的更广泛的矿化轮廓线。

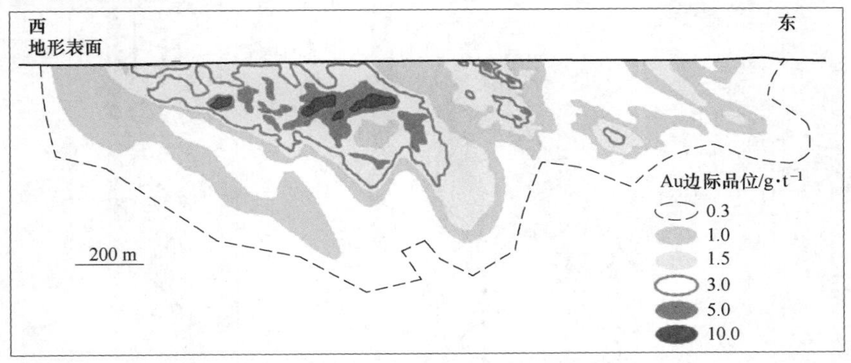


图 14.8 加拿大 Meliadine 矿床 1000 号矿脉的纵投影图

图 14.8 所示的例子显示，金矿化域用 0.3 g/t 金含量圈定，并应用地质统计学技术对金品位的空间分布建模和准确估算资源。项目范围内的研究表明，假设露天开采，这个矿体的经济边际品位是 1.5 g/t。该值应用于块模型品位，并用于报告资源量（图 14.8）。

## 14.2.3 接触带形态

接触带可以是规则的，也可以是不规则的（图 14.9a、b）。接触带的不规则程度与接触类型、突变程度或渐变程度无关。Murrin Murrin 红土型镍矿床是具有明显矿化接触带的矿床的一个例子（图 14.9b）。另一个例子是 Olympic Dam 多金属矿床，其矿化带是渐变接触（图 14.10）。在这两种情况下，接触面的形状都非常不规则。

接触带通常以接触面的地形图表示（图 14.10）。矿化下盘和矿化上盘以及每个域的地形图是分别生成的。

图 14.9　接触面形态

（a）澳大利亚 Weipa 铝土矿采出后暴露的下盘平整接触面；（b）露天矿台阶上暴露的红土型镍矿化出露高度不规则的接触界线（Murrin Murrin 矿，澳大利亚）

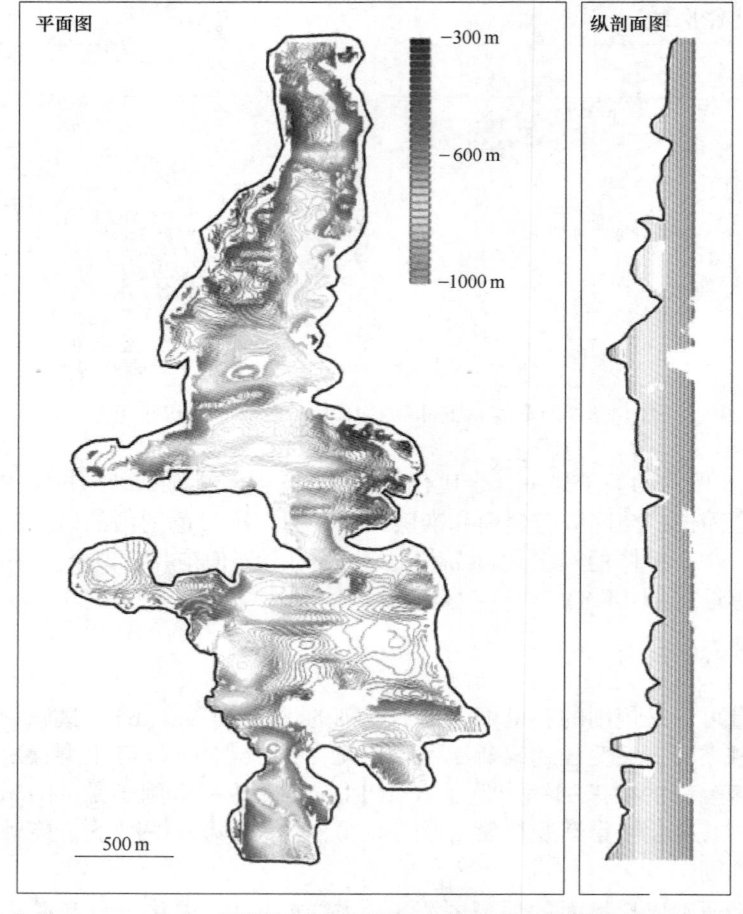


图 14.10　澳大利亚 Olympic Dam 沉积层下盘地形图(经济边际品位被限制在开采成本为 30 $/t)

### 14.2.4 接触面的不确定性

接触面地形的定量建模对估算采矿贫化和损失具有重要意义，是对采矿项目进行经济评价的关键参数之一。接触面的不确定性取决于用于限制矿化的数据的准确性和空间分布。一种常见的做法是绘制钻孔与矿体接触的点，并估计其分布网格（图 14.11）。这样就可以直观地评估地质解释的可靠性，并识别一个矿床需要更多钻探控制的不可靠区域。

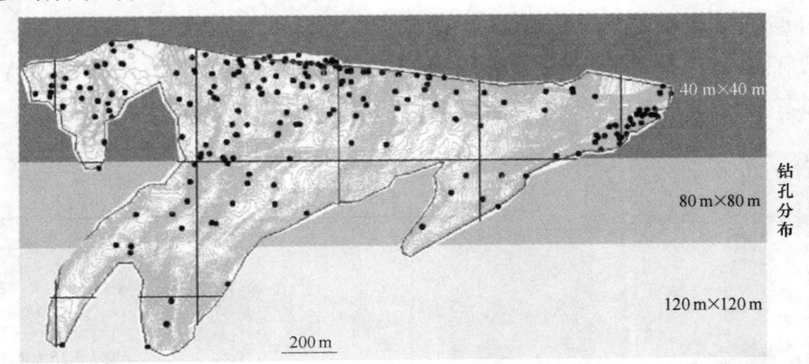


图 14.11 钻孔穿过金伯利岩管接触带（钻穿点）（Argyle 钻石矿床，澳大利亚）

当项目成熟并进入评价的最后阶段时，利用条件模拟技术对矿体接触面的空间连续性及其不规则程度进行地质统计学估计。该技术基于生成数学上等值线的接触带模型，因此可用于估计接触带的不确定性（图 14.12）。接触带不确定性用于估计过度开采贫化或不可预见的开采损失的风险。

图 14.12 哈萨克斯坦板状砂岩型铀矿床下盘接触面（地质解释和数学生成的等概率模型）

## 14.3　矿化域的几何构造和内部构造

矿体很少是均匀的。它们的内部构造通常呈现为不同程度和类型的分区（图 14.13a）和分层（图 14.13b）。高品位块体的镶嵌分布是另一种常见的构造类型，通常在矿体被成矿后断裂构造切割时可观察到，也存在于浅表铀矿床中（图 14.13c）。许多矿床具有辫状构造（图 14.13d）。这种类型在冲积矿床和基底河道型砂岩型铀矿床中特别常见。这些矿床的矿化区分布在几个蜿蜒的基底河道之间，形成了非常复杂的辫状构造格局（图 14.13d）。这些类型均可出现在一个矿床中，甚至一个矿体中，并可被褶皱和断裂构造进一步复杂化。

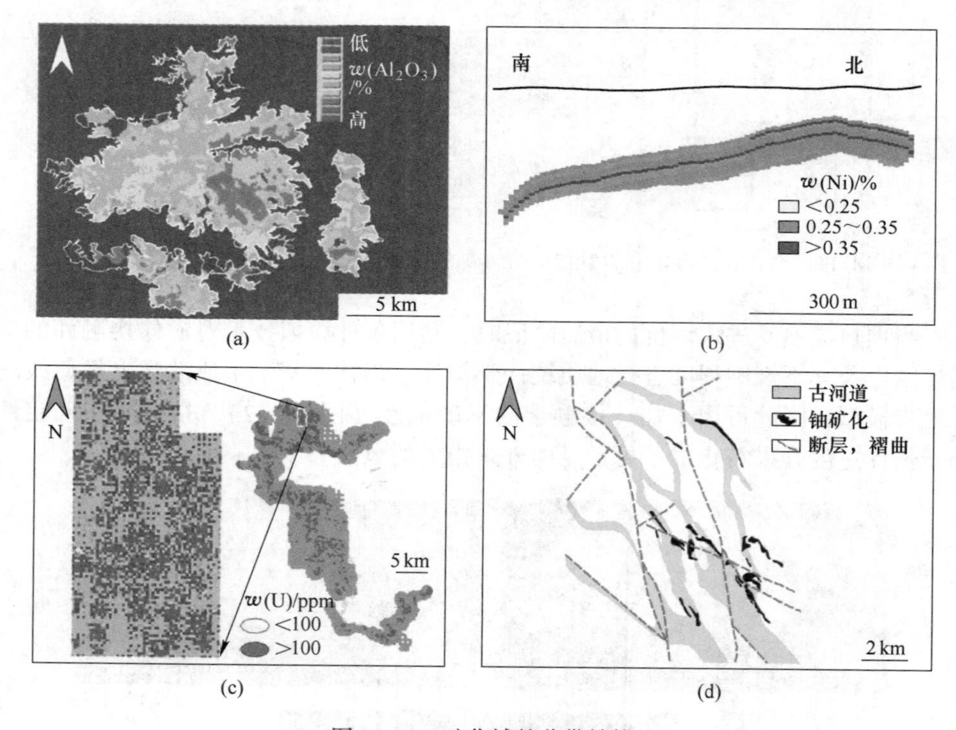


图 14.13　矿化域的分带结构

（a）澳大利亚 Gove 矿床铝土矿品位的品位分带（转载自参考文献［3］，经 Taylor-Francis Group 许可）；（b）澳大利亚 Babel 矿床硫化镍矿化区的层状分布；（c）约旦 CJUP 矿床铀矿化的镶嵌构造；（d）哈萨克斯坦 Tortkuduk 矿床基底河道含铀矿化带的辫状结构（转载自参考文献［6］，经 Taylor-Francis Group 许可）

矿床构造的准确解释及其在资源模型中的正确表示是极其重要的。构造解释的错误会导致对项目的技术经济评价不正确，会影响到采矿计划并造成重大的经济损失。

通过使用高质量的数据，确保其空间分布适合特定类型的矿化，可以降低风险（图 14. 11）。风险可以定量估计，在某些情况下，通过使用为构建矿床三维模型而开发的特殊数学算法，包括矿化域的几何和内部构造，可以减轻风险。

有一些方法可以简化复杂的矿化几何形状。特别是通过压平矿化体的上部接触面来展开褶皱而变成板状矿床（图 14. 14）。展开的顶部扁平化方法相对简单，它的应用不需要特殊的数学训练，因此可以被矿山地质学家常规使用。该方法的原则如下。

（1）按给定的边际品位圈定矿化域，并由矩形块体填充，这被称为空块模型。如图 14. 14 中的第一阶段所示。

（2）展开空块模型。这是通过块模型扁平化，使板状矿化体的上接触面呈水平位置。如图 14. 14 中的第二阶段所示。在展开环境下进行地质统计估计时，对钻孔数据的展开采用了相同的展开参数。

（3）块品位估计后，它们被恢复到原来的空间位置（反向折叠）。这就是图 14. 14 中的第三阶段。为了恢复转换块模型数据，当空模型被展开时，它们的实际坐标作为块属性被保留。因此，反向折叠是一个简单的过程，将用于定义 $Z$ 坐标的字段名称更改为原来的 $Z$ 字段。

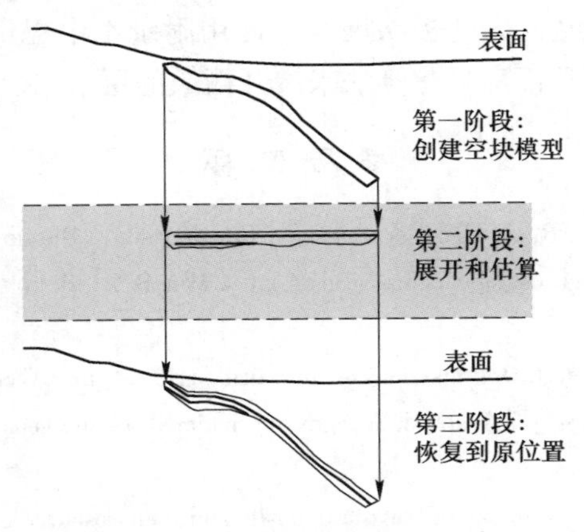


图 14. 14 板状矿体展开原理示意图

该算法可以修改为将矿化体底部平整化，或者反过来，矿化体可以平整化到其中心线（平分线）上。

这种方法的一种变种包括用等厚度展开法展开成板状体。该技术应用于澳大利亚铝土矿矿床。多高斯场模拟方法采用了类似的算法，称为比例展开算法。

这种方法（图 14. 14）不能用于展开紧密褶皱或蜿蜒的矿化带。这种矿化的展开并不总是可行的，而且通常非常耗时，需要特殊的计算机程序。这种构造通常是通过展开（拉直）矿层的中心线（平分线），保持矿化域的线性长度和宽度，并与平分线成直角进行估算（图 14. 15）。

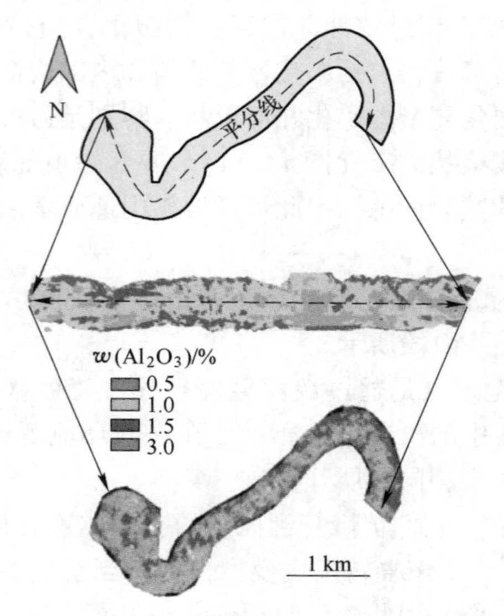


图 14. 15　地质展开原理示意图（澳大利亚 Yandi 铁矿）

**练习 14. 3. 1**　褶皱矿床的板状展开，使用附录 1 中提供的 Fortran 程序（练习 14. 3. 1. ZIP）应用顶部扁平化算法来展开褶皱的层。

## 参 考 文 献

[1] Abzalov M Z, Both R A. The Pechenga Ni-Cu deposits, Russia: data on PGE and Au distribution and sulphur isotope compositions [J]. MineR Al Petrol, 1997, 61 (1/2/3/4): 119-143.

[2] Abzalov M Z, Bower J. Optimisation of the drill grid at the Weipa bauxite deposit using conditional simulation[C]//AusIMM. Seventh international mining geology conference. Melbourne, 2009: 247-251.

[3] Abzalov M Z, Bower J. Geology of bauxite deposits and their resource estimation pR Actices [J]. Appl Earth Sci, 2014, 123 (2): 118-134.

[4] Abzalov M Z, Humphreys M. Resource estimation of structuR Ally complex and discontinuous mineR Alization using non-linear geostatistics: case study of a mesothermal gold deposit in northern Canada [J]. Exp Min Geol J, 2002a, 11 (1/2/3/4): 19-29.

[5] Abzalov M Z, Humphreys M. Geostatistically assisted domaining of structuR Ally complex mineR Alisation: method and case studies [C]//AusIMM. The AusIMM 2002 Conference: 150 years of mining. Publication series No6/02, Melbourne, 2002b: 345-350.

[6] Abzalov M Z, Drobov S R, Gorbatenko O, et al. Resource estimation of in-situ leach uR Anium

projects [J]. Appl Earth Sci, 2014, 123 (2): 71-85.

[7] Armstrong M, Galli A, Beucher H, et al. Plurigaussian simulation in geosciences [M]. 2nd. Berlin: Springer, 2011: 149.

[8] Bleines C, Bourges M, DeR Aisme J, et al. ISATIS software [D]. Paris: Geovariances Ecole des Mines de Paris, 2013.

[9] Goovaerts P. Geostatistics for natuR Al resources valuation [M]. New York: Oxford University Press, 1997: 483.

[10] Strebelle S. Conditional simulation of complex geological structures using multiple-point statistics [J]. Math Geol, 2002, 34 (1): 1-22.

# 15 探索性数据分析

（彩图）

**摘要：**探索性数据分析（EDA）是对数据质量的最终检验。EDA 可以提供需要重新使用域和线框图的见解。因此，EDA、域和线框图是重复的过程。

不同于简单的 QA/QC 的分析，EDA 缺乏强制性的研究方法，也缺乏严格规定的研究步骤的顺序。EDA 最常用的方法是比较统计分析的数据类型，包括勘探活动、地质特征及其空间分布，需要寻找最优的方法将不同的数据集成到一个数据集，合理的使用地质统计学技术进一步分析。

**关键词：**探索性数据分析；块；域；数据代

探索性数据分析（EDA）是对数据质量的最终检验，它包括按类型、勘探活动、地质特征及其空间分布对数据进行比较统计分析，以便找到最佳办法，将不同的数据集合成一套统一的数据集，用于地质统计资源估算。

不同于简单的 QA/QC 的分析，EDA 缺乏强制性的研究方法，也缺乏严格规定的研究步骤的顺序。与检测质量保证组织（QA/QC）相反，EDA 程序和方法的选择在不同的项目中会因项目的复杂性、风险和数据错误的来源而显著不同。EDA 的有效性取决于分析数据的专家的经验和直觉，他们的目标是解开数据集的奥秘。

## 15.1 EDA 的目标

统计数据分析通常由矿山地质学家对不同的数据集进行而获得，这包括定期对品位控制数据进行汇总和分析、对质量控制数据进行分析、对矿石储量与矿山生产结果进行对比、对矿产资源数据库进行统计分析。后者是一项特别任务，称为探索性数据分析，是在估计矿物资源之前对数据进行最后的统计检验。这是项目评价过程中最重要的任务之一，因为对数据集的良好理解是进行良好资源估算的必要基础。

地质学家进行 EDA，需要精通数学方法，以便对数据群体进行详细的统计描述，而且也应该对所研究的矿床有深入的了解，因为 EDA 需要将数据分组到矿化域，并按样品类型、勘查活动、围岩、地质结构、矿石的矿物学特征和其他标准细分（如果它们对准确的资源估算很重要的话）。

## 15.2 EDA技术概述

EDA使用传统的统计技术和特殊的数据分析方法进行，最常见的方法是使用其中一个属性（例如通过示例类型）对数据进行分组，然后应用统计测试来比较所创建的组。数据的统计分布是可视化的，使用直方图和盒须图（箱线图）进行分组的比较，在散点图上研究变量之间的关系，并使用相关和回归分析量化这些关系。数据集的统计分布比较使用了Q-Q图和P-P图。

特殊的EDA技术包括多种方法。基于作者的个人经验，本书选取了一些最常用的方法并加以说明。重点放在蛛网图上，它用于空间数据趋势的可视化，对于比较数据生成及块模型与输入数据的协调特别有效。数据分解的方法、Q-Q图法和盒须图法也是采矿勘查项目中EDA常用的方法，下文也将对此进行简要说明。

### 15.2.1 蛛网图

这种方法是用不同数据集建立的矿化剖面进行比较的，轮廓线由共同坐标点绘制在一起。该方法的原理如下（图15.1）：

（1）这些数据被分组成横跨整个矿床的大的块段；

（2）计算每一个块段的平均值和包含在块段内所有数据集的平均值；

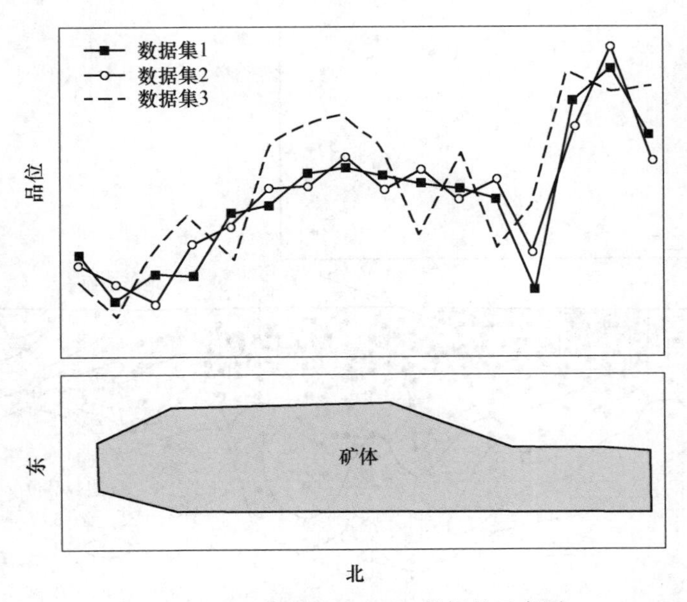


图15.1 用蛛网图表示三组数据的示意图

(3) 在表示块段中心的坐标下，将估计平均值绘制在图表上；

(4) 最终图通常称为蛛网图。这是由于把不同的轮廓绘制在一起时，图表经常显示出一种复杂的模式。

该方法易于实现，并提供了研究数据集的直接比较。在空间分布模式的背景下对数据进行比较分析，可以识别有偏差的样品，发现可疑的异常，并识别不稳健的数据行为。

### 15.2.2 数据解丛聚

当采样密度在矿床的不同部位发生变化时，使地质资料的统计分析变得复杂。勘查的策略通常是在高品位区域优先钻探，采样较多，而低品位区域采样较少（图15.2a）。当具有优先分布的样品数据在高品位区域强烈聚集时，对直方图的构建、估计均值和方差可能是徒劳的。这些数据的估计平均值可能与正常平均值有显著差异。

为了克服数据丛聚效应的影响，应该给所有样品分配反映数据丛聚程度的权重。钻孔密集的区域样品得到的权重小于来自稀疏区域的样品，从而缓解了丛聚数据的影响。资源估算人员最常用的两种解丛聚方法是单元解丛聚和多边形解丛聚法。

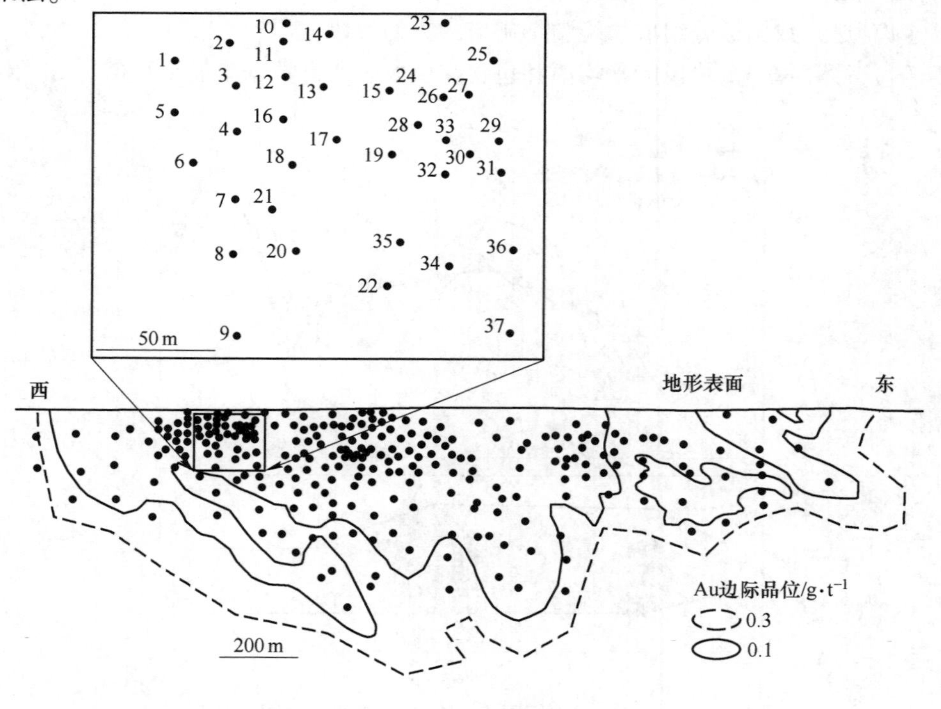


(a)

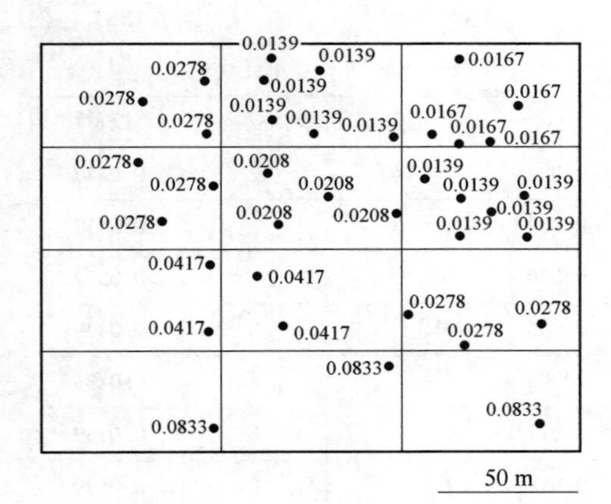


(b)

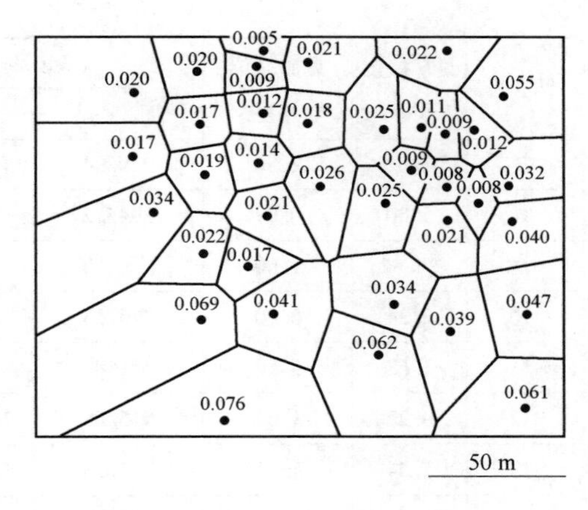


(c)

图 15.2 解丛聚方法在加拿大 Meliadine 金矿的应用

(a) 1000 m 的长剖面，显示钻孔见矿情况的分布，钻孔数如表 15.1 所示；

(b) 使用单元解丛聚法估计的样品解丛聚权重；(c) 使用多边形法估计的样品解丛聚权重

单元解丛聚方法将采样区域划分为矩形块（单元），解丛聚权重按照单元格估算（图 15.2b）。对于每个单元格，权重的总和被归一化为 1，样品的权重被估计为单元格中样品数量的倒数。通过将得到的倒数值除以研究区域的单元总数[式（15.1）]，则在整个研究区域进一步归一化。按照此程序，同一单元内的所有样品均获得相同的权重，权重与单元内的样品数量成反比（表 15.1、图 15.2b）。

$$
样品权重 = \frac{\dfrac{1}{单元格中的样品数}}{研究域中的单元格总数} \tag{15.1}
$$

**表 15.1 图 15.2 所示数据的聚类权重**

| 钻孔号 | 见矿厚度/m | 见矿品位(Au)/g·t$^{-1}$ | 多边形块 | | 单元块 | | |
|---|---|---|---|---|---|---|---|
| | | | 面积/m$^2$ | 权重 | 单元格编号 | 块内钻孔数 | 权重 |
| 1 | 1.52 | 8.03 | 848.88 | 0.020 | 1 | 3 | 0.0278 |
| 2 | 1.09 | 22.00 | 844.69 | 0.020 | | 3 | 0.0278 |
| 3 | 2.48 | 1.00 | 706.59 | 0.017 | 2 | 3 | 0.0278 |
| 4 | 2.62 | 0.69 | 784.97 | 0.019 | | 3 | 0.0278 |
| 5 | 13.52 | 2083 | 734.58 | 0.017 | 3 | 3 | 0.0278 |
| 6 | 1.69 | 0.62 | 1453.17 | 0.034 | | 3 | 0.0278 |

续表15.1

| 钻孔号 | 见矿厚度/m | 见矿品位(Au)/g·t$^{-1}$ | 多边形块 | | 单元块 | | |
|---|---|---|---|---|---|---|---|
| | | | 面积/m$^2$ | 权重 | 单元格编号 | 块内钻孔数 | 权重 |
| 7 | 1.62 | 2.86 | 920.94 | 0.022 | 4 | 2 | 0.0417 |
| 8 | 5.00 | 0.97 | 2945.2 | 0.069 | 5 | 2 | 0.0417 |
| 9 | 22.82 | 1.00 | 3237.76 | 0.076 | | 1 | 0.0833 |
| 10 | 2.34 | 6.00 | 226.13 | 0.005 | | 6 | 0.0139 |
| 11 | 1.63 | 5.59 | 401.88 | 0.009 | | 6 | 0.0139 |
| 12 | 0.27 | 1.62 | 516.58 | 0.012 | | 6 | 0.0139 |
| 13 | 1.34 | 1.31 | 773.33 | 0.018 | | 6 | 0.0139 |
| 14 | 1.40 | 36.28 | 876.78 | 0.021 | | 6 | 0.0139 |
| 15 | 3.00 | 1.07 | 1046.21 | 0.025 | | 6 | 0.0139 |
| 16 | 0.69 | 3.00 | 612.99 | 0.014 | 6 | 4 | 0.0208 |
| 17 | 1.78 | 8.31 | 1098.91 | 0.026 | | 4 | 0.0208 |
| 18 | 0.58 | 2.86 | 885.35 | 0.021 | | 4 | 0.0208 |
| 19 | 1.09 | 1.10 | 1081.11 | 0.025 | | 4 | 0.0208 |
| 20 | 17.26 | 0.59 | 1734.45 | 0.041 | 7 | 2 | 0.0417 |
| 21 | 11.36 | 1.00 | 706.84 | 0.017 | | 2 | 0.0417 |
| 22 | 1.5 | 1.90 | 2645.63 | 0.062 | 8 | 1 | 0.0833 |
| 23 | 1.12 | 1.07 | 917.46 | 0.022 | 9 | 5 | 0.0167 |
| 24 | 5.03 | 1.17 | 446.86 | 0.011 | | 5 | 0.0167 |
| 25 | 8.07 | 0.93 | 2327.09 | 0.055 | | 5 | 0.0167 |
| 26 | 1.14 | 1.00 | 376.31 | 0.009 | | 5 | 0.0167 |
| 27 | 4.05 | 3.59 | 510.61 | 0.012 | | 5 | 0.0167 |
| 28 | 3.81 | 0.66 | 400.66 | 0.009 | | 6 | 0.0139 |
| 29 | 0.42 | 1.00 | 1374.61 | 0.032 | 10 | 6 | 0.0139 |
| 30 | 1.59 | 1.00 | 353.23 | 0.008 | | 6 | 0.0139 |
| 31 | 0.60 | 25.38 | 1678.77 | 0.040 | | 6 | 0.0139 |
| 32 | 5.23 | 0.69 | 900.98 | 0.021 | | 6 | 0.0139 |
| 33 | 1.14 | 1.00 | 355.29 | 0.008 | | 6 | 0.0139 |
| 34 | 0.95 | 0.86 | 1660.81 | 0.039 | 11 | 3 | 0.0278 |
| 35 | 2.00 | 1.17 | 1431.79 | 0.034 | | 3 | 0.0278 |

续表15.1

| 钻孔号 | 见矿厚度/m | 见矿品位(Au)/g·t$^{-1}$ | 多边形块 | | 单元块 | | |
|---|---|---|---|---|---|---|---|
| | | | 面积/m$^2$ | 权重 | 单元格编号 | 块内钻孔数 | 权重 |
| 36 | 1.38 | 5.72 | 2011.63 | 0.047 | | 3 | 0.0278 |
| 37 | 2.91 | 1.00 | 2588.13 | 0.061 | 12 | 1 | 0.0833 |
| 平均值（原始数据） | | | 3.68 | | | | |
| 单元块法平均值 | | | 5.22 | 使用式（15.1）得到的解丛聚权重 | | | |
| 多边形法平均值 | | | 4.94 | 使用式（15.2）得到的解丛聚权重 | | | |

通过单元解丛聚方法获得的估计值取决于单元的大小。如果单元太小，则只有一件样品可以落入单元，因此所有样品的权重均等于1。使用这些单元估算的解丛聚均值与原始（丛聚）数据的均值相同。另一个极端情况是，单元过大并等于整个采样区域。在这种情况下，所有样品都落入一个单元中，因此所有样品将获得相同的权重，等于1/样本总数。使用极大单元估算的解丛聚平均值等于原始数据的平均值。

解丛聚数据单元合适的尺寸介于这两种极端情况之间，解丛聚数据的平均值与原始数据平均值存在系统性差异。如果样品聚集在高品位区域，则其解丛聚将产生比原始数据平均值低的估计值（图15.3a）。或者，如果样品聚集在矿体的低品位部分，则解丛聚会产生比原始数据平均值更高的估计值。此行为用于确定解丛聚单元的最佳大小。通过比较使用不同解丛聚网格进行估计，可以凭经验找到它。通常测试20~100个网格，将估计的均值绘制在图表上，并将其对应于它们的单元。在实践中，将单元以大小增加的顺序排列，并绘制估计的均值与单元的序号的关系。这种方法可确保数据点沿图的横坐标轴均匀分布（图15.3）。通过找到估计的关键值，从图中选择一个最佳单元。对于聚集在高品位区域上的数据而言，这是最低的解丛聚均值（图15.3）。如果将样品分组在低品位区域，则最佳单元将对应于最大的解丛聚均值。查找最佳单元的过程通常包括两个步骤。首先，要测试从最小到最大的尺寸范围（图15.3a）。在图上找到拐点后，将在较小的尺寸范围内重复测试，该范围应覆盖第一组测试所指示的尺寸和最佳单元的尺寸（如果从详细图表中得出）（图15.3b）。

在某些情况下，二元图（图15.3a、b）不足以找到最佳的解丛聚单元大小，地质学家可以选择在等值线图上呈现整体解丛聚平均值与解丛聚单元大小之间的关系（图15.4）。等值线图相对于二元图的优势在于，它可以用于估计对解丛聚单元不同的全局平均值的影响。这是通过更改单元的东西向（$X$）和南北（$Y$）尺寸并记录解丛聚单元的$XY$尺寸的每种组合的总体解丛聚均值来实现的（图15.4）。当钻孔网格是各向异性时，通常会构建这样的图，在一个方向（例如沿

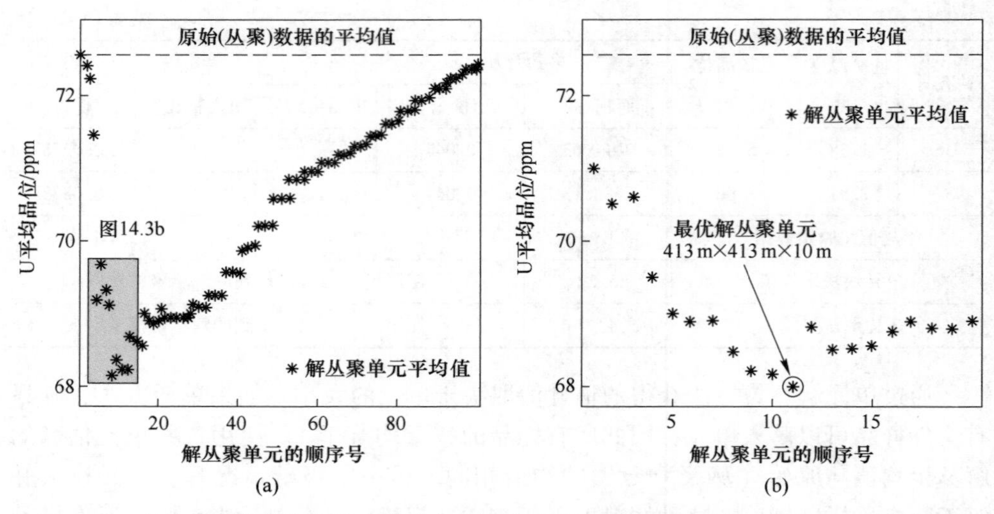


图 15.3　总体丛聚均值与解丛聚单元大小的关系图，用被试单元的序号表示（总体解丛聚均值的散点图）

（a）第一次测试，单元大小从最小（每个单元一件样品）到最大（整个采样面积）；

（b）第二次（详细）测试，单元大小在第一次测试中确定的小范围内变化；

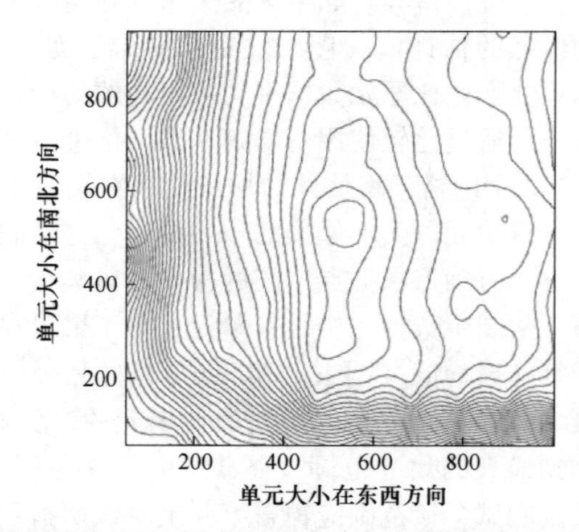


图 15.4　等值线图显示了整体解丛聚平均值与解丛聚单元大小的关系

走向）的样品之间具有较宽的空间，而通常在跨越走向的方向上，则具有更近的距离。

单元解丛聚方法对于优先聚集在高品位或低品位区域中的数据集最为有效，并且当样品按照不规则网格分布时，其效果尤其好。然而，这并非总是如此。当数据随机分布并且缺少规则的网格时，关键值可能不会出现在图表或等值线图上，因此，最佳单元大小的选择就成为问题。在这种情况下，需要使用另一种解丛聚方法。特别地，多边形解丛聚方法非常适合此类数据。

该方法基于描绘每件样品周围的影响多边形并估计每个多边形的面积（图 15.2c；表 15.1）。有两种方法来描绘多边形。第一种方法称为垂直平分线法，通过与连接相邻样品的连接线成直角绘制的等分线来构造多边形。该技术用于构建图 15.2c 所示的多边形镶嵌图；第二种技术称为角平分线法，多边形是通过以下方式构造的：将样品与样品用线连接在一起，然后在这些线之间构造角平分线以定义中心多边形。两种方法产生相似的结果。

通过估计影响面的面积并将其用作解丛聚权重，可以使用多边形方法进行解丛聚。实际上，样品权重通过将多边形的面积除以研究域中所有多边形的总和来归一化［式（15.2)］。

单元法产生唯一的估计值。但是，多边形方法的主要缺点是无法根据矿体产状进行调整，而单元解丛聚法则具有通过调整矩形单元的方向和尺寸以更好地匹配矿体产状的能力。

$$
\text{样品权重} = \frac{\text{包含样品的多边形面积}}{\text{研究域内多边形的面积和}} \tag{15.2}
$$

### 15.2.3 Q-Q 图

EDA 程序通常包括比较不同数据集的统计分布。然而，研究的数据集往往具有不同数量的数据，因此直接比较并不总是可行的。在这种情况下，当研究的分布因数据的数量不同而不同时，就使用 Q-Q 图进行比较。在这个图中，通过使用第一个分布的分位数作为 $X$ 坐标，第二个分布的分位数作为 $Y$ 坐标，两个分布的分位数被分别绘制出来（图 15.5）。

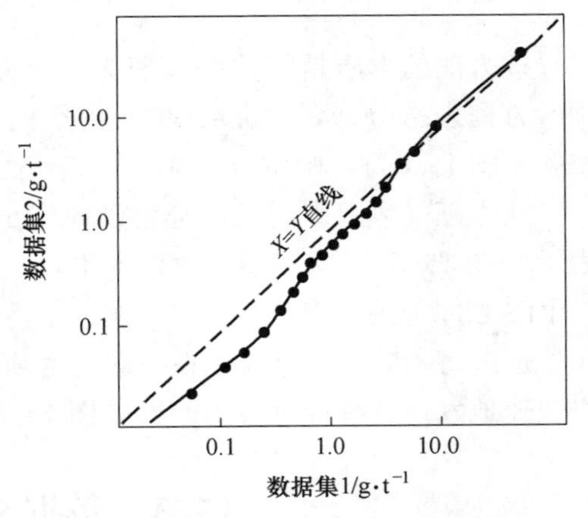

图 15.5 Q-Q 图比较了两组金的化验方法（加拿大 Meliadine 项目）

当两个分布是相同的，他们的分位数是相等的，因此绘制在 Q-Q 图作为与平分线重合的直线（$X=Y$ 线）。对二分线的偏离揭示了分布不同的品位范围（图 15.5）。

### 15.2.4 盒须图（箱线图）

盒须图是为 EDA 需求而特别设计的图。该方法允许以简单和简洁的形式预先表示样品分布的基本特征，因此该技术经常用于数据分析（图 15.6）。

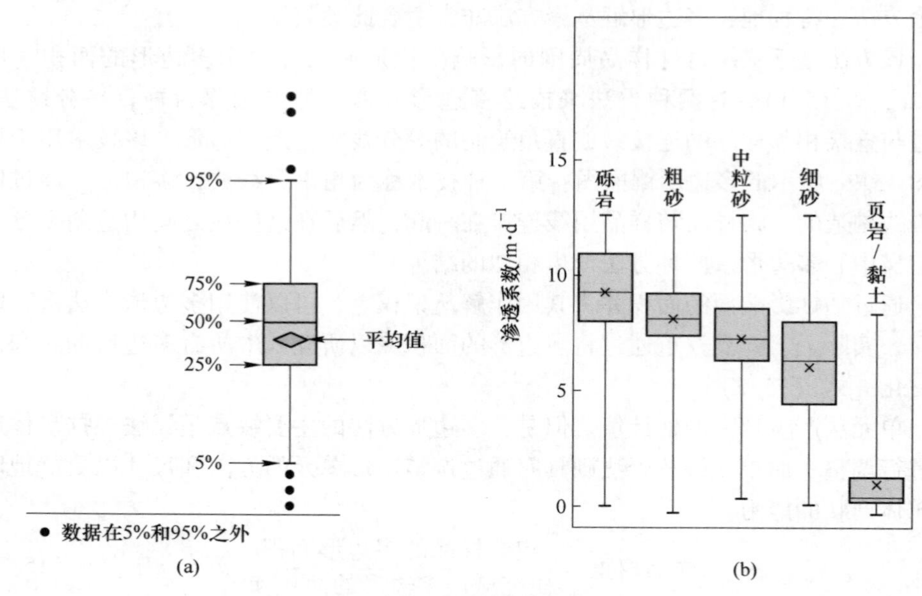


图 15.6 盒须图

（a）说明图表结构的示意图；（b）哈萨克斯坦 Budenovskoe 原位浸出铀项目不同岩石渗透率（过滤系数）的盒须图（转载自参考文献［6］，经 Taylor-Francis Group 许可）

该方法的本质是将数据呈现为一个盒子和从盒子延伸出来的线，这称为胡须。方框表示分布的中心 50%。盒子的下限设置为分布的 25%，上限设置为 75%（图 15.6a）。中位数（50%）表示为穿过方框的直线（图 15.6a）。

从方框（须）延伸的线通常延伸到 5%和 95%，在这些极端之外的数据用点表示（图 15.6）。该图还包含算术平均（平均值），用菱形（图 15.6a）或十字（图 15.6b）表示。

通过将不同的数据绘制在一起，盒须图可以直观地比较不同的数据，从而可以快速地发现其统计分布的差异（图 15.6b）。

## 15.3 数据分组和分析

EDA 分析使用不同的数据分组标准，这取决于项目和数据特征。数据分组最常用的标准如下：

（1）数据的类型；

（2）勘查阶段和数据生成的年代；

（3）样品的地质特征。

### 15.3.1 数据类型

资源估算数据库通常包括不同类型的数据，这些数据的质量或样品大小（容量支持）不同，因此将它们组合起来用于估算资源并不总是可能的，可能需要特殊的地质统计技术。常见的例子中，不同类型的资源数据库如下：铁矿用 RC 和金刚石钻，铝土矿用螺旋钻和 RC 钻，岩金矿和贱金属矿床用 RC 和金刚石钻，砂矿用 RC（空心）和声波钻。在运行的露天矿山中，资源数据库还可以包括爆破孔样品。地下矿山通常使用在地下掘进中暴露的巷道壁处采集的坑道样品，将其与钻孔样品结合起来用于估算资源和储量。

在资源估算数据库中发现几种类型的数据时，需要考虑两种情况。

（1）所有类型的数据都具有良好的质量，适合用于评估资源，它们的质量差别不大。

（2）某类数据是不可靠的。可能是检测到的数据偏差或某些类型的数据以过大的方差为特征，导致结果的可重复性差。

在第一种情况下，当数据能足够的估算资源量，有必要检查一下不同类型的样品是否可以分为一组，地质统计方法需要类似的样品大小（体积相等的支撑），因此有必要研究不同类型的样品是否遵守相等体积的地质统计学方法的支持条件。如果样品的尺寸不同，这是常见的情况，使用不同类型的钻探，通过调整组合样品的长度，以孔直径实现对等的支持。以澳大利亚斑岩型铜矿床为例，金刚石钻探的岩芯样品组合为 5 m 长的组合样，RC 样品组合为 4 m 长的组合样，实现了等体积支持。

更困难的情况是，一种类型的数据不可靠。有必要分析不理想数据的空间分布，这些数据可以在矿床中均匀分布，也可以集中在某些区域（图 15.7）。用不理想技术勘查的矿床部分往往被排除在资源估算之外，或对其估算的资源类别降级。这种情况在澳大利亚铁矿石项目中也遇到过，其中很大一部分矿床被排除在项目资源之外，因为它是用冲击钻探数据进行估算的，发现有偏差。由于使用冲击钻探数据进行估算，存在偏差，因此大部分数据被排除在项目资源估算之外（图 15.7）。

当不理想数据均匀分布于矿床时，它们可以作为辅助信息用于资源估算。利用多元地质统计学方法，辅助数据与较优质的数据（称为目标变量）结合在一起使用。

### 15.3.2 数据生成的年代

勘查一个矿床可能需要几年到几十年的时间，其中包括几次勘查活动。即使在整个勘查过程中使用相同的钻探方法，不同年代的数据质量也可能不同，因此

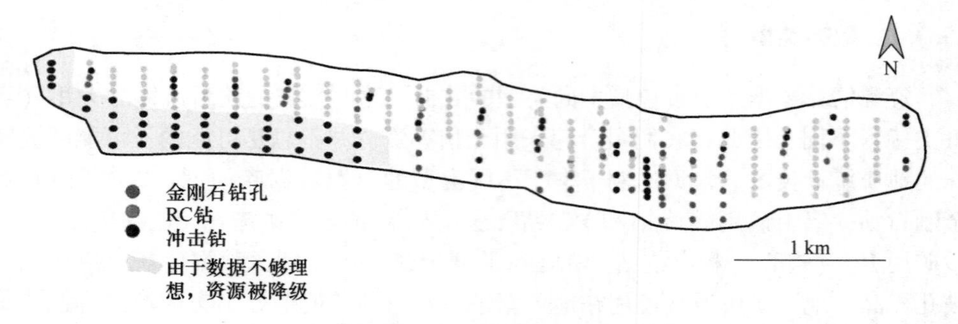


图 15.7 西澳大利亚 Nammuldi 铁矿不同类型钻孔分布图

有必要按勘查阶段对数据进行分类分析。

所有样品都应指定样品收集和处理的日期，该日期用于将数据分组到数据产生的年代（例如勘查阶段）中。使用传统 EDA 工具对两组数据进行比较和分析，目的是甄别潜在无效数据。

通过在地图上绘制数据并使用蛛网图（图 15.1）进行比较，可以增强不同年代数据之间的差异。展开矿体可增强蛛网图（图 15.8）。例如图 15.8，因为低估了氧化铝矿石的品位，导致澳大利亚铁矿排产困难。分析数据确定的模型，其偏差是由于在 2000 年施工的钻孔的样品偏差。在这项研究内容的基础上，制定并实施了一项缓解方案，解决了这一问题。

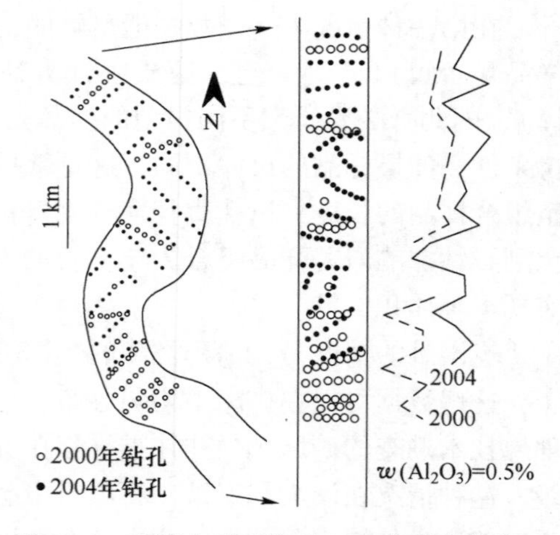


图 15.8 对澳大利亚铁矿 2000 年钻探数据进行偏差检测的蛛网图

### 15.3.3 按地质特征对样品进行分组

在预期地质属性控制矿化品位时，通常采用按地质属性对样品进行分组。这种方法也可用于估计岩石的平均工程地质或选冶特征，这些特征可能因岩石类型、地层学、风化程度和构造背景而有所不同。

按岩石类型分组样品的例子包括估算岩石的平均干体重（本书第 7 章）和平均渗透率（图 15.6b）。矿化品位按岩石类型或构造环境设置的分布也被进行了常规研究，这是 EDA 的目标之一。这种分析有助于揭示矿化的地质控制，否则可能被矿床复杂的几何形态所掩盖。

在所有情况下，最有效的数据分析技术是直方图法和盒须图法（图 15.6），并通过一个研究变量的空间分布格局来补充。

## 15.4 资源域的统计分析

在选择地质统计学方法进行资源估算时，需要详细的资源域的统计特征。以下参数应在 EDA 研究中提出：

（1）资源域的描述性统计（如果需要，使用数据解丛聚）；

（2）评价一个域的平稳性；

（3）域同质性的检验；

（4）特异值识别；

（5）属性之间的相关性；

（6）空间趋势和不连续性。

图 15.9 中的例子总结了 EDA 对澳大利亚西部 Cliff 硫化镍矿床的研究结果。矿化作用最初受到沿矿化超镁铁岩与无矿片麻岩的地质接触带构建的线框图的限制，并通过将接触点移至 $w(\mathrm{Ni})=0.7\%$ 的边际品位进行局部校正（图 15.9a）。被这种线框限制的矿化称为中部超镁铁域（图 15.9a）。

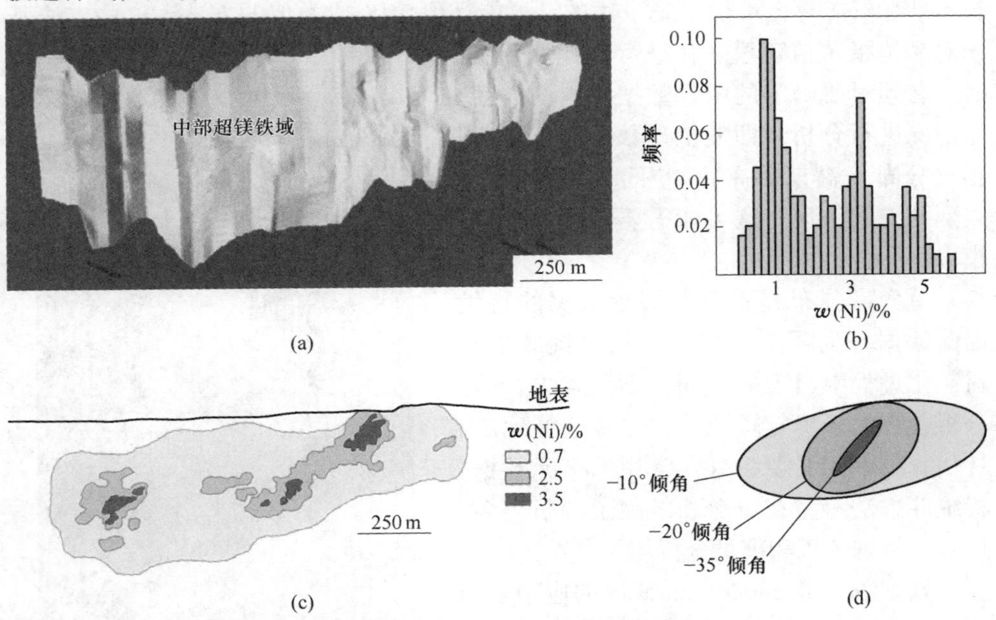


图 15.9 澳大利亚西部 Cliff 镍硫化物矿床主矿体（中部超镁铁域）的统计特征

（a）线框三维图像；（b）线框图所限制的范围内所含混合品位样品的 Ni 品位直方图；（c）Ni 品位分布域的纵剖面图；（d）以连续性椭圆表示的不同类型矿化（品位分级）的空间趋势图

被纳入约束体积的钻孔样品已被选择用于 EDA 分析。样品被组合成 0.5m 长的组合样，并用传统的统计技术进行分析。组合样的直方图具有多峰形状，清楚地表明了不同组数据的存在（图 15.9b）。在直方图上，可以发现 3 个数据总体具有统计学上的同质性，Ni 的峰值分别为 1%、3.3%和 4.8%（图 15.9b）。对这些分组的分析表明，不同品位的样品表现出不同的成矿类型：浸染型、细脉状和块状。

矿化类型具有不同的地质背景。浸染型硫化物均匀地分布在整个中部超镁铁域，而块状矿化则以高角度切割域的窄透镜状形式出现（图 15.9c）。块状透镜体被宽的细脉状硫化物晕所包围，它们的空间分布大致与块状硫化物相吻合，尽管倾角不太陡（图 15.9c）。

利用指示变异函数分别对 3 种类型的矿化连续性进行了估计。地质统计分析结果表示为连续椭圆，确定了不同的矿化类型方向（图 15.9d）。

从 EDA 结果可以看出，线性估计方法、普通和简单克里格法对该数据都不是最优的，选择了多重指示克里格法（MIK）。当一个研究域包含若干统计上不同的数据组，这些数据组的特征是不同的结构设置和不同的走向和/或倾角时，MIK 方法更适合用于估计资源量。

单变量分布的分析还应包括偏度的估计。高度偏倚的统计分布对于使用线性技术估计资源量也可能不是最优的，可能需要 MIK 或类似的方法，这些方法基于对品位指示值建模。在进行统计分析的同时，必须对所确定的统计数据样本的空间分布情况进行分析。即使统计数据分析表明是正态分布（高斯分布），空间分析也能显示强烈的空间分区，这可能需要应用非平稳建模方法。

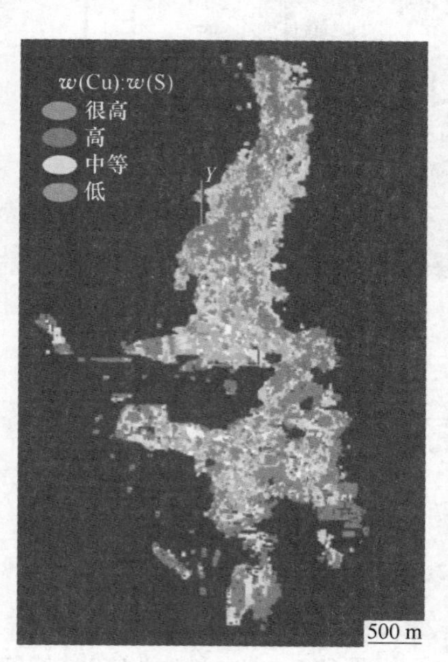

图 15.10 澳大利亚 Olympic Dam 矿区的 $w(\mathrm{Cu}):w(\mathrm{S})$ 比值

单变量分布并不总能揭示数据的特性，因此数据查询需要使用辅助信息继续进行。对矿化过程中出现的不同化学元素进行多元分析，有助于确定资源域，也是选择地质统计估算技术的必要条件。常用的多元数据分析统计方法有主成分分析、因子分析、多元回归、判别分析和聚类分析。

该方法在 Olympic Dam 矿区的应用表明，$w(\mathrm{Cu}):w(\mathrm{S})$ 比值有规律的变化，这为使用多元地质统计学方法估算资源带来了额外的挑战（图 15.10）。

在砂岩型铀矿床中，有用的辅助信息是见矿的厚度。对 Budenovskoe 铀矿化厚度与品位的比率进行研究后，确定了 3 个矿化带。这些区域受到线框图的约束，作为单独的域来分别估算它们的资源量（图 15. 11)。

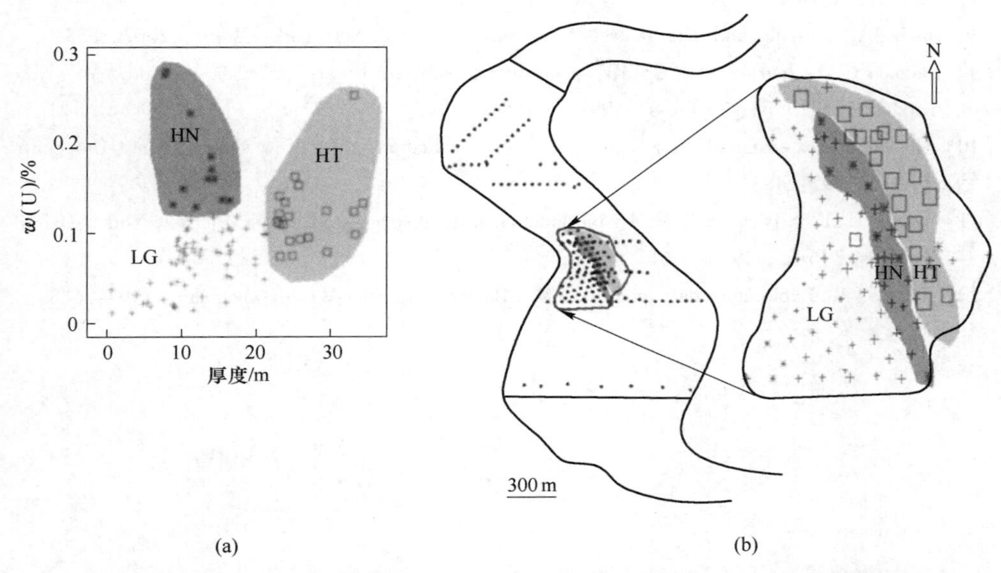


图 15. 11 按品位-厚度和空间分布对域进行分组（哈萨克斯坦 Shu-Sarysu 盆地卷状铀矿床，LG 低品位、HN 高品位薄厚度、HT 高品位大厚度）

（a）见矿品位与厚度关系图；（b）见矿厚度的空间分布图

## 参 考 文 献

[1] Abzalov M Z. Optimisation of ISL resource models by incorporating algorithms for quantification risks: geostatistical approach [C]// International Atomic Energy Agency (IAEA). Technical meeting on in situ leach (ISL) uranium mining. Vienna, 2010.

[2] Abzalov M Z, Bower J. Geology of bauxite deposits and their resource estimation practices [J]. Appl Earth Sci, 2014, 123 (2): 118-134.

[3] Abzalov M Z, Pickers N. Integrating different generations of assays using multivariate geostatistics: a case study [J]. Trans Inst Min Metall, 2005, 114: B23-B32.

[4] Abzalov M Z, Menzel B, Wlasenko M, et al. Optimisation of the grade control procedures at the Yandi iron-ore mine, Western Australia: geostatistical approach [J]. Appl Earth Sci, 2010, 119 (3): 132-142.

[5] Abzalov M Z, Dumouchel J, Bourque Y, et al. Drilling techniques for estimation resources of the mineral sands deposits [C]// AusIMM. Proceedings of the heavy minerals conference 2011, Melbourne, 2011, 27-39.

[6] Abzalov M Z, Drobov S R, Gorbatenko O, et al. Resource estimation of in-situ leach uranium projects [J]. Appl Earth Sci, 2014, 123 (2): 71-85.

[7] Annels A E. Mineral deposit evaluation, a practical approach [M]. London: Chapman and Hall, 1991: 436.

[8] Davis J C. Statistics and data analysis in geology [M]. 3rd. New York: Wiley, 2002, 638.

[9] Deutsch C V, Journel A G. GSLIB: geostatistical software library and user's guide [M]. New York: Oxford University Press, 1998: 340.

[10] Goovaerts P. Geostatistics for natural resources evaluation [M]. New York: Oxford University Press, 1997: 483.

[11] Isaaks E H, Srivastava R M. An introduction to applied geostatistics [M]. New York: Oxford University Press, 1989: 561.

[12] Tukey J W. Exploratory data analysis [M]. Boston: Addison-Wesley Longman, 1997: 688.

# 16 资源量估算方法

（彩图）

**摘要：**本章回顾了非地质统计学估算方法，其中最常用的方法是多边形法、三角形法、断面法和地质块段法。本章描述的另一种方法是距离幂次反比（IDW）法，这是非地质统计方法中最先进的技术，本书对这几种方法应用作了详细说明。IDW 技术的方法与普通克里格法有许多相似之处。

**关键词：**多边形法；三角形法；断面法；距离幂次反比法

矿产资源量估算是地质工作中开发和评价矿山项目的主要任务之一。采矿项目进入生产阶段后，这项任务由矿山地质小组继承，继续圈定矿体。矿山地质工作者和矿山工程人员通过加入采矿和选冶参数、环境、社会因素和项目经济等修改因素，从矿产资源模型中推算出矿石储量。

资源量估算的过程包括以下几个步骤：

（1）对原始数据进行准备和修正，以便进行资源量估算；

（2）数据分析，以找到最佳的资源建模方法；

（3）圈定矿化并在三维空间中进行约束；

（4）通过样品分析值的插值和外推来估计约束域的资源量；

（5）根据输入数据对模型进行审查和验证，并用矿山生产数据进行校正（如果矿山生产数据是可用的）；

（6）对资源量的不确定性进行定量估算，使用国际报告标准定义资源量类别，并将其分配给模型。

自 1950 年以来，地质统计学的数学方法被开发出来，用来对区域变量的空间分布进行建模，并用于估计矿产的资源量和储量。目前，这是一种主要的估计方法，可以建立一个稳健和准确的矿体三维模型。

但是，采矿工业在地质统计学之前发展和执行的非地质统计学估计方法没有被放弃，仍然与地质统计技术并行使用。特别是，这些方法对于在地质统计人员参与之前对项目进行初步评价是有用的。矿山地质学家在处理品位控制数据和编制矿山短期生产计划时通常采用非地质统计方法。

非地质统计估计学估算方法有很多，统称为经典方法，最常见的有多边形法、三角形法、断面法和地质块段法。距离幂次反比（IDW）技术是非地质统计学方法中最先进的技术，其方法应用与普通克里格法有许多相似之处。

## 16.1 多边形法

多边形法是用于估算矿体资源量的二维方法。这种方法可以用绘制在矿体水平投影图或纵投影图上的影响多边形镶嵌图来精确地表示（图 16.1a），该方法也常用于爆破台阶的品位估算。

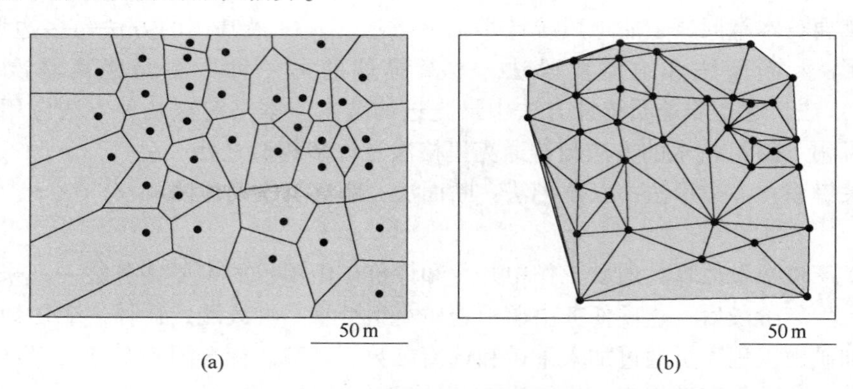


图 16.1　资源量估算方法比较（灰色阴影区域表示资源量被估计区域的部分）
（a）多边形法；（b）三角形法

多边形估算方法需要构造钻孔穿矿点，并估计见矿的真实品位和厚度。每个穿矿点被分配一个影响多边形，并将穿矿点的品位和厚度外推到受钻孔影响多边形约束的区域（图 16.1a）。

矿体的平均品位是通过将金属总量除以体积之和来估计的，并通过影响的多边形进行归一化［式（16.1）］。全矿体的吨位是通过将多边形的吨数加起来估算的［式（16.2）］。

$$\text{平均品位} = \frac{\sum_{i=1}^{N}(\text{品位}_i \times \text{厚度}_i \times \text{多边形面积}_i)}{\sum_{i=1}^{N}(\text{厚度}_i \times \text{多边形面积}_i)} \tag{16.1}$$

$$\text{矿石量} = \sum_{i=1}^{N}(\text{厚度}_i \times \text{多边形面积}_i \times \text{体重}_i) \tag{16.2}$$

式中　$N$——多边形（交点）数。

这种方法有很多局限性，最重要的缺点之一是资源量是在点支持下估计的，因此对评价采矿项目来说不是最佳的。将单个钻孔的见矿点外推致使受影响多边形面积过大，这可能是显著估计误差的来源，这种误差在矿体的见矿钻孔间距较大的部分和沿边缘地区特别常见（图 16.1a）。

尽管有这些限制，这种方法仍然用于估算资源量和储量。特别是，它通常用于在地质统计人员参与项目评价之前所做的初步估计。然而，多边形法的应用逐渐减少，并被地质统计学资源量估算技术所取代。

该方法应用的另一个领域是露天矿的品位控制。该方法非常适合估计为采矿准备的爆破台阶的储量，矿山地质学家将其作为短期矿山生产计划使用。

## 16.2 三角形法

资源量估算的三角形法与多边形法有很多相似之处，它也是一种 2D 技术，最常见的是估计板状矿床中钻孔见矿的品位和厚度。该方法将估计域细分到由连接相邻钻孔见矿点所构成的三角形上（图 16.1b）。

由三角形约束的矿化的平均品位被估计为形成研究三角形顶点的见矿钻孔的长度加权平均［式（16.3）］。

$$品位(三角形)=\frac{\sum_{i=1}^{3}(品位_i\times厚度_i)}{\sum_{i=1}^{3}(厚度_i)} \tag{16.3}$$

由三角形约束的矿化区平均厚度仅仅是由形成三角形顶点的见矿钻孔推导出的 3 个矿化区厚度的算术平均值。三角形限制的矿化吨数是通过将平均厚度乘以三角形面积和矿体体重得到的。

根据三角形面积［式（16.4）］计算三角形的平均品位，估计矿体平均品位。矿体吨数是通过将研究域内三角形吨数相加来估算的［式（16.5）］。

$$平均品位=\frac{\sum_{i=1}^{N}[品位_i(三角形)\times三角形的面积_i]}{\sum_{i=1}^{N}(三角形的面积_i)} \tag{16.4}$$

$$吨位=\sum_{i=1}^{N}(三角形的厚度_i\times三角形的面积_i\times矿体体重_i) \tag{16.5}$$

式中 $N$——三角形的个数。

三角形法在一定程度上克服了多边形法的局限性，多边形法将单个钻孔的品位外推到大区域。三角形法使用三个相邻的钻孔来估计顶点处有钻孔的三角形所约束的区域的资源量（图 16.1b）。这种估计方法比多边形方法更可靠，但也有明显的局限性。三角化法的主要缺点如下：

（1）估计结果依赖于主观选择的三角网模式。

（2）所有见矿钻孔的权重都是相同的，与三角形的大小和形状无关。

（3）该方法缺乏对矿床进行构造解释的能力。三角形的所有三个顶点获得相同的权重，独立于它们相对于矿体走向的位置。位于矿体走向上的顶点与位于倾向上的顶点获得相同的权重，这在方法上是不正确的，可能会导致严重的估计误差。

（4）该方法也不允许估算矿体边缘部分（图 16. 1b）。

三角形法与多边形法有许多共同的特点，因此也可用于爆破孔数据的品位控制估算。采用三角形法估算爆破台阶的储量，可以很好地确定爆破孔的大小及其在水平层间的分布。然而，由于上述三角形和多边形技术的局限性，这些方法被地质统计学技术所取代。后者产生更精确的品位控制估计，也提供了模型不确定性的定量估计。

## 16. 3　断　面　法

对于复杂矿体，多边形法和三角形法在二维平面上不能准确地显示其形状，因而不理想。这种矿化程度的估算是在三维中进行的，通常通过线框图来约束矿化程度，并通过地质统计技术来估算约束体积的品位。估算复杂矿化的另一种方法是使用断面法，这是一种准三维方法，将矿体表现为堆叠的横切块（块段）。

目前，如果线框图绘制技术不可用，通常是由于缺乏设备，或者由于矿化域的形状极其复杂和不规则，则使用断面法。特别是，断面法仍然是哈萨克斯坦卷状铀矿床资源量估算的主要技术之一。

断面法有不同的版本，在本书的这一节简要介绍。

### 16. 3. 1　剖面外推

使用这种方法的估算过程如图 16. 2 所示，说明如下。

该方法包括以下几个步骤。

（1）通过钻穿矿体的钻孔绘制剖面，并在每个剖面上按所选的边际品位圈连矿体轮廓（图 16. 2a）。

（2）使用长度加权平均技术估计每个剖面的平均品位［式（16. 6）］。

$$\text{品位(剖面)} = \frac{\sum_{i=1}^{K}(\text{品位}_i \times \text{样品长度}_i)}{\sum_{i=1}^{K}\text{样品长度}_i} \tag{16.6}$$

式中　$K$——样品数。

（3）将在剖面上解释的矿体轮廓外推到钻孔剖面之间距离的一半，形成块段（图 16. 2b）。将剖面的平均品位分配给整个块段（图 16. 2b）。给定块段处矿

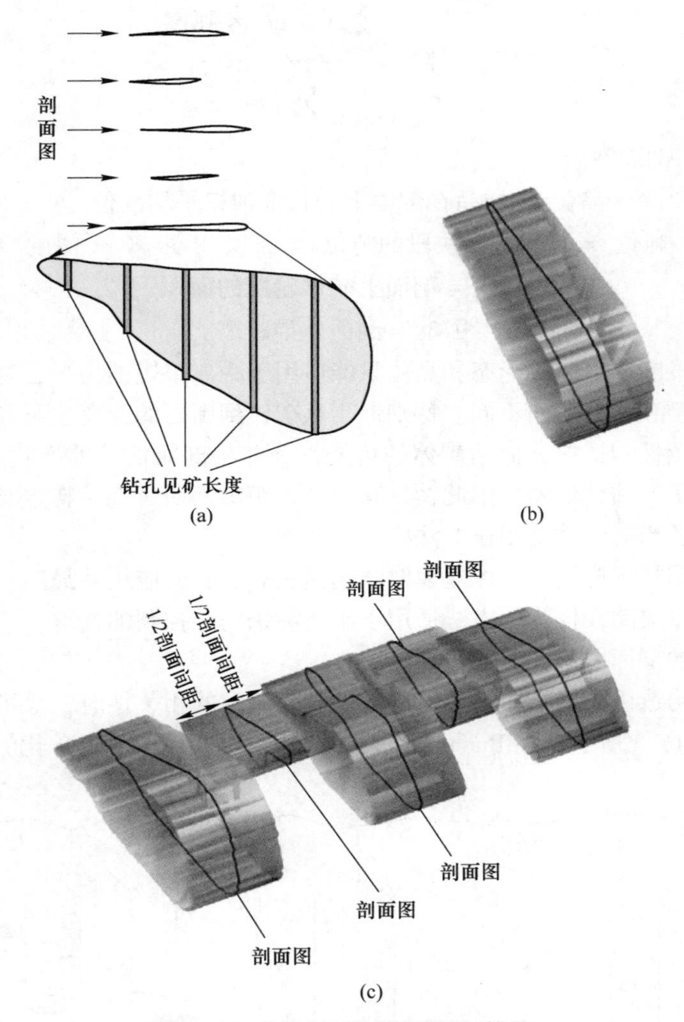


图 16.2 外推剖面估算资源量/储量

（a）在剖面上勾画出矿体轮廓的示意图；（b）将剖面外推至形成剖面系统的钻孔之间距离的一半；（c）构造矿体的准三维模型，将其表示为堆叠在一起的横切块段

体的吨位估计为剖面上矿体的面积外推距离和体重的乘积（图 16.2b）。

（4）矿体模型是将所有的块段堆叠在一起，形成矿体的准三维模型（图 16.2c）。

总吨位是通过合计吨数的块段估算的。平均品位是用矿体金属量（块段金属量总和）除以受剖面约束的块段的矿体总吨位［式（16.7）］得到的。

$$品位(矿体)=\frac{\sum_{i=1}^{N}(品位_i \times 吨位_i)}{\sum_{i=1}^{N}(吨位_i)} \tag{16.7}$$

式中 $N$——剖面数。

$$品位_i = 样品在剖面上的长度加权平均品位_i$$

$$吨位_i = 一个剖面块段的吨位_i = 面积_i \times 距离_i \times 体重_i$$

$$面积_i = 剖面上矿体轮廓的面积_i$$

$$距离_i = 剖面外推距离_i$$

从剖面推断出矿体的形态和品位只能适用于距离很短的情况，这些距离因矿床的矿化类型和变异性而不同。特别地，从矿体到围岩的距离应与品位和矿体厚度的空间连续性相适应。低估矿体的可变性，并将剖面估计外推到更大的距离，可能导致严重的估计误差。因此，只有当外推距离证明对某一特定类型的矿床和矿化方式是适当时，才使用该方法。

当线框图技术应用于矿体建模时，剖面法有了新的应用。最后一个横截面通常用外推法以关闭线框。该方法适用于矿化尚未完全控制的情况，地质解释表明在最后钻取的剖面之后，矿化仍在继续。

当矿化构造极为复杂，妨碍了剖面间矿化轮廓的相关性时，也可使用剖面外推法。如图 16.3 所示，在 Budenovskoe 铀矿床中观察到了此类矿化的例子。

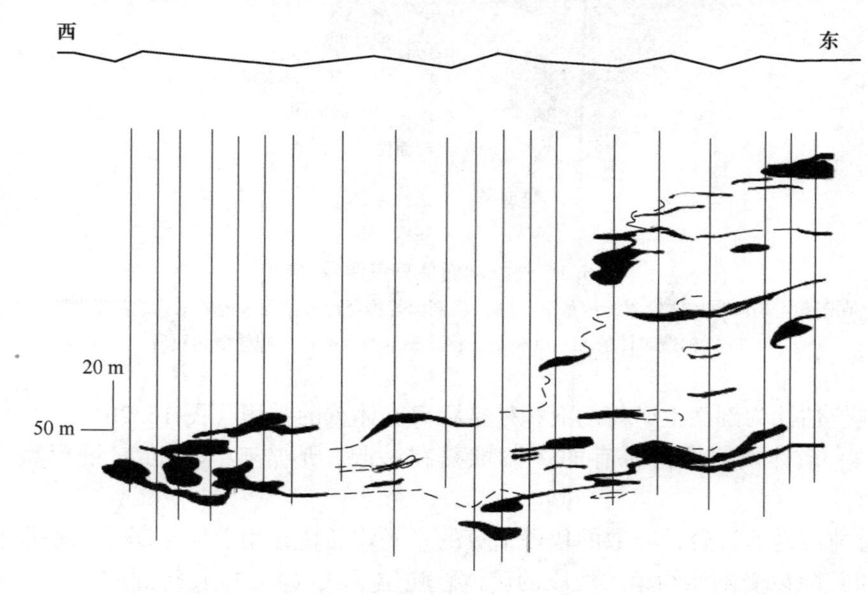


图 16.3 哈萨克斯坦 Budenovskoe 卷状铀矿剖面（$U_3O_8$矿化域限制在 100 ppm）

矿床是由几个卷锋叠加而成，形成了矿体高度变化和不连续的形状。由于剖面之间不可能有准确的关联，因此需要外推剖面解释来构建三维线框图，如图16.2c所示。在此之后，剖面分割的块段的线框图被合并在一起，形成一个单独的线框图，用于构建块模型和估算矿床的资源。

### 16.3.2 剖面间的插值

剖面估计的另一种方法是计算相邻剖面的平均值（图16.4）。通过将相邻两部分面积$\left(\frac{A_1+A_2}{2}\right)$的平均值乘以之间距离（$h$）得到块段的体积（图16.4）。矿体体积是通过加起来的块段估算的［式（16.8）］。

$$\text{体积(合计)} = \sum_{i=1}^{N-1}\left[\frac{1}{2}(\text{面积}_i + \text{面积}_{i+1}) \times h_i\right] \tag{16.8}$$

式中 面积$_i$，面积$_{i+1}$——相邻两剖面的面积；

$h_i$——相邻两剖面之间的距离。

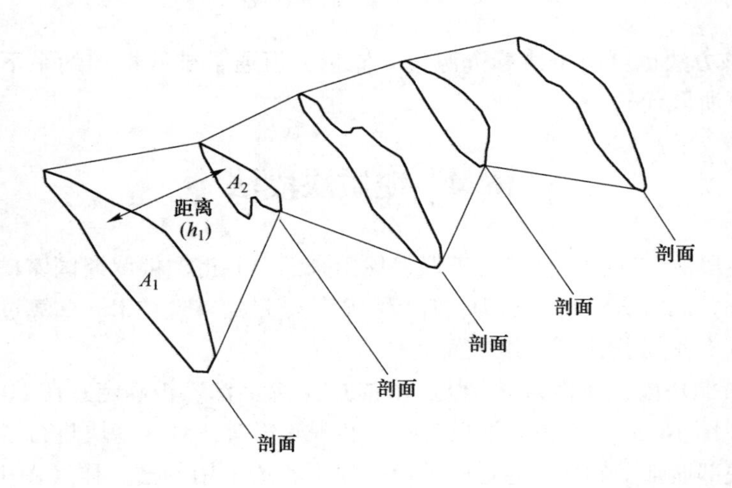


图16.4 剖面插值估计资源量

吨位仅仅是体积和体重（干体重）的乘积。块段的平均品位为两个剖面按其对应面积加权后的平均值［式（16.9）］。

$$\text{品位(块段}_1) = \frac{\text{品位}_1 \times \text{面积}_1 + \text{品位}_2 \times \text{面积}_2}{\text{面积}_1 + \text{面积}_2} \tag{16.9}$$

式中 品位$_i$——剖面$i$的品位，其值为该剖面上样品的长度加权平均［式（16.6）］。

矿体的总品位估计为用块段体积加权的块段品位的平均值［式（16.10）］。

在不同块段岩石体重不同的矿体中，平均品位估计为吨位加权平均值，这需要在式（16.10）中加入体重。

$$品位(矿体) = \frac{\sum_{i=1}^{N}(品位_i \times 吨位_i)}{\sum_{i=1}^{N}(吨位_i)} \tag{16.10}$$

式中 $N$——块段数；

$品位_i$——块段面积加权平均品位［式（16.7）］；

$吨位_i$——块段的$吨位_i$ = $体积_i$ × $体重_i$，$体积_i$ 是块段的 $体积_i$［式（16.8）］。

该方法在井下生产品位控制中得到了广泛的应用，并被证明是非常准确和有效的。它的工作原理如下：

（1）在地下掘进工作面，系统地编录矿体和赋矿岩石并进行采样。

（2）破碎矿石的品位和吨数是通过对两个岩面进行插值来估计的，其中一个岩面是在钻孔和爆破前绘制的，另一个岩面是在破碎矿石运出后暴露的岩面。

（3）该方法也可用于估算资源量和储量，但通常被线框图约束下矿体的地质统计估算所取代。

## 16.4 地质块段法

地质块段法，这种方法是在苏联发展出来的，并得到俄罗斯国家矿石储量委员会（GKZ）的官方认可，作为估计板状矿体储量的首选技术。估算过程如下。

（1）矿化域被投影到二维平面上。

（2）资源块段，或称为资源块，根据 GKZ 命名法，被确定并在 2D 平面图上绘出轮廓（图 16.5）。考虑到地质连续性和现有资料，对这些块进行了圈定。块的顶部或底部通常受到地下巷道的约束，地下巷道采用刻槽采样（图 16.5）。巷道采样是规则的，通常按照 2~3 m 的间隔采集（图 16.5）。块的侧面在勘探的早期阶段是开放的，当项目成熟时，特别是在可行性研究阶段，块的侧面由地下采矿系统划定。块体的内部空间是通过钻探控制的。

（3）通过计算所有见矿段的按长度加权的平均品位［式（16.11）］和计算块段的平均真厚度来估算每个块的资源量。块的吨位是通过将 2D 平面图上块的面积乘以其平均厚度［式（16.12）］再乘以块内矿化域的平均干体重来估算的。

（4）沿着块接触线（如工程见矿段）分布的样品用于估算位于给定接触线两侧的两个块段（图 16.5）。

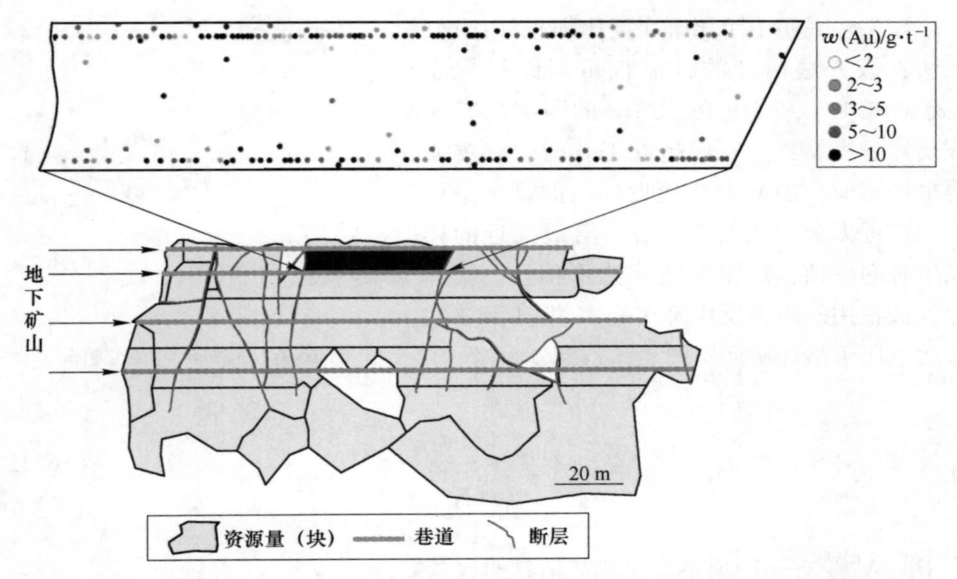


图 16.5 按块段（块）估算资源（以乌兹别克斯坦 Zarmitan 矿床 1 号矿脉为例）

$$品位(块段) = \frac{\sum_{i=1}^{K}(G_i \times L_i)}{\sum_{i=1}^{K}(L_i)} \tag{16.11}$$

$$厚度(块段) = \frac{\sum_{i=1}^{K}(L_i)}{K}$$

式中 $K$——见矿工程点数；

$G_i$——工程见矿长度加权品位；

$L_i$——工程见矿点的真厚度。

这种方法非常低效、缓慢、昂贵，而且不能量化资源的不确定性和风险。这种方法已经过时，目前很少使用。这里所述只是为了澄清在苏联使用的资源估计的原则，项目地质学家在审查苏联国家的旧资源量估算报告时可能会遇到这些原则。

## 16.5 距离幂次反比法

上述技术赋予所有样品相同的权重，而不依赖于它们与估计点（目标）的距离。通过使样品权重与它们到被估计点的距离成反比，可以克服这一缺点（图 16.6）。

该方法采用了距离幂次反比加权（IDW）方法，该方法估计的样品权重与距目标点［式（16.12）、式（16.13）］的距离的幂次成反比。当幂次（$\alpha$）趋近于0时，权重变得更加相似，IDW方法接近样品的算术平均值。接近无穷大的幂次（$\alpha$）给最接近的样品所有的权值，IDW接近多边形估计。实际上，最常用的距离反比幂次是2，但1和3的幂次也用于估计矿产资源。

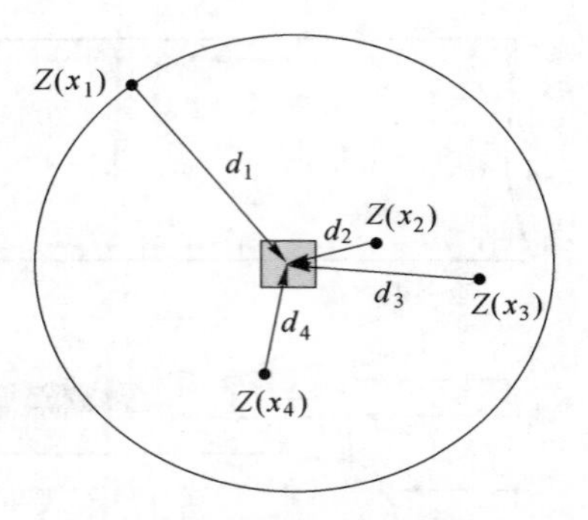

图16.6 距离幂次反比加权

$$\lambda_i^{\mathrm{IDW}} = \frac{\frac{1}{d_i^{\alpha}}}{\sum_i^N \frac{1}{d_i^{\alpha}}} \tag{16.12}$$

式中 $\lambda_i^{\mathrm{IDW}}$——距离幂次反比法估算的权系数；

$d_i$——样品 $Z(x_i)$ 到目标点 $Z^*$ 的距离；

$\alpha$——幂次；

$N$——估计中包含的样品数。

$$Z_{\mathrm{IDW}}^* = \sum_i^N [\lambda_i^{\mathrm{IDW}} Z(x_i)] \tag{16.13}$$

式中 $\lambda_i^{\mathrm{IDW}}$——利用IDW方法估计的样品权重；

$Z(x_i)$——样品 $i$ 在 $x_i$ 处的值；

$N$——估计中包含的样品数。

## 参考文献


［1］ Abzalov M Z. Granitoid hosted Zarmitan gold deposit，Tian Shan belt，Uzbekistan［J］. Econ Geol，2007，102（3）：519-532.

［2］ Abzalov M Z. Optimisation of ISL resource models by incorporating algorithms for quantification risks：geostatistical approach［C］// International Atomic Energy Agency（IAEA）. Technical meeting on in situ leach（ISL）uranium mining. Vienna，2010.

［3］ Abzalov M Z，Menzel B，Wlasenko M，et al. Optimisation of the grade controls procedures at the Yandi iron-ore mine，Western Australia：geostatistical approach［J］. Appl Earth Sci，2010，119（3）：132-142.

［4］ Abzalov M Z，Drobov S R，Gorbatenko O，et al. Resource estimation of in-situ leach uranium projects［J］. Appl Earth Sci，2014，123（2）：71-85.

［5］ Annels A E. Mineral deposit evaluation，a practical approach［M］. London：Chapman and Hall，1991：436.

[6] Goovaerts P. Geostatistics for natural resources evaluation [M]. New York: Oxford University Press, 1997: 483.

[7] Krige D. A statistical approach to some basic mine valuation problems on the Witwatersrand [J]. J Chem Metall Min Soc S Afr. 1951, 52: 119-139.

[8] Matheron G. Principles of geostatistics [J]. Econ Geol, 1963, 58 (8): 1246-1266.

[9] Matheron G. Osnovy prikladnoi geostatistiki (Basics of applied geostatistics) [M]. Moscow: Mir, 1968: 408 (in Russian).

# 第 4 部分

# 地质统计学在采矿中的应用

# 17 地质统计学导论

**摘要**：在一般地质科学中，特别是在矿床学中，地质特征的空间连续性可以是有价金属的品位、有害成分的浓度或岩石的地质特征，是一种自然现象。在未采样位置准确地估计这些特征对于评价采矿项目及其成本效益十分重要。

地质统计学是一门专门的科学学科，它提供建立区域变量空间连续性模型的方法。本章向读者介绍了地质统计学的基本理论基础，并举例说明。

**关键词**：地质统计学；克里格法；区域变量；平稳性

20 世纪 50 年代发展起来的地质统计学提供了描述和建模区域变量的空间连续性的方法，并允许将推断的连续性参数集成到用于空间插值的回归技术中。

地质统计学技术在采矿业的应用非常广泛，范围从估计矿物资源到评估模型的不确定性、风险的量化和确定最佳的钻探和取样网度。

矿山地质学家最常用的是线性单变量地质统计估计量，包括普通克里格法（OK）和简单克里格法（SK）。多变量技术，称为协同克里格法，允许将不同类型的数据集成到一个单一的连贯模型中，这些方法包括普通协克里格法（COK）和简单的协克里格法（CSK）及其变体，如并置协克里格法。

一个特殊领域代表了以指示值为基础的技术，特别是多重指示克里格法（MIK），它对含有不同空间趋势的多阶段矿化矿床的资源建立空间分布模型和估计尤其有效。

在非平稳环境中，例如存在漂移，常用的方法包括趋势克里格法（KT），也称为泛克里格法（UK），以及更先进的估计方法，如外部漂移克里格法（KED）。

地质统计学方法也用于估计采矿回采率，其方法是为不同的采矿选择性情况建立资源模型，这是用非线性地质统计方法实现的。在这本书中，介绍了仿射校正（AC）技术、离散高斯变化的支持（DGCS）、统一调节（UC）。对 Abzalov 开发的一种新方法［局部统一调节（LUC）］进行了更详细的描述。在 ISATIS 中采用了 LUC 方法，当数据间隔相对于估计的块大小过大时，LUC 方法成为品位估计的常用方法之一。

利用地质统计学的随机方法对地质和资源模型的不确定性进行量化。

最近发展的随机地质统计算法允许创建地质构造的随机模型，可以是矿体的形态或沉积盆地的岩石地层模型。

由于在矿山地质应用中大量使用了地质统计学技术，在矿山工作的地质人员比勘查地质人员需要更多的实用矿山地质统计学方面的培训。因此，这里特别关注地质统计学，重点讨论在矿山地质应用中最常用的方法。对地质统计方法的理论背景进行介绍的同时，还对估算实践进行了讨论，并解释了这些方法的局限性。本章增加几个案例研究和练习，便于进一步理解地质统计学及其应用。

## 17.1 区域化变量和随机函数

一个矿床的资料通常是很不完整的。因此，为了得出未采样位置的估计值，需要使用一个模型和相关假设来定义感兴趣的变量的空间分布。由于地质过程的复杂性，定量确定性模型在地质学中用处不大，它需要对过程的详细认识。

经典统计方法并不适用，因为它们不能根据数据的空间分布模式来区分数据。经典统计的局限性如图17.1所示，其中显示了三组不同的数据。

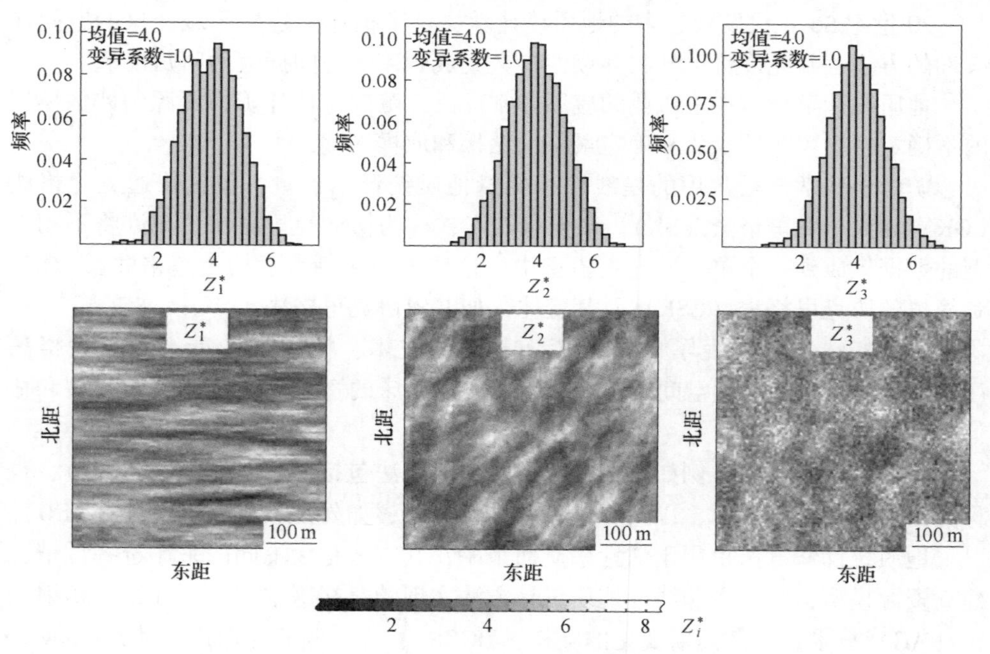


图17.1 三个模拟值的直方图和空间分布格局比较

这些数据集的空间分布模式差异很大，这清楚地表明，矿山地质学家在估算这三种假设矿化的资源时，需要考虑不同的采样网度和数据点之间的距离。然而，这三组的直方图和统计参数非常相似，清楚地表明经典统计无法区分它们之间的这些重要差异。

因此，地质统计学将空间分布变量，如矿床的金属品位，作为一个随机变量，在一定值范围内波动，Matheron 称之为“漂移”。

地质统计学是基于区域化变量的概念，它是一个函数 $z(x)$，定义在空间 ($R^3$) 中分布的点 ($x$) 上感兴趣的变量的值。这样的函数称为区域化变量。

矿化分布被认为是随机函数 $z(x)$ 的特殊实现。David 强调，当人们认识到确定性方法的作用不大时，地质统计学家将矿床的金属品位等变量考虑为随机函数的实现只是一个认识性决定。

因此，从地质统计学的观点来看，我们在经验上可用的某一特定矿床中分布的品位值代表了该随机函数的一种具体实现。地质统计学家面临的一个挑战是利用特殊的地质统计工具（如变异函数或协方差）找出随机函数 $z(x)$ 的特征，并将这些特征纳入回归方程，估计未采样点的区域化变量。

## 17.2 平稳性和内在假设

如果一个变量在平移时的分布不变，则认为它是平稳的。严格的平稳性要求所有分布矩在平移下保持不变，这种情况在自然界中很少发现，而且很难从有限的试验数据中验证。从实际的观点来看，只要前两个矩，均值［式（17.1）］和协方差［式（17.2）］是恒定的，就可以认为该地质现象是平稳的，这称为二阶平稳性，也称为弱平稳性。

$$m = m(x) = E[Z(x)] \tag{17.1}$$

$$C(\boldsymbol{h}) = E\{[Z(x)Z(x+\boldsymbol{h})]\} - m^2 \tag{17.2}$$

式中，$Z(x)$ 和 $Z(x+\boldsymbol{h})$ 为给定变量在两个不同点 ($x$) 和 ($x+\boldsymbol{h}$) 的两个值。

这种方法可以很好地处理以非扭曲直方图为特征的自然现象。然而，克里格表明，在许多矿床中，有限的品位方差并不存在，而品位的变化可以通过一个恒定的前两个矩来描述。因此，如果考虑函数的一个增量 $[Z(x)-Z(x+\boldsymbol{h})]$ 而不是函数本身，对于这个增量的前两个矩可以作一个有效的假设，在两个不同的点上取的值之间的差，前两个矩的平稳性假设被称为内蕴平稳性，并引出了下一章将要讨论的变异函数的概念。

重要的是要注意，平稳的区域化变量总是满足内蕴假设，但反过来不总是正确的，因为内蕴变量可以是非平稳的。与二阶平稳性的情况相比，使用固有区域化变量的实际好处是可以有更广泛的变异函数模型选择。在实践中，决定给定的区域变量的平稳性时，要考虑给定地质体的均匀性，以及该变量可以被认为是平稳的尺度（图 17.2）。

整个矿床很少被认为是一个平稳区域，更常见的情况是，地质学家将矿床细分为几个相对统一的区域，当单独进行分析时，这些区域满足平稳性或至少满足

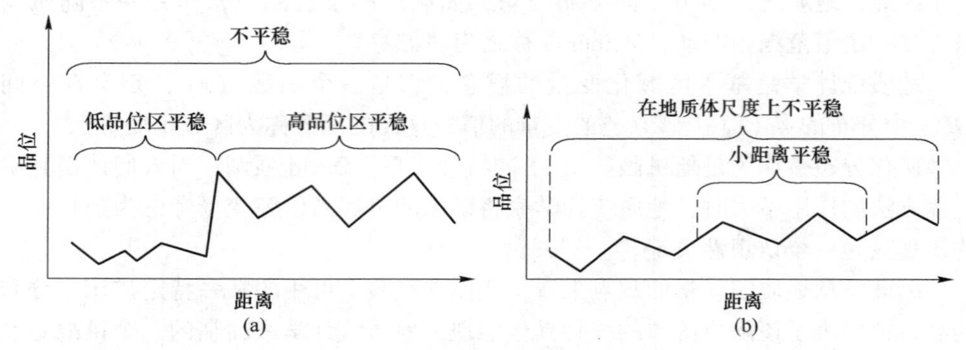


图 17.2　假想金属品位沿直线分布的示意图

（a）两个区域的平均品位值差异很大，因此沉积物不能被认为是稳定的，而在分别分析时，高品位和低品位区域满足平稳性条件；（b）品位值有明显的趋势，品位分布在整个地质体尺度上不稳定，当在较短的距离分析品位分布时，可以认为它是局部平稳的

内蕴假设条件（图 17.2a）。另一个例子，如图 17.2b 所示，品位值表现出强烈的趋势，因此在矿床规模上并不平稳。但是，在较小的距离上，同样的变量可以被认为是基本平稳的，因为趋势在这个尺度上可以忽略，并且被数据波动掩盖(图 17.2b)。

## 参 考 文 献

[1] Abzalov M Z. Localised Uniform Conditioning（LUC）：a new approach for direct modelling of small blocks [J]. Math Geol. 2006，38（4）：393-411.

[2] Abzalov M Z. Localised Uniform Conditioning：method and application case studies [J]. J South Afr Inst Min Metall. 2014，114（1）：1-6.

[3] Abzalov M Z，Pickers N. Integrating different generations of assays using multivariate geostatistics：a case study [J]. Trans Inst Min Metall. 2005，114：B23-B32.

[4] Armstrong M. Basic linear geostatistics [M]. Berlin：Springer，1998：153.

[5] Armstrong M，Galli A，Beucher H，et al. Plurigaussian simulation in geosciences [M]. 2nd. Berlin：Springer，2011：149.

[6] Bleines C，Bourges M，Deraisme J，et al. ISATIS software [D]. Paris：Ecole des Mines de Paris，2013.

[7] Chiles J-P，Delfiner P. Geostatistics：modelling spatial uncertainty [M]. New York：Wiley，1999：695.

[8] David M. Geostatistical ore reserve estimation [M]. Amsterdam：Elsevier，1977，364.

[9] David M. Handbook of applied advanced geostatistical ore reserve estimation [M]. Amsterdam：Elsevier，1988：364.

[10] Davis J C. Statistics and data analysis in geology [M]. 3rd. New York：Wiley，2002：638.

[11] Deutsch C V, Journel A G. GSLIB: geostatistical software library and user's guide [M]. New York: Oxford University Press, 1998: 340.

[12] Goovaerts P. Geostatistics for natural resources evaluation [M]. New York: Oxford University Press, 1997: 483.

[13] Isaaks E H, Srivastava R M. An introduction to applied geostatistics [M]. New York: Oxford University Press, 1989: 561.

[14] Journel A G, Huijbregts C J. Mining geostatistics [M]. New York: Academic, 1978: 600.

[15] Krige D. A statistical approach to some basic mine valuation problems on the Witwatersrand [J]. J Chem Metall Min Soc S Afr. 1951, 52: 119-139.

[16] Lantuejoul C. On the importance of choosing a change of support model for global reserves estimation [J]. Math Geol, 1988, 20 (8): 1001-1019.

[17] Lantuejoul C. Geostatistical simulation: models and algorithms [M]. Berlin: Springer. 2002: 250.

[18] Matheron G. Principles of geostatistics [J]. Econ Geol. 1963, 58 (8): 1246-1266.

[19] Matheron G. Osnovy prikladnoi geostatistiki (Basics of applied geostatistics) [M]. Moscow: Mir, 1968: 408 (in Russian).

[20] Rivoirard J. Introduction to disjunctive kriging and non-linear geostatistics [M]. Claredon: Oxford Press, 1994: 181.

[21] Rivoirard J. Which models for collocated cokriging? [J]. Math Geol. 2001, 33: 117-131.

[22] Rivoirard J. On the structural link between variables in kriging with external drift [J]. Math Geol, 2002, 34: 797-808.

[23] Rossi M E, Deutsch C V. Mineral resource estimation [M]. Berlin: Springer, 2014, 332.

[24] Srivastava R M. Probabilistic modelling of ore lens geometry: an alternative to deterministic wireframes [J]. Math Geol. 2005, 37 (5): 513-544.

[25] Strebelle S. Conditional simulation of complex geological structures using multiple-point statistics [J]. Math Geol. 2002, 34 (1): 1-22.

[26] Wackernagel H. Multivariate geostatistics: an introduction with applications [M]. 3rd. Berlin: Springer, 2003: 388.

# 18　变异函数

（彩图）

**摘要**：地质统计学技术可以对区域化变量的空间连续性进行定量评估，最常用的方法是估算由向量（$x$）分隔的数据点对之间的平方差，这是变异函数的基础。变异函数是一种特殊的地质统计学工具，用于对所研究变量的空间连续性建模。

**关键词**：连续性；变异函数；各向异性；指示值

## 18.1　空间连续性的定量分析

地质学家用连续性的概念直观地描述某一矿床。特别是矿化走向的定义意味着矿化在那个方向上比在其他方向上更连续。矿山地质学家也都知道，高品位金矿化通常比高品位矿床周围的低品位蚀变带更具不连续性和不规律的分布。有经验的地质学家记录了地质构造，当他们在不同的地点观察到相同的地质特征时，他们看到了相似和不同之处，并感受到了它们在不同方向变化的快慢。

地质统计学技术可以对矿化不同属性的空间连续性进行定量评估，从地质统计学的观点来看，这代表了区域变量。本章介绍用于区域变量结构分析的地质统计工具。

变异函数是采矿业中最常用的地质统计工具，用于定量定义各种地质属性的空间连续性，如矿化品位、金属组合、矿化带厚度。本章概述变异函数及其性质的理论定义，以下章节将讨论在计算试验变异函数时经常遇到的实际问题，并用变异函数分析研究不同地质应用的案例。

## 18.2　直观地看变异函数

对于从不同点（$x$）和（$x+\boldsymbol{h}$）（图 18.1）采集的给定变量 $Z(x)$ 和 $Z(x+\boldsymbol{h})$，最自然的比较方法是计算其差值［$Z(x)-Z(x+\boldsymbol{h})$］。这通常可以从矿体的不同部分采集两份样品，并对其进行金属品位的测定。仅仅比较两个特定的点没有什么相关性，地质学家更感兴趣的是如何定义在给定的距离和给定的方向上，品位相关或不相关的趋势。因此，有必要计算所有可能点（$x$）和（$x+\boldsymbol{h}$）之间的平均差值，这将合理地表明由向量（$\boldsymbol{h}$）分隔的数据之间的相关性。

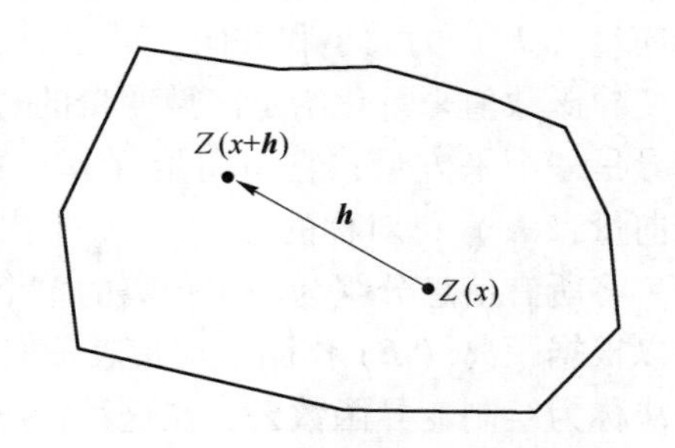


图 18.1 示意图显示了在两个不同位置（$x$）和（$x+\boldsymbol{h}$）观测到的区域化变量（$Z$）的两个假想值，用向量（$\boldsymbol{h}$）分隔

图 18.2 所示的示意图示例，显示了沿直线分布的 10 个数据点，它们之间有规则的距离。计算距离（$\boldsymbol{h}$）的所有可能数据点之间的平均差值（图 18.2）时，将计算 8 对可能数据的平均值。

每个数据对，$Z(x)$ 和 $Z(x+\boldsymbol{h})$，由给定的距离增量（$\boldsymbol{h}$）分隔，可以绘制在散点图上，当它们被给定的距离分隔时，可以直观地评估数据之间的相关性和差异性（图 18.3）。这些 $Z(x)$ 与 $Z(x+\boldsymbol{h})$ 的散点图称为 $\boldsymbol{h}$-散点图。

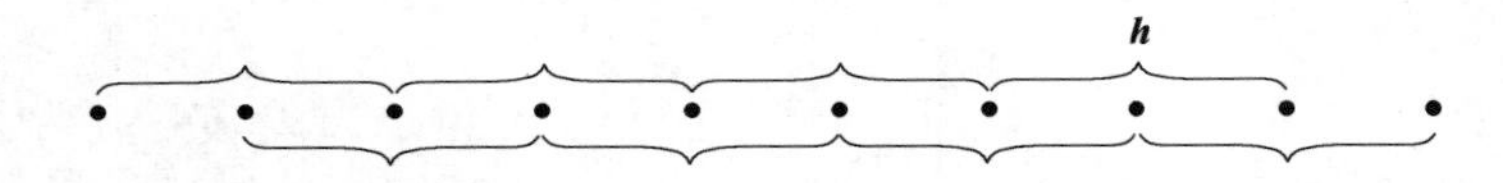


图 18.2 用距离（$\boldsymbol{h}$）分隔的所有可能数据点示意图

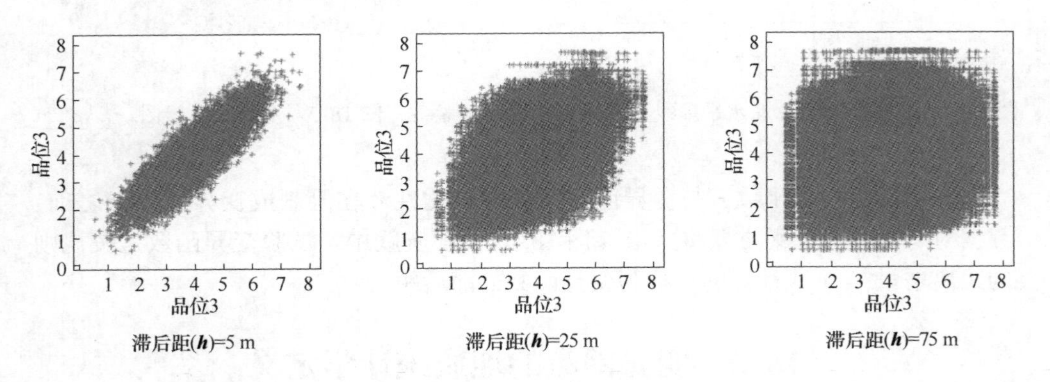


图 18.3 三种距离（$\boldsymbol{h}$）下样品品位的 $\boldsymbol{h}$-散点图

如果计算平方差值，就可以很容易地得到正的值，使用正的值比较方便。这就产生了用于评估区域化变量值的空间相似性或差异性的大多数地质统计学应用的式（18.1）。

$$\gamma(\boldsymbol{h}) = \frac{1}{2n}\sum_{i=1}^{N}\{[Z(x_i + \boldsymbol{h}) - Z(x_i)]^2\} \tag{18.1}$$

式中 $N$——由向量（$\boldsymbol{h}$）分隔的数据对的个数。

在式（18.1）中定义的函数 [$\gamma(\boldsymbol{h})$] 称为半变异函数，或简称变异函数。改变向量（$\boldsymbol{h}$）的大小和方向，可以通过计算与给定方向和向量（$\boldsymbol{h}$）大小对应的变异函数值来量化给定区域变量的总体分布模式。由于用等式（18.1）计算的差异是一个平方量，它与向量（$\boldsymbol{h}$）的符号无关，因此，变异函数（18.1）关于向量（$\boldsymbol{h}$）是对称的。

将所有信息分组为一定距离的单个点，沿着选择的方向计算的变异函数的值可以根据距离（$\boldsymbol{h}$）作图，这是表示变异函数值的传统方式（图18.4）。另一种方法称为绘制变异函数云，在这种情况下，将每个数据对的平方差与距离绘制成图（图18.5）。

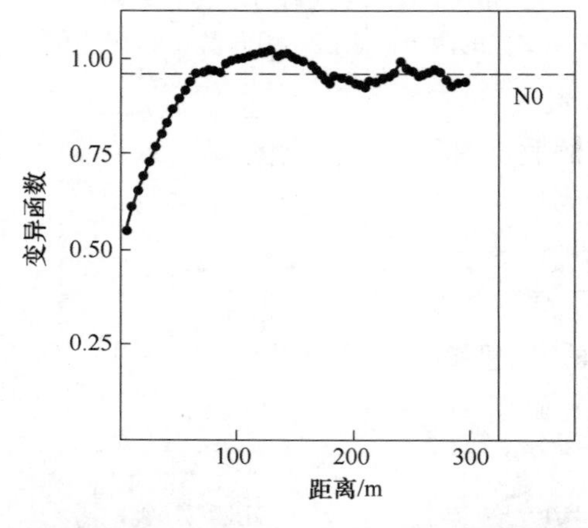


图18.4 试验变异函数（水平虚线为样品方差）

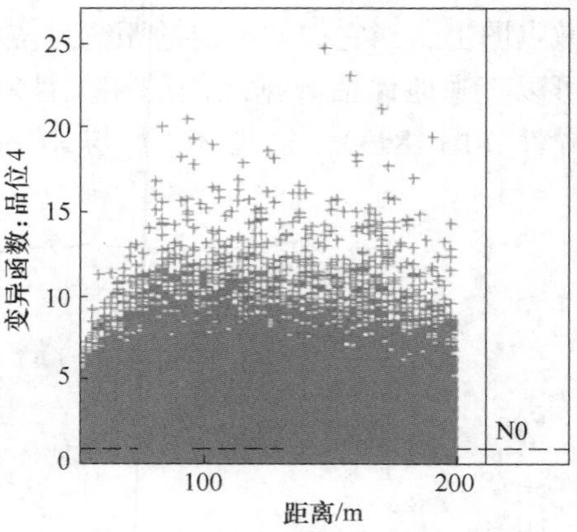

图18.5 变异函数云图

为了确保变异函数云与变异函数图具有可比性，在绘制成变异函数云之前，数据对之间计算的平方差将减半（图18.5）。在实践中，试验变异函数是按规则的距离增量（$\boldsymbol{h}$）计算的，称为变异函数的滞后距。

## 18.3 变异函数的地质统计学定义

区域化变量$\{Z(x)\}$的试验变异函数$[\gamma(\boldsymbol{h})]$是一个离散函数，它描述了该变量$\{Z(x)\}$作为方向和距离的函数的空间连续性。换句话说，它代表了数据点之间空间差异的度量，以数据分离向量（$\boldsymbol{h}$）递增的函数表示，并以给定向量（$\boldsymbol{h}$）分隔的数据点之间的平方差的一半计算。

理论变异函数由一个内在假设定义。这一假设表征了平稳性的类型，它基于关于增量$[Z(x) - Z(x + \boldsymbol{h})]$特性的两个假设。首先假设增量的方差为$[2\gamma(\boldsymbol{h})]$。这个假设，表示为等式（18.2），定义变异函数为增量方差的一半$[Z(x) - Z(x + \boldsymbol{h})]$。第二个假设是对于给定向量（$\boldsymbol{h}$）的任意平移，增量的均值是不变的，等于零［式（18.3）］。

$$\gamma(\boldsymbol{h}) = \frac{1}{2}\mathrm{Var}[Z(x) - Z(x+\boldsymbol{h})] = \frac{1}{2}E\{[Z(x) - Z(x+\boldsymbol{h})]^2\} \quad (18.2)$$

$$m(\boldsymbol{h}) = E[Z(x) - Z(x+\boldsymbol{h})] = 0 \quad (18.3)$$

## 18.4 定向、全向和平均变异函数

变异函数可以沿着一定的方向计算。在这种情况下，它被称为方向变异函数。相反，如果变异函数是由距离（$\boldsymbol{h}$）独立于数据对之间的方向在任何数据点之间计算的，它被称为全向变异函数。

变异函数的值可以在给定体积内包含的所有可能向量上求平均值。图 18.6 给出了两种平均变异函数。第一种类型（图 18.6a），计算了区块（$D$）内所有可能向量的平均变异函数值。

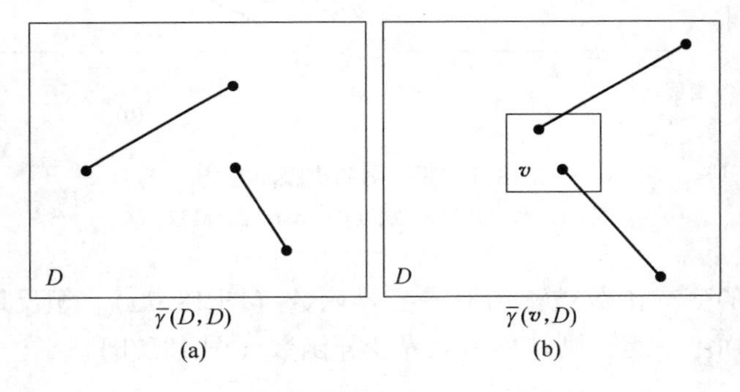


图 18.6 给定体积的平均变异函数的计算

（a）变异函数模型在域（$D$）内对所有可能向量进行平均；

（b）在区块内（$v$）和在区域（$D$）内独立两点间的平均变异函数

第二类平均变异函数是两个点之间计算的方差值平均，其中一个点在区块内（$v$）存在，另一个点在较大区块内（$D$）独立存在（图 18.6b）。

给定区块（$D$）的平均变异函数值通常表示为 $\bar{\gamma}(D, D)$，或简单地表示为 $\bar{\gamma}(D)$，读作 $DD'$的伽马拔。第二类平均变异函数表示为 $\bar{\gamma}(v, D)$。

平均变异函数值也称为辅助函数。特别地，在块（$D$）中包含的所有可能向量上的变异函数模型被称为 F-函数。

## 18.5 变异函数的性质

变异函数［$\gamma(\boldsymbol{h})$］值与距离（$\boldsymbol{h}$）的曲线图一般呈现以下特征，在原点

($h$ = 0) 的变异函数值等于零，但是它可以在原点之后不连续（图 18.7a），这种在原点处的不连续称为块金效应。曲线一般随着 $h$ 的增加而增加，它可以随着距离（$h$）的增加而持续增加，或者，它可以稳定并在一个称为基台的水平上变平（图 18.7a）。当变异函数已经达到它的基台时，这意味着由变异函数变平的距离分离的样品之间没有相关性。变异函数到达其基台的距离称为变程。因此，该范围为样品影响区的地质概念提供了精确的定量意义。

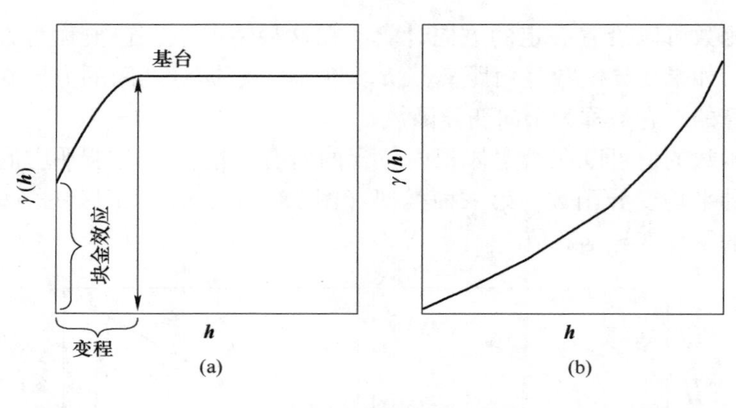


图 18.7　变异函数类型示意图
（a）有界变异函数；（b）无界变异函数

达到基台的变异函数被称为有界变异函数（图 18.7a）。相反地，如果变异函数连续增长而不平坦，则被称为无界变异函数（图 18.7b）。

### 18.5.1　近原点行为

变异函数在其原点附近的行为是变异函数最重要的特征之一，变异函数承载着关于区域化变量的空间连续性的关键信息。根据变异函数可能的行为类型，变异函数可以再细分为四组（图 18.8）：非常连续、中等连续、不连续和纯粹随机。

非常连续的变量在其原点附近的变异函数具有抛物线行为（图 18.8a），这一特征表明了高度连续的区域性变量，如地下水位的高程，其特征是在短范围内变化极小，它也可以与漂移的存在有关。

变异函数的线性形状（图 18.8b）是中等连续的区域化变量的特征，它不如在原点附近由抛物线行为表征的变量有规则（图 18.8a）。在原点附近变化图的线性特征是连续矿化的一个共同特征，如沉积矿层的厚度。

在矿床研究中最常见的类型是在原点处不连续的变异图（图 18.8c）。当变异函数 $\gamma(h)$ 在 $h$ 趋近于零时（图 18.7a 和图 18.8c），在原点处的不连续表明该

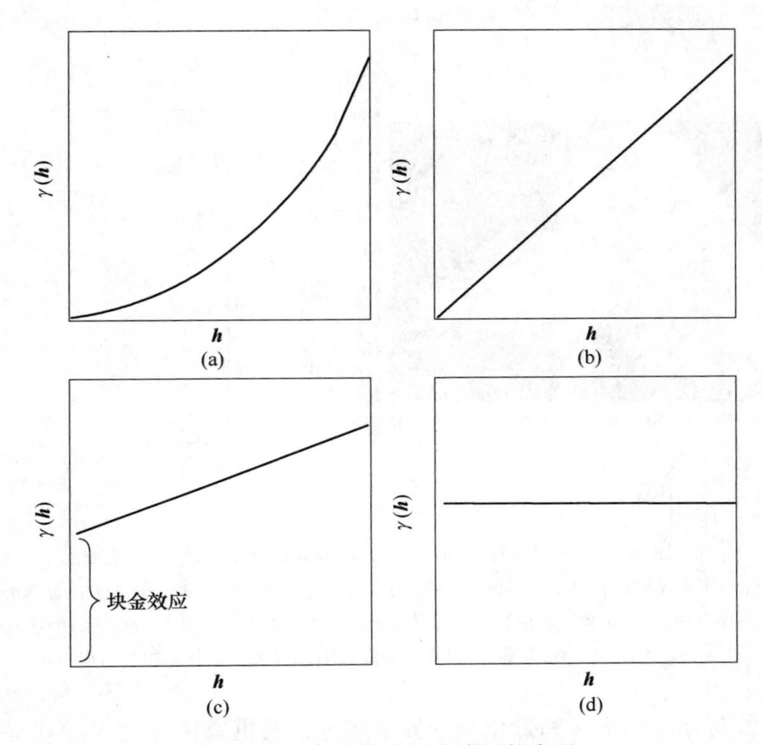


图 18.8 变异函数在原点附近的表现

（a）高连续变量的抛物线形；（b）中等连续变量的线性形状；（c）不连续变量；（d）纯随机区域变量行为的平坦直线

变量在短距离处高度不规则的行为。这种不连续现象被称为“块金效应”，它是由采样误差引起的，也反映了微观结构的连续性小于样品之间的最小距离。

一些变异函数以平坦直线的形式分布，这表明一个极端不连续和不规则分布的变量，其特征是完全随机的混乱的行为，没有任何空间相关性。这种类型的变异函数称为纯块金效应，通常表现为粗粒（即块金）金矿化（Bendigo）。

### 18.5.2 各向异性

变异函数的基台和变程也会发生变化，反映了不同方向上各向异性的存在。一个区域化变量在一个特定方向上比在另一个方向上连续，是一种很常见的情况。如层状矿化带的金属品位，一般在水平方向上比在垂直方向上更连续。沉积层的厚度，也常常表现为各向异性分布，在一个优选方向上更连续（图 18.9）。在不同方向上计算这些变量的变异函数，会在不同的变程内达到相同的基台（图 18.9），这种类型的各向异性称为几何各向异性或椭圆各向异性，因为在不同方向计算的变异函数变程之间的关系满足椭圆方程。

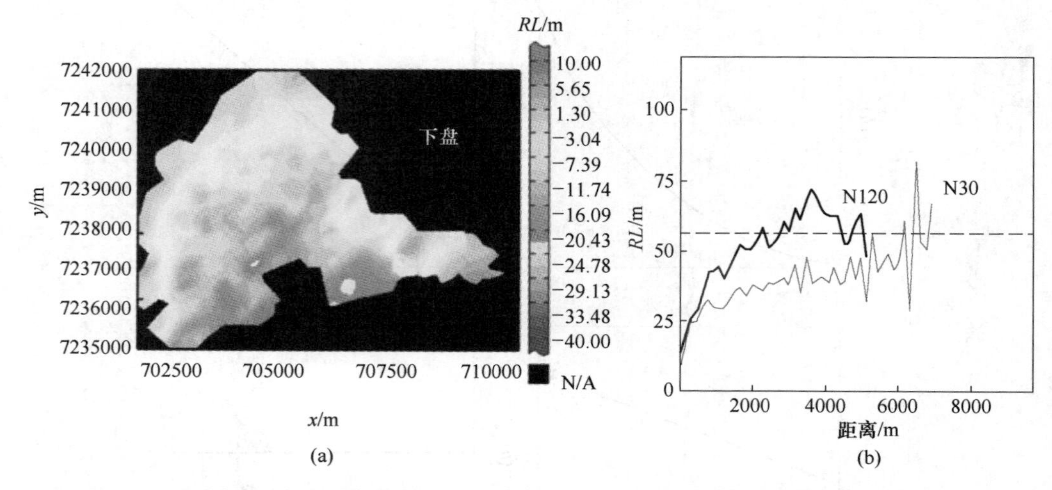


图 18.9　马达加斯加 Fort Dauphin Ti-rich 金砂矿体下盘接触点

（a）下盘位置图；（b）沿 N30（方位 30°）和 N120（方位 120°）两个方向计算的下盘高程（*RL*/m）试验变异函数，显示几何各向异性（N30 代表矿化砂体下盘槽状盆地的长轴方向，与 Direction 杂岩走向一致。N120 是垂直砂体走向的方向）

几何各向异性的定义和量化是变异函数分析的重要任务之一，具有重要的地质意义。

另一种各向异性是用矿化来表示的，其方差在不同的方向上不同。例如，层状矿化在层间表现出的差异往往比层内的差异更大。这种矿化类型的变异函数，在不同方向上存在差异（图 18.10），这种各向异性称为带状或层状各向异性。

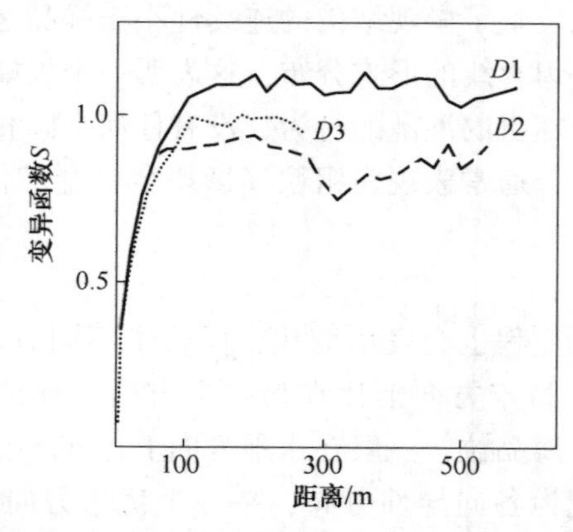


图 18.10　澳大利亚铜矿床中硫品位的三个方向试验变异函数（*D*1、*D*2 和 *D*3）

［变异函数显示出明显的带状各向异性（经 Abzalov 和 Pickers 的修正）］

## 18.6 用变异函数图分析数据的连续性

变异函数极大地改进了结构分析，允许定量地确定区域化变量在不同方向上的连续性。这种空间各向异性的量化，可以通过一种特殊的图表来表达，即变异函数图。变异函数图是一个二维图，显示了在一个给定平面中沿不同方向计算的变异函数值，称为参考平面图（图 18.11）。

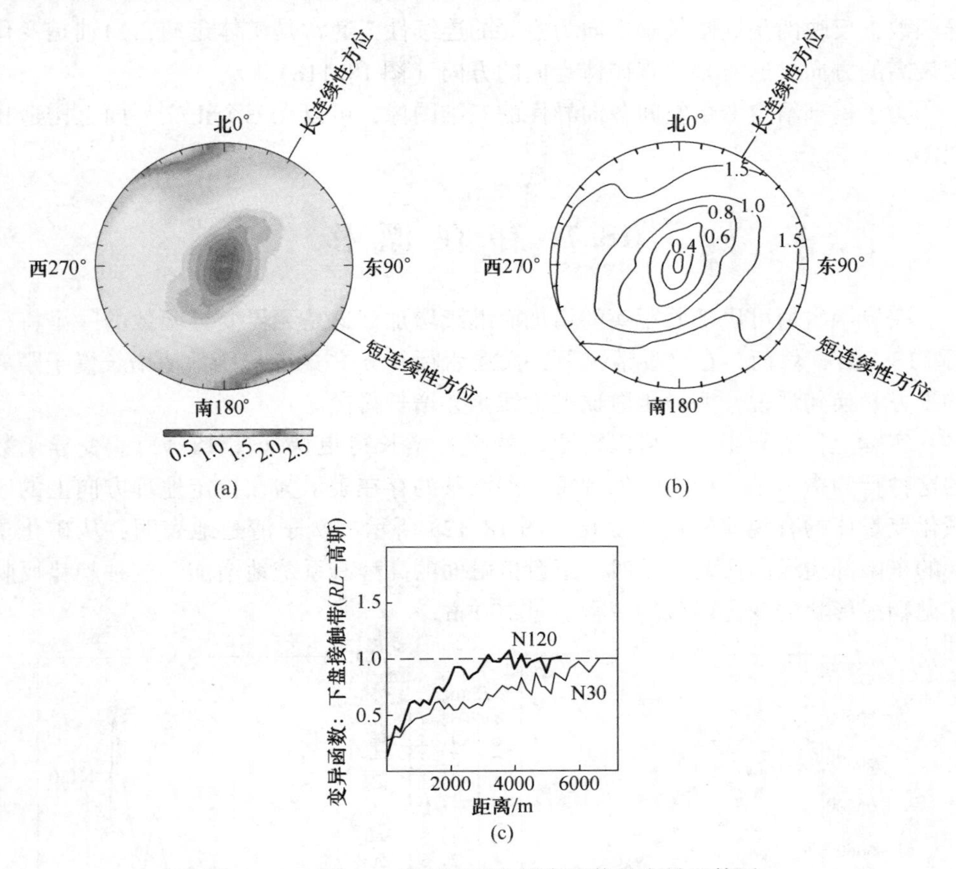


图 18.11 图 18.9 所示下盘地形高程值的变异函数图

(a) 变异函数图；(b) 拟合变异函数值绘制的等值线图；(c) 变异函数计算，沿长轴（方位 30°）和短轴（方位 120°）方向连续性变异函数的推导图

参考平面图代表了控制矿化的平面构造，如沉积地层或剪切带。图 18.11 为图 18.9 所示的下盘高程的变异函数。

变异函数图的中心点代表变异函数的原点（$\boldsymbol{h}=0$），方向的确定方法与任何地理图相同，在垂直向上方向代表一个北 0°方向，水平向右方向为东 90°等等，计算保证空间覆盖的不同向量（$\boldsymbol{h}$）的变异函数值。在练习中，变异函数计算了 18 或 36 个方向，分组数据分别为 20°或 10°，在每个方向上，计算不同距离的变异函数。最短距离近似匹配数据点之间的最小距离；变异函数绘制的最大距离，应超过为研究变量的最高空间连续性方向获得的最长变异函数的变程。

该图的构造方法是用颜色表示不同的变异函数值（图 18. 11a），或者反过来，通过匹配的值绘制等值线（图 18. 11b）。几何（椭圆）给出了各向异性的变异函数，反映的是椭圆长轴方向为主要的连续性，通常是矿体走向，短轴是变化度最高的方向，通常是垂直矿体走向的方向（图 18. 11c）。

为了得到给定变量空间各向异性的三维图像，可以在三个正交平面上构造相似图。

## 18. 7　存在漂移

变异函数值可以随着距离的增加而继续增加，这是无界变异函数的一个特征（图 18. 7b），然而，在这种情况下，大滞后距（$\boldsymbol{h}$）的变异函数值增长慢于距离的平方。换句话说，变异函数比抛物线函数增长得慢。

实际上，变异函数值可以比距离的平方增长得更快（图 18. 12）。变异函数的这种行为指示了一种不同的现象，即漂移的存在表示为在特定地理方向上的区域化变量值的有规律的连续变化。图 18. 12a 所示的例子清楚地表明，从矿化单元的东南部边缘向西北移动时，下盘接触面的高程有系统地增加。这种趋势反映在抛物线形状的变异函数的变程超过 100 m。

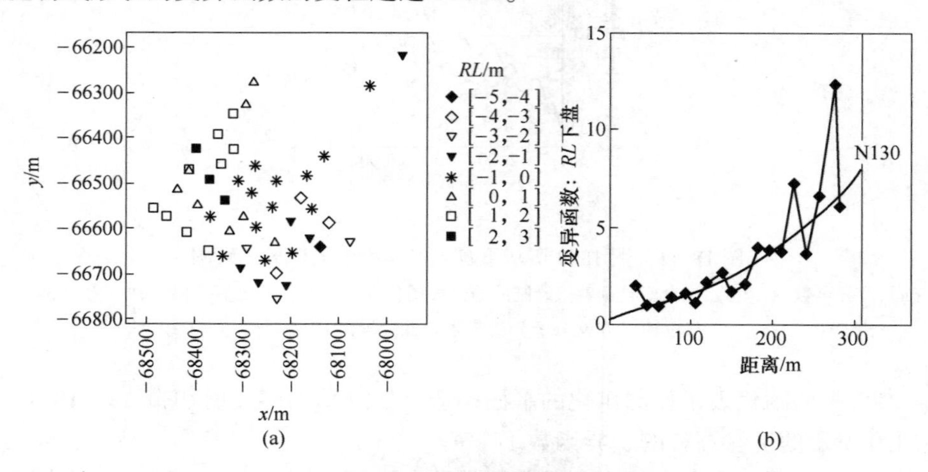


图 18. 12　数据漂移对变异函数的影响

（a）显示数据点位置的地图；（b）用下盘高程计算东南方向的变异函数（方位 130°）

## 18.8　比例效应

数据的局部方差可能在研究区域内发生变化。局部方差与局部均值相关的特殊情况称为比例效应。当局域方差随局域均值增加时，其结果可以是正相关的；当局域均值越低，方差越大，其结果可以是相反的。在正偏态数据中观察到正比例效应，而在负偏态中经常发现反向效应。

为了检验比例效应的存在，通过分组数据估计局部均值和方差，程序如图 18.13所示。将铝土矿按规则大小块进行划分（图 18.13a），计算每个块内的局部均值和方差，并绘制在散点图（图 18.13b，图 18.3c）上。

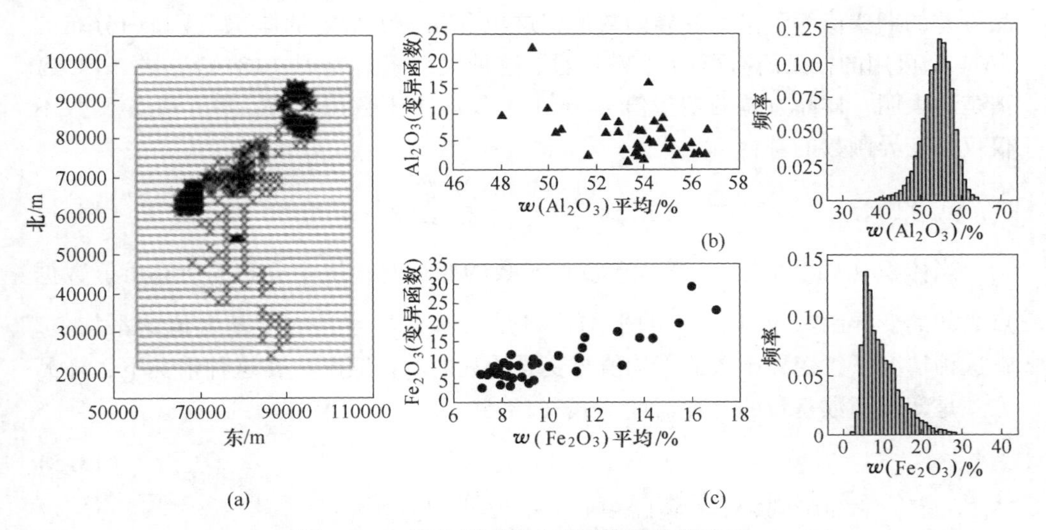


图 18.13　澳大利亚铝土矿确定的比例效应

（a）位置图，数据由横跨整个矿床的 2000 m 长的平面分组；样品方差与均值的散点图显示比例效应和数据的直方图构造；（b）$Al_2O_3$；（c）$Fe_2O_3$

当比例效应与高品位区域的优先抽样的丛聚数据相结合时，它会导致变异函数曲线的扭曲并使其解释复杂化。的确，对高品位区域进行更近距离采样可以得到这样的结果，即小滞后距点（$\boldsymbol{h}$）的变异函数高于大滞后距点，因为这些高品位区域的局部方差在小滞后下对变异函数值做出主要贡献，同时也比矿床的其他部分高。

通常情况下，当比例效应与数据丛聚效应相结合时，会导致对相对块金效应的高估，导致短变程结构的定义错误。在最坏的情况下，高品位区域的比例效应和优先抽样的组合可以创建一个类似于空间不相关变量的无法解释的变异函数。

数据的减少可以改善这些变量的变异函数。然而，这种改进是以丢失重要的近程信息为代价的。另一种方法是当变异函数值归一化到数据对的平均值时，计算相对变异函数。

## 18.9 变异函数和样品方差

在技术文献中，变异函数通常包含一条表示样品方差的额外水平线（图18.4）。在实践中，一些资源地质学家和地质统计学家试图迫使变异函数模型的基础等于这个值。特别地，David 已经声明变异函数的基台等于矿床中样本的方差。

巴恩斯详细研究了变异函数基台与样品方差之间的关系，得出的结论是：样品方差的期望值等于平均变异函数值，这包含在一个给定的体积（$V$）内分布的（$N$）个可用的样品所有可能（$N^2$）对。这种关系概括为式（18.4），式（18.4）清楚地表明，样品方差的期望值 $E(\sigma^2)$ 不仅取决于数据配置，整个变异函数不仅仅是变异函数的基台。

$$E(\sigma^2) = \bar{\gamma}(V, V) = \frac{1}{N^2}\sum_{i=1}^{N}\sum_{j=1}^{N}\gamma(x_i, x_j) \tag{18.4}$$

当体积（$V$）的边长显著大于变异函数的变程时，块中分布的所有可能数据点之间的变异函数 $\bar{\gamma}(V, V)$ 的平均值将是与基台相等且小于基台值的平均值。在这种情况下，变异函数的平均值与变异函数的基台匹配。在这种情况下，样品方差是变异函数基台的合理估计［式（18.5）］。

$$\bar{\gamma}(\infty, \infty) = \gamma(\infty) = \sigma^2 \tag{18.5}$$

式中 $\sigma^2$——给定区域变量［$\mathrm{Var}(Z(x))$］的点方差。

相反，如果体积（$V$）很小，等于甚至小于变异函数的变程，那么变异函数的平均值将是许多小于基台的值的平均值，其中一些值等于基台。在这种情况下，根据式（18.5），样品方差等于变异函数的平均值，将显著低估变异函数的基台。当样品方差大于变异函数基台时，相反的关系也很常见。特别是在这些变量与高品位区域的首选抽样相结合时，表现出正比效应的变量中经常被观察到。

一般来说，建议使用实验变异函数的基台作为总体方差的近似估计，而样品方差不应作为变异函数基台的估计。

## 18.10 不同支撑的影响

区域化变量，如分布在一个给定矿床的金属品位，可以定义在不同的体积。例如，长度为 1~2 m 的钻探岩芯样品通常为资源估算而组合成较大的组合样，一般与露天矿台阶的高度相匹配，露天台阶的高度可达 15 m 或更大。采矿规划小组使用爆破孔样品的品位和利用爆破孔数据估计的 SMU（选别开采单元）大小块。这些不同的体积、岩芯样品、复合材料、爆破孔和 SMU 代表了不同体积的支撑，通俗地称为支撑。

在不同支撑点计算出的变异函数因其矿体基台不同而明显不同，但其变程特征是相似的（图 18.14）。当距离（$\boldsymbol{h}$）比尺寸($V$) 大时，块($V$) 内计算的变异函数 $\gamma_V(\boldsymbol{h})$ 与点内计算的同一变量 $\gamma(\boldsymbol{h})$ 的变异函数由式（18.6）关联。

$$\gamma_V(\boldsymbol{h}) = \gamma(\boldsymbol{h}) - \bar{\gamma}(V,\ V) \tag{18.6}$$

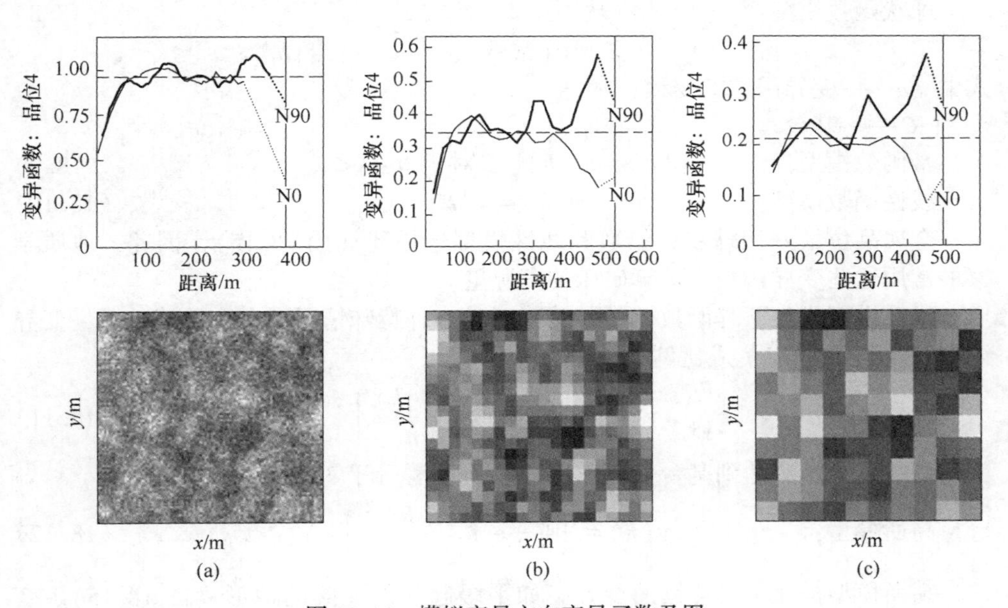


图 18.14 模拟变量方向变异函数及图

（a）模拟点数据；（b）分成 25 m×25 m 的块；（c）分成 50 m×50 m 的块

当块（$V$）非常小时，小于变异函数的最短滞后时，该块（$V$）内的变异函数平均值等于样品变异函数 [$\gamma(\boldsymbol{h})$] 的块金效应。在这种情况下，要推导出与这些非常小的块（$V$）相对应的正则化变异函数，只需从样品变异函数中减去块金值就足够了。

## 18.11 变异函数模型

变异函数分析要求将数学函数（模型）拟合到试验计算的变异函数。有几种可接受的模型可以用于近似试验变异函数。

### 18.11.1 常见变异函数模型

在采矿业中最常用的变异函数模型，用数学表示地质的空间连续性的变异函数模型，如金属或矿物品位的空间连续性，有块金效应模型、球状模型、幂函数模型、线性模型、指数模型和高斯模型。这些模型的数学公式如式（18.7）~式（18.12）所示。

块金效应模型：
$$\gamma(\boldsymbol{h}) = \begin{cases} 0, & \text{当} |\boldsymbol{h}| = 0 \\ C(\text{常数}), & \text{当} |\boldsymbol{h}| > 0 \end{cases} \tag{18.7}$$

球状函数模型：
$$\gamma(\boldsymbol{h}) = \begin{cases} C\left[\dfrac{3|\boldsymbol{h}|}{2a} + \dfrac{|\boldsymbol{h}|^3}{2a^3}\right], & \text{当} 0 \leqslant |\boldsymbol{h}| \leqslant a \\ C(\text{常数}), & \text{当} |\boldsymbol{h}| > a \end{cases} \tag{18.8}$$

式中 $a$——变异函数的变程；

$C$——基台。

幂函数模型：
$$\gamma(\boldsymbol{h}) = w\ |\boldsymbol{h}|^{\lambda}\text{，对于 } 0 < \lambda < 2 \tag{18.9}$$

线性函数模型：
$$\gamma(\boldsymbol{h}) = w|\boldsymbol{h}| \tag{18.10}$$

金属品位最好用球状、指数和线性模型来描述（图18.15），因此，地质学家最常用这些变异函数来估算矿床的资源量。

线性模型代表了幂函数模型 $\lambda$ 为1时的一种特殊情况。在这种情况下，变异函数仅仅与距离（$\boldsymbol{h}$）成比例。

指数模型：
$$\gamma(\boldsymbol{h}) = \left[1 - \exp\frac{-|h|}{a}\right] \tag{18.11}$$

指数变异函数达到基台 $C$ 的95%的实际变程等于 $3a$。

高斯模型：
$$\gamma(\boldsymbol{h}) = \left[1 - \exp\frac{-|\boldsymbol{h}|^2}{a^2}\right] \tag{18.12}$$

高斯模型描述了极连续的变量，如平缓起伏的丘陵的地形（图18.15）。变异函数达到基台 $C$95%的实际变程为 $1.73a$。

### 18.11.2 几何异向性建模

在任意给定方向（1）上计算的变异函数模型（$\gamma_1$）与坐标轴一致，与在任何新方向（2）上的总变异函数［$\gamma_2(\boldsymbol{h})$］的关系定义为式（18.13）。

$$\gamma_2(\boldsymbol{h}) = \gamma_1\left[\sqrt{(x_1 - x_2)^2 + k^2(y_1 - y_2)^2}\right] \tag{18.13}$$

式中 $x$，$y$——向量 $\boldsymbol{h}$ 的坐标；

$k = \dfrac{\text{变程 1}}{\text{变程 2}}$。

系数（$k$）称为各向异性比。对于线性变异函数（图18.15），该系数以线性变异函数斜率的比值计算。

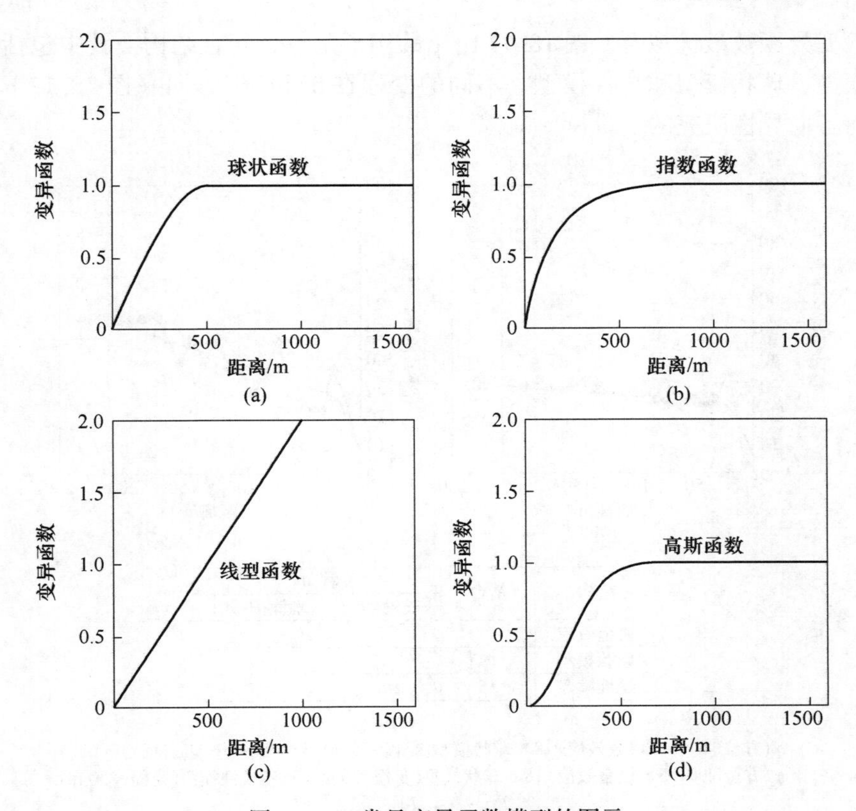


图 18.15 常见变异函数模型的图示

实际中，几何异向性表示为沿变异函数椭球长轴和短轴计算的变异函数模型的不同范围（图 18.16）。

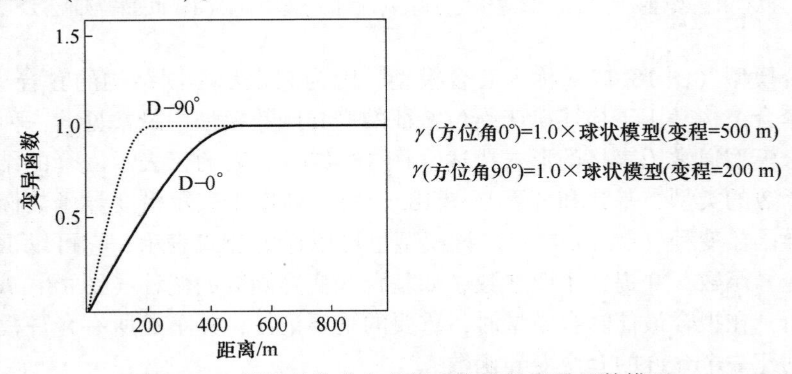


图 18.16 描述品位分布几何异向性的变异函数模型

### 18.11.3 套合结构

在实际应用中，常常需要结合两个或两个以上的基本变异函数模型，使模型与试验变异函数最优拟合。图 18. 17 给出的例子是一个套合结构，其中包括块金效应模型、球状模型和线性模型。不同的变程在 0°和 90°方向（图 18. 17 b）表示几何各向异性研究的变量。

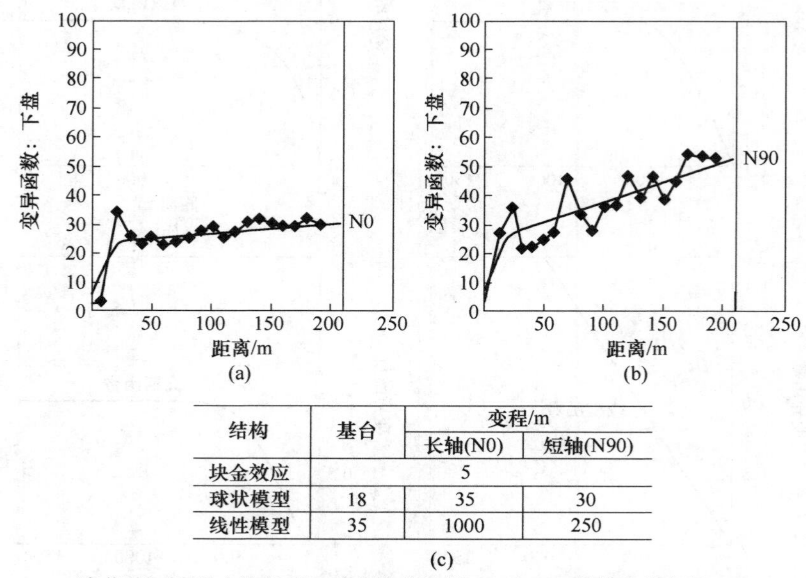


| 结构 | 基台 | 变程/m | |
|---|---|---|---|
| | | 长轴(N0) | 短轴(N90) |
| 块金效应 | 5 | | |
| 球状模型 | 18 | 35 | 30 |
| 线性模型 | 35 | 1000 | 250 |

(c)

$\gamma$(方位N0)=5×块金效应+18×球状模型(变程=35 m)+35×线性模型(变程=1000 m)

$\gamma$(方位N90)=5×块金效应+18×球状模型(变程=30 m)+35×线性模型(变程=250 m)

(d)

图 18. 17　马达加斯加岛钛砂矿下盘高程变异函数，拟合的套合模型包括块金效应、球状模型和线性变异函数

（a）长连续性方向；（b）短连续性方向；（c）拟合模型表；（d）拟合模型的公式

组合模型（图 18. 17）称为套合模型，因为它表示不同结构的套合（封闭）组合。套合结构是用于描述矿床品位特征的变异函数模型中最常见的一种。

套合模型通常用表格的形式描述（图 18. 17c）。表的行表示嵌套的结构，包括变异函数的类型、基台和变程（图 18. 17c）。列用于表示沿变异函数椭圆轴确定的变异函数变程（图 18. 17c）。该模型也可以作为公式表示，它可以识别每个结构的变异函数，并提供主要参数，如基台和变异函数的变程（图 18. 17d）。

然而，在拟合最佳套合模型时，重要的是要记住，并不是所有允许模型的组合都能创建一个允许的套合变异函数。

### 18. 11. 4　模拟带状各向异性

利用套合结构建立各向异性的变异函数。建模过程如下。

（1）有必要确定以变异函数最低基台为特征的最长连续性的方向。以图

18.18（a）的2d变异函数图为例，这是D-90°方向。

（2）下一步是拟合变异函数模型到这个基台。

（3）建立了这个带状异向性模型后，拟合所计算的较短连续性方向（D-0°）的变异函数的最后一个结构，这个结构有更高的基台（图18.18 a）。为了确保通过添加最后一个结构并没有改变D-90°方向估算的变异函数模型，在这个方向上它被分配无穷大的变程（图18.18b）。

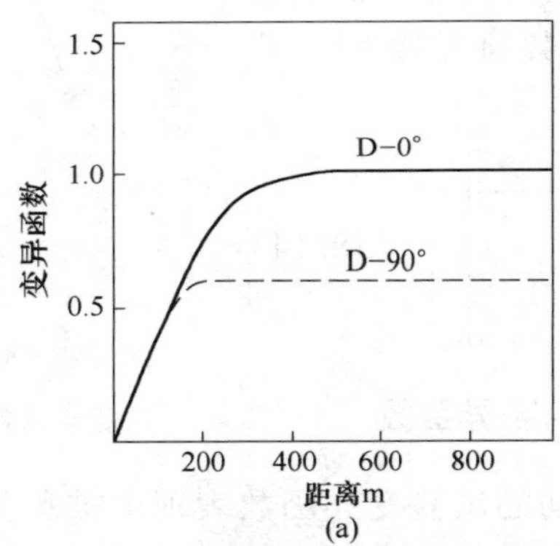


$\gamma$(方位角0°)=0.6×球状模型(变程=300 m)+0.4×线性模型(变程=500 m)
$\gamma$(方位角90°)=0.6×球状模型(变程=200 m)+0.4×线性模型(变程=无穷大)
(b)

图18.18　品位分布带状各向异性的变异函数模型
（a）变异函数图示；（b）拟合模型的参数

# 18.12　困难的变异函数

并不总是能够计算出金属品位的稳健的试验变异函数。传统的变异函数[$\gamma(\boldsymbol{h})$]是用距离 $\boldsymbol{h}$ 分隔的数据对之间的差值的平方的平均值计算的，它可能不能显示数据点之间的空间相关性。试验变异函数可能不稳健，不适合结构分析。本节将讨论一些最常见的、困难的（有波动的）变异函数，以及造成这种情况的原因。

有波动的变异函数在某些情况下是可以改进的。用案例研究显示允许改进困难的变异函数的实际办法。特别要注意的是，当传统变异函数无法提供变量连续性的结构性估计时，可使用其他结构分析工具。

## 18.12.1　空穴效应

空穴效应表现为变异函数的非单调增长，而变异函数值的突然减少和/或增加打破了这种增长（图18.19）。这可能出现在有界和无界变异函数上，通常是当两组或几组样品被一个非采样间隔（孔）分隔时，由数据的时断时续分布引起。

在由两种不同类型的矿化夹层组成的层状矿体沿走向计算的变异函数上也可以观察到空穴效应。在后一种情况下，当空穴效应发生在分层序列的变化图上时，它通常具有准周期形状，可以使用基数符号模型［式(18.14)］。

$$\gamma(\boldsymbol{h}) = C\left[1 - \frac{\sin\frac{\boldsymbol{h}}{a}}{\frac{\boldsymbol{h}}{a}}\right] \qquad (18.14)$$

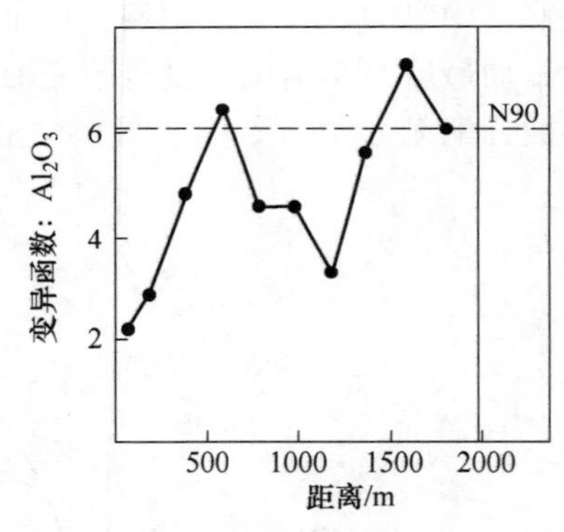


图18.19 澳大利亚铁矿床 $Al_2O_3$ 值变异函数显示的空穴效应

### 18.12.2 锯齿形和不规则的变异函数

在某些情况下，有波动的试验变异函数表现出被称为“锯齿”行为的大振幅周期波动，这种行为可能是由错误选择的变异函数滞后距和/或方向容差引起的，而变异函数可以通过增加滞后来改进。

有波动的变异函数形状也可能是由所研究矿体的复杂几何形态造成的，特别是当矿体发生褶皱时（图18.20a）。褶皱矿体的变异函数往往不稳健（图18.20b），但通常通过将矿体展开来改善变异函数（图18.20c）。

当数据有强烈的偏斜，包含异常值、表现出漂移、分布不规则或以比例效应为特征时，试验变异函数也是有波动的。对这些数据进行结构分析可能需要对其进行转换，或者使用不同的连续性分析技术进行分析。

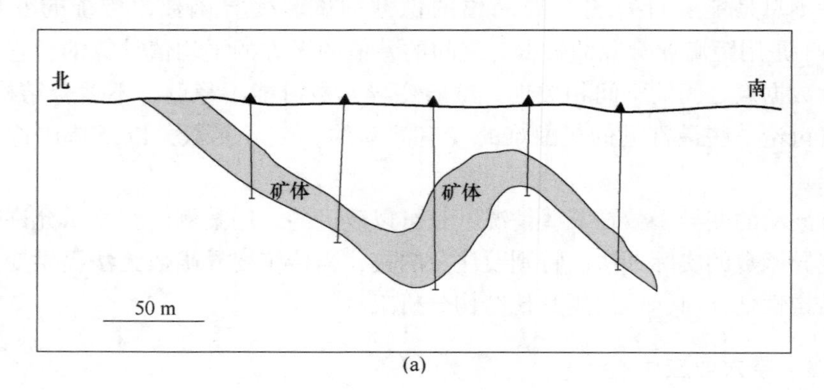


(a)

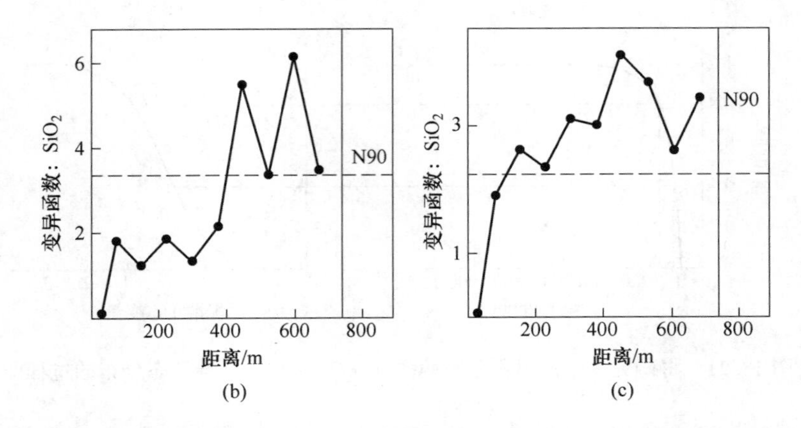


图 18.20 澳大利亚西 Angelas 铁矿床褶皱矿体走向（东西）的剖面图及变异函数
（a）矿床剖面图；（b）真实坐标下 $SiO_2$ 的变异函数；（c）矿体展开后计算的 $SiO_2$ 变异函数

# 18.13 空间连续性的替代措施

前一节讨论了导致变异函数不稳健行为的一些常见情况，本节介绍用于克服变异函数不稳健的程序，包括将异常值的影响减至最低的数据转换，以及用于对给定的区域化变量进行结构分析的不同结构工具。

## 18.13.1 高斯变换值的变异函数

将非对称分布数据转化为均值为零、方差为 1 的标准高斯变量，可以改善非对称分布数据的变异函数。这种转换称为正态分数转换或高斯变形，分三个步骤进行。

（1）原始数据按升序排列。

（2）估计原始数据的累积分布频率（*cdf*）。

（3）通过将经验 *cdf* 的秩 $k$ 与正态标准 *cdf* 对应的 $p_k^*$ 分位数匹配，将经验分布转化为高斯变量（图 18.21）。在实际应用中，常用埃尔米特多项式来进行高斯变形，埃尔米特多项式是与标准高斯分布相关的正交多项式。

转换后的数据用于变异分析，这包括使用新创建的高斯变量构建的实验变异函数，并拟合变异函数模型，然后将模型反向转换为原始数据的变异函数。反变换需要使用高斯变形算法，该算法对原始数据进行正态分数变换（图 18.21），并保存在计算机中。利用反向变换的变异函数完成变量分析，调整原变量的变异函数模型。

图 18.22 显示了高斯正态对变异函数的影响。本例基于约旦 CJUP 铀矿床收

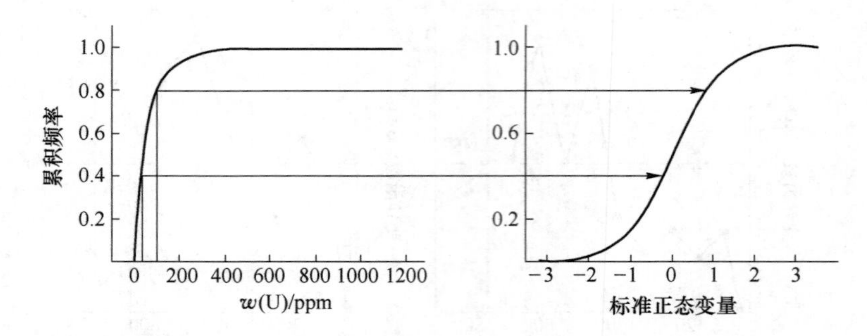


图 18.21 将研究变量的累积分布频率（*cdf*）转化为标准正态分布的过程图示

集的数据。矿床的铀品位呈正偏态分布，高品位样品所占比例较小（图 18.22a）。由于偏态分布，铀品位的方向变异函数异常波动，在展开矿化时也没有得到改善（图 18.22a）。

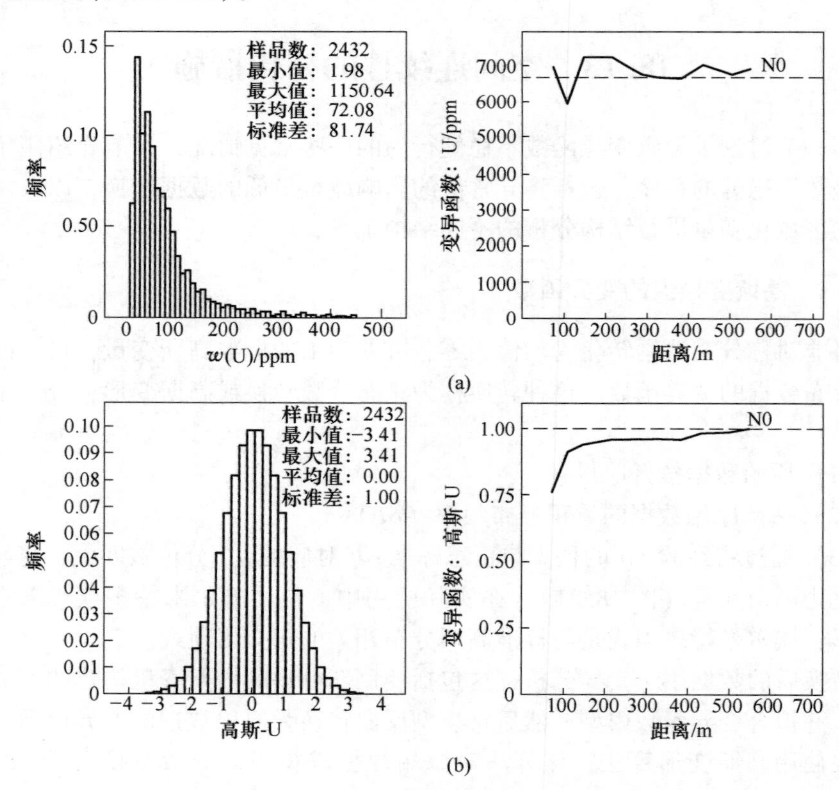


图 18.22 约旦 CJUP 矿区铀品位的直方图和变异函数（计算沿南北方向，方位 0°）
（a）原始数据；（b）铀品位转换为标准高斯变量

为了改进变异函数，将测定的铀品位转换为标准高斯变量。利用 100 个埃尔米特多项式对高斯畸变模型进行迭代拟合，进行变换。

转换后的数据如图 18. 22b 所示。它们的特征是对称的钟形直方图，均值为零，方差为 1（图 18. 22b）。高斯变量的变异函数是平滑的（图 18. 22b），不存在原始（未转换的）变异函数（图 18. 22a）上的不稳定波动。值得注意的是，在图 18. 22 所示的两种情况下，变异函数都是使用相同的估计参数计算的。也就是说，数据的高斯变形极大地改善了变异函数。

### 18. 13. 2 相对（标准化的）变异函数

空间分布模型可以通过使用相对变异函数来增强，相对变异函数估算相对于数据均值标准化的数据对的差值。矿产资源估算最常用的是两种相对变异函数，即数据除以变量的全局平均值［式（18. 15）］得到的相对变异函数，以及成对的相对变异函数，它估计数据对之间相对于数据对平均值［式（18. 16）］的差异。

（1）相对变异函数：

$$\gamma(\boldsymbol{h})=\frac{1}{2N}\sum_{i=1}^{N}\frac{[Z(x_i)+Z(x_i-\boldsymbol{h})]^2}{m^2} \tag{18.15}$$

式中 $m$——区域化变量［$Z(x)$］的平均值。

（2）成对相对变异函数：

$$\gamma(\boldsymbol{h})=\frac{1}{2N}\sum_{i=1}^{N}\frac{\{Z[x_i-Z(x_i+\boldsymbol{h})]\}^2}{\left\{\frac{Z[x_i+Z(x_i+\boldsymbol{h})]}{2}\right\}^2} \tag{18.16}$$

（3）非遍历相对变异函数：另一种矿山地质应用的标准化变异函数是非遍历相对变异函数［式（18. 17）］，它通过变异函数滞后距对数据进行标准化。

$$\gamma(\boldsymbol{h})=\frac{1}{2N}\sum_{i=1}^{N}\frac{\{Z[x_i-Z(x_i+\boldsymbol{h})]\}^2}{\left(\frac{m_z^+ + m_z^-}{2}\right)^2} \tag{18.17}$$

式中 $m_z^+$，$m_z^-$——滞后（$\boldsymbol{h}$）分隔的数据对的头、尾对应的变量［$Z(x)$］子集的均值。

相对（标准化）变异函数可以增强金属品位的空间连续性，经常用于数据的高级结构分析。特别是成对相对变异函数对于非对称分布（偏态）变量的结构分析是有效和有用的（图 18. 23）。

成对相对变异函数的另一个优点在于它适用于估算分析数据质量。通过对比成对相对变异函数的块金效应和重复样品的相对方差，可以量化地质因素对数据短变程变异的贡献，并从采样误差中分离出来。

### 18.13.3　数据结构分析工具

变异函数不是用于分析数据空间连续性的唯一工具，常用的替代工具包括协方差、相关图、绝对值和平方根变异函数。

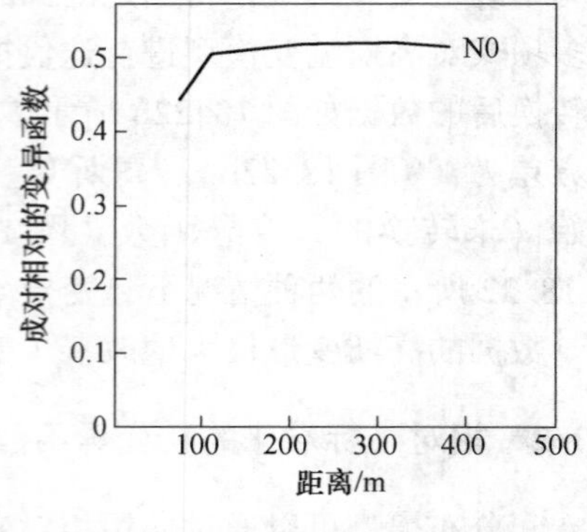


图 18.23　利用图 18.22a 所示数据构建的铀品位成对相对变异函数

(1) 协方差（置中）：

$$C(\boldsymbol{h}) = \frac{1}{N}\sum_{i=1}^{N}\{[Z(x_i) - m][Z(x_i + \boldsymbol{h}) - m]\} \tag{18.18}$$

式中　$m$——变量 $Z(x)$ 的平均值。

$C(\boldsymbol{h})$ 通过式（18.19）与变异函数 $\gamma(\boldsymbol{h})$ 相关：

$$\gamma(\boldsymbol{h}) = C_0 - C(\boldsymbol{h}) \tag{18.19}$$

式中　$C(0)$——0 距离处的协方差，等于给定区域化变量的点方差［式(18.20)］。

$$C(0) = \sigma^2 = \gamma(\infty) \tag{18.20}$$

(2) 协方差（非中心）：

$$C_{\mathrm{NC}}(\boldsymbol{h}) = \frac{1}{n}\sum_{i=1}^{N}[Z(x_i + \boldsymbol{h})Z(x_i)] \tag{18.21}$$

(3) 相关图：

$$\rho(\boldsymbol{h}) = \frac{1}{N}\sum_{i=1}^{N}\frac{[Z(x_i) - m][Z(x_i + \boldsymbol{h}) - m]}{\sigma^2} \tag{18.22}$$

(4) 绝对值（1 阶）变异函数：

$$\tau(\boldsymbol{h}) = \frac{1}{2N}\sum_{i=1}^{N}|Z(x_i + \boldsymbol{h}) - Z(x_i)| \tag{18.23}$$

(5) 平方根变异函数：

$$\tau(\boldsymbol{h}) = \frac{1}{2N}\sum_{i=1}^{N}\sqrt{|Z(x_i + \boldsymbol{h}) - Z(x_i)|} \tag{18.24}$$

在克里格系统中，协方差和相关图可以代替传统的变异函数。其他模型，如绝对值和平方根变异函数并不能代替传统的变异函数。然而，这些表示稳健结构措施的函数可以用来增强感兴趣变量的空间连续性，获得对空间结构更清晰的描述。它们将数据的空间变异性定义为1次幂（绝对值变异函数）和0.5次幂（平方根变异函数）的平均绝对偏差，因此对极值的敏感性低于传统变异函数，将空间数据变异性估计为数据对之间差值平方平均值的一半。

## 18.14 指示变异函数

传统的变异函数估计了研究变量的平均连续性。例如，某一金属品位的变异函数代表了矿床中给定金属的平均连续性，即高品位和低品位矿化连续性的平均。当矿化连续性因矿化类型或品位类别而显著不同时，数据转换为标准高斯变量或相对于数据平均值的标准化不能克服单一变异函数的局限性。这种矿床的精确建模需要为每个品位类别分别生成几个变异函数。

在实践中，品位类别用品位指示值表示，将变量 $Z(x)$ 转换为指示值 $I(Z)$：等于或小于指示值 $Z$ 时，将所有 $Z(x)$ 数据转换为 1，否则，当 $Z(x)$ 大于给定指示值 $Z$ 时，将 $Z(x)$ 数据转换为 0 ［式（18.25）］。

$$I(z)=\begin{cases}1, & Z(x)\leqslant z\\0, & Z(x)>z\end{cases} \tag{18.25}$$

指示值变异函数的主要目的是利用指示克里格技术估算资源量。然而，随着时间的推移，它们的应用显著增加，目前指示变异函数通常用于结构分析，特别是复杂的多期矿化。指示变异函数对于使用地质统计学辅助的划分矿化域方法限制矿化也很有用。

## 18.15 多元环境中的变异函数

评价采矿项目需要估计矿化品位、副产品、有害元素和其他具有经济意义的非品位变量。总而言之，当资源量估算包括使用多元地质统计技术估计的几个变量时，这是一种常见的情况。

### 18.15.1 多元地质统计函数

资源量估算中最常用的两种多元函数是互变异函数和互协方差函数。

互变异函数定义为由向量 $\boldsymbol{h}$ 分隔的不同区域化变量 $\{z_i(x)$ 和$z_j(x)\}$ 之间非中心协方差的一半：

$$\gamma_{ij}(\boldsymbol{h})=\frac{1}{2N}\sum_{a=1}^{N}\{[z_i(x_a)-z_i(x_a+\boldsymbol{h})]\times[z_j(x_a)-z_j(x_a+\boldsymbol{h})]\} \tag{18.26}$$

由向量 $\boldsymbol{h}$ 分离的变量 $\{z_i(x)$ 和$z_j(x)\}$ 之间的互协方差估计如下：

$$\gamma_{ij}(\boldsymbol{h})=\frac{1}{N}\sum_{a=1}^{N}[z_i(x_a)\times z_j(x_a+\boldsymbol{h})-m_i(-\boldsymbol{h})\times m_j(+\boldsymbol{h})] \tag{18.27}$$

式中，$m_i(-\boldsymbol{h})$ 和 $m_j(+\boldsymbol{h})$ 分别为头值 $z_i(x)$ 的平均值和尾值 $z_j(x)$ 的平均值：

$$m_i(-\boldsymbol{h}) = \frac{1}{N}\sum_{a=1}^{N}[z_i(x_a)]$$

$$m_j(+\boldsymbol{h}) = \frac{1}{N}\sum_{a=1}^{N}[z_j(x_a+\boldsymbol{h})] \tag{18.28}$$

在这两种情况下［式（18.26）、式（18.27）］，$N$ 是由向量 $\boldsymbol{h}$ 分隔的数据位置对的数量。

互变异函数在 $z_i$，$z_j$ 和($\boldsymbol{h}$，$-\boldsymbol{h}$)中对称，对于用式（18.26）估计的变异函数值，交换变量或改变向量（$\boldsymbol{h}$）得到相反变量（$-\boldsymbol{h}$）不会产生任何差异。因此，互变异函数不能检测一个变量相对于另一个变量的延迟方向。

与互变异函数相反，在不同方向计算的互协方差一般是不同的，即 $C_{ij}(\boldsymbol{h})$ 不等于 $C_{ij}(-\boldsymbol{h})$。互协方差也是通过变量的互换而改变的，$C_{ij}(\boldsymbol{h})$ 不等于 $C_{ji}(\boldsymbol{h})$。互协方差的这种不对称是由一个变量滞后于另一个变量造成的，这种效应被称为滞后效应。

互协方差能够检测一个变量相对于另一个变量的滞后，并定量地估计它，这是带状金属矿建模的有力工具。然而，试验互协方差可以显示一种伪滞后效应，这种效应是由少量可用数据对导致的试验波动造成的。因此，未得到地质解释支持的滞后效应最好忽略不计。

### 18.15.2　协同区域化线性模型

互变异函数和互协方差采用与单变量情况相同的基本函数集建模（图 18.15）。但是，可容许的多元模型必须满足协同区域化的线性模型的条件。这个模型要求所有的单变量和互变异函数模型都应该具有相同的基本结构。这个条件表示为式（18.29）。

$$\gamma_{ij}(\boldsymbol{h}) = \sum_{K}[{}^{K}b_{ij}{}^{K}\gamma(\boldsymbol{h})] \tag{18.29}$$

式中　${}^{K}b_{ij}$ ——变异函数 $\gamma_{ij}(\boldsymbol{h})$ 的 $K^{th}$结构对应的变异函数的协同区域化矩阵；

${}^{K}\gamma(\boldsymbol{h})$ ——适合这种结构的模型。

使用式（18.30）估计每个 $K$ 结构的协同区域化矩阵：

$${}^{K}b_{ij} = {}^{K}\begin{vmatrix} b_{ii} & b_{ij} \\ b_{ji} & b_{jj} \end{vmatrix} \tag{18.30}$$

如果所有协同区域化矩阵 ${}^{K}b_{ij}$ 都是正定的，则协同区域化线性模型表示为：

$${}^{K}b_{ij} = {}^{K}\begin{vmatrix} b_{ii} & b_{ij} \\ b_{ji} & b_{jj} \end{vmatrix} \geqslant 0 \tag{18.31}$$

这个条件包含以下约束：

$$ {}^{K}b_{ij} \leqslant \sqrt{{}^{K}b_{ii}\,{}^{K}b_{jj}} \tag{18.32} $$

以铅锌矿化为例，说明了线性协同区域化模型的条件：

$$ \gamma_{\mathrm{Pb}}(\boldsymbol{h}) = 3\ \text{块金常数} + 31\ \text{球状数}(\boldsymbol{h},\ 40) + 39\ \text{球状函数}(\boldsymbol{h},\ 200) $$

$$ \gamma_{\mathrm{Zn}}(\boldsymbol{h}) = 7\ \text{块金常数} + 18\ \text{球状函数}(\boldsymbol{h},\ 40) + 15\ \text{球状函数}(\boldsymbol{h},\ 200) $$

$$ \gamma_{\mathrm{Pb\text{-}Zn}}(\boldsymbol{h}) = 22\ \text{球状函数}(\boldsymbol{h},\ 40) + 14\ \text{球状函数}(\boldsymbol{h},\ 200) $$

$$ {}^{1}b_{\mathrm{Pb-Zn}} = {}^{1}\begin{vmatrix} 3 & 0 \\ 0 & 7 \end{vmatrix} = 21 {}^{2}b_{\mathrm{Pb-Zn}} = {}^{2}\begin{vmatrix} 31 & 22 \\ 22 & 18 \end{vmatrix} = 74 {}^{3}b_{\mathrm{Pb-Zn}} = {}^{3}\begin{vmatrix} 39 & 14 \\ 14 & 15 \end{vmatrix} = 389 $$

基于此约束，可以使用下面的表达式估计允许模型的包络线：

$$ -[{}^{K}\gamma(\boldsymbol{h})](\sum\sqrt{{}^{K}b_{ii}\,{}^{K}b_{jj}}) \leqslant \{\gamma_{ij}(\boldsymbol{h}) = \sum_{K}[{}^{K}b_{ij}\,{}^{K}\gamma(\boldsymbol{h})]\} \leqslant {}^{K}\gamma(\boldsymbol{h})(\sum\sqrt{{}^{K}b_{ii}\,{}^{K}b_{jj}}) \tag{18.33} $$

然而，因为变量的数量，应用约束式（18.32）变得非常繁琐，因此系数 ${}^{K}b_{ij}$ 的数量增加。

在所有矩阵 ${}^{K}b_{ij}$ 正定性的约束下，采用直接拟合协同区化线性模型的迭代计算方法来克服这一问题。

**练习 18.15.2** 附录 1 中的练习 18.15.2.xls 文件包含了铅锌矿化双变量情况下的协同区化矩阵。使用这个文件估计铅锌互变异函数允许模型的包络线。

## 参 考 文 献


[1] Abzalov M Z. Geostatistical criteria for choosing optimal ratio between quality and quantity of the samples: method and case studies [C] //AusIMM. Mineral resource and Ore Reserves Estimation. Melbourne, 2014: 91-96.

[2] Abzalov M Z, Bower J. Geology of bauxite deposits and their resource estimation practices [J]. Appl Earth Sci. 2014, 123 (2): 118-134.

[3] Abzalov M Z, Humphreys M. Resource estimation of structurally complex and discontinuous mineralization using non-linear geostatistics: case study of a mesothermal gold deposit in northern Canada [J]. Exp Min Geol J. 2002a, 11 (1/2/3/4): 19-29.

[4] Abzalov M Z, Humphreys M. Geostatistically assisted domaining of structurally complex mineralisation: method and case studies [C]// AusIMM. The AusIMM 2002 conference: 150 years of mining. Publication series No6/02. 2002b: 345-350.

[5] Abzalov M Z, Mazzoni P. The use of conditional simulation to assess process risk associated with grade variability at the Corridor Sands detrital ilmenite deposit [C]// AusIMM. Ore body modelling and strategic mine planning: uncertaintyand risk management. Melbourne, 2004, 93-101.

[6] Abzalov M Z, Pickers N. Integrating different generations of assays using multivariate geostatistics: a case study [J]. Trans Inst Min Metall, 2005, 114: B23-B32.

[7] Abzalov M Z, van der Heyden A, Saymeh A, et al. Geology and metallogeny of Jordanian uranium deposits [J]. Appl Earth Sci, 2015, 124 (2): 63-77.

[8] Armstrong M. Basic linear geostatistics [M]. Berlin: Springer, 1998: 153.

[9] Barnes R. The variogram sill and the sample variance [J]. Math Geol, 1991, 23 (4): 673-678.

[10] Bleines C, Bourges M, Deraisme J, ISATIS software [D]. Paris: Ecole des Mines de Paris, 2013.

[11] Chauvet P. The variogram cloud [C]// 17th APCOM symposium, 1982, 757-764.

[12] Chiles J-P, Delfiner P. Geostatistics: modelling spatial uncertainty [M]. New York: Wiley, 1999: 695.

[13] Chu J. XGAM: a 3D interactive graphic software for modelling variograms and cross variograms under conditions of positive definiteness [R]. Stanford Centre for reservoir forecasting, report 6. California 14: Stanford, 1993.

[14] David M. Geostatistical ore reserve estimation [M]. Amsterdam: Elsevier, 1997, 364.

[15] Goovaerts P. Geostatistics for natural resources evaluation [M]. New York: Oxford University Press, 1997: 483.

[16] Goulard M. Inference in a coregionalization model [M]. Armstrong M. Geostatistics, vol 1. Dordrecht: Kluwer, 1989: 397-408.

[17] Goulard M, Voltz M. Linear coregionalization model: tools for estimation and choice of cross-variogram matrix [J]. Math Geol, 1992, 24 (3): 269-286.

[18] Guibal D. Variography, a tool for the resource geologist [C] // AusIMM. Mineral resource and ore reserve estimation - the AusIMM guide to good practice. Melbourne, 2001: 85-90.

[19] Isaaks E H, Srivastava R M. An introduction to applied geostatistics [M]. New York: Oxford University Press, 1989, 561.

[20] Journel A G, Huijbregts C J. Mining geostatistics [M]. New York: Academic, 1978, 600.

[21] Olea R A. Geostatistical glossary and multilingual dictionary [M]. New York: Oxford University Press, 1991: 177.

[22] Sommerville B, Boyle C, Brajkovich N, et al. Mineral resource estimation of the Brockman 4 iron ore deposit in the Pilbara region [J]. Appl Earth Sci, 2014, 123 (2): 135-145.

[23] Wackernagel H. Multivariate geostatistics: an introduction with applications [M]. 3ed. Berlin: Springer, 2003: 388.

# 19 线性地质统计学方法（克里格法）

（彩图）

**摘要：** 地质统计学估算资源量最常用的是普通（OK）或简单（SK）克里格法，它们是基本线性回归技术的变体，允许估算非采样位置的单一区域变量。克里格技术对估算资源量施加了以下特殊的约束：

（1）它使估计误差最小化；

（2）它保证了估计误差的数学期望等于零。

与其他线性估计量相比，这些特性使克里格法具有优越性。

**关键词：** 克里格；SK；OK；克里格方差；条件偏差

地质统计学模型不能描述物理过程，因此它在现有数据空间范围之外的外推预测方面用处不大。地质统计学方法主要基于现有数据推断的空间变异性而做出的插值预测（即变异函数模型），因此这些技术被广泛用于估算矿产资源量和矿石储量的品位和吨位。

## 19.1 地质统计学资源量估算

地质统计学资源建模的整个过程可以按几个常见步骤细分（表 19.1），表示为一个包括数据收集、分析和推断的自然方法序列。必须指出，地质统计学估算是整个过程中唯一的步骤（表 19.1），因此，仅靠良好的地质统计分析不足以对矿产资源量和矿石储量做出准确和可靠的估计。

**表 19.1 地质统计资源建模的一般步骤**

| 资源评估步骤 | 说明 |
| --- | --- |
| 1. 输入样品和位置 | 数据收集、测试数据值和位置、质量保证 |
| | 数据类型和生成的定义 |
| 2. 数据处理 | 组合样 |
| | 特高品位处理 |
| 3. 地质模型 | 定义域 |
| | 矿化和相关特征（氧化带、断层）的三维约束（线框图） |

续表 19.1

| 资源评估步骤 | 说　明 |
| --- | --- |
| 3. 地质模型 | 接触带特性描述 |
| | 矿化结构（内部夹石、矿石类型分布的地质控制） |
| | 空间分布特征（趋势、分区、高品位带） |
| 4. 结构分析 | 坐标变换 |
| 5. 岩石体重 | 测试技术和质量保证 |
| | 岩石体重的空间分布模型 |
| 6. 探索性数据分析（EDA） | 按域划分的经典描述性统计 |
| | 平稳性分析 |
| | 总体同质性检验 |
| | 特异值识别 |
| | 属性之间的相关性 |
| | 数据解丛聚 |
| | 空间趋势和不连续性 |
| 7. 地质统计分析（变异函数） | 空间数据自相关分析 |
| | 使用转换增强结构 |
| | 检验基本统计假设和地质统计假设（多高斯性、比例效应、边界效应、固有相关） |
| 8. 估算方法和参数 | 合理选择地质统计估算方法 |
| | 建模参数的定义（搜索邻域、块大小、插值次数） |
| 9. 建模算法的应用 | 用计算机脚本和宏代码实现算法 |
| | 将数据导入软件进行资源建模和测试，在数据传输期间文件没有被损坏 |
| 10. 模型验证 | 测试和验证估算结果，评估模型对所选参数的敏感性 |
| 11. 分类 | 矿产资源类别的定义 |
| 12. 文档 | 资源品位和吨位表 |
| | 报告结果，包括对数据、假设、建模方法和参数的综合总结 |

## 19.2　克里格系统

地质统计学方法已成为估算矿产资源品位、吨位和矿石储量的主要方法。最常用的地质统计学方法是被称为克里格系统的线性估计。

克里格法是基本线性回归技术的一种变体，允许在未采样的位置估计单一区域变量。除了直接用于线性估计［如普通克里格（OK）和简单克里格（SK）］之外，克里格方程还作为非线性估计器和条件模拟技术的基础，这将在接下来的章节中介绍。

克里格法的特殊特点是作为约束因素的特殊条件。这些条件如下：

（1）克里格估计的最小化估计误差 $\varepsilon = Z_{真实} - Z^{*}_{克里格}$；

（2）克里格法保证了估计误差的数学期望为零，即 $E(\varepsilon)=E(Z_{真实}-Z^{*}_{克里格})=0$。

这两个特性使克里格法优于其他线性估计法，因此克里格法通常被称为最佳线性无偏估计法。应该记住，最佳的和无偏差的表达式具有纯粹的数学意义，并与克里格法使用的数学程序有关。最佳项与上述估计误差方差最小的条件有关，无偏项与要求估计误差 $E(\varepsilon)$ 的数学期望为零的第二个条件有关。虽然这些条件对于获得非采样位置变量 $Z(x)$ 的精确估计很重要，但它们本身不能保证所获得的结果是无偏的。

克里格估计的质量取决于许多因素，包括应由从业者确定并输入克里格方程的参数，常见的是变异函数模型、搜索邻域和模型网格尺寸。这些将在本书的这一部分和后面的部分进行回顾，同时回顾克里格法的主要变体及其性质的理论背景。

### 19.2.1　普通克里格法

普通克里格法（OK）是矿产资源量估算中最常用的估算技术。它是一个单变量线性估计器，允许估计一个单一区域变量在未采样的位置，通过内部和/或外推的已知值到未采样的目标节点。OK 方法是基本线性回归估计法的一种变体，其一般形式如下［式（19.1）］

$$\begin{cases} Z^{*}_{OK}(x) = \sum_{i} [\lambda_i^{OK} Z(x_i)] \\ \sum_{i} \lambda_i^{OK} = 1 \end{cases} \tag{19.1}$$

OK 法将权重 $\lambda_i^{OK}$ 分配给每个数据 $Z(x_i)$，$Z(x_i)$ 被解释为感兴趣的区域化变量 $Z(x)$ 的现实，在无偏性约束的估计下，求出最小估计方差（估计误差）。

OK 法在保证估计器的最优性和无偏性的条件下，允许计算样本权重的 OK 线性方程组如下［式（19.2）］：

$$\begin{cases} \sum_{\beta} \lambda_{\beta}^{OK} \gamma(x_{\beta} - x_{\alpha}) - \mu_{OK} = \gamma(x_0 - x_{\alpha}) \\ \sum_{\beta} \lambda_{\beta}^{OK} = 1 \end{cases} \tag{19.2}$$

式中 $\lambda_i^{\mathrm{OK}}$ ——OK 的权重；

$\mu_{\mathrm{OK}}$ ——拉格朗日乘数，与 $\sum_{\beta} \lambda_{\beta}^{\mathrm{OK}} = 1$ 约束相关；

$\gamma(x_{\beta} - x_{\alpha})$ ——数据点之间的半变异函数；

$\gamma(x_0 - x_{\alpha})$ ——每个数据与目标节点之间的半变异函数。

估计误差方差，又称普通克里格方差，计算式为：

$$\delta_{\mathrm{OK}}^2(x) = \delta_0^2 - \sum_{\alpha} \gamma_{\alpha}^{\mathrm{OK}} \gamma(x_0 - x_{\alpha}) - \mu_{\mathrm{OK}} \tag{19.3}$$

式中 $\delta_0^2$ ——区域化变量 $Z(x)$ 的点方差。

在矩阵表示法中，OK 系统可以表示为：

$$[W] \times [\lambda] = [B] \tag{19.4}$$

矩阵 $[W]$、$[\lambda]$ 和 $[B]$ 的定义如下：

$$[W] = \begin{bmatrix} \gamma(0) & \cdots & \gamma(x_1,\ x_N) & 1 \\ \cdots & \gamma(x_{\alpha},\ x_{\beta}) & \cdots & 1 \\ \gamma(x_N,\ x_{\beta}) & \cdots & \gamma(0) & 1 \\ 1 & 1 & 1 & 0 \end{bmatrix}$$

$$[\lambda] = \begin{bmatrix} \lambda_1 \\ \cdots \\ \lambda_N \\ \mu \end{bmatrix}$$

$$[B] = \begin{bmatrix} \gamma(x_1,\ x_0) \\ \gamma(x_{\alpha},\ x_0) \\ \gamma(x_N,\ x_0) \\ 1 \end{bmatrix}$$

通过求解式（19.4）来估计样品权重，可以表示为 $[\lambda] = [B] \times [W]^{\mathrm{T}}$ 。

### 19.2.2 简单克里格法

简单克里格法是一种单变量线性估计，它需要对感兴趣的变量的均值（$m$）的先验知识。该均值是 SK 系统［式（19.5）］的一部分，与可用数据（样品）一起用于估计目标节点（未采样位置）的品位。

$$Z_{\mathrm{SK}}^*(x) = \sum_i [\lambda_i^{\mathrm{SK}} Z(x_i)] + m\left(1 - \sum_i \lambda_i^{\mathrm{SK}}\right) \tag{19.5}$$

克里格无偏性的一个条件是利用克里格系统的线性方程组来计算克里格权重，使估计误差方差最小。SK 权重之和 $\lambda_{\beta}^{\mathrm{SK}}$ 不等于 1 $\left(\sum_{\beta} \lambda_{\beta}^{\mathrm{SK}} \neq 1\right)$ ，因此 SK

系统不能用变异函数来表示。

SK 系统可以写成 $Z$ 协方差的形式。

使用协方差，SK 系统可以写成：

$$\sum_{b} \lambda_{b}^{SK} C(x_a - x_b) = C(x_a - x_b) \tag{19.6}$$

最小误差方差（SK 方差）估计为：

$$\sigma_{SK}^2(x) = \sigma_0^2 - \sum_{\alpha} \lambda_{\alpha}^{SK} C(x_\alpha - x_0) \tag{19.7}$$

式中 $\sigma_0^2$ ——区域化变量 $Z(x)$ 的点方差。

在矩阵表示法中，SK 系统如下所示：

$$[W^{SK}] \times [\lambda^{SK}] = [B^{SK}] \tag{19.8}$$

$$[W^{SK}] = \begin{bmatrix} C(x_1, x_1) & \cdots & C(x_1, x_N) \\ \cdots & C(x_\alpha, x_\beta) & \cdots \\ C(x_N, x_1) & \cdots & C(x_N, x_N) \end{bmatrix}$$

$$[\lambda^{SK}] = \begin{bmatrix} \lambda_1^{SK} \\ \vdots \\ \lambda_N^{SK} \end{bmatrix}$$

$$[B^{SK}] = \begin{bmatrix} C(x_1, x_0) \\ \vdots \\ C(x_N, x_0) \end{bmatrix}$$

式中 $[W^{SK}]$ ——数据节点之间的协方差矩阵；

$[\lambda^{SK}]$ ——SK 权重的向量；

$[B^{SK}]$ ——数据到目标节点的协方差向量。

### 19.2.3 简单克里格法与普通克里格法

普通克里格法（OK）和简单克里格法（SK）所得到的估计值之所以不同，是因为它们的公式存在潜在的差异，相应的是式（19.1）和式（19.5）。普通克里格（OK）系统创建一个包含在搜索邻域内的数据的线性组合。简单克里格法（SK）与数据一起也使用感兴趣的变量的平均值，$Z_{SK}^*(x) = \sum_i [\lambda_i^{SK} Z(x_i)] + m\left(1 - \sum_i \lambda_i^{SK}\right)$ 。均值的权重通常为正，因此 SK 估计可以偏离 OK 变量的均值（图 19.1）。在低值区域，OK 估计值小于 SK 估计值，反之在高值区域，OK 估计值大于 SK 估计值（图 19.1）。当估计的位置（$x$）远离数据位置（图 19.1），两者之间的估计差异 $Z_{SK}^*$ 和 $Z_{OK}^*$ 增加。这是均值权重 $\left(1-\sum_i \lambda_i^{SK}\right)$ 随着数据距离估值点的增加而增加的结果。

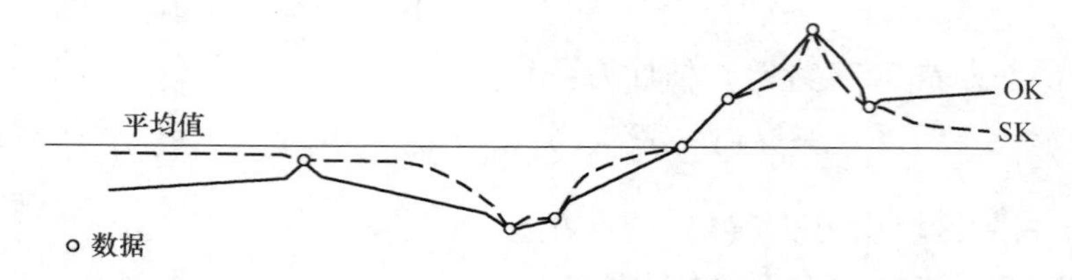


图 19.1　示意图说明了简单（SK）和普通（OK）克里格估计的区别

普通克里格法通常是简单克里格法的首选方法，因为它不需要整个区域的均值平稳，并且更好地跟踪数据的波动。简单克里格法更为保守，然而，由于这一特性，它在估算采样差的区域的资源时具有优势，因为它减少了单件样品中高或低品位值造成的风险（图 19.1）。

## 19.3　克里格的性质

克里格法是估算矿产资源量和储量的主要方法。这项技术的成功是由于它使用了地质统计距离，其中包含了通过变异函数或协方差模型引入的实际向量（$\boldsymbol{h}$）与所研究变量的空间连续性的关系。

由于使用了描述点间地质统计距离的空间连续性模型，因此该方法灵活，并且具有自定义估算程序的重要能力。在寻求资源量估算和其他矿山地质应用的克里格法实践之前，有必要在本书的这个部分回顾克里格法的主要性质，以强调普通克里格法。

### 19.3.1　克里格法的精确性

简单克里格法和普通克里格法是精确插值的方法。这个属性仅仅意味着当目标节点与某个数据点重合时，那么估计值 $Z^*(x)$ 与该点的数据值相同。

$$Z^*(x_0)=Z(x_a),\ \text{如果}\ (x_0)=(x_a)$$

使用一个数据点的例子很容易演示这一点。

在一个简单克里格情况下，利用线性方程组的集合估计数据点的权重，在矩阵符号中表示为 $[W^{SK}]\times[\lambda^{SK}]=[B^{SK}]$，如果有一个数据点与目标节点重合 $(x_0=x_a)$，可以定义如下：

$$[W^{SK}]=[C(x_a,\ x_a)],\ [\gamma^{SK}]=\gamma_a^{SK},\ [B^{SK}]=[C(x_a,\ x_0)]$$

然而，由于 $x_a$ 与 $x_0$ 重合，协方差 $C(x_a, x_0)$ 等于 $C(x_a, x_a)$，这意味着矩阵 $[B^{SK}]$ 与矩阵 $[W^{SK}]$ 相同。

利用 SK 矩阵表示与目标变量位置一致的单样品情况，估计该单样品的权重，其等于 1：

$$[\boldsymbol{\lambda}^{SK}] = [B^{SK}] \times [W^{SK}]^{T} = 1$$

SK［式（19.5）］在一个数据点情况下为：

$$Z_{SK}^{*}(x_0) = \lambda_a^{SK} Z(x_a) + m(1 - \lambda_a^{SK}) = 1 \times Z(x_a),\quad 如果\ x_0 = x_a$$

分配给均值（$m$）的权重为零。当使用多个数据点进行 SK 估计，但其中一个数据与目标点的位置一致时，$x_0 = x_a$，所有其他数据点将获得零权值。

在普通克里格的情况下，估计的数据点集的权重的线性方程，用矩阵表示为 $[W] \times [\boldsymbol{\lambda}] = [B]$。矩阵 $[W]$、$[\boldsymbol{\lambda}]$ 和 $[B]$，在一个数据点与目标节点重合（$x_0 = x_a$）情况下定义如下：

$$[W] = \begin{bmatrix} 0 & 1 \\ 1 & 0 \end{bmatrix} = -1$$

$$[\boldsymbol{\lambda}] = \begin{bmatrix} \lambda_1 \\ \mu \end{bmatrix}$$

$$[\boldsymbol{\lambda} B] = \begin{bmatrix} 0 \\ 1 \end{bmatrix} = -1$$

使用 OK 方程从这些数据中估算出的单个样品的权重等于 1。

$$[\boldsymbol{\lambda}] = [B] \times [W]^{T} = 1$$

在一个数据点情况下，OK［式（19.1）］变成：

$$Z_{OK}^{*}(x_0) = \lambda_a^{OK} Z(x_a) = 1 \times Z(x_a),\quad 如果\ x_0 = x_a$$

因此，与单件样品 $x_a$ 位置重合的 $x_0$ 点的估算值等于该样品 $Z(x_a)$ 的值。

当 OK 系统有多件样品，但样品 $Z(x_a)$ 与目标节点 $x_0$ 重合时，所有其他样品的权值 $\lambda_i$ 和拉格朗日乘子 $\mu$ 的权值为零。

### 19.3.2　负克里格权重和屏蔽效应

克里格系统将更多的权值分配给靠近估算点的样品，权值随着距离目标点的距离的增加而迅速减少（图 19.2）。当另一件样品落在一件样品和被估计的点之间时，这件样品可以得到负权值（图 19.2a）。这是克里格系统的一个特殊性质，称为屏蔽效应。

由屏蔽效应引起的负权值，允许克里格估算取数据变程以外的值（非凸性属性）。通常，这是估计值的一个理想性质，因为样品数据集不太可能包含最极端的值，而且研究变量的真实值可能超出可用的样品值。

然而，当负权值与高品位样品相关联时，存在可能产生显著误差的风险。这样的克里格估算通常是有偏差的，会极大低估真实值。表 19.2 展示了通过改变一个在克里格系统中具有负权值的样品的值而得到的 4 个克里格估计。第一组（实例 1）是在米利亚丁（Meliadine）金矿实际观察到的钻孔见矿品位（图 19.2）。另外 3 个假设案例，是通过将数据点 4 的 Au 品位值从 0.6 g/t 变换为 10 g/t、60 g/t 和 100 g/t 而得到的。克里格权值独立于实际数据点的值，因此它们不会改变，在所有 4 种估计中使用相同的权值。

钻孔分布如图 19.2a 所示。

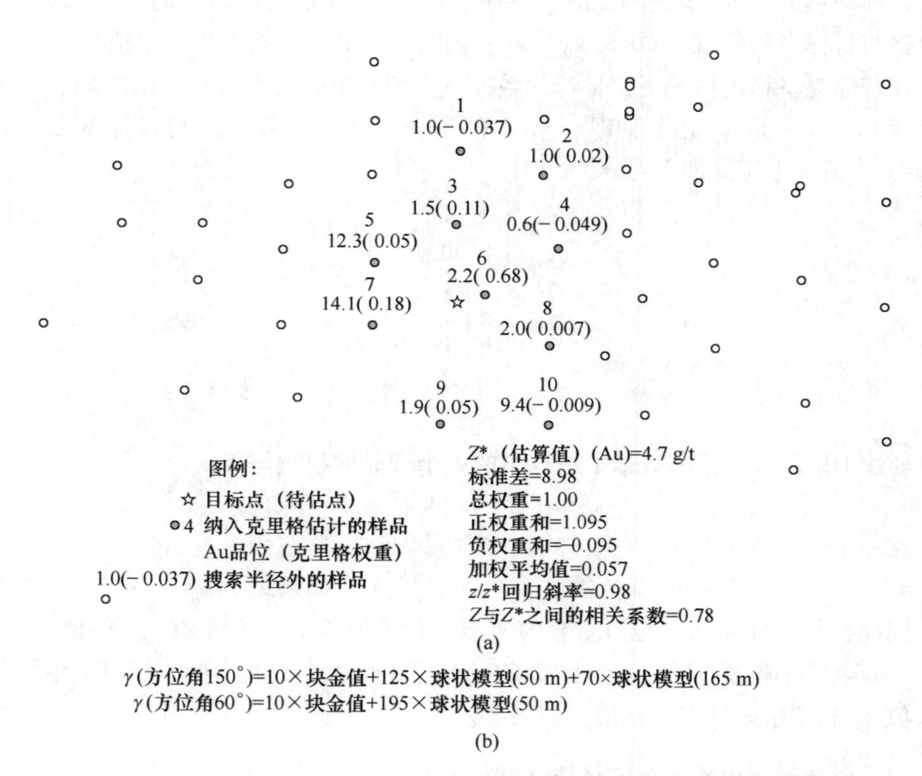


图 19.2 显示屏蔽效应的数据配置示例。加拿大 Meliadine 金矿的数据

（a）显示数据点的分布及其估算的普通克里格权值的图（数据值与表 19.2 对应）；

（b）普通克里格估算中使用的变异函数模型

结果表明，使用普通克里格表达式得到的负权值存在严重的缺陷（表 19.2）。数据点 4 值的增加对估算品位产生相反的影响，估算品位随钻孔品位的增加而减小。当一个特别高的品位值与一个负权数相关联时，估计的品位变成负的（−0.17 g/t，表 19.2）。

表 19.2 负权值对普通克里格估计的影响

| 钻孔编号 | 普通克里格权重 | 金品位/g·t$^{-1}$ | | | |
|---|---|---|---|---|---|
| | | 实例 1（图 19.2） | 实例 2（假设） | 实例 3（假设） | 实例 4（假设） |
| 1 | -0.037 | 1.0 | 1.0 | 1.0 | 1.0 |
| 2 | 0.024 | 1.0 | 1.0 | 1.0 | 1.0 |
| 3 | 0.109 | 1.5 | 1.5 | 1.5 | 1.5 |
| 4 | -0.049 | 0.6 | 10.0 | 60.0 | 100.0 |
| 5 | 0.050 | 12.3 | 12.3 | 12.3 | 12.3 |
| 6 | 0.676 | 2.2 | 2.2 | 2.2 | 2.2 |
| 7 | 0.175 | 14.0 | 14.0 | 14.0 | 14.0 |
| 8 | 0.007 | 2.0 | 2.0 | 2.0 | 2.0 |
| 9 | 0.054 | 1.9 | 1.9 | 1.9 | 1.9 |
| 10 | -0.009 | 9.4 | 9.4 | 9.4 | 9.4 |
| 估算值（$Z^*$） | | 4.71 | 4.24 | 1.79 | -0.17 |

由于有偏差结果的风险，负权重通常从估算中删除。由于它们是由屏蔽效应引起的，可以通过优化搜索邻域来消除或至少使它们的外观显著最小化，因此只有最接近目标节点 $Z^*(x)$ 的数据被用于估计。

然而，改变搜索邻域并不总能得到理想的结果，因此，为了处理非凸性问题，通常使用一种数学方法将负权值从克里格估算中排除：

(1) 负权值被替换为 0，其余的正权值重置的总和为 1；

(2) 通过加上一个等于最大负权模数的常数，迫使克里格权值为正，然后将权值的和重置为 1；

(3) 克里格权值通过统计变换被强制为正；

(4) 限制克里格估算而不是克里格权重。例如，将负值重新设置为 0。

消除负权值或迫使权值为正数，尽管不能完全消除偏差（表 19.3），但一般会改善估计值。去除负权值的缺点是有效地将与之相关的数据从克里格估计中剔除，因而，结果保持不变，而不受样品值的影响。表 19.3 说明了这一点，其中负权重消除技术已应用于实例 1 和 3。如图 19.2a 所示，两种情况都具有相同的数据配置，仅与数据（钻孔）4 的值不同，即实例 1 中 Au 品位为 0.6 g/t，实例 3 中 Au 品位为 60 g/t。尽管数据存在显著差异，但应用负权消除技术得到的克里格估值却得到了相同的结果。

由于以高度偏态分布（如金矿）为特征的变量的负权值估算的缺点，应该特别注意优化搜索邻域，以避免出现负权值。负权值的影响也可以通过指示克里格法或对估计施加约束来最小化。

表 19.3 消除负权值对克里格估计的影响

| 钻孔编号 | 实例 1 | | | | 实例 3 | | | |
|---|---|---|---|---|---|---|---|---|
| | 金品位 /g · t$^{-1}$ | 普通克里格权值 | | | 金品位 /g · t$^{-1}$ | 普通克里格权值 | | |
| | | 保留负权值 | 消除负权值 | | | 保留负权值 | 消除负权值 | |
| | | | 方法 a | 方法 b | | | 方法 a | 方法 b |
| 1 | 1.0 | 0.037 | | 0.008 | 1.0 | 0.037 | | 0.008 |
| 2 | 1.0 | 0.024 | 0.022 | 0.049 | 1.0 | 0.024 | 0.022 | 0.049 |
| 3 | 1.5 | 0.109 | 0.100 | 0.106 | 1.5 | 0.109 | 0.100 | 0.106 |
| 4 | 0.6 | 0.049 | | 0.000 | 60.0 | 0.049 | | 0.000 |
| 5 | 12.3 | 0.050 | 0.046 | 0.066 | 12.3 | 0.050 | 0.046 | 0.066 |
| 6 | 2.2 | 0.676 | 0.617 | 0.487 | 2.2 | 0.676 | 0.617 | 0.487 |
| 7 | 14.0 | 0.175 | 0.160 | 0.150 | 14.0 | 0.175 | 0.160 | 0.150 |
| 8 | 2.0 | 0.007 | 0.006 | 0.038 | 2.0 | 0.007 | 0.006 | 0.038 |
| 9 | 1.9 | 0.054 | 0.049 | 0.069 | 1.9 | 0.054 | 0.049 | 0.069 |
| 10 | 9.4 | 0.009 | | 0.027 | 9.4 | 0.009 | | 0.027 |
| 估算值（$Z^*$） | | 4.71 | 4.43 | 4.67 | | 1.79 | 4.43 | 4.67 |

## 19.3.3 平滑作用

克里格估值通常位于输入数据的最大值和最小值之间（表 19.3）。因此，克里格估算降低了输入数据的方差。如图 19.3 所示，组合样品的直方图与普通克里格点估算值绘制在一起。与数据点的方差相比，估算点的方差下降了 63%（图 19.3）。估算值的降低变化称为克里格法的平滑效应，它是结合多件样品形成估算值的结果。

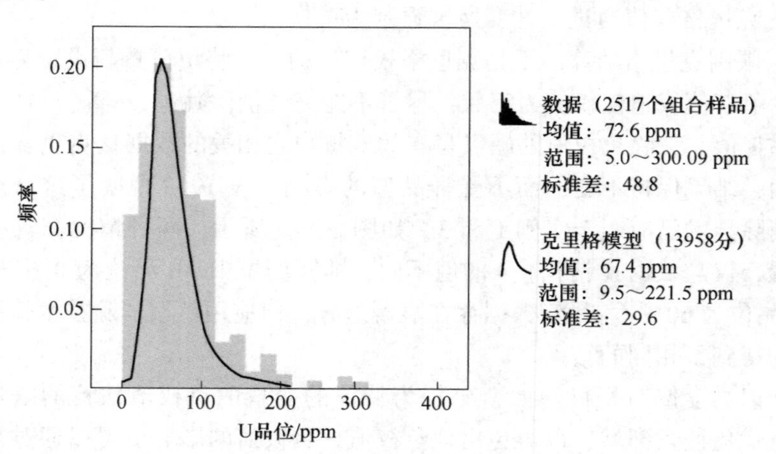


图 19.3 输入数据的直方图及其对应的普通克里格估算

平滑程度取决于搜索邻域和变异函数模型。特别地，如果搜索邻域包括变异函数变程以外的样品（图 19.4），克里格方法会平滑变量的分布。

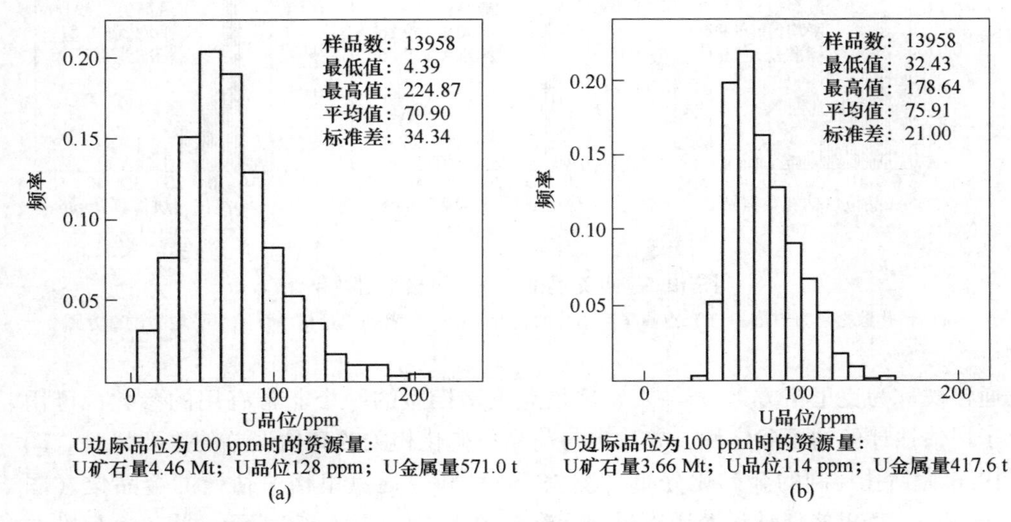


图 19.4 用普通克里格法估算的铀品位直方图。两种情况下均采用各向同性指数变异函数，搜索邻域为 25 个最接近样品

（a）变异函数变程 600 m；（b）变异函数变程 60 m

过度平滑的估算可能导致在给定的边际品位不正确地估算资源量。图 19.4 展示了使用不同变异函数模型和搜索架构创建的两个块模型，对该矿床的经济资源采用 U 边际品位 100 ppm 对块模型品位估算的。与不太平滑的模型相比，过度平滑的模型图 19.4（b）低估了铀矿化的吨位和品位（图 19.4a）。总而言之，所含铀被低估了−27%（图 19.4）。

克里格平滑效应的另一个缺点是它不是均匀的，而是依赖于数据配置。在密集采样区域，当估算值点靠近数据点时，平滑是最小的；当估算值点离数据点越远，平滑就会增加。因此，克里格估算的这张图在密集采样区域比在研究区域的外围和稀疏采样区域看起来变化更大。

克里格法用于块估值时，平滑效果增强。图 19.5 说明了点克里格估算结果与二维块克里格估算结果的比较。两种情况下均采用普通克里格法将样品品位插值到 40 m×40 m 的二维网格中进行估算。克里格搜索邻域是一个半径 200 m 的圆，包含 4~ 16 个数据点。金品位的方差从数据点的 193 个 $ppm^2$（图 19.5a），到点克里格估算的 82 个 $ppm^2$（图 19.5b），下降了 50 个 $ppm^2$（图 19.5c）。

### 19.3.4 克里格方差

克里格法提供一个最小二乘法估计的变量 $Z(x)$，还提供了一个估计误差，

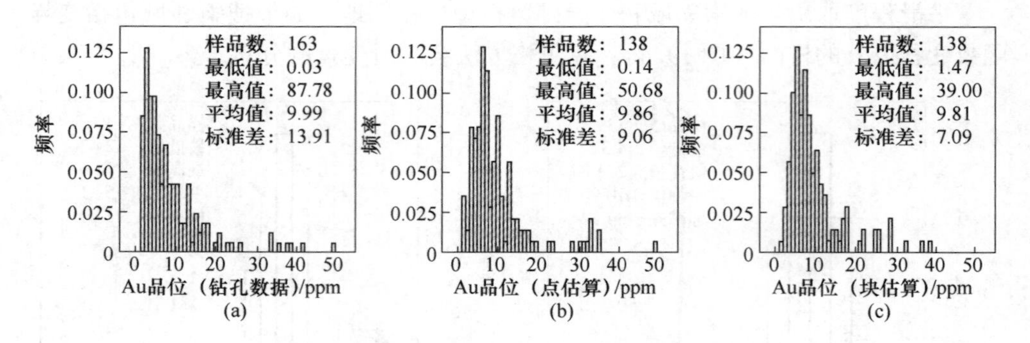


图 19.5 点克里格和块克里格平滑效果

（a）钻孔数据点直方图；（b）点克里格估算的直方图；（c）普通克里格估算的块平均品位直方图

通常被称为克里格方差 $\sigma^2_{克里格}$ 。这是克里格模型的一个非常有用的参数，可用于评估估计值的不确定性，并确定与高品位矿化相关的高估误差的主要风险。图 19.6 为钻孔控制的金矿化分布（图 19.6a）和普通克里格法估计的金品位（图 19.6b）。克里格估计误差用克里格标准差表示，如图 19.6c 所示。将 1 个标准差等于±10 g/t 的克里格误差叠加在估计模型上（图 19.6b），可以看出，许多高品位块的估值误差明显大于该阈值。

克里格方差也被建议用于优化搜索邻域和矿物资源量分类。然而，克里格方差是独立于数据的值。这可以从定义克里格方差的等式中看出，其中不引用数据值。

$$\sigma^2_{OK}(x) = \sigma^2_0 - \sum_a \lambda_a^{OK}\gamma(x_0 - x_a) - \mu_{OK}$$

$$\sigma^2_{SK}(x) = \sigma^2_0 - \sum_a \lambda_a^{SK}C(x_a - x_0)$$

由于这种特性，如果数据配置相同，克里格系统就会给估计值分配相同的误差，而这与实际数据值无关（图 19.6c）。

综上所述，克里格方差的参数如下：

（1）取决于变异函数（协方差）模型。空间变异性越复杂（例如更大的块金效应），对相同数据配置的估计误差就越大。

（2）取决于数据配置。这实际上是最重要的参数，可以使用克里格方差选择资源量分类最佳的钻探工程网度。

（3）它独立于数据值。这意味着，无论数据值是什么，在给定的地质统计域中相同的数据配置（即相同的变异函数模型）将产生相同的克里格方差。

因此，克里格方差不能提供估计误差的真实值，只能作为数据几何构型的排序指标。

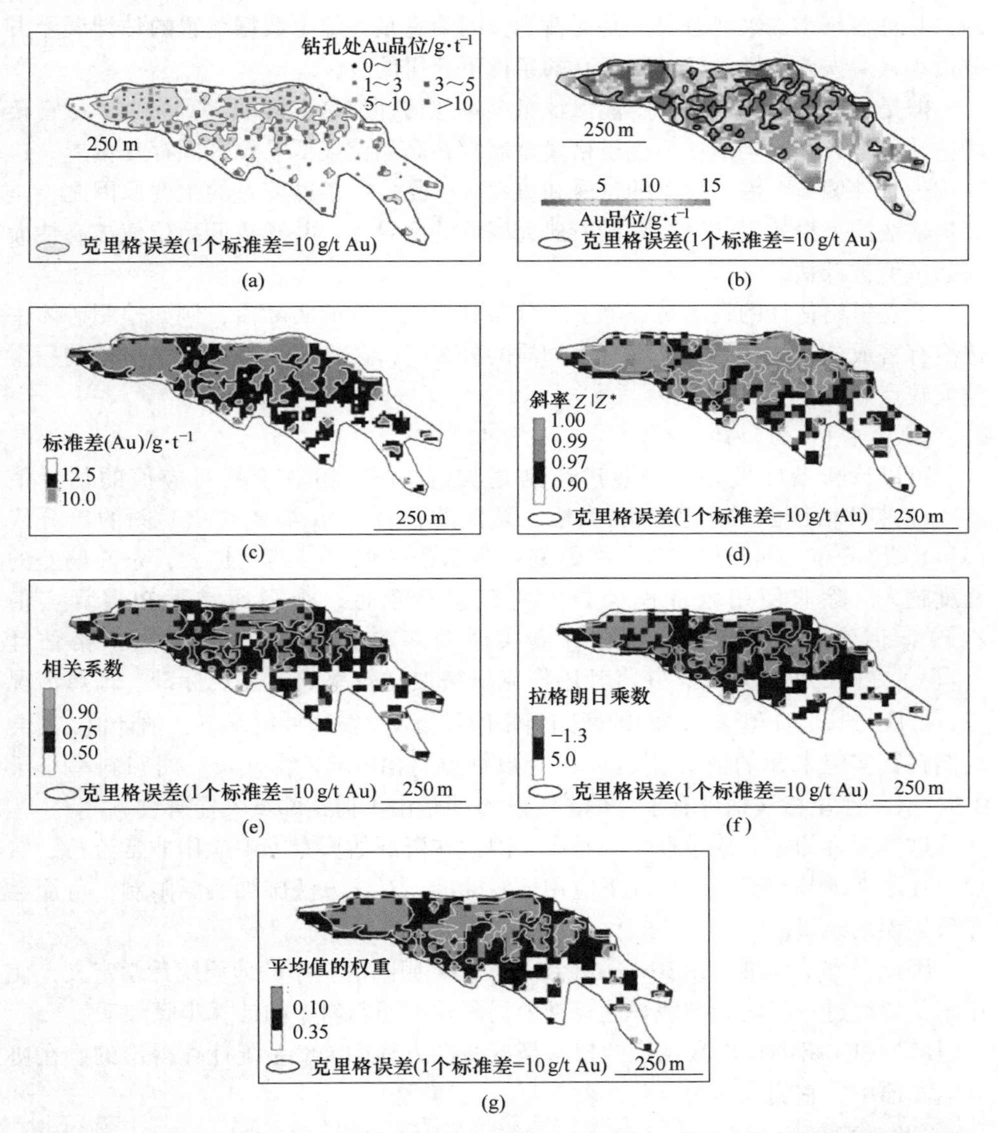


图 19.6　加拿大 Meliadine 矿床的 1000 号矿纵投影面［用 2D 普通克里格点模型和克里格效率的地质统计指标估算出的金品位。克里格误差（1 标准偏差 = 10 g/t Au）等值线供参考］

（a）数据点分布；（b）金品位；（c）克里格估计误差；（d）$Z|Z^*$ 的回归斜率；（e）$Z$ 与 $Z^*$ 的相关性；（f）拉格朗日乘数；（g）平均值的权重

## 19.3.5　条件偏差

本节介绍克里格系统的约束。19.2 节暗示一种插值数据的克里格法是最好的，并且在最小二乘法意义上是无偏的，因为它是在给定数据配置的估计误差方差最小且对误差的数学期望等于 0 的条件下获得的。

但是，缺乏全局偏差并不能保证每个本地估计都是准确的。实际上，尽管精确估计了全矿区平均值，但克里格模型通常在高品位或低品位区间存在偏差。这被称为条件偏差，因为偏差的符号和值取决于品位。条件偏差的主要原因之一是克里格法的平滑效果，这会降低所研究属性的变异性，并导致低品位值被高估而高品位值被低估。

当克里格估计的目的是探测空间分布和极端品位的实际值，例如检测矿体中选冶有害成分的浓度或对环境有害物质的分布时，条件偏差是克里格估计的一个重大缺点。

19.3.5.1　回归斜率 $Z|Z^*$

可以诊断条件偏差，并通过绘制真实值 $Z(x)$ 相对于其对应值的估计值 $Z^*(x)$ 来评估偏差的程度。准确地，无偏的估计值沿着 $Z$ 与 $Z^*$ 图的等分线 ($X=Y$ 线)分布。回归线与等分线的偏差表示条件偏差，偏差越大，条件偏差的程度越大。除非使用条件模拟技术对其进行逼近，否则通常不知道真实值 $Z(x)$ 。但是，可以在数学上估计真实但未知的值 $Z(x)$ 与普通克里格估计 $Z^*_{OK}(x)$ 之间的回归斜率，并将其用作克里格搜索效率的非主观标准。理想情况下，$Z$ 值与其估计值 $Z^*$ 之间的回归斜率应接近 1，在这种情况下，估计值 $Z^*$ 会绘制在真实但未知的值 $Z$ 附近，并且数据点将沿 $X=Y$ 线分布。回归斜率小于 0.9，表示克里格法估计有条件偏差，这可能是由于搜索邻域欠佳所致。

这个标准的定义简单且直观易懂，因此在资源估算专家中应用非常流行。然而，在不考虑基本假设的情况下应用这一标准，对该方法施加实际限制，可能会导致错误的结果。

因此，本节详细介绍 Rivoirard 在 $Z^*_{OK}$ 上 $Z$ 回归的斜率的地质统计学定义，使用案例研究进一步讨论和解释此标准的局限性。回归斜率的计算步骤如下。

$\lambda_i^{OK}$ 和拉格朗日乘数 $\mu_{OK}$ 的权重是从线性方程的 OK 系统计算得出的。在协方差术语中，它们表示为：

$$\sum_i \{\lambda^*_{OK}\mathrm{Cov}[Z(x_i),\ Z(x_j)]\} = \mathrm{Cov}[Z(x_0),\ Z(x_i)] + \mu_{OK} \tag{19.9}$$

已知 $\sum_i \lambda^*_{OK} = 1$，$\mu_{OK}$ 是拉格朗日乘数。

真实但未知的 $Z(x)$ 与估计的 $Z^*_{OK}(x)$ 之间的协方差表示为：

$$\mathrm{Cov}[Z(x),\ Z^*_{OK}(x)] = \mathrm{Cov}[Z(x),\ \sum_i \lambda_i^{OK} Z(x_i)] = \sum_i \{\lambda_i^{OK}\mathrm{Cov}[Z(x),\ Z(x_i)]\} \tag{19.10}$$

克里格估计 $Z^*_{OK}(x)$ 的方差可以表示为：

$$\mathrm{Var}[Z_i^{\mathrm{OK}}(x)] = \mathrm{Var}\sum_i[\lambda_i^{\mathrm{OK}}Z(x_i)] = \sum_i\sum_j\{\lambda_i^{\mathrm{OK}}\lambda_j^{\mathrm{OK}}\mathrm{Cov}[Z(x_i),\ Z(x_j)]\} \tag{19.11}$$

将 OK［式（19.9）］修改为：

$$\sum_i\sum_j\{\lambda_i^{\mathrm{OK}}\lambda_j^{\mathrm{OK}}\mathrm{Cov}[Z(x_i),\ Z(x_j)]\} = \sum_j\{\lambda_j^{\mathrm{OK}}\mathrm{Cov}[Z(x),\ Z(x_j)]\} + \mu_{\mathrm{OK}} \tag{19.12}$$

将式（19.10）和式（19.11）代入式（19.12）得到：

$$\mathrm{Cov}[Z(x),\ Z_{\mathrm{OK}}^*(x)] = \mathrm{Var}[Z_{\mathrm{OK}}^*(x)] - \sum_j\{\lambda_j^{\mathrm{OK}}\mathrm{Cov}[Z(x),\ Z(x_j)]\} + \mu_{\mathrm{OK}} \tag{19.13}$$

同理，将式（19.10）代入克里格误差方差［式（19.3）］可以表示为：

$$\sigma_{\mathrm{OK}}^2(x) = \sigma_0^2 - \mathrm{Cov}[Z(x),\ Z_{\mathrm{OK}}^*(x)] + \mu_{\mathrm{OK}} \tag{19.14}$$

式中，$\sigma_0^2$ 为矿化域内的点方差；$\sigma_{\mathrm{OK}}^2$ 为克里格方差。

最后，由真实但未知值 $Z(x)$ 与估计值 $Z_{\mathrm{OK}}^*(x)$ 之间的协方差［式（19.14）］推导如下：

$$\mathrm{Cov}[Z(x),\ Z_{\mathrm{OK}}^*(x)] = \sigma_0^2 - \sigma_{\mathrm{OK}}^2(x) + \mu_{\mathrm{OK}} \tag{19.15}$$

将式（19.13）代入式（19.15）中定义的协方差，得到克里格估计 $Z_{\mathrm{OK}}^*(x)$ 的方差：

$$\mathrm{Var}[Z_{\mathrm{OK}}^*(x)] = \sigma_0^2 - \sigma_{\mathrm{OK}}^2(x) + 2\mu_{\mathrm{OK}} \tag{19.16}$$

回归斜率对于估计 $\rho(Z|Z_{\mathrm{OK}}^*)$ 的真值 $Z(x)$ 的 $Z_{\mathrm{OK}}^*(x)$ 可定义[1]为：

$$\rho(Z|Z_{\mathrm{OK}}^*) = \frac{\mathrm{Cov}[Z(x),\ Z_{\mathrm{OK}}^*(x)]}{\mathrm{Var}[Z_{\mathrm{OK}}^*(x)]} = \gamma_{ZZ_{\mathrm{OK}}^*}\frac{\sqrt{\sigma_0^2}}{\mathrm{StD}[Z_{\mathrm{OK}}^*(x)]} \tag{19.17}$$

式中 $\gamma_{ZZ_{\mathrm{OK}}^*}$ —— $Z(x)$ 与其估计值 $Z_{\mathrm{OK}}^*(x)$ 之间的相关系数；

StD——标准差。

---

[1] 考虑线性回归 $Y^*=\rho X+b$。残差（即估计误差）可以定义为 $R=Y-Y^*=Y-(\rho X+b)$，其中 $Y$=真实值，但 $Y$ 的值未知。$Y^*$ 是误差方差［$\mathrm{Var}(R)$］最小时的最优估计量。残差的方差表示为 $\mathrm{Var}(R)=\mathrm{Var}(Y-\rho X-b)=\mathrm{Var}(Y)+\rho^2\mathrm{Var}(x)-2\rho\mathrm{Cov}(XY)$。当一阶导数 $\mathrm{d}/\mathrm{d}p=$［$\mathrm{Var}(R)$］为 0 时，它的值最小。换句话说：$\mathrm{d}/\mathrm{d}p[\mathrm{Var}(R)]=\mathrm{d}/\mathrm{d}p\mathrm{Var}(Y)+\rho^2\ \mathrm{Var}(x)-2\rho\mathrm{Cov}(XY)=0+2\rho\mathrm{Var}(X)\ -2\mathrm{Cov}(XY)=0$，表达回归斜率可写成：$\rho=\mathrm{Cov}(XY)/\mathrm{Var}(X)$。

回归的斜率可以用一个相关系数表示，其定义为 $\gamma_{XY}=\mathrm{Cov}(XY)/[\mathrm{StD}(Y)]$。其中 $\mathrm{StD}(Y)$ 为变量 $X$ 的标准差，将其代入回归斜率的表达式，得到最终的表达式为：

$$\rho\ (Y\mid X)\ =\frac{\mathrm{Cov}(XY)}{\mathrm{Var}(X)}=\gamma_{XY}\times\ (\sigma_Y/\sigma_X)$$

——编者注

将式（19.15）和式（19.16）代入式（19.17），最终可以获得定义在估计值 $Z_{OK}^*(x)$ 上真实但未知值 $Z(x)$ 的回归斜率：

$$\rho(Z \mid Z_{OK}^*) = [\sigma_0^2 - \sigma_{OK}^2(x) + \mu_{OK}] \times [\sigma_0^2 - \sigma_{OK}^2(x) + 2\mu_{OK}] \quad (19.18)$$

式中 $\sigma_0^2$ ——估计变量 $Z$ 的点方差；

$\sigma_{OK}^2$ ——定义在式（19.14）中的传统克里格方差。

将回归的斜率分配给克里格估计，根据估计置信度对它们进行分类。在实践中，创建显示回归值斜率的图作为对克里格值图的补充（图 19.6b）。通过应用 $\rho(Z|Z_{OK}^*)$ 的阈值，可以解释图中以不同程度的条件偏差为特征的域。通常，如果回归斜率是 0.90 或更大（大约 1.0），则条件偏差被认为是微不足道的。

但是，将回归的斜率与克里格方差进行比较表明，仅回归的斜率不足以诊断估计差的域。这在图 19.6d 上进行了说明，其中大多数普通克里格法估计值都用 $\rho(Z|Z_{OK}^*)$ 表示，值在 0.95~1.0，表示没有条件偏差。但是，它们的克里格法估计误差在很大范围内变化，并且经常超过±10 g/t 的阈值，表明估计的质量欠佳（图 19.6b、d）。

因此，$\rho(Z|Z_{OK}^*)$ 在 0.95~1.00 的值表明没有条件偏差，会误导地质学家，使他们对可靠的估计产生错误印象。因此，回归斜率（图 19.6d）与克里格效率的其他指标，特别是克里格方差和 $Z$ 与 $Z^*$ 之间的相关系数更好地结合使用，可以更详细地评估克里格模型的效率。

19.3.5.2 $Z$ 与 $Z^*$ 的相关性

真实但未知的值 $Z(x)$ 及其普通克里格估计 $Z_{OK}^*(x)$ 的相关系数，是克里格邻域效率的有用标准（图 19.6e）。估计为：

$$\gamma_{ZZ_{OK}^*} = \frac{\mathrm{Cov}[Z(x),\ Z_{OK}^*(x)]}{\sigma_0 \times \mathrm{StD}[Z_{OK}^*(x)]} \quad (19.19)$$

将（19.15）中确定的 $\mathrm{Cov}[Z(x),\ Z_{OK}^*(x)]$ 代入式（19.19），得到 $Z(x)$ 与 $Z_{OK}^*(x)$ 之间相关性的最终表达式：

$$\gamma_{ZZ_{OK}^*} = \frac{\sigma_0^2 - \sigma_{OK}^2(x) + \mu_{OK}}{\sigma_0 \times \mathrm{StD}[Z_{OK}^*(x)]} \quad (19.20)$$

式中 $\sigma_0^2$ ——估计变量 $Z$ 的点方差；

$\sigma_{OK}^2$ ——克里格方差。

$Z$ 与 $Z^*$ 之间的相关系数 $\gamma_{ZZ_{OK}^*}$ 与回归斜率 $\rho(Z \mid Z_{OK}^*)$ 呈正比［式（19.17）和式（19.9）］。

由于定义相关系数 $\gamma_{ZZ_{OK}^*}$［式（19.20）］和回归斜率 $\rho(Z|Z_{OK}^*)$［式（19.18）］的地质统计学表达式的相似性，这些参数产生了相似的结果。特别是，相关系数的投影（图 19.6b）与回归值斜率的投影（图 19.6a）非常相似，

因此，通常来说，参数 $\gamma_{ZZ_{OK}^*}$ 和 $\rho(Z|Z_{OK}^*)$ 可以互换。

回归斜率 $\rho(Z|Z_{OK}^*)$ 具有优于相关系数 $\gamma_{ZZ_{OK}^*}$ 的优点，因为它可以快速诊断和量化克里格法估计的条件偏差。默认值小于 0.90，$\rho(Z|Z_{OK}^*)$ 可用作诊断条件偏差估计的阈值。

相关系数 $\gamma_{ZZ_{OK}^*}$ 不能直接诊断普通克里格估计是否有条件偏移。但 $\gamma_{ZZ_{OK}^*}$ 相关系数的直方图比回归斜率的倾斜程度小（图 19.7a），因此更便于生成克里格效率图。特别地，当回归斜率在 0.9~1.0 的范围内时，表明克里格估计的准确性和可靠性高。$Z$ 与 $Z^*$ 之间的相关性低至 0.5（图 19.7b）时，说明克里格估计的质量很差。

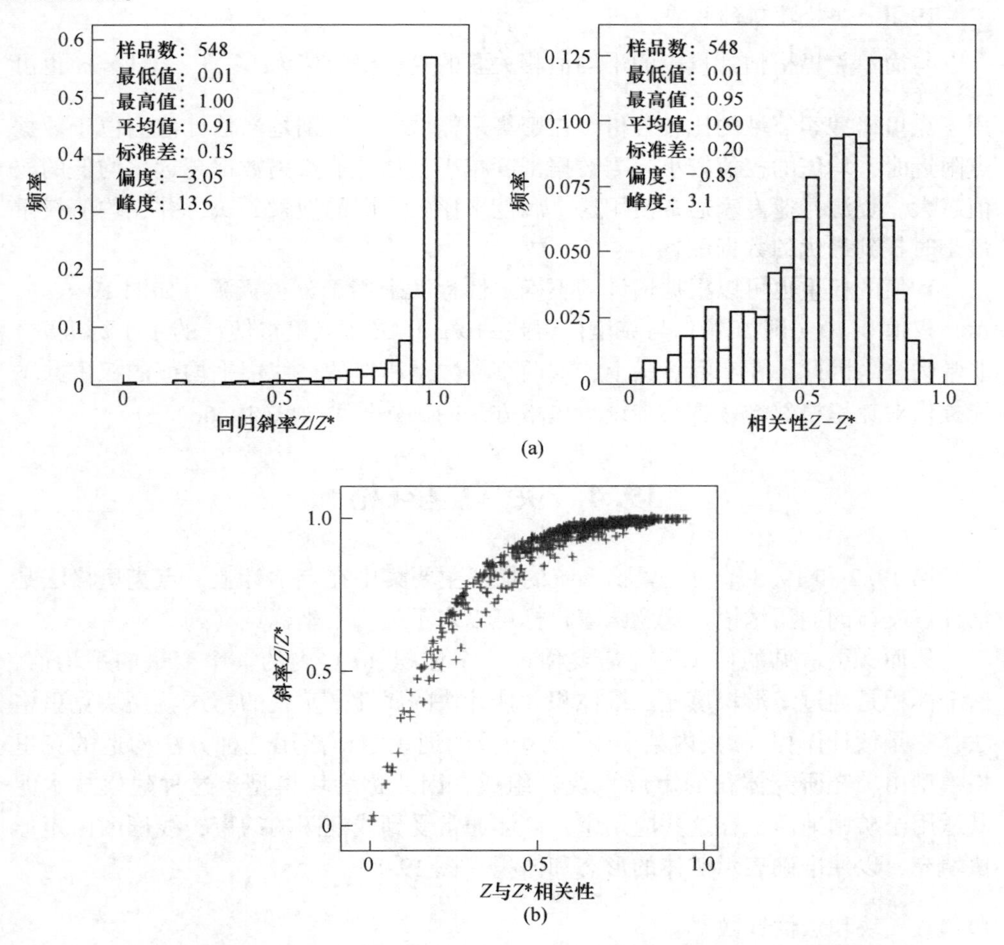


图 19.7　真值但未知值 $Z$ 在普通克里格估计 $Z^*$ 上的回归斜率与各参数间相关系数的基本统计量比较

（a）直方图；（b）散点图

19.3.5.3　拉格朗日乘数

定义 $Z$ 与 $Z^*$［式（19.18）］之间回归斜率的表达式［$\rho(Z|Z_{OK}^*)$］中存在的拉格朗日乘数及其相关系数 $\gamma_{ZZ_{OK}^*}$［式（19.20）］。这是将这两个参数［$\gamma_{ZZ_{OK}^*}$ 和 $\rho(Z \mid Z_{OK}^*)$］与数据的实际分布（搜索邻域）联系起来的主要属性，因此它也可以用于根据置信度对克里格估计进行排序。拉格朗日乘数的绝对值越大，克里格估计的不确定性越高（图 19.6f）。但是，不能直接从拉格朗日乘数获得置信度的定量评估，通常是通过将其与诸如克里格法方差之类的参数进行校准来进行的（图 19.6f）。它也比 $Z$ 与 $Z^*$ 之间的相关系数 $\gamma_{ZZ_{OK}^*}$ 更偏斜，因此对克里格邻域配置的变化的敏感性小于 $\gamma_{ZZ_{OK}^*}$。

19.3.5.4　均值的权重

与简单克里格估计量中的平均值相关联的克里格权值 $\left(1 - \sum_{i} \lambda_i^{sk}\right) \times m$ 也可用于克里格搜索邻域的比较分析。在密集采样域中，特别是当估计值点位于数据点附近时，均值的权值较小，当数据密度减小且估计值点离数据越远，均值的权值越大。资源行业专家通常使用这个属性来比较不同的搜索邻域，并在均值权重最小时找到最优的数据配置。

均值的权重也可以根据估计的不确定性程度来用于分类资源。如图 19.6g 所示，权值 0.10（即 10%）与克里格误差±10 g/t Au（克里格估计的 1 个标准差）非常吻合。因此，在实际意义上，这两个参数是相似的，使用平均值的权重并不能提供对克里格邻域效率与传统克里格方差的额外见解（图 19.6c、g）。

## 19.4　块 克 里 格

第 19.2 和 19.3 节对克里格系统的描述主要集中在点估计上。点克里格法是估计点支撑的通用术语。这意味着目标可以表示为一个坐标点（$x$）。

然而，更常见的情况是，需要估计一个体积（$v$）内的一个变量的平均值，这个体积是通过矩形块填充三维体积并估计块的属性来实现的。这就是块克里格法，它是估计体积（$v$）内某个变量平均值的通用术语。用这种方法构造的克里格模型由填充研究体积的矩形（块）组成，因此称为块模型。这种建模技术尤其适用于矿山地质，在这些应用中，矿体通常受到线框图的约束，线框图由矩形块填充，以便准确表示矿体的形态和体积（图 19.8）。

### 19.4.1　块和点估计数

获取块估计的最常见方法之一是将一个块离散为许多个点，这些点用点克里格法进行估计（图 19.9），然后，对块内的所有点求平均值，得到块的品位

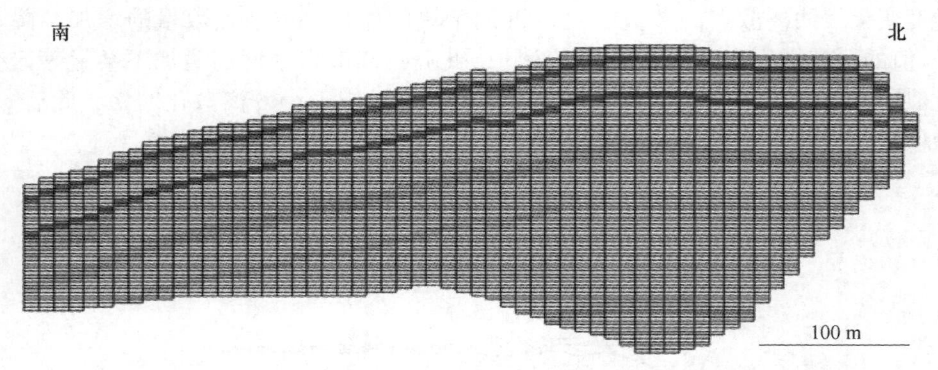


图 19.8　澳大利亚 Babel 硫化镍矿床块体模型剖面图
（岩石学上，辉长岩侵入体的不同层位以不同的色阶表示）

(图 19.9)。这种方法是稳健的，提供了良好的结果，并被用于大多数专供矿山地质应用的计算机程序。这种技术的主要缺点是需要大量的时间进行估计。采用该方法时，每个块的估计都是通过估计几个点的平均值来计算的，这使得整个矿床的估计是一个非常耗时的过程。

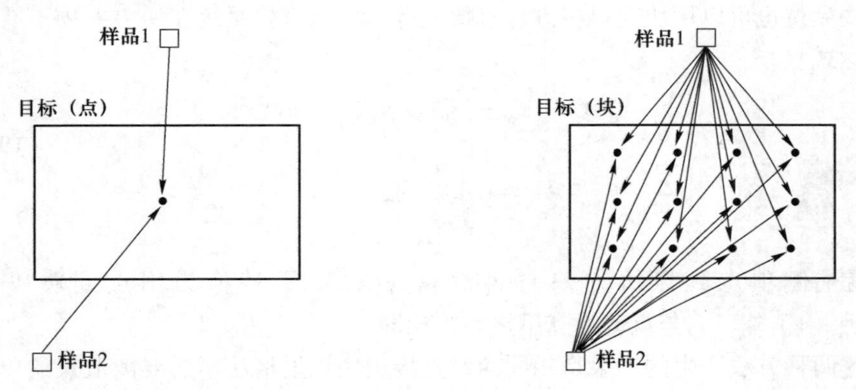


图 19.9　点和块估计的概念表示

应用块克里格的算法需要在不影响块估计质量的前提下，找到计算时间最小的最优离散模式。有人建议使用 $4^n$ 个点对块进行离散化，其中 $n$ 表示块的维数。这是被提议用于块克里格估计的经验规则离散模式。

通过计算估计的协方差（$C_{vv}$）可以更准确地得到最优离散网格。随机选择离散点的位置，可以估计 $C_{vv}$ 的可变性，并绘图对比离散网格。图 19.10 解释了这一点，该图基于 Meliadine 金矿的数据。

当使用 2×2 点离散化网格离散化块时，近似 $C_{vv}$ 值的范围较大。这是块内离散点稀疏分布的结果，阻止了点对块和块对块协方差的精确近似。因此，$C_{vv}$ 值的过度变化表明离散点的数量不足以近似于块的体积。离散点数量的增加会降低 $C_{vv}$ 值的可变性，直到达到某个值为止，此后，离散点密度的增加不会显著改变近似协方差（图 19. 10）。图 19. 10 上的枢轴点对应于 6×6 离散化网格，此后 $C_{vv}$ 值稳定。因此，将 6×6 点的网格解释为该矿床的最佳块离散化模式。

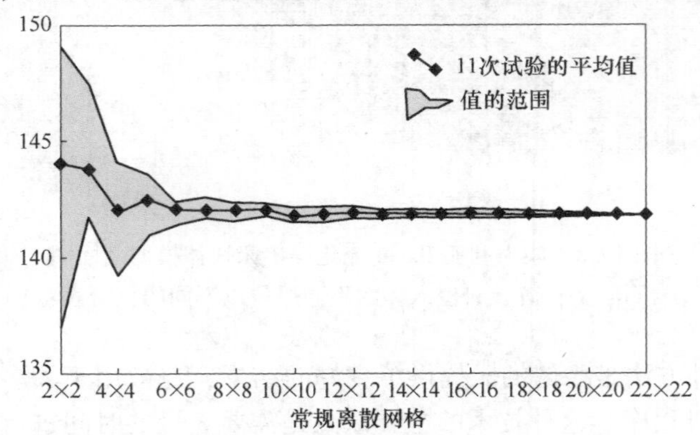


图 19. 10　块协方差与二维块克里格离散化点数的关系（利用图 19. 2a 所示数据估计）

块品位也可以用块克里格方程直接估计。块克里格系统在协方差项下有如下的表达式：

$$\begin{cases} \sum_{\beta} \lambda_{\beta}^{\mathrm{OK}} \mathrm{Cov}(x_{\alpha} - x_{\beta}) + \mu_{\mathrm{OK}} = \mathrm{Cov}(x_{\alpha},\ V) \\ \sum_{\beta} \lambda_{\beta}^{\mathrm{OK}} = 1 \end{cases} \tag{19.21}$$

除右侧项点到点协方差 $\mathrm{Cov}[Z(x_0),\ Z(x_i)]$ 替换为用点到块协方差 $\mathrm{Cov}(x_{\alpha},\ V)$ 外，它与点普通克里格系统相同。

这两种方法产生的结果是相同的。直接用块克里格法不需要离散点的单独估计，因此速度更快。然而，当使用的计算机程序中无法使用直接克里格时，可以使用传统的离散化方法和图 19. 10 所示的寻找最佳离散化网格的基本原理来执行块克里格法。

### 19. 4. 2　小块克里格法

当数据网格稀疏时，克里格法是估计小块品位的次优方法。由于研究变量的过度平滑，这样的估计通常是有条件偏差的。为了使错误最小化，资源模型中的块的大小被选择为数据网格的 1/2 或 1/4。然而，块大小的选择是主观的，没有量化的风险，因此所选块的有效性通常是未知的。

下面介绍的案例研究调查了克里格估计值对块大小的依赖性，并分析了可用于选择克里格块最佳大小的地质统计学标准。该研究基于以 0.5 m×0.5 m 二维网格分布的数据点的详尽集表示的金矿床模型（图 19.11a）。它是通过对造山型金矿床的数据进行条件模拟而创建的，并保留了矿床真实的主要统计和地质统计学

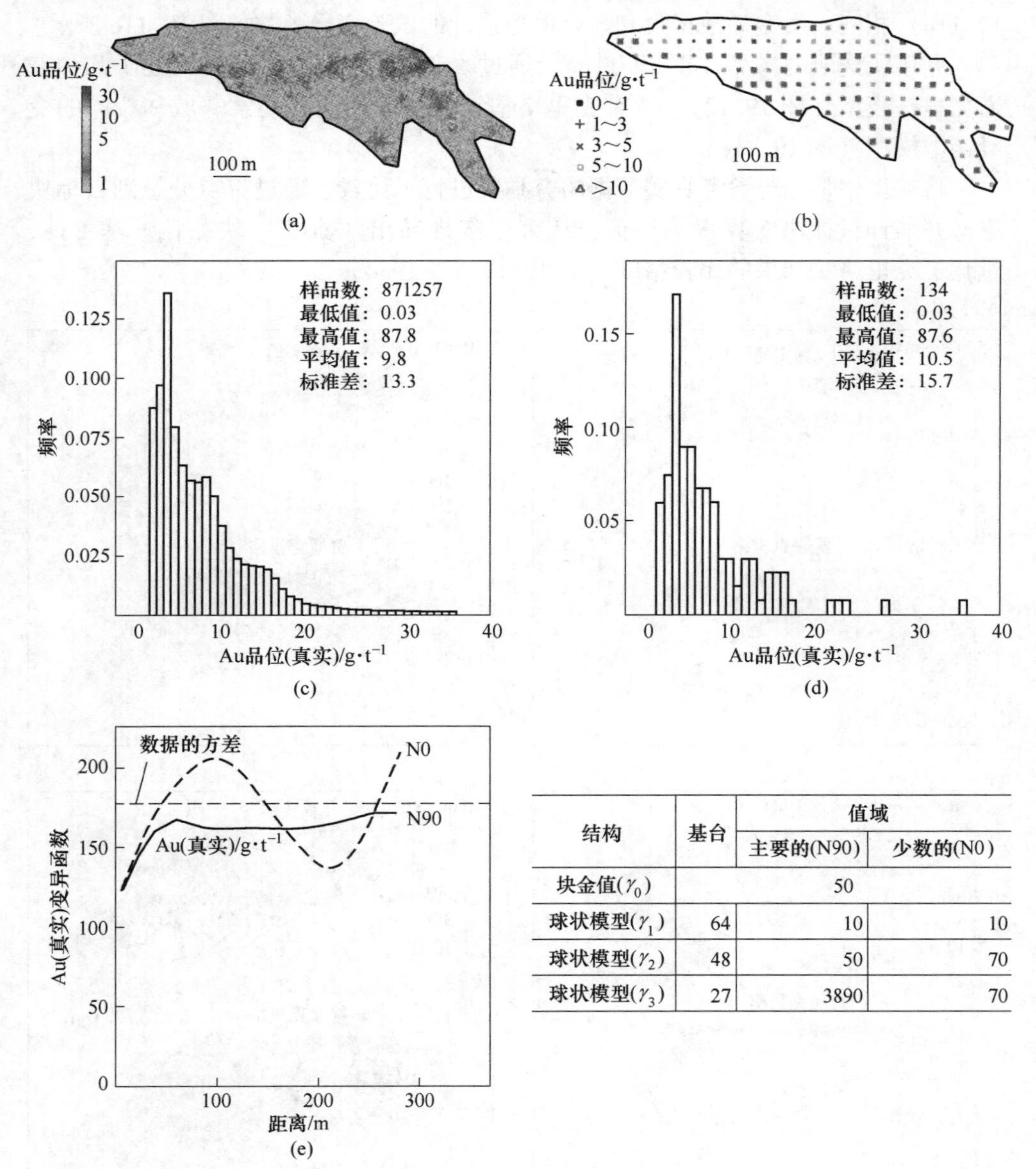


| 结构 | 基台 | 值域 | |
|---|---|---|---|
| | | 主要的(N90) | 少数的(N0) |
| 块金值($\gamma_0$) | 50 | | |
| 球状模型($\gamma_1$) | 64 | 10 | 10 |
| 球状模型($\gamma_2$) | 48 | 50 | 70 |
| 球状模型($\gamma_3$) | 27 | 3890 | 70 |

图 19.11 金矿模型

（a）分布在 0.5 m×0.5 m 二维网格上的穷举集点；（b）40 m×40 m 网格节点采集到的数据子集，称为样品；（c）穷举集数据的直方图；（d）样品直方图；（e）从穷举集估计的金品位变异函数

特征。详尽集覆盖有规则的 40 m×40 m 网格，并且已为每个网格节点指定了距离详尽集最近点的品位值。这样就产生了以规则的 40 m×40 m 网格分布的数据子集（图 19.11b）。该子集称为样品，其统计特征（图 19.11d）与穷举集（图 19.11c）相同。由穷举数据集和拟合模型估计的试验变异函数如图 19.11e 所示。

利用所选取的样品（图 19.11b），通过改变克里格块的大小，构建了几种普通克里格模型（图 19.12）。所有克里格估计都使用相同的搜索邻域和相同的变异函数模型（图 19.11e）。

将克里格估计与参考真实数据的穷举集进行了比较。通过将点分组到目标块中，并估计目标块的算术平均值，从穷举集推导出“真实”块品位。基于此，量化了克里格法结果的比较精度（图 19.13，表 19.4）。

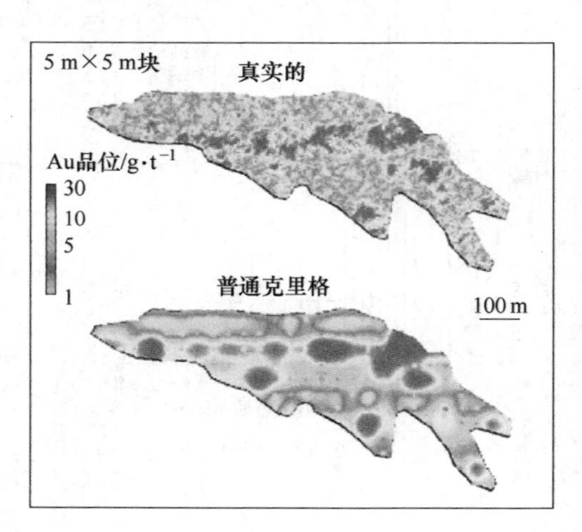


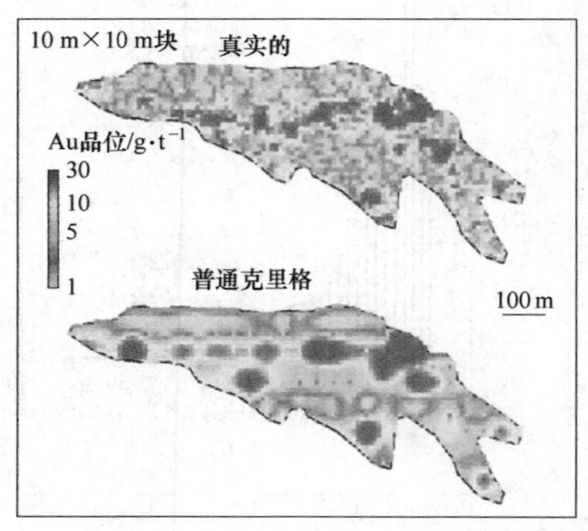


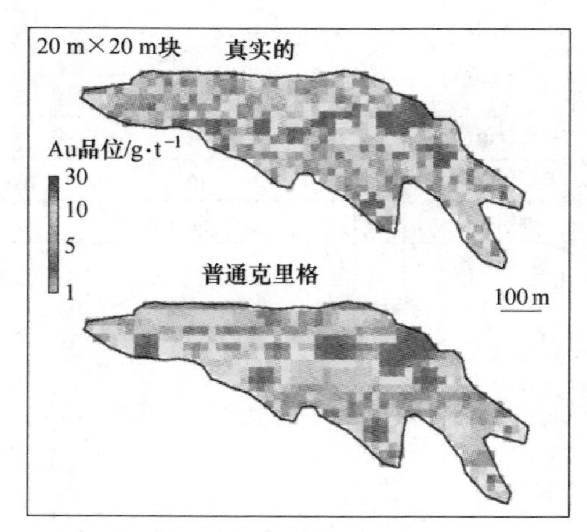


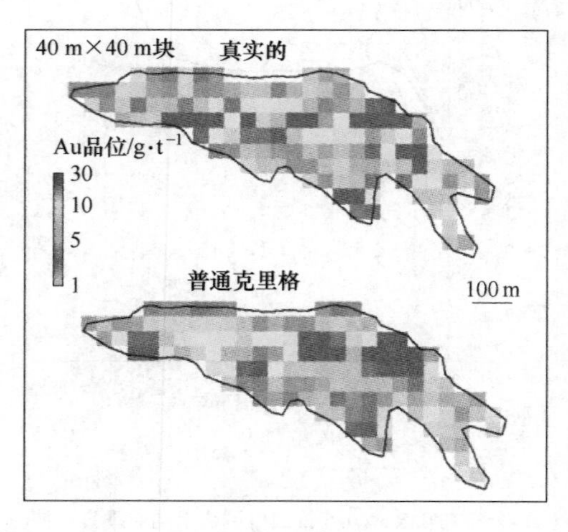


图 19.12 普通克里格法估计的金品位和“真”块品位分布图

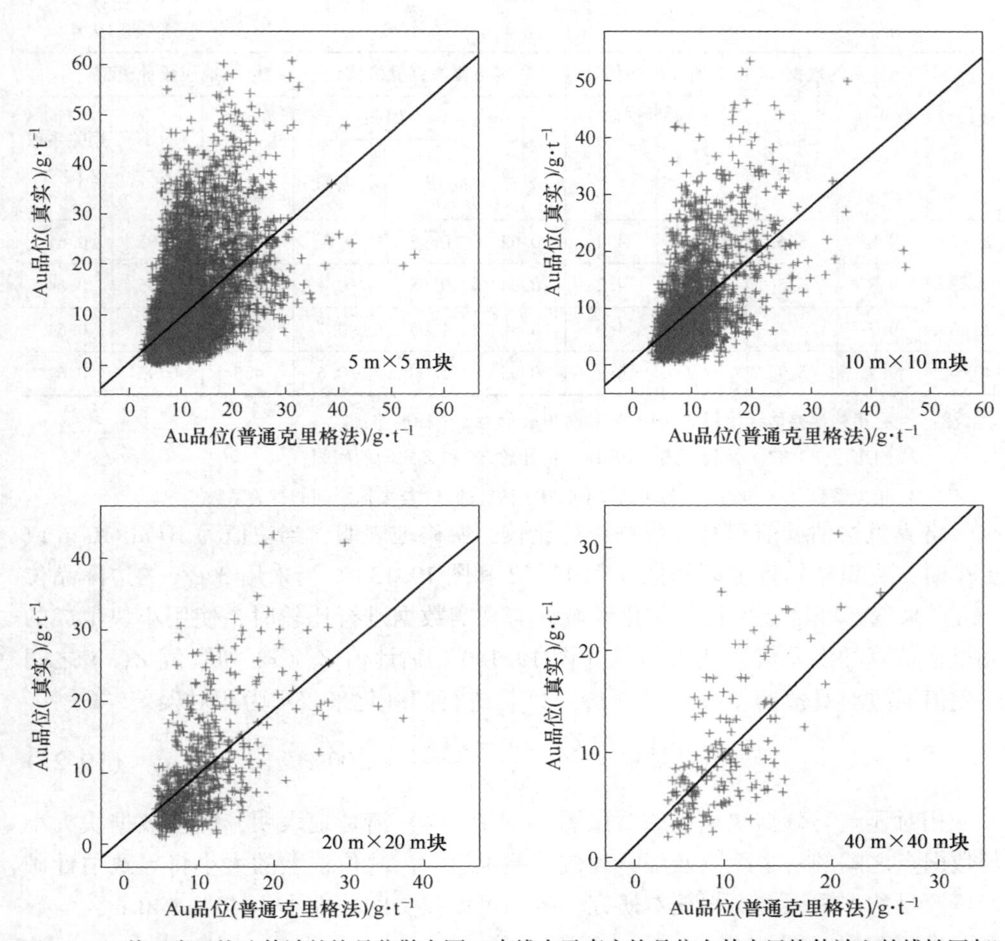


图 19.13　普通克里格法估计的块品位散点图（直线表示真实块品位在其克里格估计上的线性回归）

**表 19.4　普通克里格块估计与真实数据的比较统计分析**

| 块尺寸/m | 真实的数据 | | 普通克里格估计 | | 真实与普通克里格估计 | | | 地质统计模型 | | |
|---|---|---|---|---|---|---|---|---|---|---|
| | 平均值 $(Z)$ /g·t$^{-1}$ | StD $(Z)$ | 平均值 $(Z^*)$ /g·t$^{1}$ | StD $(Z^*)$ | 相关系数 | 回归 $b$(切点) | 回归 $a$(常数) | 克里格误差 StD | 斜率 $(Z\mid Z^*)$ | 相关系数 $(Z\mid Z^*)$ |
| 1×1 | 9.8 | 10.0 | 10.0 | 4.5 | 0.41 | 0.92 | 0.5 | 5.2 | 0.95 | 0.43 |
| 5×5 | 9.8 | 8.1 | 10.0 | 4.5 | 0.51 | 0.92 | 0.6 | 5.2 | 0.95 | 0.47 |
| 10×10 | 9.8 | 7.6 | 10.0 | 4.5 | 0.54 | 0.90 | 0.7 | 5.2 | 0.95 | 0.52 |
| 15×15 | 9.8 | 7.2 | 10.0 | 4.4 | 0.57 | 0.93 | 0.5 | 5.1 | 0.95 | 0.56 |
| 20×20 | 9.8 | 6.9 | 10.0 | 4.5 | 0.58 | 0.89 | 0.8 | 5.1 | 0.95 | 0.59 |

续表 19.4

| 块尺寸/m | 真实的数据 | | 普通克里格估计 | | 真实与普通克里格估计 | | | 地质统计模型 | | |
|---|---|---|---|---|---|---|---|---|---|---|
| | 平均值 $(Z)$ /g·t$^{-1}$ | StD $(Z)$ | 平均值 $(Z^*)$ /g·t$^{1}$ | StD $(Z^*)$ | 相关系数 | 回归 $b$(切点) | 回归 $a$(常数) | 克里格误差 StD | 斜率 $(Z\mid Z^*)$ | 相关系数 $(Z\mid Z^*)$ |
| 25×25 | 9.8 | 6.6 | 10.0 | 4.2 | 0.62 | 0.98 | 0.0 | 5.0 | 0.95 | 0.61 |
| 30×30 | 9.8 | 6.5 | 10.0 | 4.2 | 0.64 | 0.98 | −0.1 | 4.9 | 0.95 | 0.64 |
| 35×35 | 9.7 | 6.1 | 10.0 | 4.0 | 0.68 | 1.05 | −0.7 | 4.8 | 0.94 | 0.64 |
| 40×40 | 9.7 | 5.9 | 9.9 | 3.7 | 0.65 | 1.00 | −0.6 | 4.5 | 0.93 | 0.62 |

注：1. 克里格误差估计使用式（19.3），这里表示为 1 个标准差；

2. 斜率（$Z\mid Z^*$）是利用式（19.18）估计的 $Z^*$ 和 $Z$ 之间的回归；

3. 相关系数（$Z\mid Z^*$）是利用式（19.20）估计的 $Z^*$ 与 $Z$ 值之间的相关系数。

将克里格估计值和真实数据进行比较，明确地表明，当块值为 10 m×10 m 或更小时，克里格精度显著降低（图 19.12 和图 19.13）。当采用 3 g/t 的边际品位（Au）来选择经济上可行的矿化区域并与真实数据进行比较时，使用小块生成的克里格估算的误差就会变得明显（图 19.14）。估计值 $Z^*(x)$ 和真值 $Z(x)$ 之间的差值通过对真值的差值［式（19.22）］进行归一化来表示为相对误差。

$$\text{相对误差} = \frac{Z^*(x) - Z(x)}{Z(x)} \times 100\% \tag{19.22}$$

相对误差与数据块大小的对比图（图 19.14）清楚地表明，即使数据块大小与数据点之间的一半距离匹配，吨位误差也过大。吨位误差的大小将导致估计矿产资源量的严重误差。根据本研究，唯一可以接受的块大小为 40 m×40 m，与数据网格相匹配（图 19.14）。

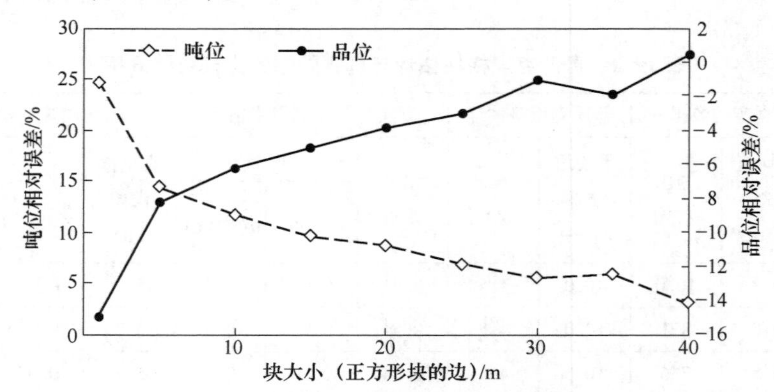


图 19.14 将克里格模型与真实数据在 3 g/t 的边际品位条件下进行的比较

［矿化域估计吨数（虚线）和品位（实线）与克里格块大小的误差］

然而，常用的克里格效率的地质统计准则，特别是克里格估计 $Z^*$ 上真实但未知的 $Z$ 的回归斜率和克里格估计误差，未能诊断克里格效率的下降（表19.4）。克里格估计值 $Z^*$ 上真实但未知的 $Z$ 的回归斜率从0.95变化到0.93，表明有条件的无偏性和大概准确的估计。最敏感的地质统计参数是用式（19.20）估计的 $Z$ 与 $Z \times Z^*$ 之间的相关系数（表19.4）。单靠 $Z$ 和 $Z^*$ 之间的回归斜率来评估块大小的复杂度和克里格搜索邻域是不够的。一般来说，应该优先选择与数据网格相匹配的块。

## 参考文献

[1] Abzalov M Z, Humphreys M. Resource estimation of structurally complex and discontinuous mineralization using non-linear geostatistics: Case study of a mesothermal gold deposit in northern Canada [J]. Exp Min Geol J, 2002, 11 (1/2/3/4): 19-29.

[2] Annels A E. Mineral deposit evaluation, a practical approach [M]. London: Chapman and Hall, 1991: 436.

[3] Armstrong M. Basic linear geostatistics [M]. Berlin: Springer, 1998: 153.

[4] Armstrong M, Champigny N. A study on kriging small blocks [J]. CIM Bull, 1989, 82 (923): 128-133.

[5] Barnes R, Johnson T. Positive kriging [C]// Reidel. Geostatistics for Natural Resources Characterisation. Dordrecht, 1984: 231-244.

[6] Cressie N. The origin of kriging [J]. Math Geol, 1990, 22 (3): 239-252.

[7] David M. Geostatistical ore reserve estimation [M]. Amsterdam: Elsevier, 1997: 364.

[8] David M. Handbook of applied advanced geostatistical ore reserve estimation [M]. Amsterdam: Elsevier, 1998: 364.

[9] Dielhl P, David M. Classification of ore reserves/resources based on geostatistical methods [J]. CIM Bull, 1982, 75 (838): 127-135.

[10] Goovaerts P. Geostatistics for natural resources evaluation [M]. New York: Oxford University Press, 1997: 483.

[11] Journel A G, Huijbregts CJ. Mining geostatistics [M]. New York: Academic, 1978: 600.

[12] Journel A G, Rao SE. Deriving conditional distributions from ordinary kriging [C]// Report 9. Stanford Center for Reservoir Forecasting, CA: Stanford, 1996.

[13] Krige D. A statistical approach to some basic mine valuation problems on the Witwatersrand [J]. J Chem Metall Min Soc S Afr, 1951, 52: 119-139.

[14] Lantuejoul C. Geostatistical simulation: models and algorithms [M]. Berlin: Springer, 2002: 250.

[15] Matheron G. Principles of geostatistics [J]. Econ Geol, 1963, 58 (8): 1246-1266.

[16] Matheron G. Osnovy prikladnoi geostatistiki (Basics of applied geostatistics) [M]. Moscow; Mir, 1968: 408 (in Russian).

[17] Pan G. Practical issues of geostatistical reserve estimation in the mining industry [J]. CIM Bull,

1995, 88: 31-37.

[18] Rivoirard J. Two key parameters when choosing the kriging neighborhood [J]. Math Geol. 1987, 19 (8): 851-856.

[19] Rossi M E, Deutsch C V. Mineral resource estimation [M]. Berlin: Springer, 2014: 332.

[20] Royle A G. How to use geostatistics for ore reserve classification [J]. World Min, 1997, February, 52-56.

[21] Sinclair A J, Blackwell G H. Applied mineral inventory estimation [M]. Cambridge: Cambridge University Press, 2002: 381.

[22] Wackernagel H. Multivariate geostatistics: an introduction with applications [M]. 3rd. Berlin: Springer, 2003: 388.

# 20 多元地质统计学

**摘要：**将克里格系统扩展到多元环境中，可以同时估计多个变量，例如主要金属和有害元素。该方法称为协同克里格法，可应用于同位和异位情况。

分析了协同克里格体系的性质，表明协同克里格在同位邻域中的应用受到限制，且依赖于变量间的空间相关性。在内蕴相关的情况下，即所有的简单结构和交叉结构都是相同的，它们在同位环境中的协同克里格计算结果与直接单变量克里格计算结果相同。

**关键词：**多元；协同克里格；配置；外部漂移

矿山地质学家通常研究几种变量，这可能是矿体不同的地球化学特征，包括主要金属、有经济价值的副产品和冶金有害成分。与此同时，矿山地质学家正在处理不同类型的数据，最常见的是来自储量估算数据库的钻孔样品和为品位控制而收集的爆破孔样品。矿山地质学家还拥有大量样品和生产数据，报告开采块的吨位和品位。所有这些数据需要综合在一起，以产生一个准确的矿山生产计划。克里格法系统，即普通克里格法和简单克里格法，均可用于多个变量的同时估计，称为协同克里格法。它们用于不同数据的整合，可应用于同位和异位情况：

（1）同位情况：在所有数据点上都可以找到所有变量，用地质统计学的术语来说，这是指所有数据点都得到同样的信息；

（2）异位情况：一些变量，主要（目标）或次要变量，在数据节点上缺失。因此，并非所有的数据点都具有相同的信息。

## 20.1 多元地质统计学的理论背景

用普通协同克里格系统解释了协同克里格法的数学背景，并对配置普通协同克里格法做了简要说明。

### 20.1.1 普通协同克里格法

普通的协同克里格法（COK）允许同时估计两个（即 $Z_1$ 和 $Z_2$）或更多的变量，可以通过联合空间分布模型估计。

在内蕴假设的情况下，连续空间分布模型是半变异函数的矩阵，包括各变量的半变异函数及其互变异函数。因此，将普通克里格系统推广到多元环境中，需要构建每个变量的变异函数并估计其互变异函数。

普通的协同克里格估计量为：

$$Z_{1\text{COK}}^{*}(x) = \sum_{\alpha}\left[\lambda_{1\alpha}^{\text{COK}} Z_1(x_\alpha)\right] + \sum_{\alpha}\left[\lambda_{2\alpha}^{\text{COK}} Z_2(x_\alpha)\right] \tag{20.1}$$

式中　$Z_1$——目标变量；

$Z_2$——次要（辅助）变量。

COK 分配给主变量的权重 $\lambda_{1\alpha}^{\text{COK}}$ 和第二变量的权重 $\lambda_{2\alpha}^{\text{COK}}$，是计算解决 COK 系统的线性方程组：

$$\begin{cases} \sum_{\beta} \lambda_{1\beta}^{\text{COK}} \gamma_{11}(x_\alpha - x_\beta) + \lambda_{2\beta}^{\text{COK}} \gamma_{12}(x_\alpha - x_\beta) - \mu_1^{\text{COK}} = \gamma_{11}(x_0 - x_\alpha), \ \forall x_a \\ \sum_{\beta} \lambda_{1\beta}^{\text{COK}} \gamma_{12}(x_\alpha - x_\beta) + \lambda_{2\beta}^{\text{COK}} \gamma_{22}(x_\alpha - x_\beta) - \mu_2^{\text{COK}} = \gamma_{12}(x_0 - x_\alpha), \ \forall x_a \\ \sum_{\alpha} \lambda_{1\alpha}^{\text{COK}} = 1 \\ \sum_{\beta} \lambda_{2\alpha}^{\text{COK}} = 0 \end{cases} \tag{20.2}$$

估计误差的方差为：

$$\sigma_{\text{COK}}^2(x) = \sigma_{Z_1}^2 - \sum_{\alpha} \lambda_{1\alpha}^{\text{COK}} \gamma_{11}(x_0 - x_\alpha) - \sum_{\alpha} \lambda_{2\alpha}^{\text{COK}} \gamma_{12}(x_0 - x_\alpha) - \mu_1^{\text{COK}} \tag{20.3}$$

式中　$\sigma_{Z_1}^2$——目标变量 $Z_1(x)$ 的点方差。

### 20.1.2　配置协同克里格法

考虑从一个详尽的次要变量得到的额外信息，配置协同克里格用于对感兴趣的目标变量的空间分布建模。这意味着包含次要变量的数据点在研究区域内紧密分布，而目标变量仅可在部分数据点获得。该方法的目的是利用次要变量和利用地质统计学上建立的次要变量和目标变量之间的空间相关性来估计目标变量在未采样位置的值。每个目标节点都包含次要变量，此方法引用了配置协同克里格法。

配置协同克里格法仅使用了部分辅助数据，是协同克里格模型的简化。配置协同克里格法最常用的版本称为“多配置协同克里格法”（CCOK），它在目标节点和包含主要值的所有数据点上使用辅助信息。

Rivoirard 研究了适合实施 CCOK 技术的模型，得出了 CCOK 算法等于 COK

模型的结论，残差与辅助变量在空间上不相关，目标变量与辅助变量的互变异函数与辅助变量的变异函数成正比。在其他情况下，由于简化（即多配置）邻域导致的信息损失，CCOK 算法是接近的，但不等于 COK 模型。

### 20.1.3 协同克里格法的性质

协同克里格可用于同位和异位情况。在同位邻域中，加入次要变量（$Z_2$）可以降低克里格方差，提高估算精度。它还提高了两个感兴趣变量之间的一致性，例如铝土矿中的 $Al_2O_3$ 和 $SiO_2$。

然而，协同克里格在同位邻域的应用受到限制，且依赖于变量间的空间相关性。在内蕴相关的情况下，即所有的简单结构和互结构都是相同的，它们在同位环境中的协同克里格计算结果与直接单变量克里格估算结果相同。这被称为自可伸缩变量。因此，当变量出现内在相关时，协同克里格法只适用于异位邻域。

普通的协同克里格估计的另一个限制是次级变量的负权值。当它们与次要变量（$Z_2$）的相关大时，可以使目标变量（$Z_1$）的估计值为负。

## 20.2 具有外部漂移克里格法

具有外部漂移的克里格法（kriging with external drift，简称 KED）是另一种将目标变量与详尽的次要（外部）数据进行整合的方法。这可能是不同年代的分析、伽马测井与铀矿床 PFN 数据的集成以及不同类型的样品，特别是爆破孔和 RC 钻孔样品。KED 算法通过平滑变化的外部变量 $y(x)$ 来展示算法模型趋势。趋势用线性函数表示。

具有外部漂移模型的普通克里格法保证最小误差和无偏性约束的线性方程组如下：

$$\begin{cases} \sum_{\beta} \lambda_{\beta}^{\mathrm{KED}} C_{\mathrm{R}}(x_{\alpha} - x_{\beta}) + \mu_0 + \mu_1 y(x_{\alpha}) = C_{\mathrm{R}}(x_0 - x_{\alpha}), \quad \forall\ x_{\alpha} \\ \sum_{\beta} \lambda_{\alpha}^{\mathrm{KED}} = 1 \\ \sum_{\alpha} \lambda_{\alpha}^{\mathrm{KED}} y(x_{\alpha}) = y(x_0) \end{cases}$$

$$\sigma_{\mathrm{KED}}^2(x) = \sigma_{\mathrm{R}}^2 - \sum_{\alpha} \lambda_{\alpha}^{\mathrm{KED}} C_{\mathrm{R}}(x_0 - x_{\alpha}) - \mu_0 + \mu_1 y(x_{\alpha}) \tag{20.4}$$

最常见的 KED 模型使用一个广义的协方差函数（$K$）来代替传统的残差协方差（$C_{\mathrm{R}}$）。这种修正将 KED 模型扩展到非平稳环境中。

## 参 考 文 献

[1] Abzalov M Z, Bower J. Geology of bauxite deposits and their resource estimation practices [J]. Appl Earth Sci, 2014, 123 (2): 118-134.

[2] Abzalov M Z, Pickers N. Integrating different generations of assays using multivariate geostatistics: a case study [J]. Trans Inst Min Metall, 2005, 114: B23-B32.

[3] Abzalov M Z, Menzel B, Wlasenko M, et al. Grade control at the Yandi iron ore mine, Pilbara region, Western Australia: comparative study of the blastholes and RC holes sampling [C]// AusIMM. Proceedings of the Iron Ore Conference 2007. Melbourne, 2007, 37-43.

[4] Abzalov M Z, Menzel B, Wlasenko M, et al. Optimisation of the grade control procedures at the Yandi iron-ore mine, Western Australia: geostatistical approach [J]. Appl Earth Sci, 2010, 119 (3): 132-142.

[5] Abzalov M Z, Drobov S R, Gorbatenko O, et al. Resource estimation of in-situ leach uranium projects [J]. Appl Earth Sci, 2014, 123 (2): 71-85.

[6] Bleines C, Bourges M, Deraisme J, ISATIS software [D]. Paris: Ecole des Mines de Paris, 2013.

[7] David M. Handbook of applied advanced geostatistical ore reserve estimation [M]. Amsterdam: Elsevier, 1988: 364.

[8] Goovaerts P. Geostatistics for natural resources evaluation [M]. New York: Oxford University Press, 1997: 483.

[9] Journel A G, Huijbregts C J. Mining geostatistics [M]. New York: Academic, 1978: 600.

[10] Rivoirard J. Which models for collocated cokriging? [J] Math Geol, 2001, 33: 117-131.

[11] Wackernagel H. Multivariate geostatistics: an introduction with applications [M]. 3rd. Berlin: Springer, 2003: 388.

# 21 多重指示克里格法

**摘要**：具有不同空间趋势多期次矿化矿床的结构复杂性，可以通过使用品位指示值来解决：

$$I_i = \begin{cases} 1, & Z(x) \leqslant z_i \\ 0, & Z(x) > z_i \end{cases}$$

利用适当的克里格算法（通常采用普通克里格法）估计指示值的空间分布。多重指示克里格法对每个指示值使用不同的变异函数模型，这种方法可以估计占据不同构造环境多期次矿化形成的矿体资源量。

将估计的指示概率组合成一个联合的累积分布函数（ccdf）模型，该模型用于确定估计值高于或低于某一边际品位的概率。

**关键词**：指示克里格法；顺序关系

在金矿床中，品位值通常较小，品位值之间的空间相关性只能在很短的距离观察到。相反，低品位金矿化明显更连续，低品位样品可以在 60~80 m 的距离上进行内插。当这些矿化类型被叠加在一起并且不能被分割成不同的区域时，用单一变异函数模拟这样的矿床是不可能的。

当不同的矿化期次具有不同的趋势时，使用单一变异函数是特别不合适的。通常在金矿床中观察到，在这些金矿床中，高品位的矿体与低品位的矿化作用呈高角度相交。另一个例子是科马提岩（镁绿岩）的硫化镍矿床，它通常包含几种类型的矿化，在不同的方向上显示延长（图 15.9）。用单一变异函数来模拟这种矿床可能会过分简化矿床的实际变异性，并导致高品位的过度影响。

这类矿床的资源量通常是利用能克服矿床结构复杂性的品位指示值来估计的。资源品位通常用 8~14 个指标值来估计，这些指标值通过在矿化品位有规律地分布（图 21.1）。经验表明，对于变异系数小于 1.5 的变量，8~10 个指标就足够了。变异系数超过 1.5 的偏态分布，使用 10~14 个指标。

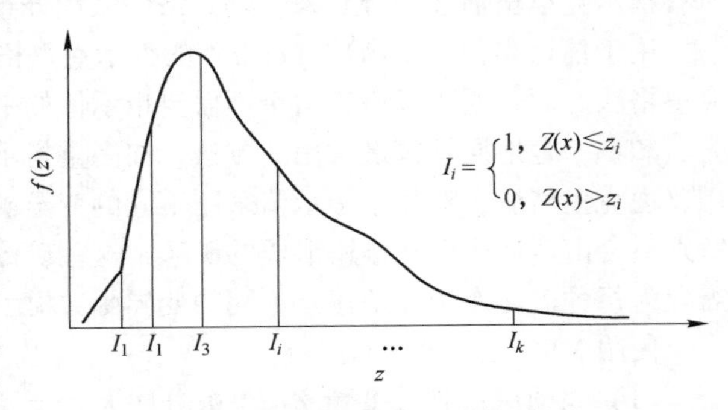


图 21.1 连续变量的指示值离散化

## 21.1 多重指示克里格法

指示值（阈值）的选择取决于品位间隔。在直方图的低品位部分，选择阈值，在每个品位类中创建相同数量的数据。在高品位部分，这种方法是通过分配阈值，以提供每个品位类别相同数量的金属量。为了准确地估计经济边际品位处的资源，一个指示值应低于研究矿床的边际品位值。一种好的做法是增加代表矿化自然阈值的指示值，这些指示值可以从直方图的多模态形状（图 21.2）或矿化品位的空间分布模式（图 15.9 和图 21.2）中识别出来。这种方法可以很好地覆盖整个品位分布谱，将连续变量 $Z(x)$ 精确地拆分为几个指示值。

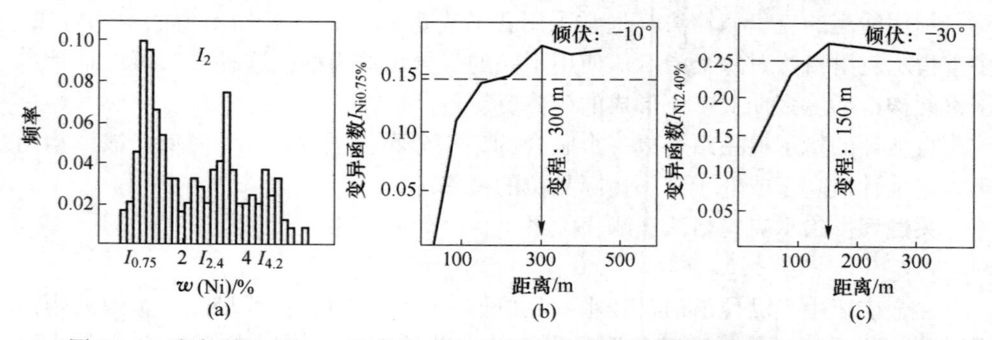


图 21.2 澳大利亚 Cliff Ni-硫化物矿床 Ni 品位的自然阈值及其相关指示值变异函数

（a）显示不同品位级别的组合样品的多模态直方图；（b）指示值（Ni>0.75%）沿着主要镍矿化作用的连续性方向的变异函数曲线（倾伏角：−10°）；（c）指示值（Ni>2.40%）沿着主要的镍矿化连续性方向的变异函数曲线（倾伏角：−30°）

利用指示值及其变异函数模型，可以在未采样位置估计变量 $Z(x)$。这是通过克里格 $I_{Z_i}$ 指示值来实现的，它提供了 $Z(x) \leqslant z_i|(n)$ 的概率估计，其中，$n$ 是给定位置搜索邻域可用的条件信息。对所有指示值重复估计，将给定位置得到的所有指示克里格估计集合起来，建立条件累积分布函数。

用于估计累积分布函数（ccdf）的指示克里格法（IK）可以使用普通或简单克里格法。而普通克里格法由于不需要指示值的平稳性，也不需要指示值均值的先验知识，是地质学家最常用的方法。在多重指示值克里格法（MIK）技术中采用普通克里格法，对每个指示值采用不同的变异函数模型。这种灵活性使得 MIK 特别适合由多期次矿化作用形成的矿床，这些矿体占据着不同的构造环境，因此需要为每种矿化作用类型建立不同的变异函数模型。

使用 MIK 的过程如下：

（1）将研究的连续变量 $Z(x)$ 拆分成 $K$ 个指示值，并对其变异函数建模（图

21.1)。通常用 8~14 个指示值（边际品位）来估计矿物资源量。

（2）使用相应的变异函数模型对每个指示值应用 OK 算法。

（3）将估计数组合成一个联合的累积分布函数（ccdf）模型，以确定估计值高于或低于每个研究边际品位的概率。

（4）估计每个品位类（$Z_i$，$Z_{i+1}$）的概率和给定品位类内样品的平均品位。这应该包括 $Z_0 = Z_{最小}$ 和 $Z_{K+1} = Z_{最大}$，它们是数据范围 $[Z(x)]$ 的最小值和最大值。这一步需要对原始的（由指示克里格法估计得到）累积分布函数（ccdf）进行顺序关系的校正。每个品位类的平均值通常是由其中绑定值的线性插值得到的。线性模型也可以用于较低的尾部分布。在上尾部（在最高边际品位和 $Z_{最大}$ 之间）进行估算是最具挑战性的。基于个人经验，Deutsch 和 Journel 建议使用幂次为 1.5 的双曲函数作为处理指示克里格结果的上尾部的通用模型。

（5）累积分布函数（ccdf）的平均值是通过将品位的概率乘以其平均值，并将该点 $(x)$ 获得的所有金属量相加［式（21.1）］来估计的。这被称为 e 型估计：

$$Z_{\mathrm{MIK}}^{*} = \sum_{i=1}^{K+1} Z_i^{品位分类} \{\mathrm{Prob}^*[Z(x) \leqslant Z_i] - \mathrm{Prob}^*[Z(x) \leqslant Z_{i-1}]\} \mid (n) \tag{21.1}$$

式中 $Z_i$——$K$ 个边际品位，$i=1$，…，$K$；

$Z_i^{品位分类}$——$Z$ 变量整个范围（包括 $Z_0 = Z_{最小}$ 和 $Z_{K+1} = Z_{最大}$）各品位类别（$Z_i$，$Z_{i+1}$）的估计条件均值；

$n$——该位置 $(x)$ 搜索邻域内可用的条件信息。

（6）估计 $Z_{\mathrm{MIK}}^{*}$ 可以根据不同的体积（体积支撑）使用一种非线性地质统计技术进行校正。

## 21.2 指示值后处理的实用说明

对指示值进行克里格估计得到的条件概率可能不符合顺序关系条件（图 21.3）。在一些品位分组中，由于负克里格权值的存在和数据的缺乏，导致了排序关系的偏离，这在用多种变异函数模型估计累积分布函数（ccdf）的 MIK 估计中很常见。这是以指示值为基础的估算的主要缺点，但是，这种方法的灵活性通常使其过于重要，使其能够精确地建立结构复杂的矿床模型。

对所有指示值使用相同的搜索邻域可以部分地减少偏差，但这并不能完全消除顺序关系问题。因此，需要对指示值克里格法得到的之后的累积分布函数（ccdf）进行顺序关系的修正。对指示值克里格法结果进行后处理的常用程序包括对原始累积分布函数（ccdf）值进行向上和向下修正，并对两组校正后的累积

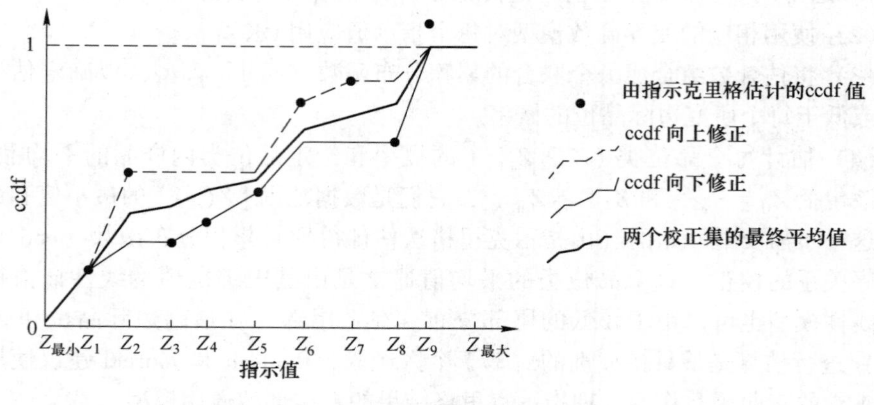


图 21.3　顺序关系问题及其修正

分布函数（ccdf）值进行平均（图 21.3）。

## 参 考 文 献

[1] Abzalov M Z. Granitoid hosted Zarmitan gold deposit, Tian Shan belt, Uzbekistan [J]. Econ Geol, 2007, 102 (3): 519-532.

[2] Abzalov M Z, Humphreys M. Resource estimation of structurally complex and discontinuous mineralization using non-linear geostatistics: case study of a mesothermal gold deposit in northern Canada [J]. Exp Min Geol J, 2002, 11 (1/2/3/4): 19-29.

[3] Deutsch C V, Journel A G. GSLIB: geostatistical software library and user's guide [M]. New YorK: Oxford University Press, 1998: 340.

[4] Journel A G. Non-parametric estimation of spatial distribution [J]. Math Geol, 1983, 15 (3): 445-468.

# 22 可采资源量估算

（彩图）

**摘要**：可采资源量的估算是使用非线性地质统计学方法进行的，这种方法可以建立与采矿选择性相对应的品位-吨位关系的模型，换句话说，就是对一定的体积（支撑量）进行建模。

该方法对矿山地质学家具有重要的实践意义，他们通常参与估算可采资源量并将其转换为矿石储量，因此，地质学家们详细解释支撑变化转换技术，以供其实际应用。一种被称为局部统一调节（LUC）的新技术被特别关注，该技术可以估计小块体的品位。

**关键词**：体积方差；支撑变化；统一调节（UC）；局部统一调节（LUC）

众所周知，由于经济和技术原因，在某一矿床中分布的矿化并不能被完全提取出来。经济原因反映在存在一定的经济阈值，称为边际品位值（$z_C$），低于这个阈值开采矿石就变得不经济。采矿技术和设备大小等技术原因决定了采矿的选择性。有经验的采矿地质学家知道，能从某一矿床中获利回收的矿石的吨数和平均品位取决于如何有选择地开采给定的矿床。换句话说，要正确预测可采资源的吨位和品位，就必须考虑选别开采单元（SMU）的大小，这些单元代表采矿期间将把矿石与废石分开的最小块大小。可以从某一矿床中获利的矿化部分传统上称为可采资源。

所选块体积支撑对数据统计的影响如图 22.1 所示，该图显示了所选块的大

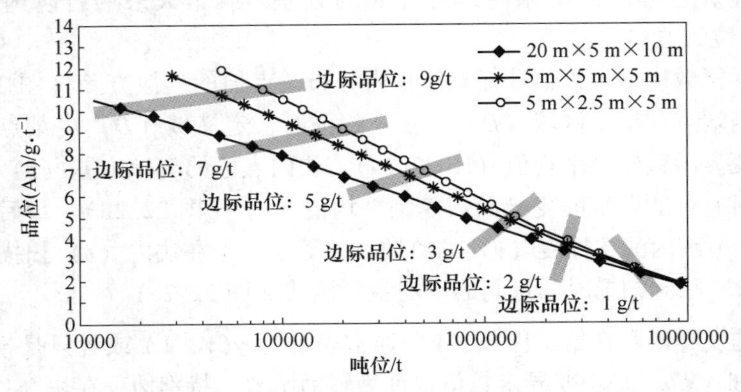


图 22.1 加拿大 Meliadine 金矿不同块大小的品位-吨位关系

小对已报告矿床资源量的影响。该示例强调了考虑对正确预测可采资源的品位分布图的块大小对实际效果的重要性。显然，在一个块上应用边际品位值将产生与在另一个大小不同的块上应用相同边际品位值截然不同的结果（图 22.1），因此，必须在与开采选择性匹配的块大小处报告可采资源量。

## 22.1 支撑概念的改变

可采资源量的估算是使用非线性地质统计学方法（通常称为支撑技术变更）进行的，从而可以对与采矿选择性相对应的品位-吨位关系进行建模。

用于估算可采资源量的非线性地质统计学方法是基于将样品（准点样品）分布转换为给定 SMU 体积的分布。可以使用几种方法来实现这一点，这些方法在全局估计和局部估计上被广泛细分。根据其定义，全局支撑方法的变化并不能确定所识别的可采资源的空间位置。与全局方法相反，支撑技术的局部更改允许大致定位所识别的品位类别的空间位置。

需要强调的是，这些技术需要使用代表给定矿体的数据集。David 强调指出，无论对数据进行多么复杂的数学处理，它都不会增加数据（样品）所包含的基本信息量，因此所得的品位-吨位曲线不具有比代表矿体的样品更多的代表性。

对试算的品位-吨位关系的另一种校正，包括对信息不足的校正，称为“信息效应”。应用“信息效应”校正可进一步改进给定的支撑变化模型。

### 22.1.1 离散方差

离散方差 $\sigma^2(v|D)$ 是一个分布在较大的支撑（$D$）中的支撑（$v$）上定义的品位的方差。它可以是矿床内组合样品的方差，或露天采场台阶内可采单元（SMU）品位的方差。

由变异函数模型可以估计任意体积内分布的点值的离散方差（图 22.2）。具体而言，当端点在给定区域（$D$）内独立扫描时，定义域（$D$）内某点值的离散方差等于变异函数模型平均值（图 22.2a）。块内点值的离散方差（$v$）等于该块内包含的所有可能向量的变异函数模型平均值（$v$）（图 22.2b）。最后，较大支撑度（$D$）范围内的支撑度（$v$）的离散方差等于一个在块内（$v$）扫描和另一个在块内（$D$）独立扫描时两点间的平均变异函数（图 22.2c）。

一般的变异函数在给定体积（$V$）通常表示为 $\bar{\gamma}(V, V)$ 或者只是 $\bar{\gamma}(V)$ 和读作“伽马杠 VV”。平均变异函数值也称为辅助函数。特别地，在块（$V$）中包含的所有可能向量的平均变异函数模型被称为 $f$ 函数。

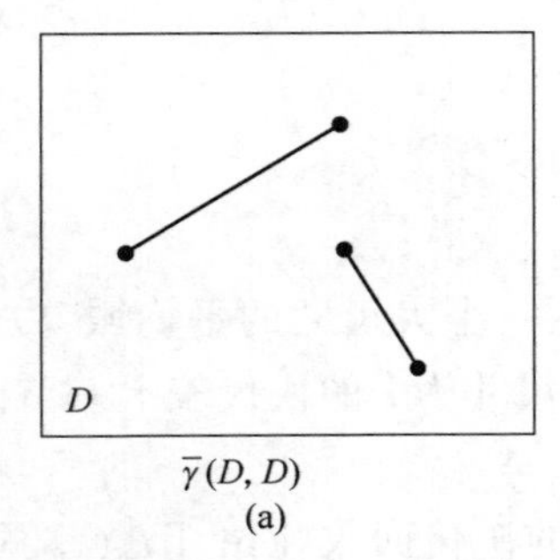


$\overline{\gamma}(D, D)$
(a)

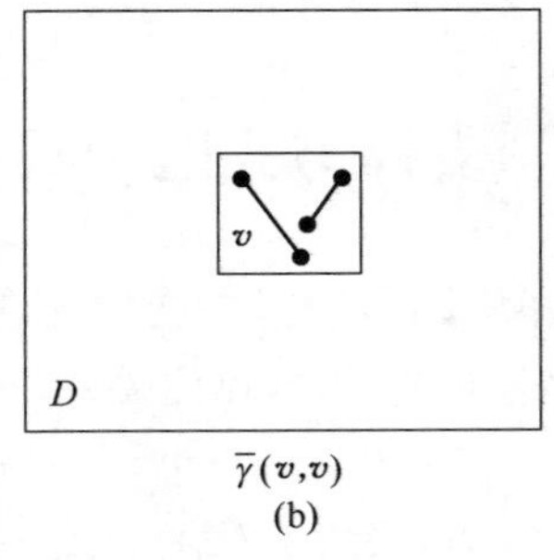


$\overline{\gamma}(v,v)$
(b)

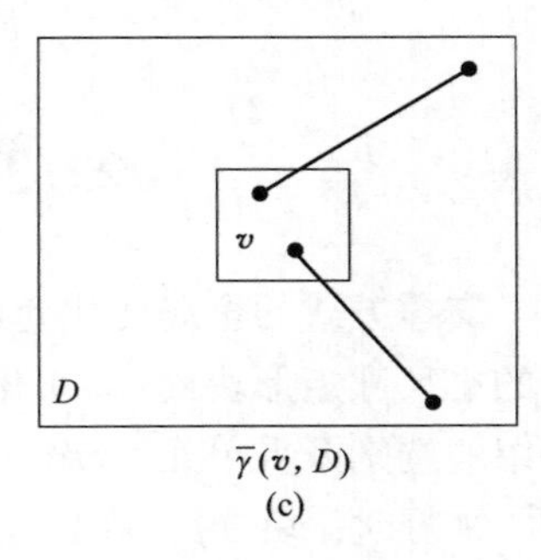


$\overline{\gamma}(v, D)$
(c)

图 22.2 平均变异函数

(a) 在域 (D) 内所有可能向量的变异函数模型平均值；(b) 块 (v) 内所有可能向量的变异函数模型平均值；(c) 在块内 (v) 和在域 (D) 内独立扫描两点间的平均变异函数

离散方差与平均变异函数值的关系如下：

$$\sigma^2(0|v) = \overline{\gamma}(v) = F(v)$$

$$\sigma^2(0|D) = \overline{\gamma}(D) = F(D) \qquad (22.1)$$

### 22.1.2 体积方差关系

方差和体积（支撑）之间的常规关系称为体积-方差关系。体积-方差关系通常用离散方差表示［式（22.2）］：

$$\sigma^2(v|D) = \sigma^2(0|D) - \sigma^2(0|v) = \sigma^2(0|D) - \overline{\gamma}(v) \qquad (22.2)$$

式中 $\sigma^2(v|D)$ ——分布在域（$D$）中的大小块（$v$）的离散方差；

$\sigma^2(0|D)$ ——分布在域（$D$）中点的方差；

$\sigma^2(0|v)$ ——分布于块（$v$）中点的方差，等于小块（$v$）中各点的平均变异函数 $\overline{\gamma}(v)$。

式（22.2）被称为克里格可加性关系，它代表了支撑度变化技术的主要理论基础之一。

### 22.1.3 支撑度变化模型的条件

支撑模式改变有三个必要条件。

（1）期望平均品位是独立于支撑度的。

$$E[Z(x)] = E[Z(v)] = m \qquad (22.3)$$

（2）体积和方差之间的关系必须符合克里格关系［式（22.2）］。

（3）必须满足克里格关系［式（22.4）］，该关系式表示在块（$v$）中随机选取的任意点（$x$）的期望值为块估计值。

$$E[Z(\underline{x})\,|\,Z(v)] = [Z(v)] \tag{22.4}$$

## 22.2　支撑方式的全局变化

支撑方式的全局变化允许从样品数据中推导出在一个大尺寸的平稳域（$D$）中的小尺寸矩形块（$v$）矿化分布的品位-吨位关系。尺寸为 $v$ 的块代表上一节中介绍的选别开采单元（SMU）。

采掘时，块（$v$）在给定的边际品位（$z_C$）以上的矿化回收吨位［$T_v(z_C)$］、所含金属量［$Q_v(z_C)$］和品位［$M_v(z_C)$］可在概念上表示如下：

$$T_v(z_C) = T \times E[I_{z_v \geqslant z_C}] = T \times F(z_C)$$

$$Q_v(z_C) = T \times E[z_v \times I_{z_v \geqslant z_C}] = T \times \int_{z_C}^{\infty} z_v \times F\mathrm{d}z$$

$$M_v(z_C) = \frac{Q_v}{T_v}$$

$$F(z_C) = p[z_v \geqslant z_C]$$

式中　$T$——矿体总吨位。

使用适当的地质统计学支撑变化技术，可以从点（即样品）可采函数推导出给定体积支撑下的这些全局品位-吨数关系。在采矿业中最常用的方法有：仿射修正法、支撑间接对数正态变化法、对数正态捷径法和离散高斯支撑变化法（DGCS）。

仿射校正是这些方法中最简单的一种。由于理论和实际的限制，仿射校正技术的应用局限于非偏态或弱偏态数据。

已经设计出了对数正态快捷技术，用于改变偏态数据的支撑校正，其分布可近似为对数正态分布。特别地，该方法已成功地应用于斑岩型铜矿中。

离散高斯支撑度变化是一种最先进的技术，适用于任何单模态单调分布的变量，不受特定分布规律的约束。

### 22.2.1　仿射校正

这种改变支撑度的方法使用了这样一个假设：改变数据的容量支撑度会改变数据分布的方差，但不会改变直方图的形状。这种假设被称为分布形状的持久性，如式（22.5）所示：

$$\frac{z_v - m}{\sigma_{(v|D)}} = \frac{z - m}{\sigma_{(0|D)}} \tag{22.5}$$

式中　$v$——在 $D$ 中选别可采单元大小的矩形单元块；

$m$——分布的平均值；

$z$——样品值；

$\sigma_{(0|D)}$——样品的标准差（准点）值；

$z_v$——支撑（$v$）即选别可采单元的品位；

$\sigma_{(v|D)}$——选别可采单元在域 $D$ 中的品位分布的标准差。

显然，这种直方图形状的永久性假设给仿射校正技术的应用带来了强烈的约束，该技术仅限于非偏态数据，其直方图可以近似为正态分布。

22.2.1.1 可采品位

可回采品位（$z_v$）由样品品位（$z$）利用式（22.6）计算获得，式（22.6）由上述引入的关系［式（22.5）］进行简单变换得到。

$$z_v = (z - m)\frac{\sigma_{(v|D)}}{\sigma_{(0|D)}} + m \tag{22.6}$$

22.2.1.2 可采吨位

可采吨位表示矿化程度等于或超过给定的边际品位（$z_C$）的比例。可以用概率 $p[z_v \geqslant z_C]$ 来表示块品位（$z_v$）在任意点都超过给定的边际品位（$z_C$）。

$$T_v = p[z_v \geqslant z_C] \tag{22.7}$$

若块品位（$z_C$）是均值为 0、方差为 1 的正态分布［$z_v = y$，其中 $y$ 服从 $N(0, 1)$ 标准正态分布］，则所需比例可估计为：

$$T_v = p[z_v \geqslant z_C] = 1 - G(y_C) \tag{22.8}$$

式中 $G$——正态分布品位值 $z_v$ 的累积分布函数（cdf），代表标准正态曲线下的面积（图22.3）。

式（22.8）用于估计可采吨位，这是从提供标准正态分布 $G$ 值的统计表（附录 2）推导出来的。在实践中，式（22.8）的应用需要将实际样品品位 $z$ 转换为相应的块品位 $z_v$，然后将这些新品位标准化以获得标准高斯变量 $Y$。

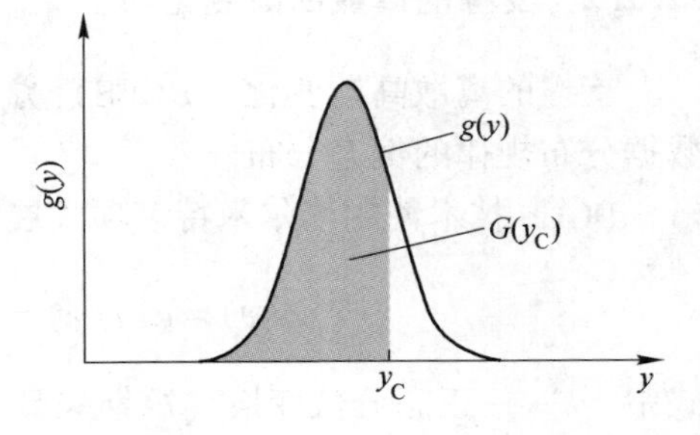


图 22.3 ［$Y > y_C$］$= 1 - G(y_C)$ 的概率定义为正态分布值（$y$）中等于或超过给定阈值（$y_C$）的比例
［式中 $g(y)$ 为概率密度函数，$G(y)$ 为标准正态变量($y$) 的累积分布函数］

22.2.1.3 可采金属量

可采的金属量是用如下公式估算的：

$$Q_v = T_v \times m_v = m\,T_0\left[1 - \frac{\sigma_{(v|D)}}{\sigma_{(0|D)}}\right] + \frac{\sigma_{(v|D)}}{\sigma_{(0|D)}}Q_0 \tag{22.9}$$

式中 $T_0$——可回采的吨位；

$Q_0$——在样品（点）支撑可采金属量。

通过应用仿射校正得到的块（尺寸为 $v$）的金属吨位曲线 $Q_v$ 表示点支撑 $Q_0$ 和$Q_{\infty}=mT$之间的金属与吨位曲线之间的加权平均值，其中 $Q_{\infty}$ 对应于当块尺寸无限大的金属回收率。

将仿射校正应用于样品品位的实际程序包括以下步骤。

（1）估计变异函数模型。

（2）应用数据解丛聚算法估计解丛聚样品的均值（$m$）和方差 $\sigma_0^2$ 。

（3）在大小为 $v$ 的块中，计算变异函数 $\overline{\gamma}(v)$ 的平均值。

（4）计算大小为 $v$ 的块在较大区域 ($D$) 中分布的离散方差 $\sigma^2_{(v|D)}$ ，这是通过上面介绍的克里格关系［式（22.2)］得到的。

（5）利用仿射校正［式（22.6)］技术将样品品位转换为块 ($v$) 对应的品位。$z_v$ 值数组按递增顺序排列，表示在选别可采单元大小块支撑下估计的品位值分布函数的析取编码。$z_v$ 值数组最终用于为给定的支撑 ($v$) 构造品位-吨位关系。

（6）最后通过仿射校正算法得到的块 ($v$) 品位按品位递增顺序排序，计算品位等于或超过给定边际品位的块所占比例，估算可回采吨数。这一比例是根据经验估算的选别可采单元大小块 ($v$) 的可采吨数。

（7）可采金属 $Q_v$ 表示经济回收块（$z_v \geqslant z_C$）各品位（$z_v$）乘以其吨数 $\left(Q_v = \sum_1^N z_v \times \frac{1}{N}\right)$ 的总和，其中 $1/N$ 表示块的吨数 ($z_v$) 占总吨数的比例。

（8）可采品位的计算方法很简单，即用回收金属 ($Q_v$) 除以回收吨数 ($T_v$)。也可根据经验计算经济可采块即 ($z_v \geqslant z_C$) 的平均品位 ($z_v$)。

### 22.2.2 支撑的离散高斯变化

支撑的离散高斯变化（DGCS）方法是最先进的技术，可以应用于不依赖于数据分布规律的偏态分布。

DGCS 技术使用埃尔米特多项式展开来表达选别可采单元($v$)品位的分布：

$$Z(v) = \varphi v Y(v) = \sum_{k=1}^{\infty} \frac{\phi_k}{k!} r^k H_k[Y(v)] \tag{22.10}$$

式中 $k$——正态分数变换（高斯失真）中建立的系数；

$Y(v)$——均值为 0，方差为 1 的高斯变量；

$r$——点到块的修正系数。

基于高斯的算法（如 DGCS）的适用性要求不同品位类之间具有扩散型边界。这种品位分布模式被称为边界效应，其特征是不同类别的品位呈明显的分区分布。最常见的一种方法是计算指示值互变异函数和指示值变异函数之间的比率。如果这些比率随距离而有规律地变化，这表明跨越品位类边界的品位值是渐变的，则基于高斯的模型是适用的。

上述等式的基本假设是：对高斯变换的值 $Y(x)$（点畸变）和 $Y(v)$（块畸变）是双高斯线性相关的值，相关系数为 $r$，该系数未知，需要计算。点到块修正系数 $r$ 的计算过程如下。

（1）第一步是计算一个点畸变，即 $Z(x)=\varphi[Y(x)]$。

（2）下一步是使用可用的点数据 $Z(x)$（样品）计算经验变异函数 $\gamma(h)$ 并拟合一个合适的模型。

（3）块（$v$）的点到块校正系数($r$) 可以用 $Z(v)$ 方差与块变形函数之间的地质统计学关系来计算：

$$\mathrm{Var}[Z(v)]=\mathrm{Var}[\varphi vY(v)]=\sum_{k=1}^{\infty}\frac{\phi_k^2}{k!}\gamma^{2k} \tag{22.11}$$

$Z(v)$ 的方差等于一个块协方差 $\bar{C}(v,\ v)$，可以很容易地从变异函数模型计算出来。

$$\mathrm{Var}[Z(v)]=\bar{C}(v,\ v)=\gamma(\infty)-\bar{\gamma}(v) \tag{22.12}$$

因此，利用上述关系，点到块校正系数 $r$ 的最终计算公式可表示为：

$$\gamma(\infty)-\bar{\gamma}(v)=\sum_{k=1}^{\infty}\frac{\phi_k^2}{k!}\gamma^{2k} \tag{22.13}$$

# 22.3　支撑方式的局部改变

如果数据间距稀疏，则克里格系统的线性估计不适合估计小块体。然而，对于采矿项目的技术和财务评价而言，估计其大小满足给定数据间隔的大块体（块段）的品位是不切实际的，因为在考虑提议的采矿选择性（$v$）的情况下，估计高于给定经济边际品位（$z_C$）的矿化吨位和品位是必需的。因此，开发了支撑方式的局部变化，允许估计每个块段内的可收资源量。

## 22.3.1　统一调节

统一调节（UC）是一种计算在大块段（$V$）中被细分成小块体（$v$）(图 22.4) 的可采资源的吨位（$T_v$）和平均品位（$M_v$）的非线性地质统计技术。这些小块体（$v$）支撑代表选别开采单元（SMU)，可以选择性地从块段（$z_v$）中提取。如果选别可采单元的品位 $z(v)$ 等于或超过边际品位 $z_C(v)$，则被归为矿石，

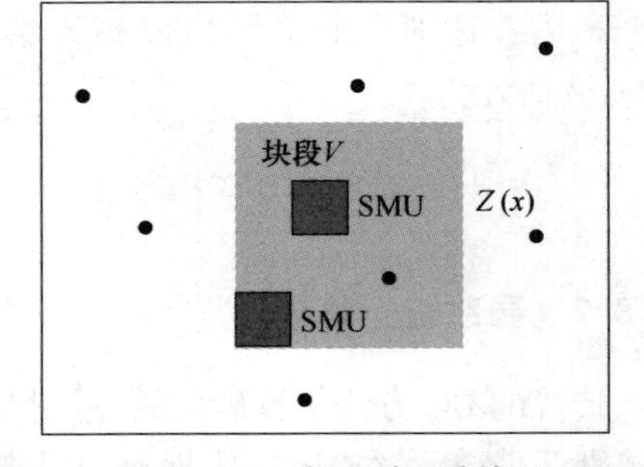


图 22.4　块段（$V$）中选别开采单元（SMU）支撑（$v$）的分布，数据节点 $Z(x)$ 用黑点表示

否则就属于废石。

在地质统计学术语中，统一调节（UC）技术涉及计算块（$v$）相对于相应块段品位 $Z(V)$ 的非线性函数 $\psi Z(v)$ 的条件期望。该方法需要不同品位类别之间的扩散类型边界，通过计算指示值互变异函数和指示值变异函数之间的比值来检验。UC 方法的另一个基本假设是块段 $Z(V)$ 的品位是已知的。在实践中，由于真正的块段品位 $Z(V)$ 是不可知的，它们在 UC 模型中被普通克里格法估计的 $Z(V)^*$ 块段品位所替代。

利用 DGCS 方法从现有数据（样品）$Z(x)$ 中估计非线性函数 $\psi[Z(v)]$ 用于点对选别可采单元（$v$）畸变的计算［式（22.14）］和用于点对块段（$V$）畸变的计算［式（22.15）］。

$$Z(v) = \varphi v[Y(v)] = \sum_{k=1}^{\infty} \frac{\phi k}{k!} r^k H_k[Y(v)] \tag{22.14}$$

$$Z(V) = \varphi v[Y(V)] = \sum_{k=1}^{\infty} \frac{\phi k}{k!} s^k H_k[Y^*(V)] \tag{22.15}$$

这些模型进一步用于计算可采吨数（$T$）［式（22.16）］和所含金属量（$Q$）［式（22.17）］。

$$T_v(z_C) = E[I_{Z(v)\geqslant z_C} | Z^*(V)] = E[I_{Y_v \geqslant y_C} | Y_V^*] = 1 - G\left\{\frac{y_C - \frac{s}{r} Y_V^*}{\sqrt{1 - \left(\frac{s}{r}\right)^2}}\right\} \tag{22.16}$$

$$Q_v(z_C) = E[Z(v) I_{Z(v)\geqslant z_C} | Z^*(V)] = \sum_{k=1}^{N} \left(\frac{s}{r}\right)^k H_k(Y_V^*) \sum_{j=1}^{N} \phi_j \gamma^j \int_{y_C}^{+\infty} H_k(y) H_j(y) g(y) \mathrm{d}y \tag{22.17}$$

式中，$Y_V^* = \varphi_V^{-1}[Z^*(V)]$，$y_C = \varphi_v^{-1}(z_C)$。

最后，选别可采单元品位高于给定边际品位 $z_C$ 的可采矿化区的平均品位（$M$）被估计为：

$$M_v(z_C) = \frac{Q_v(z_C)}{T_v(z_C)} \tag{22.18}$$

### 22.3.2 局部统一调节

传统的 UC 方法估算矿化的吨位和品位，吨位和品位可以从大块体（块段）中的选别开采单元（SMU）中提取，用普通克里格法对大块体（块段）的品位建模。UC 技术以块段的比例表示可采矿化，但没有说明选别可采单元的实际位置。传统的 UC 方法的主要缺点是无法预测经济可提取的选别可采单元块的空间位置。

2006年，一种称为局部统一调节（LUC）的新方法被开发出来，克服了传统UC技术的局限性。LUC方法将每个块段由传统UC技术估计的品位-吨位关系，通过对块段的细分，转换为实际选别可采单元大小块的品位。它基于对选别可采单元块按品位递增的顺序排序，然后将品位类的平均品位分配给品位与品位类匹配的选别可采单元块。选别可采单元块的近似排序可以从稀疏数据网格运用简单克里格法得到。通过使用更多的信息，如高分辨率地球物理数据，可以进一步提高选别可采单元排序的准确性。

LUC技术应用程序如下。传统的UC方法估算了在选定的边际品位下，以选别可采单元尺寸（$v$）能够回采的吨位和矿化品位。通过应用几个边际品位（$z_{C_N}$），为每个研究块段构建了一套品位吨位分布。

LUC算法在给定的选别可采单元支撑下估计每个块段中品位类的平均品位。品位类是指品位高于给定边际品位（$z_{C_i}$）但低于下一个边际品位（$z_{C_{i+1}}$）的部分。下一步是将每个块段中分布的选别可采单元块按品位递增的顺序排列。最后，将UC模型推导出的品位类的平均品位分配给选别可采单元块。因此，LUC方法的关键特性是能够计算品位类的平均品位，并将这些平均值品位分配给选别可采单元大小的块，这些选别可采单元大小的块在每个块段中按照品位的递增顺序排列。

计算每个品位类的平均品位并将这些品位分配给相应的选别可采单元块的过程如图22.5所示。首先，利用UC方法估计块段中作为选别可采单元大小（$v$）分布的可回采资源的品位-吨位关系，然后将三维块段分成与所选择选别可采单元大小相等的子单元。所有分布在块段中的选别可采单元大小块按品位递增排列。下一节将进一步解释排序过程。

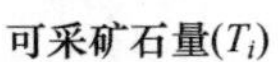

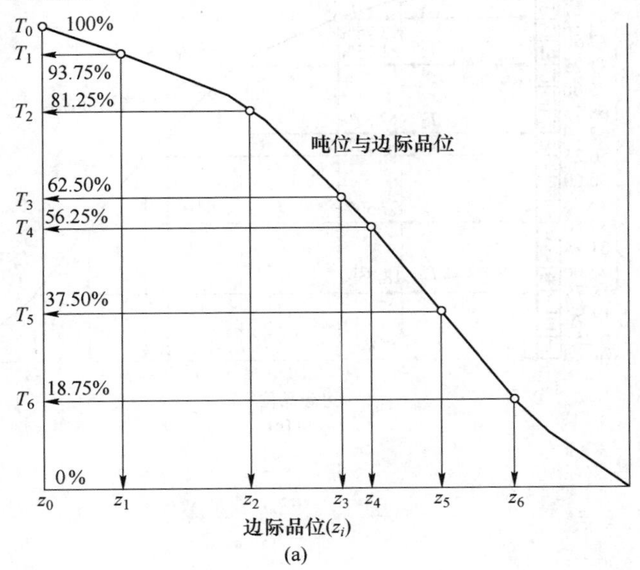

(a)

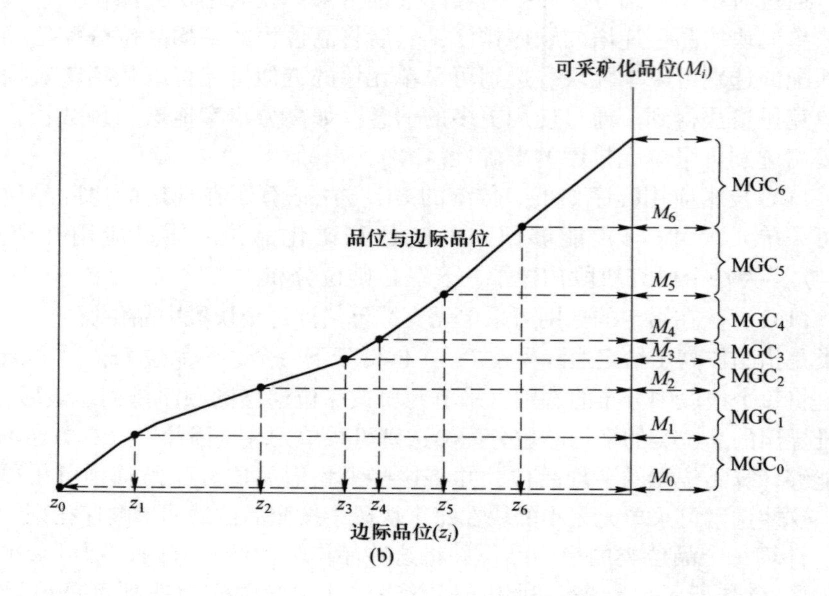

可采矿化品位($M_i$)
品位与边际品位
$MGC_6$
$M_6$
$MGC_5$
$M_5$
$MGC_4$
$M_4$
$M_3$
$MGC_3$
$M_2$
$MGC_2$
$M_1$
$MGC_1$
$MGC_0$
$M_0$
$z_0$ $z_1$ $z_2$ $z_3$ $z_4$ $z_5$ $z_6$
边际品位($z_i$)

(b)

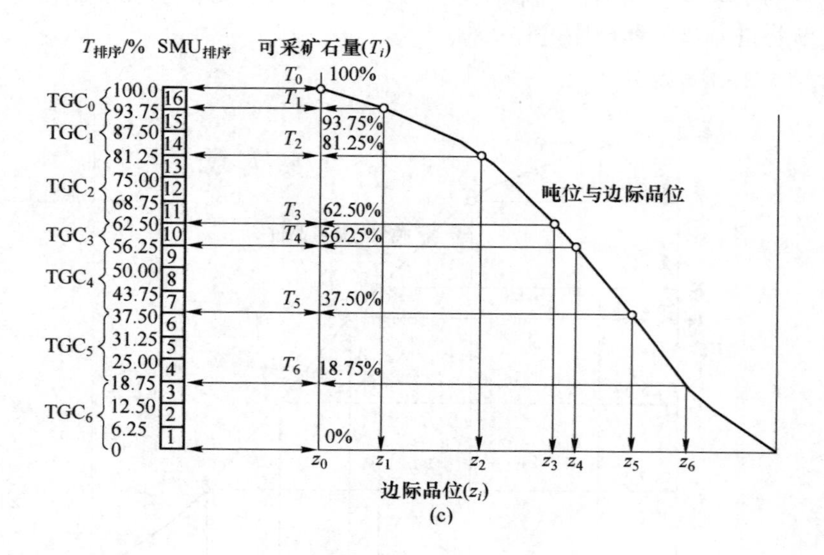

$T_{排序}$/% SMU$_{排序}$ 可采矿石量($T_i$)
$T_0$ 100%
$T_1$ 93.75%
$T_2$ 81.25%
$T_3$ 62.50%
$T_4$ 56.25%
$T_5$ 37.50%
$T_6$ 18.75%
0%
吨位与边际品位
$TGC_0$ $TGC_1$ $TGC_2$ $TGC_3$ $TGC_4$ $TGC_5$ $TGC_6$
100.0 93.75 87.50 81.25 75.00 68.75 62.50 56.25 50.00 43.75 37.50 31.25 25.00 18.75 12.50 6.25 0
16 15 14 13 12 11 10 9 8 7 6 5 4 3 2 1
$z_0$ $z_1$ $z_2$ $z_3$ $z_4$ $z_5$ $z_6$
边际品位($z_i$)

(c)

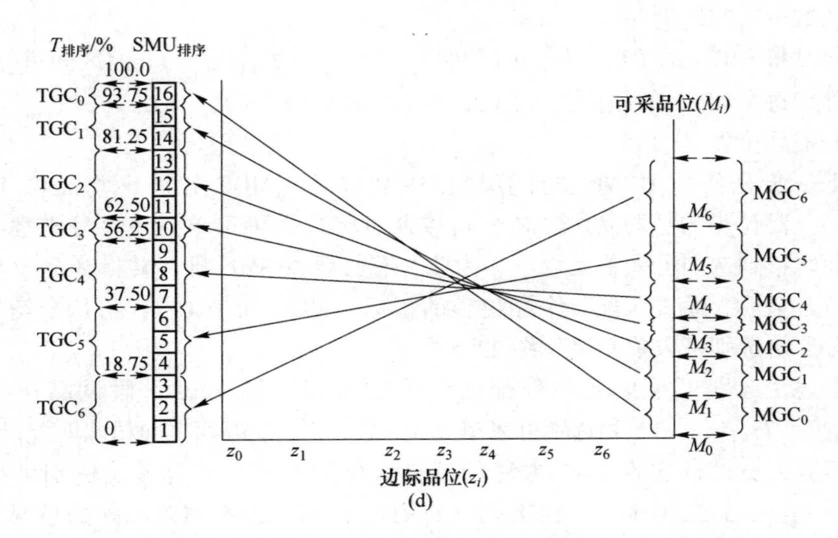


图 22.5 定义品位类，并将品位分配给选别可采单元块（该示例使用了块段中的 16 个选别可采单元块和 UC 模型中使用的 6 个边际品位）

（a）根据 UC 品位定义品位类别。品位类别（GC）代表了分布在块段中作为选别可采单元块大小的品位在 $z_i$ 和 $z_{i+1}$ 界限值范围内的矿化部分，矿化的 $T_i$ 吨数高于边际品位 $Z_i$ 表示为块段的比例（%）；（b）品位类别平均品位（$MGC_i$）的定义；（c）将品位类索引（$TGC_i$）分配给位于 $z_i$ 到 $z_{i+1}$ 范围内的选别可采单元块；（d）将品位类（$GC_i$）的平均品位（$MGC_i$）分配给其索引（$TGC_i$）与品位类匹配的选别可采单元块

下一步是使用可回采矿化吨位（$T_v$）与采用块段 UC 技术估算的边际品位（$z_C$）之间的关系来定义品位类别（图 22.5）。品位类（$GC_i$）代表一个块段其品位高于给定的边际品位（$z_{C_i}$），小于下一个边际品位（$z_{C_{i+1}}$）的比例。每个品位类别由其较低（$z_{C_i}$）和较高（$z_{C_{i+1}}$）边际品位以及相应的 $T_i(z_{C_i})$ 和 $T_{i+1}(z_{C_{i+1}})$ 值定义，这些值表示定义一个给定品位类的，在较低和较高边际品位处的可回采吨位。换句话说：

$$GC_i \subset \{T_i(z_{C_i}),\ T_{i+1}(z_{C_{i+1}})\},$$
$$GC_i \subset \{z_{C_i},\ z_{C_{i+1}}\}$$

式中 $T_i(z_{C_i})$ ——边际品位为 $z_{C_i}$ 时的可回采吨位；

$T_{i+1}(z_{C_{i+1}})$ ——边际品位为 $z_{C_{i+1}}$ 时的可回采吨位。

然后，需要将选别可采单元的品位转换为品位类（图 22.5a）。这是通过定义选别可采单元顺序作为块段吨位 $T_v$ 的比例。

$$SMU_k \subset \{T_k,\ T_{k+1}\}$$

式中，$SMU_k$ 为序号 $k$ 的选别可采单元，$T_k$ 为序号等于或小于 $k$ 的选别可采单元区块中分布的块段吨数所占的比例，$T_{k+1}$ 为序号较高的选别可采单元区块中分布的块段吨数所占的比例。

通过将 $SMU_k$ 的（$T_k$，$T_{k+1}$）区间与 $\{T_i(z_{C_i}), T_{i+1}(z_{C_{i+1}})\}$ 的区间进行比较，可以确定每个 $SMU_k$ 的品位类（图 22.5a）。如果 $(T_k - T_{k+1}) \subset T_i - T_{i+1}$，$SMU_k$ 将被分配品位类（$GC_i$）。

下一步是使用 UC 模型计算块段中品位类（$MGC_i$）的平均品位 $M_i$（图 22.5b）。品位类的平均品位（$M_i$）可以通过将选别可采单元块序号与类品位相匹配而转移到选别可采单元块中。为此，有必要将 SMU 排序转换为品位类（图 22.5c）。最后，通过匹配每个品位类的指标（$MGC_i$ 和 $TGC_i$），将每个类的平均品位分配给选别可采单元块（图 22.5d）。

上述为选别可采单元块分配品位值的过程（图 22.5）假设品位类区间 $\{T_i(z_{C_i}), T_{i+1}(z_{C_{i+1}})\}$ 和选别可采单元块（$T_k$，$T_{k+1}$）区间之间精确匹配。

研究人员设计实现 LUC 方法的计算机化脚本时，需要考虑选别可采单元（$T_{排序}-T_{排序+1}$）的范围与品位类别（$T_i-T_{i+1}$）的范围不精确匹配的情况。如果使用大量的品位类别，可以部分地解决这个问题。个人经验表明，当使用 50 个品位类别时，用传统的 UC 方法估计的品位吨位关系与用 LUC 方法估计的品位吨位关系匹配良好。如果对品位类别与其在选别可采单元中所占的比例进行加权来估计选别可采单元的平均品位，则可获得进一步改进。作者在案例研究中使用了这种方法。

LUC 方法的基本概念是能够按照品位的递增顺序对选别可采单元块进行排序（图 22.6）。准确的排序需要高密度的信息。然而，在某些情况下，可以从品位值的空间分布模式（如分区或品位趋势）推断出块段中选别可采单元块的合理精确的排序。后一种方法尤其适用于以低块金效应为特征的连续矿化，如浸染型碱基金属硫化物、铝土矿和氧化铁矿床。在这些矿床中，即使钻孔间距仍然太宽，无法直接精确地模拟小块体的品位，但对于确定主要的分布趋势来说，地质科学家也常常识别到空间品位的分布格局。

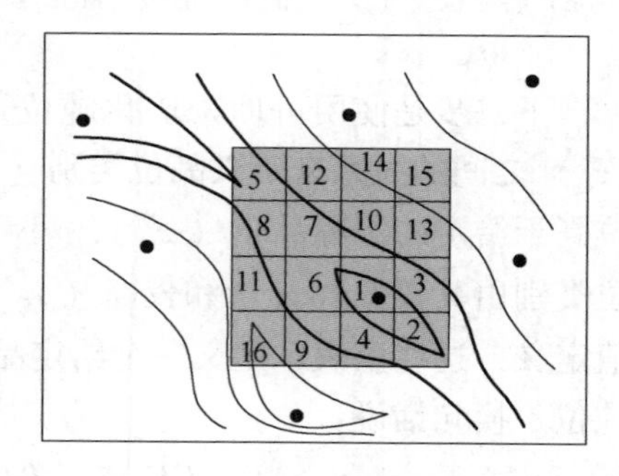


图 22.6　稀疏分布数据对选别可采单元品位排序的估计

表现出较强连续性的品位变量的全局分布特征可以通过使用传统的线性插值法（如 OK 法）对可用数据节点进行插值来重建。也就是说，当孔距太大而无法进行平滑的选别可采单元品位估计时，可采用直接克里格法对小块进行近似排序。

所得到的品位的排序取决于品位分布模式的复杂性。在这个阶段假定上述假设适用于品位变量的空间分布满足边界效应的条件，其以较低的块金效应和在变异函数的原点展示良好的连续性，同时可用的数据网格不太稀疏或远离块段。

LUC 方法在各种矿床的应用表明，LUC 模型紧密地再现了选别可采单元支撑品位的实际直方图，与在稀疏数据网格条件下选别可采单元品位的直接克里格法相比，它在给定的经济边际品位值下提供了更好的可采资源量估计。这些发现表明，当稀疏分布的数据通常是唯一可用的信息时，LUC 方法在勘查和采矿项目评估的早期阶段是一个非常有用的工具。

**练习 22. 3. 2** LUC 技术在选别可采单元块品位评定中的应用。使用 UC 方法估计的块段，以及包含每个块段中排列的选别可采单元块的块模型，都可以在练习 22. 3. 2. zip（附录 1）文件中找到。该任务是使用 Fortran 代码完成对选别可采单元评分的 LUC 估计（练习 22. 3. 2. zip）。

### 22. 3. 3 LUC 方法在铁矿床上的应用

采用 LUC 方法对西澳大利亚 Pilbara 东部豆状铁氧化物矿化资源进行了估算。该矿床的资源是通过使用以下钻孔网度来确定的：

探明的，100 m×50 m；

控制的，200 m×100 m；

推断的，300 m×200 m。

然而，人们认识到，使用大块体，如 100 m×50 m×10 m，来定义探明资源量和证实储量，会导致对选别开采单元大约为 25 m×25 m×10 m 矿体的实际变异性造成实质上的低估。因此，使用大块体作为储量模型可能会导致对可采矿化的不正确估算。例如，如果建议铁矿石中 2. 6%的 $Al_2O_3$ 含量是冶金上可接受的阈值，则采用 100 m×50 m×10 m 块模型估算的吨位比采用匹配选别开采单元 25 m×25 m×10 m 块模型估算的吨位高估 3. 7%。

由于钻孔间距较大，用克里格法直接估计小块体是不可行的。因此，为了更准确地估算可采资源量，决定采用 LUC 方法。

最初，LUC 方法在一个详细的研究区域进行了测试，该区域钻孔间距为 50 m×50 m，包含 8121 件样品。钻孔数据已经取样，以便创建一个分布更稀疏的子集，钻孔间距在 100 m×50 m，这与用于定义探明资源的钻孔网度相匹配。子集包含 4801 件样品。利用 LUC 技术生成块模型，用于估算大小为 25 m×25 m×10 m 的选别可采单元块的 $Al_2O_3$ 品位分布（图 22. 7）。为了比较，对同一分布在 100 m×50 m 中心的数据子集采用普通克里格法（OK）估算了相同块模型的 $Al_2O_3$ 品位（图 22. 7）。

LUC 模型的分辨率明显高于使用相同数据构建的 OK 模型（图 22. 7）。LUC 方法的分辨率与采矿选择性相匹配，因此适合本项目的详细生产计划。

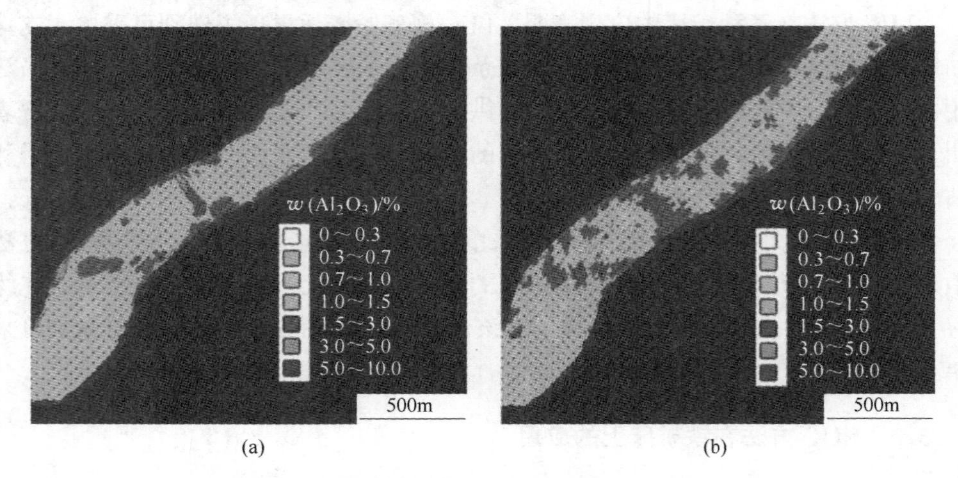


图 22. 7 块模型构造使用钻孔分布作 100 m×50 m 网格

（a）普通克里格法（OK）模型；（b）LUC 模型

## 参考文献

[1] Abzalov M Z. Localised Uniform Conditioning（LUC）: a new approach for direct modelling of small blocks [J]. Math Geol, 2006, 38（4）: 393-411.

[2] Abzalov M Z. Localised Uniform Conditioning: method and application case studies [J]. J South Afr Inst Min Metall, 2014, 114（1）: 1-6.

[3] Abzalov M Z, Humphreys M. Resource estimation of structurally complex and discontinuous mineralization using non-linear geostatistics: case study of a mesothermal gold deposit in northern Canada [J]. Exp Min Geol J, 2002a, 11（1/2/3/4）: 19-29.

[4] Abzalov M Z, Humphreys M. Geostatistically assisted domaining of structurally complex mineralisation: method and case studies [C]// AusIMM. The AusIMM 2002 conference: 150 years of mining. Publication series No 6/02, Melbourne, 2002b: 345-350.

[5] Abzalov M Z, Menzel B, Wlasenko M, et al. Grade control at the Yandi iron ore mine, Pilbara region, Western Australia: comparative study of the blastholes and RC holes sampling [C]// AusIMM. Proceedings of the iron ore conference 2007. Melbourne, 2007: 37-43.

[6] Abzalov M Z, Menzel B, Wlasenko M, et al. Optimisation of the grade control procedures at the Yandi iron-ore mine, Western Australia: geostatistical approach [J]. Appl Earth Sci, 2010, 119（3）: 132-142.

[7] Bleines C, Bourges M, Deraisme J, et al. ISATIS software [D]. Paris: Ecole des Mines de Paris, 2013.

[8] Buxton B E. Estimation variance of global recoverable reserve estimates [C]// Reidel.

Geostatistics for natural resources characterisation, Part 1. Dordrecht, 1984, 165-183.
[9] Chiles J-P, Delfiner P. Geostatistics: modelling spatial uncertainty [M]. New York: Wiley, 1999: 695.
[10] David M. Grade-tonnage curve: use and misuse in ore-reserve estimation [J]. Trans Inst Min Metall, 1972, 81: A129-A132.
[11] David M. Handbook of applied advanced geostatistical ore reserve estimation [M]. Amsterdam: Elsevier, 1988: 364.
[12] Demange C, Lajaunie C, Lantuejoul C, et al. Global recoverable reserves: testing various changes of support models on uranium data [C]// Reidel. Geostatistical case studies. Dordrecht, 1987: 187-208.
[13] Goovaerts P. Geostatistics for natural resources evaluation [M]. New York: Oxford University Press, 1997: 483.
[14] Isaaks E H, Srivastava RM. An introduction to applied geostatistics [M]. New YorK: Oxford University Press, 1989: 561.
[15] Journel A G, Huijbregts C J. Mining geostatistics [M]. New York: Academic, 1978: 600.
[16] Lantuejoul C. On the importance of choosing a change of support model for global reserves estimation [J]. Math Geol, 1988, 20 (8): 1001-1019.
[17] Marechal A. Recovery estimation: a review of models and methods [C]// Verly G. Geostatistics for natural resources characterisation, Part 1. Reidel, Dordrecht, 1984: 385-420.
[18] Rivoirard J. Introduction to disjunctive kriging and non-linear geostatistics [M]. Claredon: Oxford Press, 1994: 181.
[19] Rossi M E, Deutsch C V. Mineral resource estimation [M]. Berlin: Springer, 2014: 332.
[20] Rossi M E, Parker H M. Estimating recoverable reserves: is it hopeless? [C]// Kluwer. Geostatistics for the next century. Dordrecht, 1994: 259-276.
[21] Wackernagel H. Multivariate geostatistics: an introduction with applications [M]. 3rd. Berlin: Springer, 2003: 388.

# 23　模型评审和验证

**摘要：** 用地质统计学法估算矿物资源的块模型，在发布前必须经过验证，才能用于矿山项目评价和生产计划编制。验证程序应是全面的，并可评估全局和局部估算的有效性。必须估计模型中的平滑程度，并量化其对资源回采的影响。验证矿产资源估算值最常用的技术包括应用蛛网图来比较估计值与输入数据，以及交叉验证技术。

**关键词：** 块模型；交叉验证；DGCS；蛛网图

## 23.1　全局估计的验证

地质学家通常将估计块品位的直方图与数据进行比较，以验证它们的全局平均值是否相同，这允许检查估计值的全局偏差的存在。然而，比较直方图对于验证估计是不够的，因为全局无偏的结果可能是有条件偏差的。图 23.1 对比普通克里格法估计的样品和块体的品位，其中一个比较的模型使用了 5 m×5 m 的块，对于分布在 40 m×40 m 网格中的给定数据来说太小了，因此产生了不正确的结果(图 19.12 和图 19.14)。但是，该模型的条件偏差不能从直方图中甄别出来（图 23.1）。因此，确认地质统计估算结果必须包括评估其平滑程度。

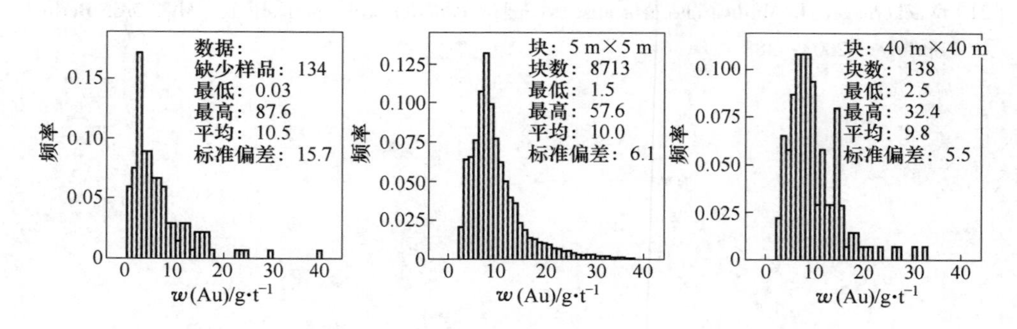


图 23.1　普通克里格法估算的样品和块品位直方图（基于 19.4.2 节的数据）

通过比较克里格块模型和离散高斯支撑度变化（DGCS）模型推导出的品位-吨位图，可以近似地评估平滑程度（图 23.2）。后者根据体积差异关系原则估算吨位和品位之间的关系。从 DGCS 模型中得到的克里格估计偏差通常表明克里格模型不符合体积支撑条件。这在图 23. 2a 中得到了体现，其中 OK 模型与 DGCS 估计的显著偏差是由于使用了 5 m×5 m 的块，在数据点之间的距离为 40 m×40 m 的情况下，这些块太小了。对 40 m×40 m 的块进行品位估算，提高了估算值（图 23. 2b）。

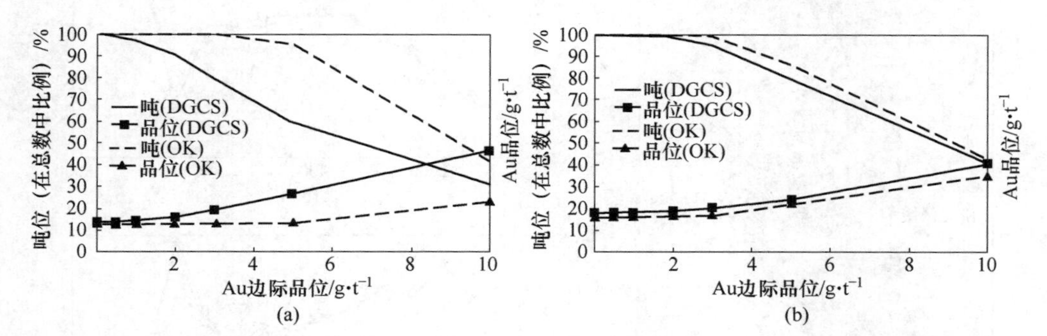


图 23. 2 基于普通克里格（OK）和离散高斯支撑度变化（DGCS）估计的吨位-品位关系
（两种模型均使用分布在 40 m×40 m 网格中的数据点创建）
（a）5 m×5 m 块；（b）40 m×40 m 块

## 23. 2 局部估计的验证

准确估计未采样点的品位是地质统计学和资源估算实践中最具挑战性的任务。局部估计的准确性很大程度上取决于数据分布的密度。在早期勘查阶段，当沿大网格采集样品时，块体模型的局部精度局限于大块（块段）。随着采矿项目的成熟，特别是有了品位控制数据后，可以在选别可采单元的尺寸中准确地估算出品位。因此，为了规划局部估计的验证，就有必要实际评估数据的空间分布及其对克里格块模型大小的影响。

### 23. 2. 1 局部均值的验证

确认局部估计品位的标准程序是将估计的块和横跨整个矿体的大块段（图 23. 3）的数据（样品）对应。换句话说，所使用的方法估计了数据的局部均值，并将其与局限于同一块段的估计块的均值进行比较。块段的大小取决于数据分布。它应该足够大，包含足够多的数据，平均值的不变性原则适用于局部平均值。

通常，块段沿着矿体（矿化区域）的走向绘制，包括一个或两个钻孔横断面的空间。使用两个正交的方向来验证局部方法，通常沿着走向和垂直走向的倾向，提供更可靠的结果，如果数据允许，应该始终考虑这样做。

使用每个块段内的所有样品计算块段的平均值，并与该块段内估计的块模型平均值进行比较。估计的平均品位被绘制在一个图表上，以表示块段中心的坐标

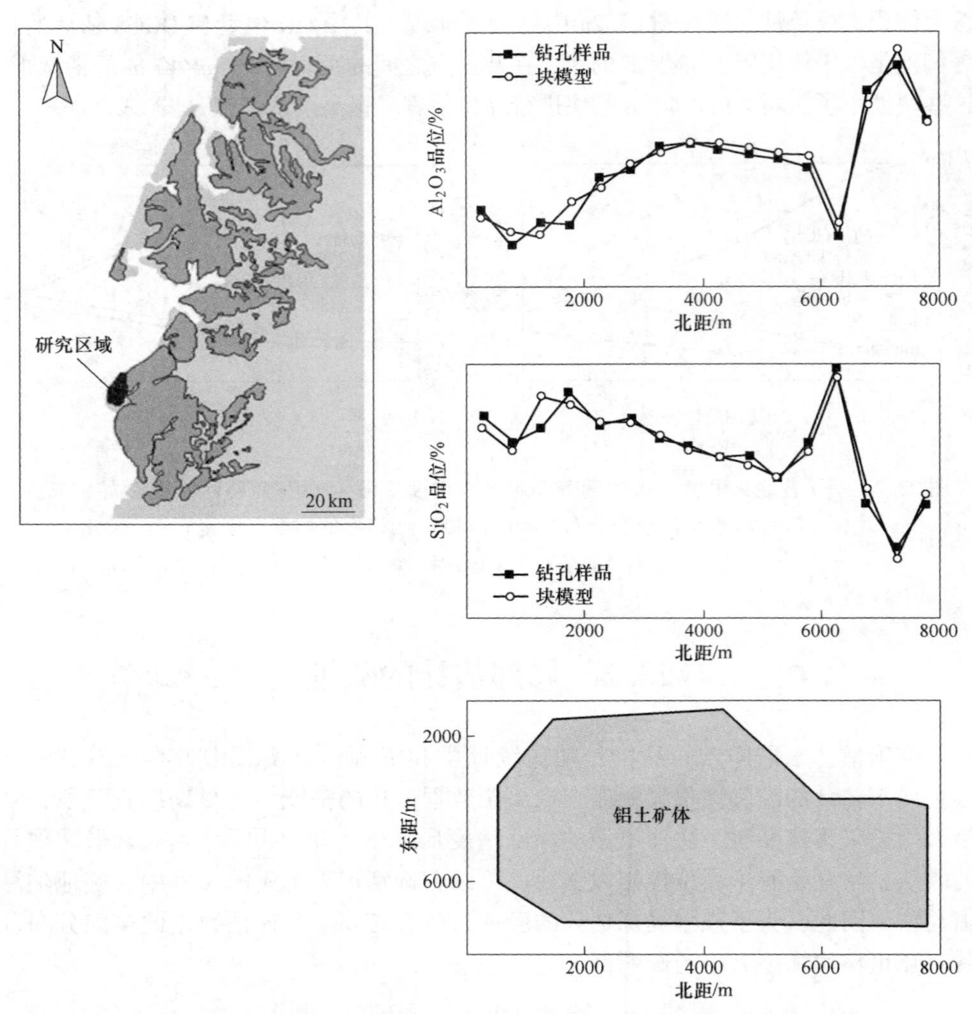


图 23.3 利用蛛网图验证铝土矿资源（横跨估算域切成 500 m 宽的块段，估算 $Al_2O_3$ 和 $SiO_2$ 的平均品位，并与相应的样品品位进行比较）

(图 23.3)。该图通常被称为蛛网图。块品位与相应数据的平均值的偏差表示估计的局部偏差。通常观察到的分布是：在高品位块中，品位的均值始终低于样品的均值，相反在低品位块中，品位的均值则系统地高于样品的均值。这表明估计过于平滑，这很可能是由于搜索邻域选择不当造成的。

### 23.2.2 钻孔见矿段验证

平滑程度可以通过对比钻孔见矿段和对应的克里格块来评估（图 23.4）。该方法尤其适用于板状矿体，包括铝土矿、铁矿和层状贱金属矿化。尽管这种方法（俗称钻孔见矿段验证）很简单，但它是一个强大的工具，可以诊断克里格模型是否过度平滑。

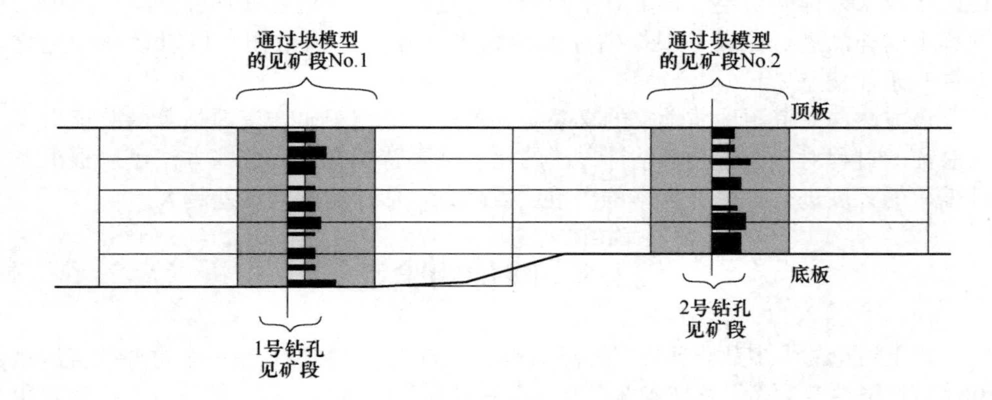


图 23.4 钻孔见矿段验证技术说明

该技术的应用如图 23.5 所示，其中展示了通过钻孔见矿段验证的两个模型。第一种模型使用普通克里格（OK）估计（图 23.5a），第二种模型使用局部统一调节（LUC）估计（图 23.5b）。当块模型见矿段的平均品位与相应的钻孔相对应时，在 OK 估计中发现了适度的条件偏差。这用压轴回归分析（RMA）与第一等分线的偏差表示（图 23.5a）。LUC 方法的应用提高了估计的准确性，消除了图上数据分布斜率等于 1 的条件偏差（图 23.5b）。另一个有用的标准是 RMA 线周围数据点的相对散射（图 23.5）。

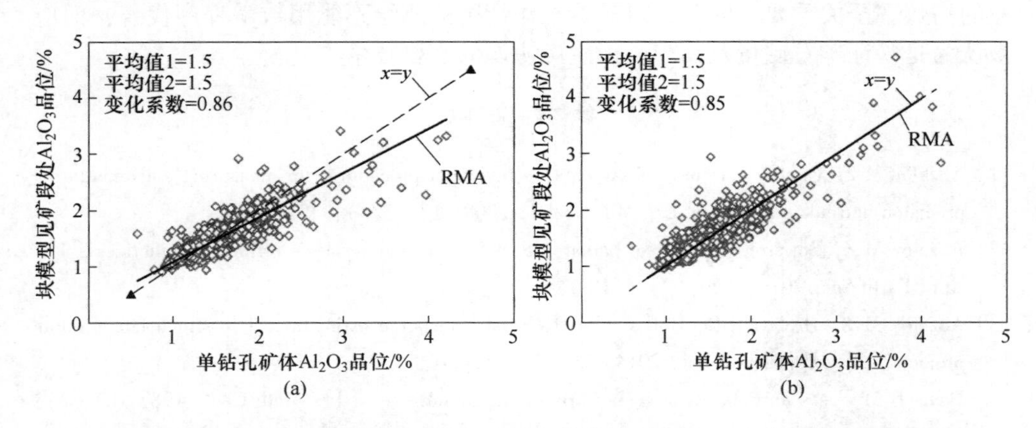


图 23.5 通过单工程见矿段对比分析确定氧化铁矿床资源（RMA 压轴回归分析）
（a）OK 估算；（b）数据去褶皱后 LUC 估算

### 23.2.3 交叉验证技术

这种方法是基于从数据数组中依次移除一个点数据，并使用剩余的数据估计该已变成未采样的给定位置。对不同的数据点进行多次重复处理，并将估计值与被移走的样品进行比较。根据估计值和真实（样品）值绘图，可以诊断和量化全局和条件偏差。

该方法深受资源地质学家的喜爱，并被广泛应用于矿产资源估算的验证。交叉验证的过程对于通过几种估计方法的比较结果特别有用，这些方法可以根据条件偏差的程度进行排序。斜率偏离单位数越大，估计的条件偏差越大。

## 23.3 吨位的验证

以上讨论的大多数验证程序针对的是矿化的品位。吨位是另一个重要的资源量和储量经济性度量，上述技术并没有完全解答吨位的问题。吨位估算的准确性在很大程度上取决于地质解释的有效性及其在线框中实施的限制矿化域的准确性，因此，对吨位的确认应基于对地质解释有效性的审计和确认。这应该包括以下属性：

（1）所选矿化几何形状的有效性；

（2）接触分析和评估接触位置在未采样位置的准确性；

（3）在矿体内存在废石块；

（4）对未取样地点进行矿化推断的有效性。

地质模型的不确定性可以用条件模拟技术来估计，这在本书的第 5 部分中讨论过。然而，一般只有在获得矿山测绘数据之后，才有可能对地质解释进行验证。因此，矿山测绘仍然是精确调整矿石储量吨位的主要技术，这对实现采矿作业的高效率至关重要。因此，对矿井工作情况的测绘不能用数学程序代替，而应被认为是验证矿石储量及其与矿山生产协调的必要技术。

### 参考文献

[1] Abzalov M Z. Quality control of assay data: a review of procedures for measuring and monitoring precision and accuracy [J]. Exp Min Geol J, 2008, 17 (3/4): 131-144.

[2] Abzalov M Z, Bower J. Geology of bauxite deposits and their resource estimation practices [J]. Appl Earth Sci, 2014, 123 (2): 118-134.

[3] Abzalov M Z, Drobov S R, Gorbatenko O, et al. Resource estimation of in-situ leach uranium projects [J]. Appl Earth Sci, 2014, 23 (2): 71-85.

[4] Davis B M. Uses and abuses of crossvalidation in geostatistics [J]. Math Geol, 1987, 19 (3): 241-248.

[5] Sinclair A J, Blackwell G H. Applied mineral inventory estimation [M]. Cambridge: Cambridge University Press, 2002: 381.

# 24　用新数据调整

（彩图）

**摘要**：在矿山项目的整个过程中，应该持续对模型进行验证，并在每次有新数据可用时进行重复验证。如加密钻探后，可以提供更详细的地质信息和更高密度的样品，从而更好地模拟品位和有害元素的空间连续性。矿山开始生产时，提供了品位控制数据，由于这些数据在空间上分布的密度很高，因此提供了确认矿石储量和基本资源估算数据的独特机会。最终，矿山和选厂的生产数据为调整矿石储量提供了一个最终的机会。

**关键词**：调整；矿石品位控制；矿山生产

## 24.1　加密钻探数据的验证

矿产资源的开发分几个阶段进行，包括连续加密钻孔网度，这是资源类别升级所必需的。资源分阶段开发过程用图 24.1 解释，图 24.1 展示了约旦 CJUP 铀矿床的 1 号区块。

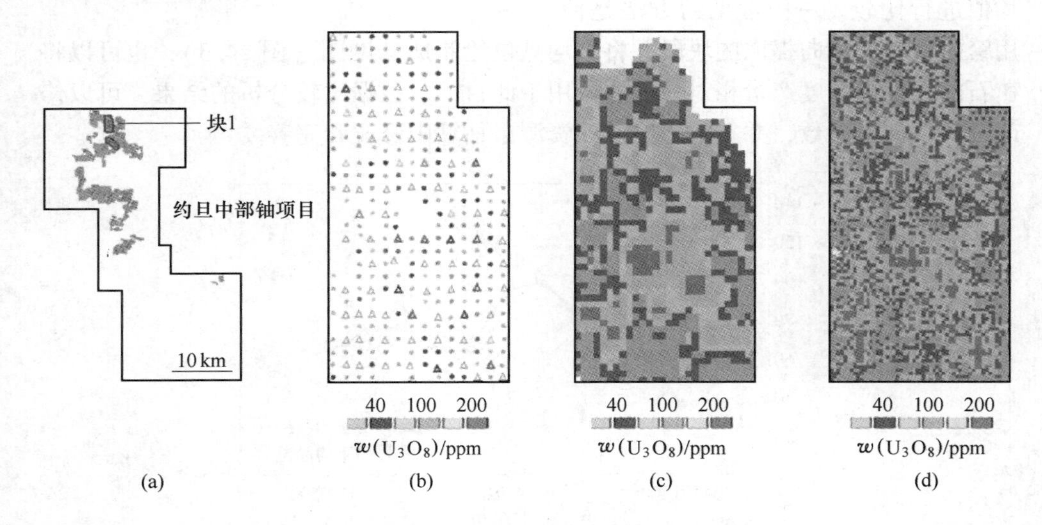


图 24.1　利用加密取样数据验证约旦中部铀矿项目 1 号区块的资源

（a）显示项目的位置图；（b）槽探分布：三角形表示 200 m×200 m 网度、点表示 100 m×100 m 网度；（c）用 200 m×200 m 数据估算推断资源；（d）用 100 m×100 m 数据估算控制资源量第一阶段勘查采用钻探和槽探，数据分布在 200 m×200 m 网度中（图 24.1b），这一勘查阶段以推断资源的估计而结束（图 24.1c）。将之前的数据网度加密到 100 m×100 m 的网度槽探中，进行下一阶段的勘查（图 24.1b），对资源再次进行估算，并按控制资源量进行分类（图 24.1d）。这是通过将勘查数据加密到更密的网度来升级资源类别的常见方法。然而，令人遗憾且经常被忽视的是加密数据为审查以前估算资源量的准确性提供了一个极好的机会，每当有了新的勘查数据时，都需要例行地进行估算。

使用加密钻探结果验证资源的程序如下（图 24.1~图 24.3）。

（1）第一步是比较不同年代的勘查数据。传统的数据对比分析方法包括构造直方图、蛛网图和 Q-Q 图，（图 24.2）。

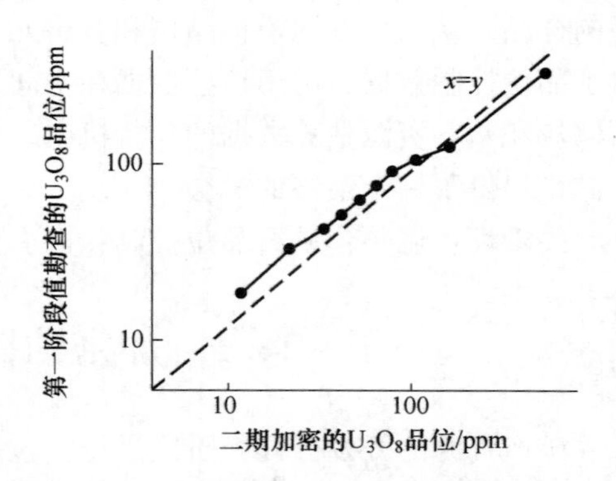


图 24.2　对比两期勘查样品的 Q-Q 图

（2）确认加密数据的质量后，它们可用于验证在加密数据之前构建的资源模型（图 24.1c）。这是通过将块模型品位与相应的加密钻孔中的样品进行比较来实现的。将样品和资源模型块分组为大块段，然后估计样品的平均品位并将其与资源模型的相应平均值进行比较。一种常见的方法是使用跨研究域的走向提取的块段并将平均品位绘制成蛛网图（图 24.3），也可以将矿石的月度和季度产量相对应的块段用于此目的。根据比较分析的结果，可以修改资源量估算参数，并在下一阶段的资源量估算中修改和完善。

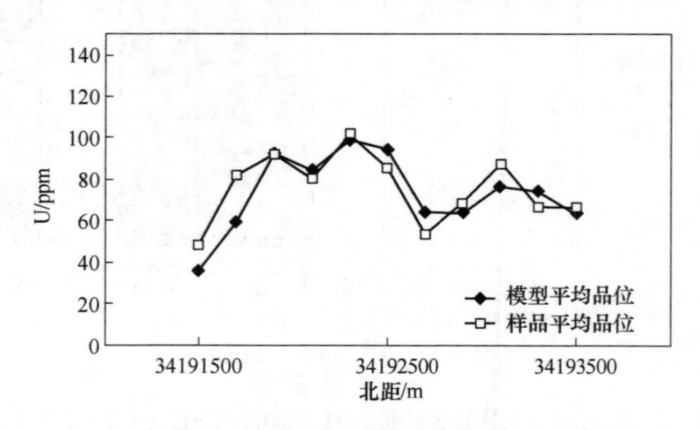


图 24.3　将估计的资源块品位与用探槽加密第一个网格的样品数据进行比较的蛛网图
（所有数据都由横跨 block-1 的 200 m 块分组）

(3) 最终在确认加密钻探数据的质量并验证了过去的资源模型后，可以利用所有可用数据进行新的资源量估算（图 24.1b）。根据加密钻探数据的资源量验证结果，对资源量估算方法进行修正。新的估算是根据较密集的勘探网所分布的大量数据计算的，因此通常归入较高的资源类别（图 24.1c、d）。

(4) 最后一步是将新的资源模型（图 24.1d）与以前的估算结果（图 24.1c）进行比较。这一步骤很重要，因为加密钻探通常会揭示新的结构特征，包括新的高品位的分支或内部废石，因此，在施工更多的钻孔后，早期估算域的吨位和品位会发生变化。因此，好的做法是评估这些变化，并将它们作为资源量类别转化的依据。

## 24.2 用矿山生产数据调整

用矿山生产数据调整的程序分几个步骤：

(1) 应准确测量已开采的矿块，以估算在感兴趣的时期内实际采掘的矿量（例如每月产量）；

(2) 生产的矿石有准确的称量，因此采掘的矿石量可以作为调整的依据；

(3) 利用从运输破碎矿石的输送带中采集的一组样品来验证开采矿石的品位；

(4) 将选厂记录的金属产量与测定的尾矿品位相协调，以便在选厂建立完整的金属平衡；

(5) 利用所测得的采空区坐标，从矿块模型中提取相应的量，并按照矿块模型的要求估计其吨数和品位；

(6) 将实际生产数字与从矿块模型中得到的数字进行比较，以百分比的形式估计和报告误差。

需要记住的是，矿山生产由于其性质而具有不确定性，部分原因是测量误差导致采矿贫化的估计并不总是准确的。选厂加工的损失和计算错误的金属回收率，可能会使调整程序更加复杂。此外，大量使用库存矿石会严重影响将选厂加工数据与特定矿石地点联系起来的能力。因此，必须对储量和矿山产量进行严格对账，同时对品位控制数据进行检查。

## 24.3 矿石品位控制

矿山品位控制的主要目的是准确定义矿石和废石之间的界线，并确定已开采矿石的品位。在适用的情况下时，品位控制目标还可以包括对主要副产矿石金属和有害成分的准确估计。如果采矿作业需要混合不同来源的矿石，以便获得在给定选厂处理矿石的最佳物理和化学特性，则后者就特别重要。

品位控制通常在矿床的某一部分开始生产之前进行，此时矿体已开采一段时间。以品位控制程序为特征的块大小应符合实际采矿选择性，因此需要大量额外样品，通常在 5 m×5 m~20 m×20 m 之间采集。

由于品位控制样品的空间分布密度很高，这一数据为确认估计的资源量和储量提供了一个独特的机会，因为这是在采矿前对矿体进行评价的最后和最详细的数据取样。

因此，在开采的矿山进行品位控制有两个主要目的，它为精确划分矿石和废石提供详细信息，也是在开采前对矿石储量准确性的最后检验。

### 24.3.1　露天矿品位控制

在露天矿中，矿石品位由取样炮眼或附加加密钻探控制。表 24.1 简要总结了目前用于炮孔锥的取样方法。

表 24.1　部分露天矿品位控制方法

| 矿　山 | 国　家 | 矿　种 | 品位控制方法 | 采样网度 | 方 法 说 明 |
|---|---|---|---|---|---|
| Yandi | 澳大利亚 | 铁矿 | 爆破孔取样 | 7 m×9 m | 从爆破孔锥中采集大约 5 kg 的样品。由两个相隔 90° 点位铲取样品 |
| West Angelas | 澳大利亚 | 铁矿 | RC 钻孔 | 12.5 m×12.5 m | 常规 RC 钻孔，每隔 1 m 取样 |
| Rossing | 纳米比亚 | 铀矿 | 爆破孔取样 | 6 m×6 m | 从爆破孔锥周围随机分布的 4 个点采集大约 4 kg 的样品。这与使用手持红外线放样仪相结合 |
| Tarkwa | 加纳 | 金 | 井下坑道内取样 | 10 m×12.5 m 坑道之间的距离 | 平巷掘进机岩粉取样 |
| Taparko | 布基纳法索 | 金 | 爆破孔取样 | 3.5 m×3.5 m | |
| Geita | 坦桑尼亚 | 金 | RC 钻孔 | 10 m×5 m | 常规 RC 钻孔，每隔 1 m 取样 |
| Sangaredi | 几内亚 | 铝土矿 | 螺旋钻孔 | 10 m×5 m | 采用径向法取样 |
| Voisey's Bay | 加拿大 | 镍矿 | 爆破孔取样 | 5 m×5 m | 用铲子从炮孔锥体周围随机分布的 4 个点上采集样品 |

续表 24.1

| 矿 山 | 国 家 | 矿 种 | 品位控制方法 | 采样网度 | 方 法 说 明 |
| --- | --- | --- | --- | --- | --- |
| Escondida | 智利 | 铜矿 | 爆破孔取样 | 7 m×7 m | 从炮孔锥体周围有规律分布的 8 个点采集大约 10 kg 的样品。用 V 形头穿过锥的整个扇形取样 |

品位控制钻探通常使用 RC 或冲击钻机。选择这些方法是因为可供钻探的时间有限，而且需要收集大量的有代表性的样品。由于矿山后勤的限制，需要选择低成本的钻井技术，其特点是高钻井率，这可以在不影响样品质量的情况下实现。如果地面较软，可以使用螺旋钻进行品位控制。

另一种方法包括从采矿工作面直接取样或从探槽和浅井采样，这在过去被广泛使用，但现在被品位控制钻探所取代。

品位控制数据分布密度高，可获得矿体及其接触带的最精确位置，并可勾勒出内部废石的轮廓。品位控制数据的常规处理如下：

(1) 矿体边界线，按惯例是利用给定矿山用于将矿石从废石中分离的边际品位划定的，通过炮眼控制采出矿石和废石（图 24.4）；

(2) 确定边界线后，通常使用标记带，由矿山地质学家在露天矿坑工作台阶上标记；

(3) 通过从圈定矿体多边形中采集的所有炮眼样品的品位进行平均，估算出准备开采的矿石的平均品位。

这一程序目前已被地质统计学模型所取代，以便更准确地估计圈定矿块的品位。最常用的是普通克里格法，但也有一些金矿采用指示克里格法。根据矿化类型，矿山地质学家决定使用软边界方法还是硬边界方法进行品位估算。

将克里格估算与储量模型进行比较，并在此基础上对储量估算的有效性进行量化。利用条件模拟技术可以进一步量化矿石储量和品位控制模型之间的差异，并将其用于比较不同的品位控制方法，量化其相应的误差如图 24.4 所示。

### 24.3.2 地下矿山的品位控制

地下矿山的品位控制程序因采矿方法的不同而有所不同。在采用充填法或留矿法有选择地开采矿石的矿山中，主要是通过对矿石暴露面进行取样和绘图来实现品位控制的（Zarmitan，乌兹别克斯坦）。在大型地下采矿作业中，品位控制通常使用金刚石岩芯钻（Olympic Dam，澳大利亚）或冲击钻（Rocky's Reward，澳大利亚），由额外的加密钻探来实现。冲击钻通常在大型钻井平台上进行。冲击钻通常是由 Jumborigs 制造的，它可以位于下壁驱动器上。钻探工作必须结合

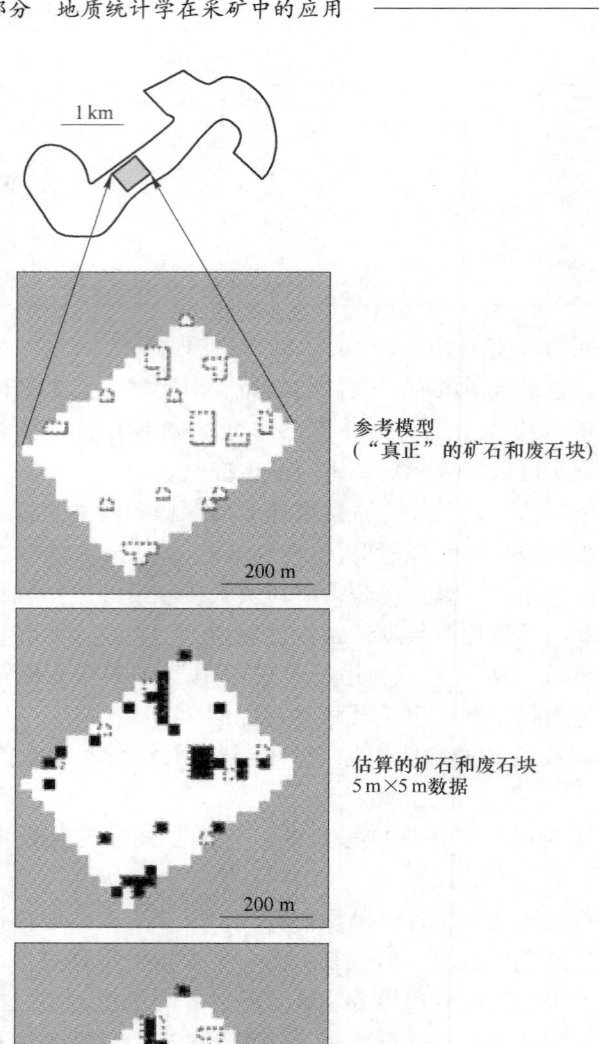


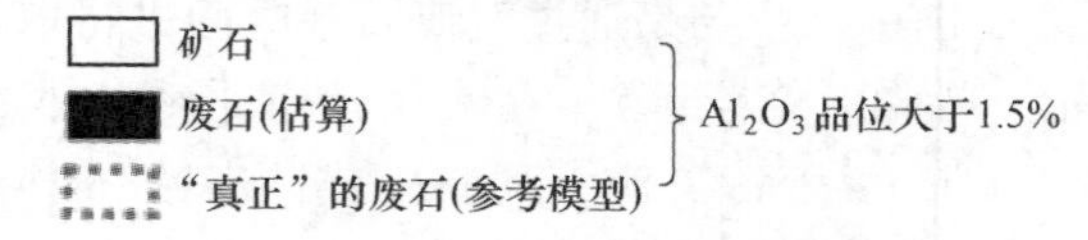


图 24.4　Yandi 铁矿详细研究块内的矿石和废石分布图

井下工程暴露的矿化测绘和取样，包括矿体爆破面、中段穿脉和切割槽的侧壁（Perseverance，澳大利亚）。如果严格地应用该程序，它将为足够精确设计采场提供质量良好的详细信息。

品位控制样的空间分布密度高，可以准确地估算出采场中矿石的品位，并与资源量和储量块模型相应部分进行对比验证。

在某些情况下，品位控制样品从地下采场的放矿点采集（图 5.5）。在使用矿块崩落法的矿山（Northparkes，澳大利亚）中，这是特别常见的程序。但是，这类品位控制样品的有效性存在严重问题，无法用于验证储量。

## 参 考 文 献

[1] Abzalov M Z, Bower J. Geology of bauxite deposits and their resource estimation practices. Appl Earth Sci, 2014, 123 (2): 118-134.

[2] Abzalov M Z, Menzel B, Wlasenko M, et al. Grade control at the Yandi iron ore mine, Pilbara region, Western Australia: comparative study of the blastholes and RC holes sampling [C] // AusIMM. Proceedings of the iron ore conference 2007. Melbourne, 2007: 37-43.

[3] Abzalov M Z, Menzel B, Wlasenko M, et al. Optimisation of the grade control procedures at the Yandi iron-ore mine, Western Australia: geostatistical approach [J]. Appl Earth Sci, 2010, 119 (3): 132-142.

[4] Abzalov M Z, Van der Heyden A, Saymeh A, et al. Geology and metallogeny of Jordanian uranium deposits [J]. Appl Earth Sci, 2015, 124 (2): 63-77.

[5] Blackwell G H. Open pit mine planning with simulated gold grades [J]. CIM Bull, 2000, 93: 31-37.

[6] Pevely S. Ore reserve, grade control and mine/mill reconciliation practices at McArthur River mine, NT. [C]// AusIMM. Mineral resource and ore reserves estimation-the AusIMM guide to good practice. Melbourne, 2001: 567-578.

[7] Schofield N A. The myth of mine reconciliation [C]// AusIMM. Mineral resource and ore reserves estimation-the AusIMM guide to good practice. Melbourne, 2001b: 601-610.

# 第 5 部分

# 不确定性评估

# 25 品位的不确定性

（彩图）

**摘要：** 利用随机模拟技术对矿产资源量和矿石储量模型的不确定性进行估计，该方法被称为条件模拟，代表了蒙特卡罗模拟原理对区域化变量的应用。

条件模拟产生了被研究地质体的无限数量的等价模型（现实）。所有的现实都尊重受限制数据的统计和地质统计特征，但在细节上有所不同。因此，通过对模拟现实的差异进行统计分析，可以准确地量化地质统计模型的不确定性。

**关键词：** 随机模拟；条件模拟；TB；SGS；SIS；重砂矿

采矿项目的开发是一项高风险工作，因此需要对技术和财务风险进行定量估计。这包括对地质不确定性、品位和有害成分的定量估计、岩土参数的变异性和定量误差。这些估计通常是用扩展到区域化变量的蒙特卡罗算法进行随机模拟来实现的。这种方法被称为条件模拟，因为模拟模型是根据实际数据（样品）进行调整的。

条件模拟生成矿体的定量模型，重现数据直方图及其空间变异性。然而，由于条件模拟技术是基于蒙特卡罗随机算法，它产生无限数量的矿体的等价模型（现实）。所有的现实都尊重受限制数据的统计和地质统计特征，但在细节上有所不同。数据的可变性越高，可用来约束模型的样品越少，现实之间的差异就越大。因此，通过对模拟现实的差异进行统计分析，可以准确地量化地质统计模型的不确定性。

## 25.1 条件模拟法

根据要模拟的变量的性质，条件模拟的方法被细分为三类。

（1）连续变量的模拟，包括矿化的化学成分、厚度、岩土参数和有害成分；

（2）分类变量的模拟，主要是岩相、地质构造和断裂构造，基于对象的模拟；

（3）对象的模拟，对象由其形态、位置和方向定义。

本章介绍了目前在矿业中应用的主要条件模拟方法。没有过多地说明随机模拟方法的数学原理，主要研究其在矿山地质中的应用。这些方法的综合数学分析可以在地质统计学教科书及参考文献中找到。

条件模拟技术最常见的应用是量化估算品位的不确定性。该方法基于对研究品位的空间分布生成几个等价模型（现实）（图 25.1）。对所得的现实进行比较，并对其差异进行统计分析，从而量化估计的品位不确定性的程度。通常需要25～50 个现实，才能获得统计上有效的结果。

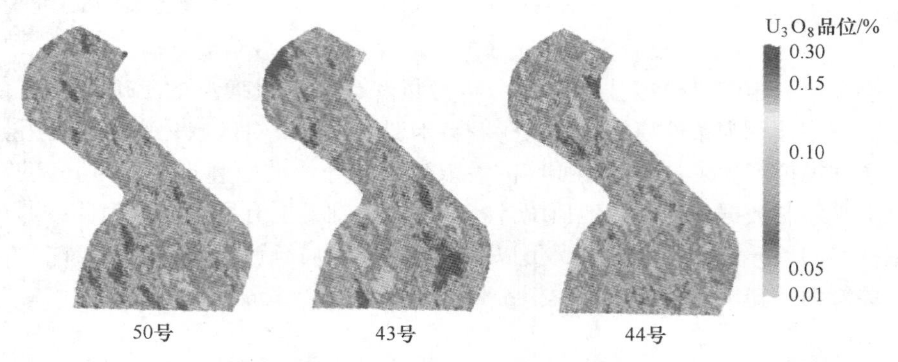


图 25.1　哈萨克斯坦砂岩铀矿床平均品位的三种等价模型（现实）

矿石品位估计中的不确定性是量化矿山生产风险的常用方法，经常被纳入矿山设计中，也可用来评估选冶加工的风险。

这种方法的另一种常见应用是将矿物资源分类为探明类、控制类和推断类。

品位不确定性的估计通常采用三种条件模拟技术之一：转向带法、序贯高斯模拟或序贯指示模拟。前两种方法都是基于高斯的，需要将数据转换为标准高斯变量，均值为零，方差为一个单位。变换通常使用埃尔米特多项式，然后将模拟的高斯变量转换回原始数据空间。序贯指示模拟需要将数据转换为指示变量。

基于高斯的方法，即转向带法和序贯高斯模拟，假设研究的区域变量具有多元高斯特性，并与其扩散分布模型相耦合。在应用建模方法之前，需要对这两种情况进行测试。指示扩散分布的边界效应通常通过计算指示值的互变异函数与指示值的变异函数之间的比率来检验。多元高斯性可以通过计算所选数据百分位的指示变异函数，并与高斯变换数据相同百分位的指示变异函数进行比较来检验。

### 25.1.1　转向带法

转向带法（TB）是一维模拟技术，沿研究体积内有规律间隔的线进行。将模拟值投影到直线之间的未估计节点（点）上，并对投影值进行平均，得到了一个连贯的三维矿化模型。通过对数据点和模拟节点进行克里格处理来获得条件。条件作用的过程如下：

（1）在所有目标点和所有样品点进行非条件模拟；

（2）将样品（数据）用克里格法投影到所有节点中；

（3）用克里格法模拟所有节点的值；

（4）用式（25.1）计算克里格值。

$$Z^*_{转向带法} = 估计2 + (估计1 - 估计3) \tag{25.1}$$

### 25.1.2 序贯高斯模拟

序贯高斯模拟（SGS）是一种基于高斯的条件模拟方法。该方法将数据转换成均值为零、方差为一个单位的高斯分布（高斯变形），然后利用高斯分布来模拟感兴趣变量的空间分布。

模拟是经过定义一个通过网格节点的随机路径来实现的，其中包括条件数据，这些数据已经迁移到最近的网格节点并被视为硬数据。建立目标节点的连续邻域，其中包括硬数据（原始数据）和已经模拟的节点（软数据）。将硬数据和软数据相结合，用于计算局部条件分布，并推导出目标节点的模拟值。模拟值确定为［式（25.2）］：

$$Z^*_{SGS} = Z^*_{SK} + \sigma_K(U) \tag{25.2}$$

式中 $Z^*_{SGS}$ ——SGS模拟值；

$Z^*_{SK}$ ——简单克里格估计；

$\sigma_K$ ——克里格估计的标准差；

$(U)$ ——随机正态函数。

该方法被有效地用于模拟不同矿床类型和矿化类型下的金属品位。该方法的局限性主要在于不能总是满足多元高斯性条件，特别是当研究变量具有高度偏态分布且存在异常高值时。

### 25.1.3 序贯指示模拟

序贯指示模拟是序贯随机模拟算法在指示变量方面的扩展。该技术允许重新生成累积条件分布函数，使它们适应数据点的空间分布。

采用序贯指示模拟（SIS）来表征高度偏态变量的空间分布，特别是金矿和铀矿的品位。这些变量包含极值，不适合用多元高斯方法建模，最好通过模拟一组分类变量（指标值）来表示。

序贯指示模拟过程如下：

（1）通过要模拟的网格节点（目标节点）定义一个随机路径。该部分还包括数据点（数据节点）；

（2）使用（$k$）边际品位（阈值）将数据离散为几个（$k$）指标值。方法与多重指示克里格法相同；

（3）使用指示克里格算法确定（$k$）条件累积分布函数（ccdf）；

（4）调整顺序关系，建立完整的累积分布函数（ccdf）模型；

（5）从校正后的累积分布函数（ccdf）中抽取一个模拟值；

（6）将模拟值添加到条件数据集；

（7）继续随机路径上的下一个节点，并重复上述步骤。

SIS 方法的一个主要难点是顺序关系问题。这与多重指示克里格法观察到的问题是相同的。通过对所有指标值使用相同的搜索邻域来最小化顺序关系的失真，并通过对原始累积分布函数（ccdf）值的向上和向下变化进一步校正，然后对两组校正后的累积分布函数（ccdf）求平均值。

这种技术可以克服分布过于偏态的问题，特别适合于金矿和铀矿床，因为不同品位的矿化通常占据不同的构造环境。

## 25.2 条件模拟在重砂矿中的应用

本节以莫桑比克重砂矿项目为例，说明条件模拟的实践。在该项目中，SGS 技术被用于冶金风险评估。

在这个项目中，人们认识到，虽然对矿体的资源模型有高度的信心，但基于钻孔密度，对于每天或每周生产，矿石品位和冶金有害成分的变化和可预测性是不确定的。因此，由于矿石成分的局部过渡变化，存在超过选厂的容许限度的风险。为了检查选厂前端可能存在的原地品位的变化对主浓缩器的影响，进行了条件模拟研究。

### 25.2.1 项目背景

含钛铁矿重砂矿区位于莫桑比克南部（图 25.2），距印度洋约 20～60 km。它包含几个矿体，是 1997 年在非洲东海岸的更新世沙丘勘查中发现的。该地区是已知最大的钛铁矿资源，估算的总资源量约为 165 亿吨，重矿物占 5%。最大、勘查程度最高的是 1 号矿体，仅 1 号矿体就包含了 27 亿吨已探明和控制的资源，含 4%的钛铁矿。利用空气岩芯钻井确定了 1 号矿体的资源。根据每隔 1 km 的勘查线间距进行钻探，推断出资源量。通过在 250 m×125 m 网格上加密钻孔，确定了探明和控制类别，包括在 100 m×100 m 网格上钻孔的初始开采区，以及在 25 m 和50 m 网格上钻孔的较小部分。采用三管取芯技术，将其与金刚石孔成对钻取，测试了钻探取芯质量。该项目的可行性研究基于约 1200 个孔，总进尺约 8 万米。

经钻探，发现富钛砂层沿东北方向延伸超过 6 km，向东南方向倾斜，并向东南方向加厚，厚度超过 140 m（图 25.2）。

矿化地层被细分为 6 个地质域，这些代表了不同沉积相叠加和沉积后土壤风化作用形成的地层单元。在重矿物的颜色、黏土含量、粒度和品位等方面，每个

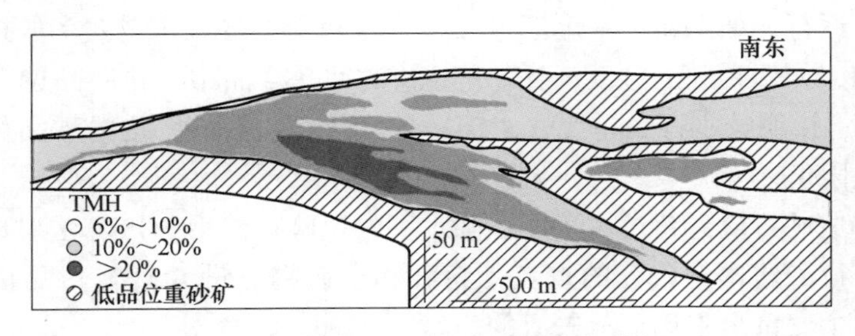


图 25.2 莫桑比克重砂矿砂层典型横断面

域是不同的。沉积物之间的接触是平缓起伏的而不是平整的，且存在不规则的槽和坑洞，这在试验坑中可以看到。地层单元之间的接触通常是尖锐的，并由结构差异支撑。沉积不整合面有时伴有土壤形成过程的迹象，包括接触带上的硬化。

矿物成分和化学成分可以从矿化砂的角度来考虑，包括粉砂（45 μm）、粗颗粒（1 mm）、轻矿物和重矿物总量（THM）。THM 组分由不同比例的磁铁矿、钛铁矿、蚀变钛铁矿、赤铁矿、针铁矿、白钛矿、铬铁矿、金红石、锐钛矿、绿帘石、辉石、角闪石、红柱石、十字石、锆石、榍石、独居石、石榴石和蓝柱石组成。有价值的重矿物有钛铁矿、金红石、白钛矿和锆石。它们通常比其他矿物的颗粒更细。

重矿物又可细分为磁性矿物。磁铁矿、钛铁矿、蚀变钛铁矿和铬铁矿构成了磁铁矿和粗钛铁矿的主体，金红石、锆石和红柱石主要局限于非磁性部分，剩下的重矿物构成了“磁性-其他”部分的大部分。粗钛铁矿和含金红石、锆石的非磁性组分的矿物是可回收的重要矿物。

该项目设想建立一个完全一体化的重砂矿采矿、矿物加工和选矿作业及其相关基础设施，包括一个装运最终产品的出口设施。计划露天开采采用传统的卡车和铲车操作，将矿石从自由采掘面运送到两阶段的矿石加工厂。主浓缩厂将使用滚筒和脱泥螺旋分离器来清除粗颗粒和粉砂（45 μm）部分，通过湿的重力螺旋分级器从剩余的砂中回收重矿物。

磁铁矿被磁性分离，以生产重矿物精矿，有价值重矿物，钛铁矿、锆英石、金红石和白钛矿在选矿厂被分离出来。位于采矿和选矿作业附近的冶炼厂将把钛铁矿升级为含有约 85%二氧化钛的钛白粉矿渣，以及高纯铸造铁产品。向颜料生产商出售矿渣，向铸造厂出售铁，是该项目收入的主要来源。

### 25.2.2 条件模拟研究范围

该矿床一个显著特征是存在丰富的 45 μm 粉砂组分，这是原矿化砂的细小风化产物。一级浓缩装置的设计是在最高 25%的粉砂和 15%的重矿物总量（THM）

级别下连续运行。如果粉砂浓度超过 25%，这可能会导致工艺效率的损失和额外的工艺成本，如絮凝剂的过度消耗。3 m 长的钻孔样品中，粉砂品位有时会超过 25%的阈值，说明选别开采单元（SMU）等小体积矿石的平均粉砂品位可以超过选厂的容差限值。

为了评估矿石成分超过主选厂容限水平的风险，使用 SGS 算法对矿石品位的空间分布进行了建模。研究的重点是粉砂和重矿物总量（THM）品位的局部变异性，这两个变量是主选厂最关心的。

利用 SGS 技术研究了三个相互关联的任务。

（1）SGS 方法主要用于评价资源的短期品位波动。这是通过模拟选别开采单元（SMU）大小块的品位。对 SMU 块（5 m×5 m×3 m、10 m×10 m×12 m、25 m×25 m×12 m 和 125 m×62. 5 m×3 m）的大小进行了测试，以评估回收品位对开采选择性的依赖性。

（2）根据估计的矿石品位的短变异性，将粉砂含量和 THM 品位超过选厂耐受阈值的矿石的风险量化。在此基础上，选择选厂的最佳工艺参数。

（3）工作的另一成果是通过与 SGS 模型的比较，验证普通克里格模型。

### 25. 2. 3　SGS 技术的实施

重沙矿项目研究是基于从矿区采集的原始钻孔样品。该地区钻探布置在 100 m×100 m 网格的中心，局部到 25 m 的十字网。对所有钻孔每隔 3 m 等长取样，测定粉砂和 THM 含量。研究数据库包括 1246 个粉砂测定值和 1246 个 THM 测定值（图 25. 3）。

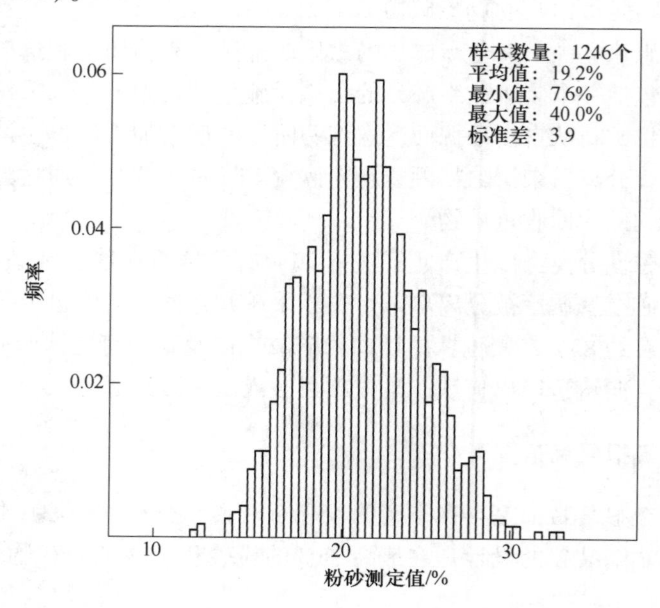

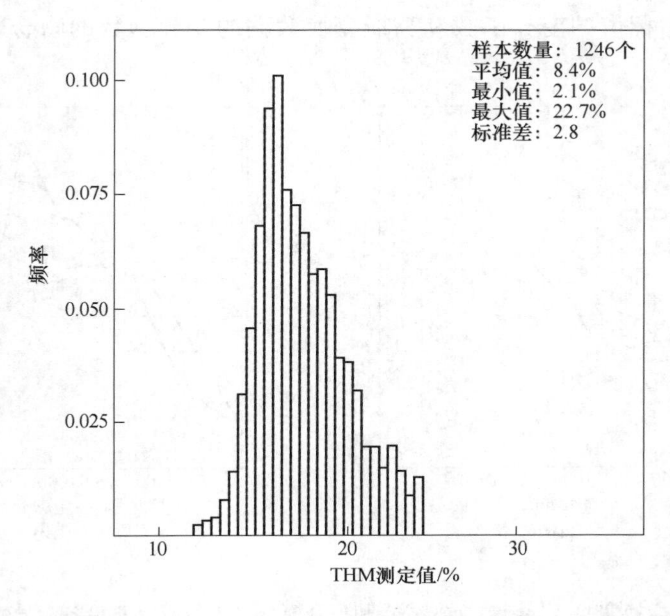


图 25.3 钻孔样品的 THM 和粉砂品位直方图（未解丛聚数据）（SGS 研究数据库重砂矿项目，转载自参考文献［4］，经澳大利亚采矿和冶金研究所许可）

在应用 SGS 方法之前，测试了 THM 和粉砂的分布，以确保变量符合多高斯条件，并给出精确应用高斯模拟技术所需的扩散分布模型。

下一步是为 SGS 研究准备数据。研究前数据必须解丛聚，除去高品位区域周围钻孔带来的偏移。解丛聚通常使用单元分布法，使用 150 m×150 m×3 m 移动窗口优化分布结果。原始数据和统计分布特征如表 25.1 所示。

**表 25.1 解丛聚和未解丛聚（原始）分析的比较**

| 数据类型 | | 原始数据 | 解丛聚数据 |
|---|---|---|---|
| 重矿物总量（THM） | 平均值 | 8.36 | 7.89 |
| | 标准偏差 | 2.85 | 2.52 |
| 粉砂 | 平均值 | 19.16 | 18.82 |
| | 标准偏差 | 3.9 | 3.9 |

应用埃尔米特多项式展开技术，将解丛聚数据转换为标准高斯变量。特别是，使用频率反演方法对衰减数据进行高斯变换。

通过计算粉砂和 THM 品位的变异函数及其高斯变换值，分析了品位连续性。图 25.4 给出了高斯变量及其模型的方向变异函数。这些变异函数表现出明显的各向异性，主要各向异性轴位于南东 100°方向上。用于增强品位分布模型的指标值的变异函数和高斯变换数据的变异函数的吻合较好。

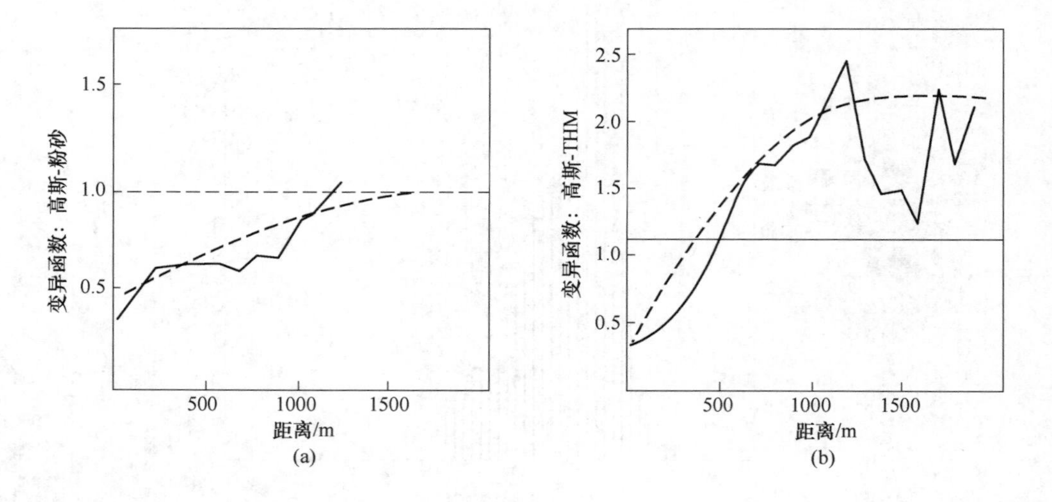


图 25.4　高斯变换实验变异函数（实线）和拟合模型（虚线）计算沿各向异性主轴（南东 100°）（转载自参考文献 [4]，获得澳大利亚采矿和冶金研究所许可）
（a）粉砂；（b）THM

采用 SGS 方法，应用 5 m×5 m×3 m 的块模型进行品位分布建模。利用包含 35 件样品和 27 个模拟节点的顺序搜索邻域进行模拟。将模拟结果组合到较大的块（10 m×10 m×12 m、25 m×25 m×12 m 和 125 m×62.5 m×3 m）上，表示建议的选别开采单元（SMU）大小。

### 25.2.4　结果与讨论

模拟 THM 和粉砂含量的空间分布如图 25.5a 所示。模拟结果显示，粉砂分布具有明显的非均匀性（图 25.5b）。THM 品位比粉砂更连续，总体上分布更紧凑（图 25.5c）。

25.2.4.1　可采资源

在给定的 SMU 尺寸下，使用 SGS 方法估算的可采资源以品位-吨位图表示(图 25.6)。这些结果表明，可采粉砂品位对选择的 SMU 大小高度敏感（图 25.6a)。特别是，如果重砂矿床采用 10 m×10 m×12 m SMU 大小开采，5%的开采区块的粉砂品位将超过 23%。THM 品位对 SMU 大小变化的敏感性低于粉砂(图 25.6b)。

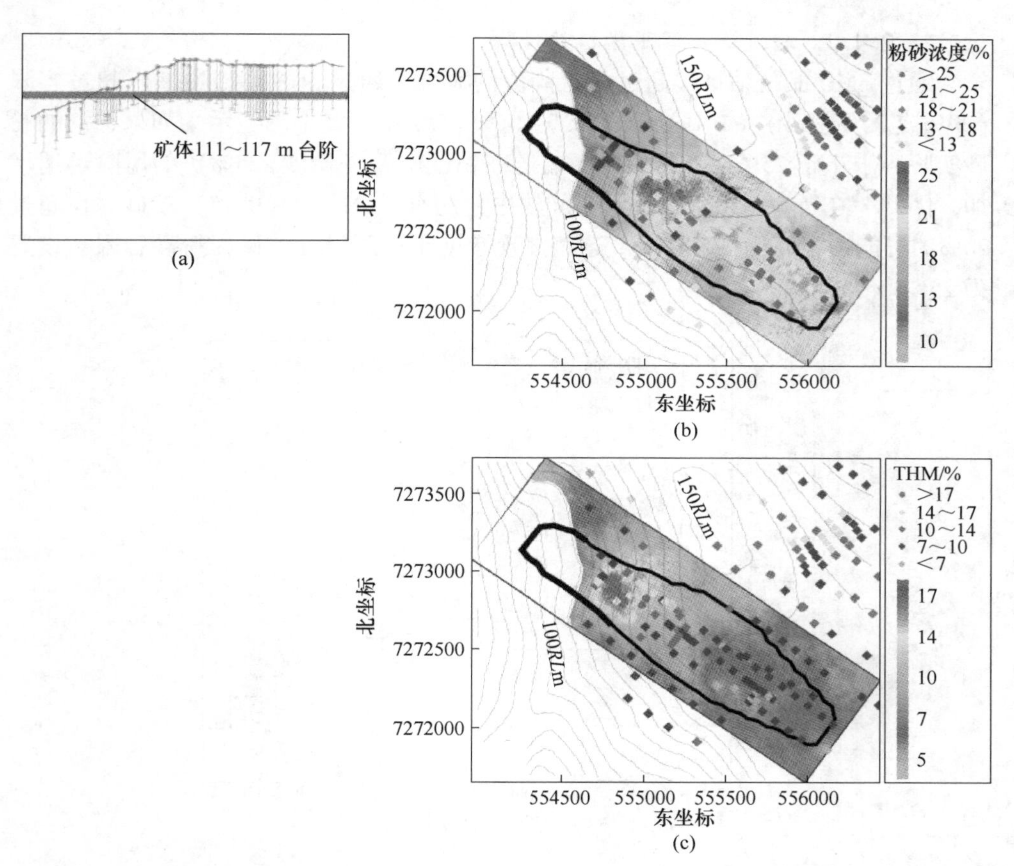


图 25.5 模拟品位值（背景）和钻孔数据（符号），重砂矿床 111～117 m 台阶（转载自参考文献［4］，经澳大利亚采矿和冶金研究所许可）

（a）层位；（b）粉砂；（c）THM

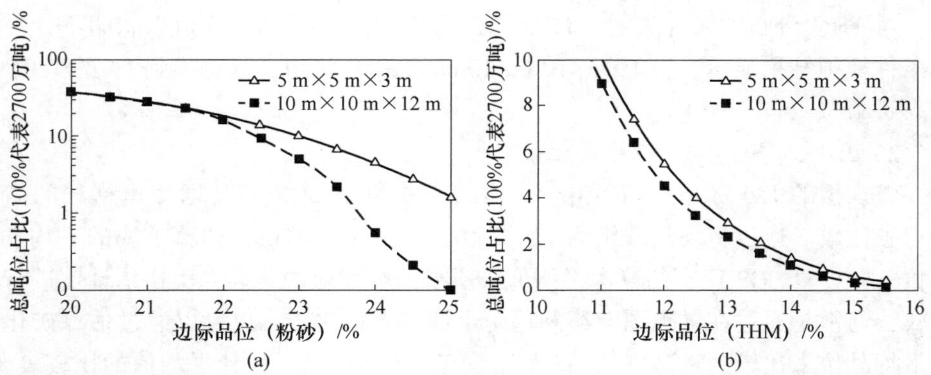


图 25.6 利用 SGS 模型与 SMU 的品位-吨位曲线对比图

（a）粉砂；（b）THM

25.2.4.2　超过选厂容限阈值的风险

通过 SMU 品位估计了超过给定阈值的概率，通过 SGS 模型推断了超过容限（20%或 25%粉砂）的风险（图 25.7）。图 25.7 中的概率图显示，如果选厂的粉砂实际容限小于 25%，从初始矿区输送高粉砂矿石（粉砂>25%）的风险迅速增加。因此，在所有 10 m×10 m×12 m 块中，约有三分之一（0.75）粉砂品位超过 20%的可能性很高（图 25.7）。这些发现有助于选厂设计，保证粉砂容限被设置为 25%。

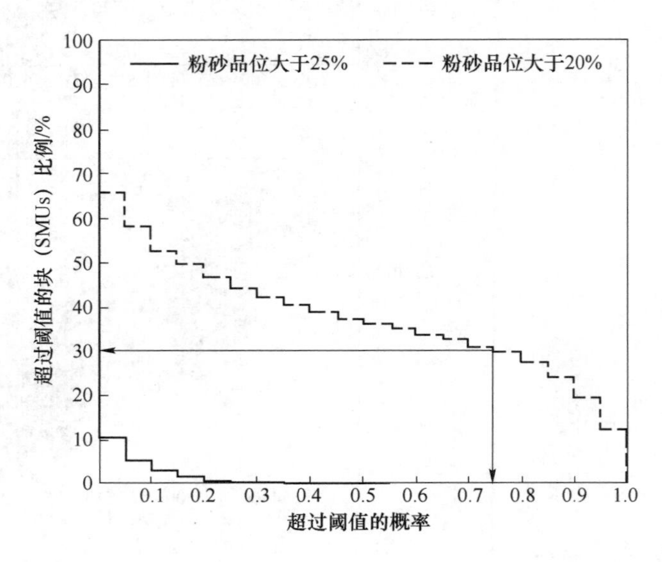


图 25.7　超过容限阈值的风险（粉砂品位为 20%和 25%）。开采选择性为 10 m×10 m×12 m 块

对 THM 分布的研究表明，THM 选厂阈值超过 15%的风险可以忽略不计，因为条件模拟结果显示，在 10 m×10 m×10 m 的 SMU 块中，只有不到 1%的 THM 品位高于 15%（图 25.6b）。

25.2.4.3　SGS 与 OK 结果比较

将模拟的 125 m×62.5 m×3 m 块体的粉砂和 THM 值与普通克里格法的品位进行了比较。通过将现实分组为 125 m×62.5 m×3 m 的块，估算了块的平均 SGS 品位，并计算 SGS 现实的算术平均值，所得值与相应的普通克里格估计值进行了比较，通常是通过在散点图上绘制这两个值然后再比较。也可以通过估算矿化域的平均品位来比较两种独立的估算值，如表 25.2 所示。估计平均值的比较表明，两种方法产生了相同的结果（表 25.2）。两种方法的平均值差异无统计学意义。因此，该模型支持了普通克里格估计的有效性。

表 25.2 普通克里格估计与 SGS 模型的比较

| 类 别 | 粉砂± | 2×标准差 | THM± | 2×标准差 |
|---|---|---|---|---|
| 普通克里格 | 19.0± | 5.12 | 7.9± | 3.84 |
| SGS | 19.1± | 5.38 | 8.2± | 3.94 |
| 差异 | -0.1 | | -0.2 | |
| 相关系数 | 0.9 | | 1.0 | |

总之，该工作表明，对于最小的 10 m×10 m×12 m 采矿单元（SMU），选厂处理粉砂变化的能力没有问题，设计的粉砂最大容许限度为 25%。在较低的容限时，即粉砂品位为 20%大约有三分之一的 SMU 可能超过这个容限。为了控制容限成分，需要与来自低粉砂含量地区的矿石进行配矿。

SGS 模型估算的 125 m×62.5 m×3 m 块的平均品位与普通克里格法估算的块品位相似（表 25.2）。因此，SGS 模型支持了普通克里格结果的有效性。

## 参 考 文 献


[1] Abzalov M Z. Optimisation of ISL resource models by incorporating algorithms for quantification risks: geostatistical approach [C]// International Atomic Energy Agency (IAEA). Technical meeting on in situ leach (ISL) uranium mining. Vienna, 2010.

[2] Abzalov M Z, Humphreys M. Resource estimation of structurally complex and discontinuous mineralization using non-linear geostatistics: case study of a mesothermal gold deposit in northern Canada [J]. Exp Min Geol J, 2002a, 11 (1/2/3/4): 19-29.

[3] Abzalov M Z, Humphreys M. Geostatistically assisted domaining of structurally complex mineralisation: method and case studies [C]// AusIMM. The AusIMM 2002 conference: 150 years of mining. Publication series No 6/02. Melbourne, 2002b: 345-350.

[4] Abzalov M Z, Mazzoni P. The use of conditional simulation to assess process risk associated with grade variability at the Corridor Sands detrital ilmenite deposit [C]// AusIMM. Ore body modelling and strategic mine planning: uncertainty and risk management. Melbourne, 2004: 93-101.

[5] Abzalov M Z, Bower J. Optimisation of the drill grid at the Weipa bauxite deposit using conditional simulation [C]// AusIMM. Seventh international mining geology conference. Melbourne, 2009: 247-251.

[6] Abzalov M Z, Dumouchel J, Bourque Y, et al. Drilling techniques for estimation resources of the mineral sands deposits [C]// AusIMM. Proceedings of the heavy minerals conference 2011. Melbourne, 2011: 27-39.

[7] Blackwell G H. Open pit mine planning with simulated gold grades [J]. CIM Bull 2000, 93: 31-37.

[8] Bleines C, Bourges M, Deraisme J, et al. ISATIS software [D]. Paris: Ecole des Mines de

Paris, 2013.

[9] Chiles J-P, Delfiner P. Geostatistics: modelling spatial uncertainty [M]. New York: Wiley, 1999: 695.

[10] Deutsch C V, Journel A G. GSLIB: geostatistical software library and user's guide [M]. New York: Oxford University Press, 1998: 340.

[11] Goovaerts P. Geostatistics for natural resources evaluation [M]. New York: Oxford University Press, 1997: 483.

[12] Journel A G. Geostatistics for conditional simulation of ore bodies [J]. Econ Geol, 1974, 69 (5): 673-687.

[13] Journel A G, Isaaks E H. Conditional indicator simulation: application to a Saskatchewan uranium deposit [J]. Math Geol, 1984, 16 (7): 685-718.

[14] Lantuejoul C. Geostatistical simulation: models and algorithms [M]. Berlin: Springer, 2002: 250.

[15] Rivoirard J. Introduction to disjunctive kriging and non-linear geostatistics [M]. Clarendon: Oxford Press, 1994: 181.

[16] Wackernagel H. Multivariate geostatistics: an introduction with applications [M]. 3ed. Berlin: Springer, 2003: 388.

# 26 定量地质模型

（彩图）

**摘要**：三维地质模型是划定矿化域的基础，是矿产资源量估算全过程的重要依据，也是选择开采方法并最终将资源转化为储量的关键参数。在进行项目评价研究时，需要对地质模型的不确定性程度进行评估、对地质解释错误所造成的项目失败风险定量评价并纳入矿产资源和储量分类中。

**关键词**：随机模型；多高斯分布；指示值；矿化域

## 26.1 地质模型

一个采矿项目的成功在很大程度上取决于地质解释的准确性，尤其是使用的三维定量地质模型的准确性。在开始建立地质特征模型之前，必须清楚地确定哪些特征与估算矿产资源量和矿石储量有关。例如，与矿化的成因、区域成矿作用有关的问题等对制定勘查战略和优化勘查技术有直接的影响，但往往与矿山的地质需要无关。

地质特征的相关性随着商品和成矿类型的不同而变化。例如，矿石矿物的详细成分不是估计硫化镍矿床资源的关键参数，但这是含稀土伟晶岩矿床的主要参数之一。因此，在建立矿床的定量地质模型之前，必须确定与估计给定矿床资源有关的地质参数。在采矿项目评价过程中，最常见的详细地质参数有：

（1）矿体的几何形态；

（2）接触带的特征，突变的还是渐变的，规则的还是不规则的；

（3）矿体的内部结构，特别是地球化学和矿物学的分带和分层；

（4）多期次矿化的存在及其构造控制的差异；

（5）矿体内的夹石；

（6）影响坑壁或地下工作面稳定性的风化和氧化岩体分布情况；

（7）断层、岩脉和伟晶岩脉代表着工程地质灾害和矿体内部的夹石。

要想准确地测绘上述特征，需要有高密度的数据点，而这些数据点通常只有在矿体被矿井开采暴露后才能得到。在项目开始时，地质信息几乎全部是钻孔数据，因此创建矿床的精确三维地质模型是不可能的。因此，项目开发小组为选择采矿和加工方法而建立的地质模型可能不准确，不能正确表示矿体的几何形态或内部结构（图 26.1）。

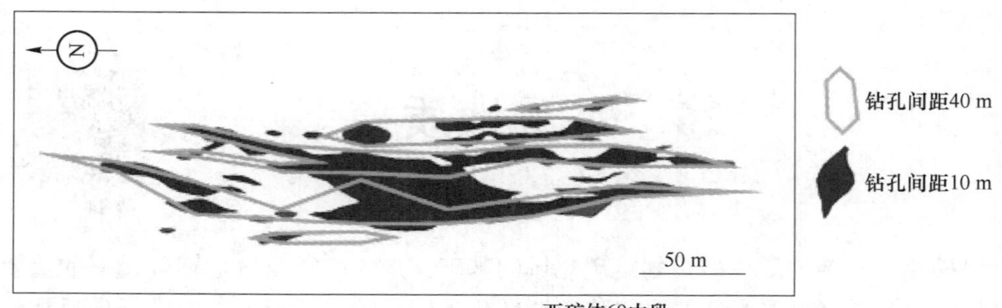


图 26.1　澳大利亚 CSA 矿的储量域（以 1%质量分数的铜为边际品位，钻孔间距为 10~40 m）

有几种随机方法可以模拟地质域及其内部结构的几何形状。最常见的技术之一是截断多高斯场模拟，用于沉积盆地的随机建模。该技术采用多阈值集截断一个模拟高斯变量。指示模拟使用了一种类似的方法，即通过空间变化的阈值集截断连续变量，该方法被用于透镜状矿体的概率建模。

更复杂的地质构造可以用基于多点统计的条件模拟方法建模。这种方法通常被称为 Snesim 模拟算法。它可以模拟地质域高度不规则的形状，包括辫状河道的古砂矿矿床和多次褶皱的金矿脉。

分形方法的使用在资源量估计专家中越来越流行，因为强大的计算机已成为采矿业的常规工具。基于分形的模拟特别适用于断裂网络的随机建模，其中包括构造断层和交织剪切带的复杂几何图形。该技术还可用于改善对透镜状矿体的圈定。

所有这些方法都要求对矿床有良好的地质认识，包括对矿床的构造和岩石之间的关系有详细的了解。因此，这些技术通常是由地质统计人员与提供矿床详细地质资料的地质学家密切合作使用的。这将在下一节中演示，其中将提供指示值辅助划分域和多高斯场模拟的示例。

## 26.2　指示值辅助划分域

基于品位指示值的方法是建立定量三维地质模型常用的技术之一。该技术最初被提出用于描述结构复杂的金矿和选厂库存的资源域，这些资源域是高品位域和低品位域的混合体，混杂着废石，其特征是几何形状复杂、品位低、连续性差。这类矿床通常包含多期矿化，它们的特征是有不同的空间趋势。

矿化构造的复杂性以及矿化区域的异质性，使传统的确定性方法无法明确地应用于矿化域的三维约束。因此，有人建议使用概率方法定义域。提出的技术使用指示概率模型从地质上定义了域。

这种方法已经在许多矿床上成功地进行了测试，包括铜矿床、结构复杂的浊积型金矿化区、硫化物镍矿床和不整合面型铀矿床。

### 26.2.1 指示概率模型

通过建立矿床的块模型并估计每个块品位超过给定阈值的概率，可生成指示概率图（图 26.2）。通常选择的阈值等于经济矿化的下限。一种指示物通常足以

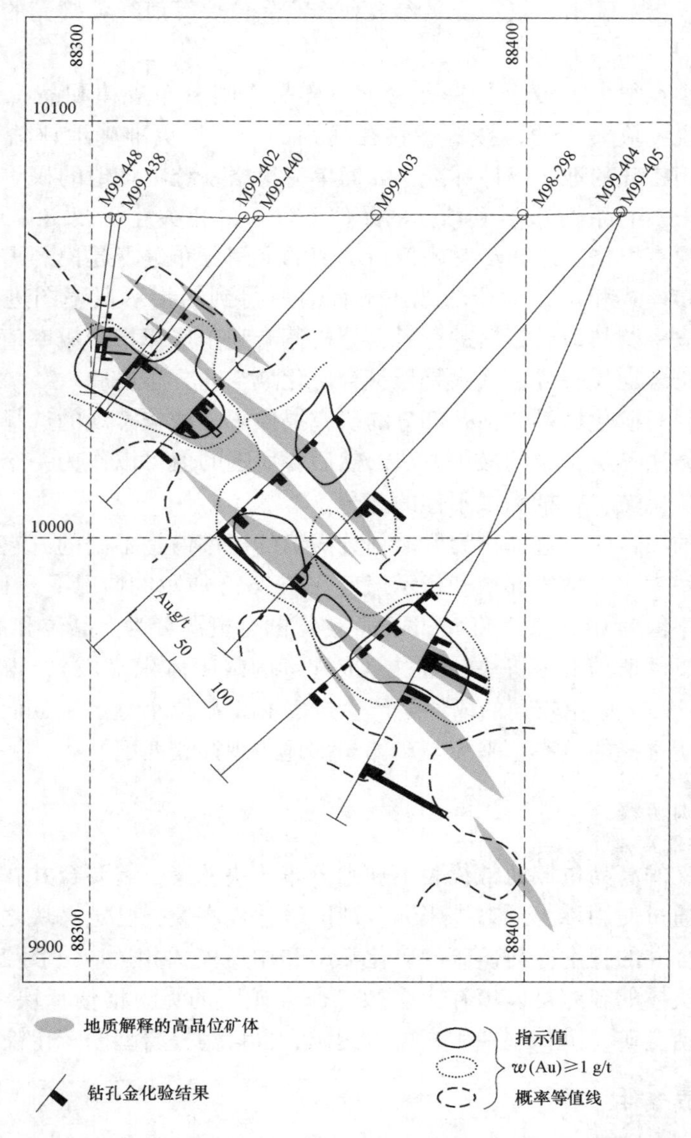


图 26.2 加拿大 Meliadine 金矿剖面图。高品位矿体地质解释和克里格法给出的 $w$(Au) >1 g/t 指示概率等值线

描述矿化。如果矿化区域包含有意义的高品位和低品位区域，则使用第二种指标对其进行进一步细分，通常选择在高品位的下限边界。使用两种以上的指标通常是不切实际的，因为这样会带来过度支配的重大风险，可能会损害品位分布的完整性。

所选指示值的空间分布通过估计其变异函数来建立模型，并对每个模型块用普通克里格来估计超过给定品位阈值的概率。控制矿化构造概率确定的关键参数是块体大小、指示阈值、指示变量参数和作高品位块等值线可接受的超过阈值的概率水平。

块的大小在很大程度上受钻孔密度、样品空间分布规律和品位连续性的控制。一般来说，块大小的选择等于钻孔间距的一半。更准确地评估块的适当大小，可以使用特殊的地质统计标准，如简单克里格系统中均值的权重、克里格方差、真实但未知的品位 ($Z$) 和估计的品位 ($Z^*$) 的相关性及 $Z|Z^*$ 回归斜率。

利用普通克里格法进一步对阈值指示值的空间分布进行建模。需要根据原始化验值的分布模式和矿化构造的地质解释对所得到的指示概率图进行审查和评估。将指示概率图与地质数据进行对比分析，有利于选择指示概率值，即首先是空间分布最符合地质解释，其次是最符合矿化域空间分布格局。

很明显，对矿化域最佳钻孔部分的研究提供了一种较客观的选择指示概率值的方法，该方法是定义域的最优方法。然后，所选的值可以作为一个阈值，在域上细分整个矿化域，包括测试不佳的部分。

在不同的项目中，选择作为区域划分阈值的概率值是不同的，它取决于许多因素，包括块大小、搜索邻域和指示值。在图 26.2 所示的情况下，利用 Au 1 g/t 指示值的概率值为 0.2~0.3 将 Meliadine 矿床的金资源分为高品位和低品位域。

根据超过阈值的概率将块分组，形成连续的封闭体积（域），得到域的三维体积（图 26.3）。应用较高的阈值会产生过多的高品位小分区，从而导致划分过渡。所以，所选择的概率水平应与矿体局部地质规律相匹配。

### 26.2.2 结构解释

概率定义的高品位域通常代表不规则分布的块丛聚，需要合并在一起来生成域。这可以通过使用称为形态扩张和侵蚀的数学程序填充已定义块之间的间隙来实现。块体合并的程度应与矿床的矿化类型和构造模式相适应（图 26.4）。一般而言，一个块体的容差足以填补大多数已研究矿床的克里格估算块之间的空隙，这些矿床包括金矿、沉积型铀矿、斑岩铜矿和含科马提岩型的硫化镍矿。

### 26.2.3 边界条件

边界条件需要以类似于传统线框图的方式套合在地质统计定义的域上。硬域

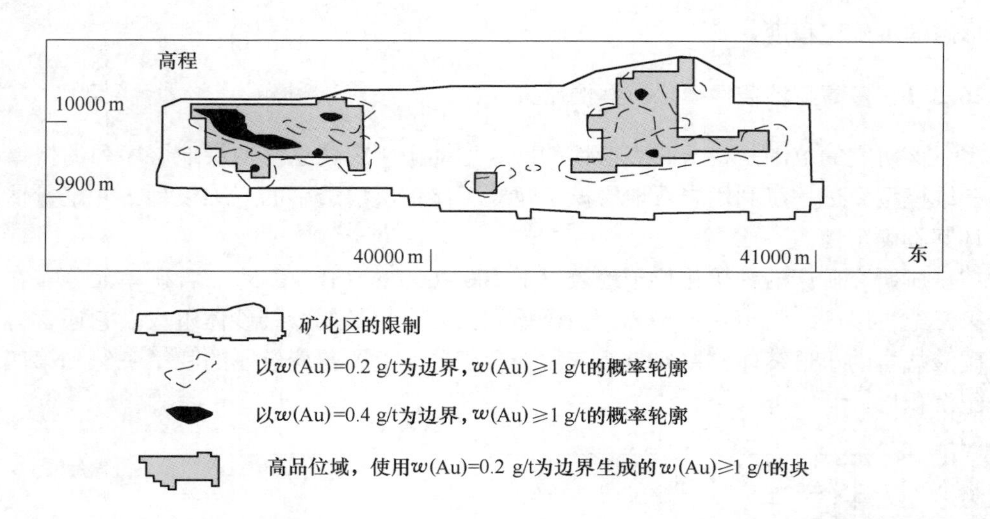


图 26.3 加拿大 Meliadine 矿床网状矿脉带长剖面（显示地质统计学定义的矿化域分布）

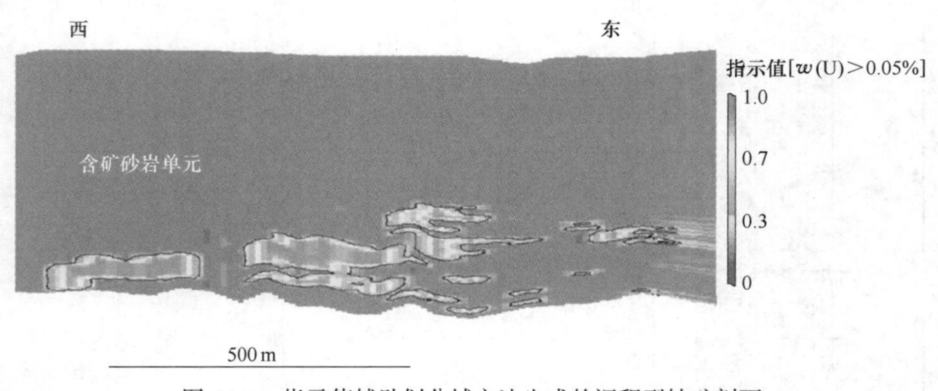


图 26.4 指示值辅助划分域方法生成的沉积型铀矿剖面

边界不允许跨边界的品位插值，软域边界包括单向软边界和部分软边界等不同情况，在不同程度上允许边界另一侧的数据用于品位插值。关于使用硬边界或软边界的决定，取决于矿化的地质特征。

## 26.3 地质构造的随机模拟

地质解释的不确定性是地质学家在估算矿产资源量时面临的最大挑战之一。根据地质解释，矿体的形态和体积会有很大差异（图 26.1），从而导致估算的资源吨数出现严重误差。Srivastava 强调，未能将不确定性纳入地质域的形态，可能导致对资源估算中的不确定性的严重低估。因此，地质学家必须量化矿体几何形态的不确定程度。

### 26.3.1 多高斯场条件模拟：案例研究

该研究的范围是在哈萨克斯坦的砂岩型铀矿床中建立含铀层地层序列的概率三维模型。进一步利用岩石地层模型建立了储铀层渗透率的三维模型，并定量估计其不确定性。

所研究矿床的铀矿化位于地表以下 500~600 m（图 26.5）。含矿单元分布在第三纪，厚度约为 100~150 m，由砾质和页岩夹层的弱胶结砂体组成。它还含有碳酸盐岩的小透镜体，主要是石灰岩。含矿单元上覆盖着较厚的晚第三纪和第四纪沉积层。

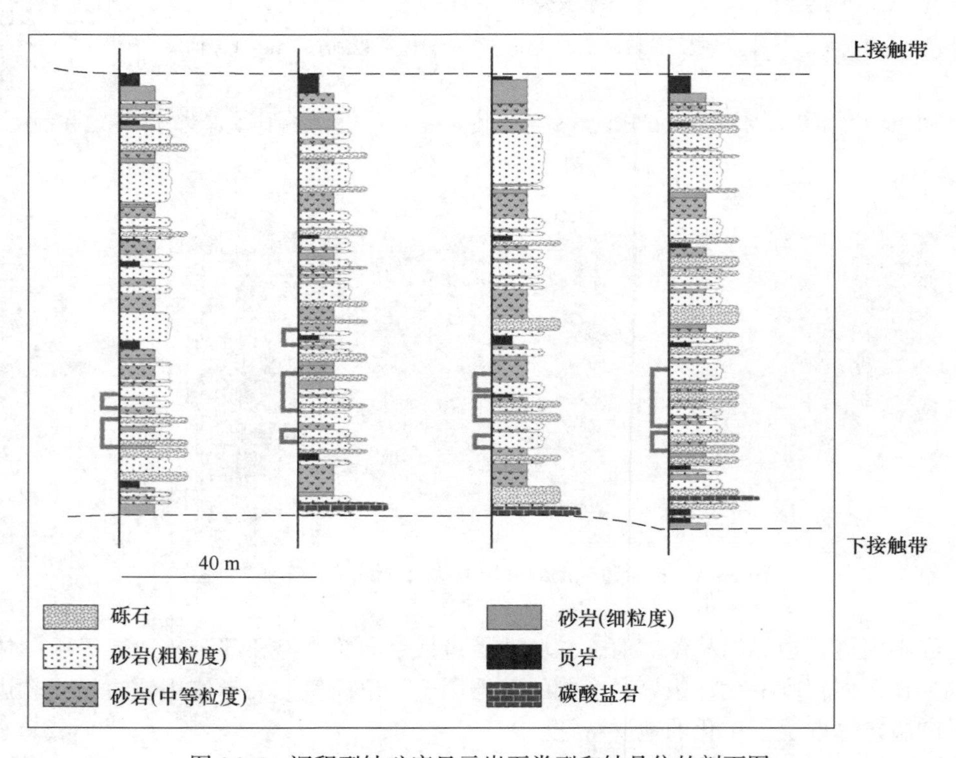


图 26.5 沉积型铀矿床显示岩石类型和铀品位的剖面图

铀矿化很好地分布在含矿单元的下盘下接触带，如图 26.5 所示。然而，铀浓度与岩石类型没有任何关系（图 26.5）。

#### 26.3.1.1 多高斯场模拟方法

目前的研究使用多高斯场（PGS）模拟方法来模拟生产单元沉积岩（岩石类型）的空间分布（图 26.5）。PGS 方法将分类变量如岩石类型数转换为连续变量，这是通过一系列的数学变换来实现的。首先通过高斯变换，然后通过对高斯变量应用阈值来生成指示变量。PGS 模型的构建需要 4 个主要组分。

（1）岩石类型的比例。这是一个描述形成沉积层序的不同岩性比例的模型。如果由于地质划分的岩石类型不同，导致项目不同部分的岩石比例发生变化，则对整个项目区域的比例进行全局和局部评估。

（2）“沉积规律”。这是描述岩石类型分布序列、地层接触关系、走向变化等岩性之间的地质关系的模型。

（3）高斯函数的变异函数模型。变异函数定量了岩石类型之间的空间关系，特别是岩石类型的空间连续性程度。模型模拟岩性的规模和形态。

（4）用于截断估计高斯变量的阈值。截断过程允许将高斯变量反向转换为岩石类型。该阈值由钻孔中的岩石类型比例推导而来。

PGS 模型使用上下接触带（图 26.5），这是在 PGS 仿真开始之前创建的，用于约束 PGS 模型的上下接触带。

26.3.1.2　*岩石类型比例的估算*

估算每个钻孔的岩石类型比例（图 26.6），再利用这些数据估算整个项目的总体比例曲线（图 26.7）。

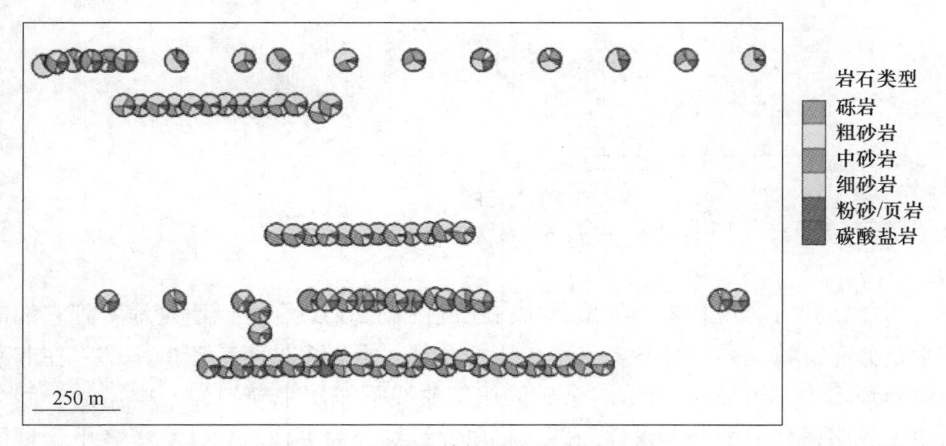


图 26.6　钻孔估算的岩石类型比例

岩石类型在总体比例曲线上的分布（图 26.7）表明，砾岩在单元下部的比例较高。在从下部接触带到上部接触带大约 30m 的狭窄区间内，砾岩的比例最大，约为总厚度的 0.25%，之后砾岩的比例逐渐减少。粗粒砂岩比例的周期性变化表明，有用单元可细分为 4 个亚单元，代表沉积旋回（图 26.7）。亚单元 1 和 2 可以组合成含矿单元的下单元（U-1），亚单元 3 和 4 可以组合成含矿单元的上单元（U-2）（图 26.7）。

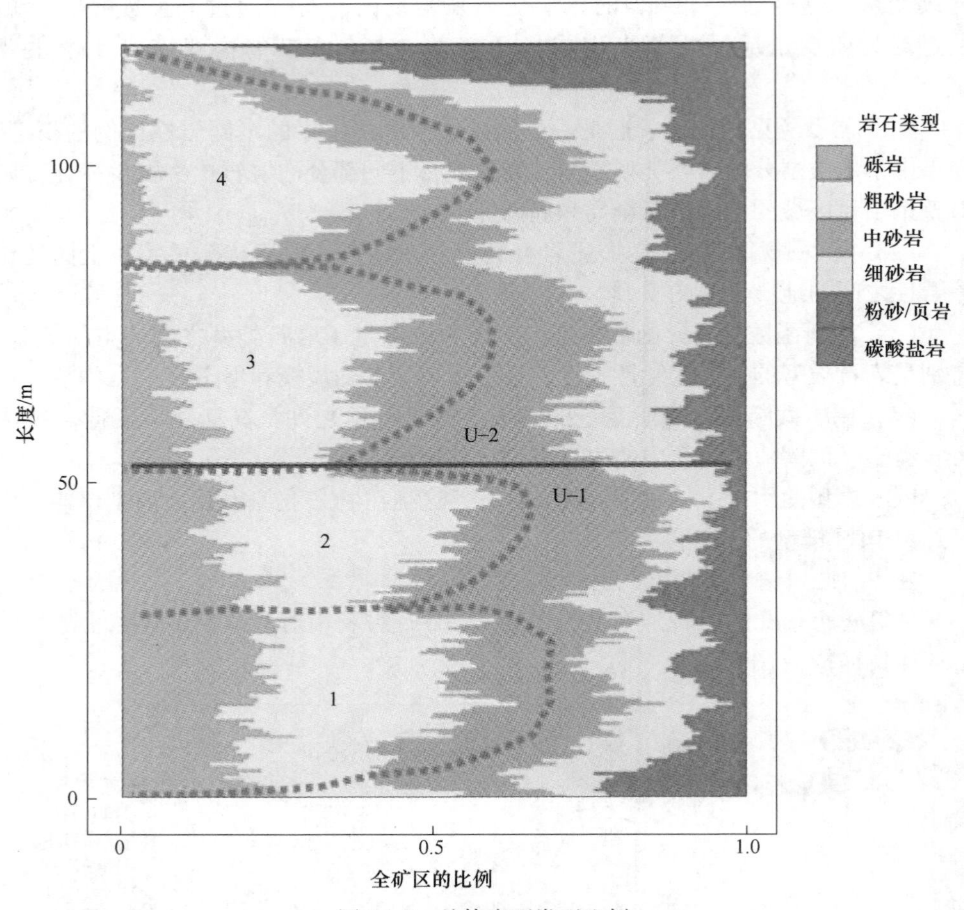


图 26.7　总体岩石类型比例

通过钻孔岩芯观察岩石类型及所占比例（图 26.6），可以清楚地看到它们的非平稳分布。特别是细粒砂多见于矿床的北部，页岩多见于矿床的南部。在非平稳地质环境中，图 26.7 所示的全矿区比例曲线不能用来模拟岩石类型的空间分布。为克服研究域的非平稳性问题，将研究域细分为平稳域，计算了各平稳域的垂直岩石类型比例曲线。

将比例估计为 500 m×350 m 的大块（块段）的平均值（图 26.8）。用克里格法估算出的岩石类型图清晰地显示了岩石类型比例的空间变化趋势。块段比例曲线的差异反映了岩石类型的带状分布。然而，在图 26.7 所示的全矿区比例曲线（将有用单元细分为 U-1 和 U-2 段）上，主要的地层边界也可以在块段图（图 26.8）上观察到。

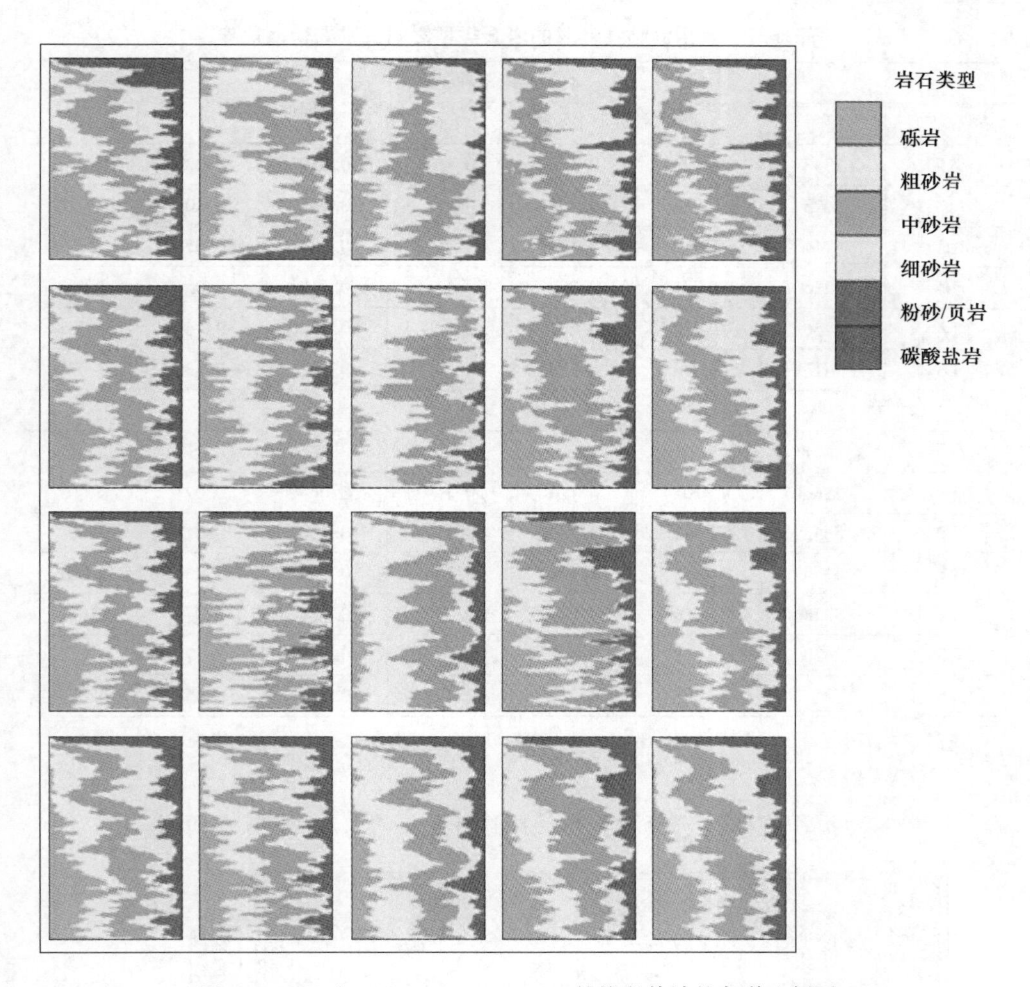


图 26.8 显示 500($x$) m×350($y$) m 的块段估计的色谱比例图

26.3.1.3 “岩石类型规律”的应用

岩石类型规律是总结岩石类型之间关系的地层模式。选择的规则应该满足以下 3 个条件：

（1）所选模型应满足钻孔中观察到的岩石之间的关系（图 26.5）；

（2）沿钻孔线估算的岩石类型之间的接触频率（表 26.1）应符合所选岩石类型规则；

（3）选择的岩石类型规律应与多高斯场变异函数一致。因此，通过改变岩石类型的分布规律，并通过估计多高斯场变异函数来检验岩石类型规律，对岩石类型规律进行迭代选择和优化。

表26.1 表示沿钻孔计算的岩石类型之间关系的转换矩阵

| 下层概率矩阵 | | | | | | | |
|---|---|---|---|---|---|---|---|
| 岩石类型 | 序号 | L1 | L2 | L3 | L4 | L5 | L6 |
| L1 | 2343 | 0.708 | 0.101 | 0.109 | 0.050 | 0.029 | 0.004 |
| L2 | 5623 | 0.053 | 0.769 | 0.114 | 0.042 | 0.001 | 0.020 |
| L3 | 6144 | 0.042 | 0.117 | 0.757 | 0.055 | 0.028 | 0.001 |
| L4 | 3226 | 0.031 | 0.087 | 0.118 | 0.710 | 0.051 | 0.002 |
| L5 | 2466 | 0.020 | 0.031 | 0.090 | 0.094 | 0.764 | 0.001 |
| L6 | 41 | 0.073 | 0.098 | 0.146 | 0.171 | 0.439 | 0.073 |
| 上层概率矩阵 | | | | | | | |
| 岩石类型 | 序号 | L1 | L2 | L3 | L4 | L5 | L6 |
| L1 | 2366 | 0.701 | 0.126 | 0.109 | 0.043 | 0.021 | 0.001 |
| L2 | 5643 | 0.042 | 0.767 | 0.127 | 0.050 | 0.013 | 0.001 |
| L3 | 6156 | 0.041 | 0.104 | 0.756 | 0.062 | 0.036 | 0.001 |
| L4 | 3223 | 0.036 | 0.074 | 0.105 | 0.771 | 0.072 | 0.002 |
| L5 | 2420 | 0.028 | 0.048 | 0.070 | 0.068 | 0.779 | 0.007 |
| L6 | 35 | 0.257 | 0.200 | 0.171 | 0.229 | 0.057 | 0.086 |

注：L1代表砾岩，L2代表粗粒砂岩，L3代表中粒砂岩，L4代表细粒砂岩，L5代表粉砂岩，L6代表碳酸盐岩。

最终的“沉积规律”选择和优化使用这3个标准，如图26.9所示。

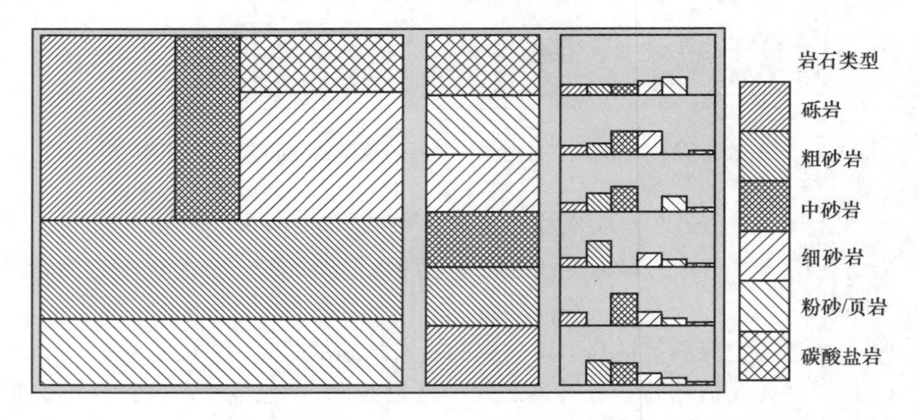


图26.9 描述项目含矿单元岩石类型之间关系的地层模型（岩石类型规则）

#### 26.3.1.4 多高斯场变异函数

应用表26.2中总结的搜索参数，计算两个高斯函数的多高斯场变异函数。图26.10和图26.11显示了估计的试验变异函数及其模型，表26.3总结了模型参数。

**表 26.2　多高斯场变异函数计算参数**

| 参　数 | N0 | N90 | 垂直 |
|---|---|---|---|
| 滞后距 | 250 | 75 | 0.5 |
| 滞后距个数 | 20 | 20 | 50 |
| 角容限 | 45 | 45 | 10 |

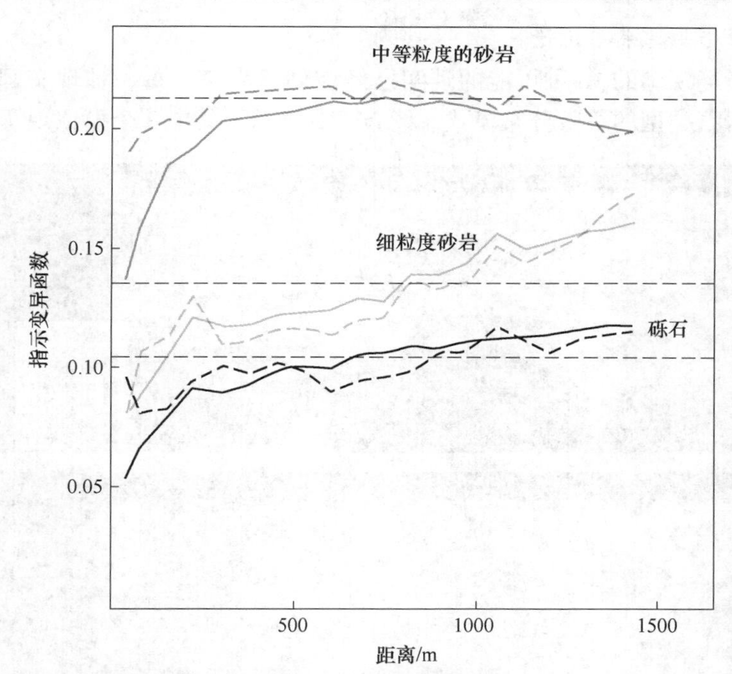


图 26.10　高斯函数 1 号沿 N90 水平方向计算的指示变异函数

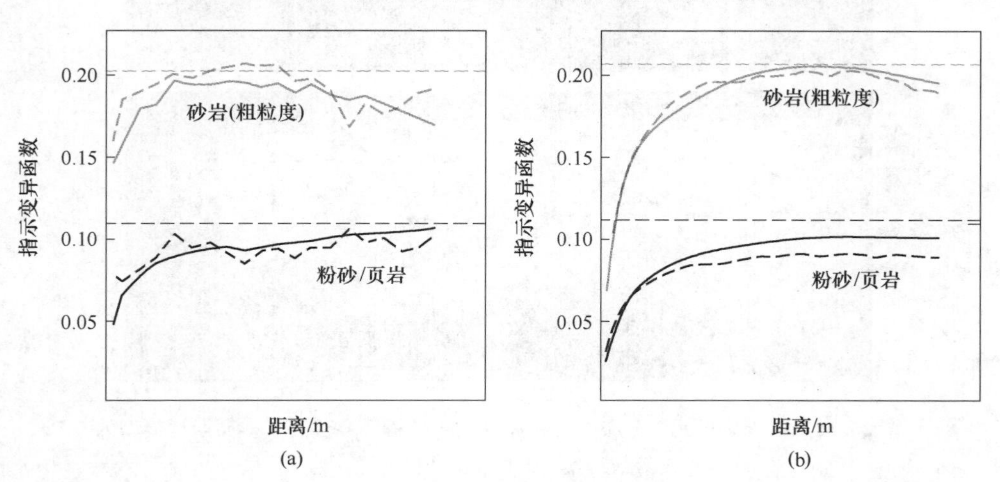


图 26.11　高斯函数 2 号计算的指示变异函数

（a）沿 N90 水平方向；（b）垂直方向

表 26.3　高斯变异函数模型

| 函　数 | 模型 | 基台 | N0 | N90 | 垂直 |
|---|---|---|---|---|---|
| 高斯 1 号 | 指数 | 1 | 400 | 400 | 7 |
| 高斯 2 号 | 3 次幂 | 0.3 | 50 | 50 | 4.5 |
| — | 球状 | 0.7 | 300 | 300 | 15 |

26.3.1.5　结果与讨论

多高斯场模型的 10 种可能的现实已经被创建出来。每一种现实都代表了有价单元中岩石类型的等效分布模式。图 26.12 显示了其中 3 个模拟现实。

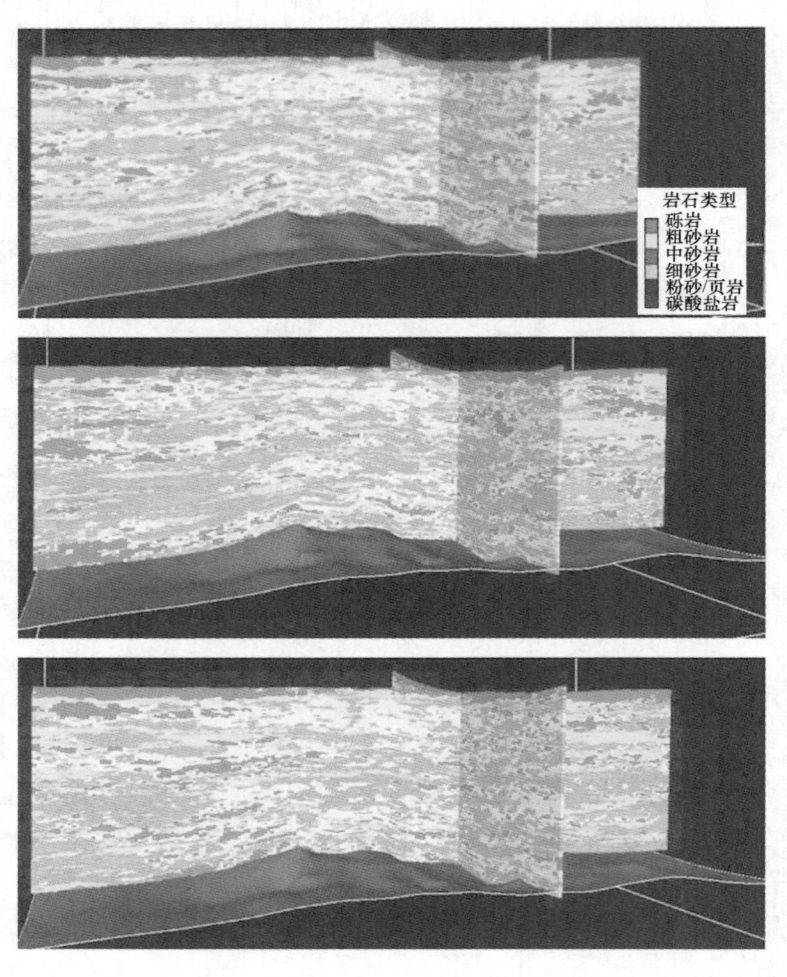


图 26.12　在含矿单元中分布的沉积序列的 3 种解释，代表了多高斯场模型的等效现实（1 号、3 号和 6 号）

该模型真实地反映了不同沉积岩复杂而高度不规则的层状结构。多高斯场方法生成的层序与钻孔中观察到的沉积岩之间的关系很吻合。

岩石分布的模式在不同的现实中是不同的（图 26.12），这表明岩石类型模型存在一定程度的不确定性，在钻孔较少的地区，这种不确定性会更大。含矿沉积层序的高变异性表明了通常被地质学家使用的剖面的确定性解释是次优的方法，因为解释的横断面过于简单，没有显示出含有铀矿化作用的沉积序列的实际复杂性。

通过对多高斯场模拟结果的统计分析，可以估计地层模型的不确定性（图 26.12）。

## 参 考 文 献

[1] Abzalov M Z. Optimisation of ISL resource models by incorporating algorithms for quantification risks：geostatistical approach [C]//International Atomic Energy Agency (IAEA). Technical meeting on in situ leach (ISL) uranium mining. Vienna，2010.

[2] Abzalov M Z，Humphreys M. Resource estimation of structurally complex and discontinuous mineralization using non-linear geostatistics：case study of a mesothermal gold deposit in northern Canada [J]. Exp Min Geol J，2002a 11 (1/2/3/4)：19-29.

[3] Abzalov M Z，Humphreys M. Geostatistically assisted domaining of structurally complex mineralisation：method and case studies [C]// AusIMM. The AusIMM 2002 conference：150 years of mining. Publication series No 6/02. Melbourne，2002b：345-350.

[4] Abzalov M Z，Drobov S R，Gorbatenko O，et al. Resource estimation of in-situ leach uranium projects [J]. Appl Earth Sci，2014，123 (2)：71-85.

[5] Armstrong M，Galli A，Beucher H，et al. Plurigaussian simulation in geosciences [M]. Berlin：2nd edn. Springer，2011：149.

[6] Bleines C，Bourges M，Deraisme J，et al. ISATIS software [D]. Paris：Ecole des Mines de Paris，2013.

[7] Chiles J-P. Fractals and geostatistical methods for modelling of a fracture network [J]. Math Geol，1988，20 (6)：631-654.

[8] Srivastava R M. Probabilistic modelling of ore lens geometry：an alternative to deterministic wireframes [J]. Math Geol，2005，37 (5)：513-544.

[9] Stegman C L. How domain envelopes impact on the resource estimate-case studies from the Cobar gold filed，NSW，Australia [C]// AusIMM. Mineral resource and ore reserves estimation-the AusIMM guide to good practice. Melbourne，2001，221-236.

[10] Strebelle S. Conditional simulation of complex geological structures using multiple-point statistics [J]. Math Geol，2002，34 (1)：1-22.

# 第 6 部分

# 分　类

# 27 分类原则

（彩图）

**摘要：**采矿项目的技术和经济评价需要将矿化分为矿产资源量和矿石储量。这两类估计的矿产禀赋与实际采矿计划的相关性有所不同。矿产资源量估计主要是利用地质科学资料和有限的技术研究。矿石储量与矿产资源相反，是根据矿山设计或矿山计划得出的，需要对采矿项目进行严格的技术和经济分析。这两个类别都根据估计的置信度细分为若干类别。

**关键词：**矿产资源量；矿石储量

## 27.1 国际报告制度

国际报告制度的必要性早在20世纪70年代初就已被认识到，当时采矿业的投资者非常担心缺乏报告标准会造成数十亿美元的损失。1971年，矿石储量联合委员会在澳大利亚成立，1989年首次发布了JORC规范。自1989年以来，JORC规范被纳入澳大利亚和新西兰证券交易所的上市规则，强制澳大利亚和新西兰的公开上市公司遵守。南非（SAMREC规范）、加拿大（NI 43-101）和其他国家也建立了类似的报告制度。

## 27.2 矿产资源量和矿石储量

提出的报告制度的基本原则是将矿产禀赋细分为勘查成果、矿产资源和矿石储量三种类型，反映了勘查的细节和采矿项目技术经济评价的深度。图27.1给出了分类原则，它为将吨位和品位估算分类到不同类别的矿产资源量和矿石储量提供了一个框架，反映了估计置信度的不同程度和技术经济评价研究的不同水平。

在勘查的早期阶段，所产生的数据不足以估计矿产资源量和矿石储量，但对投资者可能有用，因此报告为勘查成果。通常包括露头取样结果、钻孔见矿分析结果、化探资料和地球物理调查成果。一般来说，如果公司报告勘查成果，那么通常不会赋予矿化域估算的吨位和平均品位。另外，如果公司选择讨论和报告勘查目标规模的勘查成果，则应将其引用为吨位和品位范围。

当勘查成熟时，可供估算的数据就会增多，可以将矿产禀赋分类为矿产资源量和矿石储量。

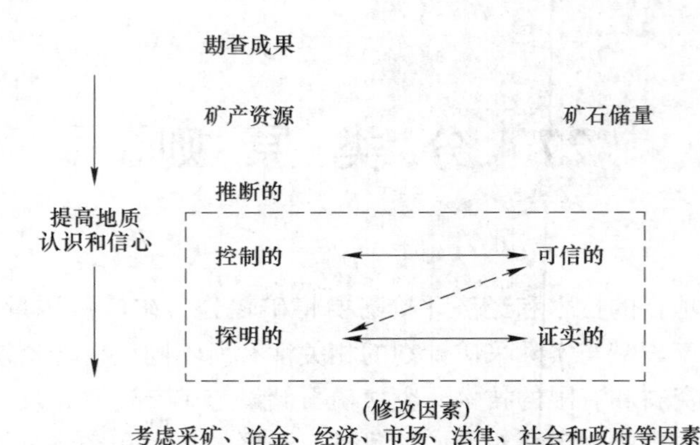


图 27.1 勘查成果与矿产资源量、矿石储量的一般关系

JORC 规范第 20 条对矿产资源的定义如下：

矿产资源是富集或产在地壳中或地壳上具有经济利益的固体物质，其形式、品位（或质量）和数量足以使其具有合理的最终经济开采前景。矿产资源量的位置、数量、品位（或质量）、连续性和其他地质特征是根据具体的地质证据和知识（包括取样）而知道、估计或解释的。矿产资源量按增加地质可信度的顺序又细分为推断类、控制类和探明类。

因此，资源的分类反映了对估计吨位和矿化品位的信心，也取决于地质解释的可靠性。

并不是所有估算和分类为矿产资源量的矿化域都可以开采（图 27.2）。矿化体的某些部分没有回收，这代表着开采损失，同时，回收的矿化物通常被贫化，因此回收的矿石的品位不同于相应的矿产资源品位。因此，通过校正开采贫化和

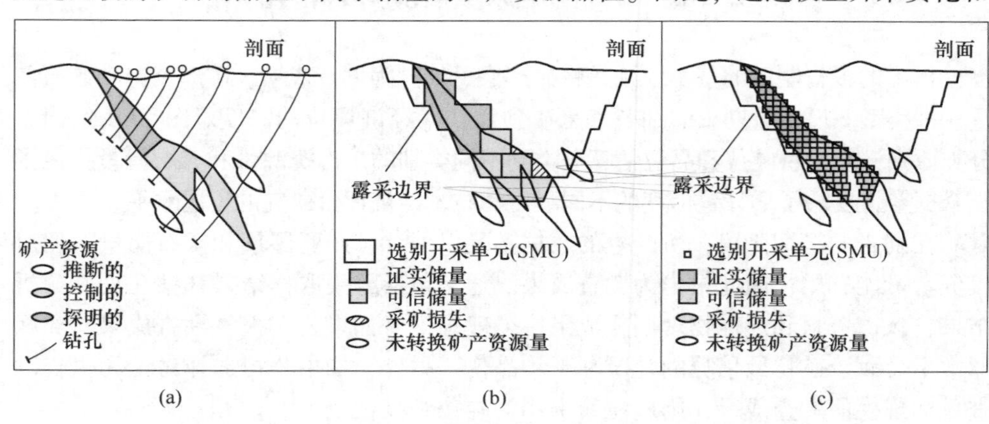


图 27.2 开采选择性对矿石储量的影响示意图

（a）矿产资源模型；（b）与非选择性采矿相对应的矿石储量；（c）与高度选择性采矿相对应的矿石储量

损失的矿产资源量来估计矿石储量的吨数和品位。将贫化因子应用于回收矿石和估算开采损失需要很好地了解矿化的空间分布，因此只有探明类和控制类资源量才能转换为储量（图 27.1）。

资源量贫化和开采损失的程度取决于所采用的开采方法。采矿方法的选择性越高，资源的回收率就越高，贫化率也就越低。如图 27.2 所示，这是由单一资源模型生成的两种不同的矿石储量模型（图 27.2b、c）。在这两种情况下露采边界是一样的，所以矿石储量是落入该露天开采边界内相同资源模型的一部分（图 27.2 b、c）。然而，获得的储量模型不同，表明矿石储量的吨位与品位不同（图 27.2b、c）。差异是由两种不同的开采方法的选择性造成的。第一种情况，如图 27.2b 所示，假设一个相对非选择性的大规模开采方案。图 27.2c 所示的第二种情况则相反，是一种选择性很强的采矿方法。由于对应的选别开采单元（SMU）块体的尺寸不同，对于不同的储量吨位和品位，其储量模型的几何形态也不同。因此，应严格按照所提出的采矿方法和准确估计选别开采单元（SMU）块的大小来估算和报告矿石储量（图 27.2b、c）。

位于露天坑境界之外的资源量不能被转换为储量，因为在构建露采坑境界模型的经济和技术参数条件下，它们不能被经济地开采（图 27.2）。但是，如果它们通过了“最终经济开采的合理前景的要求”，则仍可被报告为矿产资源量。同样，由于对其吨位和品位的信任度低，推断资源量不能转换为矿石储量。

除了增加采矿损失和将资源品位贫化转化为储量之外，还应包括冶金技术以及法律、环境、社会和市场因素可能施加的限制（图 27.1）。因此，矿石储量是矿物资源量的一部分，可以在一定的经济环境和所有其他限制因素下进行经济开采。JORC 规范对矿石储量的定义如下：

矿石储量是探明和（或）控制的矿产资源量中可经济开采的部分。它包括贫化物质和容许损失，当矿石被开采或提取时可能发生的损失，由在预可行性或可行性水平上的研究确定，包括转换因素的应用。这些研究表明，在报告时，提取是合理的。必须说明确定储量的参考点，通常是矿石运到加工厂的点。重要的是，在所有参考点不同的情况下，加以清楚说明，例如，一种可销售的产品应包含一个澄清声明，以确保读者完全理解报告的内容。

## 参考文献

[1] AusIMM. JORC Code: Australaisian code for reporting of exploration results, mineral resources and ore reserves [S]. Melbourne, 2012: 44.

# 28 矿产资源量分类方法

（彩图）

**摘要：**定量分类技术是基于地质统计学上确定资源量和储量估算值的不确定性的。这应包括对品位、体积（主要受地质解释的限制）、样品质量和吨位因素等不确定因素的估计。传统的定量分类方法主要关注品位估计的不确定性，本章将讨论这些不确定性。最常用的方法包括使用辅助地质统计函数（如 *F*-函数）近似估算估计方差和使用条件模拟方法获得的经验估计资源量的不确定性。将估计误差用于资源分类的最有效方法是将估计误差同生产，包括年度、季度和月度的生产联系起来。

这些方法允许量化估计的质量，但不能解决诸如数据质量和基础地质模型的稳健性等问题。如果这个项目中有任何重大的不确定因素，那么最终的分类应该反映这一点。

**关键词：**矿产资源量；矿石储量；地质统计学；戈夫（Gove）铝土矿

## 28.1 地质统计分类方法

国际报告体系设置了分类框架，但没有明确分类的程序和方法。因此，目前在工业中使用的分类技术因负责分类的专家的经验不同而差别很大。传统的分类方法，如到最近样品的距离或搜索邻域内样品的数量等都是定性的，基于主观上选择的分类标准，因此资源量分类的合理性定义不明确。传统分类原则的局限性被现代报告系统所承认，尽管现代报告系统没有明确确定置信水平的定义，但鼓励使用定量地统计学标准对资源量类别进行非主观的、一致的定义。

自20世纪70年代以来使用了资源量分类的地质统计学方法，该方法在21世纪初尤其普遍。可以使用地质统计标准对资源量估计的不确定性进行定量衡量，用于确定资源量类别。

有许多不同的地质统计方法被用于衡量资源量和储量的分类，这些方法因地质统计研究的严格程度而有所不同。资源量分类常用的地质统计标准如下：

（1）克里格方差；

（2）结合几个地质统计参数的各种数学公式；

（3）条件模拟得到的采场估计方差；

（4）采场品位超过一定阈值的概率；

（5）地质统计辅助函数；

（6）将资源量不确定性与矿山生产计划联系起来的分类。

目前，没有一种单一的和普遍接受的方法来估计资源量的不确定性，专家之间也没有就定义资源量类别应采用何种分类标准和精确误差水平达成协议。其中，Royle 建议根据单个块的克里格估计精度对资源量进行分类。许多从业者提出替代方法，即建议对代表几个月生产的大型块应用地质统计标准来对资源量进行分类。

用于分类的资源量和储量的可接受精度误差水平也有所不同。因此，Diehl 和 David 建议对不同类别使用不同误差水平。他们使用±10%作为证实储量的限度，±20%作为可信储量的限度，±40%作为控制资源量的限度，±60%作为推断资源量的限度。另一种办法是对所有类别使用相同的误差水平，但按估计的块大小加以区分。该方法已发展成为将资源量不确定性与矿山生产计划相联系的分类技术。

## 28.2 与生产计划有关的分类

这种方法是在 1990 年代后期发展起来的（M. Belanger，个人交流），它是目前最常用的资源量分类方法之一。该技术将资源量类别与矿山生产计划联系起来，因此所确定的资源量和储量类别是根据所研究项目的技术和经济特点而定的。与更一般的分类系统相比，这种方法具有优势，因为它允许量化特定于给定项目的资源量和储量的不确定性。

### 28.2.1 分类标准

该方法的基本原理是对估计吨位和矿块品位的不确定性进行量化，矿块的大小是根据矿山生产计划确定的。最常见的是年度和季度产量，它们被用作将资源量分类为控制资源量和探明资源量的参考点。使用该方法进行分类有以下几个步骤。

（1）根据该矿的年度和季度生产计划，在区块（块）上进行细分。

（2）创建基于资源定义的网格分布的数据集。这些集合可以从可用的钻孔中取样，如果它们的分布较密，那么最小的网格就会被用于定义资源量。然而，在勘查钻孔的实践分配中，勘查钻孔间距太宽，不适合于二次采样，因此通常采用钻孔的条件模拟和抽取一个现实样品来创建一组实验数据。

（3）对每一组生成的数据生成矿床的条件模拟模型。这些模型通常包括 30~50 个现实样品，应该覆盖整个矿床，或者至少包括数年生产的代表性部分。然而，在某些情况下，仅使用模型中的 10 个现实样品就可以获得良好的结果。模型中模拟现实的数量主要是一个实际的考虑，代表了不确定性模型应该评估的细节水平和项目的时间及预算限制之间的权衡。

（4）将条件模拟的点模型结果分组到划分的块中，分别估计每个现实块的平均品位。

（5）通过对模拟块品位和吨位的统计分析，推导出每个研究的钻孔网度的估计不确定性。

（6）通过比较获得的误差和分类阈值，选择最优的资源定义网度。最常用的分类标准如下：

1）如果表示季度（3 个月）产量的矿床体积在 90%的置信水平上估计误差为 15%，则矿化被定义为探明资源量；

2）控制资源量包括与年度生产计划相对应的矿化，在 90%的置信水平上估计误差为 15%（或 30%）。

这种方法在包含不同商品和矿化类型的不同采矿项目中进行了测试。总的来说，这种方法是稳健的和适当的，可以根据所研究项目的技术和经济特点对矿产资源量和矿石储量进行非主观的分类。然而，试验也表明，分类参数在不同的工程中可能有所不同。例如，可以使用表示矿山 1 个月产量的来定义探明资源量（Rocky's Reward，澳大利亚）。

作为资源量分类的阈值的估计不确定性的水平也各不相同。例如，在澳大利亚的铝土矿床，分类的阈值为 95%置信水平（即 2 个标准差）下的±10%。一般来说，使用±15%的误差可能过于宽松，因为采矿作业的利润率很少超过 15%，而且很多作业的利润率低于 15%。

矿石加工厂对金属品位和有害成分变化的限度通常在 10%～20%范围内变化。因此定义储量具有±15%的误差施加的风险是很大一部分矿化将无用和排除在储量之外，就像发生在 WMC 资源公司的 Phosphate Hill 矿的操作一样。

对于推断资源量的定义标准，甚至存在更大的不确定性，这些资源量的定义通常没有考虑到它们与项目特征的相关性。目前作者建议了一种替代的方法，将推断资源量与项目经济学联系起来。建议待开发地区项目资源量的最低投资额不应低于回收投资成本。在项目评价的早期阶段，无法得到关于项目费用和矿山产量的准确估计，因此，这些参数通常是从开采类似类型矿床的另一个项目推断出来的。

可接受的精度误差水平应由估计的利润率来推算。在利润丰厚的项目中，这种误差的限度要大于那些开采矿石的出矿品位接近盈亏平衡点品位的项目。但是，如果无法更准确地确定可接受错误的水平，则可以使用 95%置信水平（2 个标准差）估计的±15%的误差作为推断资源量定义的默认阈值。该方法被用于澳大利亚铝土矿床和约旦 CJUP 矿床的推断资源量分类。

### 28.2.2　分类程序

在本节中，以戈夫（Gove）铝土矿矿床进行的案例研究为例，解释了通过将估计误差与矿山生产计划联系起来的资源量分类程序，并通过在澳大利亚 Weipa 矿床进行的类似研究对其提供了支持。

戈夫矿床位于戈夫半岛，靠近卡彭塔里亚湾海岸（图 28.1）。它是在 1955—1968 年勘查的，从 1971 年至今一直在开采。随着勘查的不断进行，有必要审查目前在戈夫高原用于定义铝土矿资源量的钻探网度的有效性。采用将资源量不确定性与生产计划联系起来的分类方法，并以矿床的一个代表性部分作为特别研究区为基础进行了计算（图 28.1）。

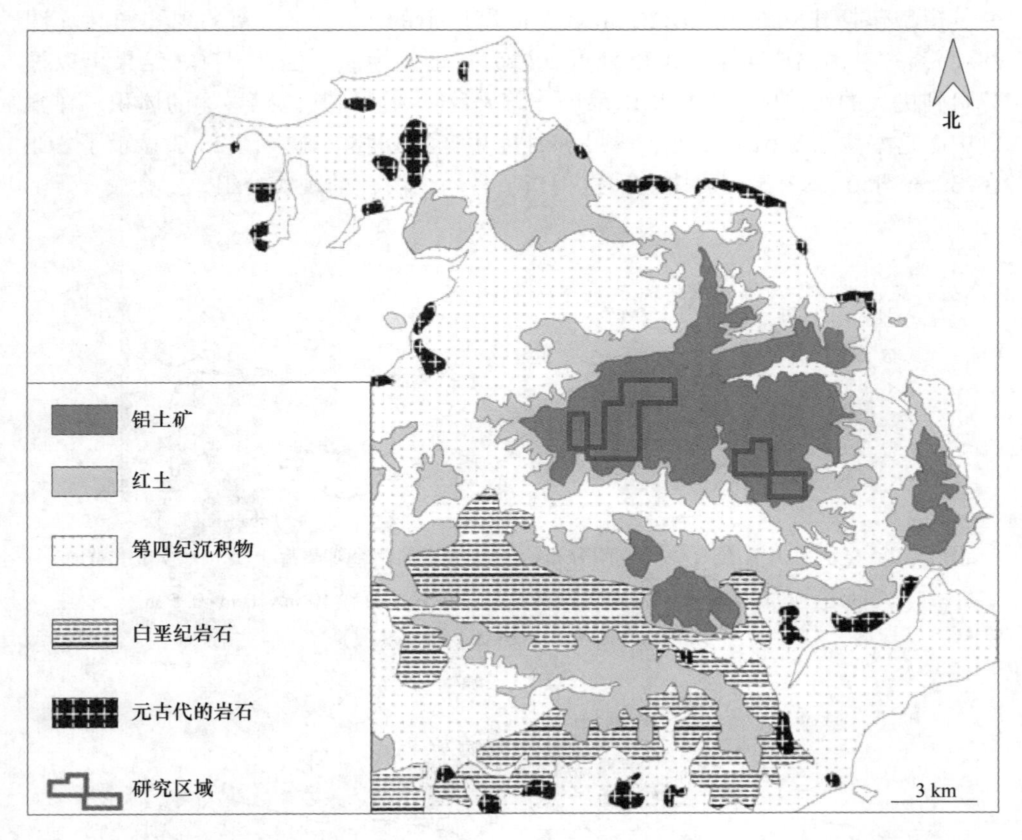


图 28.1　戈夫矿床地质图（由 Ferenczi 2001 年绘制，为定义资源量类别而选择的研究区域）

研究区域被细分为块段，代表年度、季度和月度生产计划。它包含 21 个年度生产动用的矿块，69 个与季度生产计划匹配的矿块，185 个与月度生产计划匹配的矿块。

研究区域按照 50 m×50 m 的网度进行了系统的钻探。为了创建实验数据集，对钻孔数据库进行了采样。通过对勘探数据库采样，总共创建了 6 种网度，包括 50 m×50 m、70 m×70 m、100 m×100 m、150 m×150 m、200 m×200 m 和 300 m×

300 m。

另外需要一个 20 m×20 m 的网度来估计块的不确定性，该不确定性等于月产量。这个网度比实际钻孔间距要小，约 50 m×50 m，因此必须使用条件模拟技术创建 20 m×20 m 的试验集。采用序贯高斯（SGS）条件模拟方法对 20 m×20 m 网度的钻孔数据进行建模，并选择该模型的单一现实作为试验数据集。

本书选择了两个品位变量来估计资源量的不确定性，即 $Al_2O_3$ 和 $SiO_2$ 的品位。为每个变量创建了 7 个 SGS 的矿床模型，每个模型对应于选择的数据网度之一。模型包括建立在 10 m×10 m×0. 5 m 网度上的 15 个等概率的现实样品（图 28. 2）。这种网格产生了一个以准点支撑为特征的模型，因此，SGS 结果可以被分组到更大的块体中，包括矿山采场、露天台阶和任何其他感兴趣的体积。在案例中，这些块与矿山的年度、季度和月度生产计划相匹配。图 28. 3 显示了 SGS 在230 m×450 m×3. 5 m 的块上（这相当于月动用块）的现实分组。

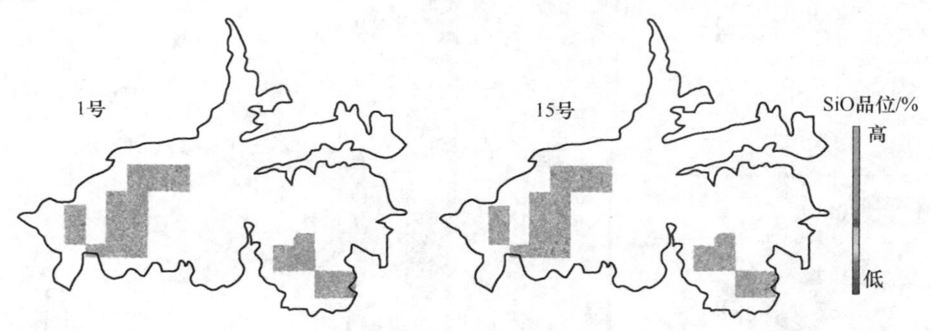


图 28. 2　显示 $SiO_2$ 品位（%）空间分布的 SGS 模型的两个等概率现实（1 号和 15 号）
（利用分布在 200 m×200 m 的网格数据，将其插值到 10 m×10 m×0. 5 m
的规则网格上，建立了拟合模型）

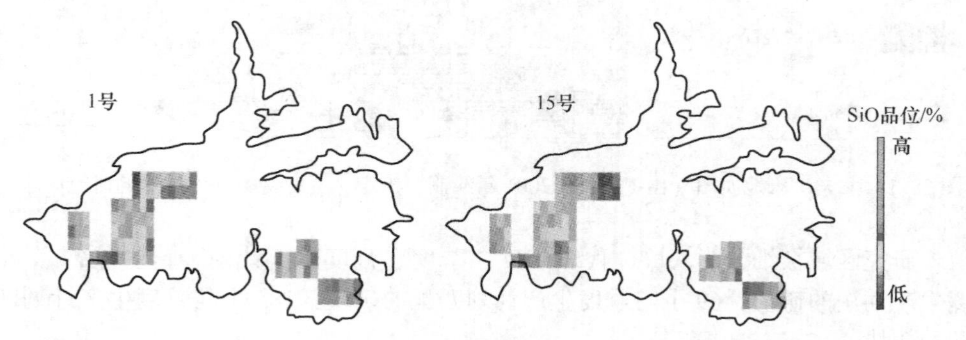


图 28. 3　用 200 m×200 m 数据建立的 $SiO_2$ 品位（%）的 SGS 模型的两个等概率现实
（1 号和 15 号）（平均到 230 m×450 m×3. 5 m 块，块尺寸等于月度生产计划动用块的大小）

因此，对 SGS 模型的每一次现实都创建了一个块品位的估计。每个块总共得到 15 个值。这些值是等概率的，因此可用于块品位不确定性的统计量化。

不确定性（估计误差）通常估计为品位值的相对方差［式（28.1）］或以百分比［式（28.2）］表示的变化系数（COV）。后者的估计更方便，因为 2COV 的值以 95%的置信水平量化了误差。

$$\text{相对方差} = \frac{\text{块品位的方差}}{\text{平均品位}^2} \tag{28.1}$$

$$\text{变化系数}(\%) = 100\% \times \frac{\sqrt{\text{块品位的方差}}}{\text{平均品位}} \tag{28.2}$$

估计的不确定性允许比较研究的网格大小的适宜性和选择最佳的资源类别定义的合理性（图 28.4）。

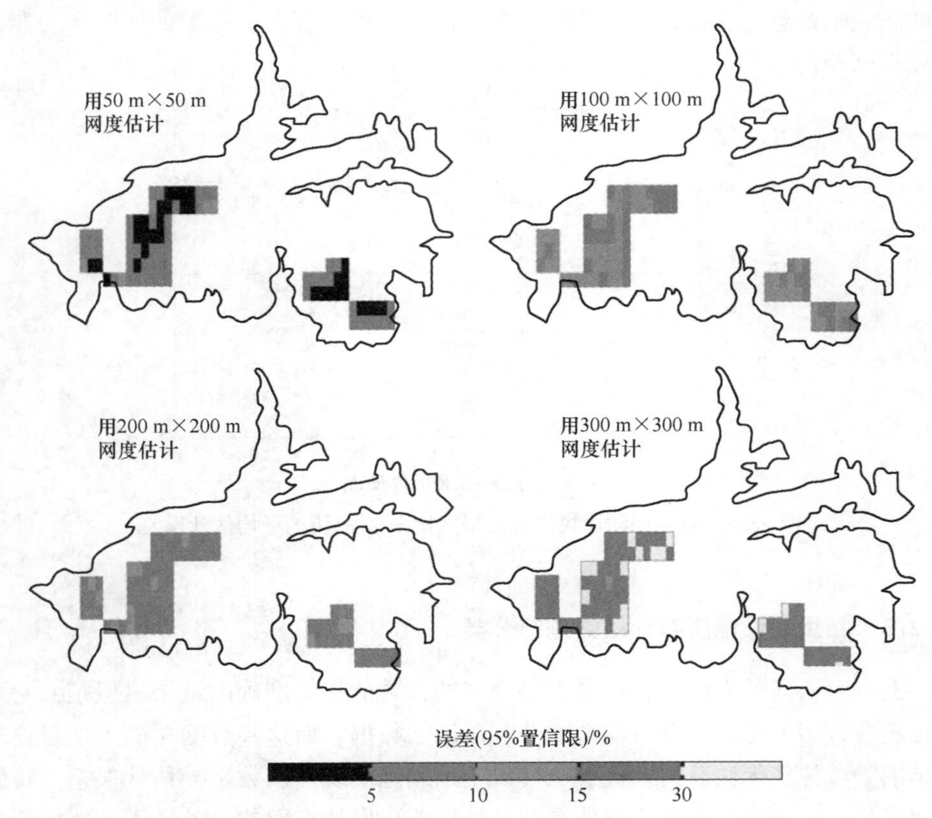


图 28.4　不同数据网度估计的月动用块 $SiO_2$ 品位的不确定性

一种常见的做法是估计每个网格的平均不确定性水平，并将所获得的值与所研究的网格进行绘图对比。通过寻找平均不确定性小于或等于指定阈值的最大网格来选择最优网度。

在目前的研究中，建议采用以下标准对矿床资源量进行分类。

（1）探明资源量的定义是通过估计矿床中等于季度动用部分的不确定性来确定的。如果在95%置信限下，资源量的估计误差为±10%，则将资源量分类为探明资源量。

（2）控制资源量的定义是通过估计矿床中等于年度动用部分的不确定性来确定的。它应该在95%置信限下以±10%的误差进行估计。

（3）推断资源量包括全矿区的吨位和品位，在95%的置信限下以30%的不确定性进行估计。

这些准则的应用如图28.5所示。根据所提出的方法，如果数据网度约为30 m×30 m，则可获得用于月度生产计划的$SiO_2$含量的准确估计（图28.5）。类似的图表也被创建为代表季度和年度动用的块，作为资源量分类的探明和控制选择最佳网格的基础。

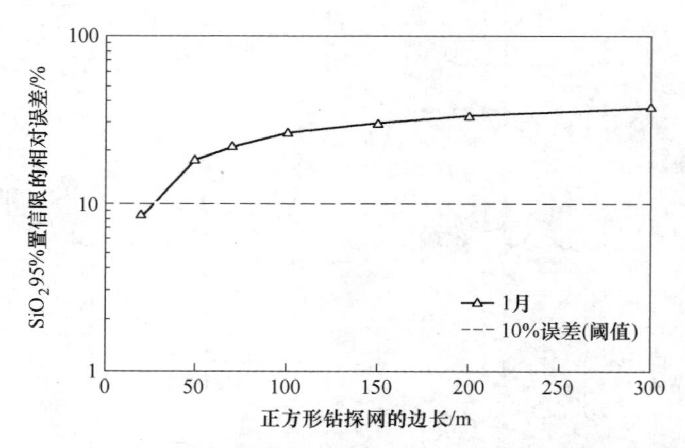


图28.5 月生产动用块段与数据网格$SiO_2$品位的平均估计误差

### 28.2.3 利用辅助地质统计函数进行分类

上一节所述的方法在方法学上是稳健的，并能提供准确的结果，但是，它可能会花费过多的时间，并且需要充分利用原始数据，而这些数据在矿山项目评价的早期阶段往往无法获得。此外，可以用辅助地质统计函数推导估计误差。特别是金属品位、煤层厚度和岩石体重的估计误差可以从它们的$\gamma$条线图参数推断出来。这个参数在地质统计学中也称为辅助$F$函数，代表矩形块（$V$）中包含的所有可能向量的变异函数$\bar{\gamma}(V, V)$的平均值［式（28.3）］。

$$F(V)=\bar{\gamma}(V, V) \tag{28.3}$$

$F$ 函数的一个重要性质是它等于矩形块内点支持的离散方差（$D$）。换句话说，矩形块($V$) 上的平均变异函数等于使用点(0) 上定义的值来预测块($V$) 内的平均性质的扩展方差，点(0) 可以在块($V$) 内取任何位置。

$$F(V) = \bar{\gamma}(V,\ V) = D(0|V) \tag{28.4}$$

式中　$F(V)$ ——对大小为 $V$ 的矩形块估计的 $F$ 函数值；

$\bar{\gamma}(V,\ V)$ ——在矩形块内所有可能向量上估计的变异函数的平均值；

$D(o \mid V)$ ——在大小为（$V$）的矩形块内点支持（0）的离散方差。

式（28.4）的这一特性将变异函数模型与估计误差联系起来，并允许使用 $F$ 函数作为资源量估计不确定性的度量。当钻孔网度是近规则的，即每个研究矩形块包含一件样品时，$F$ 函数是适用的。然而，样品可以在块内的任何位置（即随机浮动）（图 28.6）。这样的数据点的分布通常被称为一个随机分层网格，是用于估算矿产资源量的最常见类型之一，因此 $F$ 函数是估算资源量不确定性的最合适的地质统计标准。

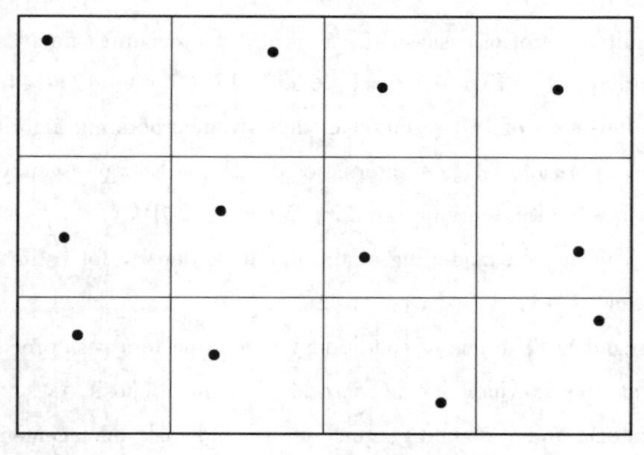

图 28.6　随机分层网格

计算过程包括建立被研究变量的实验变异函数、拟合变异函数模型，然后估计变异函数在感兴趣的矩形块上的平均值。用于计算 $F$ 函数而选择的矩形块的大小应与为确定矿产资源而提出的工程网度的尺寸相匹配。

实际上，感兴趣区块对应的 $F$ 函数值通常是从特殊的地质统计辅助函数图中推导出来的，这些图根据变异函数模型和变异函数的变程与钻探网度的尺寸的比率来校准 $F$ 函数值。

地质统计辅助函数图可以在许多地质统计教科书中找到。估计 $F$ 函数值的另一种方法是使用计算机程序。在这种情况下，在研究矩形块中所有可能的向量被离散逼近，并表示为数据点的矩阵。通常，离散到 10 m($X$)×10 m($Y$)×10 m($Z$) 点的矩阵会产生准确的结果。由样品推导出的变异函数模型，用于计算矩形块内离散点之间所有可能向量的变异函数。然后对估计的变异函数进行平均，得到平均变异函数值（即 $F$ 函数）。方法的应用如下：

（1）首先，估计主要金属的实验变异函数及其模型。有些矿床的矿产资源量和矿石储量的定义需要准确估计有害成分。特别是铁矿床中 $SiO_2$ 和 $Al_2O_3$ 的含量，铝土矿床中 $SiO_2$ 和 $Fe_2O_3$ 的含量。

（2）必须计算用于估计探明和控制资源的钻探网度对应的块大小的 $F(V)$ 值。

（3）估计矿产资源的不确定性（估计误差）的计算方法是，将获得的 $F(V)$ 值除以代表年度（控制资源量）或季度（探明资源量）动用的矿石体积中所含的 $V$ 大小块的数目。

（4）最后，通过寻找估计误差与估计金属品位精度相匹配的空间分布模式，确定最优的网度。

## 参 考 文 献

[1] Abzalov M Z. Quality control of assay data: a review of procedures for measuring and monitoring precision and accuracy [J]. Exp Min Geol J. 2008, 17 (3/4): 131-144.

[2] Abzalov M Z. Optimisation of ISL resource models by incorporating algorithms for quantification risks: geostatistical approach [C]// International Atomic Energy Agency (IAEA). Technical meeting on in situ leach (ISL) uranium mining. Vienna, 2010.

[3] Abzalov M Z. Measuring and modelling of the dry bulk density for estimation mineral resources [J]. Appl Earth Sci, 2013, 122 (1): 16-29.

[4] Abzalov M Z, Mazzoni P. The use of conditional simulation to assess process risk associated with grade variability at the corridor sands detrital ilmenite deposit [C]// AusIMM. Ore body modelling and strategic mine planning: uncertainty and risk management. Melbourne, 2004: 93-101.

[5] Abzalov M Z, Bower J. Optimisation of the drill grid at the Weipa bauxite deposit using conditional simulation [C]// AusIMM. Seventh international mining geology conference. Melbourne, 2009: 247-251.

[6] Abzalov M Z, Bower J. Geology of bauxite deposits and their resource estimation practices [J]. Appl Earth Sci, 2014, 123 (2): 118-134.

[7] Abzalov M Z, Menzel B, Wlasenko M, et al. Optimisation of the grade control procedures at the Yandi iron-ore mine, Western Australia: geostatistical approach [J]. Appl Earth Sci, 2010, 119 (3): 132-142.

[8] Abzalov M Z, Van der Heyden A, Saymeh A, et al. Geology and metallogeny of Jordanian uranium deposits [J]. Appl Earth Sci, 2015, 124 (2): 63-77.

[9] Annels A E. Mineral deposit evaluation, a practical approach [M]. London: Chapman and Hall, 1991: 436.

[10] Arik A. An alternative approach to resource classification [C]// Colorado School of Mines. Proceedings of the 1999 computer applications in the mineral industries (APCOM) symposium. Colorado, 1999: 45-53.

[11] Blackwell G. Relative kriging error-a basis for mineral resource classification [J]. Exp Min Geol , 1998, 7 (1/2): 99-105.

[12] Davis B. Confidence interval estimation for minable reserves [J]. SME Preprint, 1992, 92-39: 7.

[13] Dielhl P, David M. Classification of ore reserves/resources based on geostatistical methods [J]. CIM Bull, 1982, 75 (838): 127-135.

[14] Dimitrakopoulos R. Orebody uncertainty, risk assessment and profitability in recoverable reserves, ore selection and mine planning [R]. Workshop Course. BRC, The University of Queensland, 2002: 304.

[15] Ferenczi P A. Iron ore, manganese and bauxite deposits of the Northern Territory. Northern Territory Geological Survey Report 13 [M]. Darwin: Government Printer of the Northern Territory, 2001: 113.

[16] AusIMM. JORC Code: (2012) Australaisian code for reporting of exploration results, mineral resources and ore reserves [S]. Melbourne: 2012: 44.

[17] Journel A G, Huijbregts C J. Mining geostatistics [M]. New York: Academic Press, 1978: 600.

[18] Krige D. A practical analysis of the effects of spatial structure and of data available and accessed, on conditional biases in ordinary kriging [M]// Geostatistics, Wollongong: '96, v2, 1996: 799-810.

[19] Olea R A, et al (ed) . Geostatistical glossary and multilingual dictionary [M]. New York: Oxford University Press, 1991: 177.

[20] Rossi M E, Camacho JE. (2004) Application of conditional simulation to resource classification scheme [J]. CIM Bull, 2004, 97 (1079): 62-68.

[21] Royle A G. How to use geostatistics for ore reserve classification [J]. World Min, 1997, 30: 52-56.

[22] Schofield N A. Determining optimal drilling densities for near mine resources [C]// AusIMM. Mineral resource and ore reserves estimation-the AusIMM guide to good practice. Melbourne, 2001: 293-298.

[23] Sinclair A J, Blackwell G H. Resource/reserve classification and the qualified person [J]. CIM Bull, 2000, 93 (1038): 29-35.

[24] Snowden D V. Practical interpretation of mineral resource and ore reserve classification guidelines [C]// AusIMM. Mineral resource and ore reserve estimation-the AusIMM guide to good practice. Melbourne, 2001: 643-652.

# 29　资源量转换为储量

**摘要：** 评估项目的可行性包括将矿产资源量转化为矿石储量，这是在地质学家的大力投入下进行的，用于估计采矿和选冶因素。特别是，地质学家可能负责矿石类型的选冶特性，以确保选冶试验样（大样）具有代表性和足以进行结论性测试。

本章提出了一种确认其代表性的新方法。如果大样能很好地覆盖矿床的空间范围，并且其组分与选别开采单元（SMU）组分的每五分之一分位数间隔或至少五分之一、二十五分之一、五十分之一、七十五分之一和九十五分之一的分位数间隔相匹配，则可认为是代表所研究矿床的全部。通过绘制 SMU 块的柱状图，包括金属品位和选冶有害元素的比较，来检查大样的组成及其代表性。

**关键词：** 矿产资源量；矿石储量；SMU；大样；经济；净现值

将估算的矿产分类为矿产资源量只需要对最终的经济开采有合理的前景。因此，矿产资源量可包括在提出报告时开采在经济上不可行的矿石。相反，矿石储量严格地与采矿计划有关，只包括在提出报告时适于经济开采的矿石。例如，JORC 规范将矿石储量定义为经济上可开采的探明资源量和控制资源量的修正部分，强调应至少在预可行性研究阶段进行研究来确定矿石储量。

因此，估算矿石储量需要进行更多的研究，包括涉及可能限制有关金属的经济开采的所有因素的学科（技术、社会、法律、经济、环境和金融）。地质专业人员通过参与大多数技术和经济研究，对矿石储量的确定作出贡献。但是，对矿山地质学家投入的最强烈需求存在于评价采矿和选冶因素方面。这两个因素决定了生产率和成本，这是对采矿项目进行经济评价的基础，包括确定一个项目在经济上可行的边际品位值，在这里也将简要讨论。

## 29.1　开 采 因 素

根据定义，储量应从矿山设计或矿山计划中获得，而不能通过简单的矿产资源分解来获得（JORC Code 2012）。因此，估计矿石储量需要一个采矿工程师的各种投入，他是矿石储量估算小组的关键成员。然而，如果没有对矿体的地质认识，特别是对矿床结构和组成的充分认识，估计矿石储量可能是徒劳的。重要的是，向矿石储量模型提供投入的地质学家应该对所研究的采矿项目建议的采矿技术或在矿山运作时应用的采矿技术有扎实的经验。矿山地质学家对采矿技术的良好理解有助于他们与采矿工程师的沟通。

储量通常是根据一个块模型来估计的，该模型由规则块组成，其大小等于最小的选别开采单元（SMU）。小于SMU的矿化体不能有选择地开采，因此包含此种矿化的SMU会被废石贫化。贫化程度取决于采矿方法。由于采矿技术的限制，有些矿化区域无法开采。例如，这些可能是留在地下矿井的柱子。不可回采的矿化被认为是采矿损失，不包括在报告的矿石储量中。

在考虑这些开采因素的基础上，将经济边际品位准则应用于设计的露天采场或地下采场的SMU块的贫化品位的估算。在矿山设计之外的所有资源量都不能转换为储量，因此应继续报告为资源量。

## 29.2　选 冶 因 素

采矿计划传统上是根据矿石的品位来制定的。然而，众所周知，为了使加工厂性能最大化，品位不是唯一可考虑的特征，还需要考虑许多其他参数，包括矿石和脉石矿物学、矿石结构，易磨性、选冶有害成分含量和其他属性描述。

矿床的选冶特征在整个矿床中很少是一致的，因此它们的空间分布应该由地质学家精确地绘制出来，并在矿床的三维模型中实现，并将这些数据整合到矿山平面图中。这种方法通常被称为选冶地质建模，需要一个由矿山地质学家扮演重要角色的跨学科团队。

地质小组协助项目选冶专家开发加工技术，并在研究项目中为矿体进行优化。地质学家必须收集矿化选冶特征所需要的所有地质、矿物学和地球化学数据。这还可能包括矿化体的详细结构特征或详细的工艺矿物学特征，这对于精确的选冶分类是必要的。如果发现了两种或两种以上选冶不同类型的矿化，则应研究其空间分布并将其纳入矿床的矿石储量模型。

### 29.2.1　矿石储量选冶系统学

地质特征包括对矿石选冶性能有影响的岩石性质。最常用的选冶地质属性包括：

（1）矿石矿物学，包括伴生金属；

（2）煤矸石矿物学；

（3）结构与矿物包裹；

（4）易磨性；

（5）有害成分地球化学和矿物学；

（6）废石和尾矿中产酸硫化物；

（7）岩石风化；

（8）电力和水的消耗。

地质变量被细分为主要变量和响应变量。

主要变量包括可以直接测量的岩石属性。主要变量最明显的例子是有害元素的含量。响应变量包括描述岩石对过程响应的岩石属性。这类变量的例子包括金属的选冶回收率和矿石的可磨性。

### 29. 2. 2　大样的代表性

矿石的选冶特性是通过对大样进行一系列试验确定的，这些试验是优化选矿工艺的主要经验数据来源。这种测试能够估计选冶回收率和量化控制矿石选冶性能的因素，从而有助于估计加工成本。

选冶试验通常需要大量的矿石，一个批量样品为几百公斤到几十吨，随后可以在试生产的规模上进行进一步的研究。大量的试样意味着在选冶测试工作中只能使用有限数量的单个试样。因此，选冶测试的有效性受到这些样品作为整个矿体的代表性程度以及在表征过程中使用的选冶测试方法的适当性的限制。收集大量样品的地点由项目地质学家确定，他们必须确保其对项目的代表性，因为选冶试验的有效性取决于所使用的大样的代表性。

本书简要介绍了一种估算大样代表性的新方法，并以约旦项目中开展的大样抽样方案为例。该方法需要进行两项研究：一是分析大样的空间分布，确保其覆盖整个矿床；二是对统计数据进行分析，确保大样的组成在统计上代表整个矿床。

用于批量取样的地点应包括整个矿床和矿床内所有类型的矿化物质，以便被视为整个矿床的代表。这意味着大部分样品必须选择从不同的位置代表的不同矿体部分（图 29. 1a~c）。样品应均匀地分布在整个矿床中，而不应聚集在小区域内，这可能代表了来自矿床中较易采样部分（图 29. 1d）。

如果数据量允许构造变异函数，那么选冶特征的空间连续性可以从地质统计学上进行估计，并用于创建矿床的选冶模型。特别是，如果在矿体特征（金属品位、矿物学、结构）和选冶回收率之间发现了稳健的空间相关性，则可以使用多元地质统计学技术将试验工作结果外推到模型的所有块体。

在本研究通过绘制大样与给定项目中大小等于最小选别开采单元（SMU）块的直方图来检验大样组成的代表性（图 29. 1）。这种比较不应局限于矿化程度，还应包括选冶有害元素。如果要对整个矿床的定量矿物组成进行系统分析，还应绘制选别开采单元（SMU）大小块的选冶重要矿物的柱状图，并与大样的矿物组成进行比较。

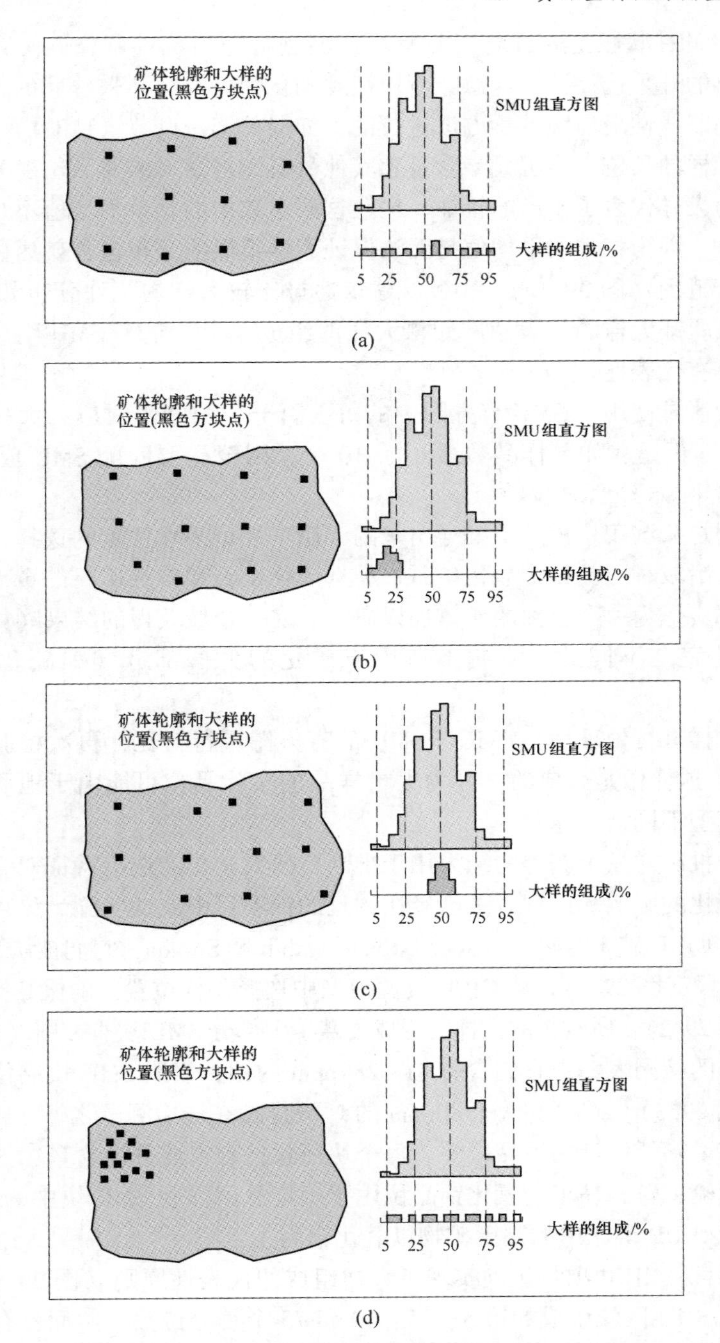


图 29.1 具有代表性和非代表性的大样配置示意图

(a) 具有代表性的大样；(b) 样品的空间分布具有代表性，但组成偏重于低品位矿化；
(c) 样品的空间分布具有代表性，但其组成不具代表性，因为取样没有包括低矿化和高矿化；
(d) 样品在统计上具有代表性，但空间分布不具有代表性

SMU 块的柱状图是通过对资源量块模型进行地质统计调整，使其符合研究项目中提出的开采选择性，这意味着块被规则化为可选别开采单元的大小。这种调整是使用非线性地质统计学方法进行的，如局部统一调节（LUC）。

如果大样的品位、有害元素含量和其他具有经济意义的非品位变量代表了矿床，则认为大样代表了矿床的特征。比较这两组数据的算术平均值不足以保证大样的代表性，因为相等的平均值是无法保证大样组成的分布包含矿床内矿石品位组成的整个范围（图 29. 1c）。因此，建议通过比较大样的统计分布和 SMU 品位的直方图来验证大样的代表性。如果大样的组成包含了整个 SMU 组成范围，则认为大样具有代表性。

最佳做法是使用与 SMU 直方图中的每 5 百分位数间隔对应的大样进行测试（图 29. 1a）。但是，如果样品数量小于 10 个，则至少要匹配 SMU 成分的第 5、25、50、75 和 95 个百分位数。

该准则是从沉积块模型中推导出来的，用于批量采样位置的选择。当一个矿床有几个选冶域时，例如含氧化矿石、易选硫化矿石和难选矿石的金矿床，每一个选冶域都应作为一个单独的矿体加以研究。在一个域获得的结果（如氧化金矿化）可能是完全不同的，因此不适用于矿化的另一部分（如硫化物伴生金矿脉）。

在对大样进行处理后，将其与 SMU 的直方图进行对比，再次检验其代表性（图 29. 1）。这样做是必要的，因为大量样品的实际品位可能由于地质统计估计误差而与模型不同。

从单个批次样品中获得的结果用于推断所研究矿化的选冶特征对金属品位和有害成分变化的影响。这种方法已经在约旦的铀项目中成功实施。该项目的选冶测试集中在 CJUP 矿床的两个小区域，Khan Azabib 和 Siwaqa，它们被认为是最可能成为首采地段（图 29. 2）。从 CJUP 资源模型中选择采样位置，确保其空间分布代表全区（图 29. 2），所收集的大样的组成覆盖了大部分 SMU 块直方图（图 29. 3）。

对大样的检测表明，它们含有 81～289ppm 的铀，表明 SMU 块品位的覆盖范围很好（图 29. 3）。矿化度低于 80ppm 的 U 被排除在选冶测试之外，因为这种被认为不经济。除了估计的铀品位外，每个块还包括有害成分的含量，这组元素和氧化物包括硫、磷和黏土。氧化铝品位用于确定总试样和 SMU 块中的黏土浓度，主要是因为 CJUP 矿床中的黏土矿物以氧化铝为主。

总体而言，CJUP 项目正确实现了大样组成的代表性原则（图 29. 1a），大样组成接近于 SMU 区块组成的第 5、25、50 和 75 个百分位数。然而，有害成分品位最高的物质（95%）在测试中分析的大样中不存在（图 29. 3）。特别是，经过处理的大样中硫含量低于 2%（图 29. 3），因此，在选冶试验的下一阶段将收集并处理额外的含 4%～6%硫的样品。

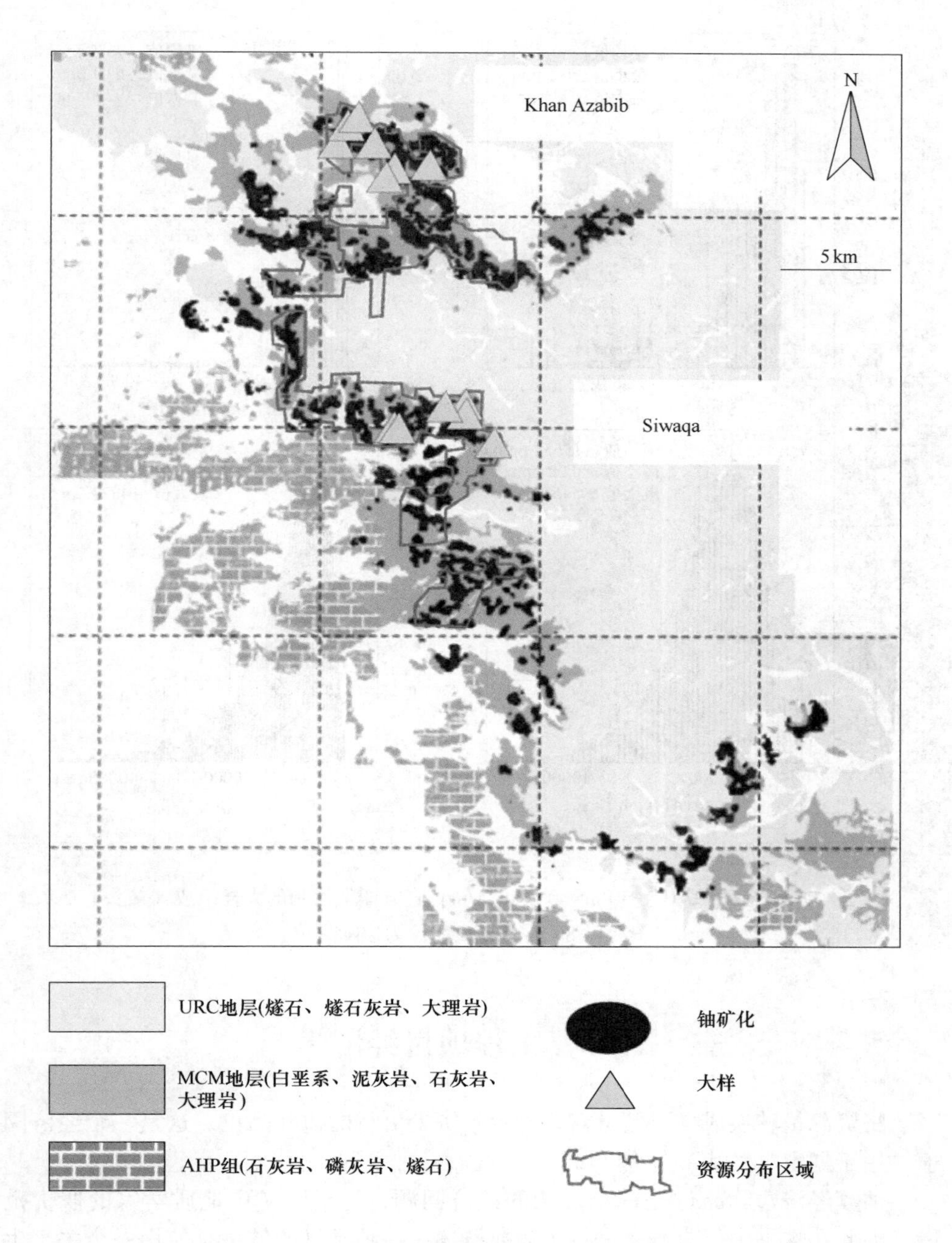


图 29.2 CJUP 矿床内大样空间分布地质图
（转载自参考文献［2］，经 Taylor-Francis Group 许可）

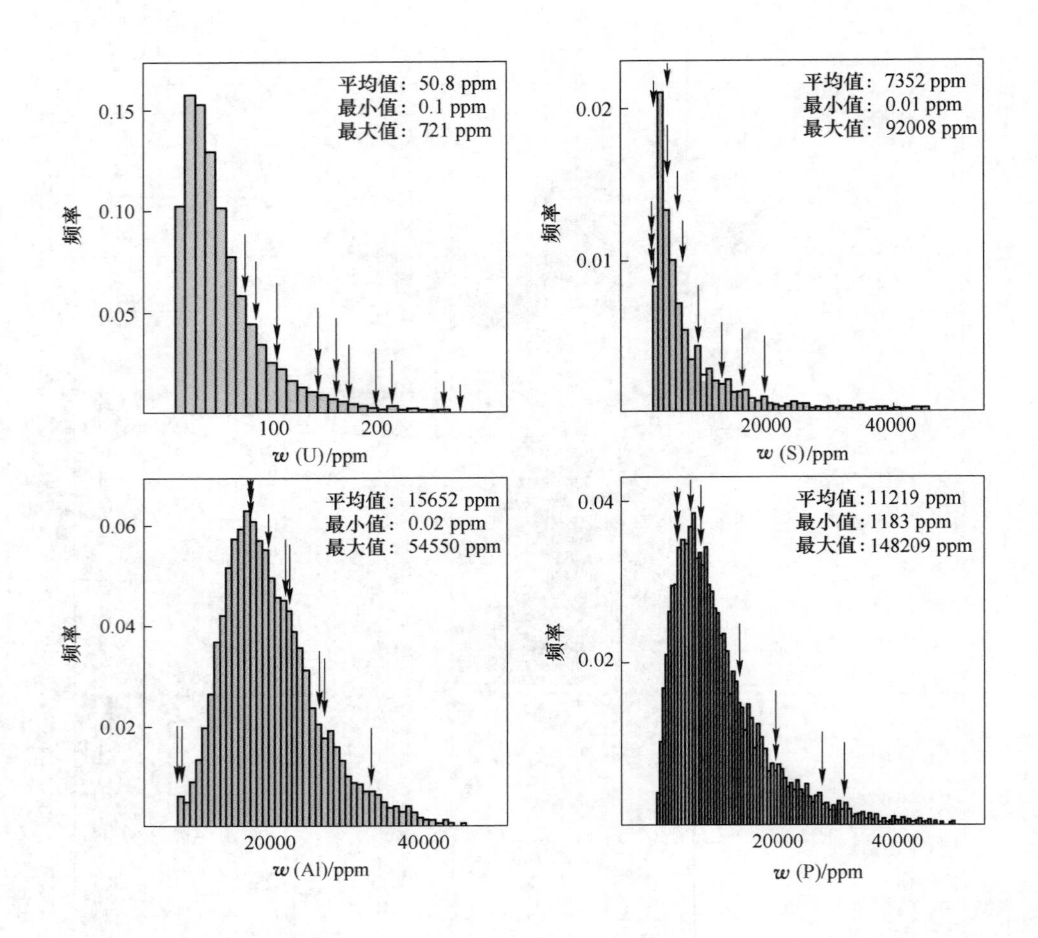


图 29.3 在 SMU 块（50 m×50 m×0.5 m）直方图上绘制的大样组成（箭头）
（资源以 80 ppm 的 U 品位为边际品位）

## 29.3 工程项目经济学

将资源量转换成矿石储量需要确定经济上可行的边际品位。这是一个经济阈值，用于划定（约束）矿体。

估算经济边际品位是一个复杂的经济问题，超出了矿山地质学家的职责范围，因此在本书中仅对概念进行了简要概述。一种常见的做法是使用一个关于生产成本、金属价格和经营能力［式（29.1）］的盈亏平衡公式来推导经济边际品位。

$$g(\mathrm{cut-off})=\frac{\mathrm{OC}}{P} \tag{29.1}$$

式中 OC——每吨矿石的经营成本（采矿及加工）；

$P$ ——每品位单位的实际金属价格。

尽管式（29.1）很简单，但采矿工作人员经常使用它来审查生产经营阶段的边际品位，以便分析金属价格和回收率的变化对选择经济边际品位的影响。

经济的边际品位也可以优化现金流，但通常情况下，估算独立于正在开采的矿体内部品位的实际变化。

使用选定的边际品位和成本，可以估计设计产量的现金流，并用于矿业项目的经济估值。两个通常被估计和报告为项目经济特征的主要参数是净现值［式(29.2)］和内部收益率［式（29.3)］。

$$\mathrm{NPV}_{总}=\sum_{t=1}^{n}\frac{\mathrm{CF}_t}{(1+K)^t}-\mathrm{CAPEX} \tag{29.2}$$

式中 NPV——净现值；

$\mathrm{CF}_t$——$t$ 期现金流量；

$K$——贴现率；

$n$——项目总寿命，年；

CAPEX——资本支出为初始资本支出。

内部收益率（IRR）是满足式（29.3）的贴现率（$K$）值。

$$0=\sum_{t=1}^{n}\frac{\mathrm{CF}_t}{(1+K)^t} \tag{29.3}$$

## 参考文献


[1] Abzalov M Z. Localised Uniform Conditioning (LUC): a new approach for direct modelling of small blocks [J]. Math Geol, 2006, 38 (4): 393-411.

[2] Abzalov M Z, Allaboun H. Bulk samples testing for metallurgical characterisation of surficial uranium mineralisation at the Central Jordan Uranium Project [J]. Appl Earth Sci, 2015, 124 (2): 129-134.

[3] Abzalov M Z, Van der Heyden A, Saymeh A, Abuqudaira M. Geology and metallogeny of Jordanian uranium deposits [J]. Appl Earth Sci, 2015, 124 (2): 63-77.

[4] Coward S, Vann J, Dunham S, et al. The primary-response framework for geometallurgical variables [C]// AusIMM. Proceedings-seventh international mining geology conference 2009. Melbourne, 2009, 109-113.

[5] AusIMM. JORC Code [S]. Australaisian code for reporting of exploration results, mineral resources and ore reserves. Melbourne: 2012, 44.

[6] Lane K F. The economic definition of ore. Cut-off grade in theory and practice [M], 4ed. Brisbane：omet strategy, 2015：7.

[7] Richmond A, Shaw W J. Geometallurgical modelling-Quo Vadis [C]// AusIMM. Proceedings-seventh international mining geology conference 2009. Melbourne, 2009：115-118.

[8] Wellmer F-W. Economic evaluations in exploration [M]. Berlin：ringer, 1989：163.

# 30 样品数量和质量的平衡

**摘要**：评价采矿项目和矿山开发取决于分析数据的质量和数量，这些数据通常是通过对分布在规则网格上的钻孔样品进行分析获得的。估计品位的不确定性取决于检测精度（即重复性）、空间分布（即钻孔间距）以及所研究变量的空间连续性。通过比较重复样品的相对方差和成对相对变异函数的块金效应，提出了一种确定样品质量与钻孔间距最优比值的新方法。

**关键词**：最佳取样；CV%；品位控制

## 30.1 一个问题的介绍

目前的研究提出了一种优化采样网格的新方法。它基于对研究变量空间连续性的定量估计，并将其与采样误差进行比较。通过对这两个参数进行量化，可以允许在钻孔间距和采样方案之间进行优化和成本效益权衡。

地质统计推导的矿产资源和矿石储量的不确定性（误差），在很大程度上取决于研究变量的块金效应。不确定性与块金效应值关系的实例模型如图 30.1 所示。

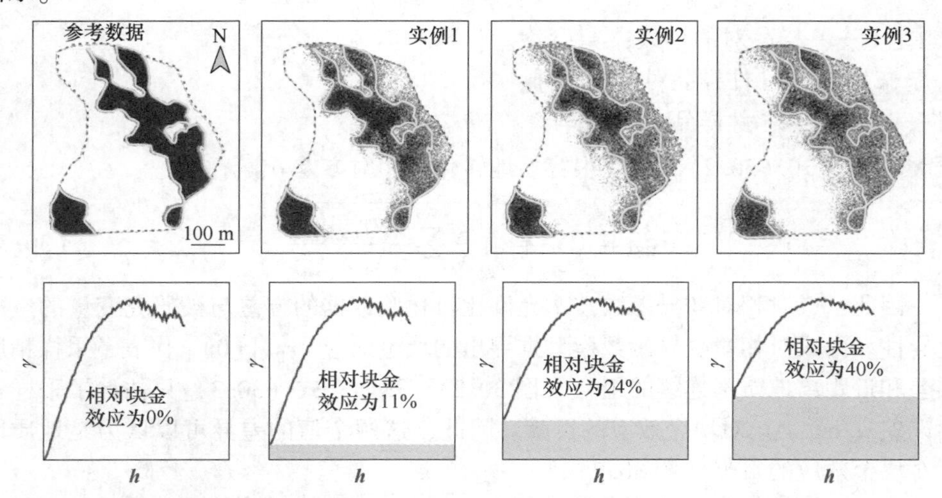


图 30.1 铀品位模型图，显示了块金效应对模型不确定性的影响
（转载自参考文献［3］，经澳大利亚采矿和冶金研究所许可）

通过应用具有不同块金效应的变异函数模型，从一组数据中生成了 3 个品位分布模型（图 30.1）。地质统计学的块金效应是由采样误差和研究变量在短距离上的空间不连续引起的变异函数在原点的不连续，后者被称为地质因素，因为它在很大程度上取决于矿化类型和矿床的结构。

## 30.2　地质因素和采样误差

通过估算数据的成对相对变异函数，可以量化地质和采样因素对块金效应的贡献。该技术可用于测量数据的空间连续性，同时也可用于估计样品精度误差。

成对相对变异函数的计算方法是将变异函数除以相应样品对的算术平均值的平方［式（30.1)］。

$$\gamma_{\mathrm{PWR}}(\boldsymbol{h}) = \frac{2}{N}\sum_{i=1}^{N}\frac{[Z(x_i) - Z(x_i + \boldsymbol{h})]^2}{[Z(x_i) + Z(x_i + \boldsymbol{h})]^2} \tag{30.1}$$

式中　$Z(x_i)$ ——研究的区域化变量 $Z$ 在位置 $x_i$ 的值；

$Z(x_i + \boldsymbol{h})$ ——研究的区域化变量 $Z$ 在位置 $x_i + \boldsymbol{h}$ 的值，其中 $\boldsymbol{h}$ 是分离两个数据点的向量。

用同样的方法估计样品精度误差，将其计算为重复样品的平均变化系数［式（30.2）和式（30.3)］。

$$\mathrm{CV}\% = 100\% \times \sqrt{\frac{2}{N}\sum_{i=1}^{N}\frac{(a_i - b_i)^2}{(a_i + b_i)^2}} \tag{30.2}$$

式中　$N$——样品对的个数；

$a_i$ ——第 $i$ 件样品对的原始样；

$b_i$ ——第 $i$ 件样品对的副样。

CV%［式（30.2)］可以很容易地转化为相对方差 $\sigma^2_{\mathrm{RSV}}$：

$$\sigma^2_{\mathrm{RSV}} = \mathrm{CV}^2 = \sqrt{\frac{2}{N}\sum_{i=1}^{N}\frac{(a_i - b_i)^2}{(a_i + b_i)^2}} \tag{30.3}$$

因此，成对相对变异函数技术允许比较化验数据的方差与被研究变量的空间变异性。由成对相对变异函数模型推导出的块金效应［$r_{\mathrm{PWR}}(0)$］代表了采样精度误差和近距离地质不连续的组合（图 30.2)。然而，式（30.3）只估计了采样精度误差（$\sigma^2_{\mathrm{RSV}}$）对块金效应的贡献。因此，这两个值的差异可以认为是地质因素对块金效应的贡献（图 30.2)。

因此，可以量化导致成对相对变异函数的块金效应的两个因素，并通过比较两个贡献找到降低总体估计误差的最优方法。例如，当采样误差是块金效应的主

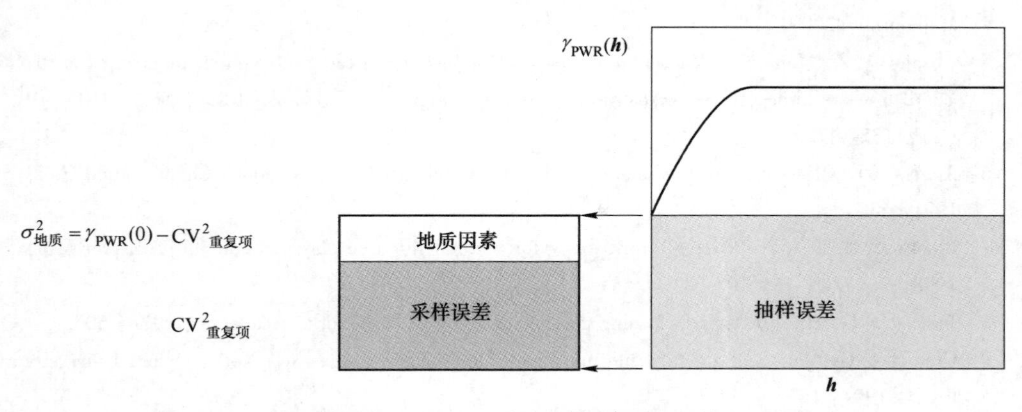


图 30.2 解释地质和取样因素对金块效应的贡献的示意图
（转载自参考文献［3］，经澳大利亚采矿和冶金研究所许可）

要组成部分时，可以通过更新采样方案来提高资源量估计的质量和结果的可靠性。这可能比更小的钻孔间距的额外加密更经济有效。

另外，如果对比表明，块金效应主要是由地质因素造成的，那么投资于更新采样程序对资源估计质量的提高几乎没有什么帮助，应该把注意力集中在优化钻探间距上。

在品位控制阶段，可以通过增加经济参数来进一步加强所提议的方法，例如损失和回收矿石的成本、被错误地分类为矿石的废石贫化到矿石中的成本以及品位控制钻探和取样的成本。改变取样方法所带来的经济效益的计算方法为：额外回收的矿石数量、最小贫化所带来的节约以及增加的品位控制钻探和取样成本之间的差额。通过应用本文中提出的地质统计学方法，在钻孔间距和采样方案之间找到最优平衡点，从而使品位控制成本降至最低。

## 参 考 文 献

［1］Abzalov M Z. Quality control of assay data：a review of procedures for measuring and monitoring precision and accuracy［J］. Explor Min Geol J. 2008，17（3/4）：131-144.

［2］Abzalov M Z. Optimisation of ISL resource models by incorporating algorithms for quantification risks：geostatistical approach［C］// International Atomic Energy Agency（IAEA）. Technical meeting on in situ leach（ISL）uranium mining. Vienna，2010.

［3］Abzalov M Z. Geostatistical criteria for choosing optimal ratio between quality and quantity of the samples：method and case studies［C］// AusIMM. Mineral resource and ore reserves estimation，AusIMM monograph 23，2nd. Melbourne，2014：91-96.

［4］Abzalov M Z，Bower J. Optimisation of the drill grid at the Weipa bauxite deposit using conditional simulation［C］// AusIMM. Seventh international mining geology conference.

Melbourne, 2009: 247-251.

[5] Abzalov M Z, Menzel B, Wlasenko M, et al. Optimisation of the grade control procedures at the Yandi iron-ore mine, Western Australia: geostatistical approach [J]. Appl Earth Sci, 2010, 119 (3): 132-142.

[6] Annels A E. Mineral deposit evaluation, a practical approach [M]. London: Chapman and Hall, 1991: 436.

[7] Blackwell G. Relative kriging error-a basis for mineral resource classification [J]. Explor Min, 1998, 7 (1/2): 99-105.

[8] Journel A G, Huijbregts C J. Mining geostatistics [M]. New York: Academic, 1978: 600.

[9] Olea R A. Geostatistical glossary and multilingual dictionary [M]. New York: Oxford University Press, 1991: 177.

# 第 7 部分

# 矿床类型

# 31 岩金矿地质

**摘要**：简要介绍了几种造山型金矿床，并提出了金矿项目评价的基本原则，重点介绍了金矿的取样、地质解释和资源估算方法。

在评价金矿床时，常见的问题有：

（1）样品的大小（质量）对给定的矿化程度没有代表性（小）；

（2）在太粗的颗粒尺寸下，实验室缩分减少了样品的质量；

（3）分析方法对于给定的矿化类型不是最优的；

（4）金的统计分布有很大的偏态，因此需要使用特殊技术来防止特高品位影响；

（5）由于在短距离下品位有很大的变异性，因此评价这类矿床需要高密度的钻孔，最多可钻 20 m×20 m 的网度，这通常需要大量采集样品来支持。

**关键词**：金矿床；造山；矿产资源

金矿床分布在广泛的地质环境中，其矿化类型、赋矿岩石、矿床构造和矿石矿物学方面存在显著差异。矿床的大小和矿化程度也有很大的差异，因此项目评价方法根据拟采用的采矿方法的不同而有很大的变化。

由于矿床类型的复杂性，对金矿的研究仅限于几个造山型脉状金矿床，包括 Zarmitan、Meliadine、Natalka、Norseman、Ballarat 和比利米亚（Birimian）绿岩带的几个项目。

选定的矿床包括不同的地质环境（表 31.1），因此，尽管所使用的案例研究数量有限，所选的矿床很好地说明了黄金项目的评价程序。所选择的矿床使我们能够了解评价金矿的主要困难和误差产生的原因。其他资料，特别是黄金项目评价的采矿和矿石加工方面的资料转载于 Vallee 等人。

**表 31.1 所选金矿床地质特征**

| 矿床 | 国家 | 区域地质带 | 赋矿岩石 | 矿化特征 | 变质作用 | 蚀变 | 参考文献 |
| --- | --- | --- | --- | --- | --- | --- | --- |
| Meliadine | 加拿大 | 兰金湾绿岩带西部丘吉尔省 | 基性火山岩与碎屑岩（浊积岩）和带状铁层夹层 | 剪切带含矿石英岩-铁白云石脉网与交代型矿化 | 绿帘石角闪岩相 | 隐晶质硅化与硫化物、绿泥石和黑云母绢云母化 | [8] |

续表 31.1

| 矿床 | 国家 | 区域地质带 | 赋矿岩石 | 矿化特征 | 变质作用 | 蚀变 | 参考文献 |
|---|---|---|---|---|---|---|---|
| Zarmitan | 乌兹别克斯坦 | South-Tianshan 造山带 | 花岗岩侵入和浊积岩 | 带状纹理的石英脉和剪切破碎带控制的线状矿石 | 蚀变-绿片岩 | 钠长石、钾长石和绿泥石。由沉积岩组成的矿脉被硫化物蚀变所包围 | [2] |
| Natalka | 俄罗斯 | Yana-Kolyma 带 | 浊积岩 | 硫化物浸染浊积岩含矿脉 | 蚀变-绿片岩相 | 硅化和硫化物、绢云母、绿泥石、碳酸盐化 | [1]，[12] |
| Yanfolila | 马里（西非） | Birimian | 浊积岩 | 韧性剪切带 | 绿帘石角闪岩相 | | [19] |
| Ballarat | 澳大利亚 | Lahlan 褶皱带 | 杂砂岩和泥岩互层 | 断层控制石英脉 | 绿片岩相 | 石英、碳酸盐、绿泥石化和弱绢云母化 | [20] |
| Norseman | 澳大利亚 | Norseman-Wiluna 绿岩带 | 枕状玄武岩 | 石英大脉 | 绿片岩相 | 绿泥石化组合发育于基性岩脉中，黑云母化产于玄武岩中 | [23] |

## 31.1 造山型金矿床地质

造山型金矿通常具有复杂的构造，由众多的矿脉组成，往往有不同的走向，呈强烈的分枝状（图 31.1），这就形成了造山型金矿床复杂的连锁结构模式。在剪切型金矿床中可以观察到最复杂的矿化几何形状，然而，脉状金矿床也可以表现出显著的结构复杂性。岩脉在走向上可能不连续，其品位和厚度在短距离内显著变化（图 31.1c），这些都加剧了此类矿床的构造复杂性。

矿脉的接触关系很清晰，通过接触边界后，金品位迅速从围岩的零值变化为

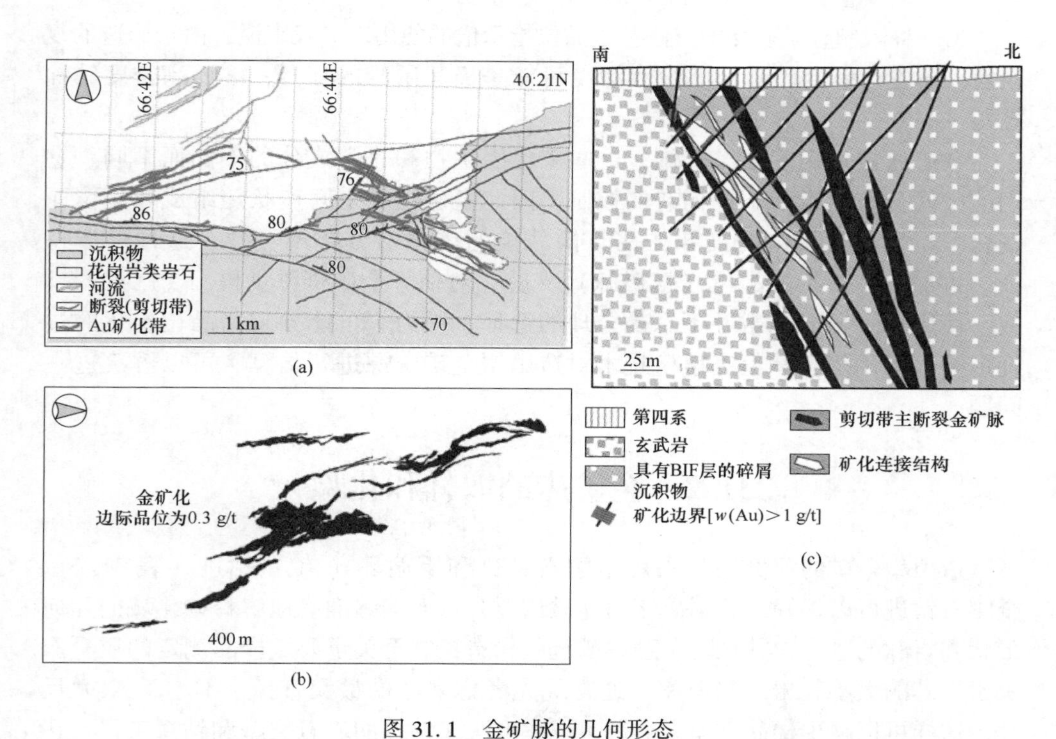


图 31.1 金矿脉的几何形态

（a）乌兹别克斯坦 Zarmitan 矿；（b）科特迪瓦 Sissingue 项目；（c）加拿大 Meliadine 项目

高品位值（图 31.2）。为了防止高品位值的影响，矿化受到线框图限制，品位估计使用硬边界法。准确地定义接触带是特别重要的，因为接触带位置的微小误差也会导致估计资源量的严重偏差。

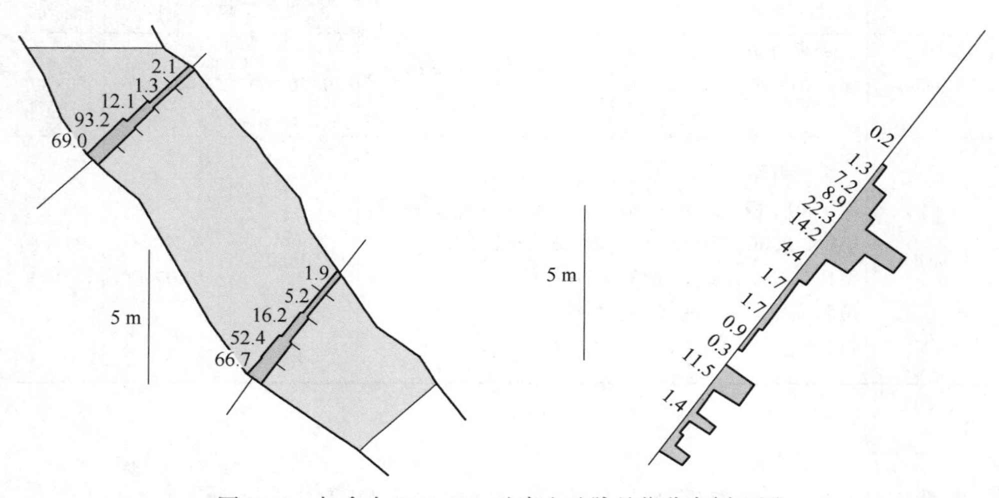


图 31.2 加拿大 Meliadine 矿床金矿脉品位分布剖面图

另一种限制金矿矿化的方法基于品位指示值的使用。一般来说，由于构造的复杂性，描述开采金矿脉的厚度和深度可能是极其困难的任务，需要高密度钻探控制。

金矿通常包含多期次矿化，这些矿化因矿物和化学成分的不同而不同。它们的空间分布通常受不同构造的控制，因此金矿化的空间产状随组成和品位而变化。特别是高品位的支脉往往与低品位的矿化带分布不一致。这种构造特征，再加上小的特高品位（富矿脉）支脉，对估算金矿资源量提出了严重的挑战。使用单一变异函数并不总是合理的选择，因为它可能导致高品位矿化的过度影响。利用多指示值克里格技术对造山型金矿资源进行估算，可以解决这一问题。

## 31.2　金矿床的取样和化验

造山型金矿的评价通常采用金刚石钻进和反循环（RC）钻进（表 31.2）。金刚石钻进可以很好地控制矿床的地质情况，从而能够准确地解释矿化域的几何形状和岩脉的厚度，并且对于理解矿化的构造控制至关重要。样品测定的质量取决于岩芯的大小和岩芯采取率。通常优先考虑岩芯的最大直径，不小于 NQ[1]尺寸，这样可以减少样品方差。岩芯采取率取决于钻探的岩石类型和钻探工艺。在裂缝性岩石中，岩芯采取率通常较低。在风化岩石和高度页理化剪切带，岩石的机械性能显著下降，导致选择性岩芯损失，采取率也会降低。

**表 31.2　选定金矿的资源估算数据**

| 矿　区 | 资源量估算数据 | | 样品数 | 平均样长 | 采样网格（资源类别）/m×m | | |
|---|---|---|---|---|---|---|---|
| | 估计的数据 | 可用数据 | | | 探明的 | 控制的 | 推断的 |
| Meliadine | 金刚石钻探，NQ① 尺寸 | 327 个钻孔，总长 70.3 km | 27184 件岩芯样 | 钻探样：1 m | 20×20（?） | 40×40 | 80×80 |
| Natalka | 金刚石钻探，NQ 和 HQ 尺寸，RC 钻探。对探槽和坑探进行取样 | 地下坑道达 206.6 km；采样长 693.7 km；金刚石钻进岩芯 210.7 km | 117601 件岩芯样；68182 件坑探样 | 钻探样：1.6 m；坑探样：2.3 m | 50×50 | （200～100）×40 | 200×（80～100） |

[1] NQ 是 $\phi 76$ mm 绳索取芯钻具，钻杆直径 $\phi 71$ mm、钻头 $\phi 75.5$ mm。——译者注

续表 31.2

| 矿 区 | 资源量估算数据 | | 样品数 | 平均样长 | 采样网格（资源类别）/m×m | | |
|---|---|---|---|---|---|---|---|
| | 估计的数据 | 可用数据 | | | 探明的 | 控制的 | 推断的 |
| Norseman (Gladstone domain) | 金刚石钻探和 RC 钻探 | 887 个孔，总长 47.1 km | 30338 件钻孔样 | 1.3 m | 20×20 | 40×40 | 100×50 |
| Yanfolila | 金刚石钻探，RC，AC，RAB 钻探 | 7922 个孔 | 10337 m 岩芯；RC：146960 件；AC：90351 件；RAB：15024 件 | 岩芯：1 m；RC：1 m；AC：2.4 m；RAB：3 m | | 30×20 | 60×60 |
| Zarmitan | 金刚石钻探，NQ 和 HQ 尺寸。对槽探和坑探进行取样 | 地下坑道 134.97 km；探槽 100.4 km；金刚石钻探 884.3 km 的岩芯 | 267726 件岩芯样；116967 件坑探样 | 岩芯样长 0.8 m，坑道样长 0.7 m | 无法使用 | | |

①NQ：70 mm，HQ：89 mm，均指钻具外径。——译者注

反循环钻钻井产生的样品不像岩芯样品具有代表性，在钻井现场监督取样时需要格外小心。在颗粒金环境下，由于选择性样品损失、反循环系统中的金粒误差和交叉污染，导致样品偏差，RC 钻井普遍不可靠。因此，对角采样技术是金矿床 RC 钻的首选技术。利用小的样长可以减少样品污染，因此 RC 钻孔的采样样长通常小于 1 m。

可以使用空气正循环（AC）和振动冲击钻（RAB）钻孔技术，以 0.5~1.5 m 的间隔取样，估算风化岩石的矿化程度。这些技术通常在西澳大利亚和非洲使用（表 31.2）。

用坑探和在地表使用槽探来代替金矿脉的钻探（表 31.2）。该技术提供了详细的地质信息，并可以收集有代表性的样品。Domini 等建议将坑探采样作为粗粒金矿的主要资源定义技术。不幸的是，它的应用受到高成本的限制，因此通常被限制在大样品的采集。

### 31.2.1 样品制备

金矿床的特征是金品位统计分布的高度偏斜，这可能与粗粒金的存在相关，造成矿化的过渡不均一，通常称为块金效应（nuggetty）。在实践中，这意味着即使是很小的岩石碎块也会因含粗颗粒金的不同而有显著差异。由于造山型金矿品

位的复杂性和矿化的块金效应，对其进行取样和分析是一项特别具有挑战性的工作。不足为奇的是，黄金测定法的重复性通常低于贱金属和其他大宗商品。

在抽样程序中遇到的导致数据质量低的常见问题如下：

（1）样品的大小（质量）对给定的矿化程度没有代表性（小）；

（2）在太粗的颗粒尺寸下，实验室取样缩分降低了样品质量；

（3）化验技术对于给定的矿化不是最理想的。

采取更大的样品（小于 75 μm 的颗粒比例不低于 95%），可以减少样品方差，减少误差，从而显著提高金测定的重复性。然而，对大样品的处理是一个昂贵的选择，因此，在实际中，样品是通过连续粉碎和缩分来制备的。

对于给定的矿床，使用按尺寸类别对金颗粒分布的详细筛分试验来优化采样方案。这些信息和经验估计的抽样常数用于构造抽样控制图（列线图）。Francois-Bongarcon 建议在无法获得抽样常数的校准值时，将 $k$ 取 470，$\alpha$ 取 1.5 作为默认值。这些值可以用于构建初步的采样方案，但是必须非常小心，因为默认参数可能与实际值有很大的差异。

Sketchley 建议利用采样常数将金矿按采样困难程度分为三类。第一类包括细粒金矿石，其特征是 $k$ 值取 1～100；第二类包括中粒金矿石，$k$ 值取 100～500；最后一类包括粗粒金矿石，$k$ 值超过 500。

### 31.2.2 金化验

传统的金分析方法是火试金。火焰试验的基本程序包括将 30 g 或 50 g 的粉末样品与含有碳酸钠（纯碱）、硼砂、一氧化铅、粉状硅等助熔剂混合。混合材料在 1000～1200 ℃实现完全融化，然后注入模具。冷却后，将铅珠与矿渣分离，放入特制的烤钵中，将金以金珠形式回收。

称量从火试金珠中回收的金。这种技术称为重量分析测定法，用于高品位样品（图 31.3）。使用现代分析法分析低品位样品。将整个金珠溶解在酸中，用火焰原子吸收光谱法（AA）、电感耦合等离子体光谱法（ICP-MS，该方法不常用）或直流等离子体发射光谱法（图 31.3）测定。使用仪器中子活化分析（INAA）对金珠进行分析，可获得最低检测限。

火试金测试技术的一个变种被称为金属筛选分析，该方法用于含粗颗粒金的样品，包括破碎和筛出粗颗粒（100 μm 或 150 μm）。对包括尼龙筛在内的整个筛分进行了测试。用常规的火试金方法分析小粒径组分，通常用两个 50 g 的等分来分析小粒径样品。样品品位由式（31.1）估算。

$$品位 = \frac{(Ms - Mc)\dfrac{A_1 + A_2}{2} + (Mc)A_3}{Ms} \tag{31.1}$$

式中 $Ms$——原始样品重量；

$Mc$——粗缩分的重量；

$A_1$，$A_2$——两次测定小颗粒组分的品位；

$A_3$——特大颗粒缩分的品位。

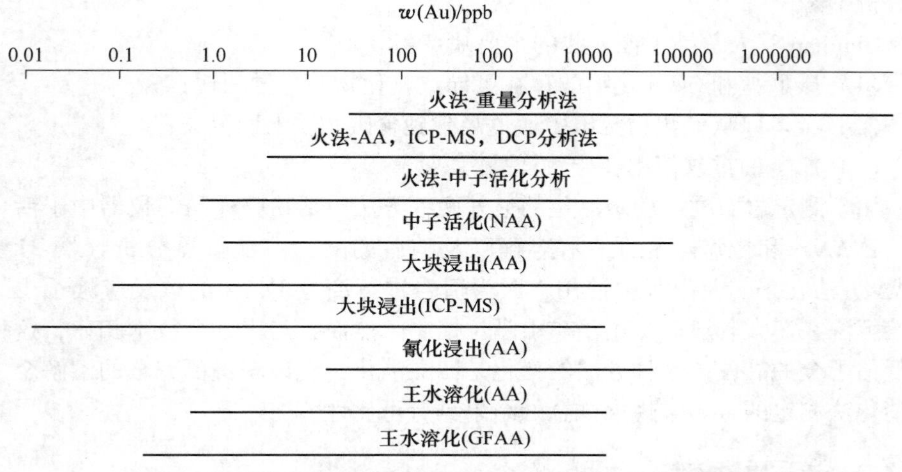


图 31.3 测定金方法有效范围的比较（代号在文中有解释）

对于含有极粗金粒的矿化，使用 110 μm 或 550 μm 的筛。

火法分析仍然是采矿业的标准程序，当该方法被严格执行时，它会产生准确的、可重复的结果。火法分析方法的主要误差来源如下：

（1）使用无标记的坩埚会导致样品混淆。

（2）在实验室内重复使用坩埚是样品可能受到污染的一个来源；

（3）硫化物含量高的样品需要特殊处理，通常是焙烧。未处理样品的测定值可能有严重偏差。

（4）一些实验室为了增加样品的吞吐量而缩短溶样时间，这就产生了非全部金活化的风险。

另一种常用的技术是大块浸出金（BLEG）。该方法包括研磨 1~5 kg 的大样品，并将其放入一个聚乙烯瓶中，通过搅拌（瓶子滚动）将金溶解在氰化物溶液（0.25%~1% NaCN）中。浸出时间为几个小时到几天。特殊的催化剂，如 LeachWELL 60X，可以加速氰化速度，显著减少样品溶解所需的时间。

BLEG 方法的性能取决于样品的矿物学和地球化学性质，必须由项目小组指定。特别要注意的是样品的重量和聚乙烯瓶中所封装样品的大小，NaCN 溶液的强度和搅拌时间。

用原子吸收法（AA）或石墨炉原子吸收法（GFAA）分析氰化物溶液中的

金。这是通过将金萃取到有机溶剂中，以避免铁的干扰。用 AA 法直接分析氰化物浸出液会明显高估金品位。ICP-MS 方法可以解决这一问题，可以直接应用于氰化物浸出，而不需要将金浸出到有机溶剂中。BLEG 法的 ICP-MS 法具有最佳的检出限，约为 0.05 ppb Au（图 31.3）。辊瓶浸出的残渣应用常规的火试金方法分析不溶金。

Hoffman 等人总结了该方法的主要缺点：

（1）碳酸盐和/或硫化物的存在可导致氰化物的过量消耗；

（2）金可以从氰化物浸出中通过吸附到含碳物质上而流失；

（3）瓶子的重复使用会导致样品污染。

用于测定岩石样品中金品位的另外两种方法包括粉碎样品的仪器中子活化分析（INAA）和粉碎样品的王水溶解以及随后的酸性溶液仪器分析（图 31.3）。INAA 方法在采矿业中很少使用，因为适合进行商业 INAA 的核反应堆很少。王水溶解法在澳大利亚广泛用于矿山品位控制。然而，与火试金技术相比，这种方法低估了金的品位。这种方法的变化是四酸消化，允许获得更完全的溶解金。四酸消化法测定的金与常规火试金的结果具有可比性。

### 31.2.3 样品质量控制

在分析数据收集的任何阶段都可能引入误差，从矿床的钻探到样品制备和分析的所有阶段，到最终将分析结果报告到项目的数据库。

有几种方法可以保证测定数据的质量：

（1）钻探双孔；

（2）重复样研究；

（3）粉碎样品的筛分试验；

（4）使用空白样品；

（5）使用认证标准样；

（6）外部实验室的验证分析结果。

在金矿床上对样品质量的控制是一项繁重的劳动，应该格外小心地进行，特别是当所研究的矿化区含有粗粒金时。当用 RC 钻探来评估项目或在作业矿山的品位控制时，应彻底调查样品以防止交叉污染。在某些情况下，样品的污染可以通过沿钻孔方向金品位的系统性下降来识别，该现象表明了样品污染导致的沿钻孔方向金品位的变化。然而，样品的污染并不总是能从品位分布剖面中被识别出来，因此由金刚石岩芯钻探验证 RC 孔应作为常规的质量控制技术被系统地使用。

分析的重复性由重复样品控制。应使用重复样品分析对采样的每个阶段进行监测，但主要应注意现场的重复和实验室的第一次缩分。对重复样品进行统计分析，可以估计精度误差（定量评估样品的可重复性程度）。估计误差的大小可以确定产生最大方差的步骤，并根据这些发现修改样品制备程序。

重复分析也可用于验证采样方案。不恰当的取样方法通常表现为大多数样品的金品位低于真实金品位，有几个结果显著高于真实金品位，这表现在重复样品的金含量测定的重复性差。当遇到这个问题时，需要对采样方案进行审查和优化。Abzalov 表明，如果使用正确的程序和设备，即使在粗金粒环境下，采样精度误差也可以保持在 40%以下。

高延展性给金矿石样品的粉碎带来了严重的问题。由于金颗粒具有很高的延展性，所以通常不能分解成标称的筛网尺寸。小的金颗粒可以聚集并卷成更大的颗粒，有雪茄状或盘状。为了防止样品污染，粉碎完每个样品后必须用压缩空气和空白的石英冲洗破碎机和磨粉机。每批样品中必须加入空白样品，最好放在高品位矿石样品之后。

## 31.3 干 体 重

在所研究的金矿床上，利用钻孔岩芯样品测量了金矿化及其赋存岩石的体重（表 31.3）。测量使用常规技术，最常用的是对样品涂蜡排水法。真空密封的易碎材料用聚合物袋可以作为一种替代蜡涂层。

干体重（DBD）测量的频率从每 11 件试验样品 1 件到每 49 件试验样品 1 件不等（表 31.3）。一般而言，造山型金矿床的 DBD 测量数量为每 30 个基本分析样测定 1 件 DBD 样品（表 31.3）。

**表 31.3 金矿化的干体重（DBD）**

| 矿区（国家） | 金分析 | | | 体重测量 | | | 比例：抽取一个 DBD 样的基本分析样数 | 参考文献 |
|---|---|---|---|---|---|---|---|---|
| | 试验样品数 | 平均品位 /g·t⁻¹ | COV① | 用于岩石小体重测量的样品数/个 | 平均小体重 /t·m⁻³ | COV | | |
| Meliadine（加拿大） | 27184 | 1.5 | 6.4 | 2535 | 2.83 | 0.03 | 11 | [6]，[8] |
| Natalka（俄罗斯） | 273690 | 1.4 | 4.8 | 5612 | 2.68 | 0.08 | 49 | Markevich 的个人交流 |
| Yanfolila（马里） | 26267231 | 未找到 | 4.7 | 8468 | 1.83 | 0.03~0.07 | 31 | Project geologists 的个人交流 |
| Zarmitan（乌兹别克斯坦） | 384693 | 1.3 | 1.2 | 11021 | 2.73 | 0.05 | 35 | [2] |

①COV（变异系数）= 标准偏差/平均值。

# 31.4 资源量和储量估算

传统的金矿资源量估算方法是基于线框图的三维矿化约束和地质统计技术的品位估算。很少使用基于指示值的技术来描述这些矿藏。

狭窄的金矿脉可以在 2D 下估算。这种方法是稳健的，在过去采矿业（例如 Zarmitan 矿）没有常规可用的基于计算机的 3D 技术时曾成功地使用过。

目前，它通常被基于 3D 的技术所取代，但是，使用它作为替代估计是完全合理的。

金品位插值通常采用普通克里格法或多重指示克里格法。当数据特征（具有块金效应、强偏斜）、它们的空间分布（域的高度不规则形状）或样品数量不能构成有意义的变异函数模型时，克里格估计系统通常被距离幂次反比法代替。

## 31.4.1 特高品位处理

为了防止高品位值的过度影响，将其截断处理，该程序通常称为高品位封顶或特高品位处理。高品位值的处理应用于组合数据，因此在应用特高品位处理之前，有必要确保所有样品具有相同的体积支持。

通过将估计模型与品位控制和生产数据进行调整，经验地优化高品位处理程序。当这些数据不可用时，高品位值通常被截断到累积频率图的 95%。或者，高品位被削减到以下值之一：

(1) 数据平均值和标准差的两倍之和；

(2) 平均值的四倍；

(3) 在品位直方图中参差不齐的尾部的起始点。

## 31.4.2 分类

本书总结了已研究矿床的资源量定义方法，提出了以下钻孔网度，可作为规划造山型金矿资源定义钻孔的指导：

(1) 探明的：(20~30)m×(20~30)m；

(2) 控制的：(40~60)m×(40~60)m；

(3) 推断的：(80~120)m×(60~80)m。

对于露天矿，报告资源的边际品位在 0.4~3 g/t，而对于地下矿山则在 3~5 g/t（表 31.4）。

表 31.4 金矿资源量报告边界品位的案例 (g/t)

| 矿区（国家） | 露采 | 地下 | 矿石类型 |
|---|---|---|---|
| Meliadine（加拿大） | 1.0 | 3.0 | 易选矿石 |
| Natalka（俄罗斯） | 0.4 | 4.0 | 易选矿石 |
| Yanfolila（马里） | 0.6 | | 氧化矿石 |
| Zarmitan（乌兹别克斯坦） | 1.0 | 3.0 | 易选矿石 |
| | 3.0 | 4.0 | 难选冶矿石 |

## 参考文献


[1] Abzalov M Z. Gold deposits of the Russian North East (the Northern Circum Pacific): metallogenic overview [C]// AusIMM. Proceedings of the PACRIM '99 symposium. Melbourne, 1999: 701-714.

[2] Abzalov M Z. Granitoid hosted Zarmitan gold deposit, Tian Shan belt, Uzbekistan [J]. Econ Geol, 2007, 102 (3): 519-532.

[3] Abzalov M Z. Quality control of assay data: a review of procedures for measuring and monitoring precision and accuracy [J]. Explor Min Geol J, 2008, 17 (3/4): 131-144.

[4] Abzalov M Z. Use of twinned drill-holes in mineral resource estimation [J]. Explor Min Geol J, 2009, 18 (1/2/3/4): 13-23.

[5] Abzalov M Z. Sampling errors and control of assay data quality in exploration and mining geology [C]//Ivanov O. Application and experience of quality control. Vienna: InTECH, 2011: 611-644.

[6] Abzalov M Z. Measuring and modelling of the dry bulk density for estimation mineral resources [J]. Appl Earth Sci, 2013, 122 (1): 16-29.

[7] Abzalov M Z. Design principles of relational databases and management of dataflow for resource estimation [C]// AusIMM. Mineral resource and ore reserves estimation. Melbourne, 2014: 47-52.

[8] Abzalov M Z, Humphreys M. Resource estimation of structurally complex and discontinuous mineralization using non-linear geostatistics: case study of a mesothermal gold deposit in Northern Canada [J]. Explor Min Geol J, 2002a, 11 (1/2/3/4): 19-29.

[9] Abzalov M Z, Humphreys M. Geostatistically assisted domaining of structurally complex mineralisation: method and case studies [C]// AusIMM. The AusIMM 2002 conference: 150 years of mining. Publication series No 6/02. Melbourne, 2002b: 345-350.

[10] Dagbert M. Comments on "The estimation of mineralised veins: a comparative study of direct and indirect approaches", by D. Marcotte and A. Boucher [J]. Explor Min Geol J, 2001, 10 (3): 243-244.

[11] Dominy S C, Annels A E, Johansen G F, et al. General considerations of sampling and assaying in a coarse gold environment [J]. Trans Inst Min Metall, 2000, 109: B145-B167.

[12] Eremin R A, Voroshin S V, Sidorov V A, et al. Geology and genesis of the Natalka gold deposit, Northeast Russia [J]. Int Geol Rev, 1994, 36: 1113-1138.

[13] Francois-Bongarcon D. The practise of the sampling theory of broken ore [J]. CIM Bull, 1993, 86 (970): 75-81.

[14] Francois-Bongarcon D. Modelling of the liberation factor and its calibration [C]// AusIMM. Proceedings second world conference on sampling and blending. Melbourne, 2005: 11-13.

[15] Goldfarb R J, Groves D I, Gardoll S. Orogenic gold deposits and geological time: a global synthesis [J]. Ore Geol Rev, 2001, 18 (1): 1-7 .

[16] Heald P, Foley N K, Hayba D O. Comparative anatomy of volcanic hosted epithermal deposits: acid-sulphate and adularia-sericite type [J]. Econ Geol 8, 1987, 2 (1): 1-26.

[17] Hoffman E L, Clark J R, Yeager J R. Gold analysis-fire assays and alternative methods [J]. Explor Min Geol J, 1998, 7 (1/2): 155-160.

[18] Long S. Practical quality control procedures in mineral inventory estimation [J]. Exp Min Geol, 1998, 7 (1/2): 117-127.

[19] Milesi J-P, Lendru P, Feybesse J-L, et al. Early proterozoic ore deposits and tectonics of the Birimian orogenic belt, West Africa [J]. Precambrian Res, 1992, 58: 305-344.

[20] Phillips G N, Hughes M J. The geology and gold deposits of the Victorian gold province [J]. Ore Geol Rev, 11996, 1: 255-302.

[21] Pitard F F. Pierre Gy's sampling theory and sampling practise [M]. 2nd ed. New York, CRC Press, 1993: 488.

[22] Sketchley D A. Gold deposits: establishing sampling protocols and monitoring quality control [J]. Exp Min Geol, 1998, 7 (1/2): 129-138.

[23] Thomas A, Johnson K, MacGeehan P J. Norseman gold deposits [C]//Geology of the mineral deposits of Australia and Papua New Guinea. AusIMM, Melbourne, 1990: 493-504.

[24] Vallee M. Quality assurance, continuous quality improvement and standards [J]. Explor Min Geol, 1998, 7 (1/2): 1-15.

[25] Vallee M, David M, Dagbert M, et al. Guide to the evaluation of gold deposits [J]. Geological Society of CIM, 1992, 45: 299.

# 32 铀矿床（原地浸出工艺）

**摘要**：砂岩型铀矿床一般位于地下水位以下的弱岩化或非固结砂岩中，可采用原地浸出（ISL）技术进行开采。该技术通过钻孔注入反应溶液，将铀矿物直接（原位）在矿石中溶解，然后通过一些排液孔将溶解的溶液泵到地表。原地浸出（ISL）项目对铀资源的估算和报告不同于硬岩石采矿项目。铀的品位是由井下地球物理，特别是伽马测井、瞬发裂变中子测井以及钻探岩芯的取样和分析来确定的。需要考虑的主要参数如下：

（1）矿化的品位和几何形状的估计精度足以支持远程采矿；

（2）如果用伽马测井技术估算品位，则需要研究和报告不平衡校正；

（3）矿化层的水文地质限制；

（4）矿化层的渗透率；

（5）为评估铀矿化域是否易于在酸或碱溶液中溶解，对矿石的组成特别是碳酸盐岩的含量进行了研究；

（6）地下水径流；

（7）含水层盐度；

（8）铀矿物的就地溶解速度。

水文地质和工程技术条件是通过测试钻探岩芯样品，使用泵试验和井下水压计来获得的。利用铀的现场浸出试验，对资源量转化为储量的修正因素进行了验证和修正。

**关键词**：铀矿；砂岩型；卷状；原地浸出（ISL）；矿产资源量；舒-萨里苏（Shu-Sarysu）

目前的研究重点是砂岩型铀矿床。在全球范围内，这是最丰富的铀矿床类型，包含世界上约28%的铀资源。根据沉积环境和构造特征，砂岩型铀矿床可细分为四大类：卷状（又称卷锋型）、板状、底河道、构造-岩性控制。

这种类型的矿床的特点是，由于储有这些矿床的弱固结砂层中存在含水层而造成地质技术条件的困难。因此，这类矿床的开采采用了一种特殊的技术，即原地浸出（ISL），该技术通过钻孔注入反应溶液，使铀矿物在矿石中直接（原地）溶解。砂岩型铀矿床的特殊地质特征及其以ISL技术为基础的高度专门化的开采技术，导致了资源估算特别程序的发展，本章将介绍这些方法。

本书使用了从哈萨克斯坦、美国和澳大利亚的几个矿床收集的信息（表 32. 1）。研究的矿床包括 Inkai 和 Budenovskoe，均位于 Shu-Sarysu 盆地。对哈萨克斯坦中部的 Akdala（Shu-Sarysu 盆地）和 Kharasan（Syrdaria 盆地）矿床进行了卷状型矿床研究。美国怀俄明州 Great Divide 盆地研究了几个卷状和板状型矿床。对底河道型矿化的研究主要基于澳大利 Callabonna 盆地的矿床。

所研究的矿床在沉积环境和构造特征方面存在差异（表 32. 1）。但是，在所研究的案例内，估算资源的方法是相似的，因此将它们一起加以说明。

**表 32. 1 所研究铀矿床特征**

| 矿区 | 矿体形态 | 国家，盆地 | 水位以下深度 /m | 资源量和生产情况 | | | 按资源类别划分的工程网度/m×m | | | 铀回收率 /% | 耗酸量（每吨铀的耗酸吨数） | 体重 /t·m$^{-3}$ | 资料来源 |
|---|---|---|---|---|---|---|---|---|---|---|---|---|---|
| | | | | 吨位 /Mt | $U_3O_8$ 品位 /% | $U_3O_8$ 边际品位 /% | 推断的 | 控制的 | 探明的 | | | | |
| Kharasan | 卷状 | 哈萨克斯坦，锡尔达里亚 | 560~680 | 38. 6 | 0. 11 | 0. 010 | 400×50 | 200×50 | 50×(25~50) | 93 | 90~140 | 1. 70 | [2]，[19]，[22] |
| Akdala | 卷状 | 哈萨克斯坦，舒萨里苏 | 200~250 | 30. 3 | 0. 069 | 0. 010 | 400×50 | 200×50 | 50×(25~50) | 90 | 35 | 1. 70 | [2]，[19]，[21] |
| Inkai | 板状和卷状 | 哈萨克斯坦，舒萨里苏 | 350~510 | 32. 7 | 0. 051 | 0. 010 | 400×50 | 200×50 | 50×(25~50) | 90 | 50 | 1. 70 | [5]，[19]，[20] |
| Budenovskoe | 板状和卷状 | 哈萨克斯坦，舒萨里苏 | 630~680 | 250~275 | 0. 089 | 0. 010 | 400×50 | 200×50 | 50×(25~50) | 80~90 | 45 | 1. 70 | [19] |
| Honeymoon | 底河道砂岩型铀矿 | 澳大利亚，卡拉巴纳 | 100~200 | 15. 23 | 0. 081 | 0. 020 | 200×(120~60) | 80×40 | 40×(20~40) | 70 | 7. 7 | 1. 90 | [7]，[9]，[17] |
| Billeroo | 底河道砂岩型铀矿 | 澳大利亚，卡拉巴纳 | 100~200 | Not avaiable | 0. 053 | 0. 020 | 200×(120~60) | 80×40 | 40×(20~40) | | | 1. 90 | |

续表 32.1

| 矿区 | 矿体形态 | 国家，盆地 | 水位以下深度/m | 资源量和生产情况 | | | 按资源类别划分的工程网度/m×m | | | 铀回收率/% | 耗酸量（每吨铀的耗酸吨数） | 体重/$t\cdot m^{-3}$ | 资料来源 |
|---|---|---|---|---|---|---|---|---|---|---|---|---|---|
| | | | | 吨位/Mt | $U_3O_8$品位/% | $U_3O_8$边际品位/% | 推断的 | 控制的 | 探明的 | | | | |
| Beverly | 底河道 | 澳大利亚，卡拉巴纳 | 100~120 | 11.7 | 0.18 | 0.015 m·% | | | 35×35 | 68（砂），36（粉砂） | 7.7 | 1.70 | [7]，[17] |
| Four Miles | 底河道 | 澳大利亚，卡拉巴纳 | 180~250 | 9.8 | 0.33 | 0.015 m·% | | | 35×35 | | | 1.70 | [17] |
| Sheep Mountain | 板状卷状 | 美国大鸿沟 | 20~300 | 12.9 | 0.12 | | | | 30×30 | | | | [5] |
| REB | 卷状 | 美国大鸿沟 | 30~200 | 10~14 | 0.04~0.05 | 0.025 | | × | | | | 2.30 | [5] |

# 32.1 砂岩型铀矿床

砂岩型铀矿化是由低温热液在可渗透的沉积地层中沉积铀而形成的。由于给定的沉积环境，成矿几何形状非常不规则（图 32.1）。在平面图中，矿化区域可以形成长达数十公里的蜿蜒带，也可以是一群不连续的透镜体。这在沿辫状古河道分布的底河道型铀矿床中较为常见（图 14.13d）。

在横截面上，矿化区域以卷状体（图 32.1c）的形式出现，或者更常见的是由几个垂直叠加的矿化带形成的变形虫状复杂体（图 32.1a），也有板状矿体（图 32.1b），但不常见的是卷型和底河道型矿床。

砂岩型铀矿床的主要铀矿物为沥青铀矿和铀石，易于通过硫酸或碱性浸出液从矿石中回收。

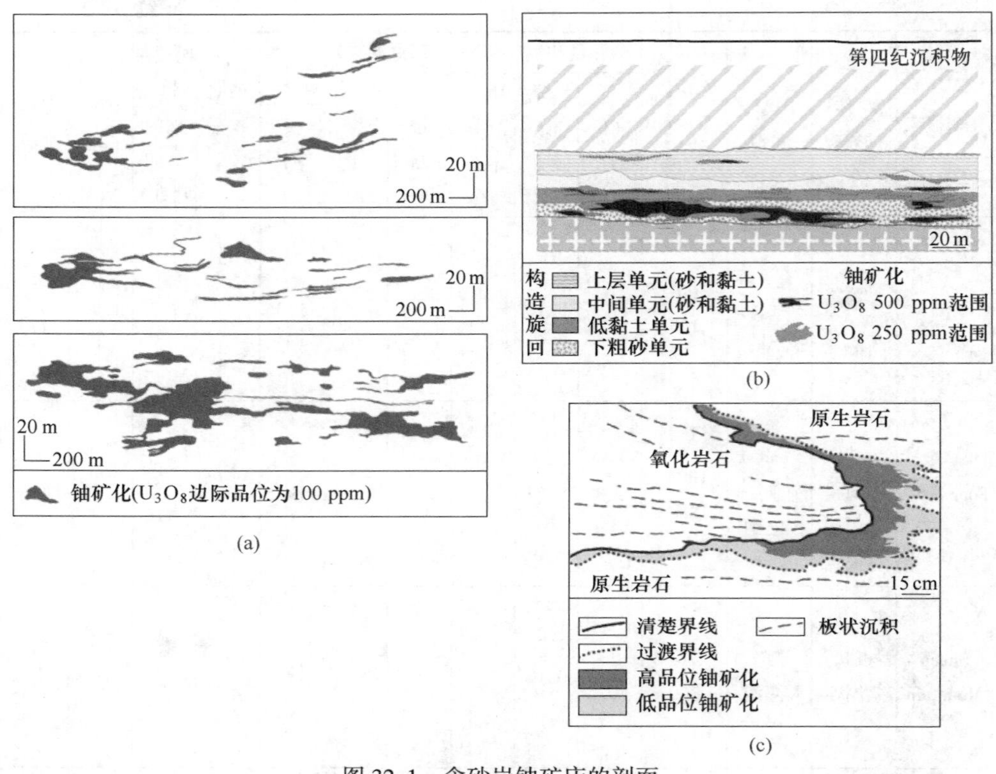


图 32.1 含砂岩铀矿床的剖面

（a）哈萨克斯坦 Shu-Sarysu 盆地，几个矿化带垂直叠加形成阿米巴变形虫形态的卷状矿体；（b）澳大利亚 Honeymoon 矿床铀矿化的板状形态；（c）美国怀俄明 Shirley 盆地的地表露头（由露头照片解译）

## 32.2 钻探控制资源量

砂岩型铀矿床的勘查完全以钻探为基础，通常从一系列沿氧化还原前缘分布的宽间距钻探开始，钻探与前缘呈直角。在这一阶段，钻孔之间的距离为几公里。从项目的早期阶段开始，代表性样品的钻探和回收质量就很重要，并随着项目的成熟和接近资源估算阶段而逐步提高。为了尽量减少岩芯损失，常使用三管金刚石钻。采用声波钻探方法可以钻探浅层矿床，声波钻探方法已成功用于砂矿矿床勘查。

在哈萨克斯坦，勘查范围跨越 6~12 km，在勘查线上钻孔之间的距离通常为 200 m。当遇到矿化时，钻孔间距逐渐减小。根据矿化类型，在可行性研究阶段，最终的资源量控制网度可达到 50 m×25 m（表 32.1）。

在美国的 Great Divide 盆地，采用了类似的分段钻井方法来估算资源量，尽管该地区的一些矿床已被控制到30 m×30 m。

澳大利亚砂岩型铀矿床的资源量估计采用了钻孔分布为25～30m中心的方形网格：

（1）探明的资源量网度为（40～50）m×25 m；

（2）控制的资源量网度为80 m×40 m；

（3）推断的资源量网度为（120～160）m×40 m。

底河道型矿化的几何形态通常更复杂，因此需要比通常用于卷状铀矿更密集的钻孔。相比之下，板状铀矿化的特征是简单的几何形态和铀品位的良好空间连续性，这意味着可以用较少的钻孔来估算资源量。

## 32.3　钻孔地球物理测井

目前用于估算铀品位的两种地球物理方法是伽马测井和瞬发裂变中子法（PFN）。该方法速度快，价格便宜，并且可以在5～15 cm的间隔内记录矿化分层点。但是，应用地球物理方法，特别是伽马测井技术，需要对放射性同位素系统进行专门研究，以确保该方法适用于特定矿床。

### 32.3.1　伽马测井

在钻孔中原位测量铀品位最常用的技术是基于测量伽马辐射，它被记录为每秒的计数并反算铀含量。然而，大多数伽马射线是由代表$U^{238}$放射性衰变产物的放射性同位素$Bi^{214}$和$Pb^{214}$产生的，$U^{238}$本身并不产生显著的伽马射线能量，因此伽马测井只是从子同位素推断铀含量的一种间接估算方法。

如果铀和它的子产物之间存在严格的关系，用这种方法进行准确的估计是可能的，但情况并非总是如此。子同位素与$U^{238}$具有不同的地球化学特征，因此可以从铀矿中去除，这在年代较新的砂岩型铀矿床中很常见，在这些矿床中，铀经常与可能被地下水除去的衰变产物不平衡。因此，伽马强度可能与铀的浓度不匹配，伽马测井可能低估或高估实际的铀品位。在同一矿体内，不平衡的强度和类型可能在短距离内发生变化，这使得无法校准伽马测井进行资源量估算。不平衡还会导致子产物的空间偏移，使伽马异常移出铀矿体的实际位置。因此，在利用伽马测井技术进行资源量估算之前，需要研究铀衰变体系中的同位素关系。

当确定了某一区域的父、子同位素之间的稳定关系时，使用伽马测井是必要的。铀含量是通过对钻孔和探头直径、测井间隔、*k*因子（转换因子）、钻井液因子和静息时间进行校正，从伽马计数中估算出来的，通常称为$eU_3O_8$。*k*因子是通过从一个特别建造的测试井（通常位于政府核试验设施内）中已知钻孔的校准伽马探针获得的。附加校准应在项目现场进行，并应作为伽马测井过程的常规部分。这通常是通过在整个项目过程中在项目现场打开一个孔并将其用于内部控制来实现的。

伽马探测器质量控制要求对大约10%的钻孔进行重测，以确保结果的可重复性。估计的 $eU_3O_8$ 值需要根据岩芯样品的化学分析进行校准。由于伽马测井和化学测定样品代表不同体积的岩石，因此直接比较是困难的，并且需要大量的样品才能得到统计上有效的结果。例如，在其中一个研究项目中，107个钻孔用于校准 $eU_3O_8$ 数据。

### 32.3.2 瞬发裂变中子（PFN）分析仪

PFN是一种地球物理技术，它克服了伽马射线技术在不平衡方面的误差。PFN方法使用脉冲中子源向岩石发射高能中子，并记录产生的超热中子与热中子的比例。这一比例与岩石中 $U^{235}$ 的含量呈正比，可以直接测量铀含量，不需要铀衰变产物之间的平衡。PFN法测定的铀含量通常用 $pU_3O_8$ 表示，而不是用 $eU_3O_8$ 表示伽马测井的铀含量。

目前PFN是澳大利亚ISL铀项目估算铀品位的主要方法，在美国和苏联也广泛使用。特别是在哈萨克斯坦，至少20%的铀资源量估算钻孔必须使用PFN[1]技术进行记录。

PFN仪器的缺点是检出限高，$U_3O_8$ 在0.01%~0.025%的范围内。然而，这在第三代PFN仪器中得到了改进，据报道，其检测限为0.005%~0.008% $U_3O_8$（Drobov，个人通信）。

PFN仪器需要根据已知标准进行校准，包括考虑水的水分含量和盐度。PFN质量控制包括每周对PFN品位进行XRF核心分析。PFN工具在钻孔中的重复运行用于估计PFN结果的精度误差（可重复性）。伽马测井剖面和PFN都需要对钻孔直径进行精确测量，以修正井下地球物理测量结果。

### 32.3.3 补充地球物理技术

应用地球物理方法估算铀品位需要了解钻孔直径，钻孔直径是通过常规的井下卡尺测量来测量的。如果钻孔深度超过100 m，也要测量钻孔位置。澳大利亚Beverly矿井的研究表明，使用泥浆旋转钻井技术钻出的垂直钻孔在100 m深时平均偏离10 m（矿山地质学家，个人通信）。在哈萨克斯坦，钻孔深度超过100 m时，测斜是强制性的。

---

[1] 苏联在20世纪80年代早期发展了另一种瞬发裂变中子测井技术，称为KND，并在俄罗斯、乌兹别克斯坦和哈萨克斯坦广泛应用于ISL项目的铀资源估算。——译者注

# 32.4 钻孔样品测定

钻孔取样和样品化学分析是ISL项目资源量准确估算的必要条件。在哈萨克斯坦，在ISL项目的所有工程见矿段都必须收集和化验钻孔岩芯样品。哈萨克斯坦的资源报告准则规定了这一点。采用三管金刚石钻探技术获得了具有代表性的样品。钻孔样品测定了U、Th、Se、V、Mo、Sc、Re、As和有机碳（$C_{org}$）。

从岩芯样品中测定碳酸盐含量，并报告为$CO_2$的质量分数（%）。这是酸浸ISL方法的有害成分，该分析用于估计在ISL操作的酸消耗。对每个矿化域的$CO_2$含量进行了准确的估算和报告。

钻孔岩芯样品的分布应该覆盖整个矿床的矿体才具有代表性。在哈萨克斯坦，碳酸盐含量的测定采用400 m×50 m的采样网度。然而，网度的变化取决于沉积物的复杂性。对含矿含水层的整个交点取样。这些样品还可用于铀矿化及其赋存岩石的详细地质技术、岩石学和矿物学研究。特别是矿化岩石需要根据粒度分布剖面和孔隙度进行分类。

# 32.5 数据质量和矿产资源量类型

为了标准化ISL铀项目的报告，McKay等人建议根据数据的类型和质量对资源进行分类：

（1）用没有经过不平衡校正的历史伽马射线数据来估算矿化的，最多可以归类为推断资源量；

（2）如果使用PFN对伽马射线探测数据进行适当校准，并有足够的不平衡考虑条件的支持，则为控制资源量；

（3）将已测得的资源状态赋值给矿化，通过适当校准PFN数据来估算矿化，从而准确地估算出水文地质特征。

这些标准只涉及数据质量。应根据地质和品位的可变性分别对每个矿床估计用于估算资源量的最优钻探网度。

# 32.6 钻探工程地质测井

## 32.6.1 岩性

ISL项目的可行性取决于赋矿岩石的渗透性，而渗透性则因岩石类型、相和系统氧化状态的不同而有显著差异。因此，一般在建立铀品位空间分布模型之前，对钻孔进行详细的岩性测井是非常重要的。根据井下电测井资料，推导出含矿地层的岩性特征。两种常用的方法是视电阻率法和自电位法，以及在高盐条件下使用的电磁技术。岩性解释的重点是以下参数：

（1）碎屑沉积物的粒度；

（2）成岩化程度；

（3）黏土层的甄别和准确定位；

（4）碳酸盐岩床的甄别和准确定位；

（5）岩石的氧化状态。

地球物理测井得到钻井岩屑常规岩石测井的支持，包括岩屑岩相和岩屑颜色记录。岩屑的颜色有助于鉴定其氧化程度。利用钻孔样品进行了更详细的岩石学研究。

利用地球物理资料和岩石测井资料进行了剖面解释，建立矿床的岩石地层模型。

### 32.6.2　水文地质

用于 ISL 资源估算的水文地质数据包括地下水的化学成分、其在矿化含水层的压力和地下水流动方向。在哈萨克斯坦，地下水温度也用井下温度测量法测量，并在生产过程中进行监测。超过 20 ℃的高温（扎尔帕克矿床，哈萨克斯坦）是 ISL 项目的有利因素。

含水层内的水压是通过对分布在整个矿床的测试钻孔进行系统的水压测量来估算的。这些技术以及用于估算岩石渗透率的抽水试验是水文地质研究的核心，并在所有研究的 ISL 项目中被系统地使用。水文地质钻孔的分布随矿床水文地质条件的复杂程度而变化。在哈萨克斯坦，每一个含铀含水层至少都有 3~5 个水文地质钻孔进行研究，这些钻孔分布在距离 1~5 km 的地方。另外，为了估算地下水的流向和流速，在研究资源范围之外钻了 2~3 个孔。

地下水的化学成分控制着铀的就地回收率。例如，高氯含量可能会降低铀的回收率。在哈萨克斯坦，古近纪沉积物所含的含水层和 Syrdarya 盆地的所有沉积物的特征是水的盐度低，溶解的矿化区域的浓度为 0.3~1.0 g/L。Shu-Sarysu 盆地上部白垩系沉积物中的含水层含盐量较高，矿化程度为 1.5~6 g/L。

### 32.6.3　渗透率

针对所有主要岩性类型的岩石，分别确定了赋矿地层的渗透率。图 15.6b 为哈萨克斯坦 Budenovskoe 矿床主要赋矿岩石中确定的渗透系数示例。平均渗透系数从砾岩的 9.8 m/d 变化到细粒砂的 6.6 m/d，在粉质黏土层下降到不足 1 m/d。

渗透率最初是通过测试岩芯样品来确定的，当项目成熟时，则通过钻孔泵测试来确定。钻孔岩芯样品是从所研究的含水层中所有岩性类型的岩石中收集的，并且应该包括矿化单元以外的低品位沉积物的样品。当矿化作用的渗透性高于周围沉积物的渗透性时，ISL 采矿是有利的。相反的关系会导致浸出溶液的过度损失和/或稀释，显著降低 ISL 操作的经济效率。

样品是从特殊钻孔中采集的，这些钻孔沿矿化走向分布在 800~1600 m 处。在铀矿化区每隔 350 m 采集一次样品，在上覆和下伏废石区每隔 310 m 采集一次样品。研究了两种类型的岩石样品，一种是沉积结构保存完好完整的固体样品，另一种是破碎的岩石，这样就可以对每种岩石类型的渗透率范围进行真实的估计。

成熟的项目使用井下泵测试。这些试验需要估计所研究含水层的水位下降的速度和程度，以及恢复所需要的时间。抽水试验的持续时间因矿床的水文地质特征而不同。在哈萨克斯坦，古成因岩石含水层的抽水试验持续 1~3 d，上白垩系岩石含水层的抽水试验持续 4 d。

这些测试除了表征所研究含水层的物理参数外，还提供了用于化学表征的水样。

### 32.6.4 孔隙度和岩石体重

岩石的干体重是通过地球物理方法估计基质沉积物的孔隙度和砂粒组成间接确定的。最新一代 PFN 工具（第 3 代）测量了岩石孔隙度和铀品位。通过声波钻探或三管金刚石钻探采集的岩芯样品，也可以直接测量体重。砂岩型铀矿床的岩石体重通常在 1.0~1.90 t/$m^3$。

## 32.7 资源量估算

砂岩型矿床资源量的估算应从建立该矿床的岩石地层模型开始。当构建铀矿化的三维模型时，这些数据用于指导钻孔间铀矿层连接的关系。岩石地层模型也被用作矿床水文地质特征的背景。

### 32.7.1 地质模型

目前有两种方法用于构建岩石地层模型，一种是常规的剖面解释，另一种是使用多高斯场随机模拟方法的地质统计学三维建模。常规地质剖面具有主观性，不确定性难以量化，这是该技术的主要局限性。多高斯场随机模拟方法可以生成岩石-地层模型的多重现实，并选择可能性最大的模型（图 26.12）。

### 32.7.2 铀品位估算

铀矿体的建造可以使用2D煤层模型（如Beverly矿），也可以使用3D，通过线框图限制矿化（如Great Divide盆地的矿床）。在这两种情况下，每个钻孔的见矿点都必须使用给定项目的边际品位来确定（表32.2），并将此品位用于矿床的横剖面解释（图32.1）。

表32.2 用于定义铀资源的断流实例

| 矿　区 | $U_3O_8$ 边际品位/% |
|---|---|
| ISL矿山/国家 | |
| Budenovskoe，哈萨克斯坦 | 0.010 |
| Honeymoon，澳大利亚 | 0.025 |
| 露天矿/项目 | |
| Rossing，纳米比亚 | 0.015 |
| Ranger，纳米比亚 | 0.020 |
| Langer Heinrich，纳米比亚 | 0.025 |
| Trekkopje，纳米比亚 | 0.010 |
| 多金属地下矿山 | |
| Olympic Dam，澳大利亚 | 30~70 $/t |

在Budenovskoe矿床测试了另一种方法，即使用地质统计学标准来约束矿化域。该方法基于使用品位指示值约束矿化程度，最初被提出用于造山型金矿床，此前未应用于砂岩型铀矿化。将该方法应用于Budenovskoe矿床的结果是非常令人鼓舞的，表明使用该技术可以非常详细地再现卷锋构造。

为了资源量估计的目的，可以将受限制的域分组在一起，确保创建的组在地质上是相关的，在地质统计上是稳定的。Abzalov利用域的分组来估算由多个热液期次形成的复杂铀矿资源量。该矿床位于Shu-Sarysu盆地，利用见矿点的品位厚度关系对域进行了分组（图32.2）。将高品位铀的薄透镜体组合成HN组（图32.2a），并与含有厚层高品位铀的第二组分离。第二组称为HT组（图32.2a）。第三类包括低品位矿化（LG），通常表现为狭窄和不连续的透镜体。这些组占据了卷锋的不同部分，形成了三个沿着卷锋走向在南北向伸长的独立带状体（图32.2b）。组合成HN组、HT组和LG组（图32.2b）的域在空间上的分布符合其品位厚度特征（图32.2a），验证了所定义组的有效性。

### 32.7.3 地质统计学法资源量估算

砂岩型铀矿化的特征是$U_3O_8$品位的正偏态统计分布，偏态系数通常超过25。

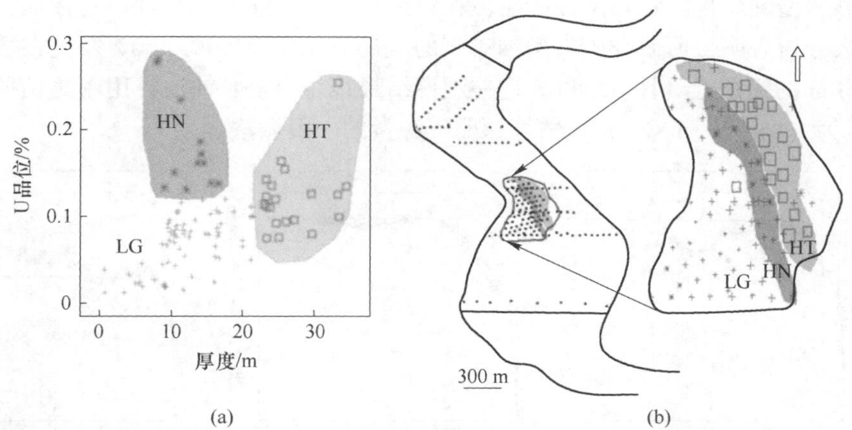


图 32.2 根据域的品位-厚度特征和空间分布进行分组（哈萨克斯坦 Shu-Sarysu 盆地卷状型矿床，LG 低品位、HN 高品位窄厚度、HT 高品位大厚度）

（a）矿化点品位与厚度关系图；（b）矿化重叠的空间分布图

两幅典型的铀品位直方图（图 32.3）显示了少量高品位样品产生的长尾。这是估计砂岩类矿床资源量的又一项挑战，这种矿床的几何形态极为复杂，使估计资源量成为一个极具挑战性的过程。传统的 $U_3O_8$ 品位变异函数通常不稳健，因此一般通过将数据转换为高斯分布变量或使用品位指示值来建模。这两种方法都可以用来改善变异函数（图 32.4）。如果使用一种现有的展开算法（unfolding algorithm）来使卷状的几何形态展开而得到简化，就可以取得进一步的改进，这种算法可从大多数商业采矿软件包获得。

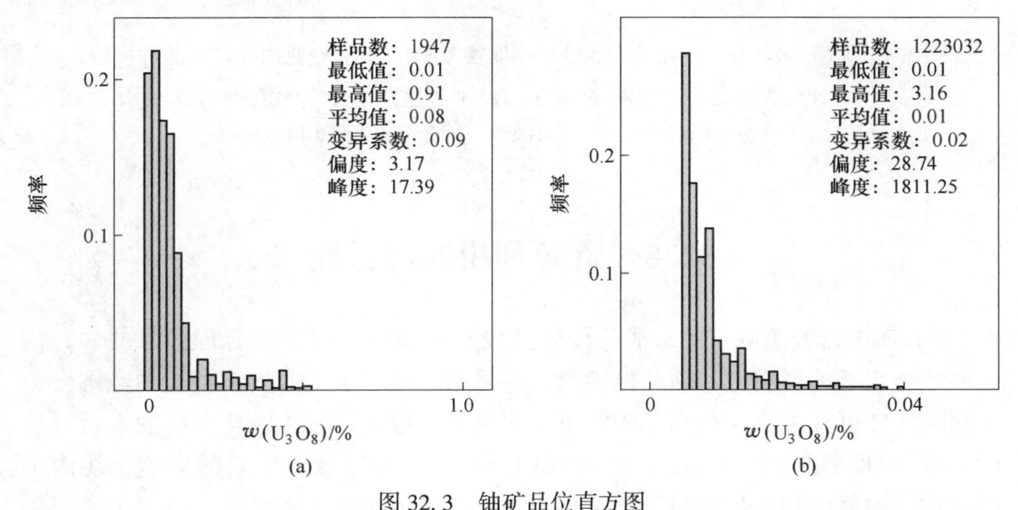


图 32.3 铀矿品位直方图

（a）哈萨克斯坦 Shu-Sarysu 盆地 Budenovskoe 矿床，组合样长为 0.5 m；

（b）美国 Great Divide 盆地矿床，组合样长为 0.6 m

砂岩型铀矿化的特点是铀矿品位在短距离上有很强的变异性。总体而言，变异函数分析表明，所研究砂岩型铀矿床的全局方差中有 60%～80%发生在数据点 30～80 m 的距离上（图 32.4）。这一观察结果很符合 ISL 铀项目用密集钻探网度［通常为（25～50）m×25 m］估算探明资源量的一般做法。

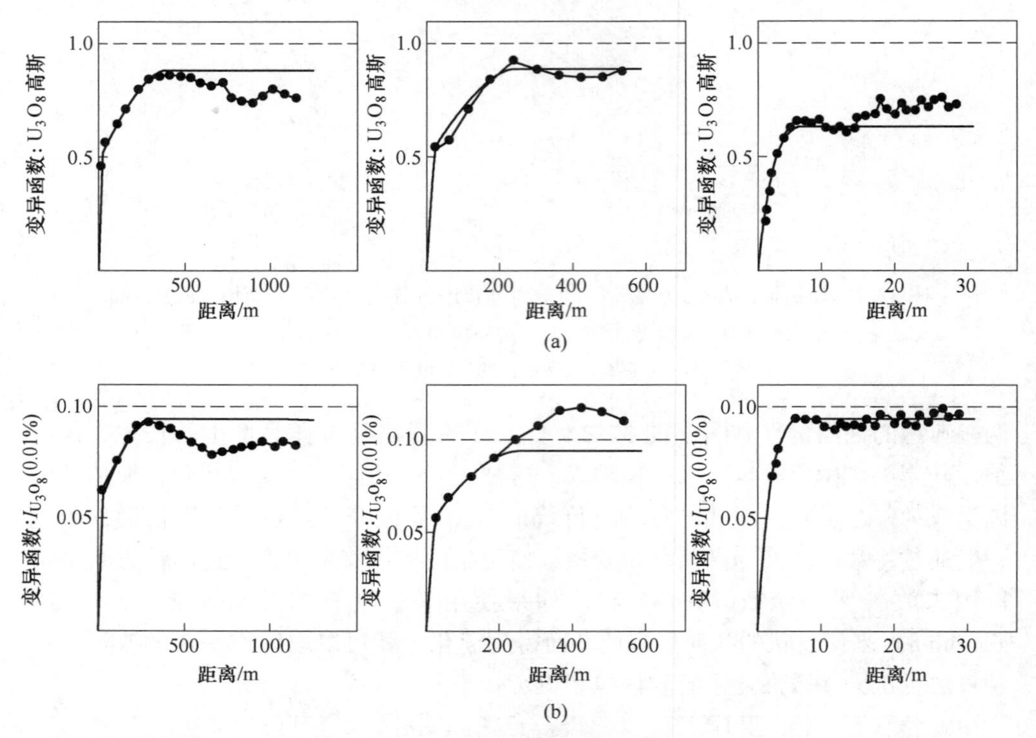


图 32.4　美国 Great Divide 盆地卷状铀矿床变换 $U_3O_8$（品位变化曲线（试验和模型）。N90 为沿走向，N180 为倾向，D-90°为垂直走向的厚度方向）

（a）高斯变换；（b）指示变量（$U_3O_8$品位大于 0.01%）

## 32.8　资源利用的可行性

ISL 铀项目资源确定的最后阶段是建设具有最终经济开采合理前景的块。这需要结合岩石地层模型和铀品位模型，并采用地质、水文地质、岩土和经济参数来约束潜在可开采块。通常用于约束资源块的参数包括整体所含金属的米百分值（品位与厚度的乘积）、单工程见矿段的厚度、约束区域内废石的厚度、块内不透水地层的厚度和碳酸盐岩的含量（表 32.3）。包含的金属米百分值用于资源块的初始定义。在哈萨克斯坦的矿床中，$U_3O_8$经济矿化的边际品位为 0.06 m · %。

对可开采约束块体进行内部废石和封闭不透水层厚度的检查和校正，确保约束块体内岩石的总渗透率不小于 1.0 m/d（表 32.3）。不符合表 32.3 所示标准的矿化被报告为低品位的非经济资源。

**表 32.3　用于限制哈萨克斯坦铀 ISL 项目的经济矿化的参数**

| 类　别 | 参　数 |
|---|---|
| 边际品位（U） | 0.01% |
| 单工程见矿段总金属量含量米百分值（品位×厚度） | 单个钻孔内受限的见矿厚度，U 含量应不小于 0.060 m·% |
| 资源块的总金属含量 | 受限制的资源块（域），U 含量不应少于 0.1 m·% |
| 内部贫化 | 夹石剔除厚度为 1 m |
| | 资源块（域）内夹石的总厚度不应超过 6 m，最小矿化-废石比为 0.75 |
| | 这是经济资源孔的数目与资源块轮廓内总孔数的比 |
| 选择性可开采单元 | 孤立资源块的最小面积为 40000 $m^2$，最大面积为 300000 $m^2$ |
| 渗透性 | 赋矿地层的最小渗透率为 1.0 m/d |
| | 矿化层厚度中，粉砂和黏土的含量（0.05 mm）比不超过 20% |
| 酸浸冶金约束 | 酸浸出碳酸盐含量应低，$w(CO_2) < 2\%$ |
| | 当 $CO_2$ 含量超过 2%时，首选碱浸技术 |

碳酸盐岩含量是 ISL 铀资源冶金特征的主要参数，需要确定浸出系统。采用两种化学浸出系统，酸和碱。酸性浸出比碱性浸出更快，而且能获得更好的铀回收率。在澳大利亚的 Honeymoon 矿，两种方法的直接比较表明，酸浸法可实现 80%的就地资源回收，大约比碱浸法快 4 倍。酸浸也可回收一些金属副产品。然而，当赋矿岩石含碳酸盐时，由于酸消耗过高，酸浸出方法效率低下。一般来说，当赋矿岩石的 $CO_2$ 含量超过 2%时，用酸浸技术开采矿床在经济上就不可行了。

另一种方法是碱性（碳酸钠）浸出，它已成功地用于含碳酸盐的砂岩矿床。碱性浸出法的特点是对铀的高选择性和对大多数脉石矿物的最小侵蚀，因此，一般来说，这种方法的腐蚀性比硫酸浸出法小。这些特性部分弥补了碱性浸出法较低的动力学、较低的腐蚀性和较高能耗的缺点。

表 32.3 所列的参数是制订资源量转换为储量的修正因素的基础，一般来说，可作为铀 ISL 项目资源量估计方案规划的大致指南。但是，应该记住，这些参数是特定于项目的，可能会因矿化深度、组成和赋矿岩石的渗透性以及含水层特征而有所不同。通过现场浸出试验，得到了修正因子的精确值。铀的试生产是 ISL 铀项目可行性研究的严格要求。

## 32.9　资源量对比

公开可得的 ISL 铀资源量对比数据非常有限。哈萨克斯坦的报告回收率约为 90%，尽管低于 Budenovskoe 项目的预期回收率，但由于处于早期生产阶段，回收率可以提高。据报道，澳大利亚 ISL 铀矿的回收率明显低于 60%~70%。

### 参 考 文 献


[1] Abzalov M Z. Optimisation of ISL resource models by incorporating algorithms for quantification risks：geostatistical approach [C]// International Atomic Energy Agency (IAEA). Technical meeting on in situ leach (ISL) uranium mining. Vienna，2010.

[2] Abzalov M Z. Sandstone hosted uranium deposits amenable for exploitation by in-situ leaching technologies [J]. Appl Earth Sci，2012，121 (2)：55-64.

[3] Abzalov M Z，Humphreys M. Resource estimation of structurally complex and discontinuous mineralization using non-linear geostatistics：case study of a mesothermal gold deposit in Northern Canada [J]. Explor Min Geol J，2002a，11 (1/2/3/4)：19-29.

[4] Abzalov M Z，Humphreys M. Geostatistically assisted domaining of structurally complex mineralisation：method and case studies [C]// AusIMM. The AusIMM 2002 conference：150 years of mining. Publication series No 6/02. Melbourne，2002b：345-350.

[5] Abzalov M Z，Paulson O. Uranium deposits of the great divide Basin，Wyoming，USA [J]. Appl Earth Sci，2012，121 (2)：76-83.

[6] Abzalov M Z，Dumouchel J，Bourque Y，et al. Drilling techniques for estimation resources of the mineral sands deposits [C]// AusIMM. Proceedings of the heavy minerals conference 2011. Melbourne，2011：27-39.

[7] Abzalov M Z，Drobov S R，Gorbatenko O，et al. Resource estimation of in-situ leach uranium projects [J]. Appl Earth Sci，2014，123 (2)：71-85.

[8] Armstrong M，Galli A，Beucher H，et al. Plurigaussian simulation in geosciences [M]. 2nd. Berlin：Springer，2011：149.

[9] Bush P D. Development considerations for the Honeymoon ISL uranium project [J]. CIM Bull，2000，93 (1045)：65-73.

[10] Chiles J-P，Delfiner P. Geostatistics：modelling spatial uncertainty [M]. New York：Wiley，1999：695.

[11] Dahlkamp F J. Geology of the uranium deposits [M]. Berlin：Springer，1993：460.

[12] Goovaerts P. Geostatistics for natural resources evaluation [M]. New York：Oxford University Press，1997：483.

[13] IAEA. Manual of acid in situ leach uranium technology [M]. TECDOC-1239. Vienna：International Atomic Energy Agency，2001：283.

[14] AusIMM. JORC Code [S]. Australaisian code for reporting of exploration results，mineral

resources and ore reserves: Melbourne, 2012: 44.

[15] Karimov K, Bobonorov N S, Brovin K G, et al. Uranium deposits of the Uchkuduk type in the Republic of Uzbekistan [M]. Tashkent, Uzbekistan: FAN, 1996: 335 (in Russian).

[16] McKay A D, Stoker P, Bampton K F, et al. Resource estimation for in-situ leach uranium projects and reporting under the JORC Code [C]// AusIMM. Uranium reporting workshop, Uranium and the JORC Code. Adelaide, 2007.

[17] Penney R. Australian sandstone-hosted uranium deposits [J]. Appl Earth Sci, 2012, 121 (2): 65-75.

[18] Penney R, Ames C, Quinn D, et al. Determining uranium concentration in boreholes using wireline logging techniques: comparison of gamma logging with prompt fission neutron technology (PFN) [J]. Appl Earth Sci, 2012, 121 (2): 55-64.

[19] Petrov N N, Berikbolov B R, Aubakirov K, et al. Uranium deposits of Kazakhstan (exogenic) [M]. 2nd. Almaty, Kazakhstan: Volkovgeologiia, 2008: 318 (in Russian).

[20] Pool T C, Wallis C S. Technical report on the South Inkai uranium project, Kazakhstan. Prepared for Urasia Energy (BVI) Ltd [Z]. Roscoe Postle Associates Inc. Toronto, Canada: 2006a.

[21] Pool T C, Wallis C S. Technical report on the Akdala uranium mine, Kazakhstan. Prepared for Urasia Energy (BVI) Ltd [Z]. Roscoe Postle Associates Inc. Toronto, Canada: 2006b.

[22] Pool T C, Wallis C S. Technical report on the North Kharasan uranium project, Kazakhstan. Prepared for Urasia Energy (BVI) Ltd [Z]. Roscoe Postle Associates Inc. Toronto, Canada: 2006c.

# 33 氧化铁矿床

（彩图）

**摘要：**本章所述的项目评估程序主要基于西澳大利亚哈默斯利省的实例，该省含有形成与古河道沉积有关的条带状含铁建造。

采用大直径（HQ和更大直径）金刚石钻取芯和RC钻取样法，对氧化铁沉积矿进行了评价。在所研究的项目中，这些技术的比例是不同的。钻孔之间的距离从West Angelas矿床探明资源的25 m×25 m到推断资源的300 m×200 m不等。

铁矿床的岩石体重在1.5~4 t/m$^3$的小范围内会发生变化，这取决于氧化铁矿物的含量和孔洞的存在。准确估计吨位系数需要对钻孔沿线的岩石体重进行系统测量，通常使用井下伽马-伽马测井来确定，并经实验室测量验证。

采用常规X射线荧光光谱法测定样品中的Fe、Si、Al、Ti、Mn、Ca、P、S、Mg、K、Zn、Pb和Cu，并用普通克里格法将其估算成资源块模型。除了这些元素，烧失量采用（LOI）火（法）确定，使用2 g或5 g正样子样品放入一个陶瓷坩埚，加热到1050 ℃燃烧45 min。

**关键词：**哈默斯利省；铁矿石；矿产资源量；矿石储量

## 33.1 资源模型的地质约束

本章所述的项目评估程序主要基于澳大利亚西部哈默斯利省的实例（图33.1、表33.1）。该省包含大量与布罗克曼（Brockman）和马拉曼巴（Marra Mamba）条带含铁建造（BIF）有关的铁矿床，这些条带含铁建造的特点是富集大量高品位的铁矿。该省还有古河道型针铁矿床，通常称为河道沉积型铁矿（CID型），强调其含矿结构为古河流的河道。这些矿床主要分布在Robe河和Yandicoogina河古河道中。

在哈默斯利盆地制定的评价程序在几内亚的Simandou项目实施，也代表BIF次生的高品位氧化铁（赤铁矿）矿床（图33.1、表33.1）。

由于从前寒武纪铁矿中重新氧化生成铁氧化物，因此，氧化铁矿化本质上继承了原含矿序列地层的分层结构（图33.2a、b）。

地层单元与矿化之间的接触通常不同，有些地方有页岩带（图33.3）。氧化铁矿化是指赋矿层位与沉积序列具有正常地层关系的连续层（图33.3），但含矿层位通常不均匀地分布在含矿层内（图33.4）。

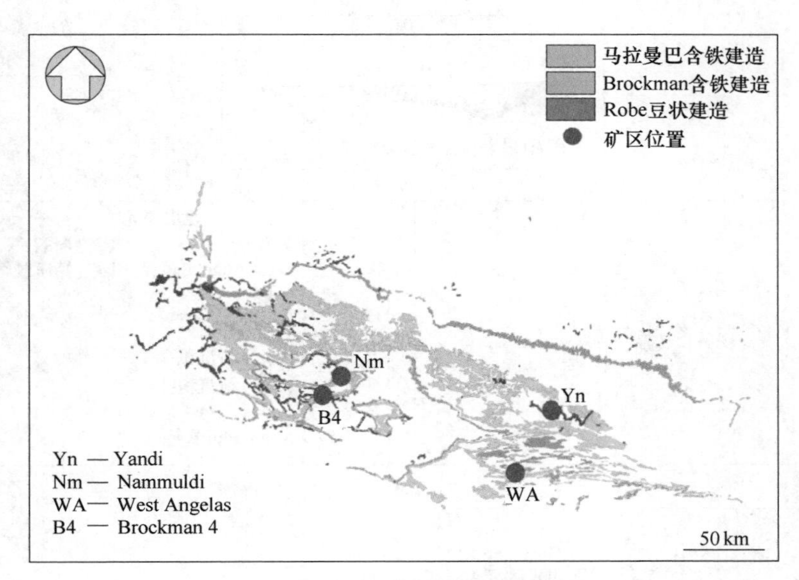


图 33.1　哈默斯利省地质图

**表 33.1　部分矿床的资源量**

| 矿体名称 | 类型 | 已采资源 | | 按资源类别划分的钻探网度 | | |
|---|---|---|---|---|---|---|
| | | 吨位/Mt | 品位(Fe)/% | 推断的/m×m | 控制的/m×m | 探明的/m×m |
| West Angelas | BIF-次生 | 440 | 62.1 | 200×50 | 50×50 | 25×25 |
| Nammuldi | BIF-次生 | 250 | 62.3 | 200×50 | 100×50 | 50×50 |
| Brockman 4 | BIF-次生 | 47 | 62.3 | 200×100 | 100×100 | 50×50 |
| Simandou | BIF-次生 | >2000 | 64.0 | 200×200 | 100×100 | 50×50 |
| Yandi | CID | 930 | 58.0 | 300×200 | 200×100 | 100×50 |

这些沉积物的强风化会产生一个表生蚀变带，通常称为“铁帽”。分布在“铁帽”中岩石的一个具体特征是，它们具有毛茸茸的纹理，其空隙由高岭土和二氧化硅局部填充。该区的特点是铁品位分布不稳定，存在大量黏土团块和残积二氧化硅富集区。“铁帽”的底部接触面非常不规则，其变得复杂是由于陡倾斜构造。这种构造局部控制表生蚀变渗透到一个显著深度。

古河道矿床（CID 型）是哈默斯利省商业上第二重要的氧化铁积累类型。矿床赋存在充满豆状针铁矿-赤铁矿矿化的蜿蜒古河道中（图 33.2c）。豆石（豌豆石）的直径一般为 1~5 mm，大部分直径小于 2 mm。它们通常有几个被针铁矿边缘（皮层）包围的赤铁矿核心。豆石被针铁矿基质胶结，形成坚硬、脆的岩石。

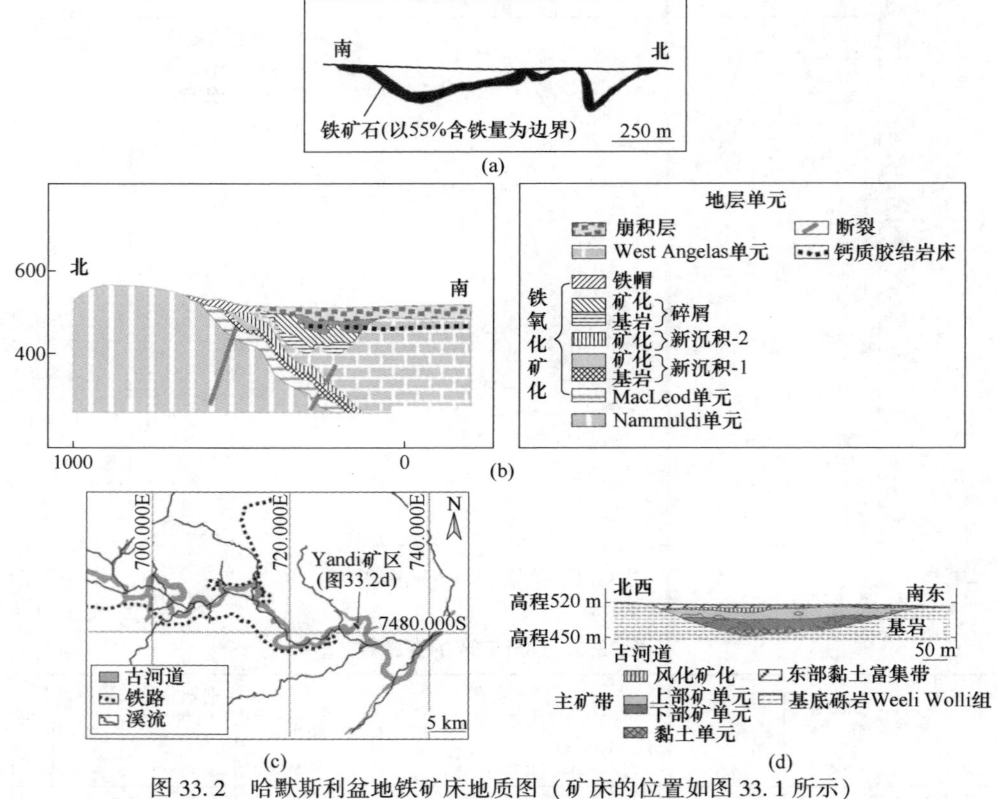


图 33.2　哈默斯利盆地铁矿床地质图（矿床的位置如图 33.1 所示）

（a）West Angelas BIF 次生矿床剖面图；（b）Nammuldi BIF 次生矿床剖面图，显示不同类型矿化的分布情况；（c）Yandi 矿床赋存的 Yandicoogina 古河道；（d）Yandi 矿床剖面图

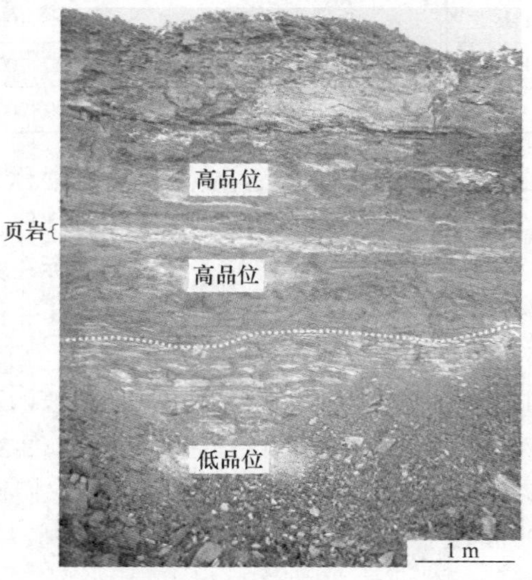


图 33.3　在南穆尔迪露天坑揭露出的地层单元之间的接触关系

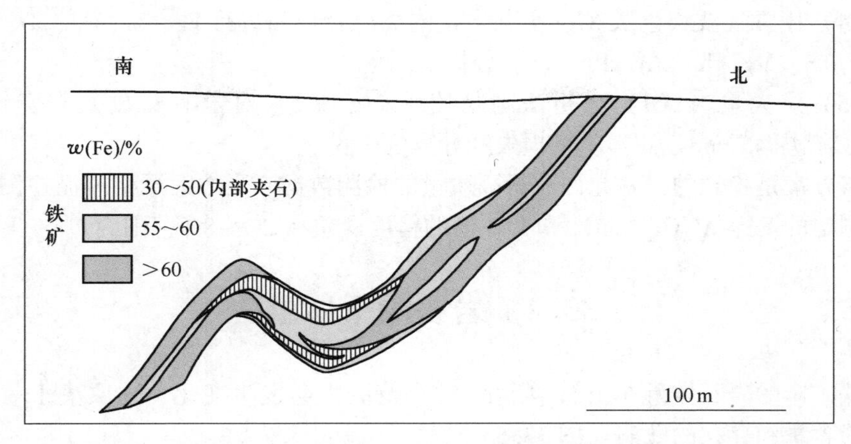


图 33.4 显示铁品位分布的 Nammuldi 矿床剖面图

当从采矿台阶上观察时，CID 矿石有节理、局部凹陷和空洞。节理和孔洞通常填充黏土和/或针铁矿（图 33.2d）。CID 矿床的铁矿石质量在古河道的中心更好，那里矿石的 $SiO_2$ 和 $Al_2O_3$ 含量低于边界品位。

碎屑矿化区代表了在 West Angelas 页岩上发育成古河道的搬运风化层（图 33.2b），它还含有从几米到几十米大小不等的黏土豆荚体。

## 33.2 资源量估算中的钻探工艺

对采用大直径（HQ 和更大直径）金刚石钻钻取岩芯和 RC 钻取样法对沉积型氧化铁矿进行了评价。在所研究的项目中，这些技术的比例是不同的。Brockman 4 的资源量主要是通过 RC 钻（3673 个 RC 孔和 5 个 HQ 尺寸的金刚石钻孔）估算的。为了进行比较，估算 Nammuldi 矿床的 E-F 透镜状的资源量使用了 872 个 RC 钻孔和 70 个金刚石钻孔。

钻孔之间的距离从用于定义 West Angelas 矿床探明资源量的 25 m×25 m 到用于定义推断资源量的 300 m×200 m 不等（表 33.1）。

## 33.3 采样和分析

West Angelas 矿床采用的采样方案示例如下：

（1）将 2~3 kg 的样品分成 1 kg 的子样品；

（2）将子样品干燥，然后粉碎到 160 μm（95%通过）；

（3）从粉状物料中收集 0.75 g 的样品，在 1050 ℃下熔融成玻璃盘；

(4) 用常规波长色散 XRF 分析方法对熔融盘样品进行 Fe、Si、Al、Ti、Mn、Ca、P、S、Mg、K、Zn、Pb 和 Cu 分析;

(5) 烧失量(LOI)分析法则是使用 2 g 或 5 g 子样品,放入陶瓷坩埚,1050 ℃燃烧 45 min,测量质量损失和计算烧失量。

该方案是稳健的,并允许获得高质量的检测数据。当方案严格遵循检测方法时,测定的 Fe、$Al_2O_3$、$SiO_2$ 和 LOI 值的精度误差在 2%~8%范围内。

## 33.4 岩石的干体重

铁矿床的岩石体重在 1.5~4 t/$m^3$ 的小范围内会发生变化,这取决于氧化铁矿物的含量和存在的孔洞(图 33.5)。

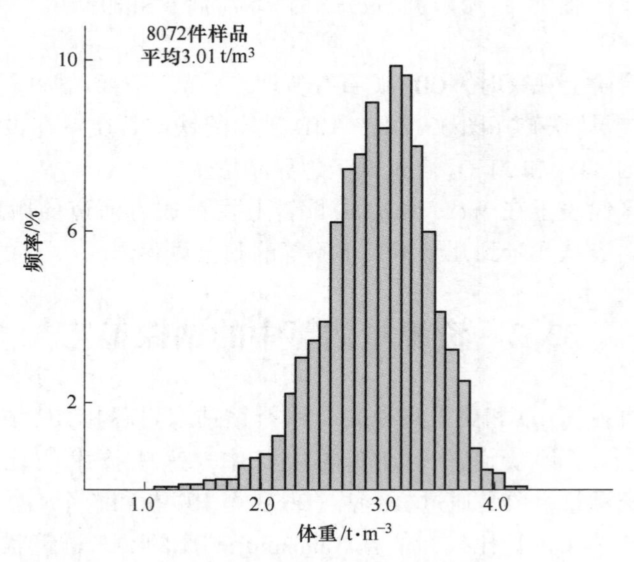


图 33.5 Nammuldi 矿床岩石体重(DBD)柱状图

准确估计体重值,需通过保证体重样品对整个矿床的良好覆盖,有系统地测量钻孔沿线的岩石体重。在哈默斯利盆地,岩石体重主要是通过井下伽马测井来确定的,并通过对岩芯样品的实验室测量进行验证。

## 33.5 资源量和储量估算

哈默斯利省铁矿资源块模型估算的变量包括 Fe、Si、Al、P、Mn、S、$TiO_2$、CaO、MgO、LOI 和体重。一般采用普通克里格法(OK)或协同克里格法

(COK)进行估算。估算的一般原则如下：

(1)相同的克里格搜索邻域用于同一矿化域中所有化学变量的估计。这是确保氧化物总量在98%~102%范围内。

(2)密度的估算独立于化学变量。

(3)使用硬边界方法进行估计。

(4)展开用于估计分层矿化的资源。

(5)特别注意高锰值的钻孔样品，以减少其在块模型中的影响。

## 参考文献

[1] Abzalov M Z. Quality control of assay data: a review of procedures for measuring and monitoring precision and accuracy [J]. Explor Min Geol J, 2008, 17 (3/4): 131-144.

[2] Abzalov M Z, Menzel B, Wlasenko M, et al. Grade control at the Yandi iron ore mine, Pilbara region, Western Australia: comparative study of the blastholes and RC holes sampling [C]// AusIMM. Proceedings of the iron ore conference 2007. Melbourne, 2007: 37-43.

[3] Abzalov M Z, Menzel B, Wlasenko M, et al. Optimisation of the grade control procedures at the Yandi iron-ore mine, Western Australia: geostatistical approach [J]. Appl Earth Sci, 2010, 119 (3): 132-142.

[4] Harmsworth R A, Kneeshaw M, Morris R C, et al. BIF-derived iron ores of the Hamersley Province [C]//AusIMM. Geology of the mineral deposits of Australia and Papua New Guinea. Melbourne, 2001: 617-642.

[5] Morris R C, Kneeshaw M. Genesis modelling for the Hamersley BIF-hosted iron ores of Western Australia: a critical review [J]. Aust J Earth Sci, 2011, 58: 417-451.

[6] Ramanaidou E R, Morris R C, Horwitz R C. Channel iron deposits of the Hamersley Province, Western Australia [J]. Aust J Earth Sci, 2003, 50: 669-690.

[7] Sommerville B, Boyle C, Brajkovich N, et al. Mineral resource estimation of the Brockman 4 iron ore deposit in the Pilbara region [J]. Appl Earth Sci, 2014, 123 (2): 135-145.

# 34 铝土矿床

（彩图）

**摘要：**以澳大利亚、非洲、南美洲和亚洲为例，总结了铝土矿资源量估算的程序。在所有研究案例中，铝土矿资源量都是通过钻孔内0.25~0.5 m组合样长来估算的。短的样长是准确估计矿化边界的必要条件。未固结的铝土矿样品，通常在化学测定前通过筛分除去无矿的细粒废石收集精矿。固结铝土矿不是用常规方法进行选矿和加工的。最好使用砂置换法测量铝土矿体重，砂置换法在澳大利亚是一种经过正式认证的测量铝土矿体重的技术。

铝土矿品位的估算采用常规地质统计技术，这种技术通常对铝土矿层的几何形态采用“等厚展开”方法变平后使用，或者在某些情况下使用“顶部展平”方法。将资源量转换为矿石储量需要考虑到下列采矿和加工条件：

（1）运输距离；

（2）垂直开采选择性为0.25~0.5 m；

（3）生产前加密钻探，通常用于品位控制；

（4）铝土矿的可磨性及黏结指数的量化；

（5）铝土矿选矿的最佳筛目尺寸；

（6）铝土矿原矿详细的化学和矿物学特征，包括有害成分，特别是铁和硅；

（7）铝土矿预脱硅特性；

（8）氧化铝萃取的特性；

（9）冶炼厂参数，包括回收氧化铝、冶炼厂碱耗和赤泥负荷；

（10）有机碳的存在、草酸盐的形成速度和碳酸盐的形成速度；

（11）泥浆沉降率、泥浆压实度和溢流清晰度。

**关键词：**铝土矿；资源量；储量；豆石；Weipa；Gove；Sangaredi；Amargosa

利用澳大利亚、非洲、南美洲和亚洲的几个有代表性的矿床总结了用于铝土矿资源量估算的程序（表34.1）。所研究的矿床大多数是通过大规模露天开采方法开采的，通常在20~40年的矿山寿命内，每年生产几百万吨铝土矿。

所提供的数据包括不同类型的铝土矿，从未固结豆状矿化（Weipa）到强岩化铝土矿床（Sangaredi）和侏罗纪的原生矿（Az Zabira）（表34.1）。所研究的矿床还包括复杂带状铝土矿地层，由不同类型沉积物的不规则残积层为代表（图34.1）。

**表 34.1 铝土矿矿床地质特征**

| 矿区 | 资源量 | | | 平均厚度/m | 铝土矿的体重/t·$m^{-3}$ | 铝土矿的结构 | 铝土矿矿物 | 矿化年龄 | 原岩 | 参考文献 |
|---|---|---|---|---|---|---|---|---|---|---|
| | 吨位/Mt | 品位/% | | | | | | | | |
| | | $Al_2O_3$ | $SiO_2$ | | | | | | | |
| Weipa | 3440 | 55.1 | 4.3 | 2.1 | 1.6 | 松散豆粒(4~9 mm)块状铝土矿(30~300 mm) | 三水铝矿、一水软铝石、石英、针铁矿、高岭土、水赤铁矿、磁赤铁矿、锐钛矿 | 第三纪 | 第三纪的Bulimba组沉积物 | [5],[16] |
| Gove | 252 | 50.4 | 5.0 | 3.7 | 1.79① | 松散豆状、胶结豆状、管状铝土矿 | 三水铝矿、一水软铝石、石英、高岭石、针铁矿、金红石 | 第三纪 | 白垩纪晚期Yirkkala组长石砂岩和石英砂岩 | [11],[15] |
| Sangaredi (Halco lease) | 990.6 (4212.4) | 50.9 (48.9) | 1.9 (2.1) | 25 | 1.87② | 固结的豆状、细粒块状铝土矿(白色铝土矿)、原地红土铝土矿 | 三水铝矿、石英、高岭石、针铁矿 | 第三纪 | 泥盆世片岩和砂岩被辉绿岩侵入 | |
| Trombetos | 无法使用 | | | 4.3 | 1.7 | 原地红土铝土矿、小松散豆粒状 | 长石占矿石总量的81%,一水软铝石<1%、高岭石、钛铁矿 | 第三纪 | | [13] |
| Az Zabira | 无法使用 | | | 6.8 | 2.03 | 固结豆粒状 | 三水铝矿、一水软铝石、石英、针铁矿、赤铁矿 | 白垩纪早期 | 侏罗纪砂岩和高岭石黏土岩互层 | |

①体重从松散豆状层 1.54 t/$m^3$ 到胶结软铝土矿层 1.89 t/$m^3$ 不等。

②对于标高在 190 m 以上的铝土矿,平均体重为 1.87 t/$m^3$。残余基底层铝土矿体重为 2.00 t/$m^3$。

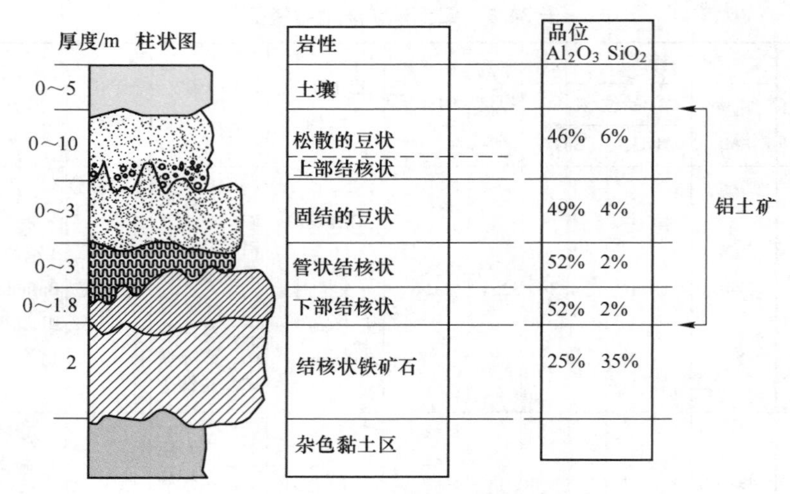


图 34.1　Gove 矿床铝土矿剖面

## 34.1　资源模型的地质约束

### 34.1.1　铝土矿台地形态

由于铝土矿台地几何形态不规则，被侵蚀槽和河流严重切割，使得台地边缘极为不规则，因此准确估计铝土矿吨位是一项非常具有挑战性的任务。通过钻探来划定这些台地的边界效率低下，而且过于耗时、昂贵且不准确。过去常用的另一种方法是基于对卫星图像的判读。现代的做法是利用航空测量技术来划定台地边缘，这种方法要精确得多。该技术包括机载雷达测量和机载激光测量。在巴西特隆贝托斯（Trombetos）矿床使用的雷达测量具有每像素 2.5 m 的分辨率，可以产生铝土矿台地的精确边缘。该技术还能同时生成数字地形模型，即使在植被茂密的情况下，该模型也能准确地表示地形表面，因为可以调整波长以确保信号能穿透到地面。

在 Gove 矿床，目前用机载激光测量圈定了台地边缘，这也使铝土矿矿体的几何解释有了明显的改善。

### 34.1.2　接触关系

铝土矿矿层与围岩接触通常是清晰的，但也可能是非常不规则的。在 Weipa 和 Andoom 矿床进行的特殊地质统计学研究表明，下盘接触带的几何形状具有很大的不确定性，这种不确定性超过铝土矿氧化铝品位、有害成分含量和矿化厚度的不确定性。

铝土矿矿层的约束过程如下：首先，有必要研究红土层序的垂直剖面，重点研究通过铝土矿接触层的化学变化。当接触带比较清晰时，使用硬边界方法建模和估算铝土矿品位，而不使用接触带以外的低品位样品贫化矿化样品。

清晰接触的特征是铝土矿与其赋存地层之间的化学性质的快速变化（图34.2）。这是在大多数研究矿床中观察到的最常见的铝土矿接触类型。另外，当接触是渐变的时，红土的变化在描述钻孔样品平均组成的曲线图上逐渐产生一个平缓的曲线斜率。这种接触在所研究的铝土矿矿床中并不常见。当遇到这些问题时，采用软边界方法对铝土矿的品位进行建模和估算。

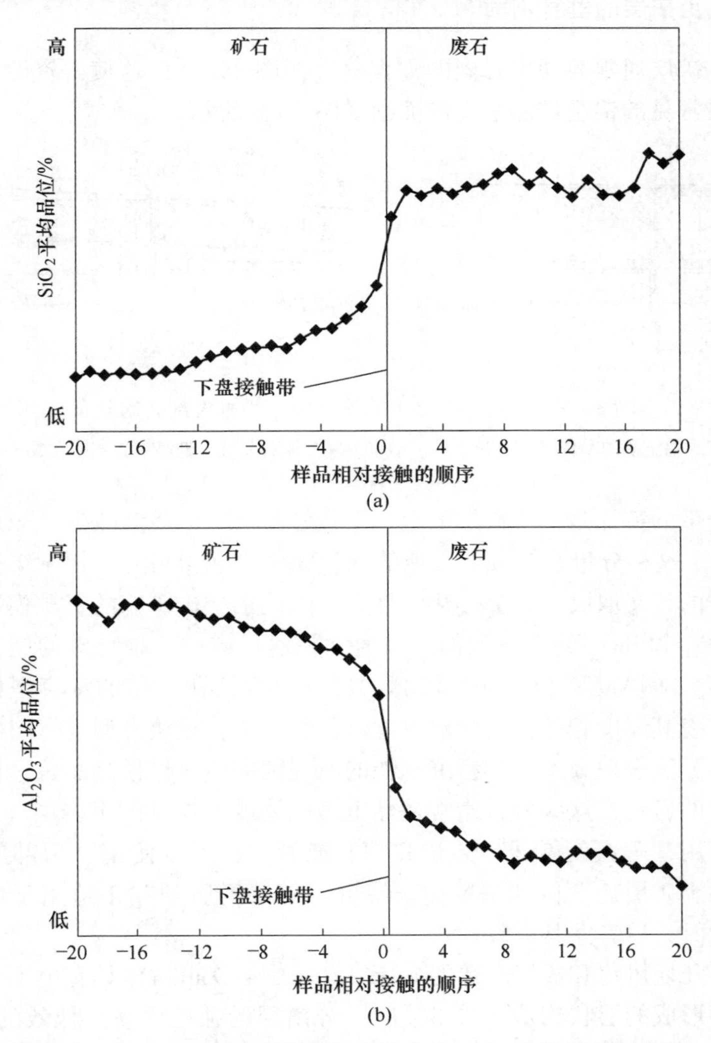


图 34.2 铝土矿层下盘接触带红土化变化（350 个钻孔的平均值）

(a) $SiO_2$ 分布；(b) $Al_2O_3$ 的分布

其次，用地质统计学方法划定接触面。根据个人经验，笔者建议采用普通协同克里格法勾画铝土矿接触面。对于上部接触带，钻孔穿矿点被用作目标（即主）变量。辅助变量是数字地形模型导出的地形面。利用铝土矿厚度作为目标变量，上部接触带作为辅助变量，采用普通协同克里格法对下盘接触带进行建模。

当一个铝土矿层包括几个需要分别建模的不同单元时，可以使用相同的方法。但是，重要的是不要使地质模型过于复杂，因为这会增加资源模型的不确定性和估计错误的风险。

### 34.1.3 铝土矿层的垂直剖面

铝土矿矿层通常表现出强烈的垂直分带（图 34.1），这使得资源的估算复杂化。两种最常见的铝土矿层垂直剖面图如图 34.3 所示。

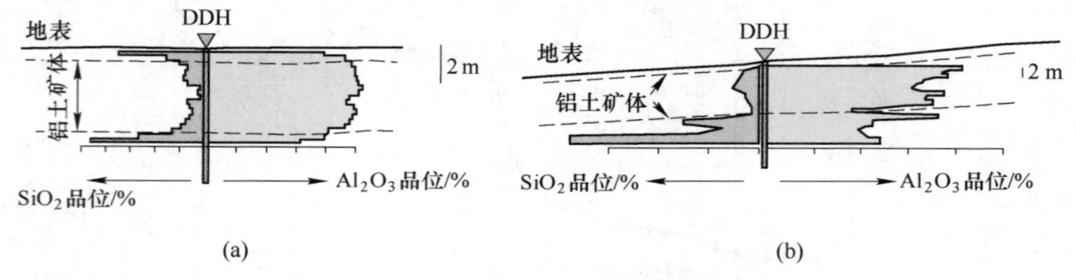


图 34.3 铝土矿层的 $SiO_2$ 和 $Al_2O_3$ 沿垂直剖面的分布

（a）Weipa 矿床铝土矿的品位渐变分带；（b）Sangaredi 矿床高品位、低品位铝土矿和黏土透镜体的夹层

品位分带的特征是铝土矿层的上、下接触带 $Al_2O_3$ 逐渐减少，$SiO_2$ 逐渐增加（图 34.3a）。这种分带在 Weipa 台地的沉积物中表现得最好。铝土矿产品的矿石品位和分类的定义取决于其整体化学性质，因此铝土矿矿床的资源模型需要准确地再现 $Al_2O_3$ 和 $SiO_2$ 的垂直剖面。这通常是通过应用一种特殊的展开算法来实现的，称为“等厚度展开”法。该算法通过改变钻孔样品的垂直坐标，使地层扁平化，并使其厚度相等，从而对厚度进行归一化，对块模型进行同样的转换。

另一种分区表现为不同类型沉积物的不规则夹层，包括高品位、低品位铝土矿和不含矿的岩石，这些岩石通常是黏土透镜体或不连续的页岩层（图 34.3b）。它也可以使用“等厚度展开”方法建模，或者，也可以使用“顶部展平”方法建模。当铝土矿层包含侵蚀基准面，使得“等厚度展开”不适用于铝土矿结构的精确表示时，后者尤其有效。

经历了几期风化和成岩改造的矿床（Gove，Az Zabira）具有由不同铝土矿层的地层演替形成的层状构造（图 34.1）。分离层的独立建模是低效的资源估计。这些层是不连续的，其特点是在短距离内厚度快速变化，并具有高度不规则的几何接触面。另外一个挑战是要表现出侵蚀河道的存在，切割整个铝土矿剖面，以及在某些层内观察到的分级分区。

### 34.1.4 估算域

估计矿产资源量需要将矿化细分为地质统计学上的均匀部分，称为平稳域。然而，铝土矿台地通常在剖面上呈带状分布，中部矿化厚度较大，$Al_2O_3$ 品位较高，向台地边缘逐渐减小，$SiO_2$ 含量逐渐增加。在不同的台地也可以重复相同的带状分布，例如 Gove 矿床。相反，可以在整个带或带的一部分观察到单一分区，包括几个台地，例如 Sangaredi 矿床。

铝土矿矿床的强地带性构造意味着确定地质统计学上的平稳域是一项特别具有挑战性的任务。一种常见的方法是将每个分带的平台定义为一个单独的估算域，并独立地对它们建模（Gove）。或者，如果品位继续跨越台地边缘，一组台地可以建模为一个单一的估算域。在较复杂的情况下，当估计变量的空间分布表现出很强的非平稳性时，对铝土矿资源量的准确估计可能需要应用非平稳的地质统计技术，例如泛克里格法或有外部漂移的克里格法。

也有将单一平台细分为多个估算域分别建模的情况。特别地，在 Amargosa 矿床中，形成于斜长岩上的铝土矿与形成于紫苏花岗岩和片麻岩上的铝土矿被分开建模，以防止高品位的铝矾土过度贫化。

## 34.2 钻探工程控制网度

铝土矿矿床面积通常很大，可以覆盖几百至几千平方公里的面积，因此估计铝土矿资源量需要几千个钻孔（表 34.2）。钻孔总进尺从几千米到几十万米不等。

**表 34.2 铝土矿矿床资源估算数据示例**

| 矿区 | 钻进方法 | 钻孔数/孔 | 总进尺/m | 钻探深度/m | | | 样品长度/m | 按钻孔网度划分的资源量类别/m×m | | |
|---|---|---|---|---|---|---|---|---|---|---|
| | | | | 最小 | 最大 | 平均 | | 探明的 | 控制的 | 推断的 |
| Weipa | RC[①] | 96653 | >400000 | 0.5 | 21.5 | 4.06 | 0.25 | 150×150 | 300×300 | 900×900 |
| Gove | 金刚石 | 17816 | 75268 | 0.25 | 14.5 | 4.22 | 0.25 | 75×75 | 150×150 | 500×500 |
| Sangaredi[②] | 机械螺旋钻和金刚石（PQ） | 63350[③] | 469765 | 1 | 41.2 | 10.4 | 1.0、0.5 | 50×50 | 150×150 | (150~600)×(150~600) |

①RC—反循环钻井。

②只有 Sangaredi 矿床的原始区域的数据。

③2882 孔为金刚石取芯；其他 60468 个钻孔采用了机械螺旋钻探。

由于计算量大，钻探费用高，而且精确估计铝土矿资源需要大量钻孔，因此最好使用成本较低的钻井方法，如反循环钻和螺旋钻（表 34.2）。当其他钻探方法被认为对铝土矿类型的精确分类和对其资源量的估计不够理想时，就会使用金刚石钻探，这种方法比较昂贵。

螺旋钻探是 Sangaredi 矿床的主要钻探方法（表 34.2），由于井下样品污染，螺旋钻孔容易过高估计铝土矿层的厚度。因此，在使用螺旋钻时，需要对结果进行验证，必要时使用金刚石钻进行校正。另外，声波钻井通常用于控制砂矿资源量，也可以用于验证铝土矿矿床的螺旋钻结果。

适用于研究矿床中铝土矿资源量定义的钻孔网度如表 34.2 所示。用于定义资源量类别的钻孔网度的不同，反映了矿床复杂程度的不同，特别是有害成分的空间变异性的差异、下盘接触带地形的不确定性或存在内部夹石。

根据研究的矿床（表 34.1），可以使用以下指导钻孔网度来规划铝土矿资源量估算的钻孔：

（1）探明的：平均 125 m×125 m（50 m×50 m~200 m×200 m）；

（2）控制的：平均 250 m×250 m（100 m×100 m~400 m×400 m）；

（3）推断的：平均 500 m×500 m（200 m×200 m~900 m×900 m）。

在生产阶段施工一些额外的钻孔，以加密资源量定义钻探网度。特别地，在 Sangaredi 矿，可信储量是通过将控制资源量的 150 m×150 m 钻孔网度加密到 75 m×75 m 来转换的，通过加密网度至 37.5 m×37.5 m 确定证实储量。

## 34.3 取样、编录

铝土矿矿床通常的取样做法是取短样，样长通常为 0.25 m 或 0.5 m（表 34.2）。为了准确定义下盘接触带，需要短样品来防止下盘岩土对铝土矿的贫化，下盘岩土的特点是有害成分含量高，特别是二氧化硅和铁（图 34.1），它们对于建立铝土矿矿床的精确储量模型也是必要的，铝土矿矿床一般是在 0.5 m 台阶上选择性地开采。

钻孔样品的编录包括对铝土矿类型的描述，最常见的铝土矿类型有：松散豆状、胶结豆状、管状、结核状、块状和土状。通常的做法是记录以杂质形式出现在铝土矿中的氧化铁和氢氧化物的类型和分布，例如豆状铁矿或细粒土状成分，其中针铁矿和褐铁矿与黏土矿物混合。后者反映在铝土矿的颜色上，这是分类使用的一个颜色标准。

石英、铁和钛矿物需要在所有的地质编录中识别和记录。石英（$SiO_2$）和多水硅酸铝黏土（例如高岭石-$Al_2O_3 \times 2SiO_2 \times 2H_2O$ 和高岭石-$Al_2O_3 \times 2SiO_2 \times 3H_2O$）。钛通常以钛铁矿（$FeTiO_3$）、金红石（$TiO_2$）和锐钛矿（$TiO_2$）的形式存在。这些矿物和铁氧化物是典型的发育在斜长岩上的铝土矿。

铝土矿的工程地质特性包括以下标准参数：

(1) 岩石体重；

(2) 硬度；

(3) 水分。

在巴西的一些工作中，该参数还包括被钻探穿透的植物和巨砾的参数。它们可能对传送带运输铝土矿造成严重障碍，也可能造成选厂铝土矿选矿的中断。

## 34.4 样品制备和分析

非胶结铝土矿和胶结铝土矿的试样制备方法不同。

### 34.4.1 样品制备

非胶结铝土矿通过筛分和水洗去除主要含有黏土和富硅矿物的细粒来进行富集（选矿）（表 34.3）。筛分是由经验确定的，在不同的矿床或同一矿床的不同部位，筛分根据剖面中品位和粒度组成的不同而不同。用于铝土矿选矿的筛级示例如下：

(1) 矿区 1，-10 目❶（1.7 mm）丢弃，保留+10 目（1.7 mm）；

(2) 矿区 2，-28 目（-0.6 mm）丢弃，保留+28 目（0.6 mm）；

(3) 矿区 3：-48 目（-0.3 mm）丢弃，保留+48 目（0.3 mm）。

选矿是以回收的铝土矿重量（精矿）与加工前样品重量的比值来衡量的，这个比率被称为“产率”，并以百分比表示。经过提纯的铝土矿经过干燥、研磨和粉碎，通常达到 200 目（0.074 mm），然后使用 ICP-MS 和 XRF 方法进行分析。一个样品制备程序的例子如表 34.3 所示。

**表 34.3 样品制备和质量控制方案示例**

| 样品的质量控制 | 粉碎/二次抽样 |
|---|---|
| | 初始样品约为 10~12 kg，从钻探现场带至实验室，称重并风干 |
| | 样品干燥（105 ℃）并粉碎至 25~13 mm |
| 在这个阶段收集粗副样。从准备用于富集（洗涤）的 70%部分中取出重复样。以 1：20 的比例取重复样 | （缩分 1）用锥形和四分之一法缩分样品，收集 70%的样品（6~9 kg）用于洗涤 |
| | 洗涤后的样品用 20 目和 150 目两种筛网进行筛分。丢弃 150 目，收集剩余的进行进一步研究 |
| | +20 目样品经过 2.36 mm 筛，95%粉碎 |

❶ -10 目表示经过 10 目筛网筛分后，筛网下的颗粒，+10 目表示筛网上的颗粒。

续表 34.3

| 样品的质量控制 | 粉碎/二次抽样 |
|---|---|
| 以1：20的比例收集临时副样 | （缩分2）用分样器对样品进行缩分，收集350 g用于进一步的分析，剩余的样品留作审计之用 |
| | 350 g研磨至100目（0.149 mm） |
| 以1：20的比例收集细副样 | （缩分3）从350 g细副样中收集30 g正样用于分析 |
| 以大约1：10至1：20的比例插入标准样 | 化验。使用两种分析技术：<br>（1）采用湿化学技术测定总有效氧化铝（TAA）、烧失量（LOI）和活性二氧化硅（R-$SiO_2$）；<br>（2）用XRF测定全套元素 |

胶结铝土矿不经过富集，因此样品采用传统方法进行处理，即干燥样品，然后进行破碎、研磨和粉碎。根据抽样理论，样品制备方案通常通过估计基本抽样误差和构造抽样列线图来优化。

### 34.4.2 分析技术

当处理过程包括铝土矿的富集时，要报告所有样品的丢弃和保留样品的重量。检测保留样品的 $Al_2O_3$ 和所有有害成分。铝土矿中的主要有害成分为：$SiO_2$、$TiO_2$、$Fe_2O_3$、Mn、Zn、Ca、$P_2O_5$。

这些通常用常规XRF测定。然而，为了更准确地确定铝土矿的冶金特性，经常使用特殊的分析技术。特别是，当二氧化硅存在于不同的矿物中时，要对反应二氧化硅的含量进行额外的分析，这可能是拜耳法从铝土矿生产氧化铝的严重危害。所有检测样品应记录烧失量（LOI）。这是对测定质量的一个重要检查，因为氧化物重量和LOI之和应接近100 %。还需要使用化学计量矿物公式将样品的化学成分重新计算为其矿物学组成。这在一些操作（Weipa）中用于铝土矿产品的矿物学分类。除了氧化物和LOI测量外，以下是在项目基础上确定的：

（1）石英。样品中石英的百分比是通过湿化学技术测定的，即强酸溶解二氧化硅。这一过程既昂贵又耗时，并对实验室分析人员造成重大的健康和安全风险。目前正在评估用于这一确定的其他方法。

（2）高岭石。样品中高岭石的含量（总二氧化硅减去石英含量）计算为测定的 $SiO_2$ 含量与石英含量之差。

（3）有机碳。矿体模型中使用了这个变量。有机碳是用商业碳分析仪测量的。这项技术已被证明是简单的。

（4）氧化铝有三水合物（THA）和一水合物（MHA），这些通常是通过“弹式容器吸附”（bomb digest）来确定的。该过程复制了氧化铝精炼厂的融化冶炼条件，并允许测定高温可融化氧化铝（MHA）和低温可融化氧化铝（THA）的浓度。

### 34.4.3 试样质量控制

铝土矿项目的试样质量控制类似于采矿业传统的 QA/QC 程序。在铝土矿项目中采集重复样品的比例通常为 1∶10~1∶20（表 34.3）。重复样品用于估计样品精度，报告为 CV（%）。表 34.4 显示了铝土矿矿床的精度误差示例。

**表 34.4 利用重复样本估算豆状铝土矿的一般精度误差范围（CV）** （%）

| 样　　品 | XRF 分析 | | | 烧失量（LOI） |
|---|---|---|---|---|
| | $Al_2O_3$ | $SiO_2$ | $Fe_2O_3$ | |
| 粗副样（171 件） | 3~6 | 7~10 | 5~8 | 6~10 |
| 细副样（141 件） | 1~2 | 3~6 | 1~2 | 2~4 |

注：CV 的计算可参考参考文献 [1]。

标准样品用于检查实验室分析的准确性，并以 1∶20 的比例插入，类似于其他类型的金属矿床。

值得注意的是，铝土矿矿床的质量保证和质量控制程序具有特殊的特征，这是由包括软的、非固结的沉积物的钻探和取样引起的，包括：

（1）钻探样品的回收通常仅限于测量其重量，这往往不足以保证样品的质量和代表性；

（2）在实验室中使用空白样品来控制样品污染是不现实的。

在铝土矿项目中，双孔作为数据质量控制和历史数据验证的常规方法，在一定程度上克服了上述困难。

## 34.5 岩石干体重

用于测量铝土矿干体重（DBD）的技术有：

（1）填砂法（Weipa，Gove）；

（2）金刚石岩芯钻孔（Gove，Sangaredi）；

（3）聚氯乙烯管（Trombetos）；

（4）声波钻孔（Amargosa）。

填砂法是一种最常用的方法，经正式认证用于测量澳大利亚矿床岩石的干体重（DBD）（表 34.5）。当铝土矿层厚度达到数米时，填砂法技术将需要挖掘勘查坑，因此现代的做法是使用声波钻井进行精确的 DBD 测量。

将岩石体重值赋给块模型通常通过计算每个域和受地质模型约束的矿体类型的平均 DBD 值来实现（表 34.5）。使用地质统计学算法对 DBD 数据进行插值，就像对贱金属矿床所做的那样，由于 DBD 数据不足，通常不适用于铝土矿矿床。

有些矿床（例如 Sangaredi）从每个块模型的化学成分推导出 DBD 值。这种方法需要彻底校准铝土矿的体重和化学成分之间的关系。

**表 34.5 铝土矿干体重（DBD）**

| 矿区 | 矿床类型 | 干密度（DBD）/t·m$^{-3}$ | |
|---|---|---|---|
| | | 平均值 | 按岩石类型和区域划分 |
| Weipa, Australia | 未固结的豆状铝土矿 | 1.60 | 1.47~1.67 |
| Gove, Australia | 松散的豆状铝土矿 | 1.79 | 1.54~1.89 |
| | 固结的豆状铝土矿 | | |
| | 固结的管状铝土矿 | | |
| Sangaredi, Guinea | 岩化块状和鲕状铝土矿 | 2.00 | 1.84~2.62 |
| Az Zabira, Saudi Arabia | 古河道 | 2.05 | 废石体重为 1.9 |
| Brazilian deposits | 未固结豆状铝土矿 | 1.50~1.70 | |

## 34.6 铝土矿品位估算

铝土矿资源采用普通克里格法进行估算，克里格法常用条件模拟技术用于铝土矿品位和厚度，以量化资源模型的不确定性和风险。克里格块的横向尺寸通常为钻孔之间距离的一半，纵向尺寸与样品尺寸相匹配（0.25 m 或 0.5 m）。

变异函数的构造和建模通常是在矿化几何图形用展开算法简化后进行的。在展开的环境中，大多数研究变量产生稳健的三维变异函数。典型的变异函数模型如表 34.6 所示。

**表 34.6 铝土矿 $Al_2O_3$ 和 $SiO_2$ 变异函数模型示例**

| 模型变量 | 矿区 | 嵌套结构 | 基台 | 变程/m | | | 备注 |
|---|---|---|---|---|---|---|---|
| | | | 正常至 1.0 | 长轴 (Azi 0) | 短轴 (Azi 90) | 垂直轴 (D-90) | |
| $Al_2O_3$/% | Weipa-1 区 | 块金值 | 0.2 | | | | 块金效应 |
| | | 球状模型-1 | 0.5 | 300 | 250 | 1.4 | 局部分量 |
| | | 球状模型-2 | 0.48 | 4000 | 3000 | 3.2 | 部分区域 |
| $Al_2O_3$/% | Gove（使用二维变异函数） | 块金值 | 0.3 | | | | 块金效应 |
| | | 球状模型-1 | 0.26 | 130 | 130 | | 局部分量 |
| | | 球状模型-2 | 0.20 | 445 | 445 | | |
| | | 球状模型-3 | 0.24 | 1500 | 1500 | | 部分区域 |

续表 34.6

| 模型变量 | 矿　区 | 嵌套结构 | 基台 | 变程/m | | | 备　注 |
|---|---|---|---|---|---|---|---|
| | | | 正常至 1.0 | 长轴 (Azi 0) | 短轴 (Azi 90) | 垂直轴 (D-90) | |
| $SiO_2$/% | Weipa-1 区 | 块金值 | 0.30 | | | | 块金效应 |
| | | 球状模型-1 | 0.15 | 500 | 900 | 3.0 | 局部分量 |
| | | 球状模型-2 | 0.20 | 2000 | 2000 | 25.0 | |
| | | 球状模型-3 | 0.40 | Infinite | 9500 | 30.0 | 部分区域 |
| $SiO_2$/% | Weipa-1 区 | 块金值 | 0.05 | | | | 块金效应 |
| | | 球状模型-1 | 0.45 | 200 | 200 | 3.3 | 局部分量 |
| | | 球状模型-2 | 0.5 | 3600 | 4000 | 3.3 | 部分区域 |

两种主要元素（$Al_2O_3$ 和 $SiO_2$）通常都表现出良好的空间连续性（图 34.4a、c），这与超过几百米的估计变异函数的变程很好地吻合（表 34.6）。氧化铝和二氧化硅的带状分布通常伴随着高原厚度的带状结构（图 34.4b）。

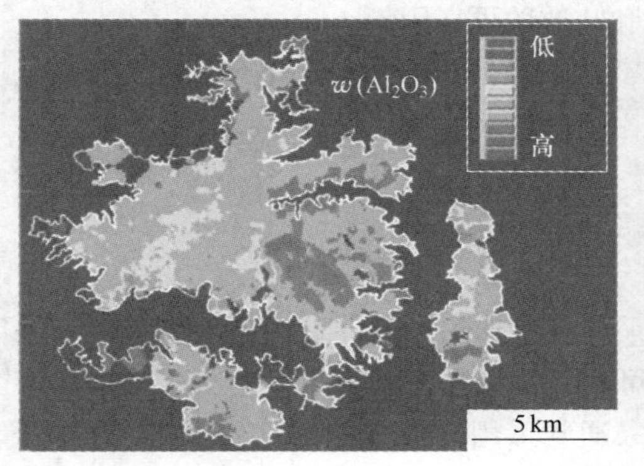


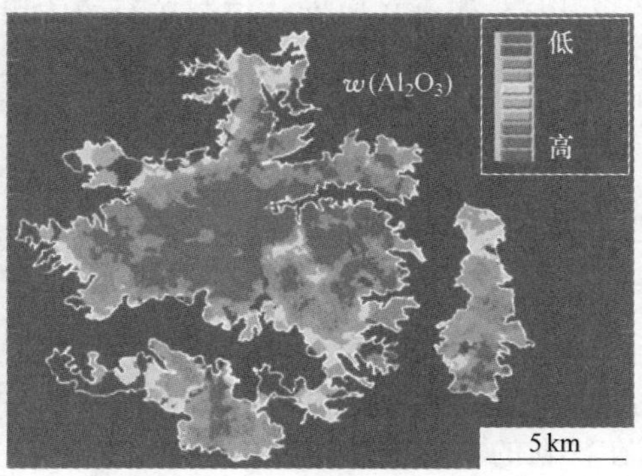


(a)

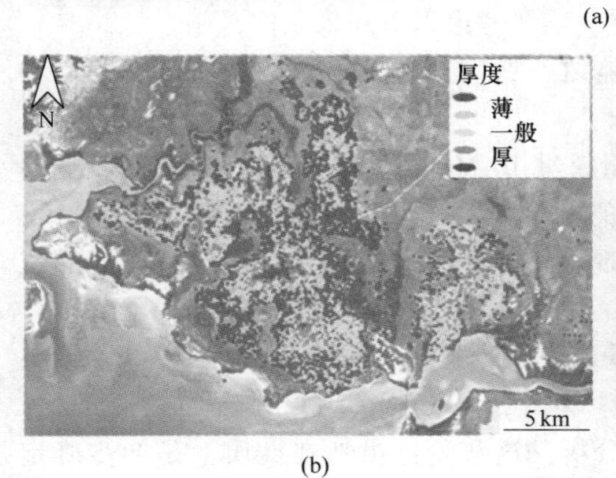


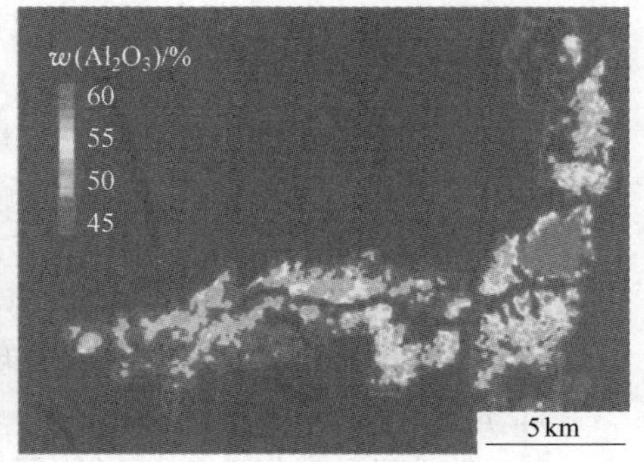


(b)　(c)

图 34.4　铝土矿带状构造

（转载自参考文献［6］，经 Taylor-Francis Group 许可）

（a）Gove 矿区；（b）Weipa 矿区；（c）Sangaredi 矿区

## 34.7 资源量分类

如果化学和矿物学组成符合项目特定的边际品位标准，铝土矿化就被列为资源量。最常用的边际品位是 $Al_2O_3$ 品位为30%~50%。铝土矿 $SiO_2$ 含量也应该很低，通常小于10%。

### 34.7.1 矿产资源量

按置信类别对铝土矿资源进行分类的钻孔网度表如表34.2所示。以往的网度选择都是基于一般资源量估算实践和按产量调整储量的经验。然而，目前许多矿床已经使用地质统计分类标准取代了它们历史上的钻孔网度。通常使用条件模拟技术建模的资源量不确定性及其分类包括：

（1）氧化铝是决定铝土矿经济价值的主要金属；

（2）控制产品类型的主要冶金有害成分 $SiO_2$；

（3）铝土矿厚度、控制矿石的体积和吨数的可变因素；

（4）下盘接触带图形及其准确建模，对正确估算铝土矿贫化具有重要意义。

### 34.7.2 矿石储量转化

将矿产资源转化为矿石储量需要考虑下列因素。

34.7.2.1 *采矿参数*

由于铝土矿矿床的特点，铝土矿开采具有特殊的考虑。它们是用露天坑开采的，这种方法通常很浅，但面积很大，可达几百平方公里。由于铝土矿通常赋存在松软的、非固结的红壤层序，露天开采通常采用自由开挖法（Weipa）进行开采。因此，将铝土矿资源量转化为储量，需要考虑以下开采条件：

（1）铝土矿的运输是主要采矿成本之一，因此选择最佳的采矿船队和运输路线的优化是矿山规划的关键方面；

（2）尽管铝土矿开采面积大，产量超过10 Mt/a，但铝土矿的开采垂直选择性为0.25~0.5 m，需要控制下盘物质的贫化；

（3）在生产阶段品位控制可能不现实，因此生产前加密钻探通常用于品位控制，并应作为运营成本计入预算；

（4）在铝土矿开采中，矿坑边坡稳定性很少是一个问题。

34.7.2.2 *选冶试验*

利用钻孔样品对铝土矿进行特征分析，这些测试虽然在性质上是初步确定的，允许依据铝土矿选冶性能的基本特征建立其生产的预测模型。

当项目成熟时，通常在预可行性和可行性研究阶段，将进行专门的选冶特征测试工作，重点关注铝土矿的选冶工艺。这种类型的工作通常是在有代表性的大样品上完成的，大样品是为特定选冶工艺量身定做的。在空间分布和组成方面，应确保大样品具有代表性。铝土矿的选冶性能包括以下测试：

（1）铝土矿原矿的化学和矿物学特征；

（2）铝土矿可磨性评价及邦德功指数的量化；

（3）估计铝土矿的粒度分布，以确定铝土矿选矿的最佳筛目；

（4）$SiO_2$ 溶解和 DSP 沉淀对铝土矿预脱硅行为的表征；

（5）氧化铝萃取的特性和有害成分的影响，特别是铁和硅；

（6）描述铝土矿在冶炼的行为，并估计冶炼参数，包括回收氧化铝量、冶炼碱消耗和赤泥负荷；

（7）对可萃取有机碳、草酸形成率和碳酸盐形成率进行研究；

（8）通过估算泥浆沉降率、泥浆压实度和溢流净度来研究其沉降特性；

（9）在给定的生产条件下模拟整个铝土矿加工流程。

## 参考文献


[1] Abzalov M Z. Quality control of assay data: a review of procedures for measuring and monitoring precision and accuracy [J]. Explor Min Geol J, 2008, 17 (3/4): 131-144.

[2] Abzalov M Z. Use of twinned drill-holes in mineral resource estimation [J]. Explor Min Geol J, 2009, 18 (1/2/3/4): 13-23.

[3] Abzalov M Z. Measuring and modelling of the dry bulk density for estimation mineral resources [J]. Appl Earth Sci, 2013, 122 (1): 16-29.

[4] Abzalov M Z, Allaboun H. Bulk samples testing for metallurgical characterisation of surficial uranium mineralisation at the Central Jordan Uranium Project [J]. Appl Earth Sci, 2015, 124 (2): 129-134.

[5] Abzalov M Z, Bower J. Optimisation of the drill grid at the Weipa bauxite deposit using conditional simulation [C]// AusIMM. Seventh international mining geology conference. Melbourne, 2009: 247-251.

[6] Abzalov M Z, Bower J. Geology of bauxite deposits and their resource estimation practices [J]. Appl Earth Sci, 2014, 123 (2): 118-134.

[7] Abzalov M Z, Dumouchel J, Bourque Y, et al. Drilling techniques for estimation resources of the mineral sands deposits [C]// AusIMM. Proceedings of the heavy minerals conference 2011. Melbourne, 2011: 27-39.

[8] Bardossy G, Aleva G J. Lateritic bauxites [M]. vol 27, Developments in economic geology. Amsterdam: Elsevier, 1990.

[9] Chiles J-P, Delfiner P. Geostatistics: modelling spatial uncertainty [M]. New York: Wiley, 1999: 695.

[10] Ferenczi P A. Iron ore, manganese and bauxite deposits of the Northern Territory, Northern

Territory Geological Survey report 13 [M]. Darwin: Government Printer of the Northern Territory, 2001: 113.

[11] Francois-Bongarcon D, Gy P. The most common error in applying 'Gy's formula' in the theory of mineral sampling, and the history of the liberation factor [C]//AusIMM. Mineral resources and ore reserve estimation-the AusIMM guide to good practise. Melbourne, 2001: 67-72.

[12] Goovaerts P. Geostatistics for natural resources evaluation [M]. New York: Oxford University Press, 1997: 483.

[13] Grubb P L C. Genesis of bauxite deposits in the lower Amazon basin and Guianas coastal plain [J]. Econ Geol, 1979, 74 (4): 735-750.

[14] Gy P. Sampling of particulate materials, theory and practice [M]. vol 4, Developments in geomathematics. Amsterdam: Elsevier, 1979: 431.

[15] Lillehagen N B. The estimation and mining of Gove bauxite reserves [M]// Estimation and statement of mineral reserves. Sydney: AusIMM Sydney Branch, 1979: 19-32.

[16] Schaap A D. Weipa kaolin and bauxite deposits [C]// AusIMM. Geology of the mineral deposits of Australia and Papua New Guinea. Melbourne, 1990: 1669-1673.

# 35 砂　　矿

**摘要**：砂矿矿床主要有古海相砂矿、风成砂矿和冲积砂矿三种类型。目前的审查包括两种类型。马达加斯加的 Fort Dauphin、莫桑比克的 Corridor Sands 属于古海洋砂矿。南非的 Richards Bay 矿床属风成型砂矿矿床。评价砂矿矿床的主要挑战如下。

（1）砂矿矿床由不固结至半固结砂体组成，有价的重矿物主要是钛铁矿、金红石、白钛石和锆石。矿物体重的巨大差异会导致钻杆中重矿物的偏析，导致回收样品的成分偏差。

（2）砂矿矿床通常是使用采砂船采掘法开采的。非均匀性和高度可变的岩土特征，包括在非固结沉积物中存在的硬底壳透镜体，给钻探和采矿设备带来了额外的挑战。

（3）产品成本取决于重矿物组成的矿物学，因此需要在块体模型中准确估算重矿物的矿物组成。

**关键词**：砂矿；冲积砂矿；风积砂矿；资源；采砂船采掘法；Richards Bay；Fort Dauphin；Corridor Sands

世界上正在经济开发的砂矿主要有古海相砂矿、风成砂矿和冲积砂矿三种类型。砂矿的资源估计一般遵循适用于整个矿物资源商品的标准估计原则。但是，砂矿有其不同于其他商品的特点，在研究这些矿床时需要特别注意。

评估砂矿矿床的主要挑战如下。

（1）砂矿矿床由不固结至半固结的砂体组成，有价的重矿物主要是钛铁矿、金红石、白钛石和锆石。经济重矿物的总含量通常在几个百分点左右，不均匀地分布在脉石、石英和长石基质中。重矿物的平均体重为 4.6 $g/cm^3$，明显大于砂体基质（体重为 2.6 $g/cm^3$）。矿物体重的巨大差异会导致钻杆和采样装置中重矿物的偏析，造成回收样品的成分偏差。

（2）其他的挑战包括硬底壳透镜体、结核物和黏土层的存在，它们存在于非固结的沉积物中。

（3）砂矿矿床通常是使用采砂船采掘技术开采的。非均匀性和高度可变的地质技术特征，特别是在非固结沉积物中存在的硬底壳透镜体，给钻探和采矿设备带来了额外的挑战。

（4）产品成本取决于重矿物组成的矿物学，因此需要在块体模型中准确估算重矿物的组成，尤其是在建立矿石储量模型时。

## 35.1　选定矿床的地质情况

目前的回顾包括位于非洲南部大西洋海岸的 3 个矿床（图 35.1）。位于马达加斯加的 Fort Dauphin（图 35.1a、d）和莫桑比克的重砂矿（Corridor Sands）（图 35.1c）是古海洋砂矿。南非 Richards Bay 矿床为风成型砂矿矿床（图 35.1b）。

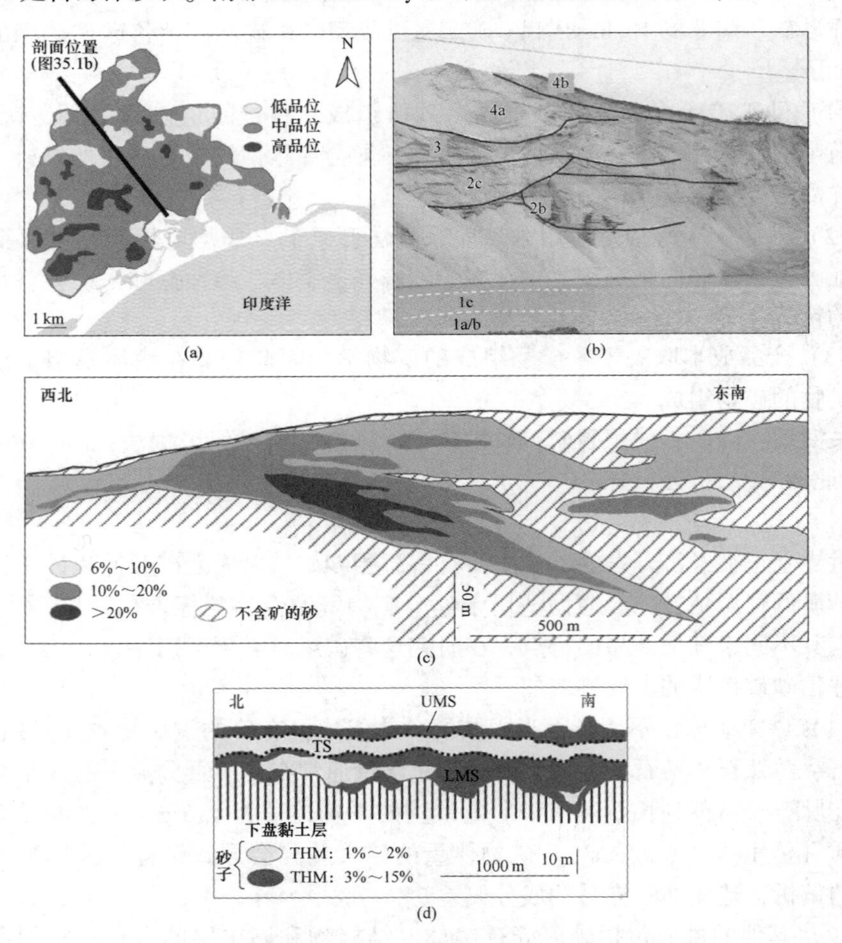


图 35.1　选定矿床地质特征

（a）马达加斯加 Fort Dauphin 矿床重矿物分布图；（b）暴露在南非共和国理查兹湾沉积物采砂船采掘池壁处的海岸沙丘序列；（c）莫桑比克重砂矿砂层的典型剖面图；（d）Fort Dauphin 矿床的剖面图，位置在图（a）中显示，虚线表示地层单元的接触线，UMS 为上矿化单元，TS 为过渡单元，LMS 为下矿化单元

### 35.1.1 Fort Dauphin 型砂矿

Fort Dauphin 矿床位于马达加斯加东南海岸（图 35.1a）。它占地约 45 km$^2$，含有 5.75 亿吨钛富砂，平均 THM（重矿物总量）品位约为 4.7%。20 世纪 70 年代后期至 80 年代期间，对矿化区域进行了密集勘查，并于 2004 年进行了进一步钻探，主要是为了验证之前的结果。资源定义数据库总共包含 1523 个钻孔和 17807 件样品分析结果。钻探网度为 400 m×200 m，然后加密网度为 200 m×100 m。

Fort Dauphin 矿床的矿化砂体可细分为三个单元（图 35.1b）：上部矿化砂体（UMS）、过渡砂体（TS）和下部矿化砂体（LMS）。它们附着在通常被称为黏土底板组（CF）的红土、海相黏土上。下盘泥质直接位于基岩上。

UMS 单元代表了推进海滩砂群的顶部部分，通过风作用去除贫瘠的砂子，重矿物已经被分选和浓缩。砂体通常呈现由重矿物带形成的层状结构。TS 单元标志着上部（UMS）和下部（LMS）矿化单元之间的过渡。它的特征是较低的重矿物含量（THM 为 1%~2%）和相对稳定的厚度（3~6 m）。TS 砂粒较粗，分选较差。重矿物条带、交错层理、滑塌的存在和侵蚀特征表明 TS 砂体聚集在一个相对高能的环境中。最低矿化单元由前滨海相砂组成，以细粒至中粒砂为代表，具有丰富的重矿物层序。单元的底部有时出现土壤。该单元顶部的砂体经常被强烈地硬化。形成该矿床基础的沉积物包括海相黏土、粉砂和作为近海相沉积的砂子。

### 35.1.2 Corridor Sands 型砂矿

含钛铁矿重砂矿的 Corridor Sands 地区位于莫桑比克南部（图 35.1c），距离印度洋约 20~60 km。该地区是已知最大的钛铁矿资源，评估的总储量约为 165 亿吨，占总重矿物的 5% 。

勘探效果最大和最好的是 1 号矿床，属于整个 Corridor Sands 型矿床。利用空气岩芯钻探确定了 1 号矿床的资源量。根据每隔 1 km 的 N-S 剖面线，用钻探控制资源量的类别。通过在 250 m×125 m 网格上加密钻孔，确定了控制和探明类别，包括在 100 m×100 m 网格上钻孔的首采区，以及在较小部分以 25 m 和 50 m 网格的钻探 。采用三管取芯技术，将其与金刚石孔成对钻取，测试了空气正循环钻孔取样质量。该项目的可行性研究基于大约 1200 个孔，总长度约 8 万米。

经钻井确定，富钛砂区沿东北方向延伸超过 6 km，向东南倾斜，向东南方向增厚，厚度超过 140 m（图 35.1c）。矿化地层分为六个地质域。它们代表了不同沉积相叠加和沉积后土壤风化作用形成的地层单元，其颜色、黏土含量、粒度和重矿物总量（THM）的品位不同。在总体形态学术语中，代表每个域的单个砂体是带有透镜、棱柱（楔形）或带状几何形状的平板状砂体（图 35.1c）。域之间的接触是平缓的起伏而不是平面的，特征是存在不规则的槽和坑洞。地层单元之间的接触通常是清晰的，并由结构差异支持。沉积间断有时伴有土壤形成过程的迹象，包括接触面上的硬化。

有价值的重矿物有钛铁矿、金红石、榍石、白钛石和锆石。重矿物部分还包括赤铁矿、针铁矿、白钛石、铬铁矿、金红石、锐钛矿、绿帘石、辉石、角闪石、红柱石、十字石、独居石、石榴石和蓝柱石。它们通常比有价的重矿物粒度粗。

### 35.1.3　理查德斯湾（Richards Bay）型砂矿

理查德斯湾地区海岸沙丘的成因为风成沙丘，属于第四纪马普塔兰群的上三个建造。这些沉积物包括未固结到半固结的，它们不整合地沉积在 Port Durnford 建造的固结钙质砂岩上或白垩纪（内陆）砂岩上，对应更新世中后期到今天的海平面波动。这些建造随后被风化作用改变，导致整个矿床形成钙质砾岩和含铁砾岩不连续透镜体。只有 Kwambonambi 和 Sibayi 建造有矿化，并被进一步非正式地细分为 10 个不同的单元用于采矿（图 35.1d）。

重矿物的分布（体重在 2.9 g/cm$^3$以上）随沙丘呈南南西向分布。高沙丘和低沙丘之间存在一定的差异，低沙丘的矿物体重最大。平行于沙丘方向的表面容易富集。该矿床重矿物组由钛铁矿、金红石、锆石等微量重矿物的次棱角状至圆形颗粒组成。

自 1976 年以来，理查兹湾矿业公司一直在开发理查兹湾地区经济富集的重矿物，目前正在开发 Zulti North 租约。这份租约还包括 16 亿吨矿化砂。Zulti South 租约目前正在进行预可行性研究，预计约有 4.8 亿吨矿化砂。Zulti 北部矿床含钛砂沿走向覆盖面积 20 km$^2$，直径为 3 km。Zulti South 租约大约是 Zulti North 租约的一半大小。

Zulti North 的资源量最初是通过空气正循环钻探来确定的。总共钻了 8731 个空气正循环孔，随后通过 751 个声波钻孔进行了验证。探明的资源量是在 50 m×50 m 的网格上进行钻孔，控制的资源量是在 800 m×100 m 的网格上进行宽间距钻孔。同样，声波钻探明资源量建立在 200 m×100 m 的网格上，控制资源量建立在 400 m×400 m 的网格上。Zulti South 的资源开发主要以声波钻探为主。共钻 283 个声波钻孔，网度为 200 m×200 m。

## 35.2　钻　　探

砂矿资源的定义通常需要几千个钻孔，钻孔长度可达 8 万米（表 35.1）。目前最常用的评估岩化或非胶结沉积物中砂矿床的技术包括基于冲击技术的非岩芯钻井方法，特别是使用反循环方法的技术。这通常被称为空气反循环钻孔或简称为反循环钻孔。

**表 35.1　资源量估算数据**

| 矿　区 | 钻探方法 | 钻孔数/个 | 总进尺/m | 按资源量类别划分的钻探网度/m×m | | | 参考文献 |
|---|---|---|---|---|---|---|---|
| | | | | 探明的 | 控制的 | 推断的 | |
| Fort Dauphin | 冲击钻 | 31151 | 17986 | 200×100 | 400×200 | 400×200 | [4] |
| Corridor Sands | 空气反循环 | 约 1200 | >80000 | (100~250)×(100~125) | | 1000×200 | [3] |
| Richards Bay | 空气反循环 | 8731 | | 50×50 | 800×800 | | [4] |
| | 声波钻进钻 | 1034 | | 200×100 | 400×400 | | |

另一种常用的砂矿资源量估算技术是声波钻探。这种方法的一种变体称为振动取芯孔，是开发马达加斯加 Fort Dauphin 矿床资源的主要方法。

三管金刚石取芯钻井也用于砂矿矿山。该技术主要用于验证历史钻井结果。

螺旋钻和三锥钻孔方法过去曾被用作重砂矿勘查的常规技术，但在现代工业中不太常见。

空气正循环钻（AC）是一种相对便宜的钻井方法，可以进行广泛的勘查和资源量定义。然而，作者的经验是，由于系统地低估了砂矿的 THM（总重矿物）品位，AC 钻井可能会产生有偏差的结果。在理查兹湾沉积物中，通过声波孔对 AC 孔进行的双孔发现，AC 钻井将 THM 含量低估了 30%~50%。该研究的其他重要发现是，AC 钻井错误地估计了重砂矿的厚度和下盘接触面的位置。

在 Corridor Sands 矿床，AC 钻孔通过使用三管金刚石岩芯双孔钻井技术得到了验证。对双孔的比较表明，空气正循环钻岩芯样品低估了 THM 品位 10%~30%，当采样单元位于地下水位以下时，误差增大。

因此，现代的实践是用替代钻井技术，通常是用声波或三管金刚石岩芯钻探来验证砂矿床的 AC 钻探效果。该方法已应用于目前回顾中讨论的所有重砂矿项目。

## 35.3　样品处理和分析

在确定矿体的有价成分方面，砂矿与其他商品不同。初步分析着重于确定给定样品中所含重矿物的总百分比。这是通过使用重液体（通常为 2.85 g/cm$^3$）分离重矿物来确定的。初级化验的其他结果包括黏土细粒和黏泥（一般小于 45~75 μm）、沙粒（一般为 45 μm 或 75~500 μm 或 2.0 mm）和超大尺寸（一般大于 500 μm 或 2.0 mm）。原始样品尺寸的测定在整个行业中没有标准化。

特别是，尺寸范围可以根据冶金工艺的要求而变化。

总重矿物提取后，进行二次测定。利用磁选机对重矿物进行进一步细分，分析确定钛铁矿、锆英石、金红石、白钛石等重要有价矿物的比例。在第二级化验中也报告了有害矿物的比例。

偶尔对个别矿物种类进行第三级分析，以确定质量特征。这些可能包括微量元素污染的测定，通常是铀、钍、铬、锰和硅。

## 35.4 样品质量控制程序

砂矿行业的质量控制程序包括常规的一套技术，主要是参考标准、重复样品分析和钻双孔。THM 品位的精度误差（CV）在审查的矿床中从 8%~18%不等。

值得注意的是，细粒物质在分析过程中会丢失，只有保留的砂粒中的重矿物的含量可以被重新分析，这就需要不断监测标准结果，以发现可能出现的任何问题。

## 35.5 砂矿的干体重

砂矿的体重通常是通过声波钻井获得的物理样品或在钻孔（Corridor Sands 矿床）中确定的。或者，它可以在钻孔中测量使用核体重测量工具。

## 35.6 资源量估算和资源量报告

砂矿的资源模型是用尊重矿床的地质特征的线框图来限制估算范围的。在砂矿资源模型中，最常见的地质特征是海洋砂矿的古海岸线（图 35.1a）、湖泊和冲积矿床的古河道和局部沉积盆地。

根据赋矿岩层性质，采用地层控制方法将矿床细分成估算域（图 35.1b、c）。分布在风成砂中的矿化通常以一个单一的连续体形式分布在沙丘的下盘。因此，只有在对砂体进行详细的古岩相解释后，才能对资源模型进行地层和岩性控制。

估计砂矿资源量的主要困难是对钛铁矿、金红石、锆英石和白钛石等矿物进行准确的估计，因为产品成本因主要矿物的不同而有很大差异：

（1）钛铁矿：20~100 $/t；

（2）白钛石：300 $/t；

（3）金红石：700 $/t；

（4）锆英石：1500 $/t。

通常的做法是首先估计重矿物总量（THM）和粉砂/黏泥的含量。这些是用常规方法估计的，应用普通克里格法或距离幂次反比法技术。

在块体模型中估计矿物种类是比较困难的，因为估计矿物需要考虑到 THM 品位的分布。其方法是将 THM 中的矿物含量重新计算为一件样品中的总体含量，然后使用单变量估计技术将矿物品位赋予块模型。另一种方法是使用协同克里格法同时估算矿物品位。以 THM 品位作为辅助信息，多元变量估计才会受益。

值得注意的是，用于不同类型的砂矿体的估计参数可能非常不同，因此它们是根据个案具体情况进行评估的。

## 参 考 文 献

[1] Abzalov M Z. Quality control of assay data: a review of procedures for measuring and monitoring precision and accuracy [J]. Exp Min Geol J, 2008, 17 (3/4): 131-144.

[2] Abzalov M Z. Use of twinned drill-holes in mineral resource estimation [J]. Exp Min Geol J, 2009, 18 (1/2/3/4): 13-23.

[3] Abzalov M Z, Mazzoni P. The use of conditional simulation to assess process risk associated with grade variability at the Corridor Sands detrital ilmenite deposit [C]// AusIMM. Ore body modelling and strategic mine planning: uncertainty and risk management. Melbourne, 2004: 93-101.

[4] Abzalov M Z, Dumouchel J, Bourque Y, et al. Drilling techniques for estimation resources of the mineral sands deposits [C]// AusIMM. Proceedings of the heavy minerals conference 2011. Melbourne, 2011: 27-39.

[5] Botha G A. The Maputaland group: a provisional lithostratigraphy for coastal KwaZulu-Natal [C]// Council for Geoscience. Maputaland focus on the quaternary evolution of the south-east African coastal plain: International union for quaternary research workshop abstracts. Pretoria, 1997: 21-26.

[6] Chugh C P. Manual of drilling technology [M]. Rotterdam: Balkema, 1985: 567.

[7] Cumming J D, Wicklund A P. Diamond drill handbook [M]. 3nd. Toronto: Smit, 1980: 547.

[8] Hartley J S. Drilling: tools and programme management [M]. Rotterdam: Balkema, 1994: 150.

[9] Jones G, O'Brien V. Aspects of resource estimation for mineral sands deposits [J]. App Earth Sci, 2014, 123 (2): 86-94.

[10] Oothoudt T. The benefits of sonic core drilling to the mining industry [C]// Tailing and mine waste'99: proceedings of the sixth international conference on tailings and mine waste'99. Fort Collins, 1999: 3-12.

[11] Ware C I, Whitmore G. Weathering of coastal dunes in northern KwaZulu-Natal, South Africa [J]. J Coast Res, 2007, 23 (3): 630-646.

# 附　录

## 附录1　练习列表和电子文件与解决方案

| 章 | 节 | 练习参考章节 | 说　明 | 文件 |
|---|---|---|---|---|
| 9 | 9.2.2 | 9.2.2.a | 抽样树试验 | Exercise 9.2.2.a.xls |
| 9 | 9.2.2 | 9.2.2.b | 30块试验 | 9.2.2.b.xls |
| 9 | 9.2.3 | 9.2.3.a | 构建列线图 | Exercise 9.2.3.a.xls |
| 10 | 10.1.1 | 10.1.1.a | 标准样品的统计检验 | |
| 10 | 10.1.1 | 10.1.1.b | 标准样品的统计检验 | |
| 10 | 10.1.1 | 10.1.1.c | 标准样品的统计检验 | |
| 10 | 10.1.1 | 10.1.1.d | 标准样品的统计检验 | |
| 10 | 10.1.1 | 10.1.1.e | 标准样品的统计检验 | |
| 10 | 10.1.3 | 10.1.3 | 标准样品诊断图 | Exercise 10.1.3.xls |
| 10 | 10.2.2 | 10.2.2.a | Thompson-Howarth 测试 | Exercise 10.2.2.a.xls |
| 10 | 10.2.2 | 10.2.2.b | RMA 图 | Exercise 10.2.2.b-c-d.xls |
| 10 | 10.2.2 | 10.2.2.c | RDP 图 | Exercise 10.2.2.b-c-d.xls |
| 10 | 10.2.2 | 10.2.2.d | CV%方法 | Exercise 10.2.2.b-c-d.xls |
| 14 | 14.2.1 | 14.2.1 | 接触带 | Exercise 14.2.1.ZIP |
| 14 | 14.3.1 | 14.3.1 | 伸展 | Exercise 14.3.1.ZIP |
| 18 | 18.15.2 | 18.15.2 | 协同区域化的线性模型 | Exercise 18.15.2.xls |
| 22 | 22.3.2 | 22.3.2 | 局部统一调节（LUC）方法 | Exercise 22.3.2.ZIP |

注：电子文件可通过以下网站获得：http：//extras.springer.com/？query=978-3-319-39264-6。

## 附录2　数学背景

### 一、正态分布

若确定概率密度函数（pdf）$f(z)$ 如下，则称为正态分布：

$$f(z)=\frac{1}{\sigma\sqrt{2\pi}}\mathrm{e}^{-\frac{1}{2}\left(\frac{z-m}{\sigma}\right)^2},\quad -\infty < z < +\infty$$

确定正态分布的均值（$m$）和方差（$s^2$）：

$$m = E(z) = \frac{1}{N}\sum_{i=1}^{N} z_i$$

$$\sigma^2 = Var(z) = E(z^2) - [E(z)]^2 = \frac{1}{N}\left(\sum_{i=1}^{N} z_i^2\right) - m^2 = \frac{1}{N}\sum_{i=1}^{N} (z_i - m)^2$$

均值（$m=0$）和单位方差（$s^2=1$）的正态分布是中心标准化分布的一种特殊情况，通常称为标准高斯分布。该分布的密度函数确定如下：

$$f(z) = \frac{1}{\sqrt{2\pi}} e^{-\frac{1}{2}z^2}, \quad -\infty < z < +\infty$$

利用以下公式，对 $z$ 值进行简单的归一化，即可将正态分布变量轻松地转换为标准高斯变量：

$$Y = \frac{z - m}{\sigma}$$

$z$ 是一个正态分布变量具有均值等于 $m$、方差等于 $\sigma^2$ 、变量为 $Y$。$z$ 是一个标准的高斯变量，具有零均值和单位方差。

## 二、置信区间

均值±1.0 标准差（68.27%概率）；
均值±1.645 标准差（90%概率）；
均值±1.96 标准差（95%概率）；
均值±2.0 标准差（95.45%概率或为简单起见舍入 95%）；
均值±2.57 标准差（99%概率）；
均值±3.0 标准差（99.73%）。

## 三、对数正态分布

当一个随机变量的自然对数 [ln($z$)] 具有正态分布时，叫作对数正态分布。概率密度函数（pdf）$f(z)$ 如下：

$$f(z) = \frac{1}{\sigma\sqrt{2\pi}} z^{-1} e^{-\frac{1}{2}[\ln(z-\omega)]^2/\beta^2}, \ z > 0, \ \beta > 0$$

对数正态分布变量（$z$）可以通过如下表达式转换为均值为零和单位方差的高斯变量（$Y$）：

$$z = e^{\beta Y + \omega}$$

对上式取对数，可得下式：

$$\ln(z) = \beta Y + \omega$$

换句话说，对数正态随机变量（$z$）通过两个常数（$\beta$ 和 $\omega$）与高斯变量

($Y$) 相关，这就是为什么它被称为两参数对数正态变量。

常量$\beta$和$\omega$表示对数正态转换数据的分布参数。特别地，$\omega$为对数正态转换数据的平均值，$\beta^2$为对数正态转换数据的方差。

$$\omega = E[\ln(z)] = \frac{1}{N}\sum_{i=1}^{N}[\ln(z_i)]$$

$$\beta^2 = Var[\ln(z)] = \frac{1}{N}\sum_{i=1}^{N}[\ln(z_i) - \omega]^2$$

对数正态分布的均值（$m$）和方差（$\sigma^2$）确定如下：

$$m = E(z) = e^{\omega + \frac{\beta^2}{2}}$$

$$\sigma^2 = Var(z) = e^{2\omega + \beta^2}(e^{\beta^2} - 1)$$

对数正态分布的重要性质如下：

$$E[\exp(aU)] = \exp(a^2/2), \quad U \in (0, 1)$$

$$z = e^{\omega} e^{\beta Y} = m\exp(\beta Y - \beta^2/2)$$

$$Var(z) = m^2(e^{\beta^2} - 1)$$

$$E(z^2) = m^2\exp(\beta^2)$$

$$E(e^{\lambda Y} I_{y \geqslant y_C}) = e^{\lambda^2/2}[1 - G(y_C - \lambda)]$$